美发师剪发 烫发 染发 吹风完全自学教程（超值视频版）

灌木艺美研创中心 编著

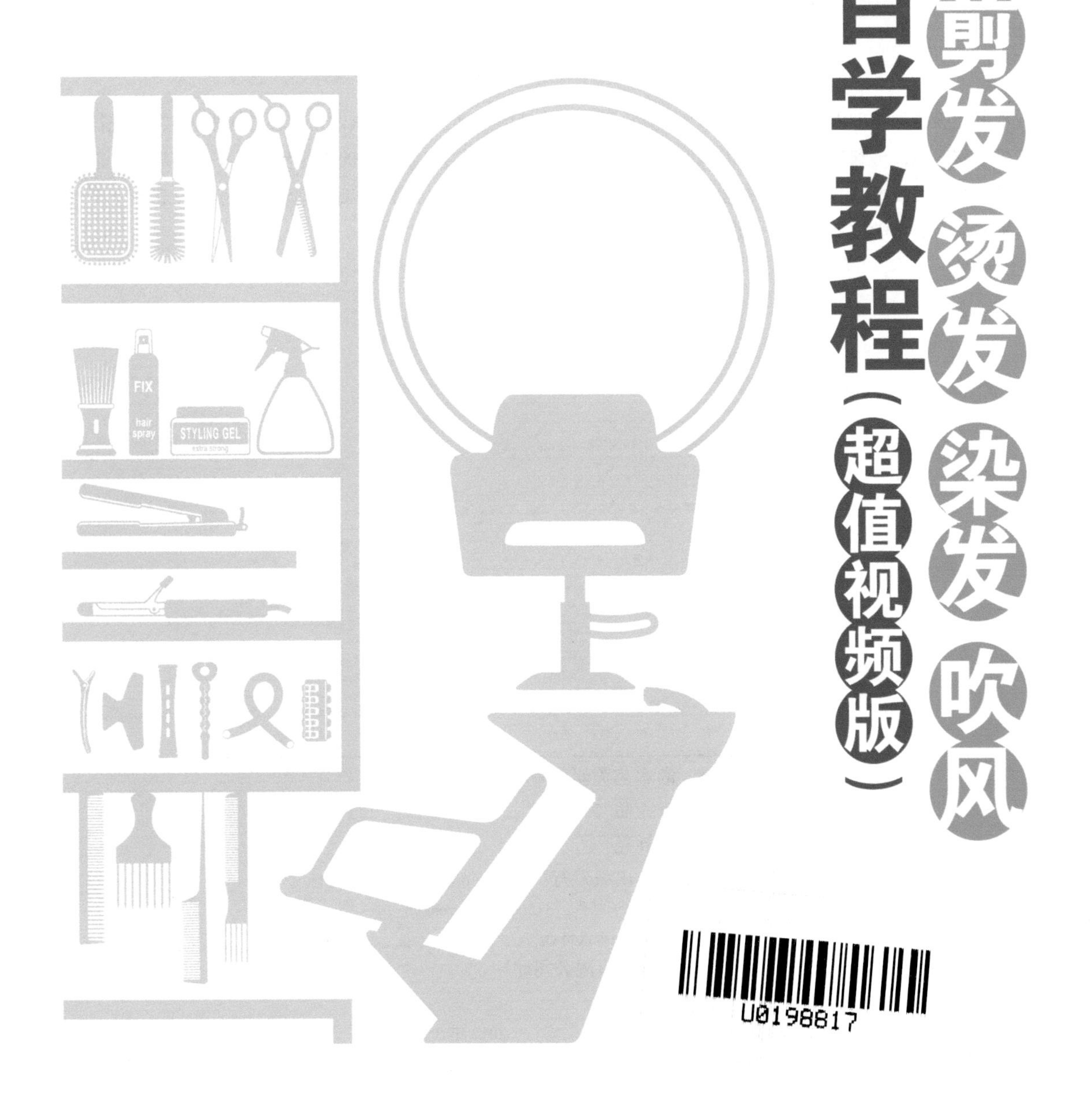

人 民 邮 电 出 版 社
北 京

图书在版编目（CIP）数据

美发师剪发 烫发 染发 吹风完全自学教程 ： 超值视频版 / 灌木艺美研创中心编著. -- 北京 ： 人民邮电出版社， 2017.5
ISBN 978-7-115-44715-9

Ⅰ. ①美… Ⅱ. ①灌… Ⅲ. ①理发－教材 Ⅳ. ①TS974.2

中国版本图书馆CIP数据核字(2017)第013902号

内容提要

本书是美发师基础入门大全类教程，从剪发开始，将分区基础知识、层次发型与波波头发型共5款进行了详细的图解分步骤演示；再到吹风造型知识，将基本手法、短发与中长发共4款发型的操作步骤做了详细展示。最后，本书还将烫发与染发技术共4款发行的烫发技术以及染发基础知识、补色、漂白、编织染发进行了一一讲解。

本书适合美发学校师生、专业造型师阅读。

◆ 编　　著　灌木艺美研创中心
责任编辑　李天骄
责任印制　周昇亮

◆ 人民邮电出版社出版发行　　北京市丰台区成寿寺路 11 号
邮编　100164　　电子邮件　315@ptpress.com.cn
网址　http://www.ptpress.com.cn
北京捷迅佳彩印刷有限公司印刷

◆ 开本：787×1092　1/16
印张：22.5　　2017 年 5 月第 1 版
字数：547 千字　　2025 年 5 月北京第 16 次印刷

定价：99.00 元

读者服务热线：(010)81055296　印装质量热线：(010)81055316
反盗版热线：(010)81055315

本书使用说明

剪左侧第 2 段

小节标题

剪发步骤详解：

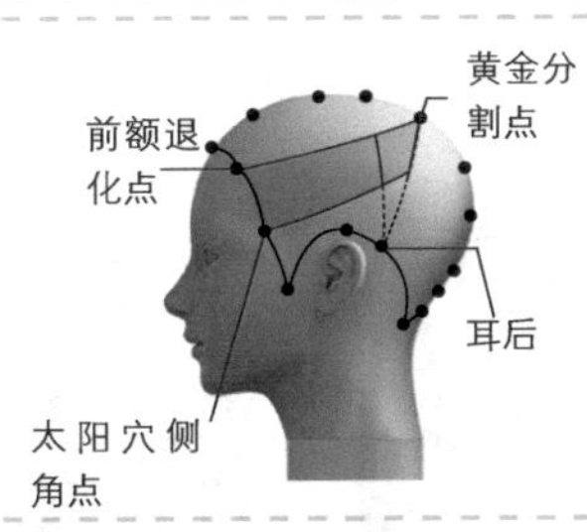

3D 头模图例，概述剪发顺序

剪发步骤

剪发过程中的标注

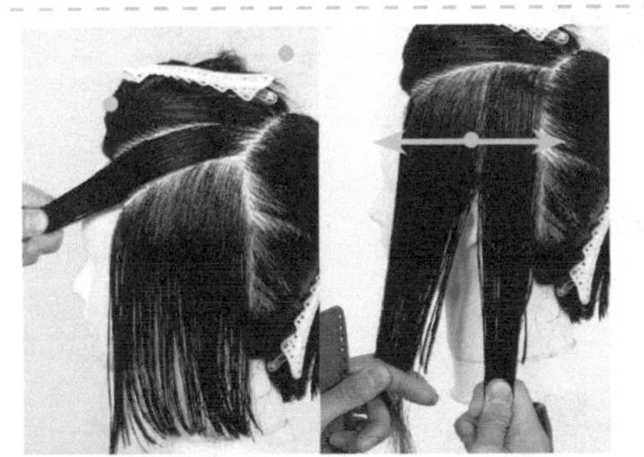

69. 侧面的第 2 段头发也包含了后侧的一部分。以前额退化点和黄金分割点的连线划分界线，然后以耳后垂直线来划分前后。

70. 将后侧区头发向正下方仔细梳理。（图解 35）以侧面角度整理成平板状进行剪发操作。

71. 此图为后侧区剪完后的状态。

72. 将侧发区头发也垂直向下梳通，其下段以后侧区为基准取平板状进行修剪。

73. 用同样的方法一直剪到最左端。

74. 左侧第 2 段完成。

针对剪发步骤的文字说明

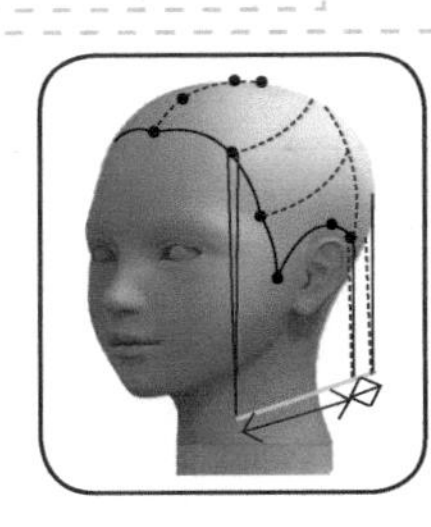

图解 35 垂直向下梳理并整理成平板状

这一段也是把后侧区和两侧区分开进行操作，并以两侧为视角整理成平板状。

步骤中的重点讲解

二维码使用说明

完成

剪发步骤详解：

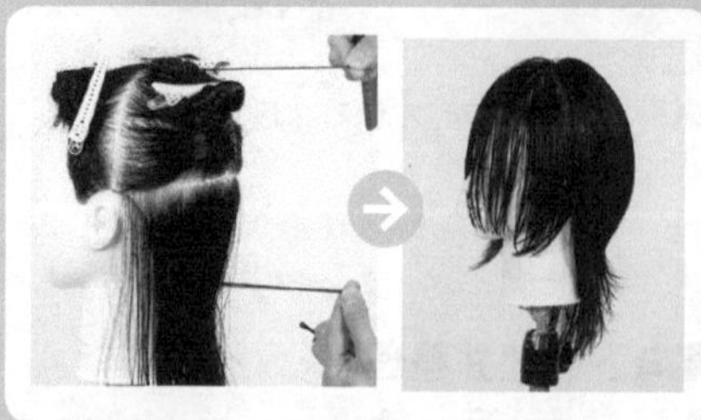

方形层次的特征

方形层次是因为采用和地面水平拉出的方法修剪的，所以头皮凸起的地方头发较短，凹下去的地方头发较长。据此，在脖根处会形成凹进去的层次。

扫一扫，观看剪发完整视频

打开手机，扫一扫二维码，即可观看高清视频，零距离展现发型修剪关键技术。

目录 CONTENTS

第一部分 剪发

第二部分 吹发

第三部分 烫发

第四部分 染发

第一部分 剪发

进行剪发之前,不仅要掌握剪发技术,还要有充分的剪发知识和完备的剪发工具。为了掌握头部的骨骼形状，要对头部的一些重点区域有所了解；为了能正确安全地进行操作，还要准备必需的工具。另外，任何一种剪发的方法都有与之相对应的操作手势和姿势，这也是学习剪发前需要掌握的。

第 1 章 剪发的基础知识

1.1 头部的骨骼要点

骨骼要点：

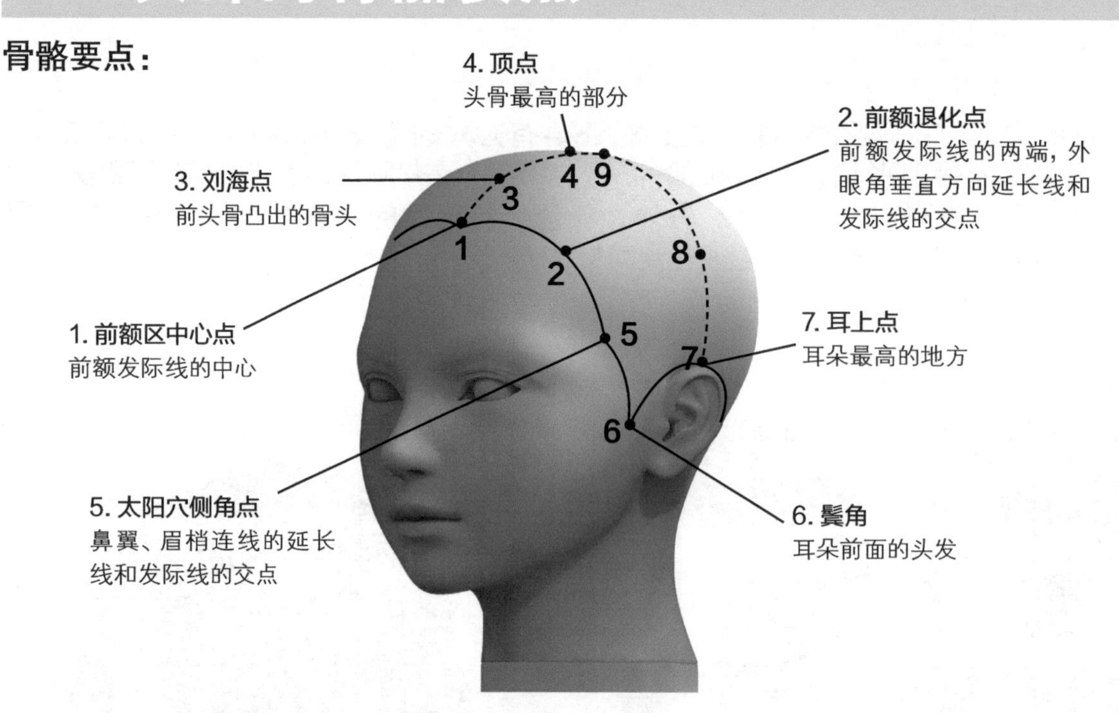

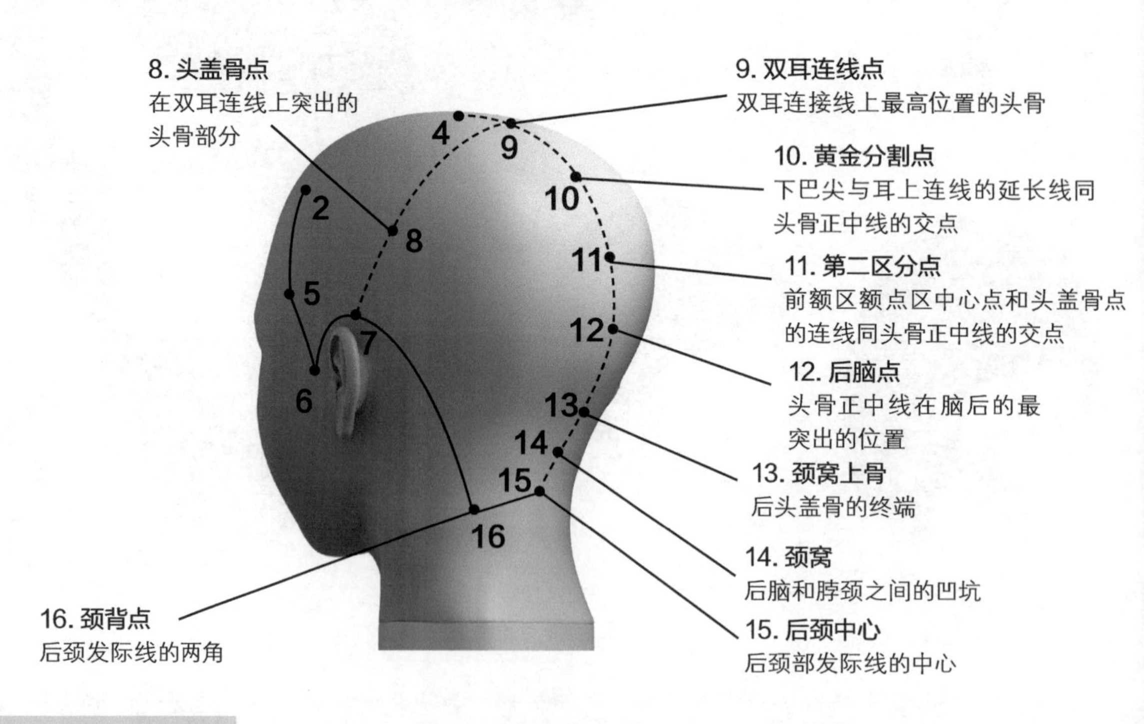

1.2 头部的分区

根据发型的不同，将头发进行纵向划分来修剪，这种纵向的分区形式也被称为垂直区域划分，而将头发进行横向划分来修剪的则被称为水平区域划分。划分线也叫路径，路径是根据骨骼的形状特征来划分的。

垂直区域

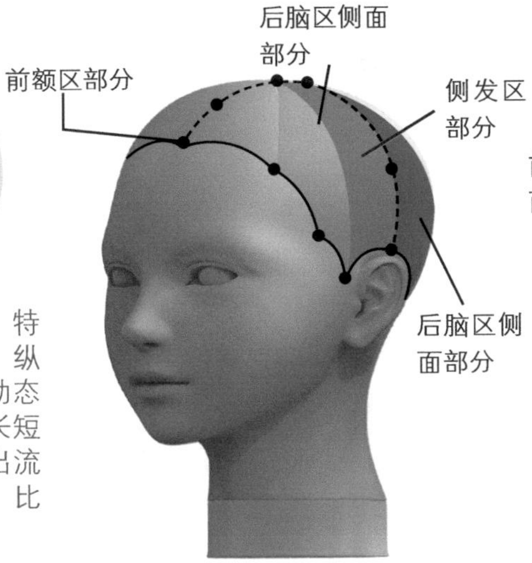

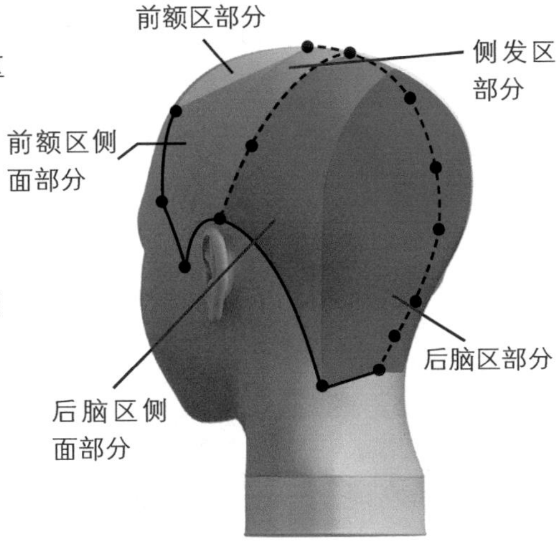

后脑区侧面部分
前额区部分
侧发区部分
后脑区侧面部分

前额区部分
侧发区部分
前额区侧面部分
后脑区部分
后脑区侧面部分

纵向的分区。特别需要注意的是，纵向区域的头发，动态比较强，可以从长短上进行修剪，剪出流动感较强的发型。比较适合层次发型。

水平区域

头顶区部分
前额区部分
上方部分
正中间部分
下方部分

前额区部分
头顶区部分
上方部分
正中间部分
下方部分

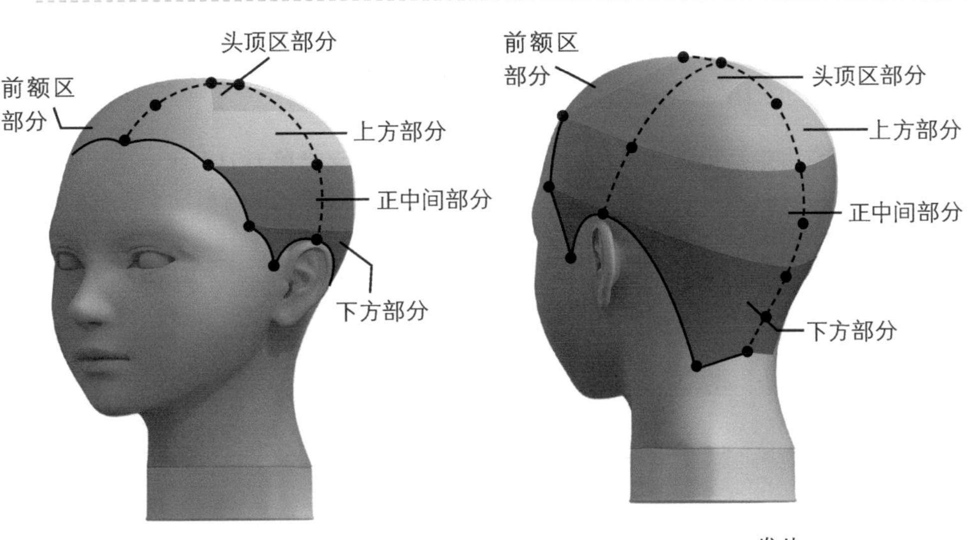

横向的分区。横向的区域能够形成深度和立体感，适合蘑菇头、波波头和渐变式发型。

在剪发的过程中，还会有比路径更加细致的区分，在这种情况下，区分线称为发束，区分后的发束则称为发片。

发片
发束

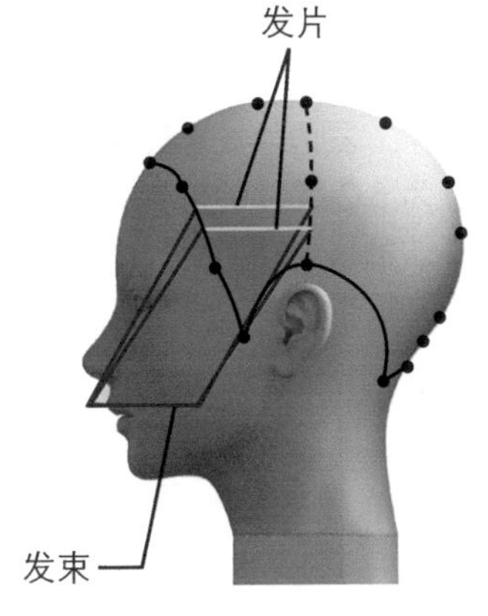

1.3 选择适合自己的剪刀，掌握剪刀的正确握法和用法

在剪发过程中，剪刀和美发师的手是有互补性的，选择适合自己的剪刀很重要。这里先来了解一下剪刀的选择方法和剪刀的握法和用法。

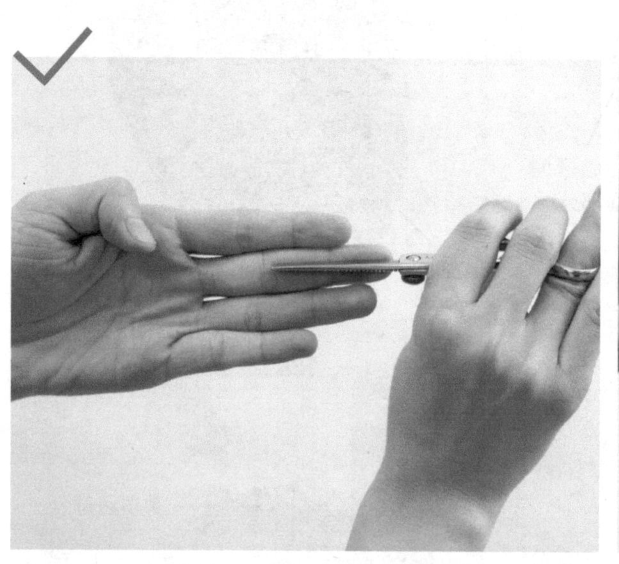

像图片中那样用中指抵住剪刀，一般用食指和中指夹住头发，用剪刀刀刃部分进行剪发。剪刀刀刃的长度比中指长度短一些能更好地与手配合。

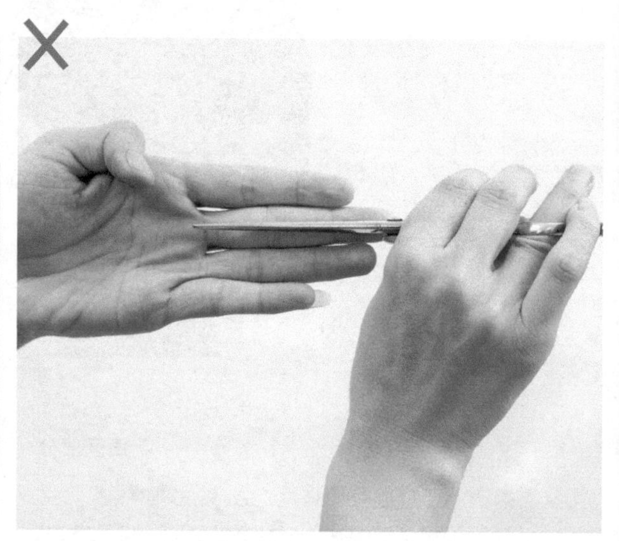

这把剪刀刀刃比中指要长一些，这样的话，就不能顺畅地进行剪发了，手和剪刀的配合会很糟糕。

左边为6.5英寸的剪刀，右边为6.2英寸的剪刀。在后面剪刀握法的展示中，我们选择6.5英寸的来展示。

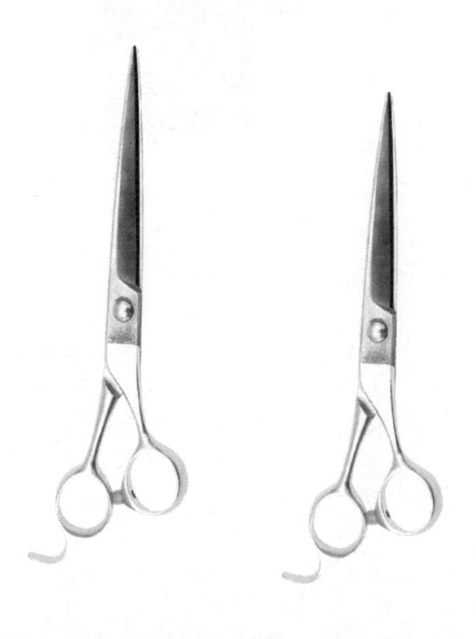

剪刀的正确握法

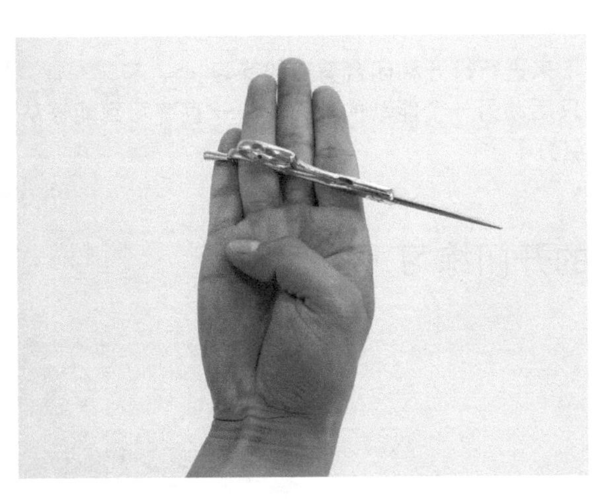

无名指插入剪刀的固定握把中，和地板平行握住。

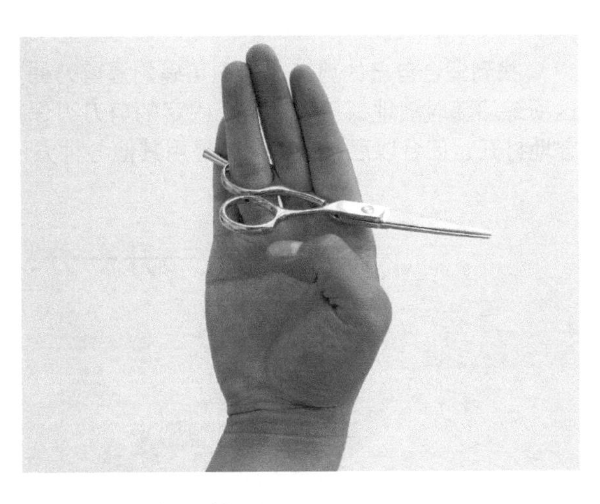

另一边用拇指支撑。

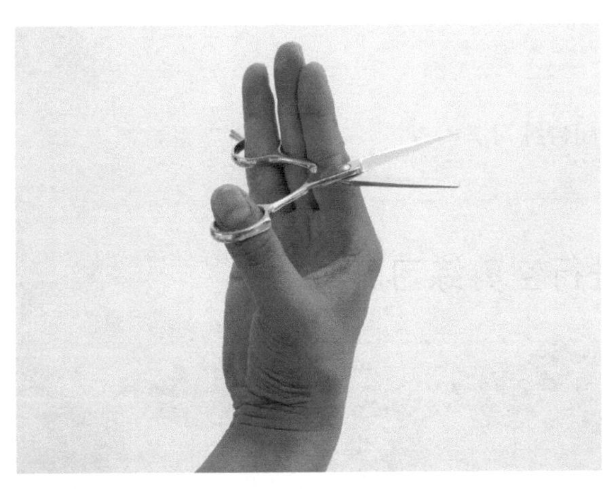

将拇指稍稍插入活动的握把，从剪刀的上面开始轻轻压住保持稳定，只是用拇指来控制活动的握把来剪头发。

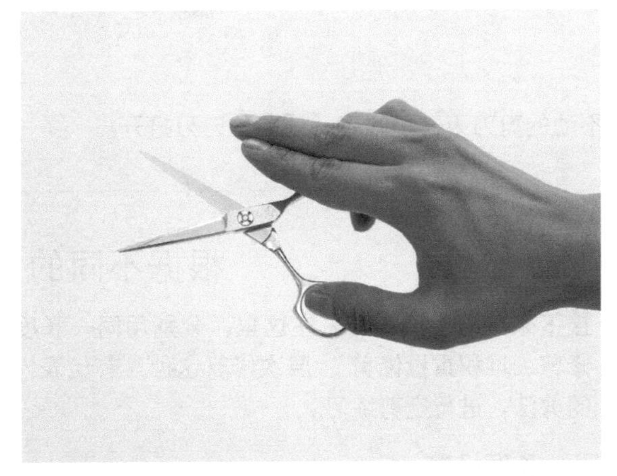

活动的剪刀刃的握把中，拇指的插入程度基本上是图片中这个样子。

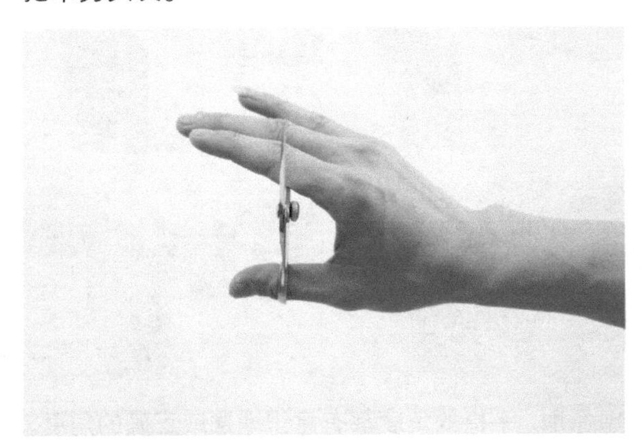

拇指插入握把过多是不行的。

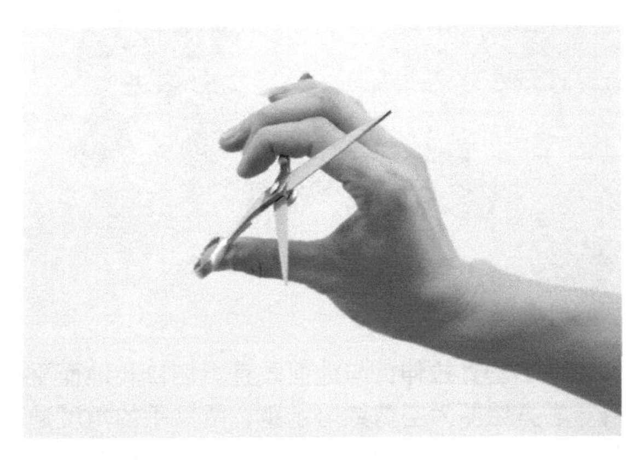

这种握法也不行，剪刀如果斜的话，剪成的切口也是斜的，一定要注意。

1.4 空手练习剪刀的几种方法

找到适合自己的剪刀，掌握正确的握剪刀的方法，接下来进行打开和闭合剪刀的练习。这项练习随时随地都可以进行。固定的剪刀刃保持不动，只活动另一个能动的剪刀刃，一直练习到能够从容地打开、闭合以后，接下来就是用其他各种方法来练习空剪了。

一开一分，剪刀的开闭练习

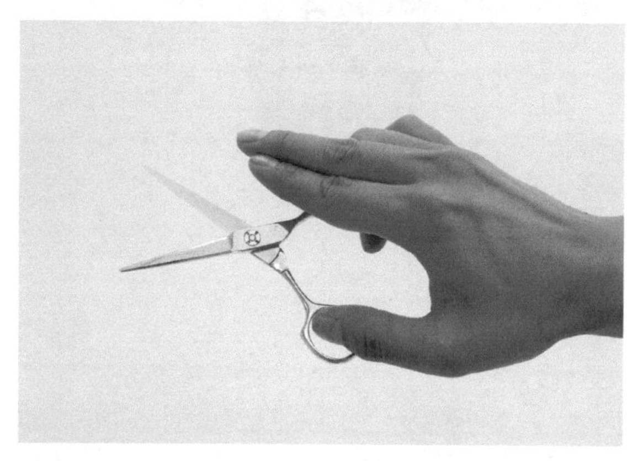

不动的剪刀刃一边固定，活动的刀刃打开。

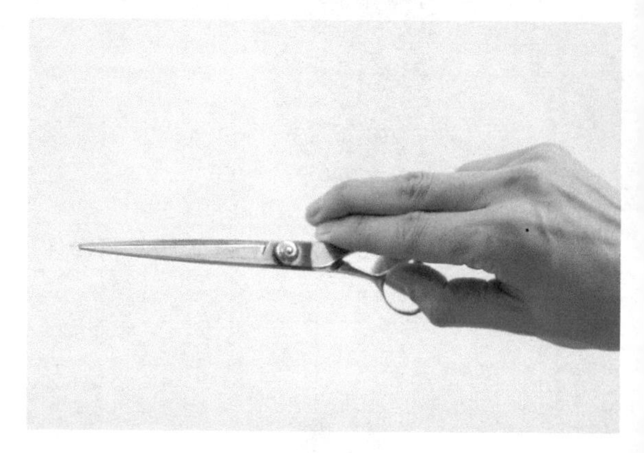

闭合练习。

根据不同的目的进行空剪练习

接下来进行空剪练习。在这里，分别用同一长度修剪、堆积重量修剪 、层次修剪这种具有代表性的剪法，进行空剪练习。

同一长度修剪

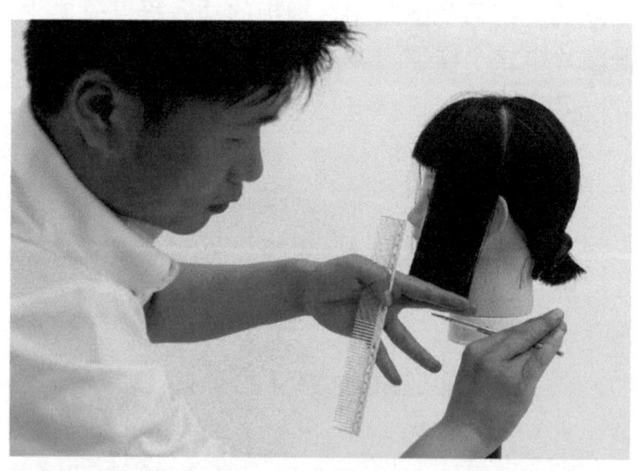

发束向下垂直拉伸，与地面垂直。切口和地面平行。右方组图为空剪练习示范，两只手的角度通常是固定的，中指使不动剪刀刃稳定，只有活动刀刃在动。

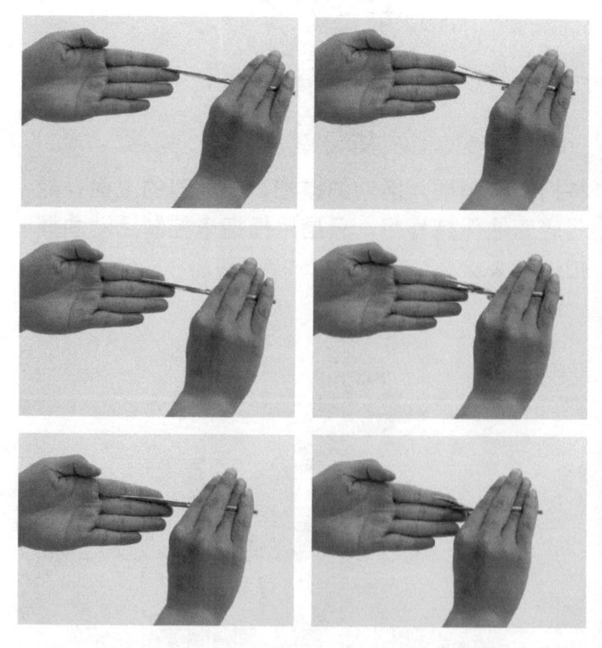

手肘、手指的角度都有意识地摆成正确的角度，从外向内修剪，就好像在修剪一个发片。

堆积重量修剪

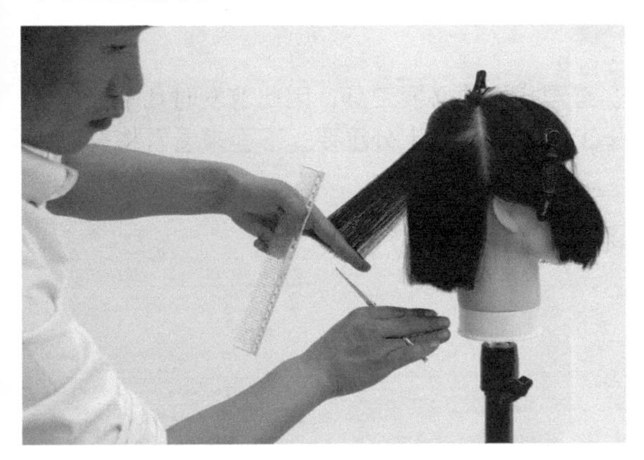

拉伸出斜 45° 的发束，对于这个发束呈直角将剪刀插入进行修剪是堆积重量修剪的基本方法。剪完的发束放下后，形成上长下短的线条。堆积重量修剪时，要保持同一个姿势进行修剪，两手也要保持拉伸的角度。中指确保不动的剪刀刃稳定，同时移动活动的剪刀刃。

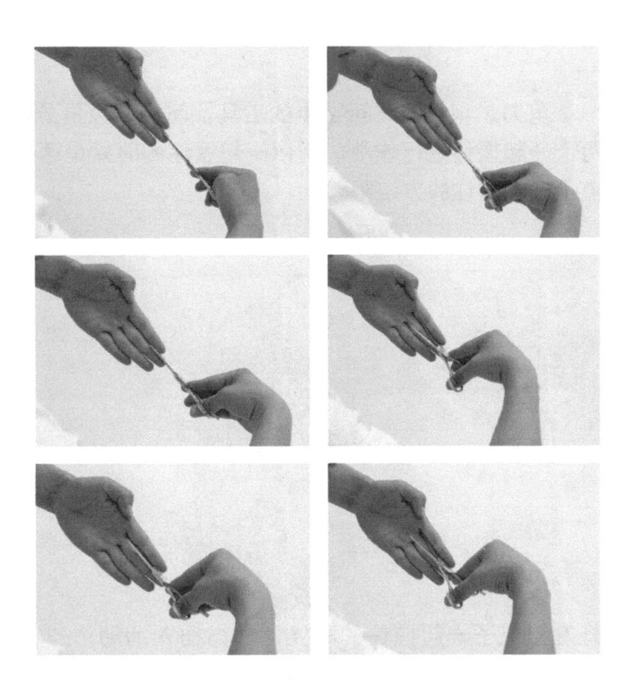

层次修剪

层次修剪，是指相对于头皮 90° 提拉发束、对于发束形成直角将剪刀插入进行剪发的方法。剪完的发束放下后，形成上短下长的层次差。进行空剪练习的时候，要保持同一个姿势进行修剪。中指使不动的剪刀刃保持稳定，只有活动的剪刀刃进行移动。下面的空剪练习，是垂直于地面拉出发束进行的练习，但在实际剪发操作中，会像左边图片中那样，根据头部弧度的变化，垂直于头皮提拉发片，移动身体和手臂来进行修剪。

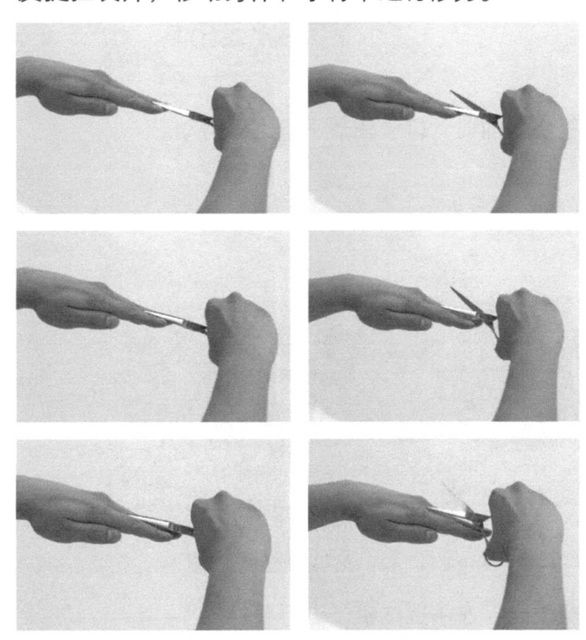

1.5 剪刀和梳子同时使用时的握法

剪刀是剪发时不可缺少的工具，而梳子也是分开发束、整理头发的必要工具，因此剪发时几乎都是将两个一起握住进行作业。所以一起握住的时候是否顺畅对于工作的进行也十分重要。下面来看看将剪刀和梳子一起握住的方法吧。

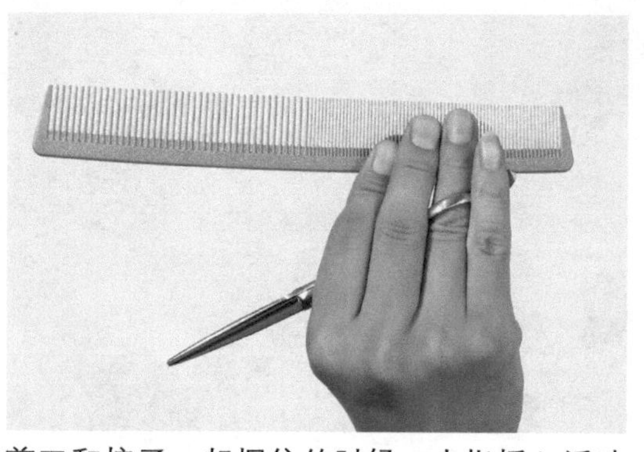

剪刀和梳子一起握住的时候，小指插入活动的剪刀刃的握把，无名指插入不动的剪刀刃的握把。无名指、中指、食指、拇指握住梳子进行移动。

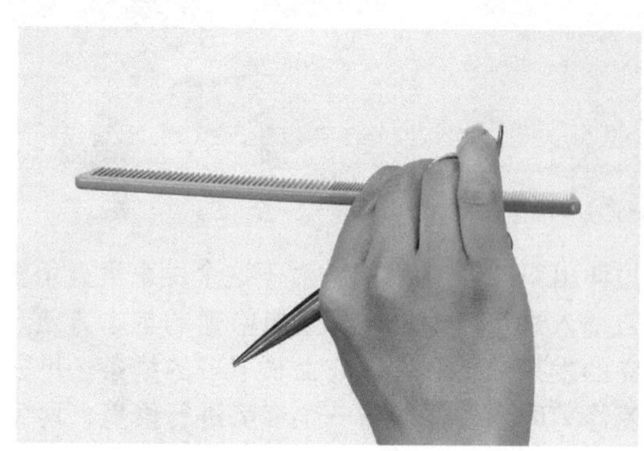

梳子和头发形成直角，手指弯曲，梳子放平。

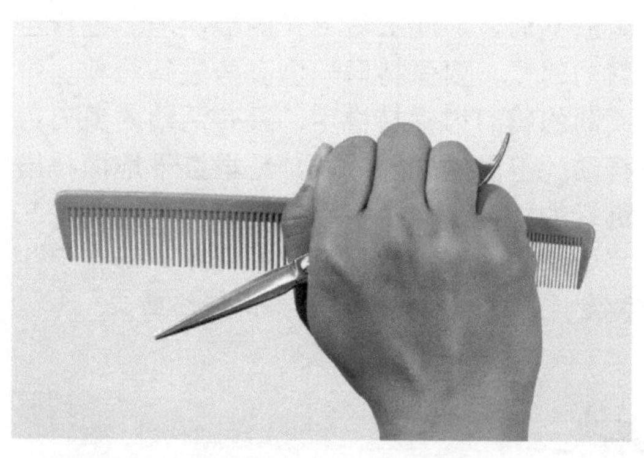

手指弯曲时，梳子随着手指上下滑动。

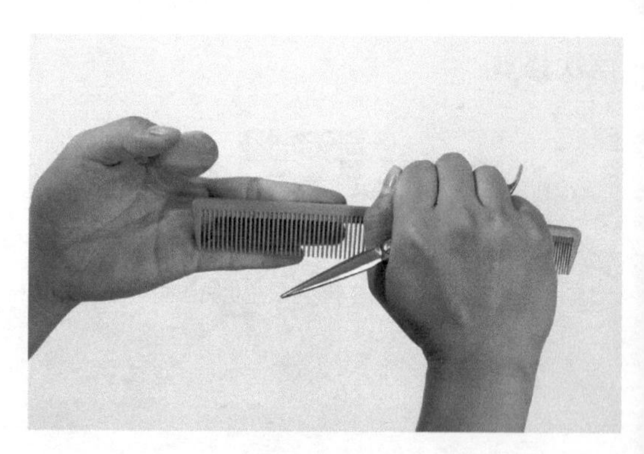

图中为在左手划分发束、右手用梳子整理发束的方法。

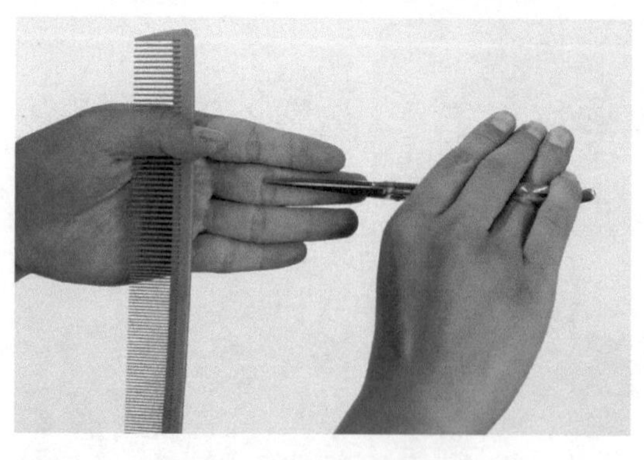

剪发时，左手握住梳子进行替换。

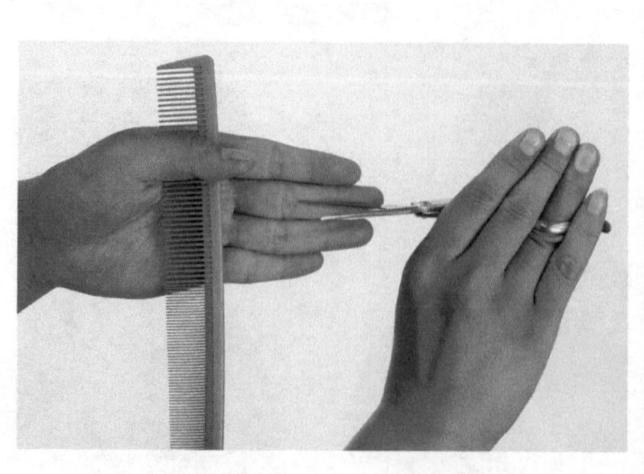

一边握住梳子一边进行空剪练习。

1.6 剪发工具

剪发中剪刀自然是主角，除此之外还需要各种各样的其他工具，在这里分别介绍一下。

长尾梳

手握在梳齿尾部，在卷发和对头发上色的铝箔作业中，尾尖用得较多。剪发的话，用尾尖分开发束也十分方便。

剪发梳子

剪发梳子的梳齿有疏密之分。通常使用的是稀疏的梳齿。在头发较细或需要整理头发表面的时候，使用细的梳齿。

九排梳

又名排骨梳。吹发时不想使头发过于紧致但又想要形成自然风格时使用。

陶瓷刷

吹发时将头发垂直拉伸，形成头发走向，同时使发尖形成弧度时使用。

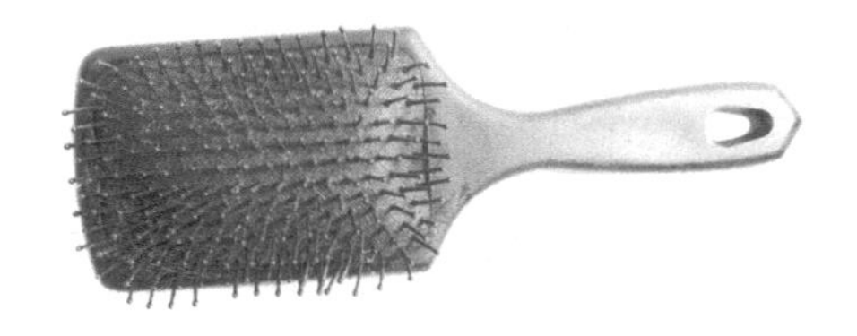

扁刷

对长发的发梢进行拉伸、形成整洁表面时以及自然干燥风格时使用。

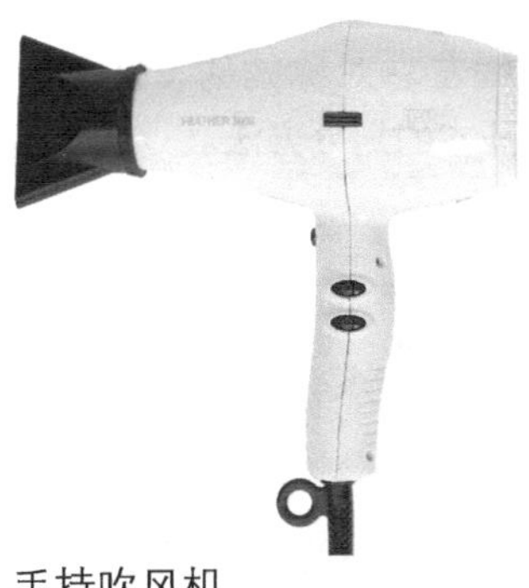

手持吹风机

剪发未能达到发型造型效果时，可以用手持吹风机吹干造型。只有干燥的头发才能形成灵活的层次达到层次差的微妙区别。

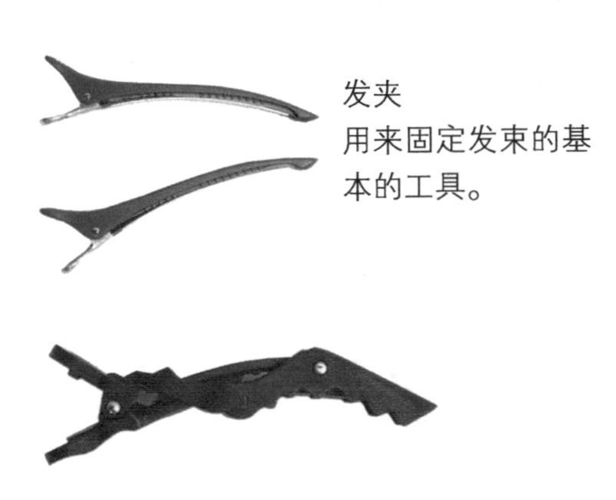

发夹

用来固定发束的基本的工具。

鳄鱼夹

像鳄鱼一样的剪子。鳄鱼嘴的部分是用来夹住分区的。

喷水壶

有时为了使头发能在潮湿的状态下修剪，喷水壶是不可或缺的工具。

1.7 发区的划分

为了剪发能更容易地进行，这里介绍以骨骼点为基准将头发分区的方法。

头发的划分，有大的发区的划分，有小的发区的划分，划分得再细的话，就是发束的划分和很薄的发片的划分。在这里以骨骼点为基准进行发区的划分。可参看前面骨骼点的介绍。

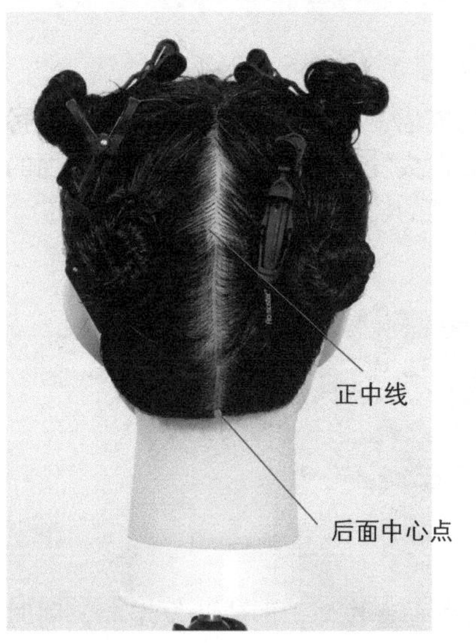

从后面正中线分开的发区

正中线左右对称式的发区划分是最基本的划分方法。

左侧面的头发从双耳连线分开的发区

左侧发区是以双耳连线分开，这里和右边保持对称划分是很重要的。

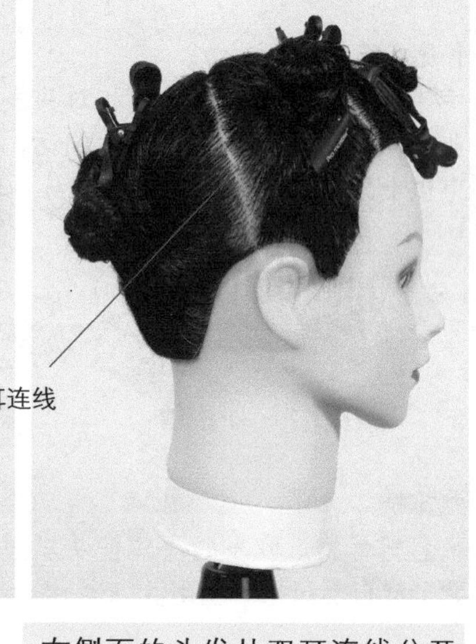

右侧面的头发从双耳连线分开的发区

右侧发区是以双耳连线分开，这里和左边保持对称划分是很重要的。

刘海三角区

两个眼角向上的延长线和顶点连接的三角形区域。

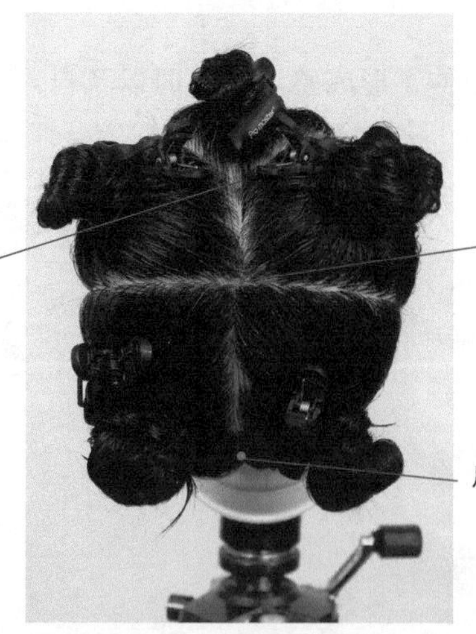

从顶部角度检查后面分区

不单单是正中线，双耳连线的点、顶点也看得很清楚了。

1.8 发片的划分方法

发片，也称为薄片，就是将头发划分成很薄的薄片的意思。
剪发不是一蹴而就的，发片的划分是不可缺少的要素。
同时在这里也介绍中心线的划分方法，因为中心线的划分方法也离不开发片划分的技术。

用梳子划分发片

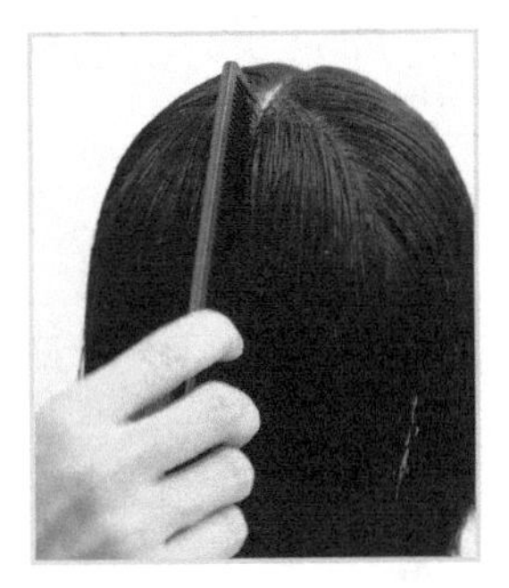

用梳齿插入薄片线。

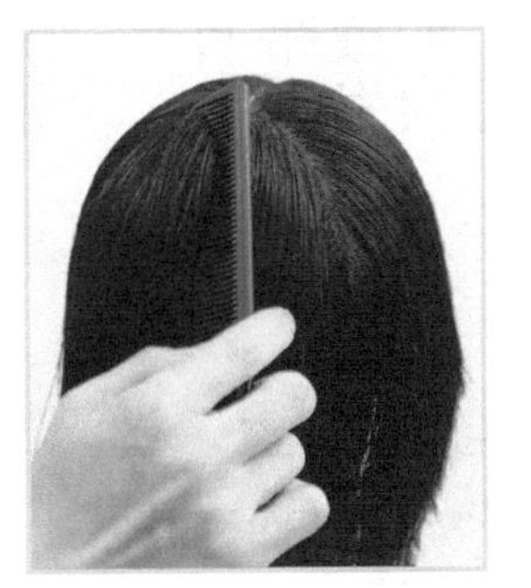

反转手腕将梳子回转，同时梳齿牵引头发，一直到梳齿最深的位置。

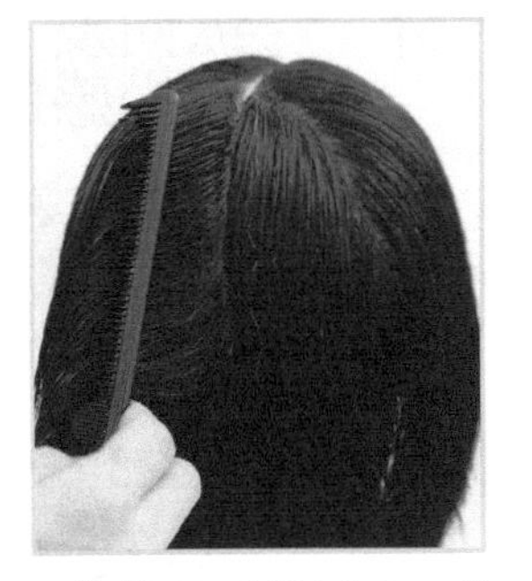

再将梳子反转过来，将发根仔细地梳立起来，将头发向上拉伸。

就这样相对于头皮垂直拉伸出来。

基本中的基本：左右均等地划出正中线

前面

耳朵和鼻子的位置确定了正中线平行从前往后竖直形状。

用梳子沿头顶到鼻子的位置，确认梳子左右均等，沿着这条线将头发左右分开。

头发左右分开后用梳子认真梳理。

头发从正中线左右分开的正视图效果。

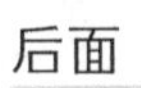

后面

首先确认两个耳朵的位置，用两个拇指确认正中线的位置。

一边用拇指在后脑正中间压住头发，一边在拇指延长线上，从顶点开始快速将头发用梳子左右分开。

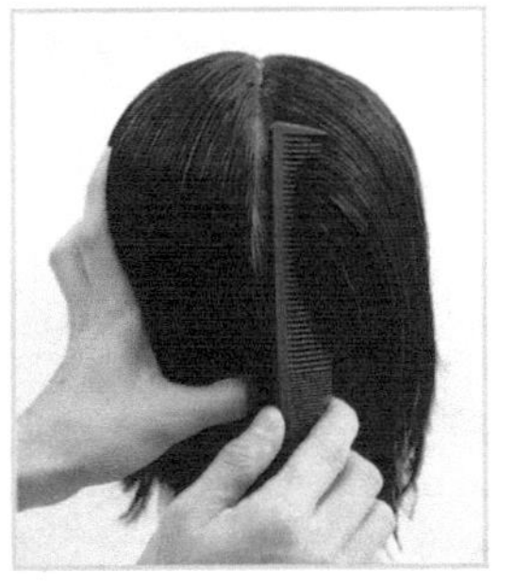

划分好之后，将左右的头发梳理整齐。

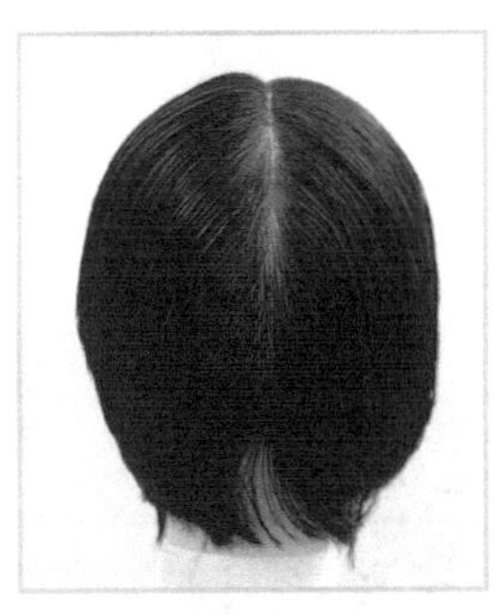

后面头发从正中线左右分开的样子。

1.9 根据想要的发型划分横向、纵向、斜向的发片

剪发的时候，根据想要做成的造型来划分不同的发片。通过下面发片知识的讲解，会了解发片在剪发中是多么重要。

横向发片：用来制作外界线

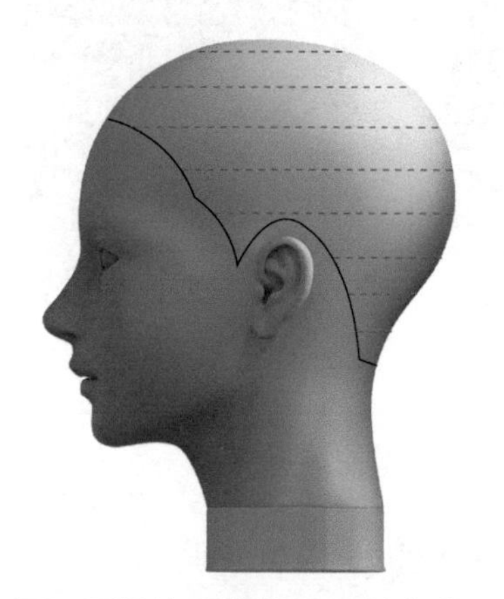

想要强调外界线为同一长度的发型的时候，就划分成横向的发片。

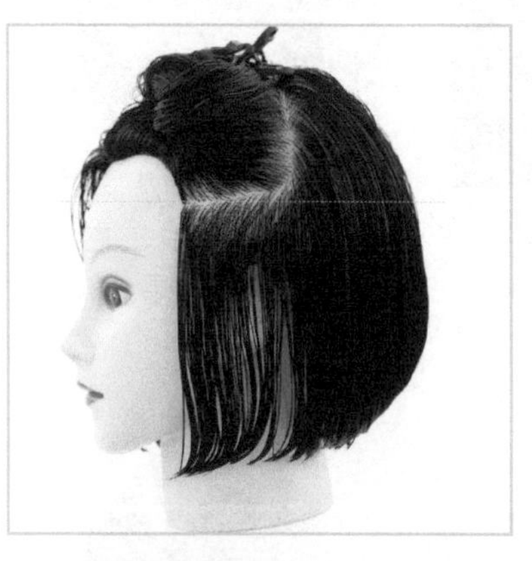

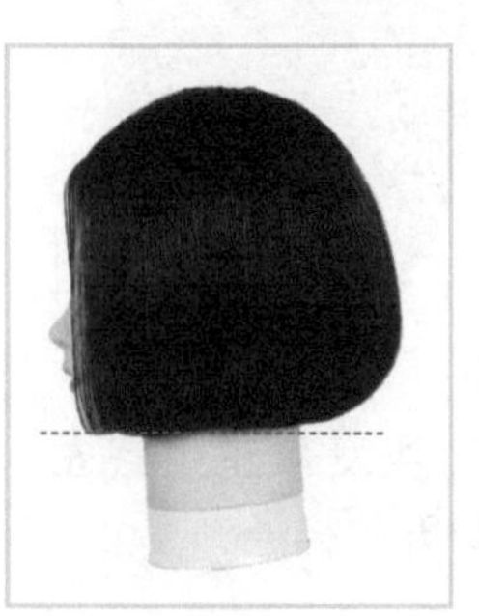

纵向发片：形成带有轻松感的层次发型

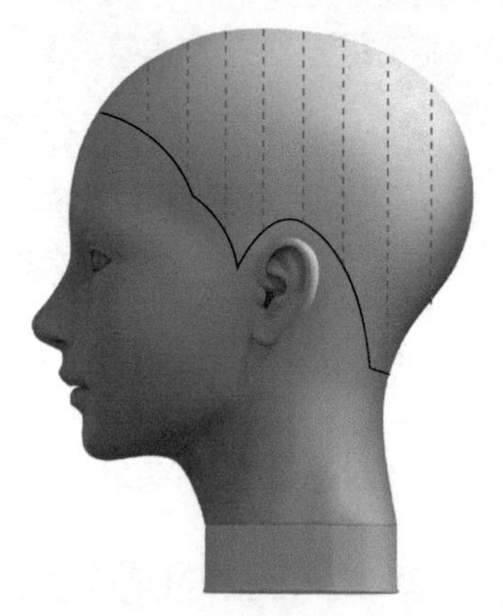

区分出大范围的层次差、做成带有轻盈动感的发型时，就划分纵向发片。分格越是向上，形成的层次差越大。

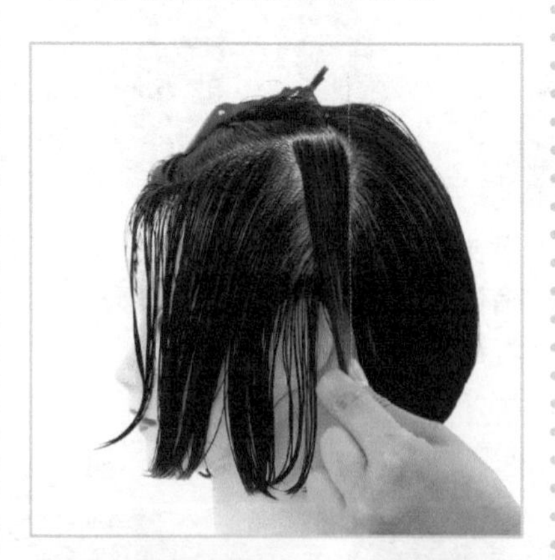

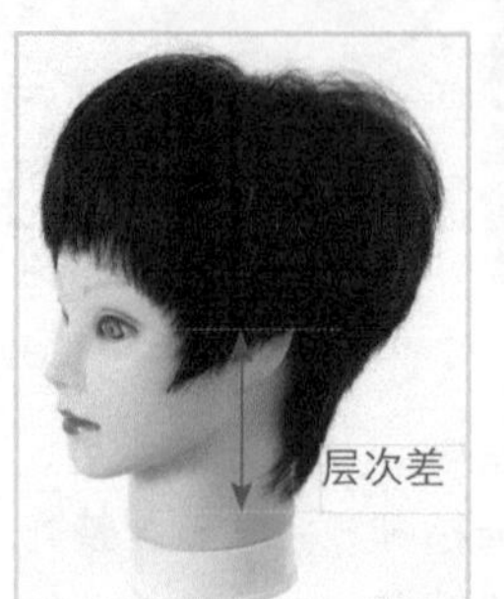

斜向发片：形成圆弧形造型

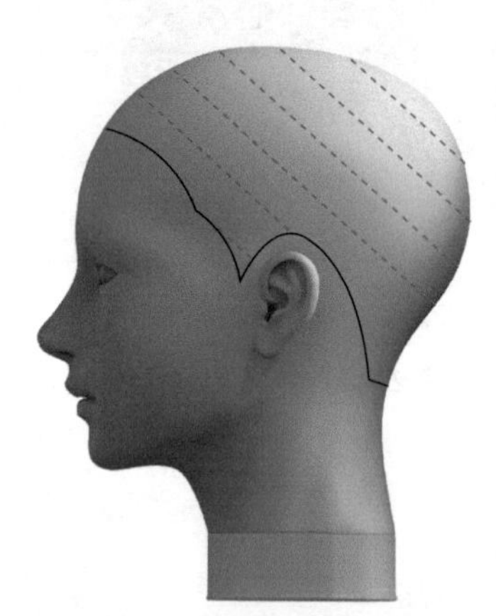

沿着头部弧度制作出有层次的形状时，就划分成斜向发片。同时兼有横向发片、纵向发片的功能。

1.10 划分发片的基本练习

发片和塑形是具有连贯性的，在同一个流程中的练习十分重要。
在这里，我们将要进行横向发片、纵向发片、斜向发片的划分练习。

横向发片和形状

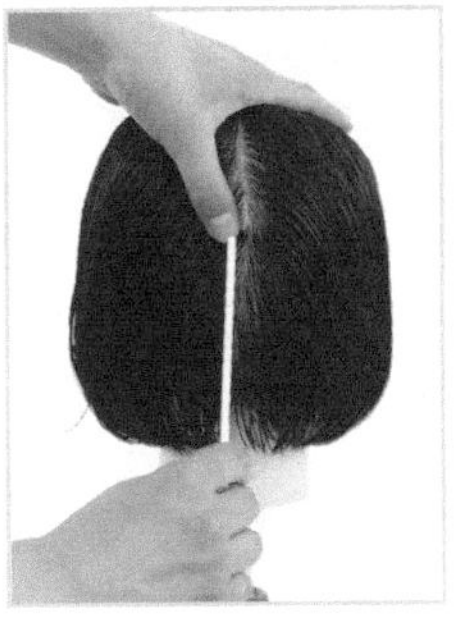

头部后面的正中线上的中间位置放置拇指，在那里插入梳齿。

保持这个状态，向左平行移动梳子。

继续向左平行移动梳子。

将左上角剩余头发固定好，下面的发片形成固定的形状。

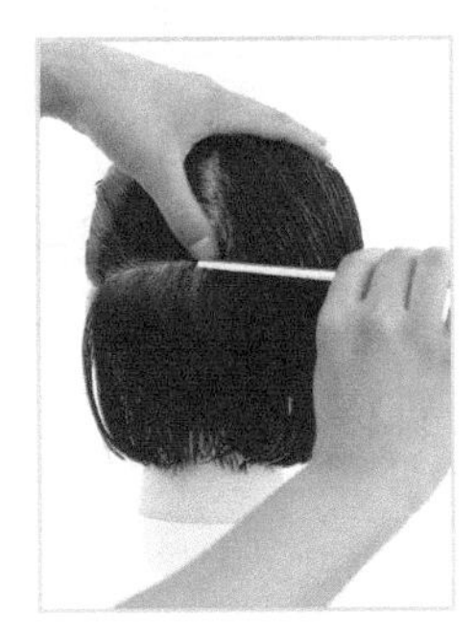

然后从同一个出发点，向右进行同样的划分。

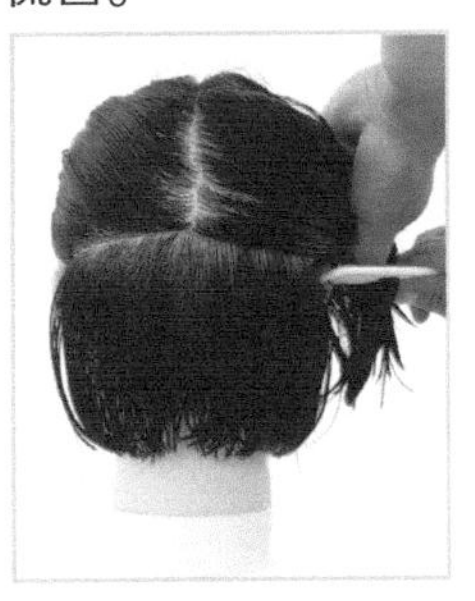

向左平行移动梳子，一气呵成划分发片。

划分出发片后，就可以进行仔细的形状修剪了。

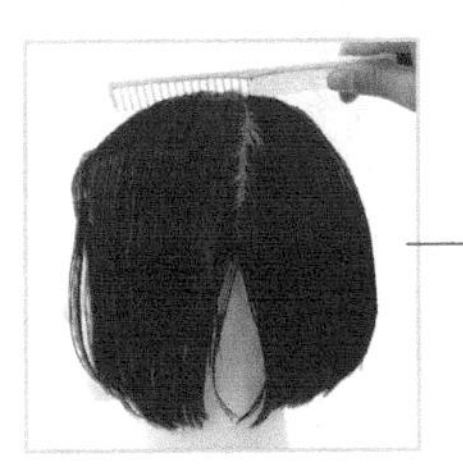

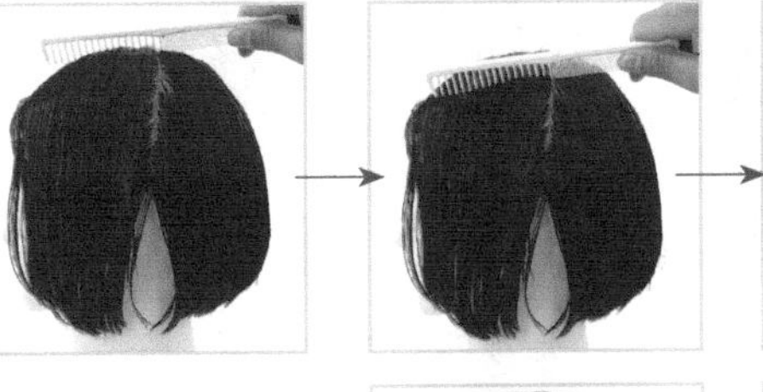

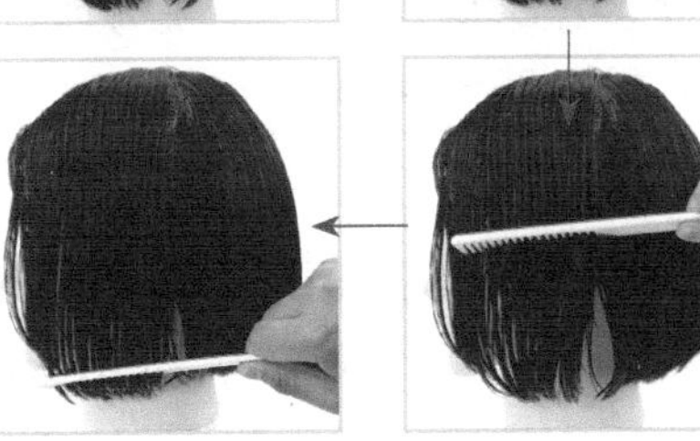

相对头皮垂直插入梳齿，梳子进行平行移动时，手不要过于用力。

纵向发片和形状

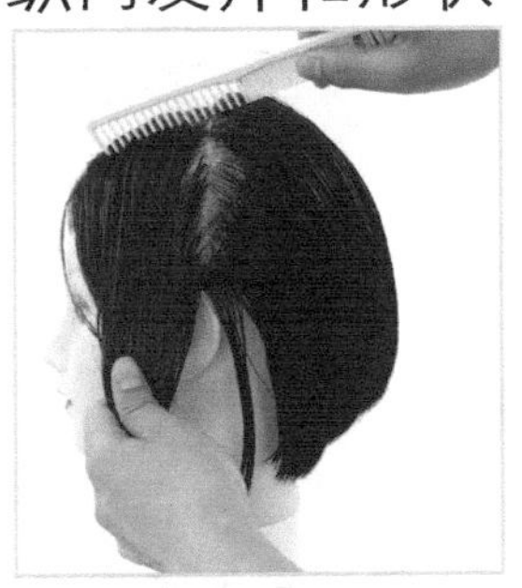

仔细固定好形状。将耳前区域头发划分出来。

用梳齿划分约3厘米的宽度的发片。梳齿尖一边向下移动一边形成发片。

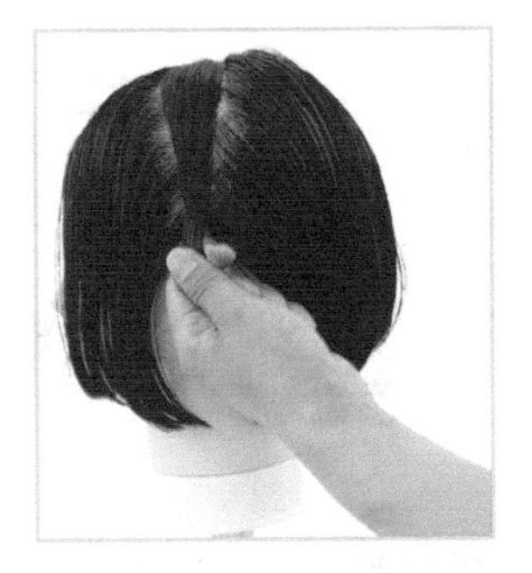

获取宽度为3厘米的纵向的发片。

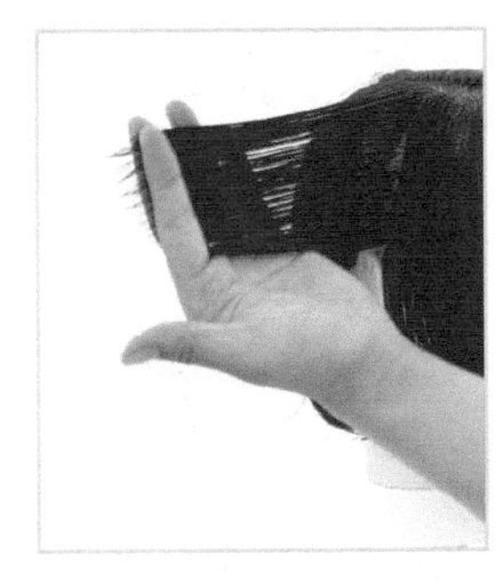

发片上提的效果。

斜向发片和形状

首先是整体梳理好头发。

用手分出约3厘米宽的发片。

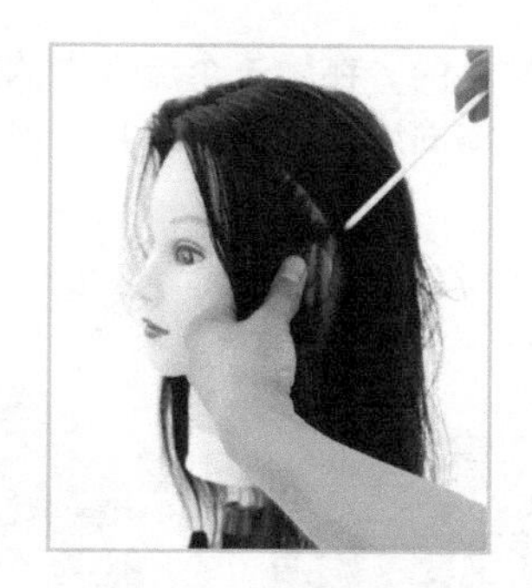
分出斜向的发片，这个时候形成的发片分界线，与地板呈45°。

将梳子呈45°放在发片位置。

梳子的梳齿反转以后，发片就保留在了梳子上。

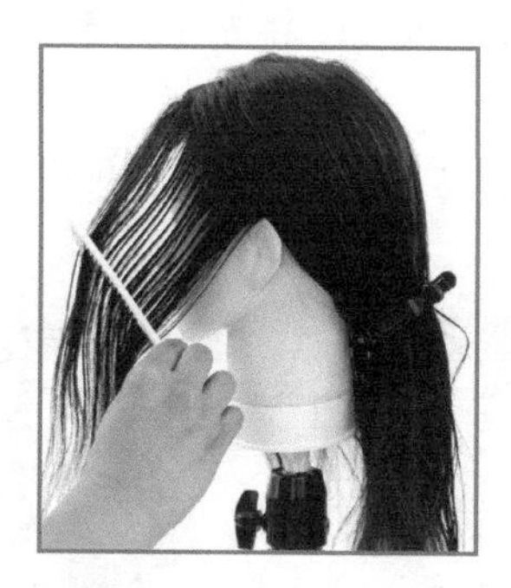
形成的发片的形状。

用手分取宽度约为3厘米的斜向发片。

均等分取发片的方法

如果不能均等获取发片的话，就无法正确地进行剪发。下面展示的是均等获取发片的诀窍。

用梳子确认第一片发片的宽度。

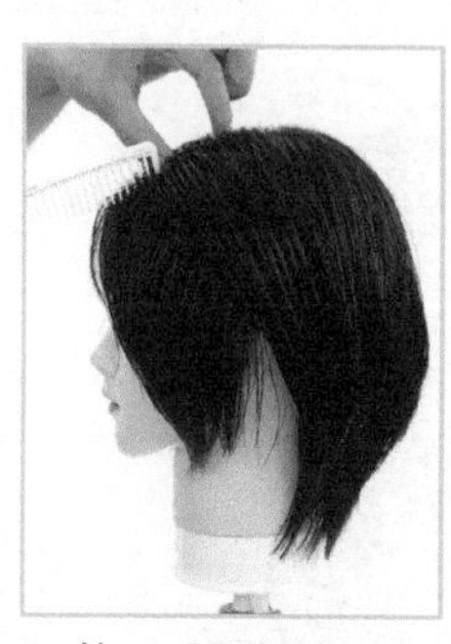
用梳子抵在确认的地方，然后再接着确认第二片发片的宽度。

将手放在确定好的位置。

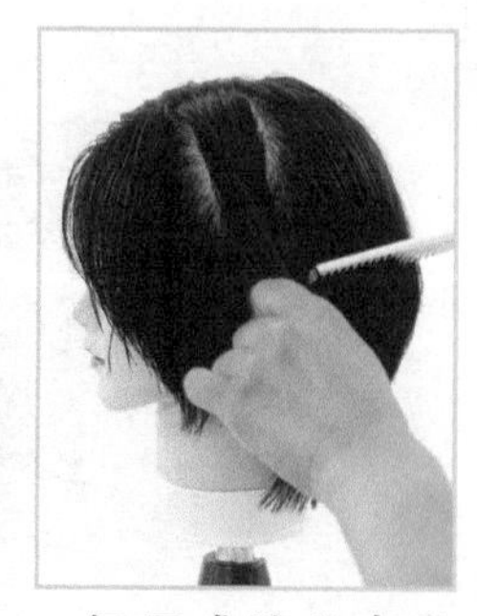
一气呵成地分出发片线。

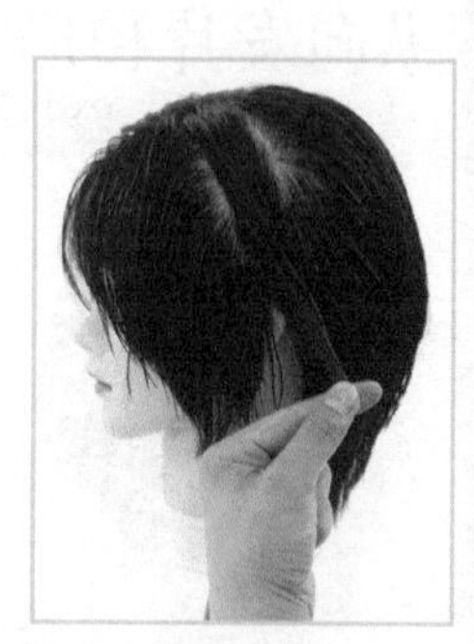
用手分取第二片发片。

1.11 剪发时要具备的导线意识

导线就是具有可参照性的事物。通常剪发中的导线是发区中最先进行修剪的发片，同一发区中的其余发片可以此发片为参照来修剪。

我们从剪成同一长度的横向发片来看一下，发片厚度全部为 2~3 厘米，就可以看到想要剪的发片下面的导线。如果所取的发片比 3 厘米厚一些，那就看不见下面的导线了，就无法以导线为基准顺利地修剪了。

横向发片的导线

快速分出 3 厘米厚的横向发片。

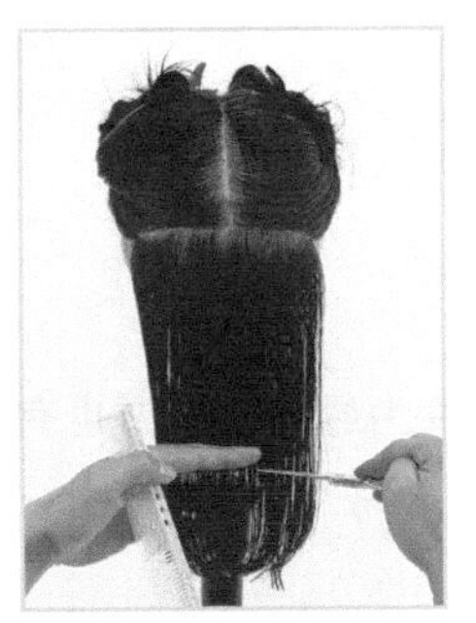

根据想要剪的长度，从发片中间开始修剪。

以正中间修剪完的部分为导线，快修剪整个发片。

继续修剪，和正中间的导线相连接，剪成一条水平的发线。

向左持续水平修剪。

向右持续水平修剪。

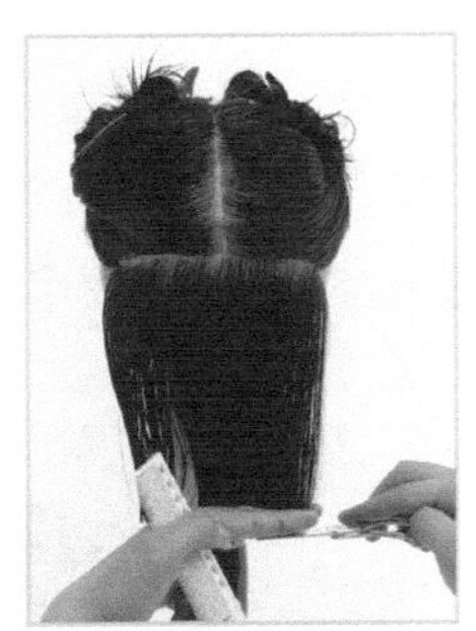

持续将右边剪完，形成了同一长度。这一发片就成为上面发片的导线。

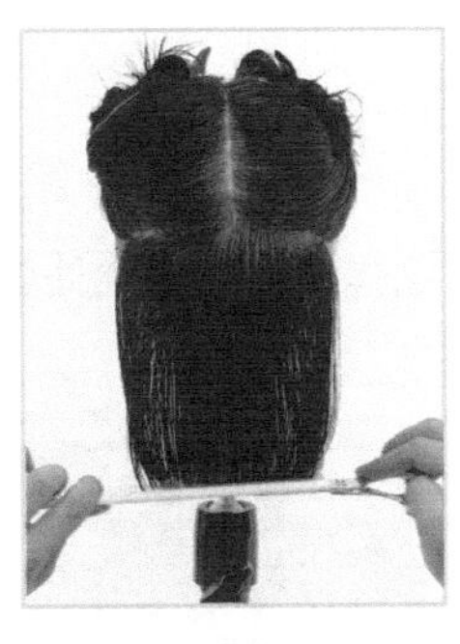

导线的左右对称是十分重要的，如果不对称的话，就不能正确地进行剪发。

然后向上取 3 厘米厚的发片，下面的导线还能看得见，这是关键点。

以下面的发片为导线，先剪中间，再剪左边。

将右边也修剪完。

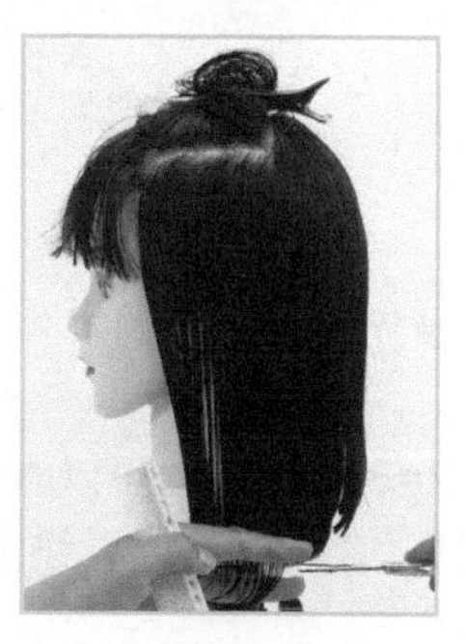

然后移动到左侧发区,取横向的发片，在后脑区导线的延长线上修剪。

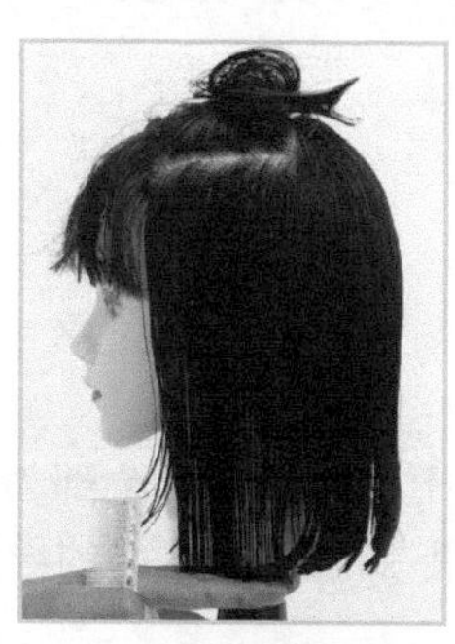

持续将此发片剪完。此发片成为侧发区修剪的导线。

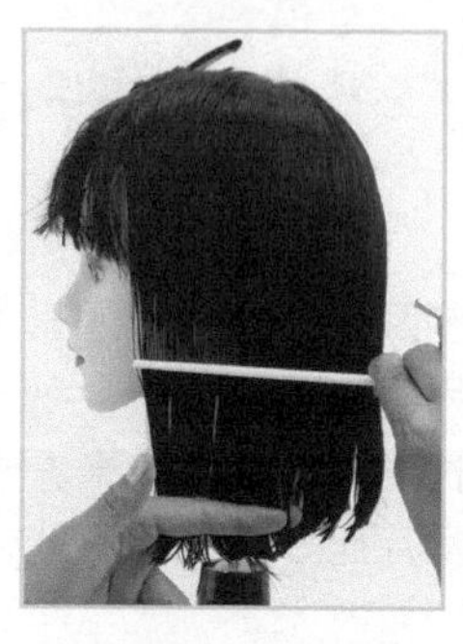

然后向上取3厘米厚的发片，向下梳理。

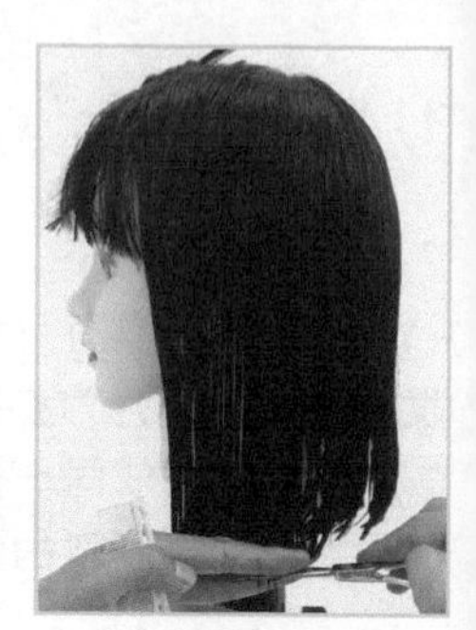

以下面的发片为导线修剪。

纵向发片的导线

层次发型取纵向薄片进行修剪，也是以已经剪好的第一个发片为导线，不过也有以下面的发片为导线修剪的。无论那种情况，发片的获取都以能看到导线为标准。

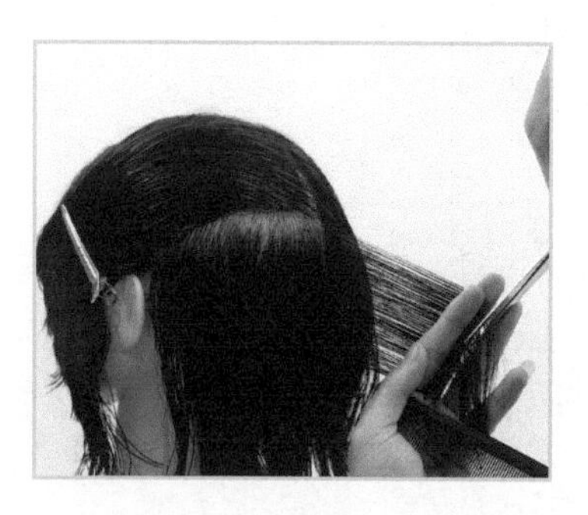

以前一个发片为导线时候，能看到横向的导线。

以下面的发片为导线的时候，无论从导线的哪里开始剪，最后发片和导线都要形成一条直线。

手指夹取发片的正确方法

食指与中指重叠，并形成轻微的交叉。这样的话，指尖处就没有空隙了，能更牢固地夹住发片。

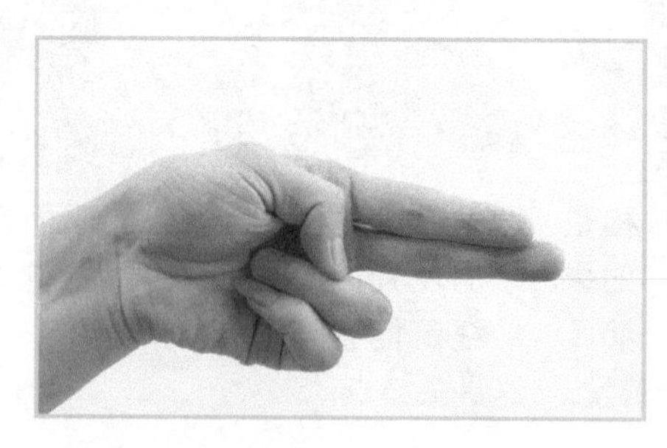

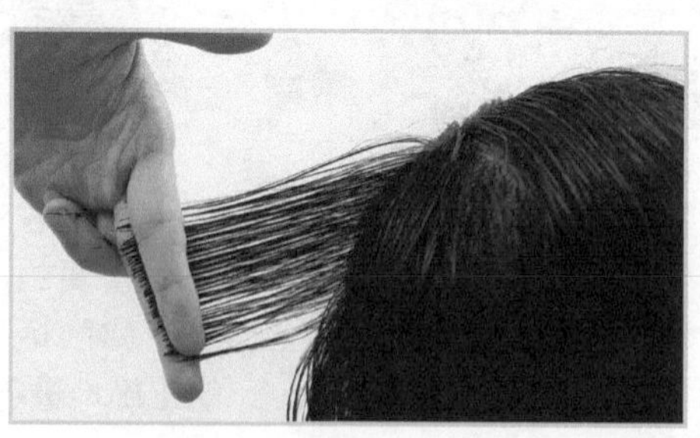

从黄金分割点开始做堆积重量修剪的导线

在头发造型中，有重量堆积的地方，往往从黄金分割点（也叫黄金点）向下堆积。在这一区域进行堆积重量修剪时要先做出长度的导线，并以它为向导，对后脑区的头发进行修剪。

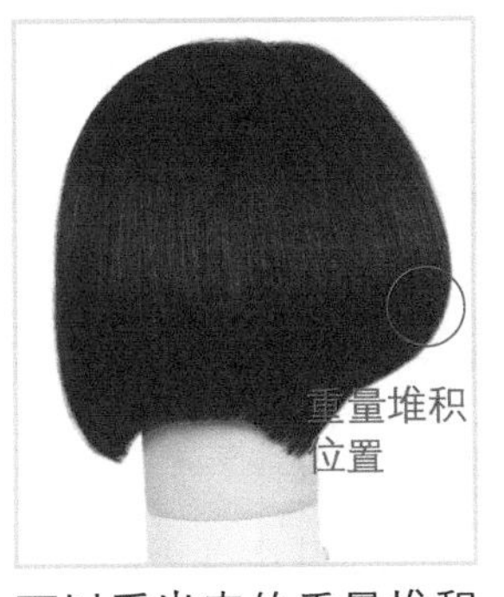

可以看出来的重量堆积处的挤压线的位置。

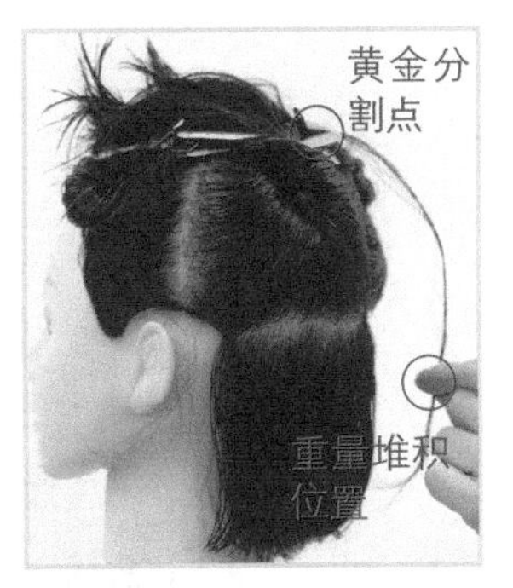

将黄金分割点处的头发拉伸出来，决定好想要修剪到的长度和位置。

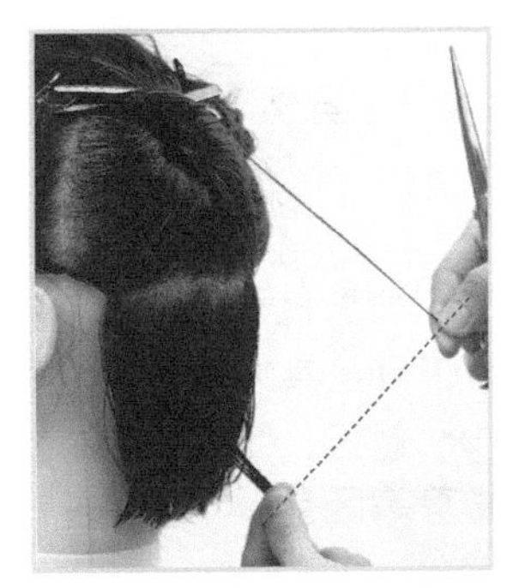

将黄金分割点的头发和三角区的头发都以45°向后拉伸，两个发梢相连形成剪发的切口，这个切口所在的角度成为堆积重量修剪的导线。

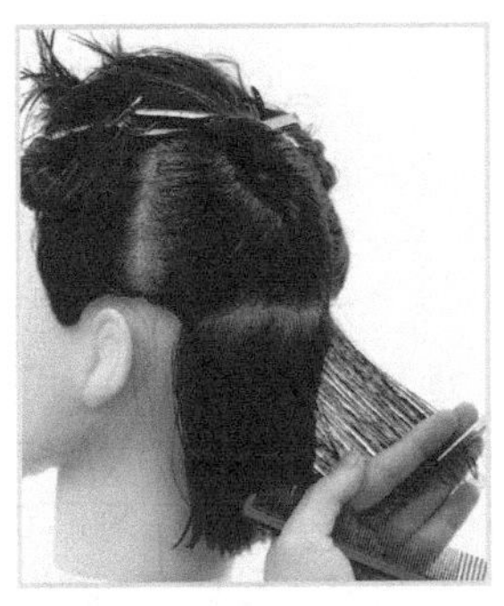

配合黄金分割点和三角区的头发做成的导线进行剪发。

寻找黄金分割点的方法

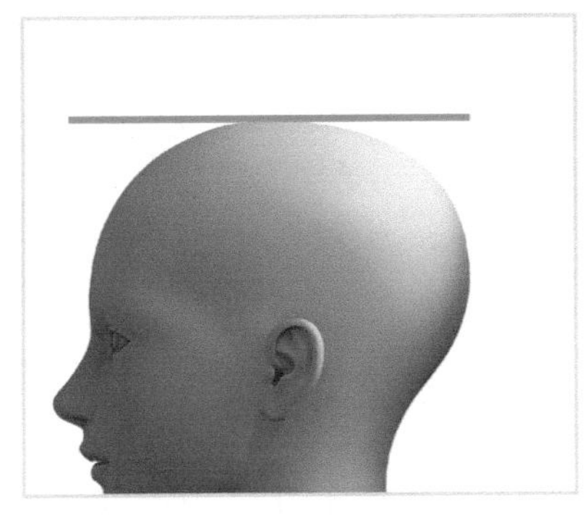

梳子（绿色横线）先水平放置在顶点。

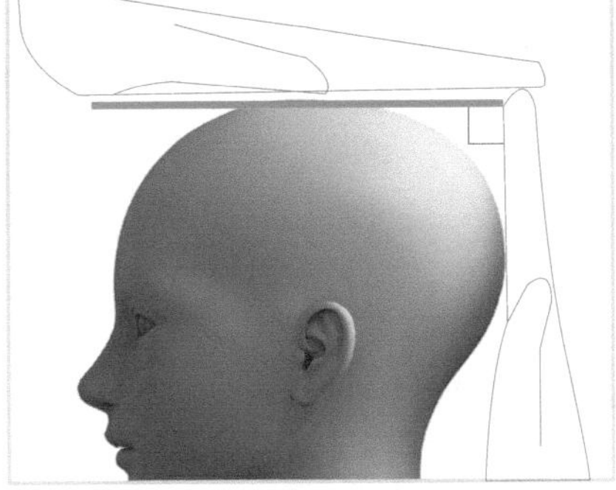

两手分别在头顶和后脑做成直角的角度。

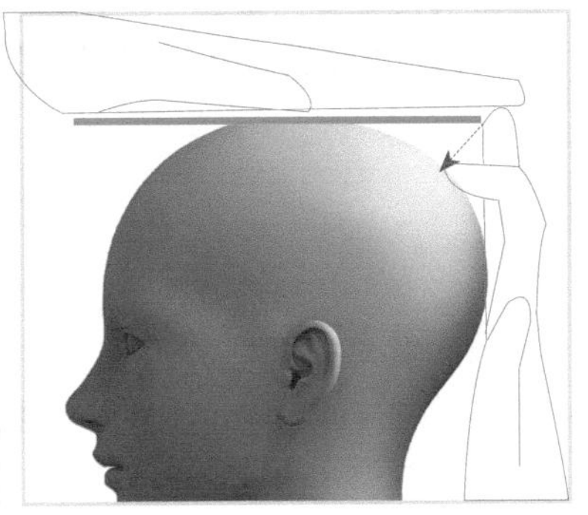

食指自然地向前倾倒，和头皮接触的位置正好是这个45°的位置，这里就是黄金分割点的位置。

1.12 0° 修剪、堆积重量修剪和去除重量修剪

0° 修剪

0° 修剪，是指所有头发处于自然下垂的状态下进行的修剪。

发片提拉的角度为 0° ，即垂直于地面修剪，BOB 头用得比较多。具体到发线的形状，还有方形 0° 修剪、圆形 0° 修剪、三角形 0° 修剪等区分。右图以方形 0° 修剪为例。

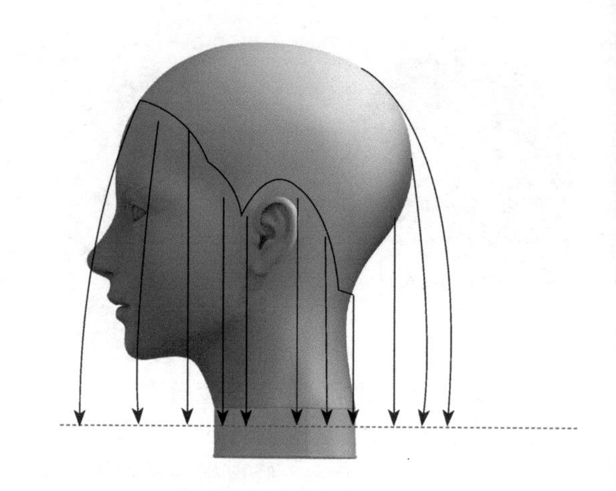

堆积重量修剪

堆积重量修剪，简称 G，是指头发提拉角度在 90° 以下（1° ~89° ）进行的修剪。

发片提拉的角度在 1°~89°，逐渐堆积重量，形成上长下短的线条。堆积重量使头发重叠，重叠产生体积，从而使发型产生饱满感，达到重塑头型的作用。

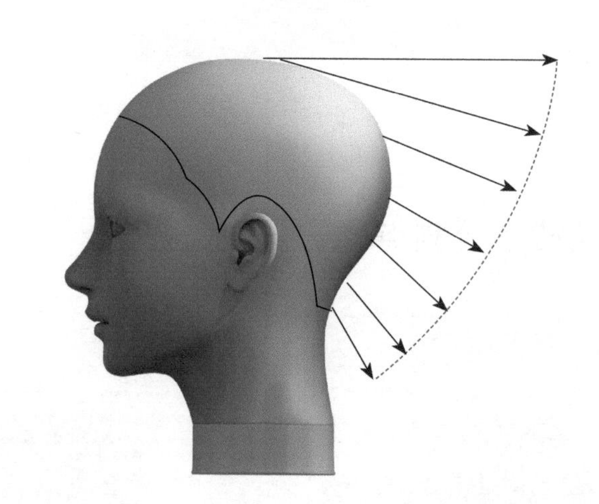

去除重量修剪

去除重量修剪，简称 L，是指头发提拉角度在 90° 或 90° 以上进行的修剪。

发片提拉的角度在90° 或90° 以上时，修剪后的发型整体落差大，看起来有细碎的、柔和的视觉效果。去除重量使头型产生饱满效果的同时可以保留外线长度。如右图所示，都是去除重量修剪的示例图。

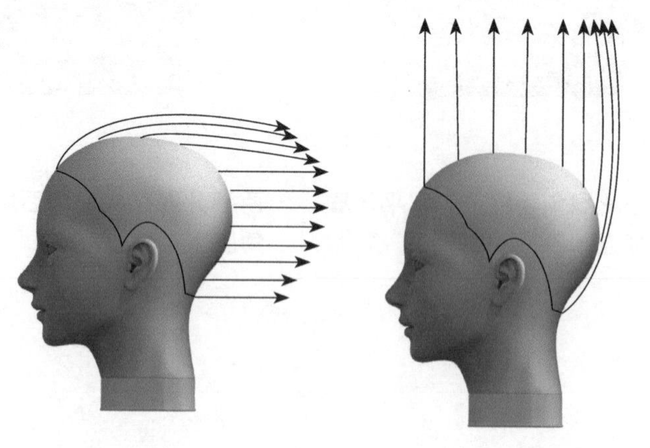

1.13 方形修剪、圆形修剪和三角形修剪

方形修剪、圆形修剪、三角形修剪，是发型的三维结构，是指头发拉向不同的位置、用不同的剪法剪出比较立体的、具有设计感的结构。

方形修剪

方形修剪，是指将一部分头发或全体头发，向某个角度提拉出来，用90° 切口（即剪切口和发片呈直角）修剪，剪切口呈现出一个平整的面。方形和不同的重量修剪技术相结合，会产生不同的效果。

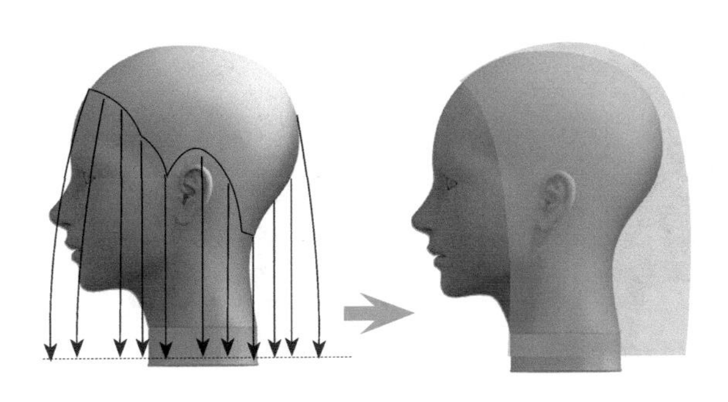

方形 0° 修剪

发片 0° 提拉，剪切线呈水平状态。

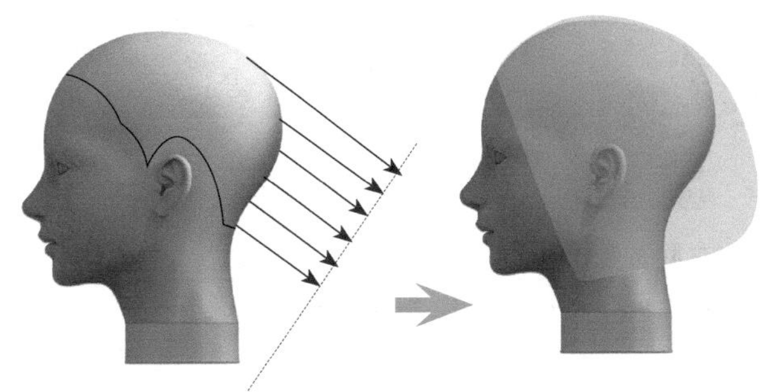

方形堆积重量修剪

发片提拉角度在 1° ~90°，后脑区有发重堆积部位。

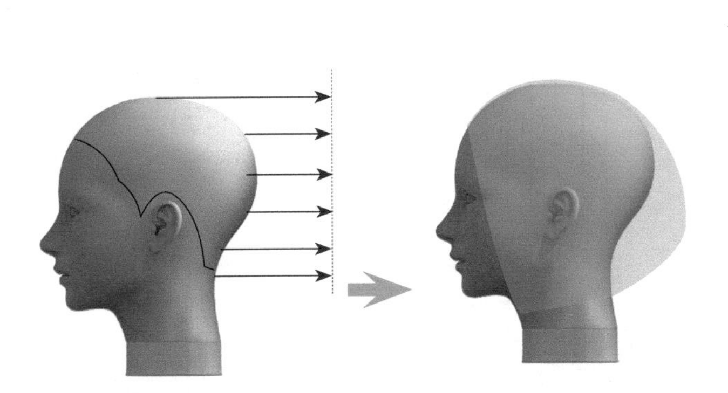

方形后方去除重量修剪

发片提拉角度为 90°，后脑区有发重堆积部位，比起 1° ~90° 提拉修剪，发重堆积部位的位置稍高一些。

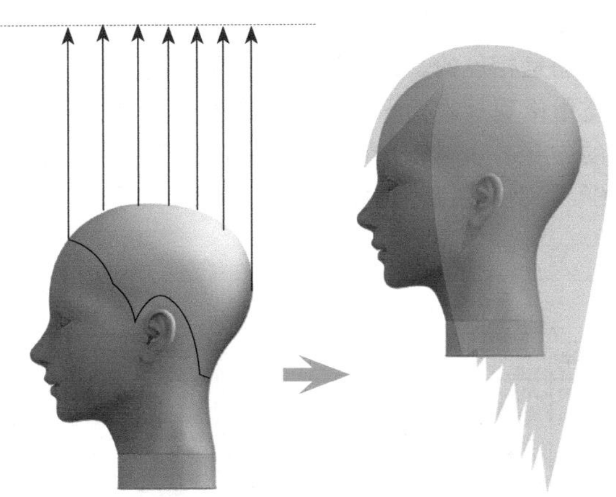

方形头顶去除重量修剪

发片垂直于地面向上提拉，90° 切口修剪。

圆形修剪

圆形修剪，是指将一部分头发或全部头发，以头部为圆心，修剪长度为半径进行修剪，剪切面和头部弧度向符合。圆形修剪和不同的重量修剪技术相结合，也会产生不同的效果。

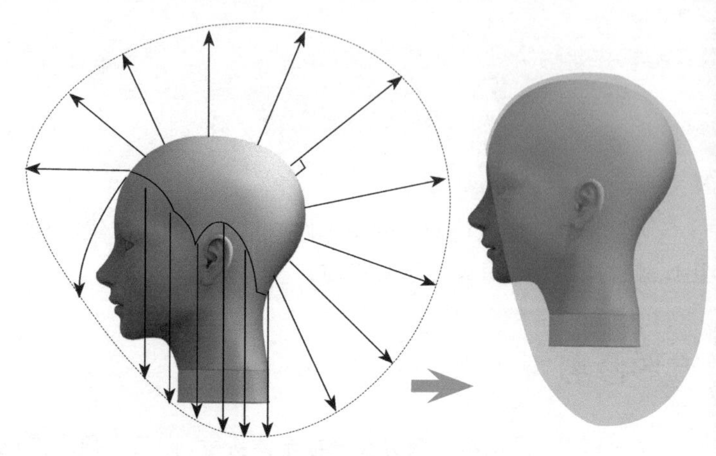

圆形堆积重量修剪

后脑区黄金分割点以下的头发 1°~90° 之间提拉，剪切线呈现出前低后高的弧线。

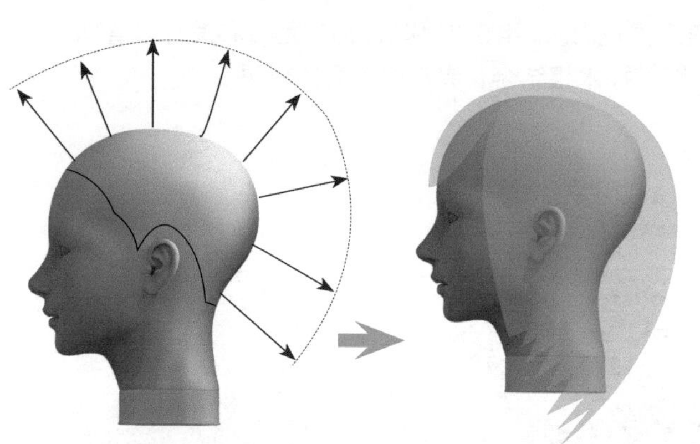

圆形去除重量修剪

发片垂直于头皮提拉，等长修剪。

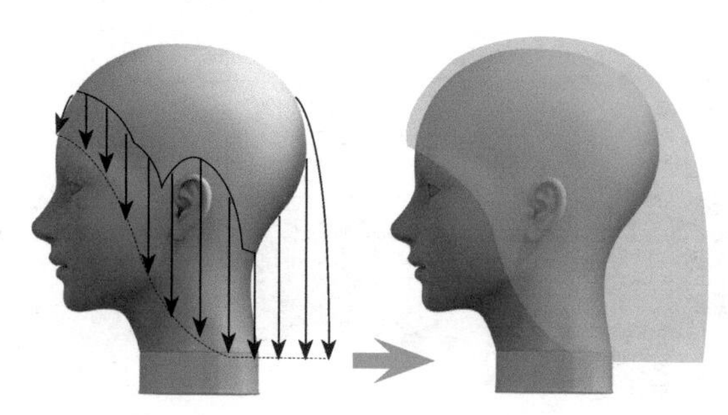

圆形 0° 修剪

发片 0° 提拉，剪切线呈现出前高后低的弧线。

三角形修剪

三角形修剪，是指将一部分头发或全部头发，提拉出来，剪切面和头部弧度相反，可以说和圆形修剪的剪切面是相反的。三角形修剪和不同的重量修剪技术相结合，也会产生不同的效果，其中比较经典的是三角形 0° 修剪和三角形去除重量修剪。

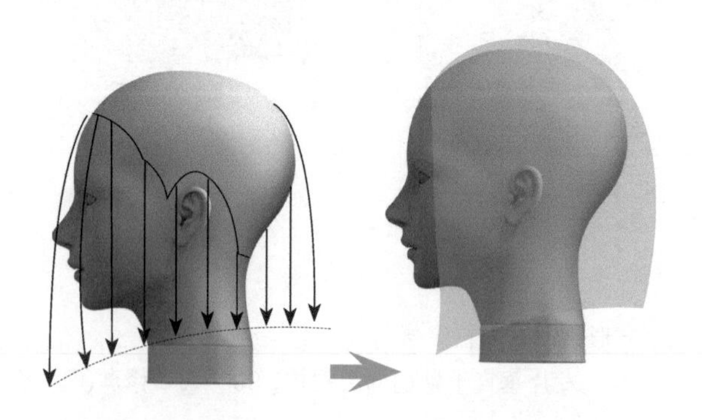

三角形 0° 修剪

发片 0° 提拉，剪切线呈现出前低后高的弧线。

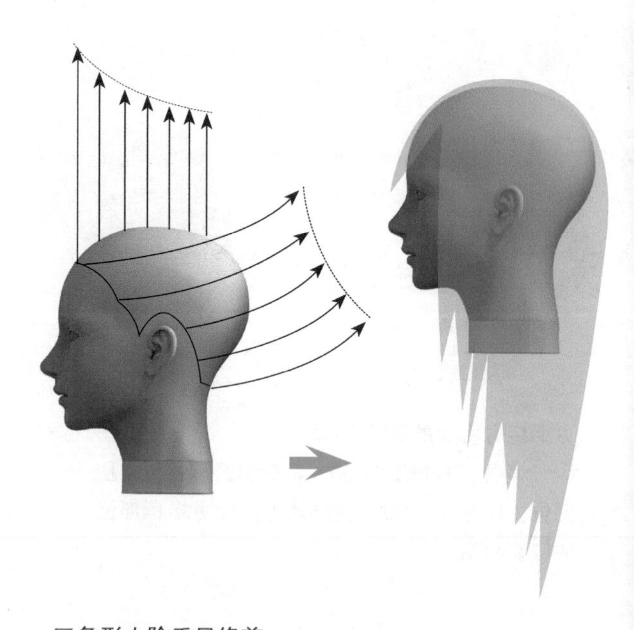

三角形去除重量修剪

发片 90° 以上提拉修剪，剪切面于头部弧度相反。

1.14 层次的概念

层次的含义

头发能够通过重叠，堆积出想要的形状。垂直于头皮拉伸出发片时，发片上部的长度和下部的长度如何处理，可分成 4 种分类，分别以 G、HG、S、L 为标记，对其进行分类。

层次 G

堆积重量修剪的层次，将发片修剪得上面长、下面短的状态。

高层次HG

发片上部比起下部长，两者的差较小。

相同层次S

方形层次，发片上部、下部的长度相同。

层次L

去除重量修剪的层次。发片上面短、下面长的状态。

各种层次发型修剪出来的形状特征

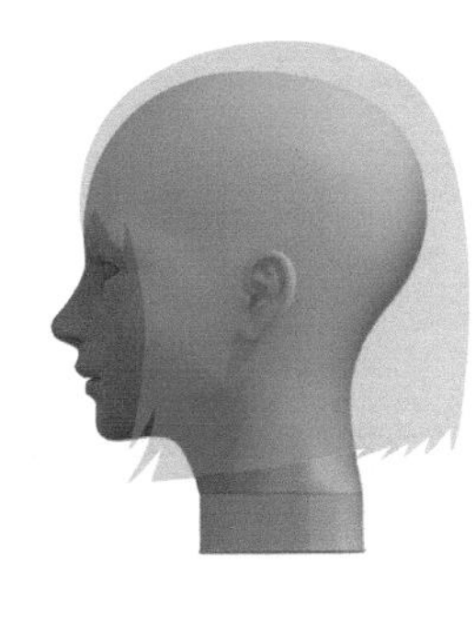

层次G的造型特征

发线达到同一长度或者与此相近，有厚重感。发型整体有宽度，重心低。

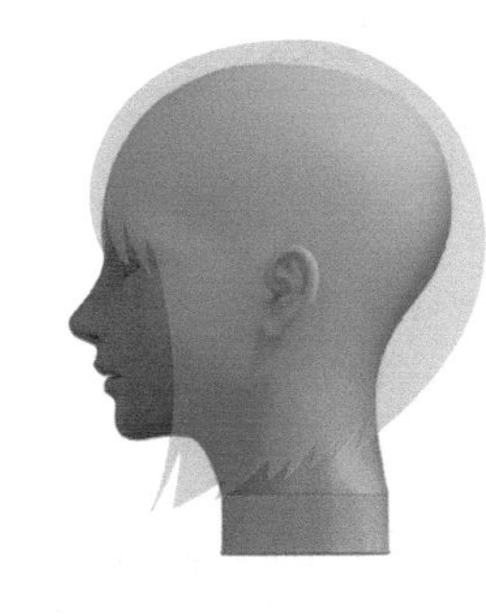

高层次HG的造型特征

层次中最感到轻松的造型。发型有弧度，重心的位置较高。

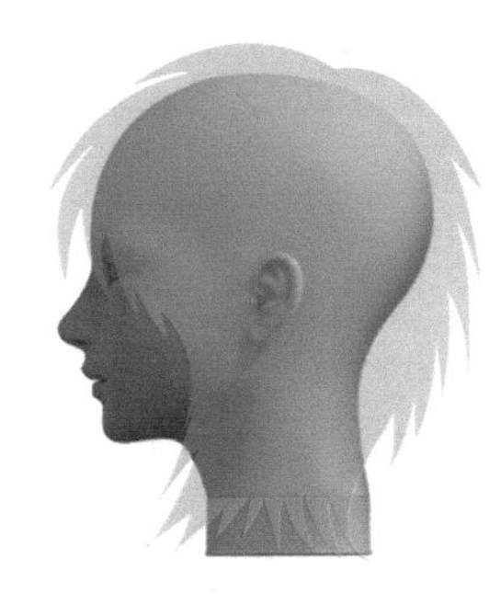

相同层次S的造型特征

反映了头部的形状，形成有弧度的竖长的形状，不同的层次形成了头发的动感。

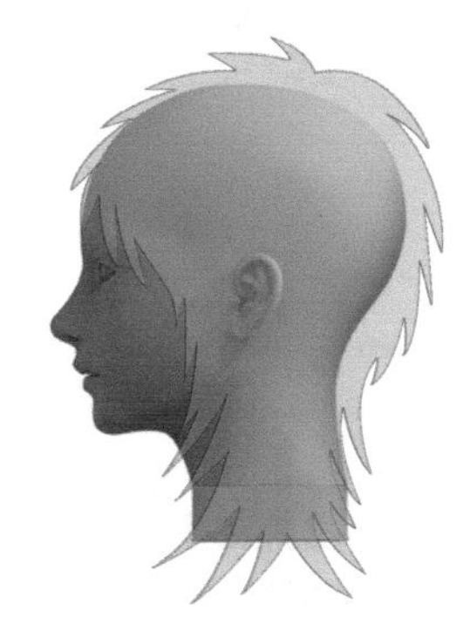

层次L的造型特征

中间细长的造型。发梢变薄，给人以松散的印象，比起 S 造型更加突出头发的动感。

1.15 四种层次修剪技术

采用不同的修剪技术，可以剪出不同的层次效果。常用的层次修剪技术为 FG、BG、SL 和 RL。下面一一介绍。

FG 修剪

向前拉伸修剪。同一长度的头发向前拉伸进行剪发的话，形成前高后低层次的切口。基本上是 45° 向前拉伸进行剪发。

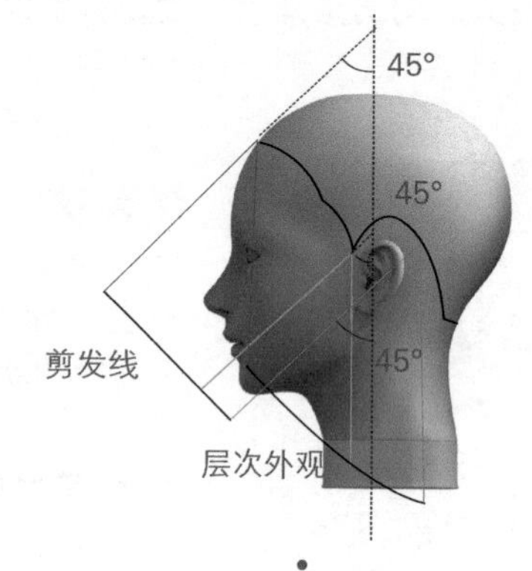

BG 修剪

向后拉伸修剪。同一长度的头发向后拉伸进行剪发的话，形成前低后高层次的切口。基本上 45° 往后拉伸进行剪发。

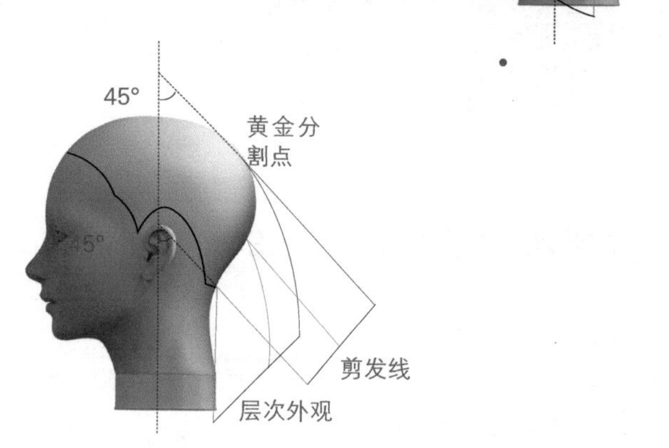

SL 修剪

平行于地面拉伸修剪。发片平行于地面拉伸，90 ° 平行剪发的话，会形成中间细的层次切口。黄金分割点的头发越短，层次差越大，头发越轻盈。三角区这里的特征就是中间细两头粗。并且，如果大于 90° 向上提拉修剪的话，角度越大，层次差越大，头发越轻盈。

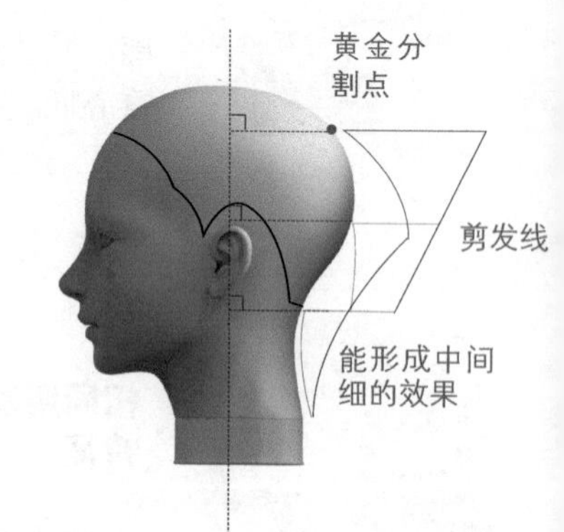

RL 修剪

RL 是环状层次修剪，全部的发片都垂直于头皮提拉（也称为从基本区域拉伸出来），与头部弧度相吻合进行剪发，可有效调节发量和弥补骨骼的不足之处。

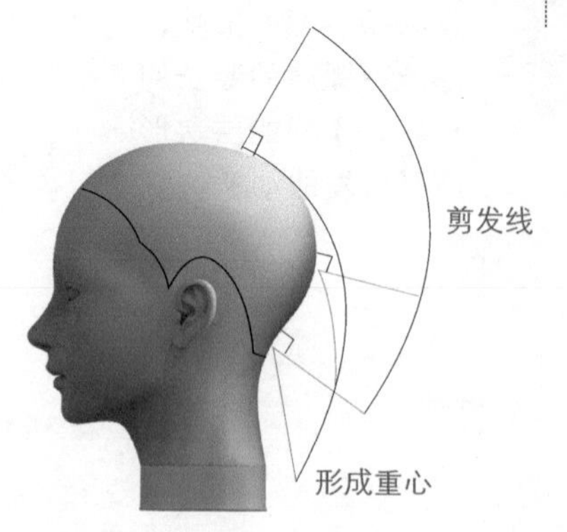

1.16 发片提拉角度的基本知识

利用发片提拉角度进行修剪，有时也称为升降法。将头发上提进行剪发，然后头发下落时形成一定的层次差。这个层次差的幅度的变化带来不同的造型。

各种提拉角度的介绍

升降法

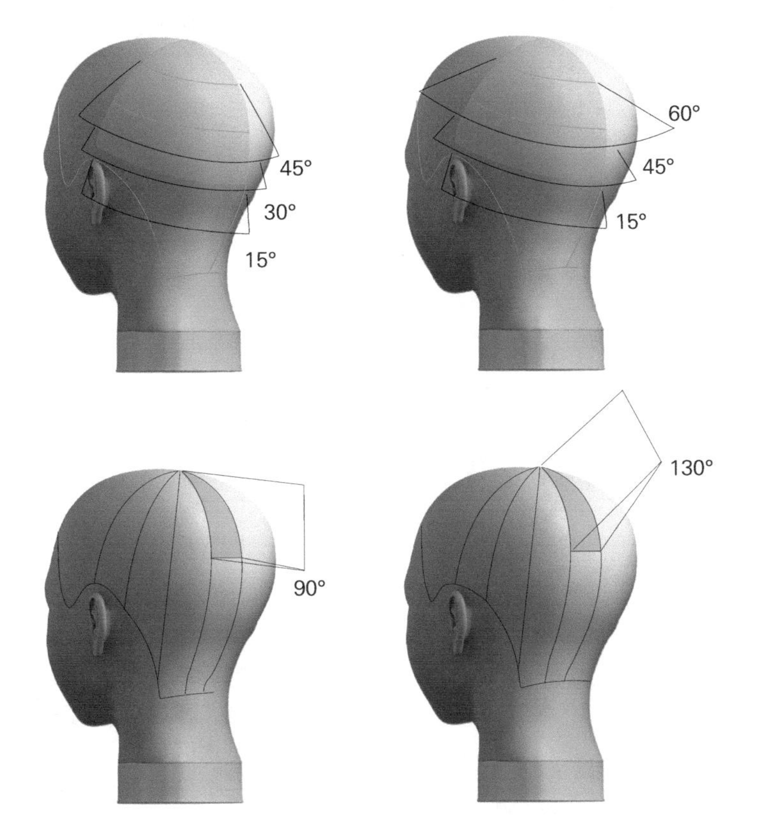

横向划分发片

横向划分发片，发片的升降高度越高，层次差就越大。并且在横向划分发片的时候，将发片提升 90° 以上情况几乎是没有的。

纵向划分发片

划分纵向发片，发片提拉角度越大，层次差也越大。

这里所讲的提拉角度，是从正下方开始向上提拉多少度，并不是相对于头皮的角度；相反从“基本区”提拉，则是针对头皮形成 90° 提拉的意思。

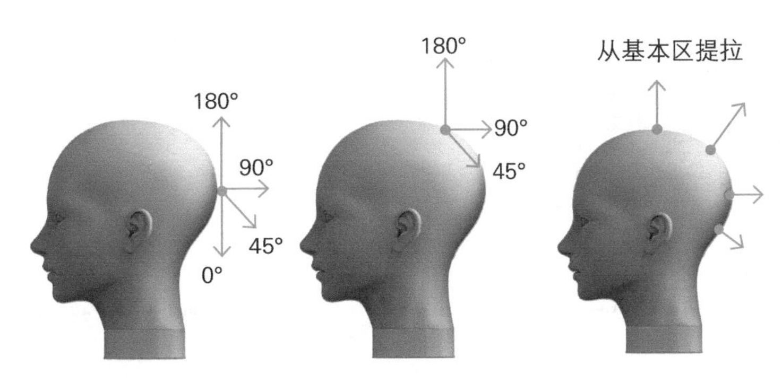

1.17 OD 连接修剪技术

我们通常也称为一带一，是指纵向的发片，一个发片带向另一个发片的位置进行修剪的技术。OD 连接可以使纵向发片之间的连接更自然。发片无论向前连接，还是向后连接，长度都会发生变化。

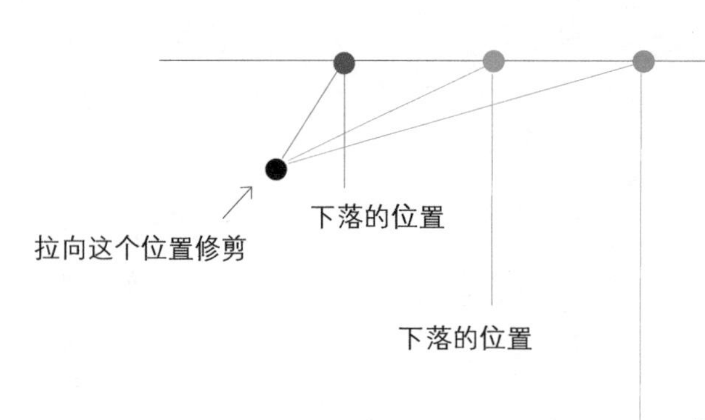

实际下落的位置与剪发的位置距离越近，头发就变得越短，距离越远则头发越长。

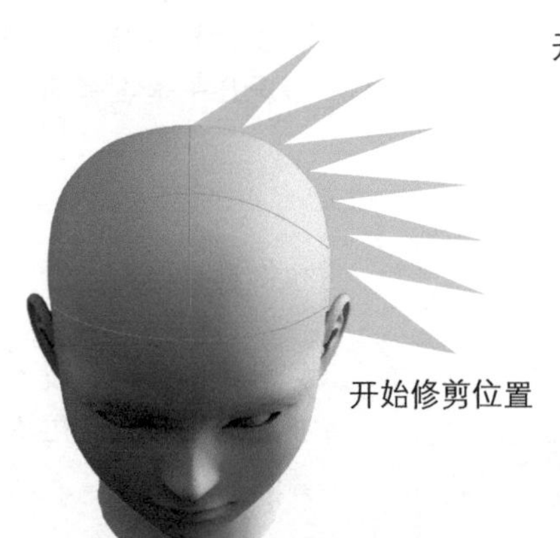

从前面开始进行 OD 剪发

从后面开始进行 OD 剪发

应用以上原理，以发片向前或者向后剪发为例，开始剪发时是在基本区剪发，之后每一个发片都偏向前一个发片进行剪发。向前拉伸剪后，后面变长，形成前高后低发线，向后拉伸修剪后，前面变长，形成前低后高的发线。

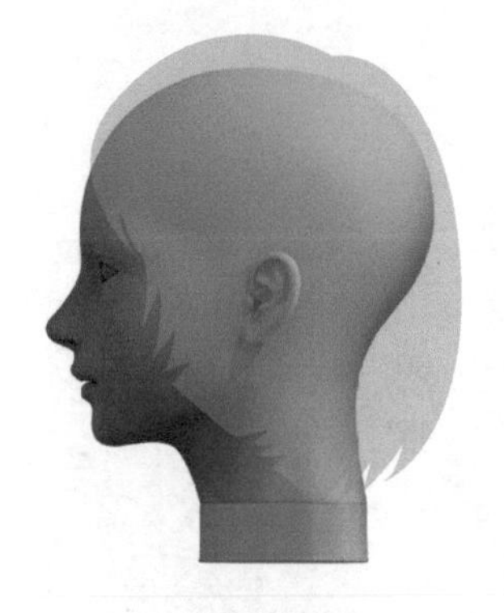

前高后低的发线

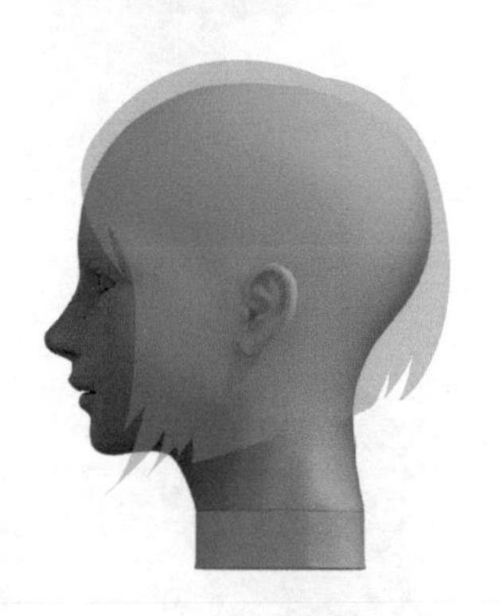

前低后高的发线

第 2 章 层次发型的剪发

2.1 短层次发型

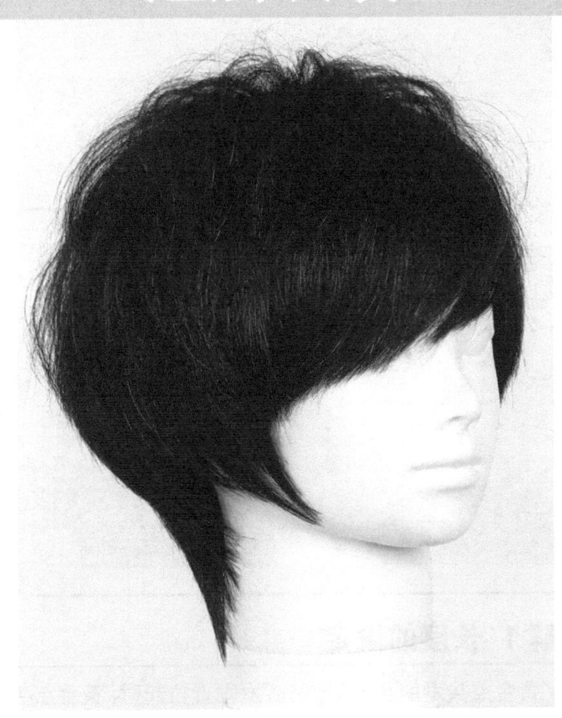

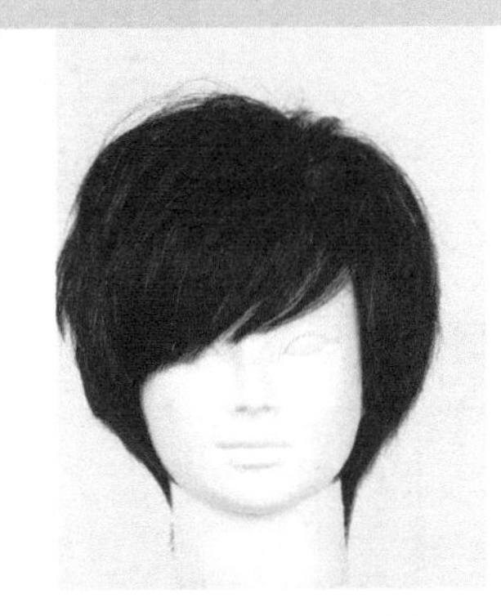

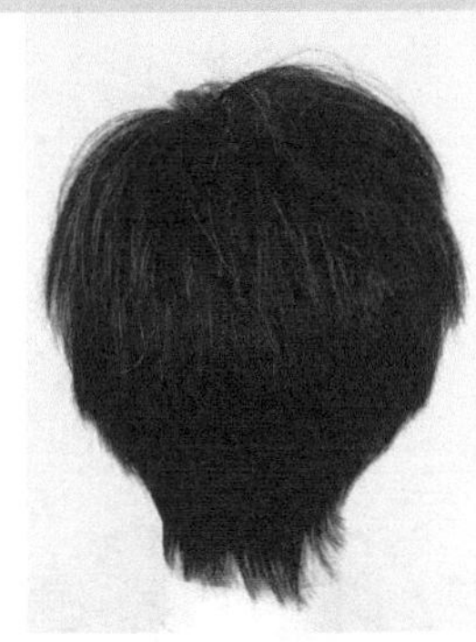

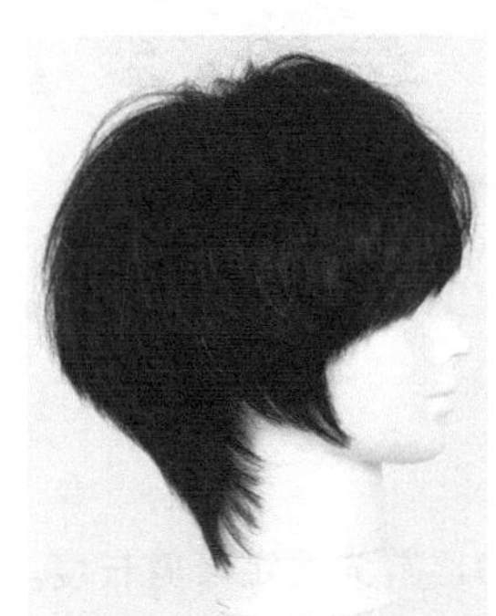

剪发前的分析：

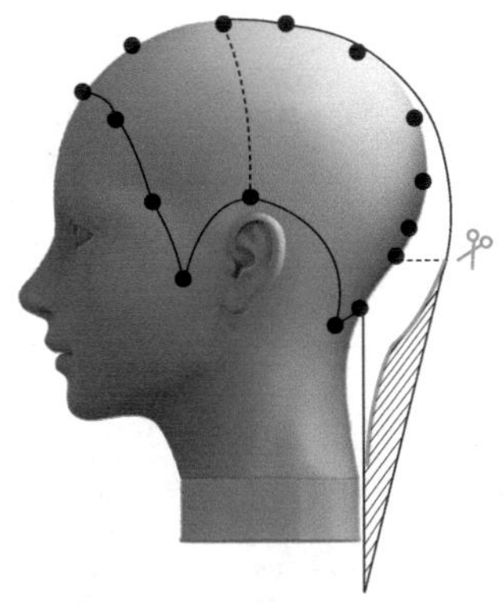

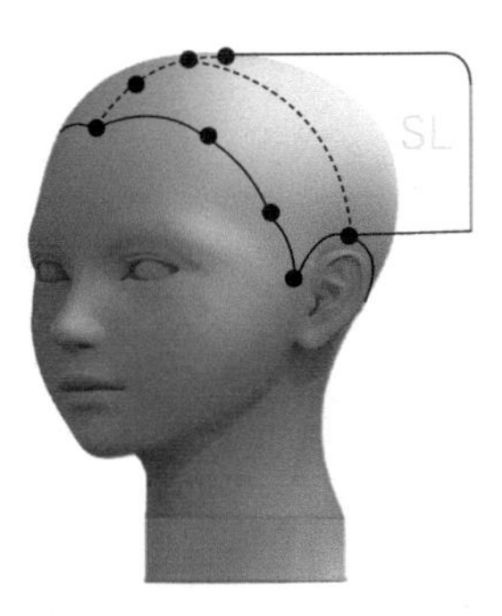

方形层次

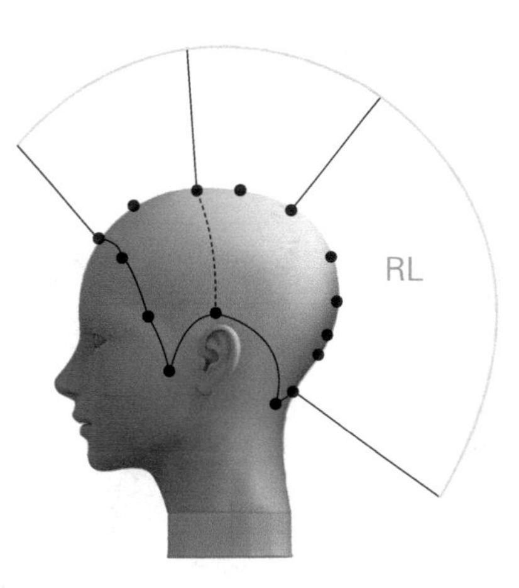

圆形层次

掌握层次发型的操作手法

学习以层次为主的发型，掌握沿着骨骼走势修剪头发的操作手法。

掌握层次的种类

了解层次的两种剪法，掌握两种类型的区别和应用方法。

在头顶区分区

剪发步骤详解：

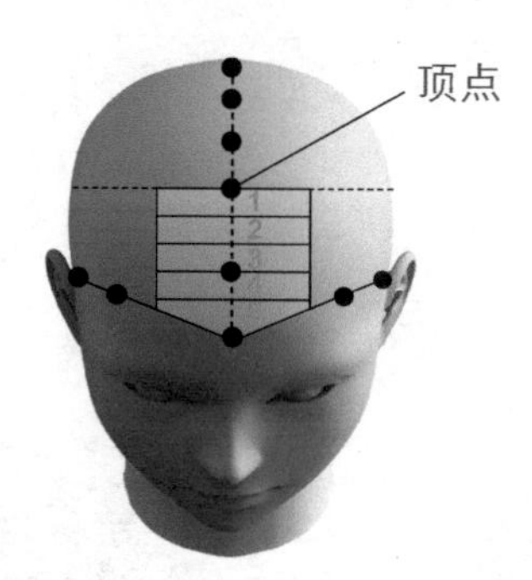

在头顶区设置 5 个发束

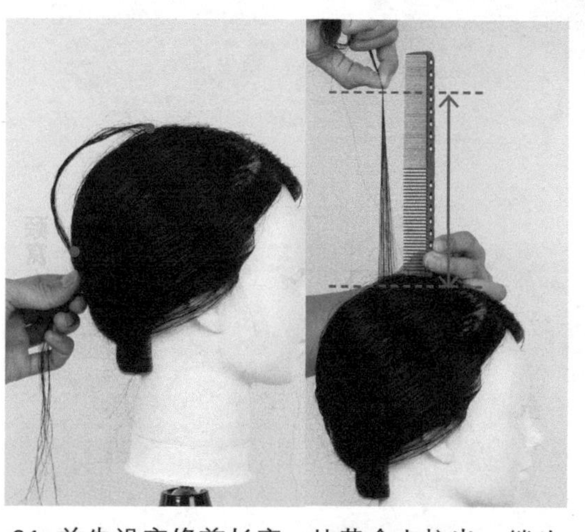

01. 首先设定修剪长度。从黄金点拉出一缕头发，发根到颈窝点的距离为黄金点发长。将黄金点头发向上垂直拉起，将梳子放在与顶点垂直的方向，与黄金点发长齐平的长度就是修剪的长度。（图解 1）

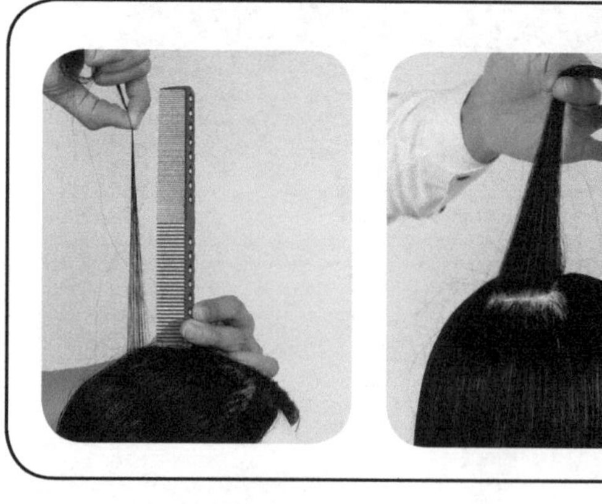

图解 1 长度的设定

决定了黄金点头发的长度后，将头发垂直拉起时，黄金点头发的高度和顶点头发的高度保持齐平，以此来决定顶点头发的长度。头部骨骼中，顶点比黄金点高，所以此时顶点头发的长度是小于黄金点头发长度的。

02. 从顶点开始剪。取横向的第 1 个发束，从发束中央向上垂直拉起。

03. 按步骤 1 中设定的修剪长度来剪。剪刀与头发垂直。注意，只剪发束的后半部，前半部垂直拉出即可。

04. 向前推进半个发束。取第 2 个发束中厚度约为 1 厘米的发束，和第 1 个发束的前半部分一起垂直拉出，按设定的长度剪。（图解 2）

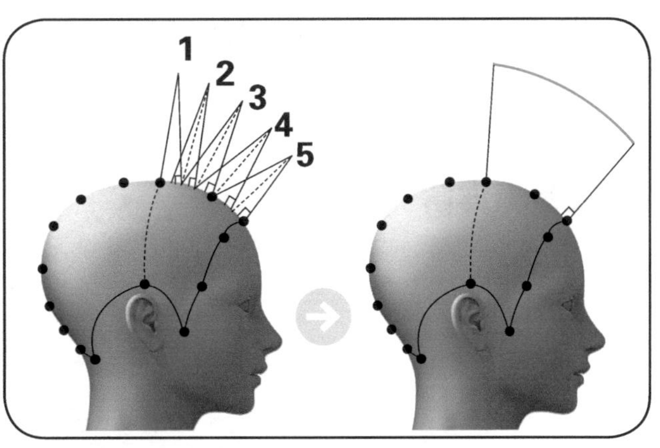

图解 2 每次半个发束向前推进

在下一发束中取前一发束一半厚度的发束修剪，每次的操作方法都是将发束垂直于头皮拉起，按照事先设定好的长度修剪发束的后半部分。

05. 第 3 个发束的修剪同前面一样，每次向前推进半个发束，和第 2 个发束的前半部一起拉起，以第 2 个发束为基准修剪。

06. 第 4 个发束的修剪与上一步骤相同，修剪后半部，并保持前半部和头皮垂直拉起。

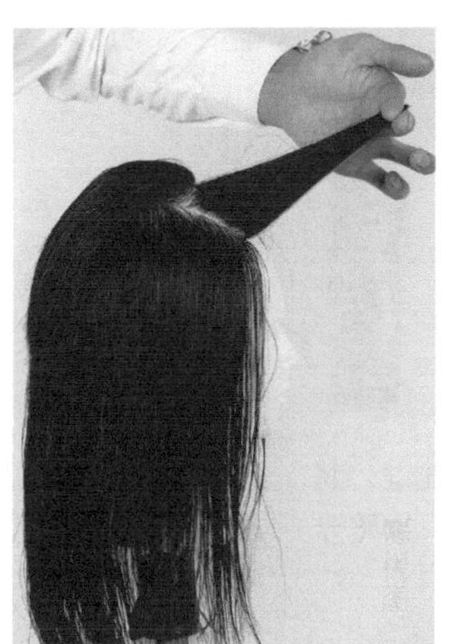

07. 第 5 个发束一直推进到发际线。将发束相对头皮垂直拉起，根据已设定的长度剪掉多余的头发。

在前额区加入圆形层次

剪发步骤详解：

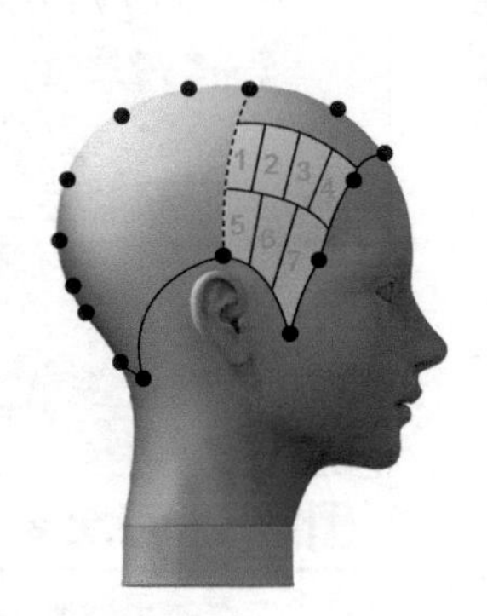

将前额区头发按圆形层次设置 7 个发束

08. 将前额区中心到黄金点的连线划分出左右区域。（图解 3）从顶点开始在右边取发束 4，在中央（头盖骨最高处）将头发向头皮垂直方向拉起，让剪刀和发束垂直进行修剪。

09. 和头顶区的修剪一样，向前推进半个发束，取发束 3 中厚度约 1 厘米的发束，和步骤 8 中发束的前半部分一起，垂直于头皮修剪。

10. 同样地，依次向前推进，将发束 2 垂直头皮拉起，参照步骤 9 修剪。

11. 圆形层次的上层发束 1，一直推进到发际线，同样参照步骤 8 垂直修剪。

12. 继续修剪下边层次的头发。从顶点开始沿着侧中主线取发束 5，向垂直于头皮的方向拉起发束，剪法和步骤 8 一样。

13. 向前推进。取发束 6 中厚度约 1 厘米的发束，和步骤 12 中发束的前半部分一起垂直拉起，垂直修剪。

14. 沿用此剪法一直推进到发际线，同样将发束 7 相对头皮垂直拉出，呈直角来剪。

15. 左侧的修剪和步骤 8~11 一样，将头盖骨周围的发束相对头皮垂直拉起修剪。

16. 继续向下修剪，和步骤 12~14 一样，修剪头盖骨下边区域的发束。

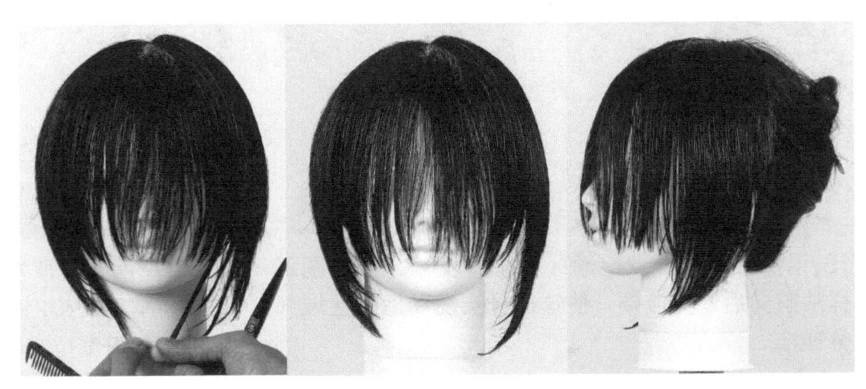

17. 从头顶区开始到左右区域，前额区部分的层次被连接了起来。（图解 4）剪到这里时，必须左右比对一下，确认左右是否一致。如果不一致，需要及时进行修改。

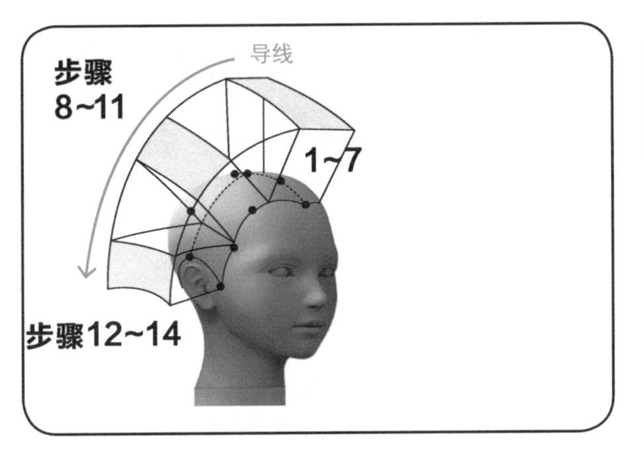

图解 3 将层次扩大到左右

步骤 1~7 中所修剪的头发层次是从前向后逐渐变长的，在步骤 8~11、步骤 12~14 的两个阶段中，这种层次会扩大到右边头盖骨周围和下边。

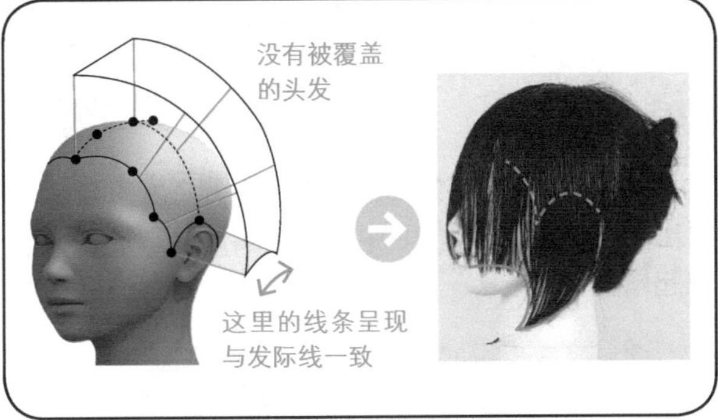

图解 4 显现发际线的形状

到此为止，这一区域的发束进行了和头部骨骼垂直拉起的修剪。这样修剪出的头发有两个效果：①上下发层的头发长度变得相同，没有发层被遮盖；②发际线的头发长度几乎相同。因此，垂下的时候发际线的形状能够完全呈现。

在莫西干线上修剪发束

剪发步骤详解：

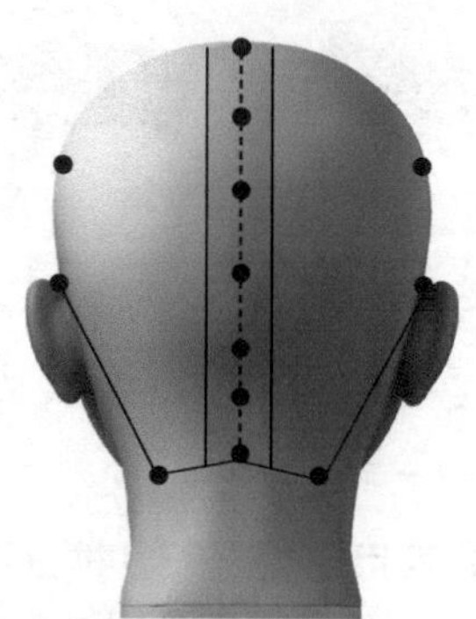

沿莫西干线修剪发束

18. 沿莫西干线，取前额区中心的发束，像上图那样从前向后修剪流畅，使这部分头发和后脑区域部分连接。

19. 沿莫西干线取发束，直到黄金点，使发束与地面保持垂直拉起，使之和步骤 18 中的切口相连接，沿着头的弧度拉起修剪。

20. 接着，取发束到第二区分点为止，将发束与头皮垂直梳拉出来，使之和步骤 19 中的发束相连接，沿着头皮的弧度拉起修剪。

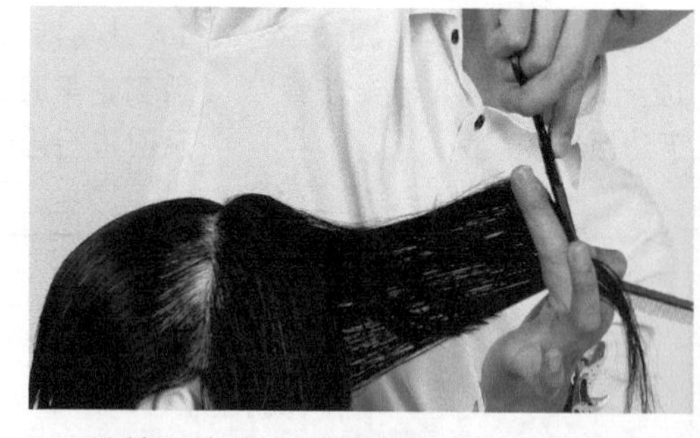

21. 继续取发束到后脑点为止，和头皮保持垂直地梳拉出来，使之和步骤 20 中的发束相连接，沿着头的弧度拉起修剪。

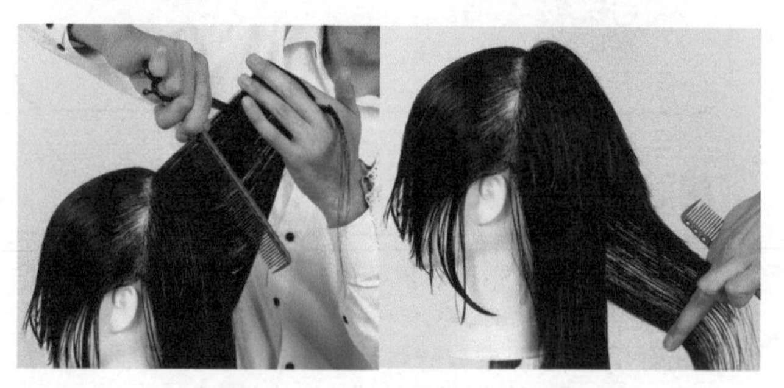

22. 同样地，从后脑点开始取发束至颈窝，向后脑区中心推进修剪。

在后脑区加入圆形层次

剪发步骤详解：

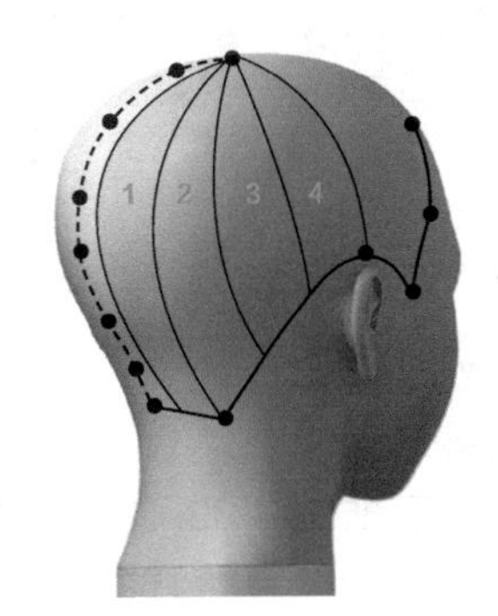

按圆形层次在后脑区划分 4 个发束

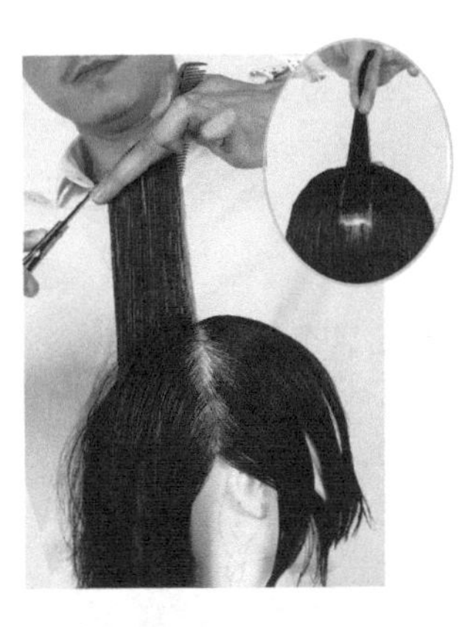

23. 由于发束 1 较长，可分为几个步骤来剪。从顶点呈放射状取发束 1 的上部，与地面垂直拉起，沿头部的弧度拉起修剪。

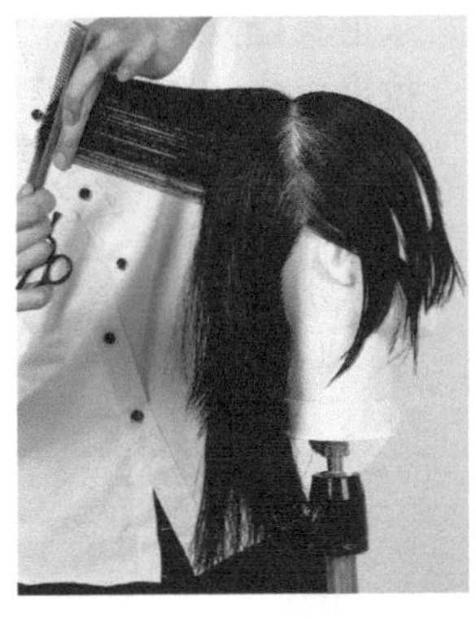

24. 取发束 1 稍靠下的部分，与头皮保持垂直梳拉出来，以发束中心为基准沿头部弧度拉起修剪，使之和步骤 23 中的发束相接。

25. 同样依次向下推进取发束 1 更靠下的部分，与头皮保持垂直梳拉出来，以发束中心为基准沿头部弧度修剪，使之和步骤 24 中的发束相接。

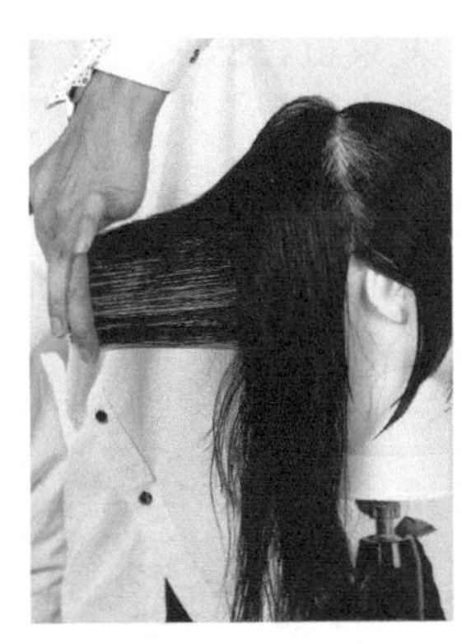

26. 发束 1 向下推进取发至脖颈发际线，以发束中心为基准沿头部弧度拉起修剪，使之和步骤 25 中的发束相接。

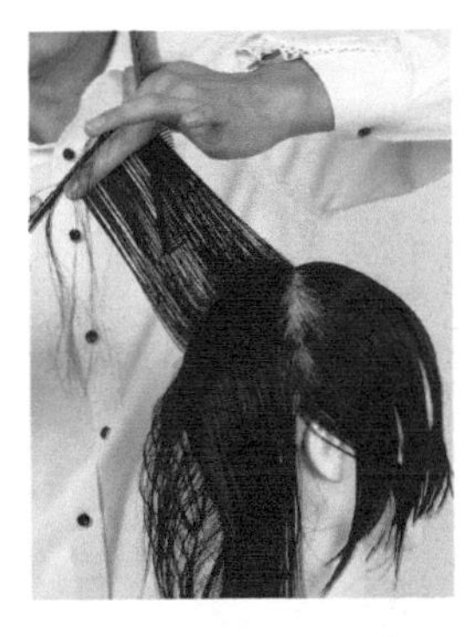

27. 向右推进剪发束 2。从顶点放射状地取发束，与头皮保持垂直梳拉出来，沿头部弧度拉起修剪。

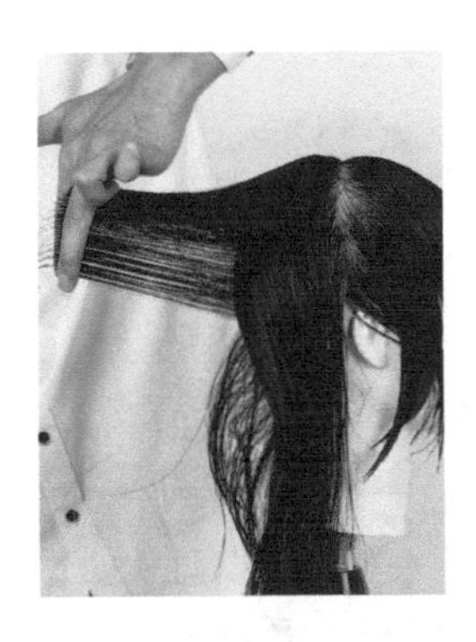

28. 向下推进取发。与头皮保持垂直梳拉出来，沿头部弧度剪，使之和步骤 27 中的发束相接。

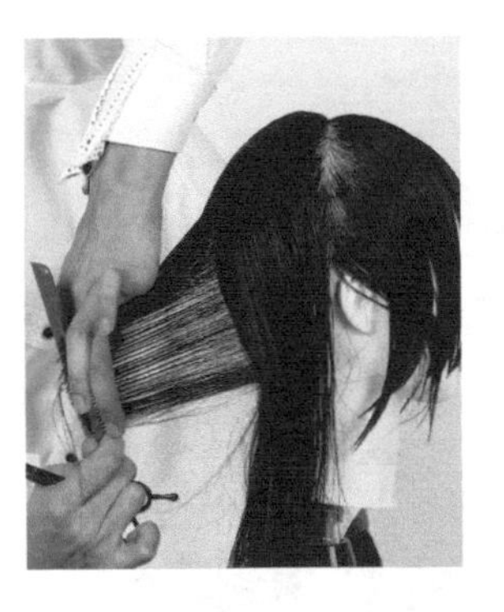

29. 用同样方法，依次向下推进到发际线为止，将发束 2 剪完。

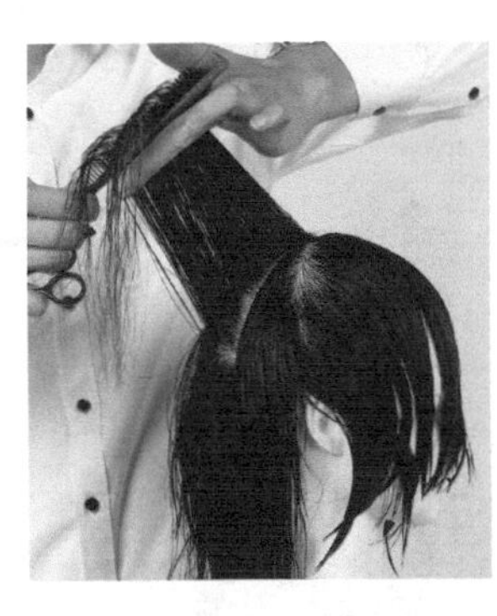

30. 向右推进剪发束 3。将发束 3 的上部和头皮垂直梳拉出来，沿头部弧度拉起修剪。

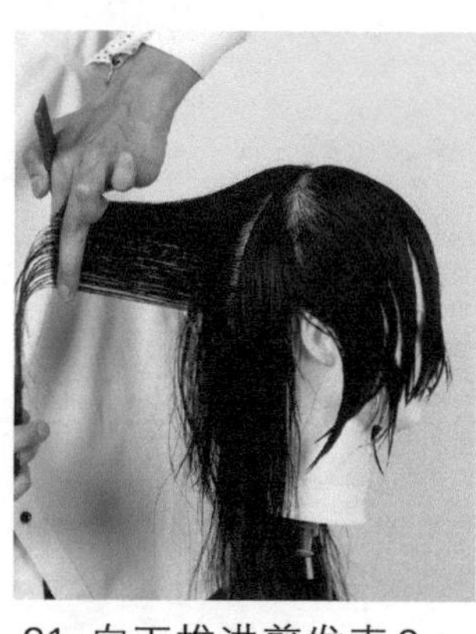

31. 向下推进剪发束3。同样地，与头皮垂直将发束梳拉出来，参照左边发束，沿头部弧度拉起修剪，并与步骤30中的发束相接。

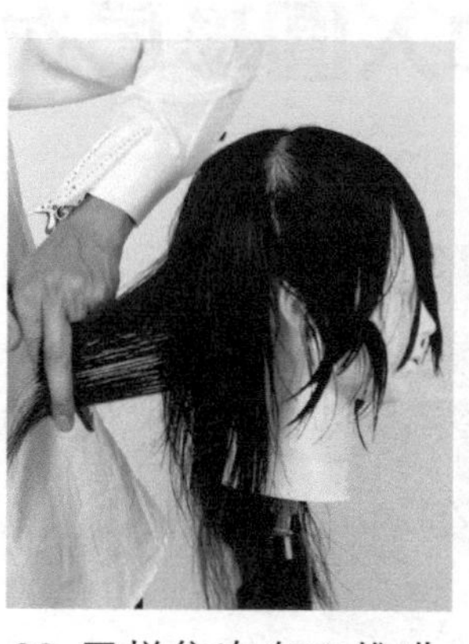

32. 同样依次向下推进到发际线为止，将发束3剪完。

33. 向右推进剪发束4，一直到侧中主线为止。从上边顺次呈放射状梳拉出发束，与头皮保持垂直，参照左边发束，沿头部弧度剪。

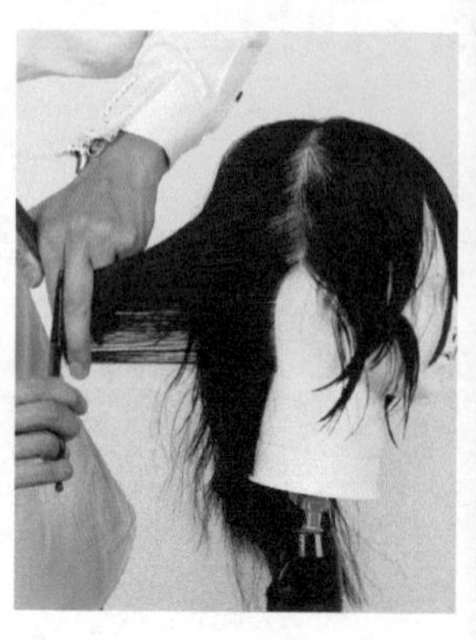

34. 用同样方法，依次向下推进到下边的发际线将发束4剪完。

35. 在右后脑区加入了层次。

36. 以莫西干线为基准剪左侧。左侧的剪法和步骤23~35一样，呈放射状地取发束，使各个层次连接起来。

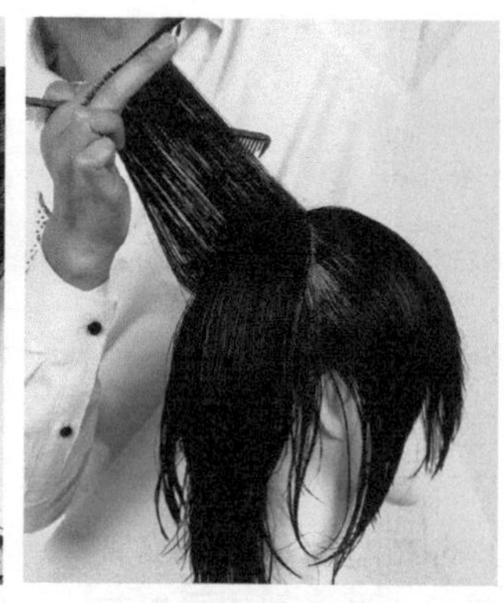

37. 呈放射状地取发束向左推进。和步骤33一样，从上边推进剪到下边。

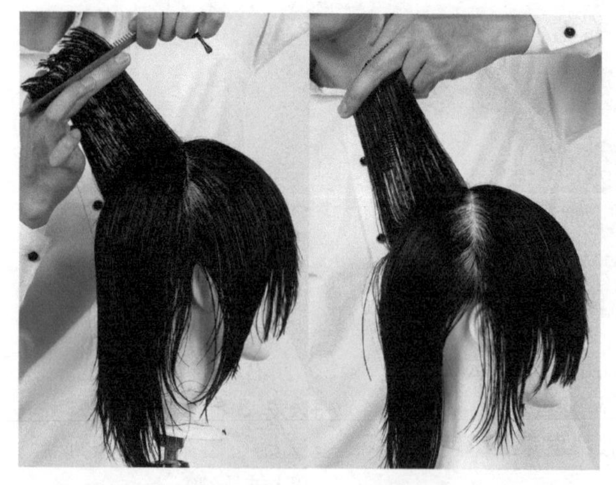

38. 同样，向左推进来剪，一直推进到顶点的侧中主线为止。

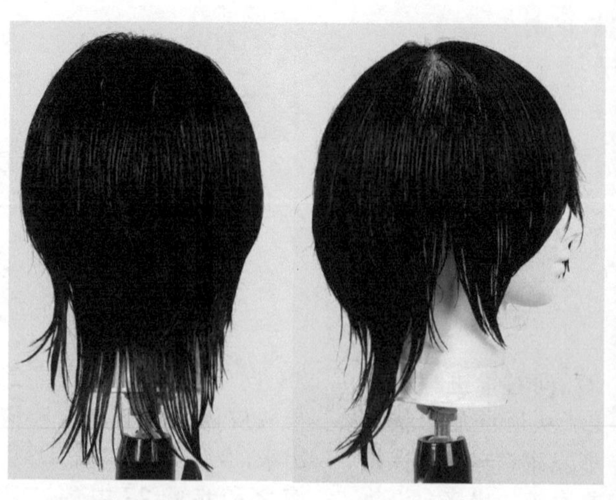

39. 在后脑区整体加入了圆形层次。像步骤1中设定的那样，黄金点的发束下垂到颈窝高度的设定形成了。

在侧发区加入方形层次

剪发步骤详解：

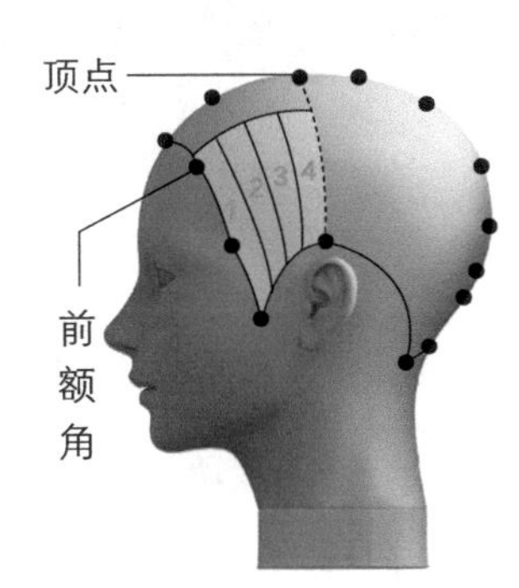

侧发区方形层次，设置4个发束

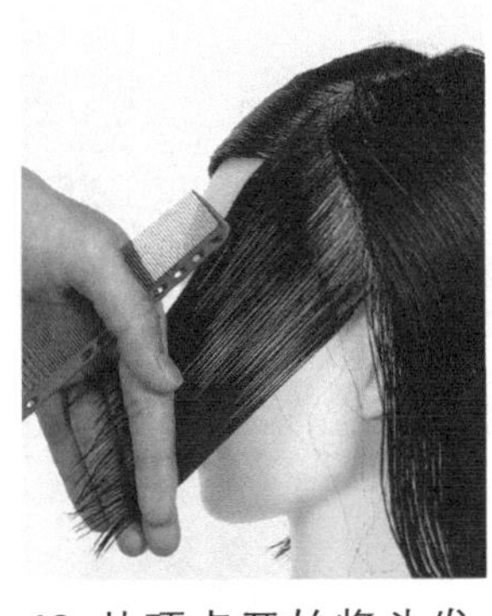

40. 从顶点开始将头发分开至左边前额角，取和发际线平行的发束。发束方向和前刘海的分线平行。设定第1个发束的长度，入剪方向和地面垂直。

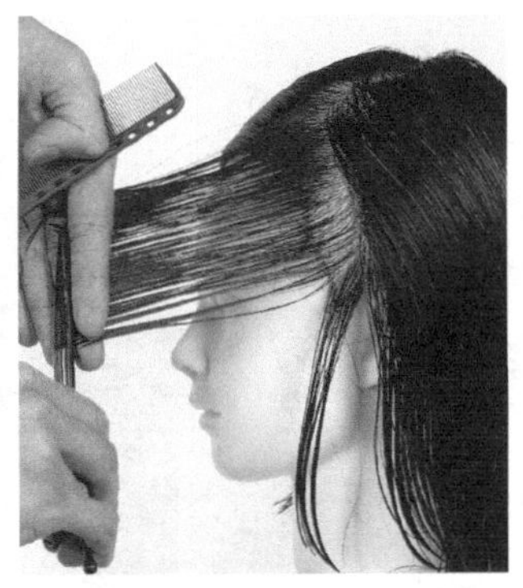

41. 取和步骤40中发束平行的第2个发束，用垂直梳法拉出发束，发束水平方向和地面平行。以第1个发束为参考，相对发束呈直角剪。

42. 取和步骤41中发束平行的第3个发束。同样用垂直梳法，与地面平行地拉出，参照步骤41来剪。因为发束的上下幅度较长，所以分成两次剪比较好。

43. 一直推进到侧中主线为止取第4个发束。同样用垂直梳法，和地面平行地拉出，相对发束呈直角来剪。

44. 最后，检查并修剪。首先将第4个发束向侧中主线的位置拉起，修整切口。

45. 继续将靠前的发束一起拉起，修整切口。

46. 同样地，将侧发区整体拉到侧中主线的位置，修整切口。

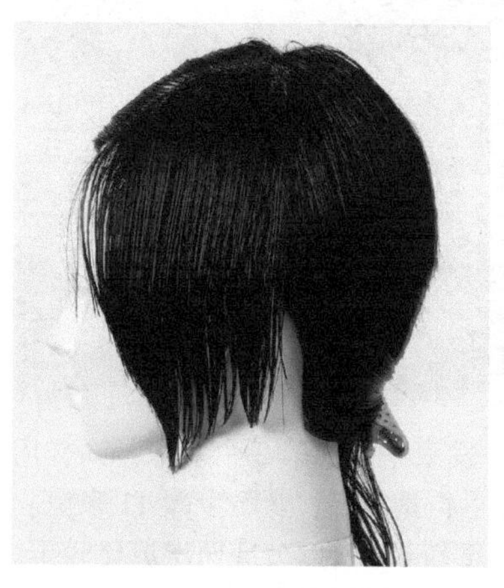

47. 左侧发区的层次完成。

48. 右侧发区的修剪和左侧发区一样，从顶点分线至前额角，取和发际线平行的发束设定长度。

49. 分成 4 个发束，向后推进修剪。都用垂直梳法水平地拉出，参照前一个发束来剪。

50. 最后，将发束拉到侧中主线的位置，检查切口。

剪后脑区的外轮廓线

剪发步骤详解：

51. 前额区部分的外形修剪完成了。现在开始对后脑区下侧区域进行修剪。

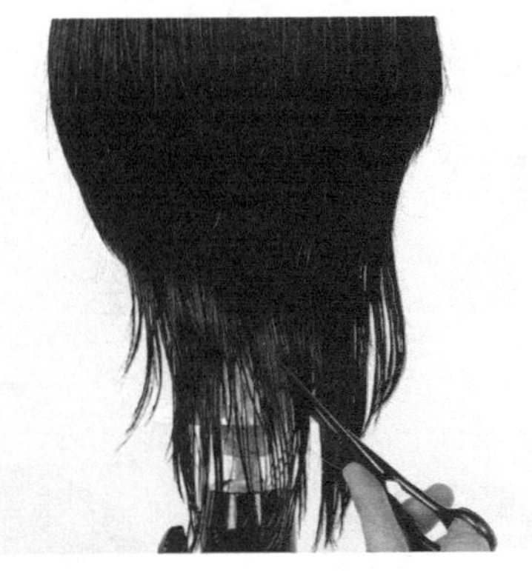

52. 确定后脑区的外轮廓线。从中心开始顺次地削尖发梢，长度以到脖根为准。

53. 沿着脖子的弧度从右向左推进修剪。

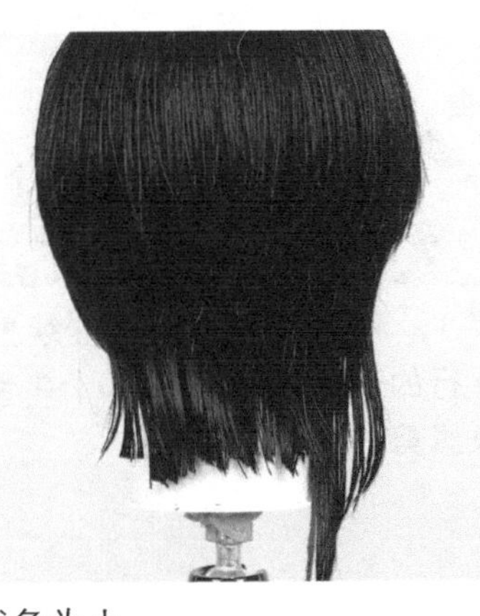

54. 一直修剪到左右的后颈发际线角为止。

55. 外轮廓线修剪完成。（图解 5）

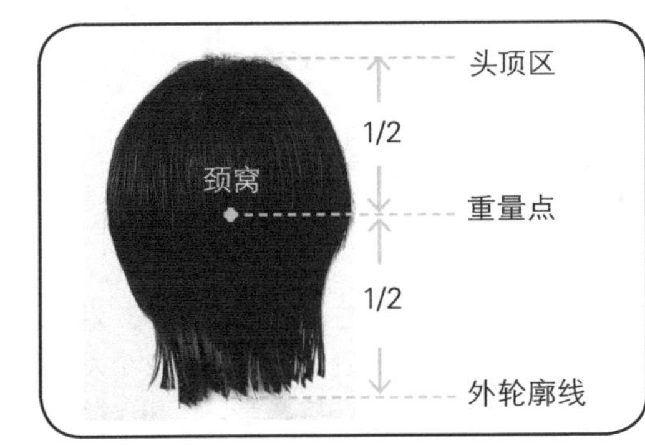

图解 5　用长度设定决定形式

对层次发型来说，发型薄、外形稍细长是它的独特风格。在这里设定的重量点在颈窝处，然后再以头顶到重量点的长度决定外轮廓线的位置。重量点位于头顶和外轮廓线中间。

在后脑区加入层次

剪发步骤详解：

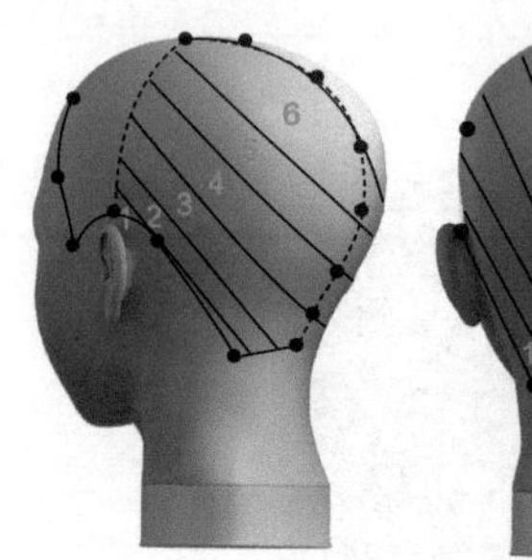

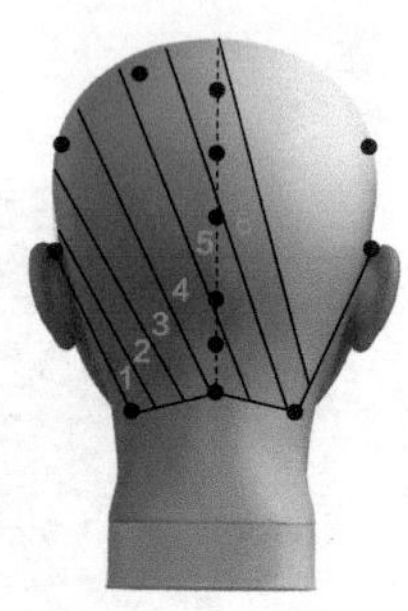

在后脑区设置 6 个发束

56. 将在步骤 50 中修剪的侧发区头发和步骤 54 中修剪的后颈发际线角连接起来。

57. 拉出发束 1，和后颈部发际线平行的部分保持不变，只修剪上半部分。

58. 然后继续剪下半部分，和上半部分相连接。

59. 平行地取第 2 个发束，用垂直梳法梳拉出来，参照步骤 57 来修剪。

60. 继续向上推进，沿着头部弧度拉出修剪，使其能够与步骤 45 中所剪的侧发区相连接。

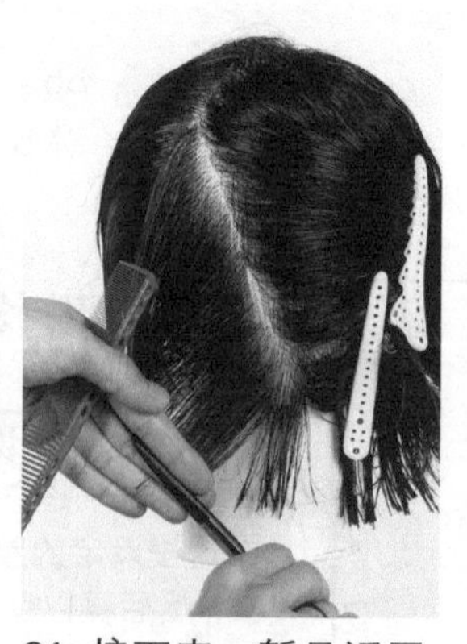

61. 接下来，暂且返回发束中间，向下推进。

62. 向下推进，修剪下半部的头发，使其和上半部相连接。第 2 个发束修剪完毕。

63. 沿着头部的弧度和第 2个发束平行地取发束3。相对第 2 个发束，用垂直梳法拉出第 3 个发束，以第 2 个发束为基准修剪。

64. 向上推进。将第 3 个发束剪成能够和步骤 45 中所剪的侧发区相连接。

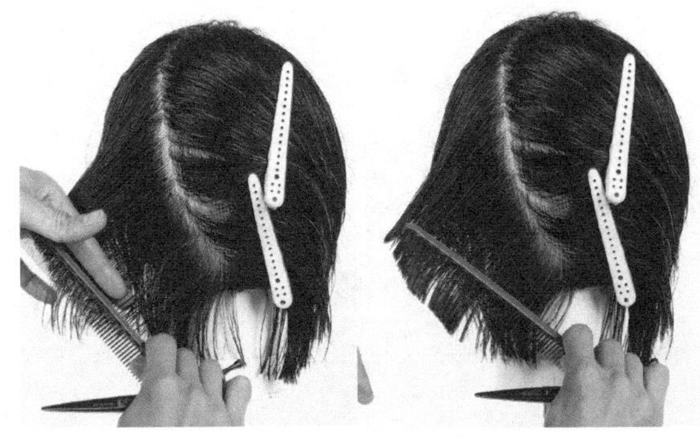

65. 暂且返回到发束中间，向下推进，沿着头部弧度剪，使其和上半步能够连接。

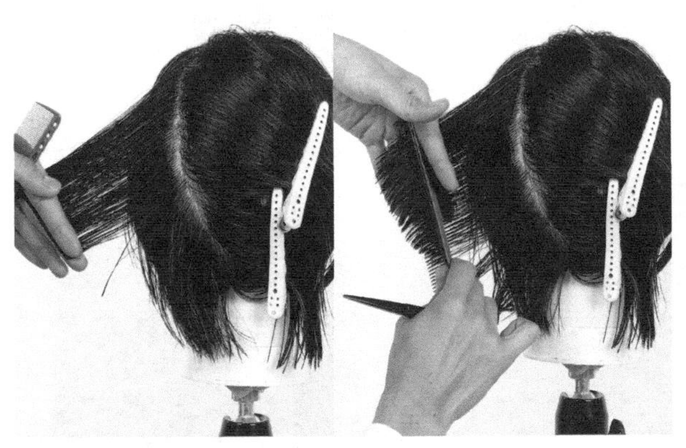

66. 取出第 4 个发束，相对第 3 个发束用垂直梳法拉出，并以第 3 个发束为基准，从上到下沿着头部弧度不间断地拉起修剪。

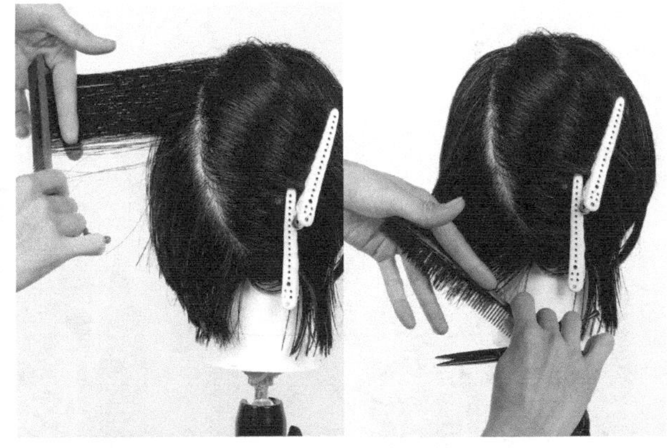

67. 第 5 个发束也同样，相对前一个发束用垂直梳法拉出，以此为基准，上长下短，沿着头部骨骼的弧度剪。

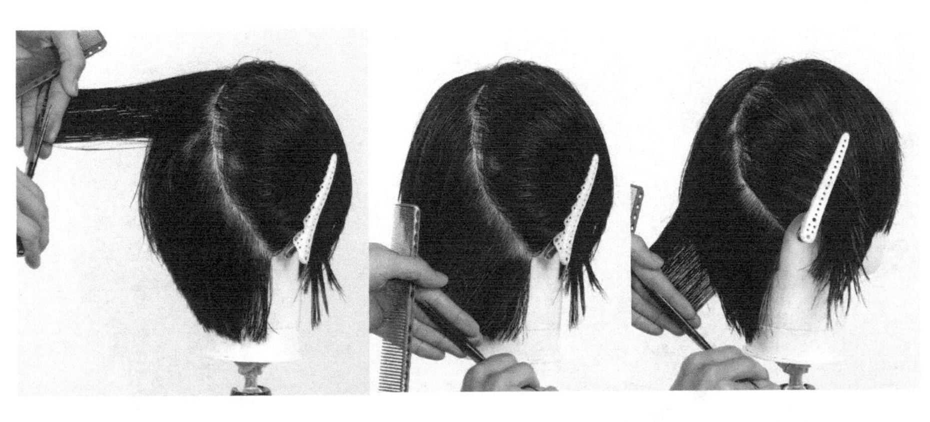

68. 取出第 6 个发束上，将其推进到右边的后颈部发际线角为止，剪法相同。

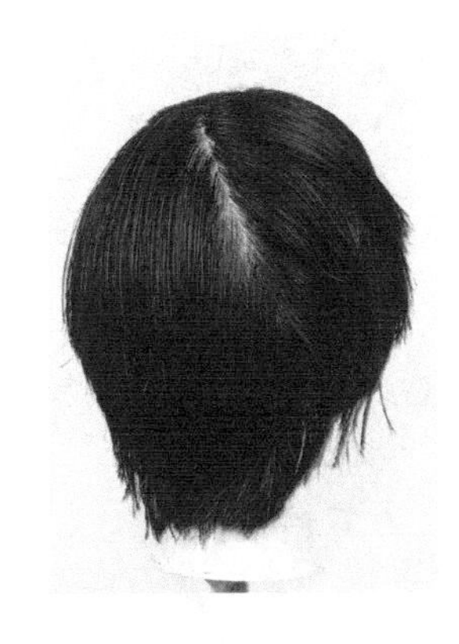

69. 此时便完成了为左后脑区的上方加入层次的操作。

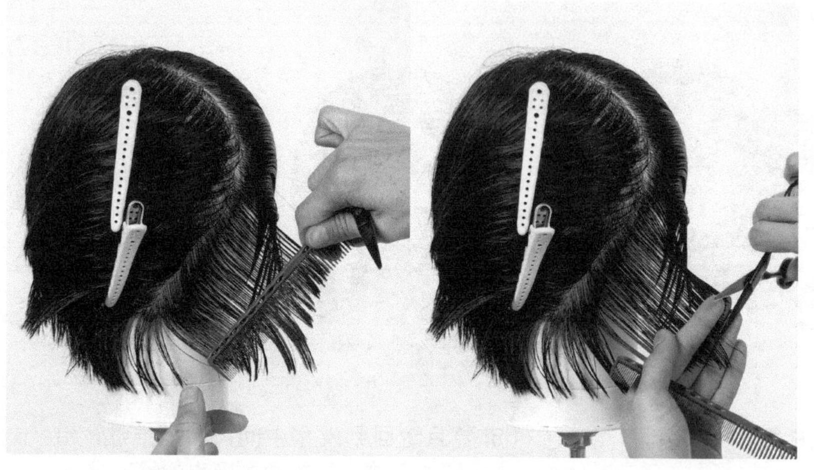

70. 在右后脑区也同样地加入层次。首先取出第 1 个发束，在连接耳上的头发和后颈发际线角的线上剪。

71. 和第 1 个发束平行地取第 2 个发束，相对第 1 个发束用垂直梳法拉出，以第 1 个发束为基准修剪，并使其与侧中主线上的侧发区连接起来。

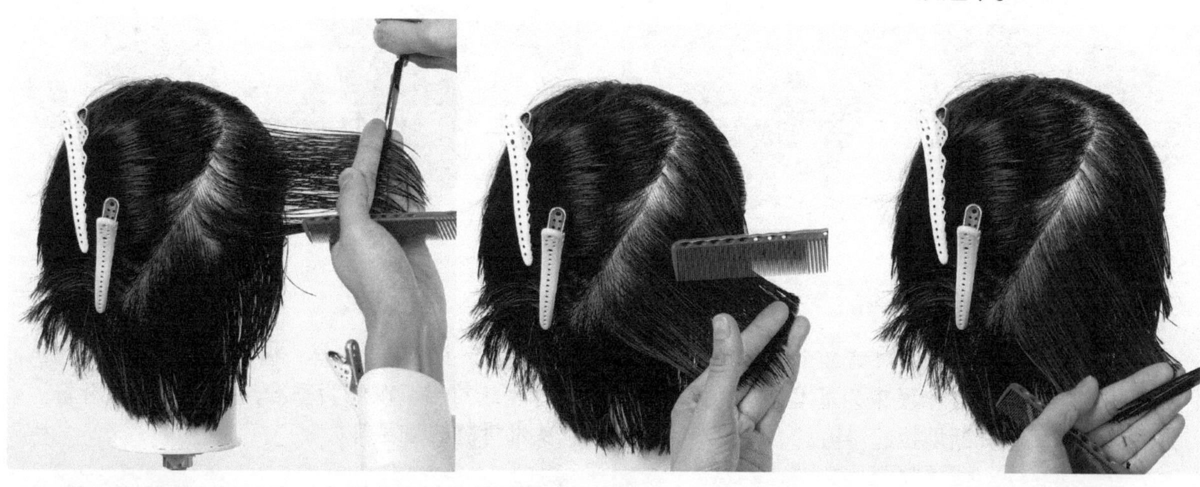

72. 第 3 个发束也相对第 2 个发束用垂直梳法拉出，以第 2 个发束为基准修剪。

73. 第 4~6 个发束的剪法一样。

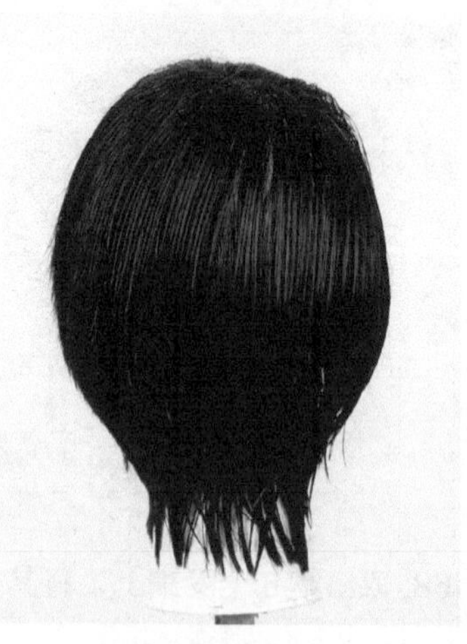

74. 右后脑区也加入了层次。

剪刘海

剪发步骤详解：

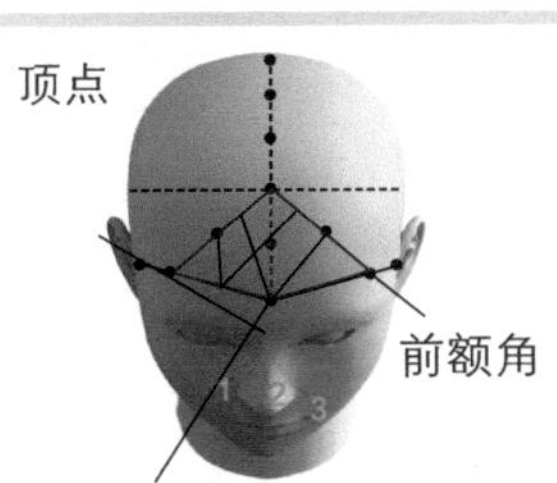

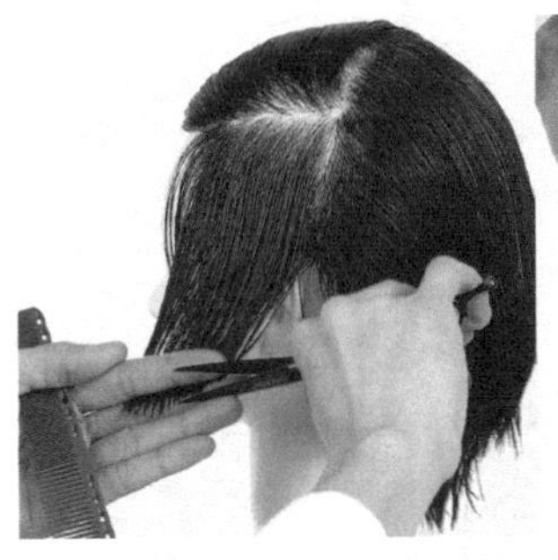

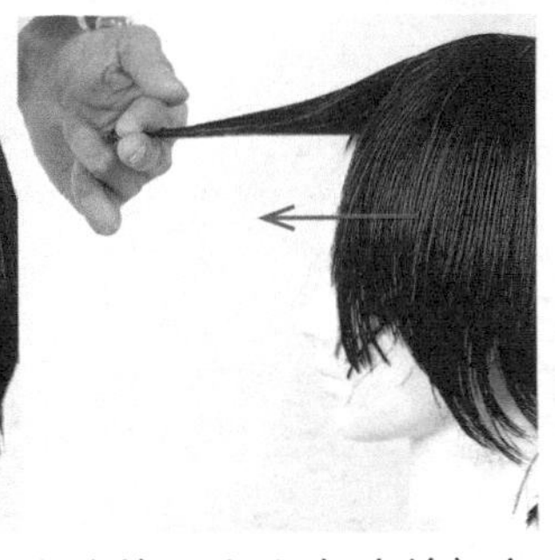

75. 划分左分线的刘海。在连接顶点和左边前额角的线上，从骨骼凸起的地方开始取发，到前额区中心发际线为止，将发束水平拉出。拉出的方向和刘海的分线平行。

76. 修剪时，发片两端保持平行。

77. 和第 1 个发束平行地取第 2 个发束，拉出到和第 1 个发束相同的位置，以第 1 个发束为基准修剪。

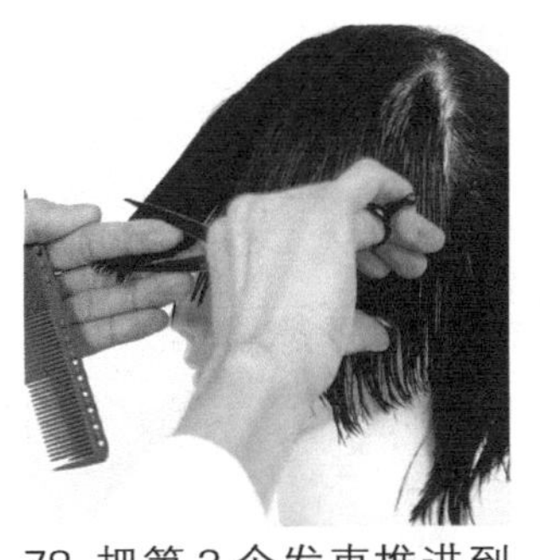

78. 把第 3 个发束推进到顶点和右边的前额角的连线。同样地，拉向和第 1 个发束相同的位置，以第 1 个发束为基准修剪。

79. 左悬垂的刘海剪完。

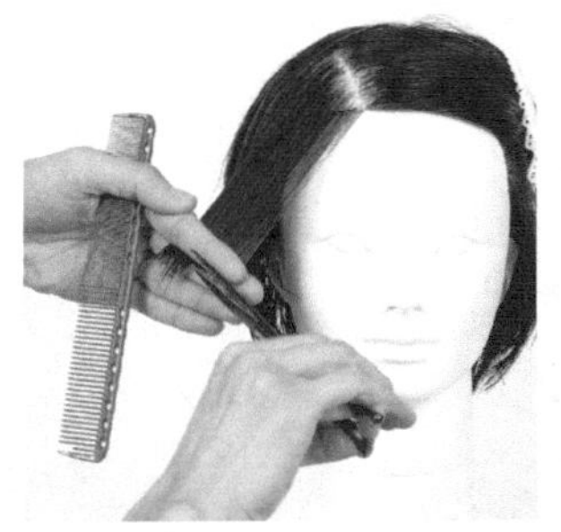

80. 右侧面，从骨骼的凸起处和眼珠的连线拉出发束，拉出方向平行于顶点和前额角的连线，发片两端保持平行修剪。

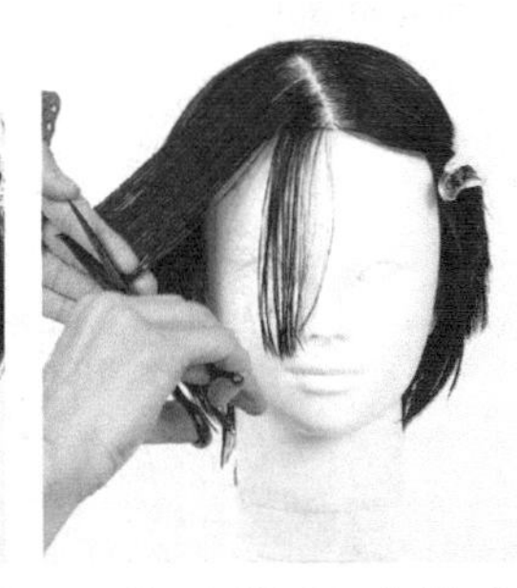

81. 和步骤 80 中发束保持平行，取第 2 个发束，拉出到相同的位置，以此为基准修剪。

82.V 字线条形成。

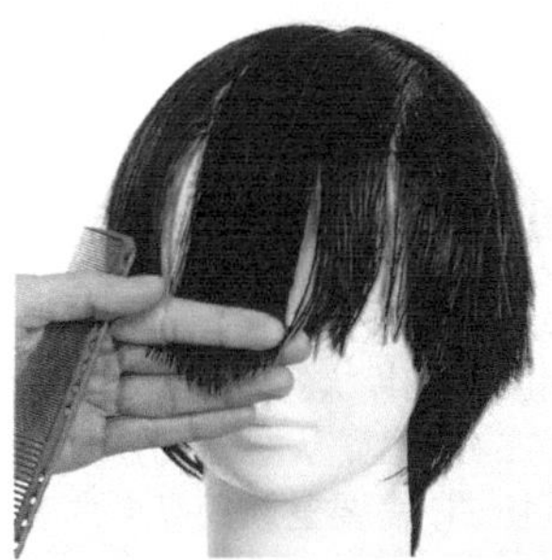

83. 将步骤 82 中形成的 V 字角修剪柔和。将刘海向前方水平地拉出。

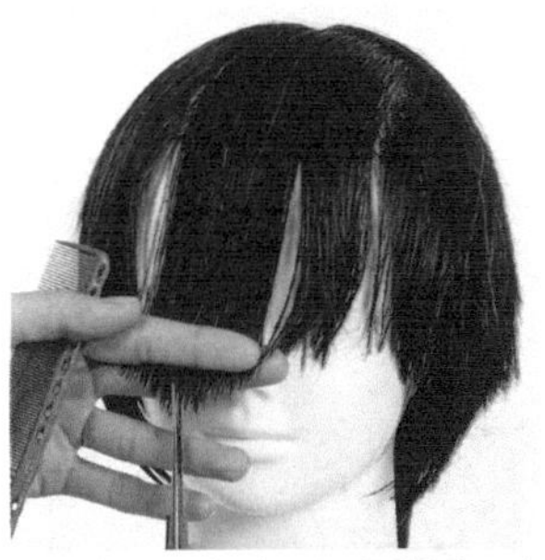

84. 将 V 字角的发梢部分修剪圆。

85. 从左向右流动的刘海完成了。

修整左分线

剪发步骤详解：

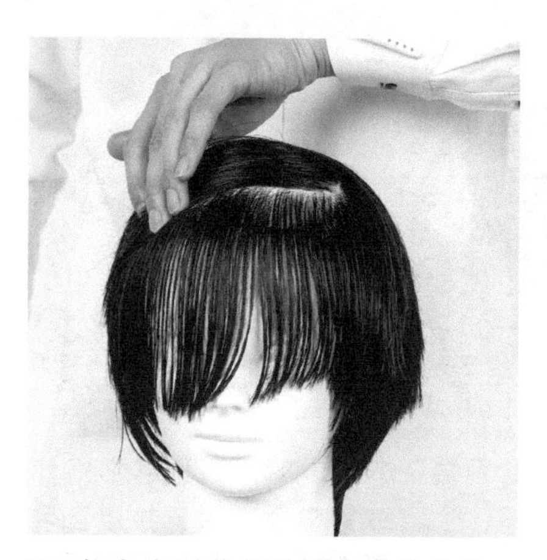

86. 将左右对称的发型变成左分线。在左分线分开，将右侧面的头发沿着头盖骨周围的凸起分开。

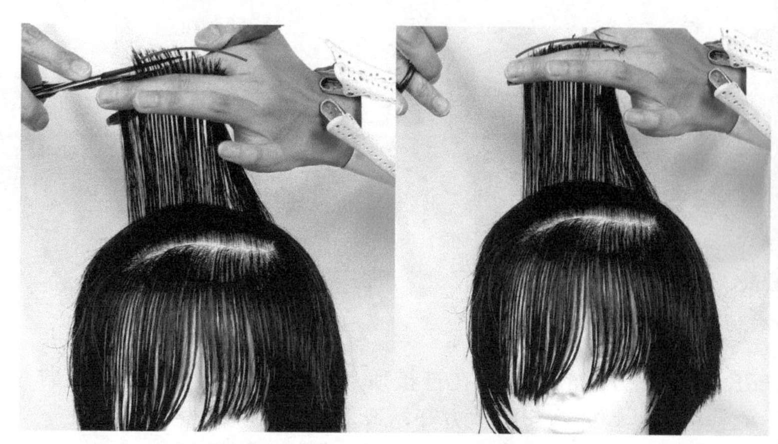

87. 将上一步的分线到侧中线之间的发束，相对头皮垂直地拉出，将发梢切口的杂乱头发沿着头部弧度修剪整齐。

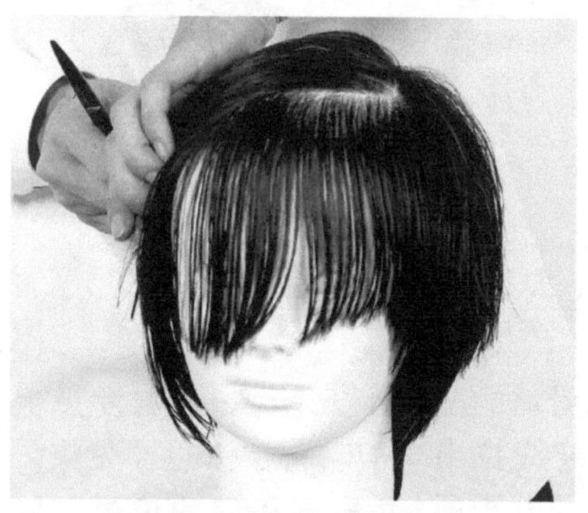

88. 取出第 2 个发束，沿着发际线附近骨骼的凸起处分取。

89. 相对头皮垂直地拉出，沿着头部弧度修整切口。

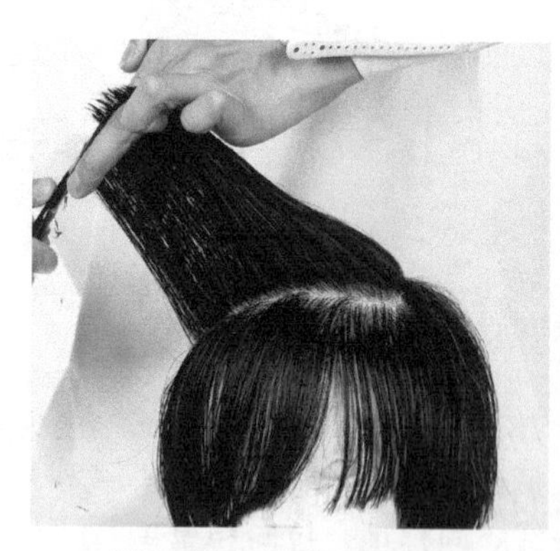

90. 同样沿着头部线条推进修整。这种圆形切片状地进行检查的方法叫作交叉检查。（图解 6）

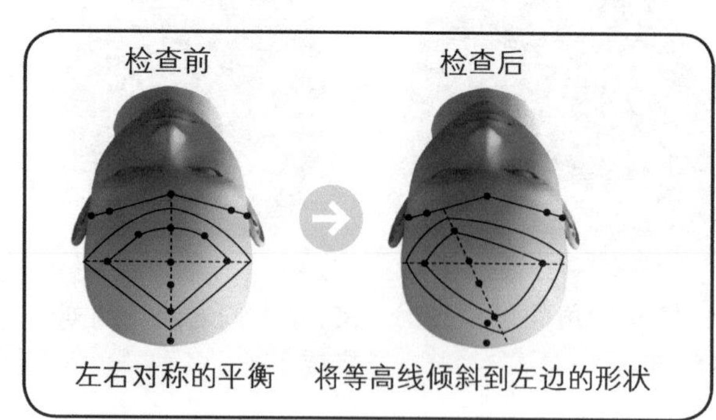

图解 6 交叉检查

1. 斜平衡

用圆形切片状的发束修整的发型是左右对称的，由于此发型为左分发型，从左分线分向右边的头发会和右边头发的层次不协调，需要重新用纵向的发束拉起来检查并修剪层次，所以叫作交叉检查。

91. 右后脑区从头盖骨周围到后脑点的高度来分取发束，然后垂直于头皮拉出，沿着头部弧度来修整。

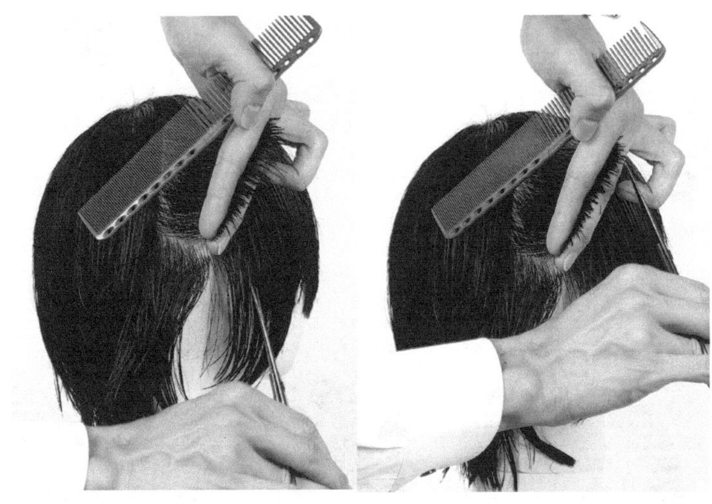

92. 第 2 个发束从耳上到颈窝分取，垂直于头皮拉出，沿着头部弧度来修整。

93. 右侧面的前额角，同样沿着骨骼取两片发束，和头皮保持垂直地拉出，沿着头部弧度来修整。

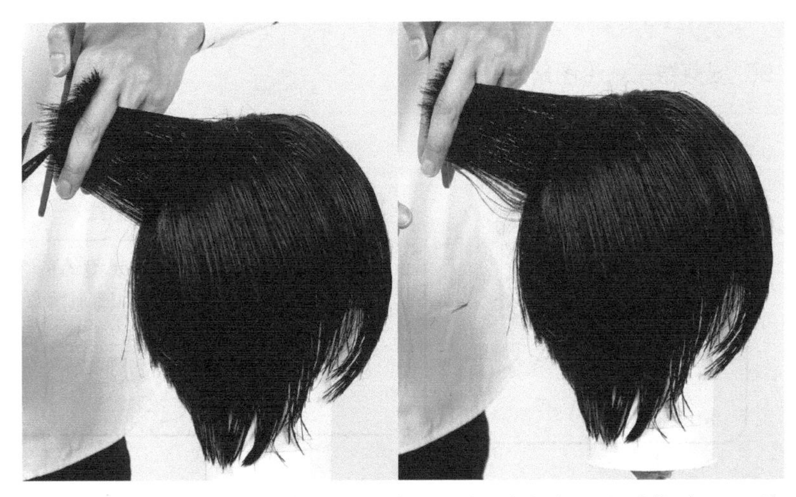

94. 右侧面的后面也沿着骨骼取发片，相对头皮垂直地拉出，沿着头的弧度修整。

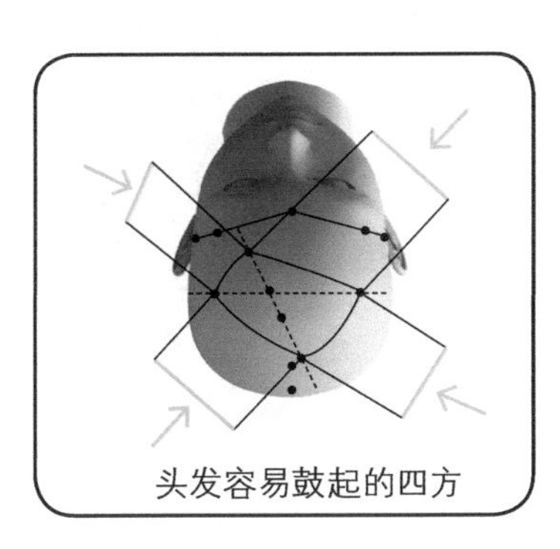

头发容易鼓起的四方

2. 压住鼓起的部位

人的头部后面有凹陷，从头顶看形状偏于四角形。头发和头部保持贴紧的话，头发容易顺着四个角向四面伸展出去。用圆形切片状的发束修剪整理，剪出的发型带有弧度，因此可以隐藏掉鼓出来的角。

干剪

剪发步骤详解：

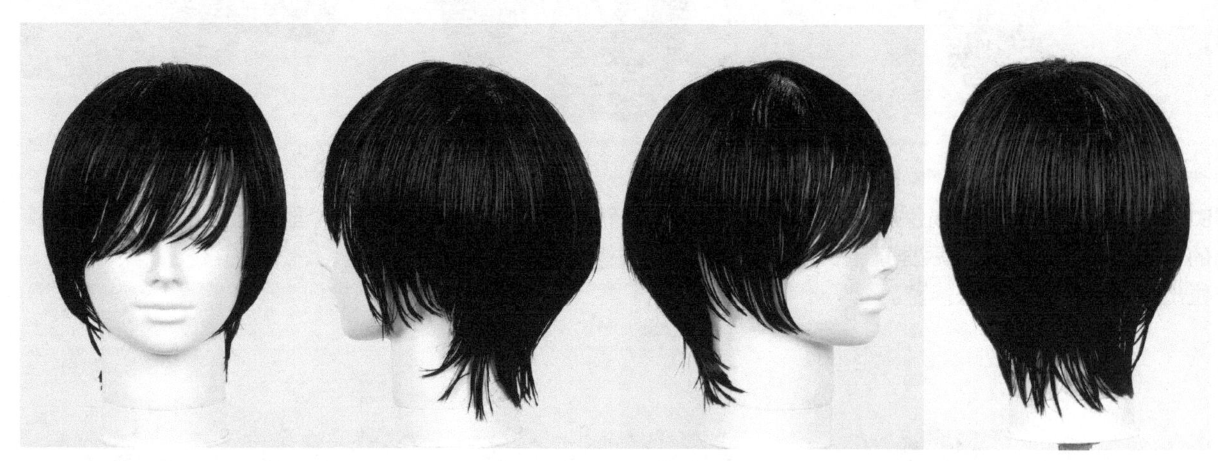

95. 湿剪结束。（图解 7）

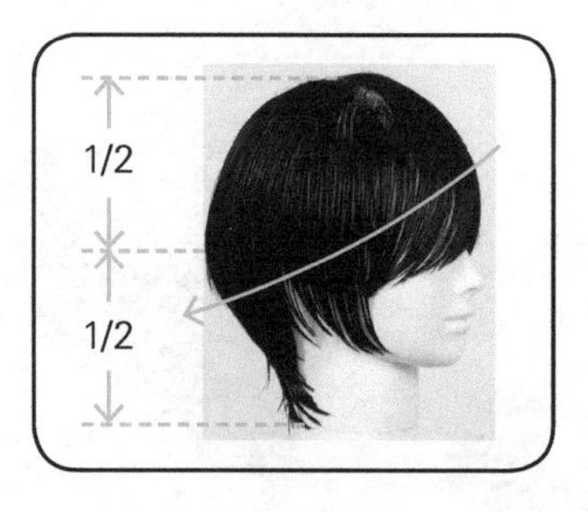

图解 7　有进深的外形

将后脑区的重量点设置成整体的 1/2 的高度，形成从前额区的圆形层次向颈窝后边区域降低变长的趋势。后脑区有明显的带有进深的外形。

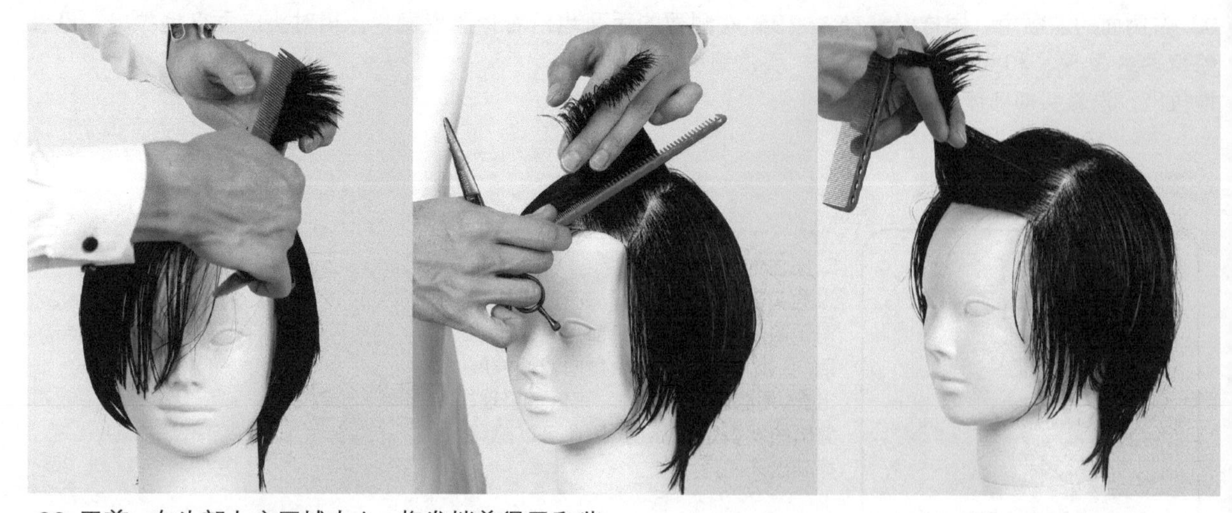

96. 干剪。在头部上方区域中心，将发梢剪得柔和些。

完成

剪发步骤详解：

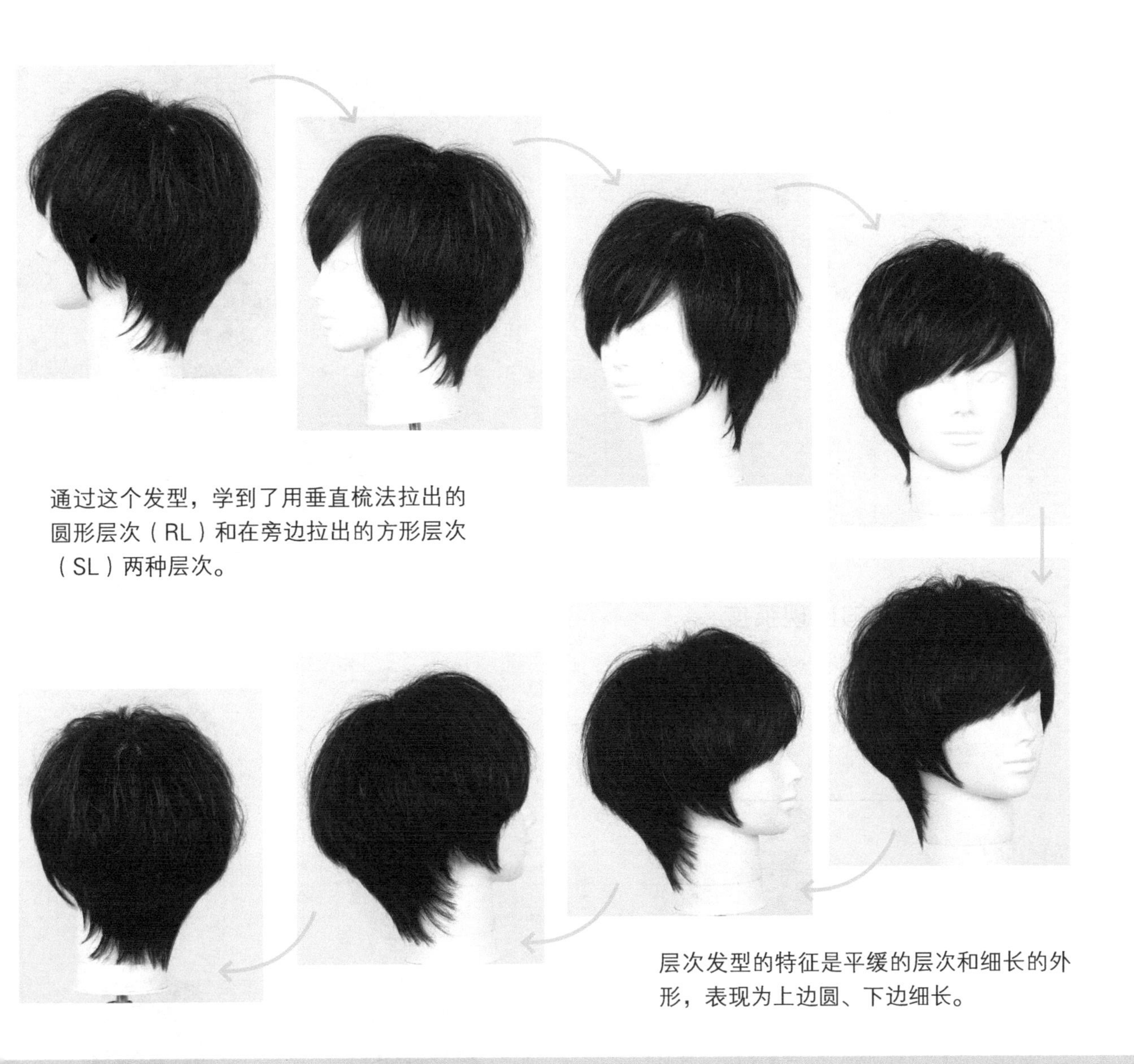

通过这个发型，学到了用垂直梳法拉出的圆形层次（RL）和在旁边拉出的方形层次（SL）两种层次。

层次发型的特征是平缓的层次和细长的外形，表现为上边圆、下边细长。

2.2 长层次发型

剪发前的分析

向前形状渐变

学习拉向前面剪的渐变。由于拉向前边，就产生了前短后长的外轮廓线和脸部周围的蓬松感，形成有重量和圆度的发型。

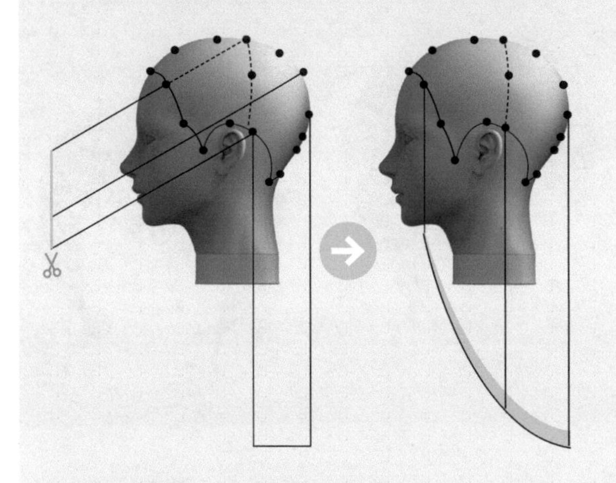

在形式上能够出现弧度

用 FG（前短后长的渐变）在末端加入了层次后，再用层次技术将层次之间的界线融合起来，将渐变和层次组合起来，剪出流畅的外形。

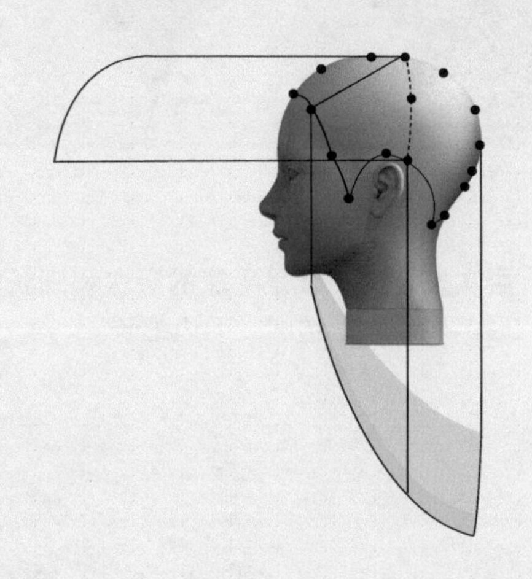

统一长度

剪发步骤详解：

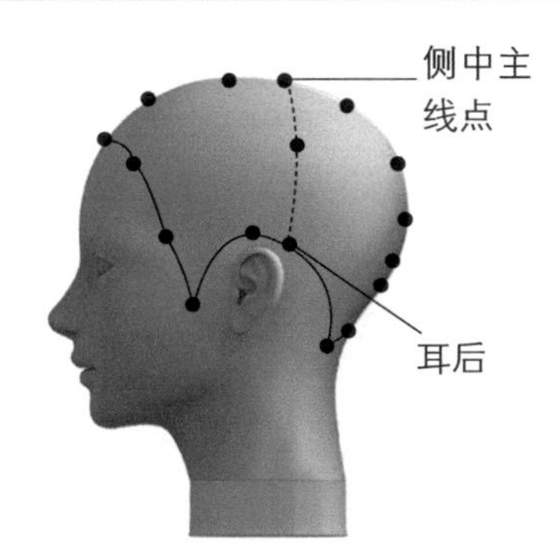

01. 从耳后和侧中主线点的连线上将头发前后分开。

02. 将后脑区中心向正下方梳理，剪成距肩膀下方10厘米的长度。

03. 呈放射状地梳理头发，向左逐步推移。在自然下垂的位置，在步骤2的切口处保持齐平，继续往左剪。（图解8）

04. 后脑区右侧也一样，在自然下垂状态下剪成同一长度。

05. 向前推进。把侧发区、前额区放射状地梳理呈自然下垂状态，剪成同一长度。

06. 右边也一样处理，剪成同一长度。

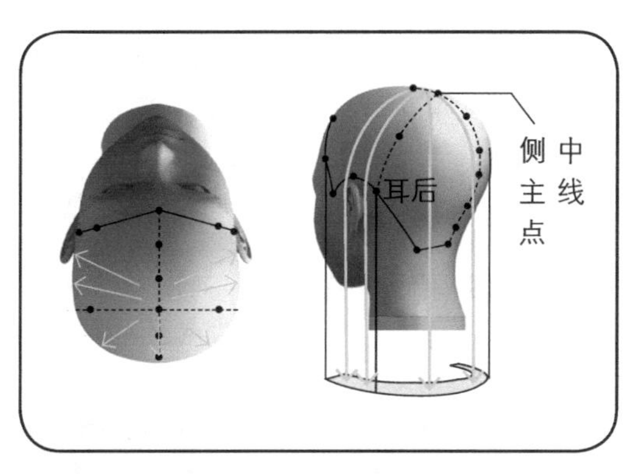

图解8 放射状地向下剪

将整个头的头发梳理为自然下垂的状态，沿着头的弧度剪成同一长度。

设定刘海长度

剪发步骤详解：

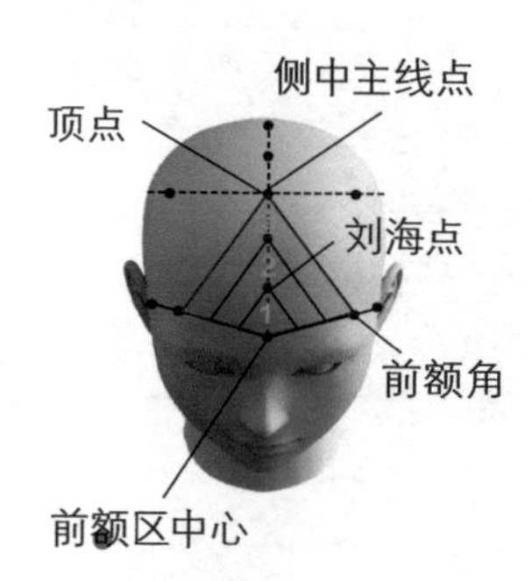

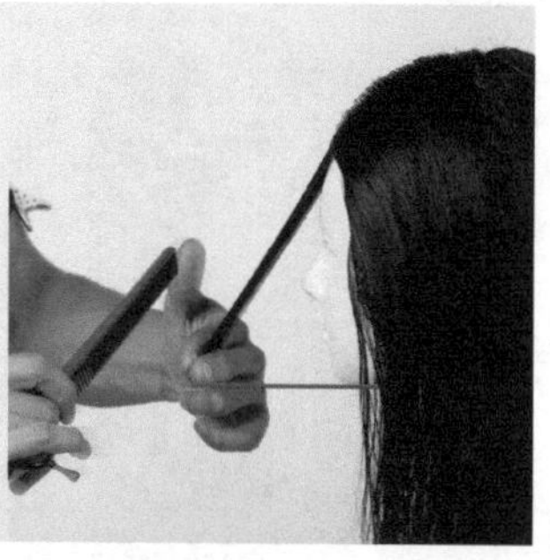

07. 设定刘海的长度。从刘海点开始，分别向左右眼中央和发际线的垂直交叉点取正三角形，在下巴的水平线上开始剪。这时，发束的方向处于刘海点与发际线连线的延长线上。

08. 刘海第 1 段修剪完的效果。

09. 刘海第 2 段，从顶点开始，向左向右取发的幅度在眼外侧。发束的方向处于顶点与发际线连线的延长线上。在下巴处水平线上开始剪。

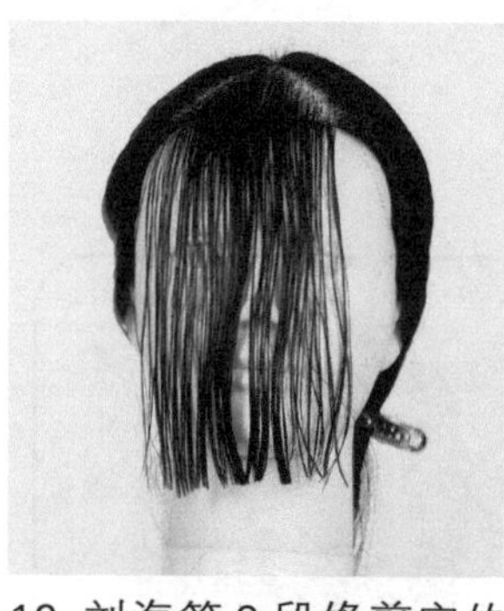

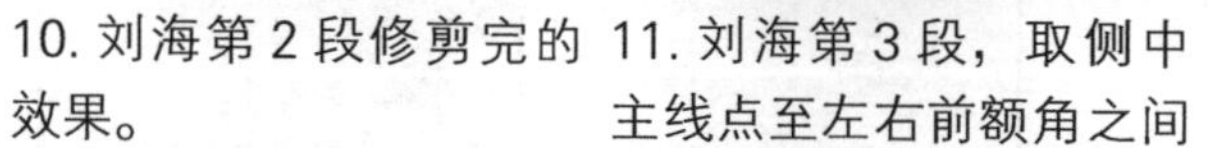

10. 刘海第 2 段修剪完的效果。

11. 刘海第 3 段，取侧中主线点至左右前额角之间的头发。

12. 比第 2 段刘海的位置抬高 1~2 厘米，以中央刘海的下段为基准修剪。

13. 左右区域的刘海仍旧抬成步骤 12 中的高度，在中央刘海的延长线上剪。

14. 刘海的长度设定完毕。左右稍微长一些，形状为弧形。

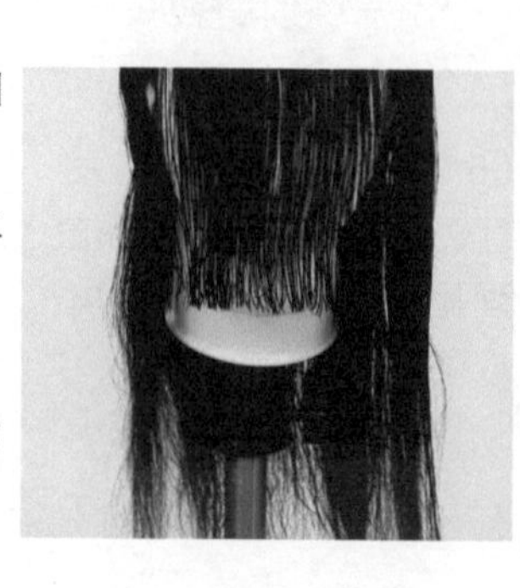

在左侧发区加入 FG

剪发步骤详解：

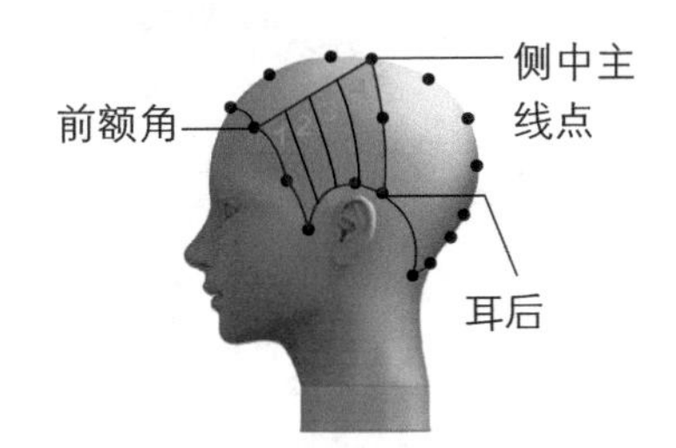

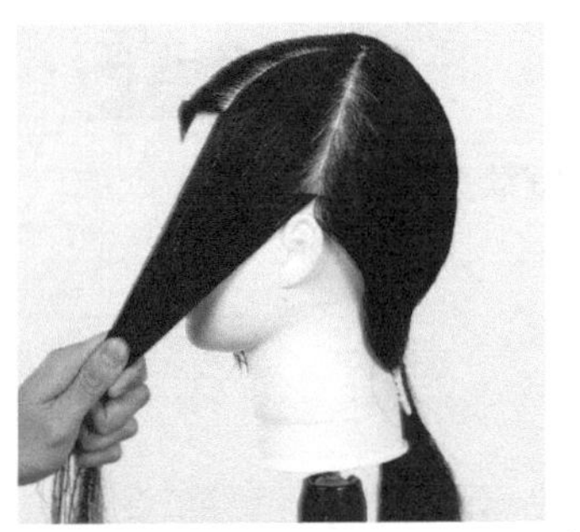

15. 在侧中主线点和耳后的连线上分取侧发区。

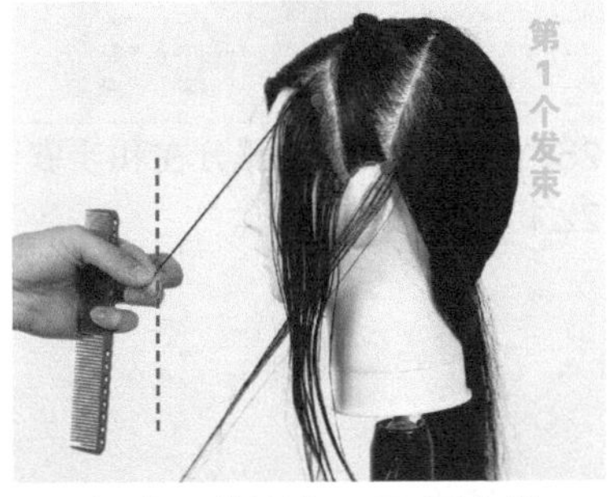

16. 与发际线平行，取厚度约 1 厘米的发束 1。分别取额角和耳后的一丝发束，保持平行，以它们发梢的连线为准线。

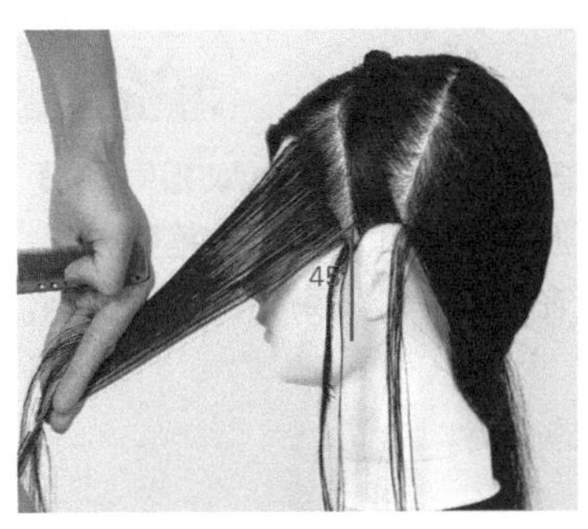

17. 再将发束 1 笔直向前呈 45° 斜下方拉出，参考步骤 16 中的准线修剪。

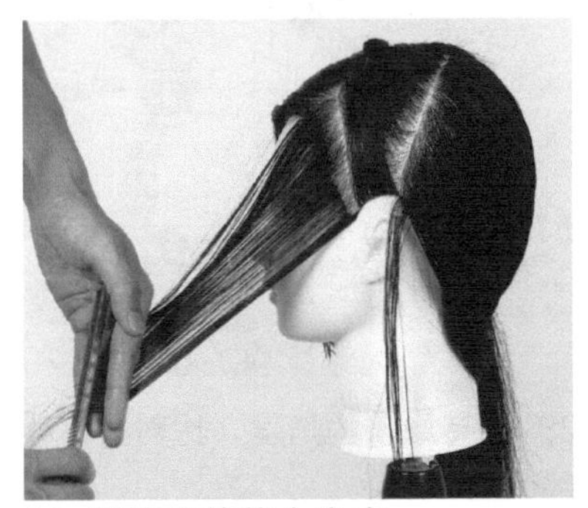

18. 继续修剪整个发束。

19. 剪完的发束 1。

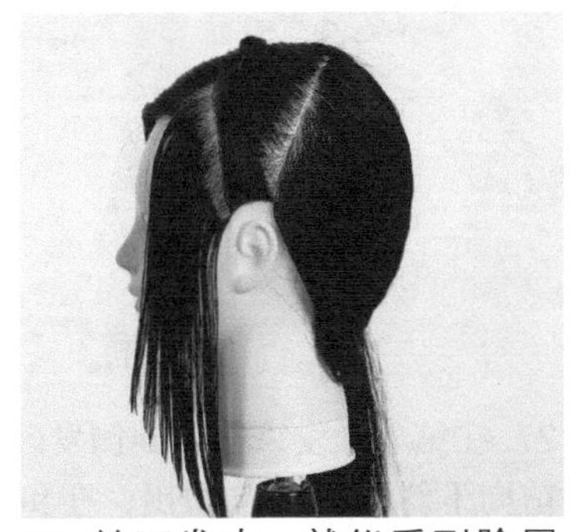

20. 放下发束，就能看到脸周围有了蓬松感。

21. 向后推进。取相同厚度（约 1 厘米）的发束 2，笔直向前并向下斜 45° 拉出，在与第 1 个发束相同的位置剪。

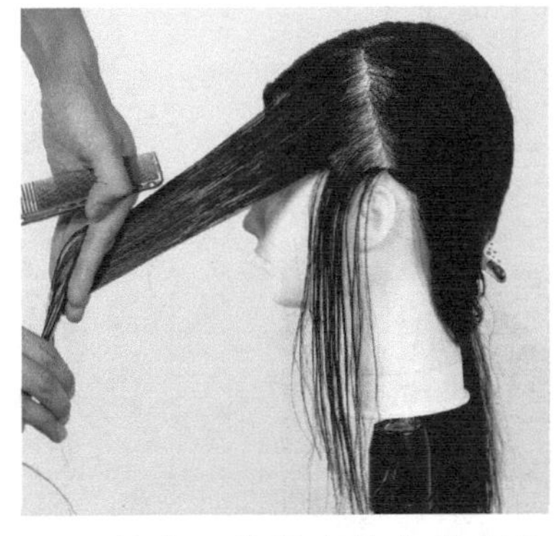

22. 首先，将发束的上半部分在和步骤 19 相同的线上剪。

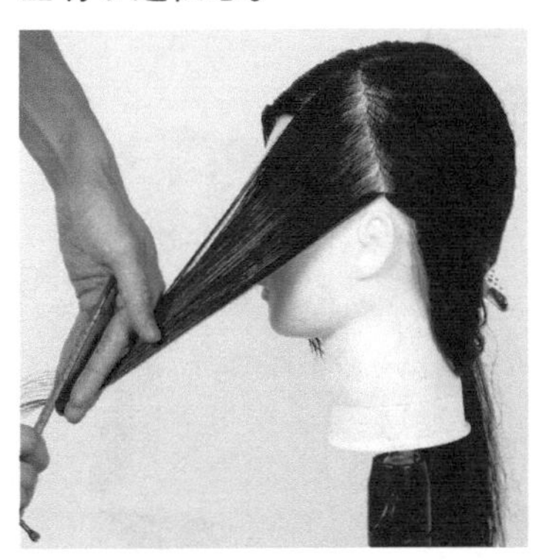

23. 继续修剪下半部分。

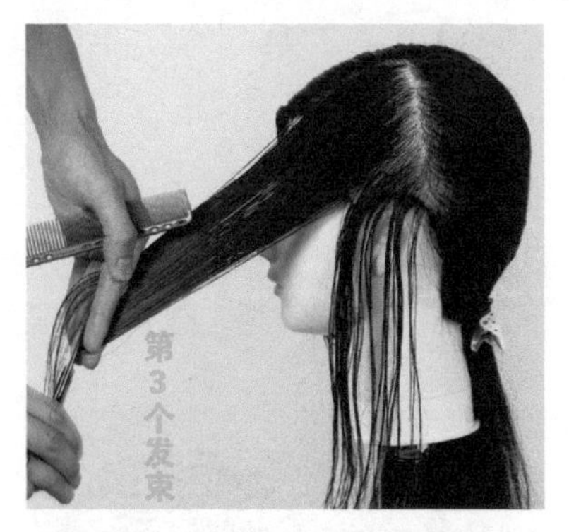

24. 第 3 个发束也取相同厚度 1 厘米的发束，向前方笔直拉出，在和第 1 个发束相同的线上剪。

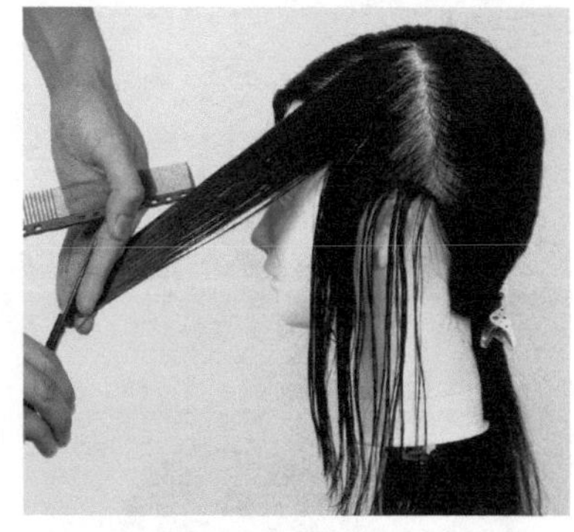

25. 首先，将上半部分在和步骤 22 相同的发束上剪。

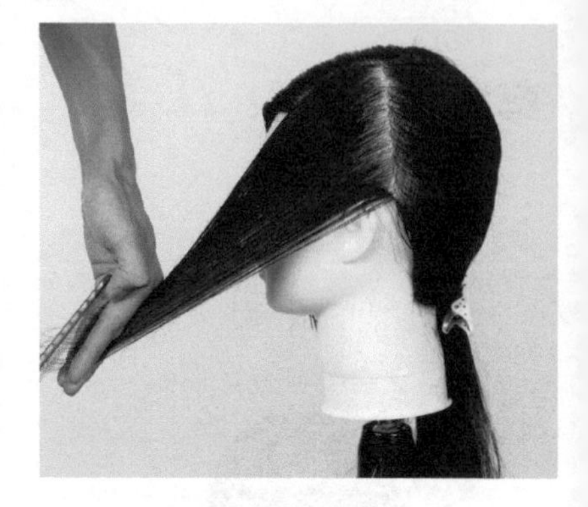

26. 继续剪下半部分。

27. 在第 4 个发束一直到侧发区部分结束的地方，将发束笔直地向前向下斜 45° 方向拉出，在和第 1~3 个发束相同的位置剪。先剪上半部分。

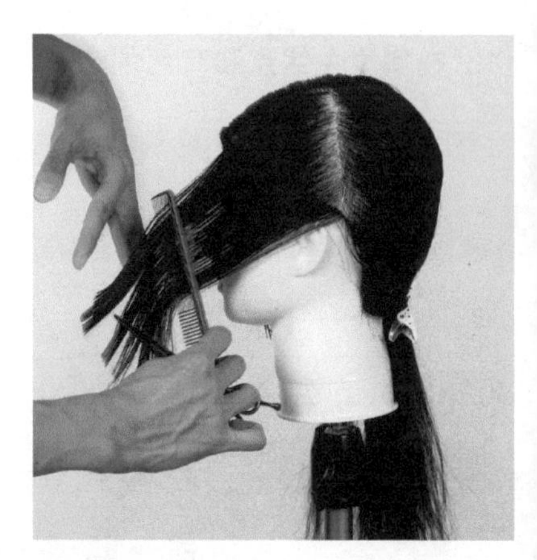

28. 保持原来的角度，比对好下半部分的轮廓。

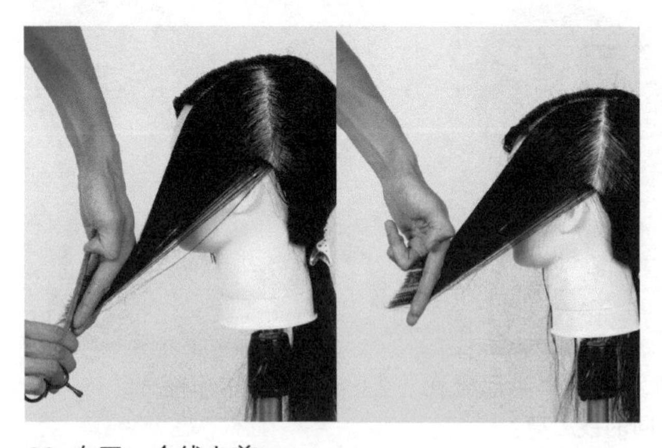

29. 在同一个线上剪。

30. 左侧发区修剪完的效果。

在左后脑区加入 FG

剪发步骤详解：

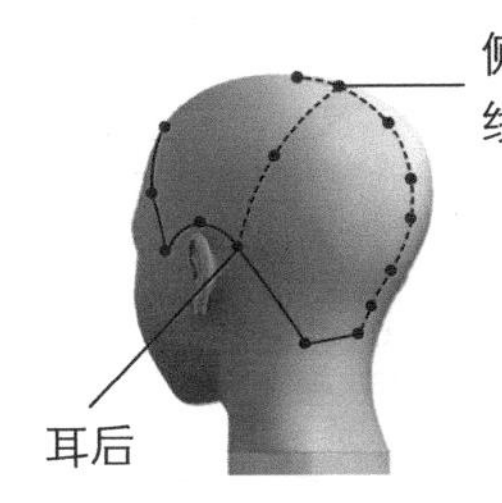

31. 在后脑区也加入渐变。取发至后脑区中心，从上开始，发束笔直地拉向前，以斜 45° 下方拉出，在和侧发区相同的位置剪。

32. 同样地向下推进。

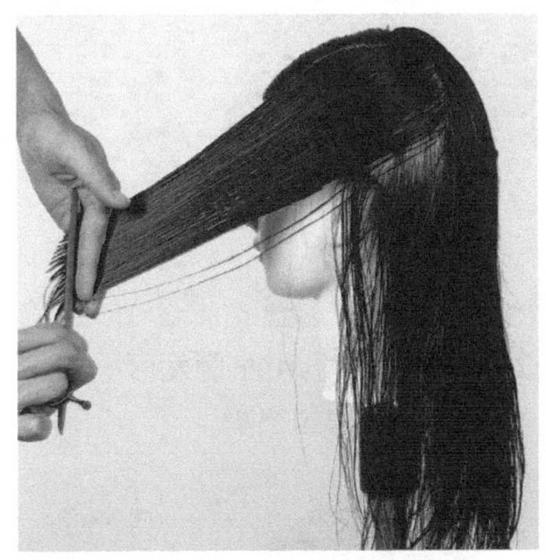

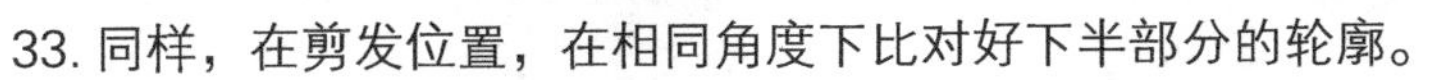

33. 同样，在剪发位置，在相同角度下比对好下半部分的轮廓。

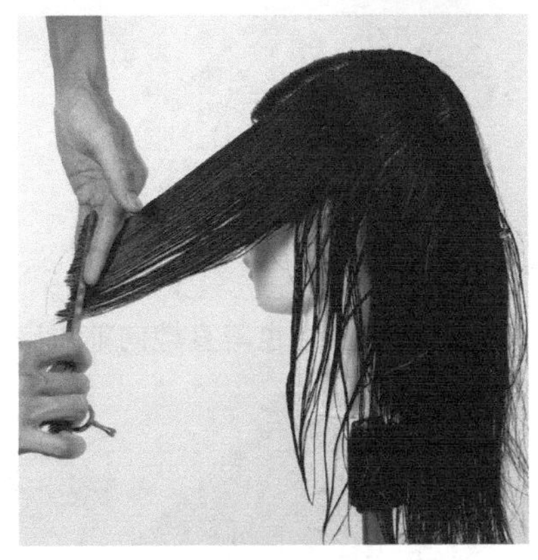

34. 在同一个线上剪。

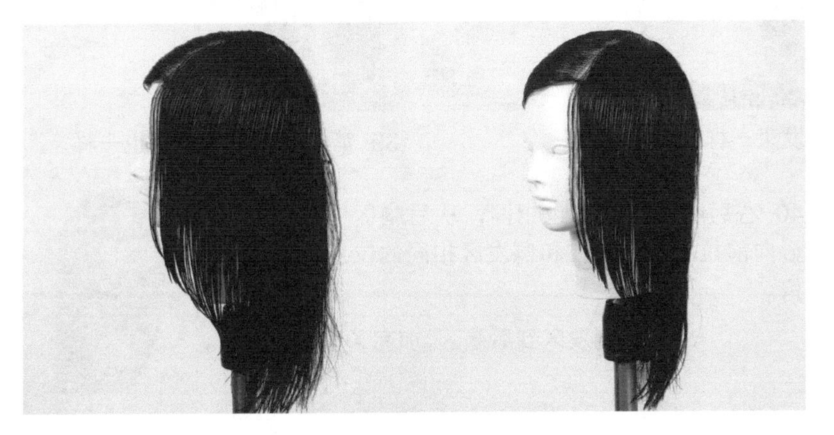

35. 在左后脑区加入了渐变。

在右侧发区和后脑区加入 FG

剪发步骤详解：

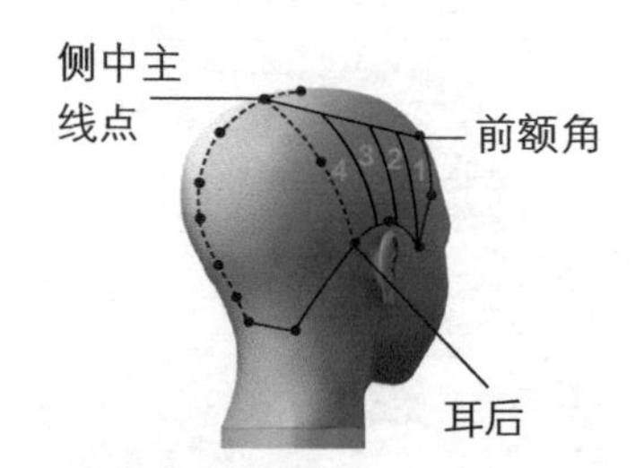

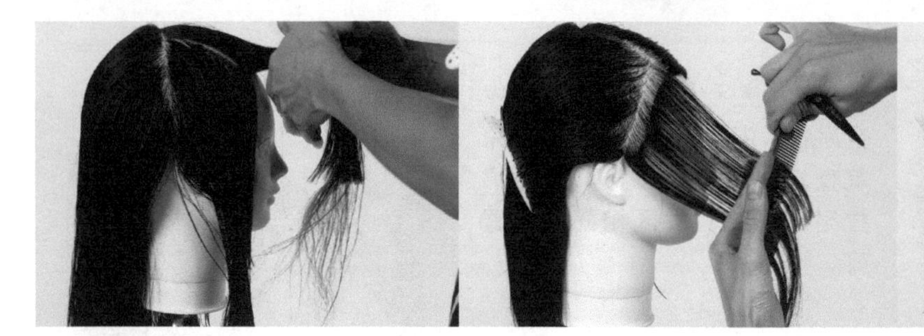

36. 右侧发区也和左侧发区一样，以前额角发梢和耳后发梢的连线为基准来剪。首先，将侧发区第 1 个发束笔直向前拉出剪。

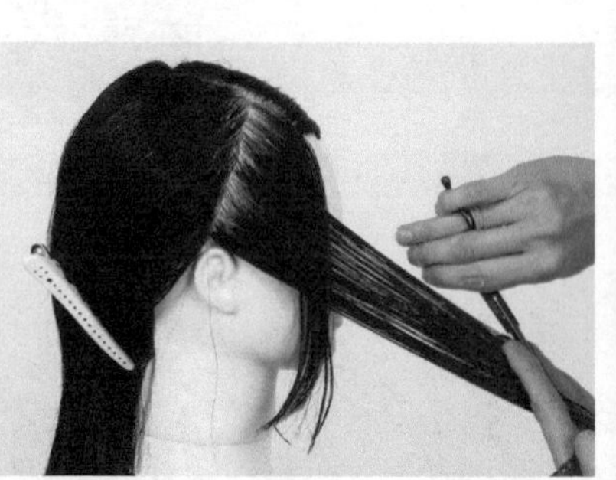

37. 第 2 个发束也笔直地向前拉出，参照第 1 个发束在同一基准上剪。

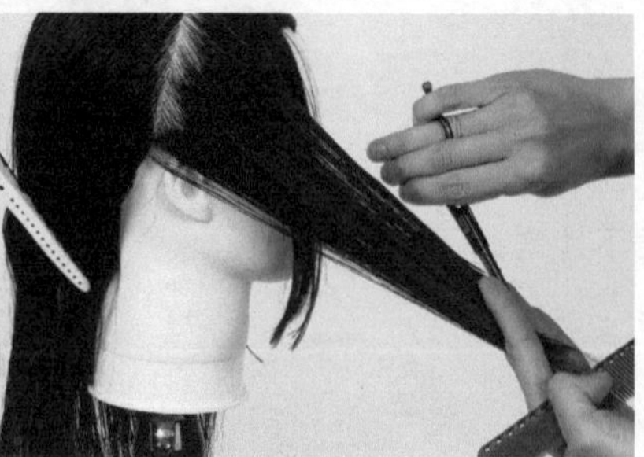

38. 第 3 个发束的修剪步骤和第 2 个发束一样。

39. 第 4 个发束的剪法也一样。

40. 右后脑区的修剪也相同，从后脑区中心向前拉出发束，在和侧发区相同的位置剪。

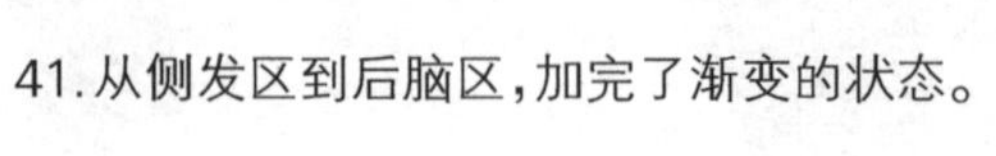

41. 从侧发区到后脑区，加完了渐变的状态。

FG 的剪修

剪发步骤详解：

42. 将头抬起，将头发梳理到正下方检查并修剪。整理外轮廓线。

43. 由于剪发是低头进行的，现在抬起头，鬓角就会显出凌乱的线条。首先，检查并修剪打乱线条的鬓角。（图解 9）

44. 侧发区到后脑区已经加完了渐变的状态。

图解 9　鬓角和耳后杂乱

到这里为止，发束是向下斜 45° 方向拉剪的，前倾的话，线条会比较整齐。

但是，如果将头部扶起，线条就会乱。所以扶起头部后再检查一次，并修掉凌乱线条。

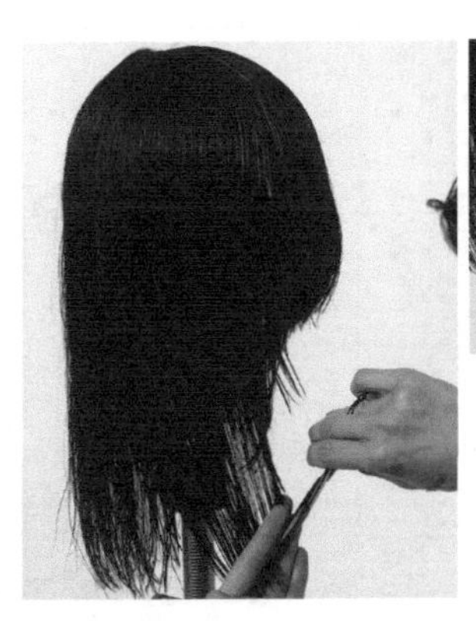

45. 后脑区位置也同样检查并修剪。

46. 右侧的检查结束。

47. 左侧也同样检查并修剪。

在 0 层次发型上加入了 FG

剪成 0 层次

决定 FG 的角度

加入 FG

在脸周围调整层次的角度

从前边开始顺次地剪是 FG 一定要遵守的剪发原则。层次的角度是由脸部线条的发际线决定的。一边查看同脸部的平衡，一边调整，看从哪个高度加入蓬松感比较好。

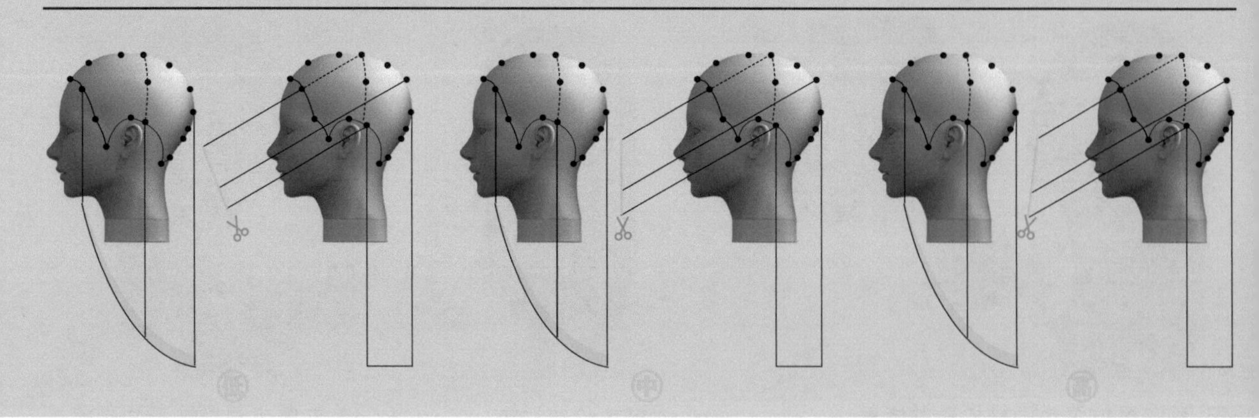

在左前额区加入层次

剪发步骤详解：

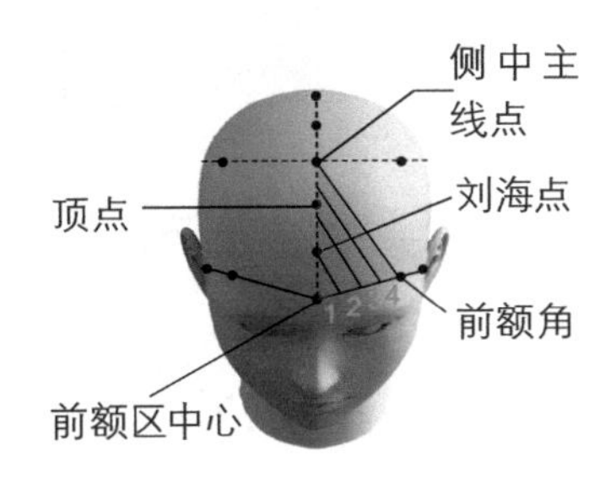

48. 从前额区中心刘海点取厚约1厘米的发束1，笔直向前水平地拉出。

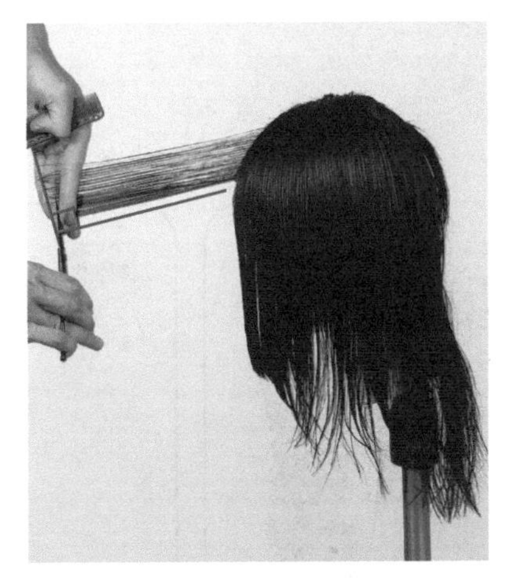

49. 按照外轮廓线垂直地剪。

50. 从外轮廓线开始向上推进2厘米左右，将上边剪成弧形。

51. 从顶点开始，取相同厚度（约1厘米）的发束2，和第1个发束一起靠近中心水平地拉出。

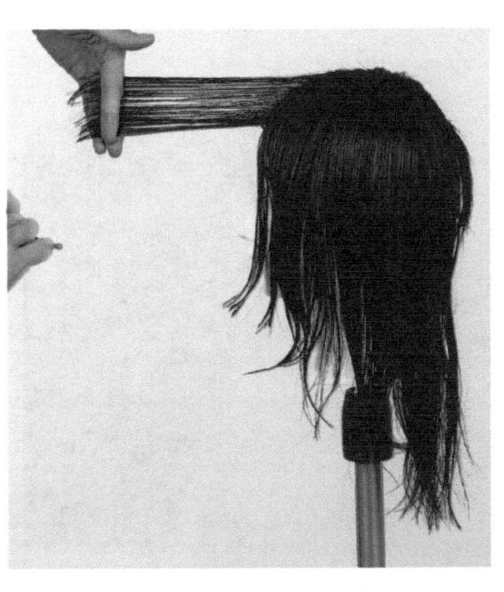

52. 参照步骤49，从外轮廓线开始垂直地修剪。

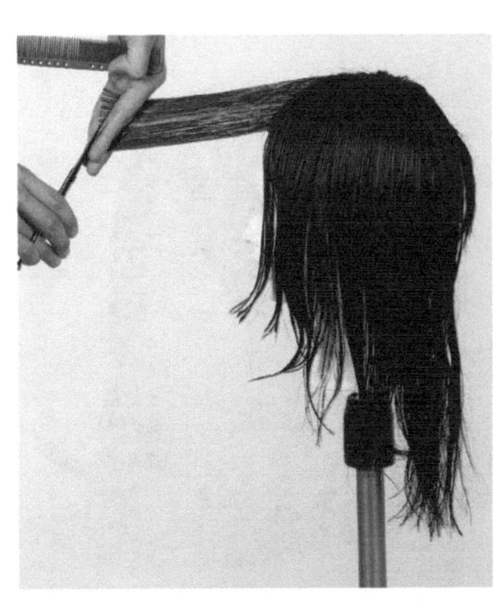

53. 从外轮廓线向上推进2厘米左右，参照步骤50将上边剪成弧形。

54. 取厚度约 1 厘米的第 3 个发束，和第 2 个发束一起靠近中心水平地拉出。

55. 首先，从外轮廓线开始垂直地剪。

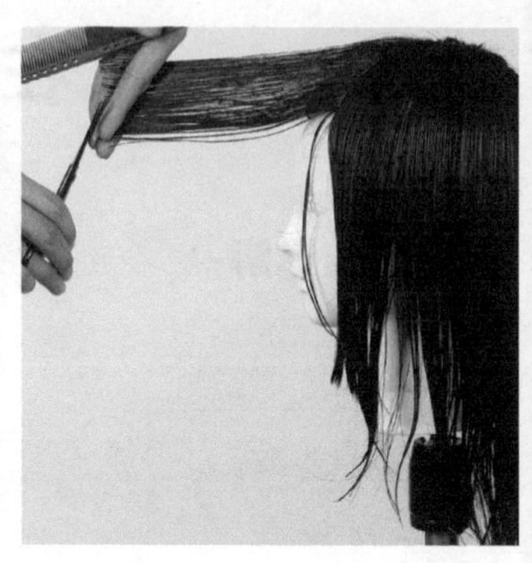

56. 沿着外轮廓线推进 2 厘米左右，剪成弧形。（图解 10）

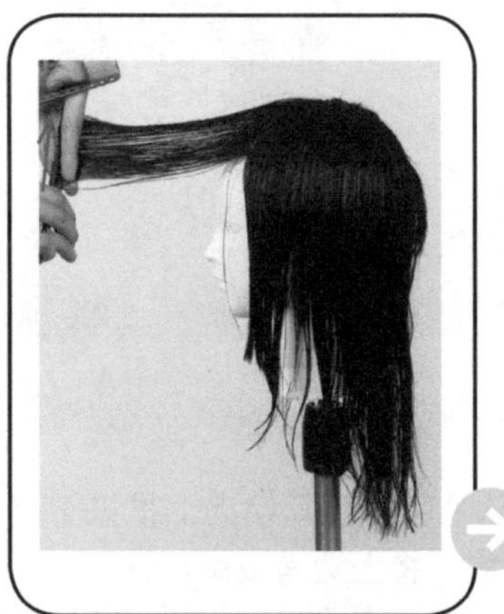

剪下边

水平地做轮廓

剪上边

图解 10 如果发束变厚

因为顶点附近的发梢有厚度，所以从发根开始做出轮廓来剪。

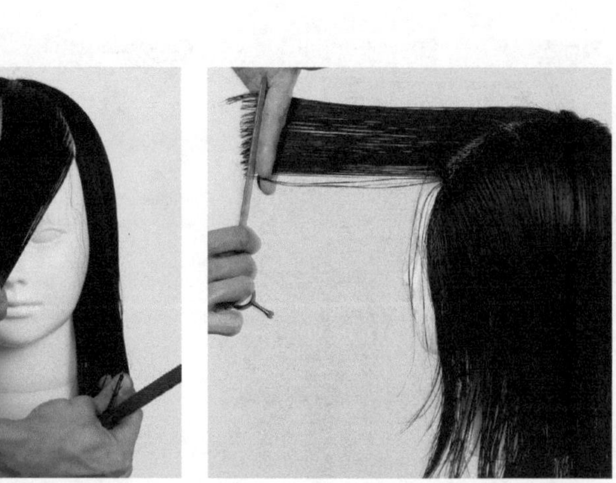

57. 从侧中主线点开始取发束 4，一直到前额角为止。这次集中到中心剪。

58. 水平地拉出发束，从外轮廓线开始 2 厘米左右为止垂直地剪。

59. 在步骤 58 的基础上往上剪成弧形。

左前额区的剪修

剪发步骤详解：

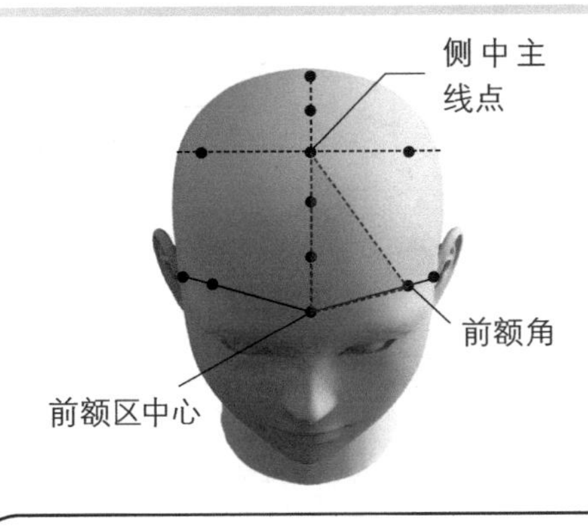

60. 检查并修剪。将前额区第 1~4 个发束向前额角的正面拉出。（图解 11）

图解 11 检查的意义

将集中到中心修剪的前额区，再集中到前额角整理，制作出能衔接侧发区的导线。

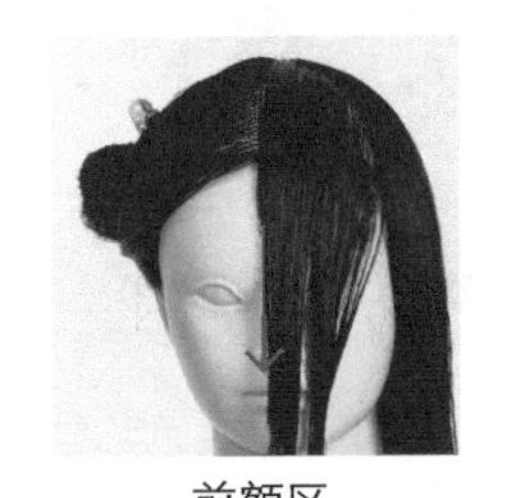

1. 将前额区集中到中心剪，制作出前短后长的层次。

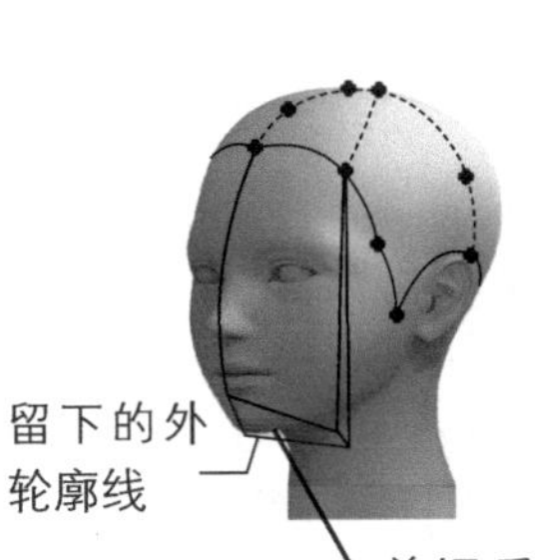

2. 将前额区集中到前额角检查，整理切口。

3. 将侧发区在前额角拉出，参照 2 剪。

61. 水平地拉出，让剪刀与外轮廓线垂直，向前推移剪 2 厘米左右。

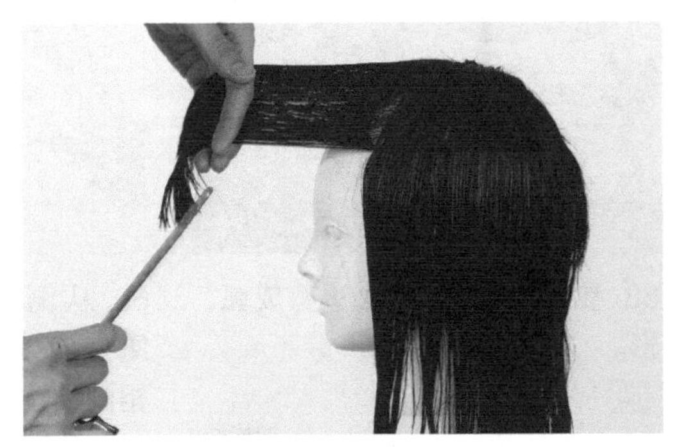

62. 沿水平方向重新梳理这部分头发。

63. 剪成弧形。

64. 在左前额区加入了层次的状态。发梢显现出薄度。

在左侧发区加入层次

剪发步骤详解：

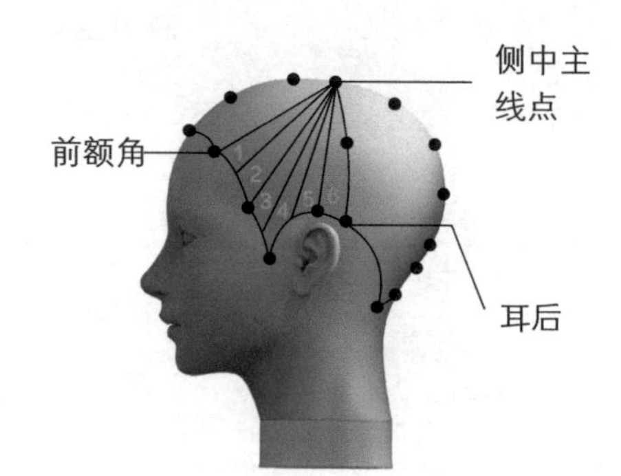

65. 侧发区终止于侧中主线点和耳后的连线，从侧中主线开始呈放射状地分取发束。

66. 取第 1 个发束，至侧中主线点和前额角的连线，用垂直梳法将其水平地拉出。

67. 参照步骤61 中修剪的前额区，从外轮廓线开始垂直地修剪。

68. 参照步骤 63 将上边剪成弧形。

69. 从侧中主线开始取厚度约 1 厘米的发束 2，和第 1 个发束在相同的位置上剪。

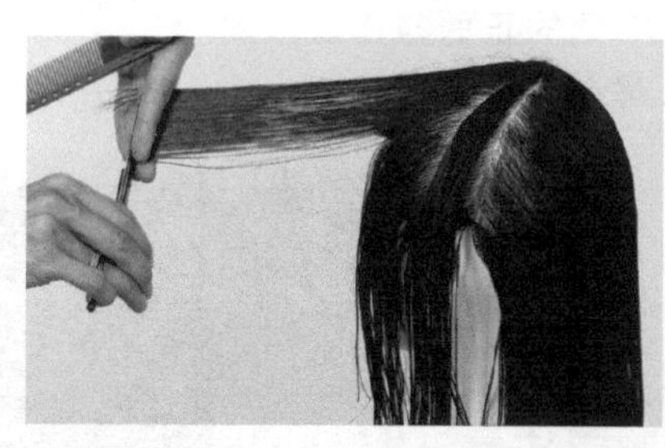

70. 从外轮廓线开始推进 2 厘米左右，剪成弧形。

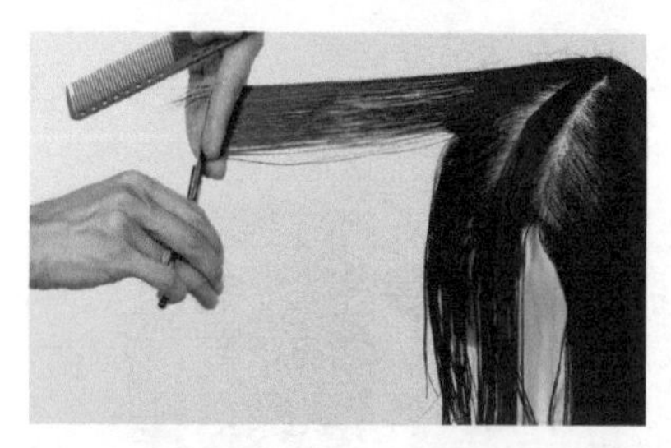

71. 第 3 个发束也从侧中主线点开始取，厚度约 1 厘米，水平地拉出，拉到同第 1 个发束相同的位置。从外轮廓线开始垂直地剪。

72. 因为顶点附近发束较厚，先做出修剪的轮廓。

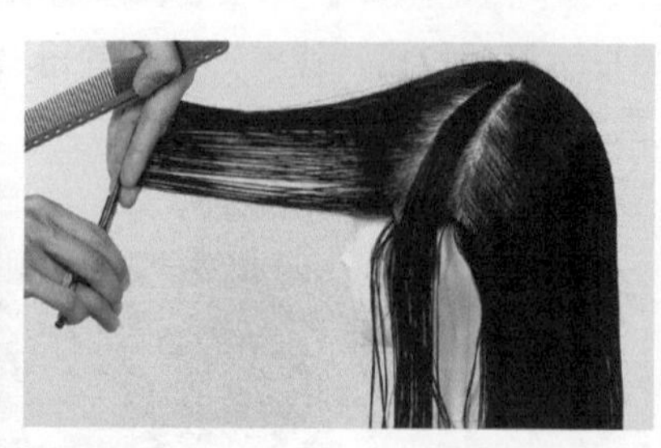

73. 参照第 1、2 个发束剪成弧形。

74. 第4个发束也同样地水平拉出，拉到同第1个线相同的位置，垂直地剪。

75. 将上半部分重新梳理。

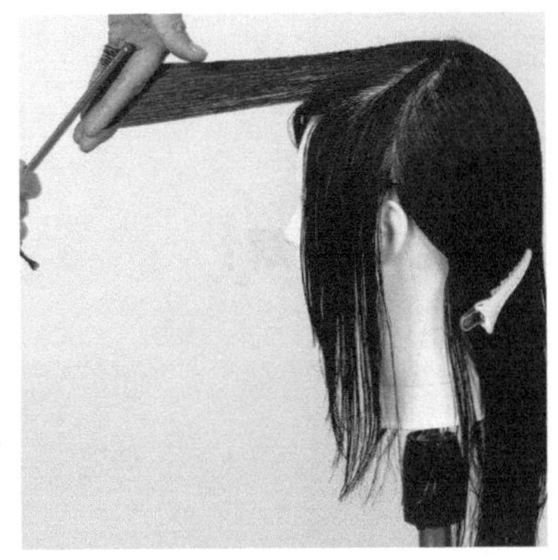

76. 剪成弧形。

77. 第5个发束也同样地取厚度为1厘米的发束，集中到前额角剪。将下半部分和外轮廓线保持垂直地剪。

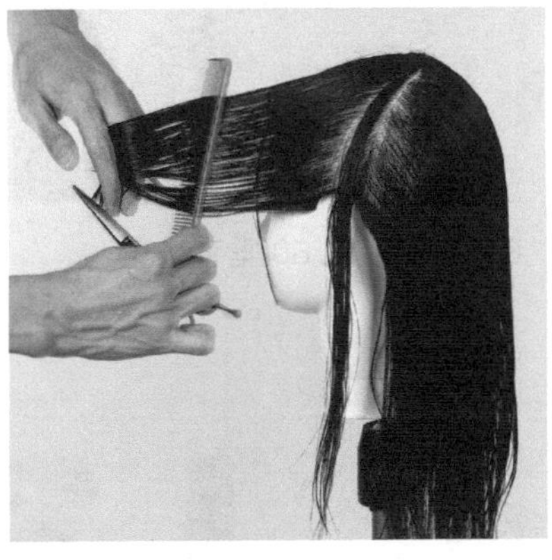

78. 将上边部分呈水平状态重新梳理出轮廓。

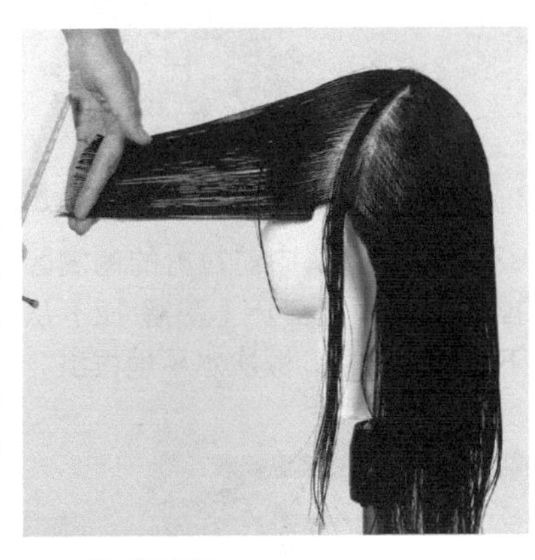

79. 剪成弧形。

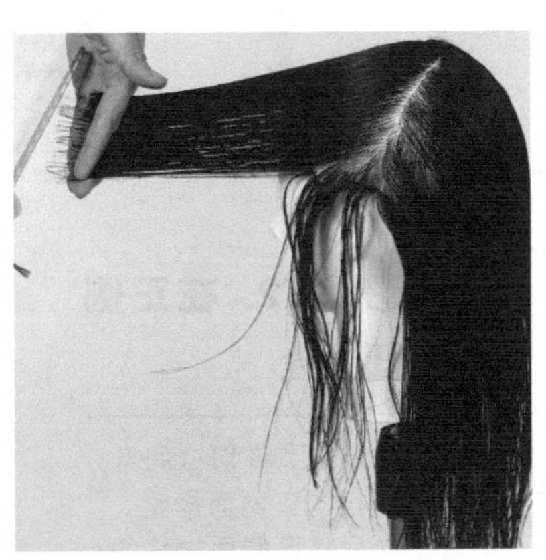

80. 在第6个发束上向后推移，剪到耳后。修剪位置和第1个发束相同。

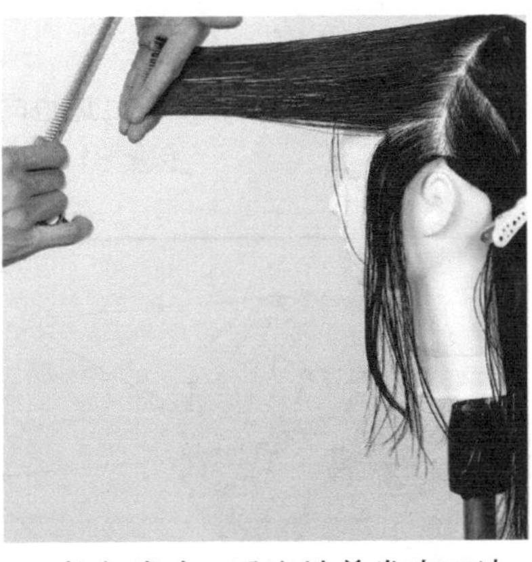

81. 拉起发束，垂直地剪发束下边，上边剪成圆形。

82. 左侧发区加完层次后的效果。

左侧发区的剪修

剪发步骤详解：

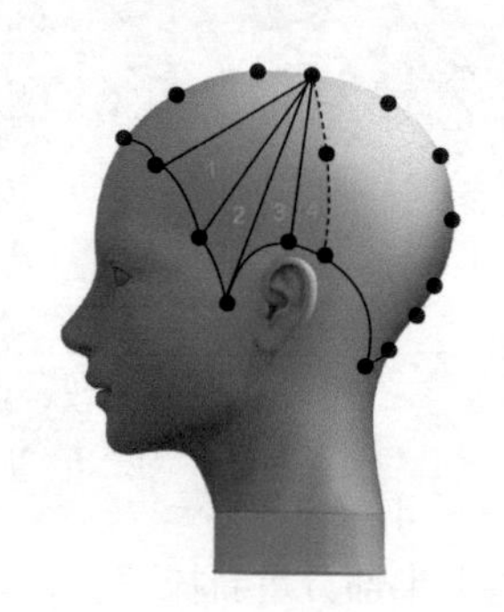

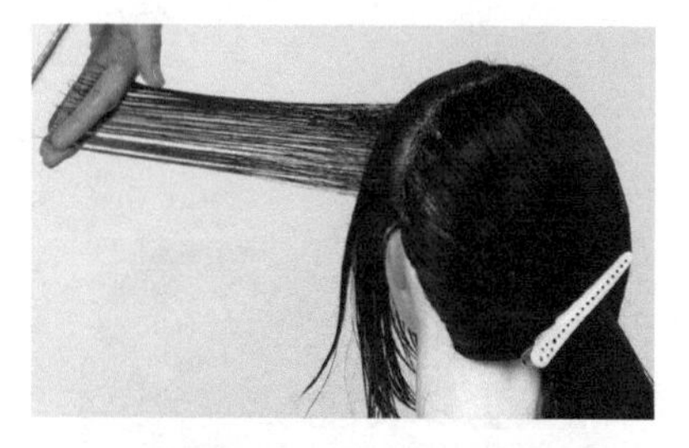

83. 在这里，将向前拉剪的侧发区拉到正侧面检查。（图解 12）从下边发束开始，顺次水平地拉出。

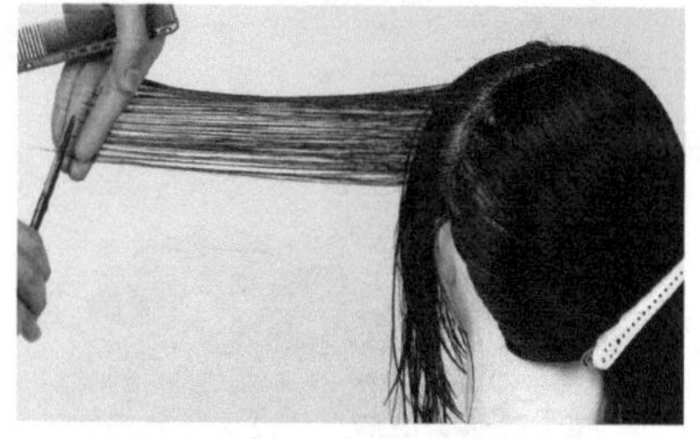

84. 参照步骤 80 垂直地剪。

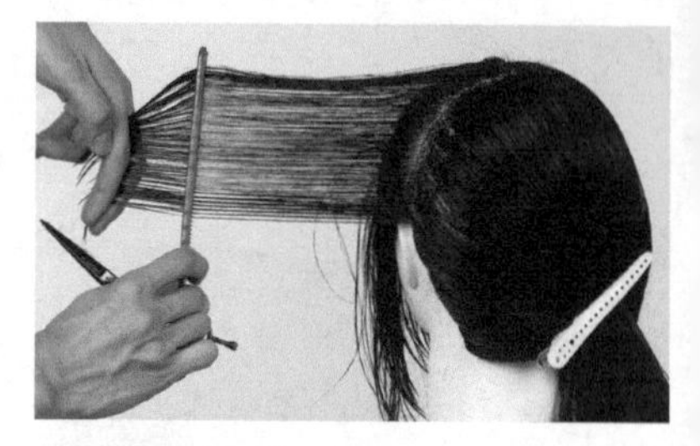

85. 同样，向上推移，向正侧面水平地拉出。

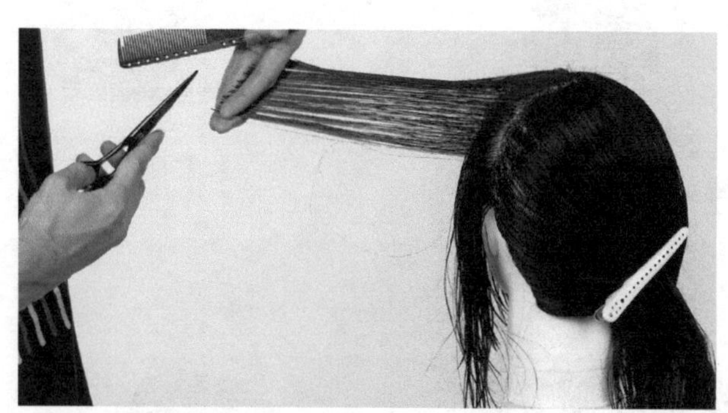

86. 参照步骤 81 的切口，检查弧形线条。

87. 上边也同样水平拉出，梳理出轮廓，参照步骤 81 检查弧形线条。

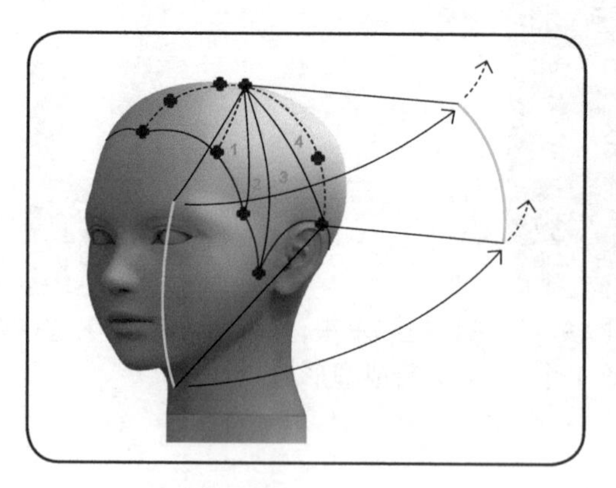

图解 12　在正侧面检查

向前拉，将切口的乱发拉向正侧面修整。向后脑区侧面推移的准备工作结束。

在左后脑区加入层次

剪发步骤详解：

88. 取后脑区微斜的发束 1，沿着头的弧度加入层次。（图解 13）和后脑区左侧发际线平行地取发片，垂直地拉出。

89. 检查发束下方切口是否凌乱。

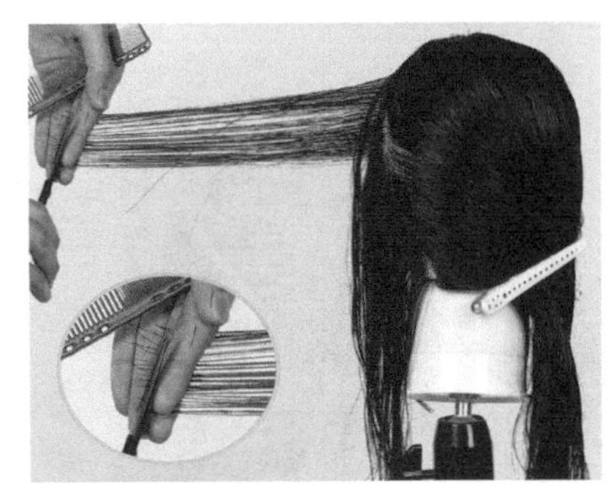

90. 将正中间部分和地面平行地拉出，修整切口，下面为垂直接口，上面为弧形线条。

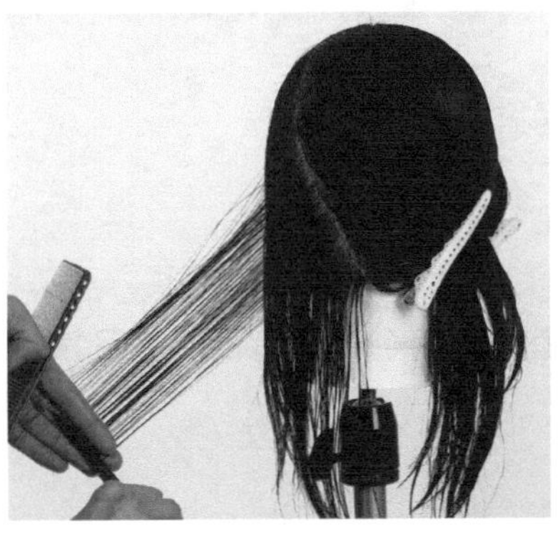

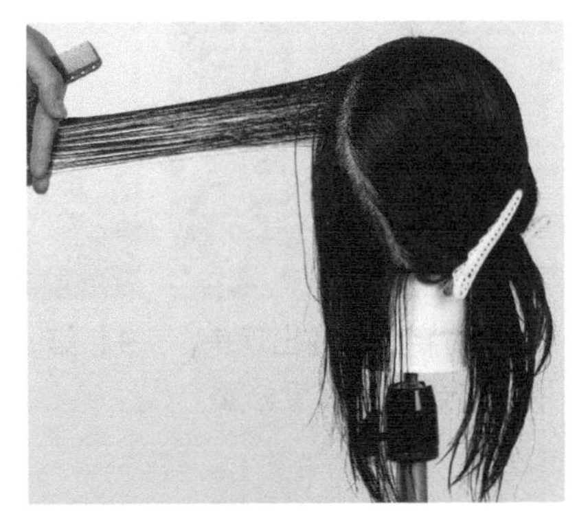

91. 第 2 个发束也同样从下边开始顺次拉出，出现角的话就修整为弧形。（图解 14）

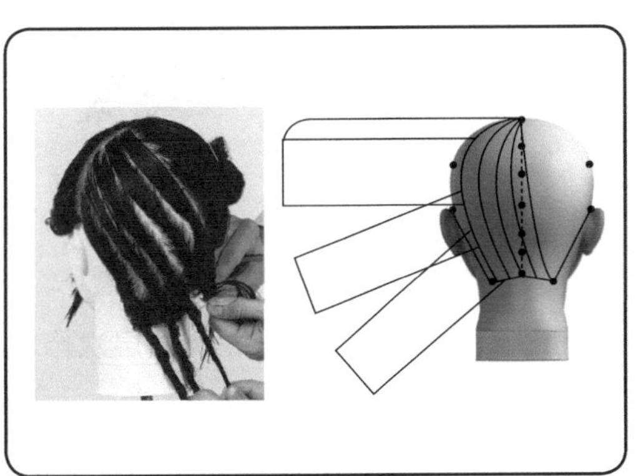

图解 13 用微斜的发片剪出弧形

为了加入沿着头的圆度的层次，用斜着的发片拉出呈圆形修剪。

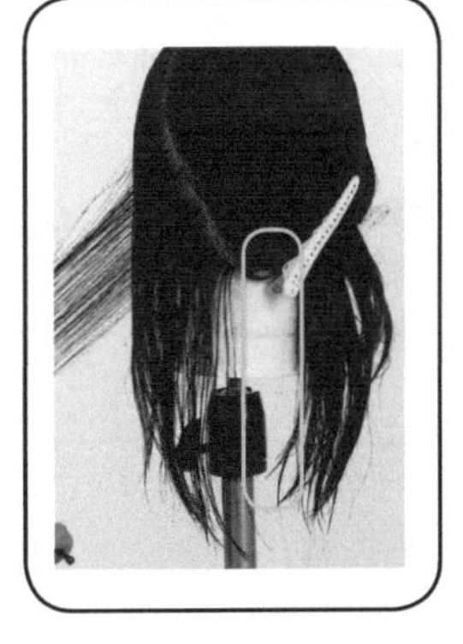

图解 14 外轮廓线不剪

为了保持前面所设定的线条长度，后颈的头发不剪。

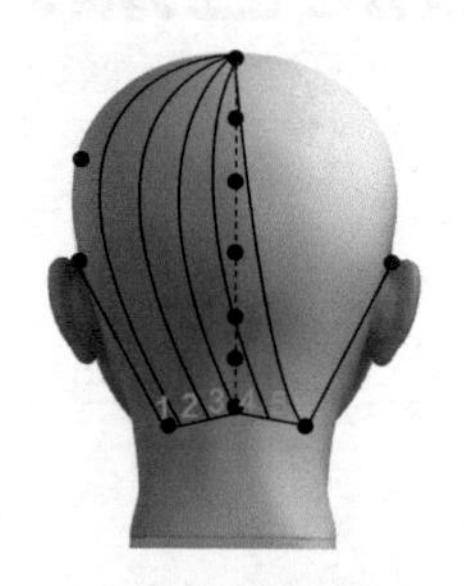

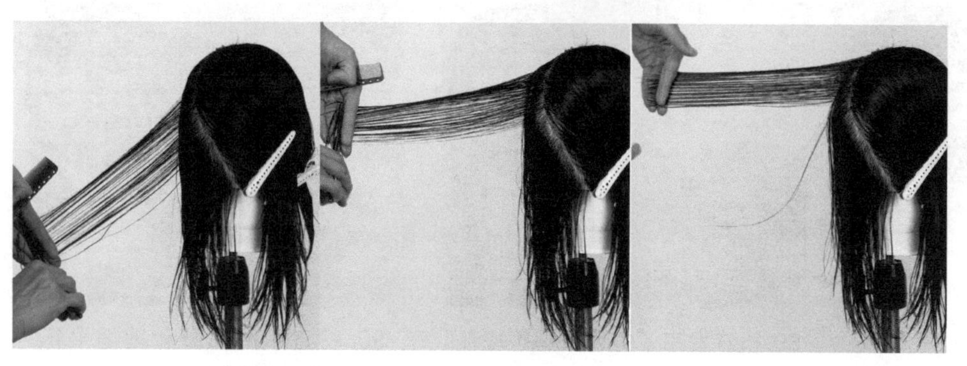

92. 第 3 个发束也同样地从下边开始顺次拉出剪成弧形切口。

93. 上方特别容易出现角，所以沿着头的弧度修整。

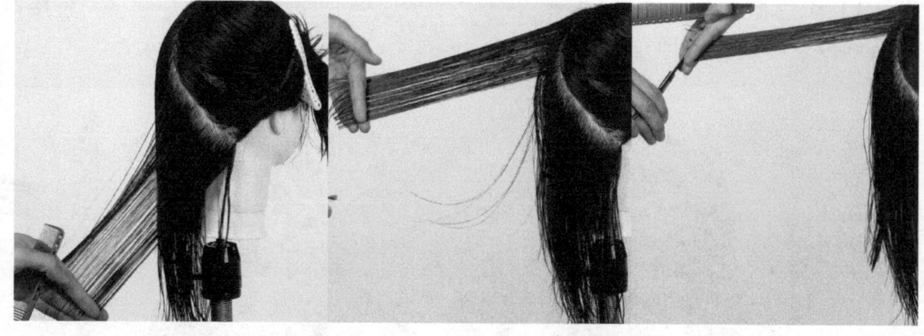

94. 第 4 个发束也同样从后颈到头顶区按照曲线形连接的形状剪。

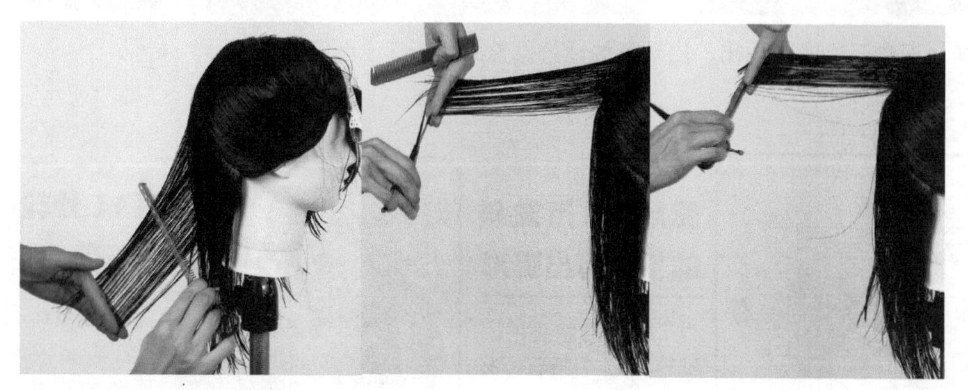

95. 第 5 个发束也一样。

96. 左侧的层次修剪结束。

在右前额区加入层次

剪发步骤详解：

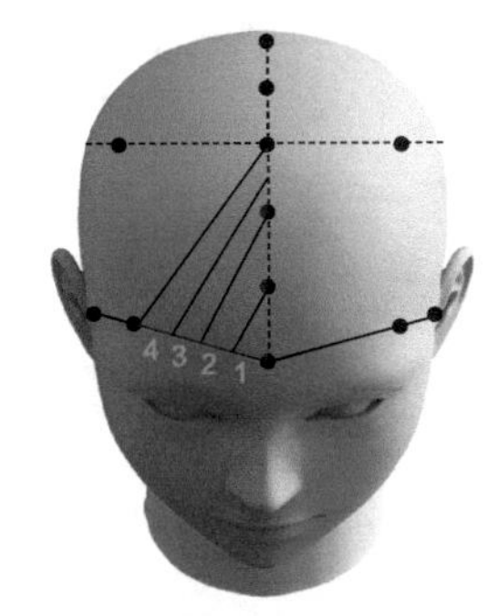

97. 和左前额区的修剪一样，在右前额区加入层次。从刘海点开始呈放射状地分取发束，水平地拉出进行修剪。

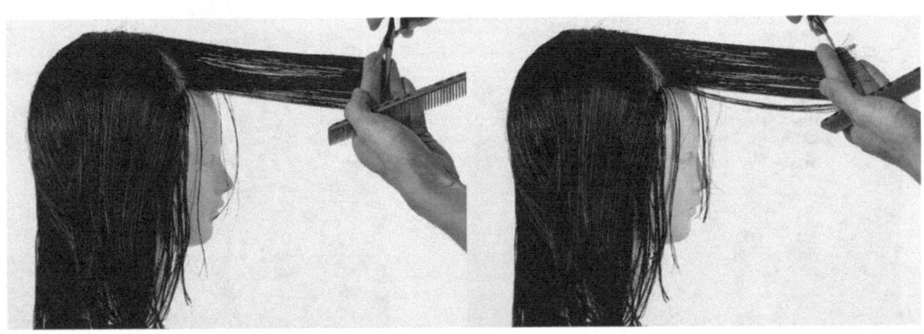

98. 同样，向右推移。将发束 2 拉至和第 1 个发束相同的位置，下边垂直剪，上边剪成弧形。

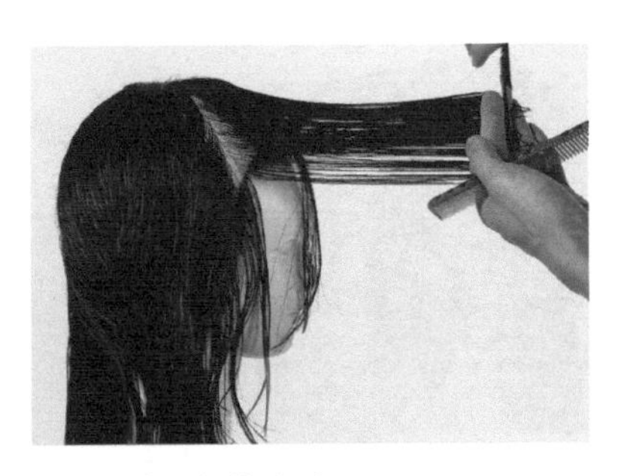

99. 同样修剪发束 3、4。

100. 最后，将前额区整体朝前额角的正面拉出检查。（图解 15）

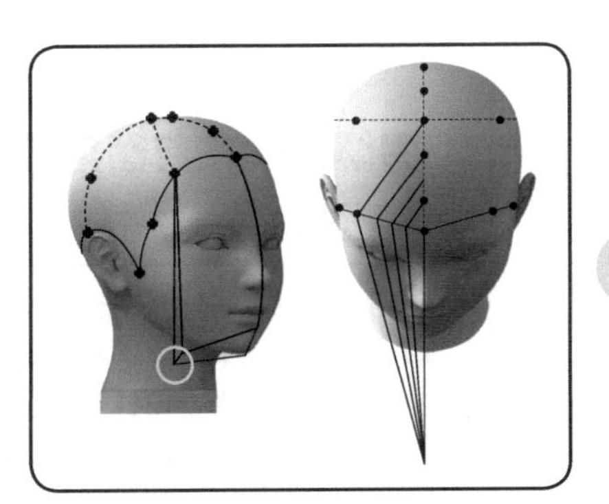

和左前额区一样，右前额区也集中到前额中心加入了前短后长的层次。

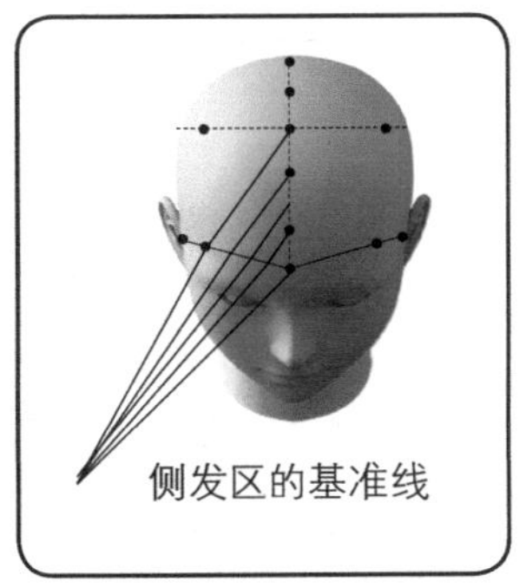

在前额角检查作为侧发区的基准线。

图解 15　修剪之后前额区中心向前额角集中

在右侧发区加入层次

剪发步骤详解：

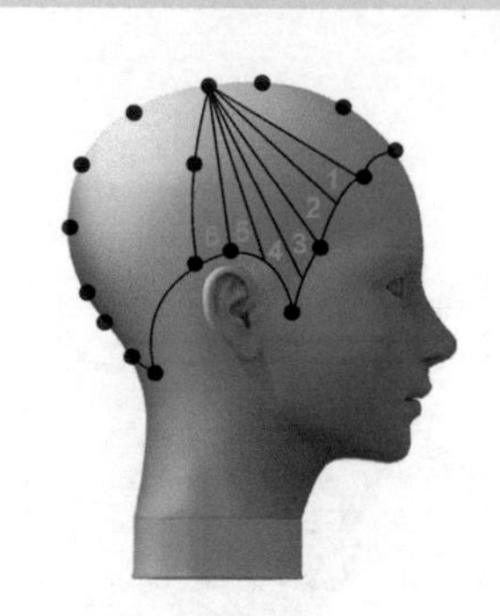

101. 和左侧发区一样，右侧发区也从侧中主线点开始呈放射状地取发束，在前额角的正面剪。

102. 第 2 个发束也和第 1 个发束一样水平地拉起，下边垂直剪，上边剪成弧形。

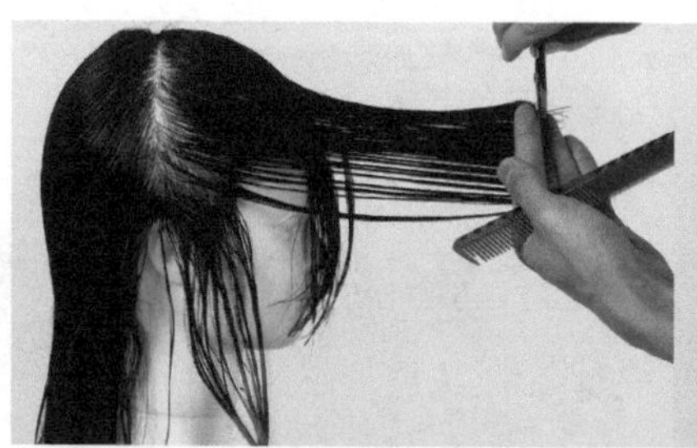

103. 同样，在右侧发分 6 个发束，整体加入层次。

104. 最后，将侧发区整体拉到正侧面检查。（图解 16）

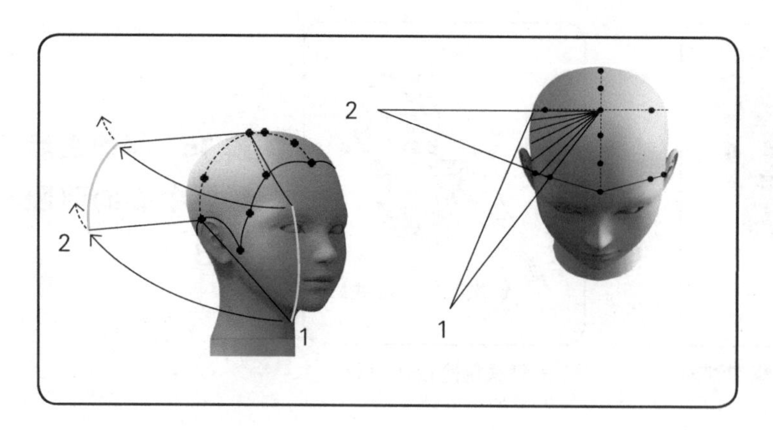

图解 16　在前额角剪在正侧面检查

1. 和左前额区一样，右前额区也集中到中心加入了前短后长的层次。
2. 拉到正侧面修整切口。

在右后脑区加入层次

剪发步骤详解：

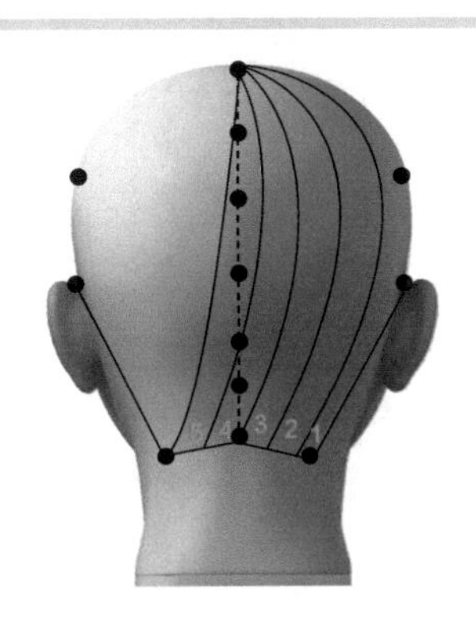

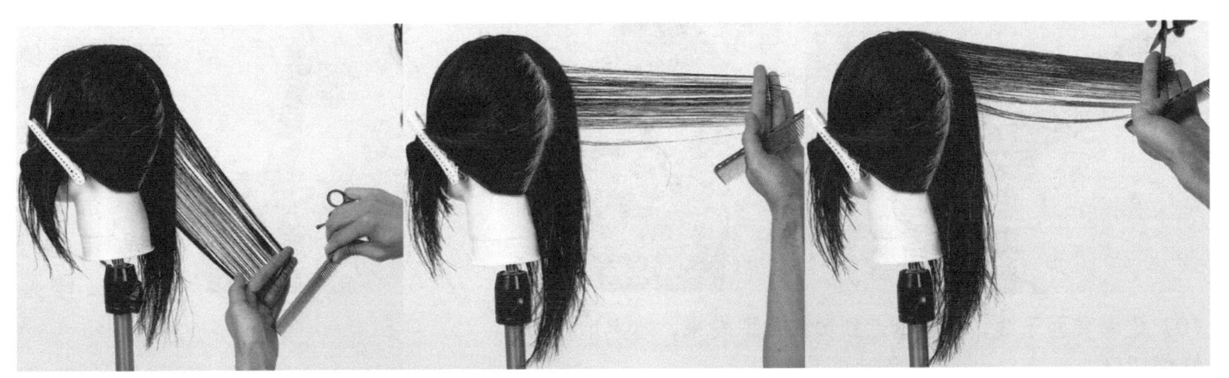

105. 和左后脑区一样，右后脑区也取斜的发片，配合头的弧度加入层次。从下边开始顺次地呈弧形拉出，从后颈到头顶区按圆形连接的形状剪。

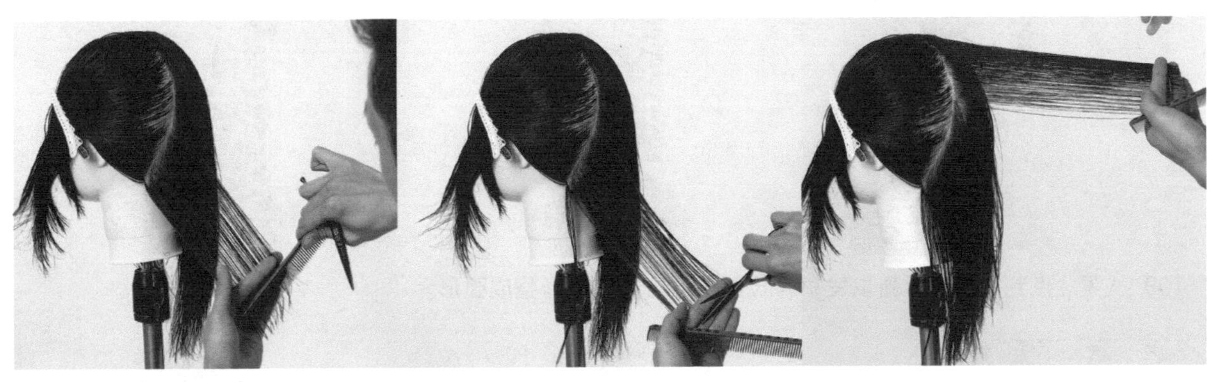

106. 同样地，分成 5 个发束在右后脑区整体加入层次。（图解 17）

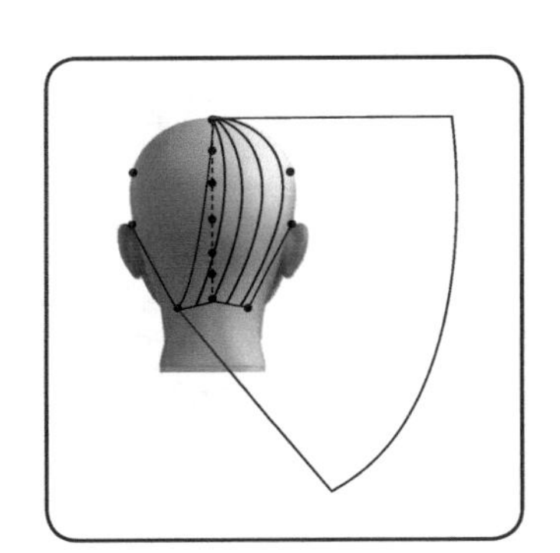

图解 17　从下到上形成弧形的连接

和左后脑区一样，按能形成圆形连接的形状剪。

莫西干线的剪修

剪发步骤详解：

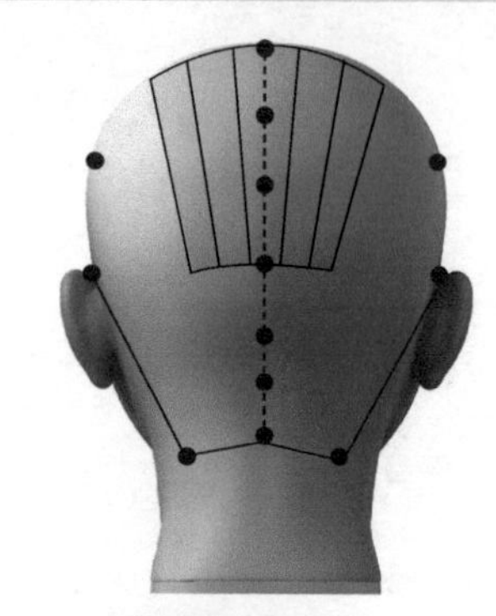

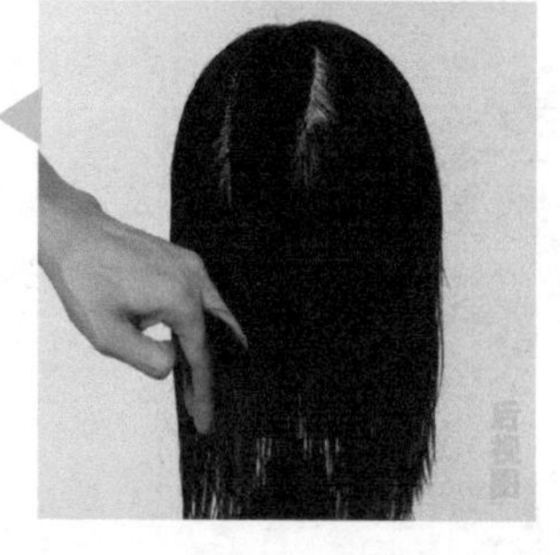

107. 沿着莫西干线，从后脑点到黄金点取发束，水平地拉出修整切口。

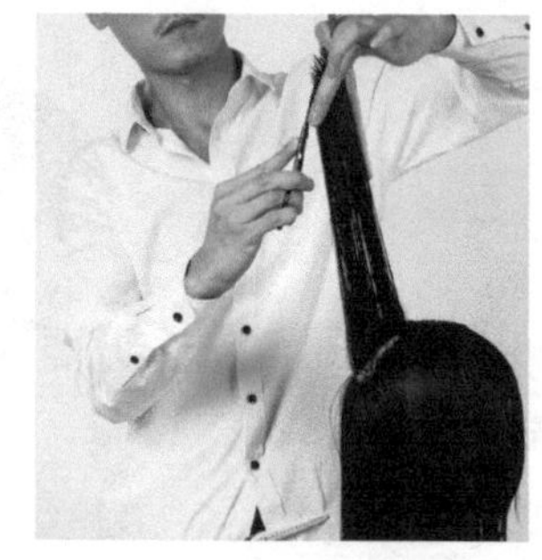

108. 从第二区分点到侧中主线点斜45° 拉出发束，按顺序改变角度，垂直拉出，将切口修整成弧形。

109. 从黄金点到刘海点重新取发束，拉到正上方将切口修整成弧形。

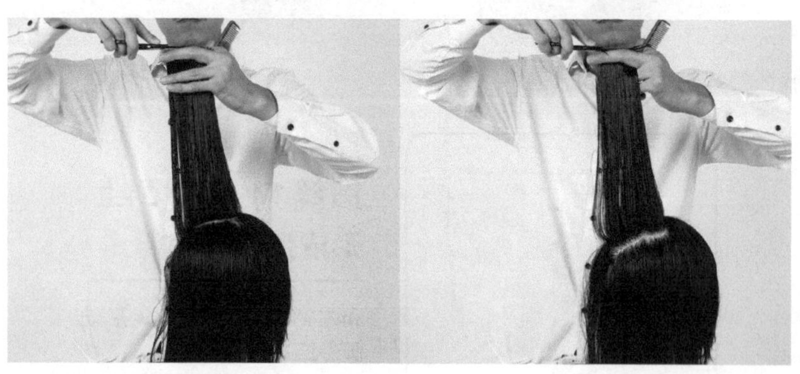

110. 和莫西干线保持平行取较近的斜发片，用垂直梳法拉出，将切口修整成弧形。左侧也一样。

111. 层次修剪结束。

剪刘海

剪发步骤详解：

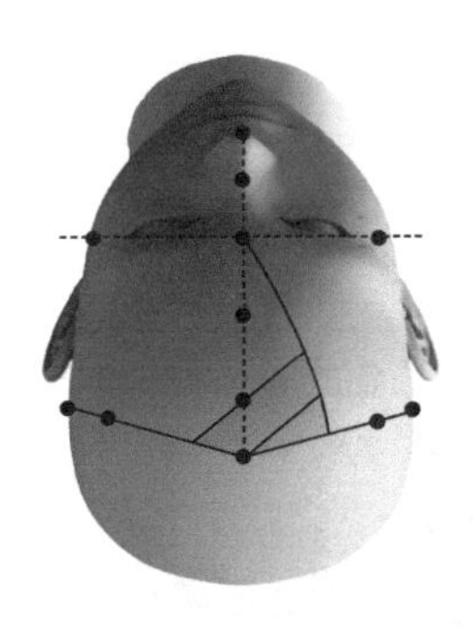

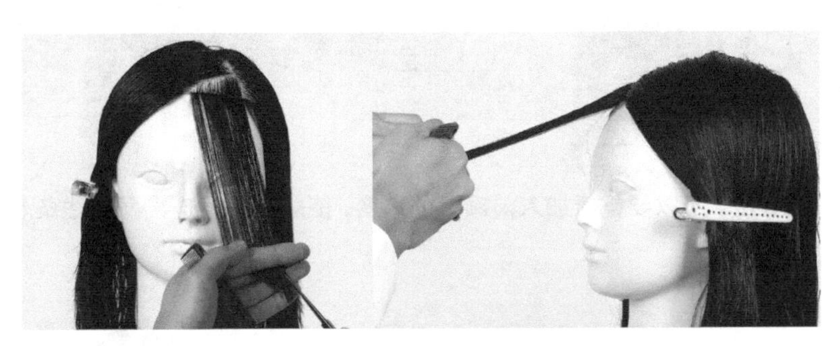

112. 在前面步骤中左右对称地设定了刘海的长度。在这个区域左边，从刘海点旁骨骼的凸出处到前额区中心，取斜的发片，相对头皮 0°从正前面拉出。

113. 剪刀和发片保持平行地削尖发梢。

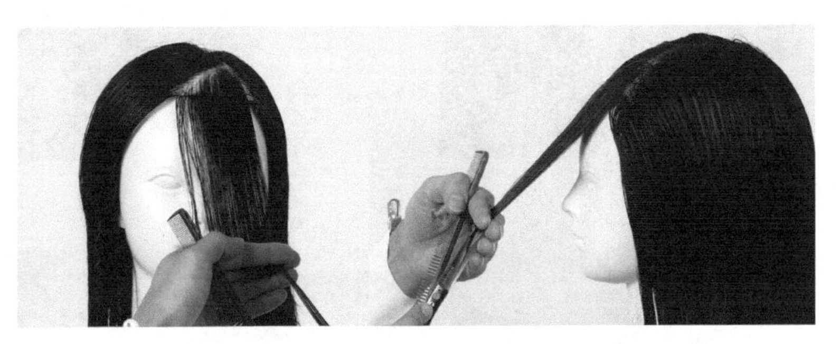

114. 和第 1 个发束保持平行取第 2 个发束，同样拉出到正面，参照下一个，让剪刀和发片平行地削尖发梢。

115. 由于头发从短的地方流向长的地方，所以可以形成从左向右流动的斜前刘海。

前额区的层次调整

剪发步骤详解：

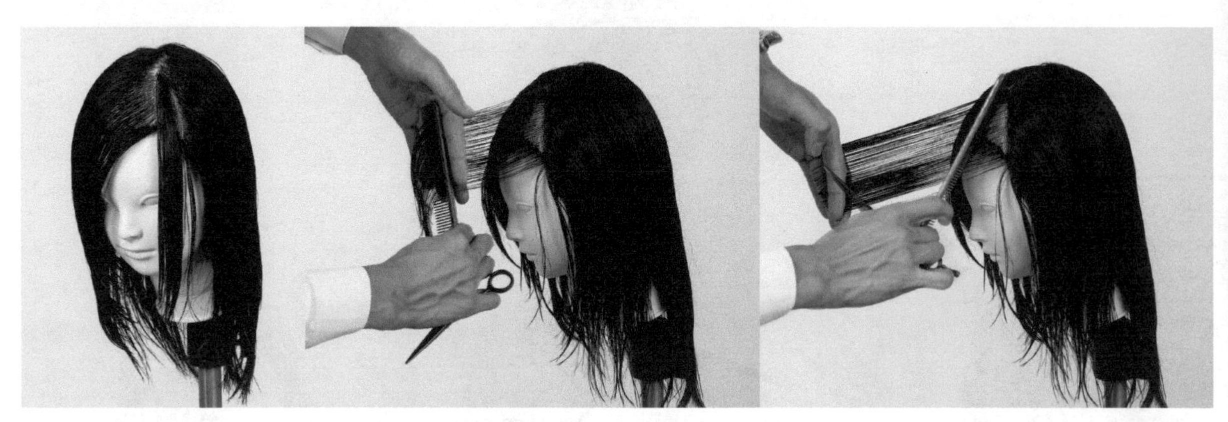

116. 因为在步骤112~114中改变了刘海的长度，所以要重新加入前额区的渐变，使层次能够连接面部线条。首先，将较轻的一侧朝正前面拉出。

117. 左手腕轻轻地像甩腕那样将切口剪成上长下短状。

118. 从侧中主线点到前额角取发束，用垂直梳法拉出，从步骤117的外轮廓线开始垂直地削尖发梢。

119. 上边稍微呈圆形地削尖发梢。

120. 前额区的另一侧也用渐变的线条来削尖发梢。

最后一道工序

剪发步骤详解：

121. 将步骤 48 中和步骤 106 中的发束在相同的方向拉出，从发梢约 3 厘米处削尖。将切口的轮廓剪得模糊些。

122. 修剪结束。

完成

剪发步骤详解：

2.3 中间层次发型

剪发前的分析

剪方形层次

前面的短层次发型是以圆形层次为主体把方形层次组合进来的发型。这次，试着剪将方形层次作为主体的发型吧。

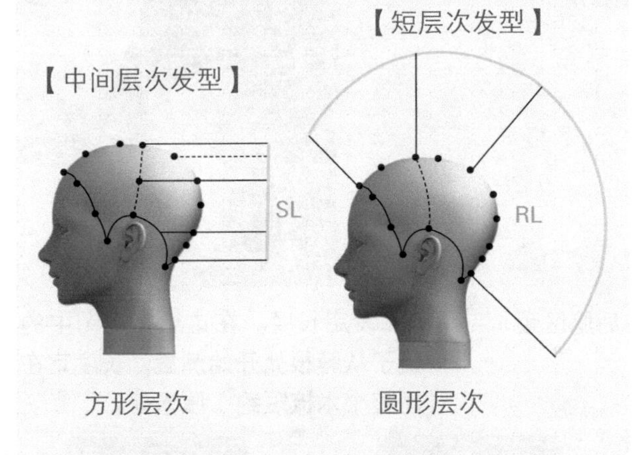

掌握方形层次的特征吧！

根据对方形层次的分析，感受方形层次深深凹陷的形状吧！

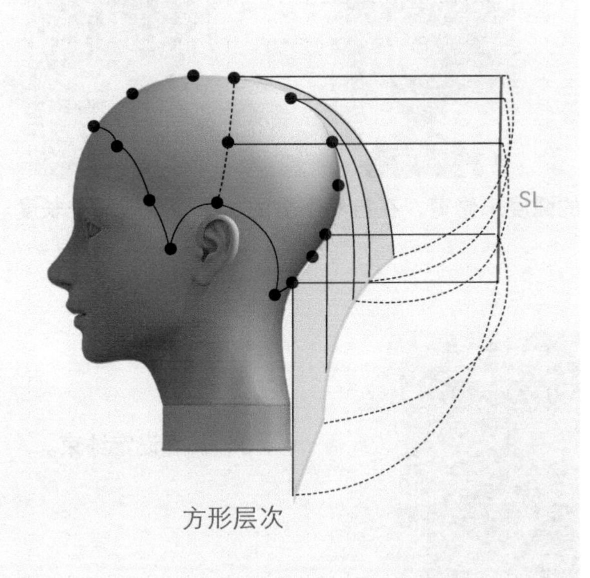

设定长度

剪发步骤详解：

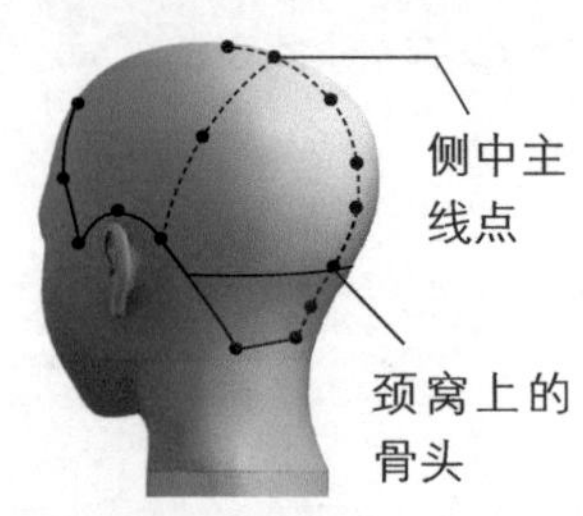

01. 通过侧中主线点和耳上的连线将头发前后分开，在后脑区颈窝上的骨头处做水平分隔线，将头发上下分开。

02. 设定长度。在这里，用图中的梳子从脖根处开始测量，长度定在比整个木梳短约 1 厘米处。

03. 将发束中心放到正下方，用在步骤 2 中设定的长度水平地修剪。

04. 将发束左右部分沿着头的弧度来修剪，在自然下垂的状态下剪成同一长度。

05. 长度设定结束。

在后脑区第 1 段加入 SL

剪发步骤详解：

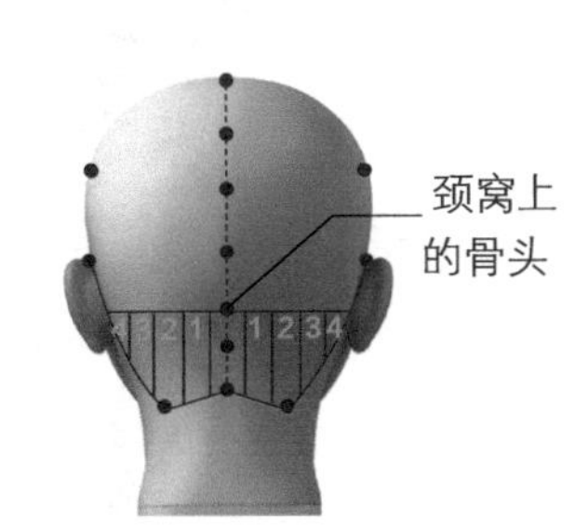

06. 决定层次的角度。依据此发型的完成效果，将黄金点的发梢垂到颈窝的高度，设定重量。

07. 以步骤 6 中决定的长度，剪黄金点的头发。

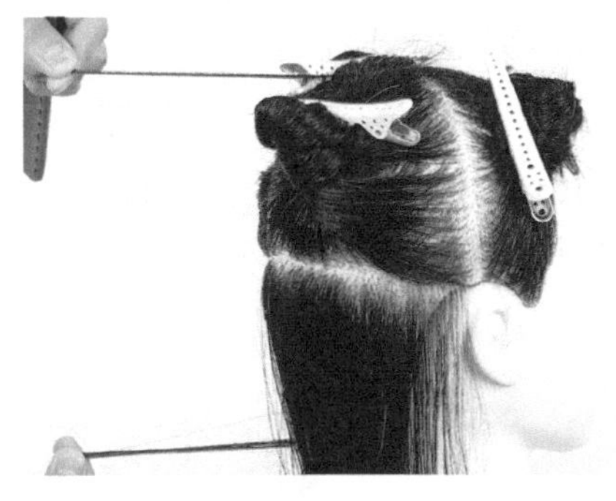

08. 以步骤 7 中剪出的黄金点的头发和后颈发际线的头发来设定修剪角度，加入方形层次。（图解 18）

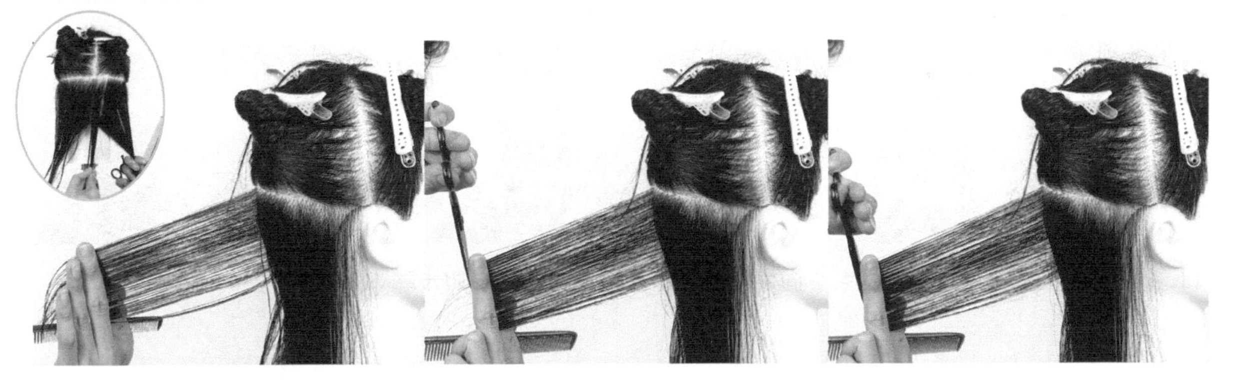

09. 在步骤 1 中颈窝的骨头处分开的后脑区加入层次。在中心取纵向的发束，向正后方水平地拉出，以在步骤 8 中设定的角度来修剪。

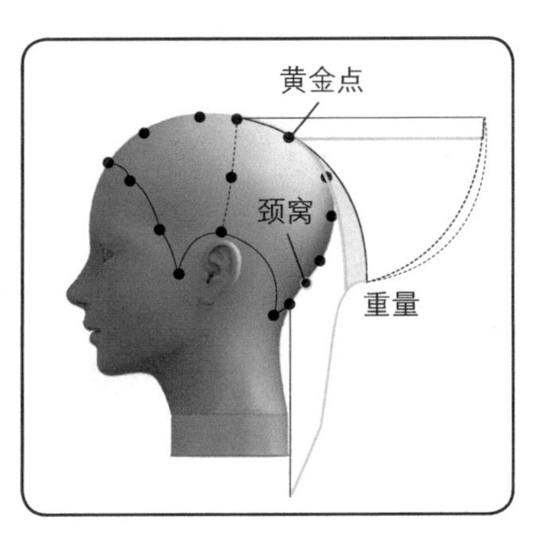

图解 18 黄金点决定重量

由于黄金点上，骨骼向上倾斜，所以外轮廓线会重叠，形成重量。黄金点头发的发梢下垂的位置，决定了重量点的位置。

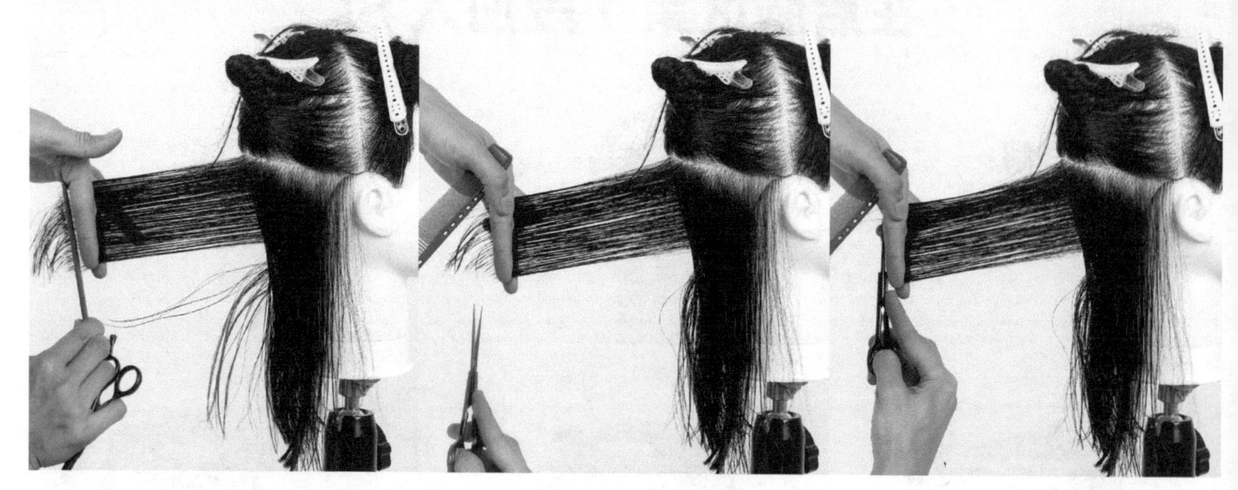

10. 向右推进。同样地取右侧纵向的发束 1，和步骤 9 的发束一起向发束的正面（也就是发束的厚度的中央）水平地拉出。参照步骤 9 修剪。

11. 继续向右推进。取纵向的发束 2 向发束的正面水平地拉出，参照步骤 10 来修剪。

12. 同样地，向右推进。取纵向的发束 3 向发束的正面水平拉出，以前一个发束为基准修剪。

13. 把 4 个发束上推进到耳后的发际线为止，同样地向发束的正面水平地拉出，以上一个发束为基准修剪。

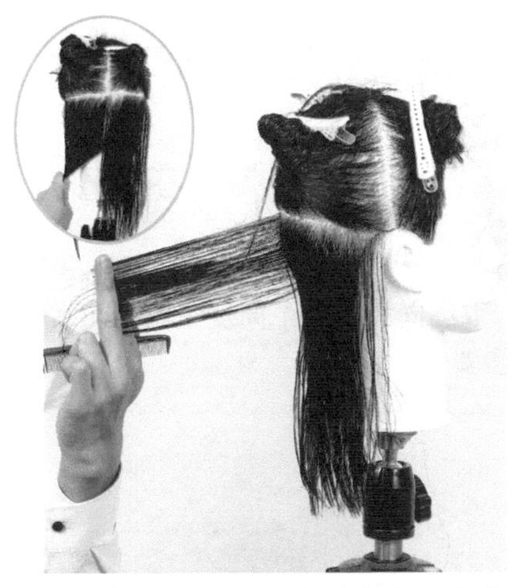

14. 左侧也同样取纵向的发束，向发束的正面水平地拉出，第 1 个发束参照步骤 9 中所剪的发束的中心来剪。

15. 第 2 个发束也取纵向的发束，向发束的正面水平地拉出，参照步骤 14 来修剪。

16. 第 3、4 个发束也取纵向的发束，向发束的正面水平地拉出，参照前一个发束来修剪。

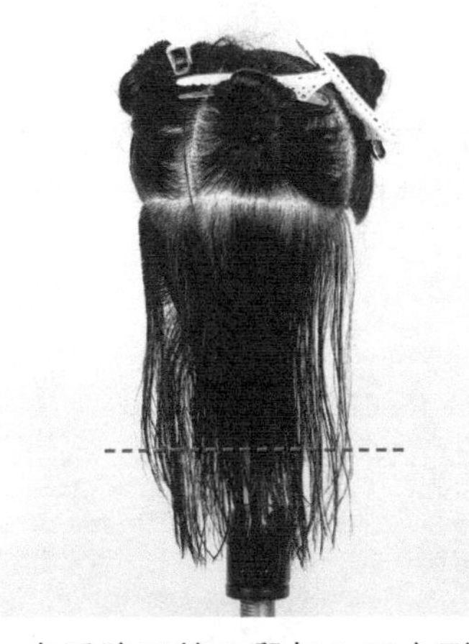

17. 在后脑区第 1 段加入了方形层次。和地面水平的层次形成平行。

在后脑区第 2 段加入 SL

剪发步骤详解:

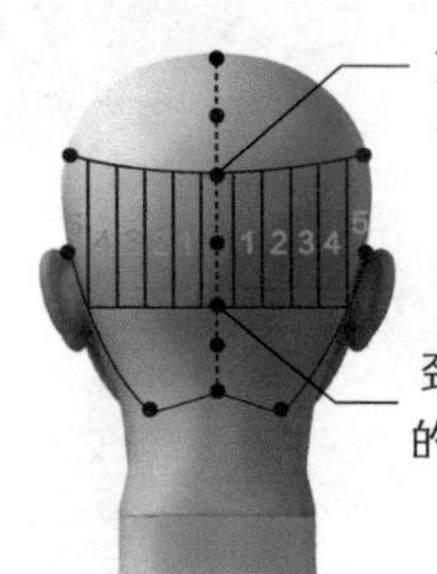

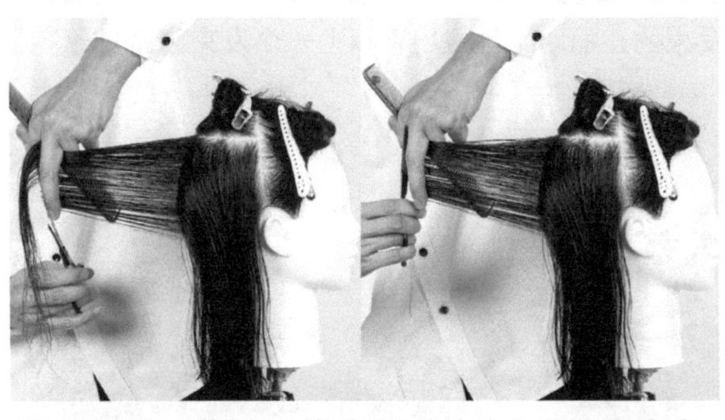

18. 第2段，从侧中主线点分开。在中心取纵向发束，向正后方水平地拉出，以在步骤 8 中设定的角度由下往上剪，要和步骤 9 中修剪的发束（即后脑区下段中心的头发）连接起来。

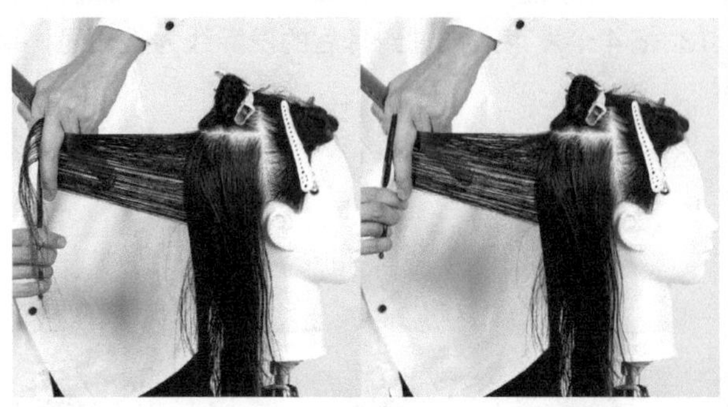

19. 向右推进。取纵向的发束 1 向发束的正面水平地拉出，参照步骤 18 剪。

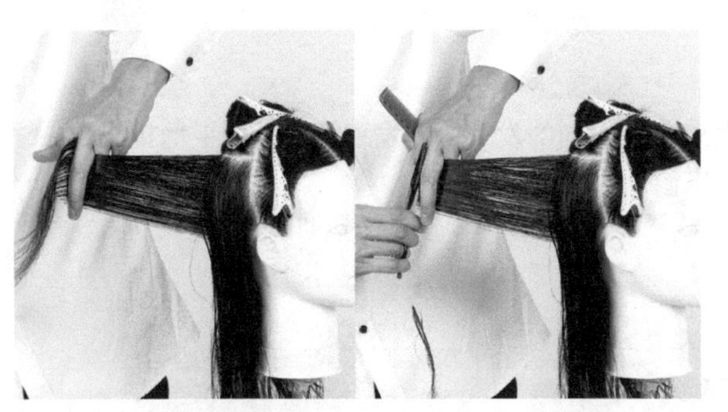

20. 向右推进。同样地取纵向的发束 2 向发束正面水平地拉出，参照步骤 19 来修剪。

21. 向右推进，以前一个发束为基准继续修剪发束3。

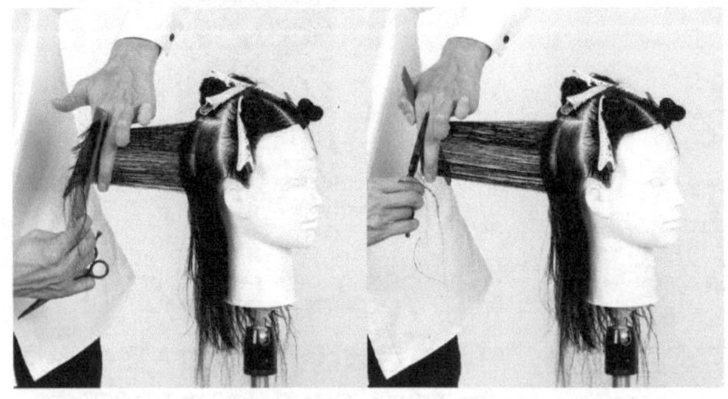

22. 向右推进。同样地取纵向的发束 4 水平地拉出，以前一个线为基准修剪。

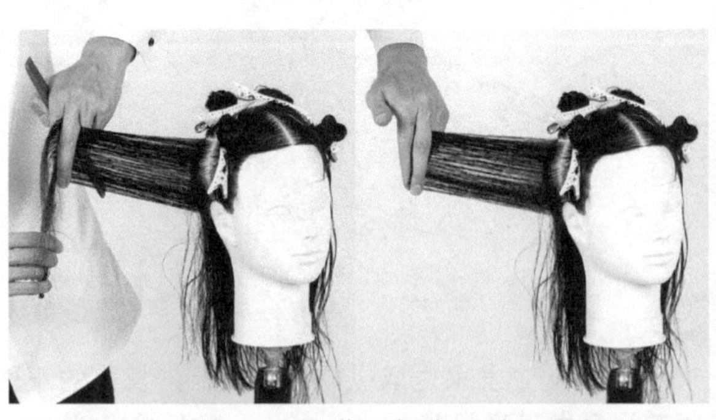

23. 第 5 个发束一直推进到侧中主线，同样地水平地拉出纵向的发束，参照步骤 22 来修剪。

24. 左侧也同样修剪。取纵向的发束1向发束正面水平地拉出，参照在步骤18中所剪发束的中心剪。

25. 向左推进。取纵向的发束2，向发束正面水平地拉出，参照步骤24来修剪。

26. 向左推进。取纵向的发束3，向发束正面水平地拉出，参照步骤25来修剪。

27. 向左推进。取纵向的发束4向发束正面水平地拉出，参照步骤26来修剪。

28. 向左推进。取纵向的发束5向发束正面水平地拉出，参照步骤27来修剪。

29. 后脑区第2段也加入了方形层次。（图解19）

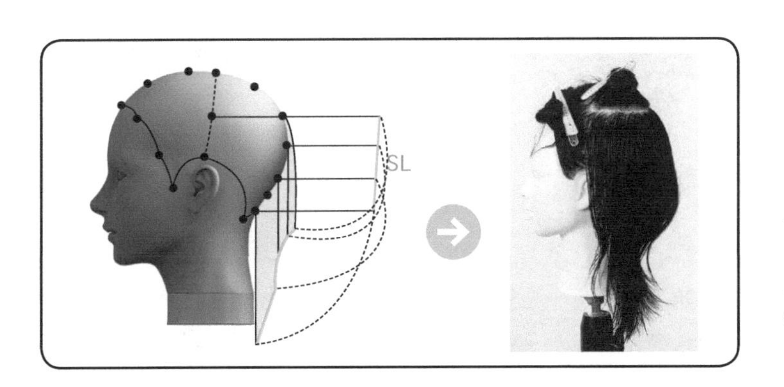

图解19　深深凹陷的细长的形式

方形层次的下方削薄，因此深深地凹陷下去是它的特征。

在后脑区第 3 段加入 SL

剪发步骤详解：

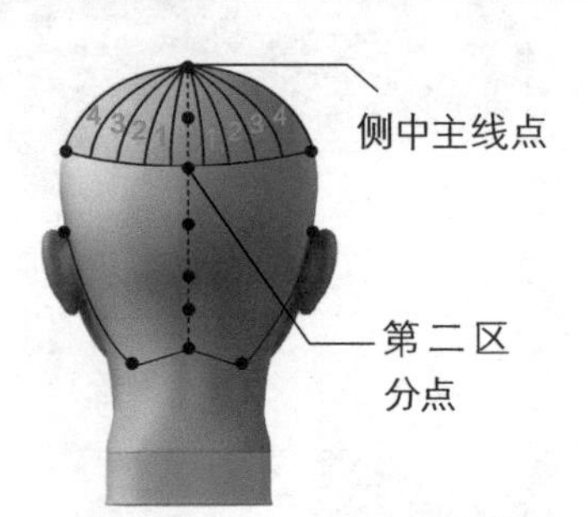

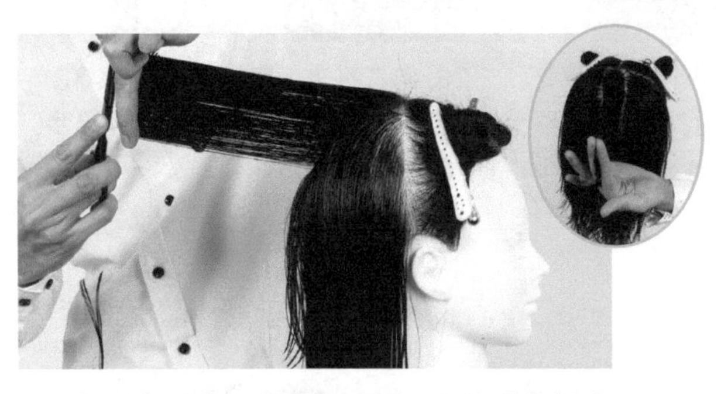

30. 在后脑区第 3 段从第二区分点推进到侧中主线点。在中心取纵向的发束，向正后方水平地拉出，以在步骤 8 中决定的角度，将中层、下层的层次连接起来。（图解 20）

31. 从侧中主线点开始取放射状的发束 1，向右推进。向发束正面水平地拉出，参照步骤 30 来修剪。（图解 21）

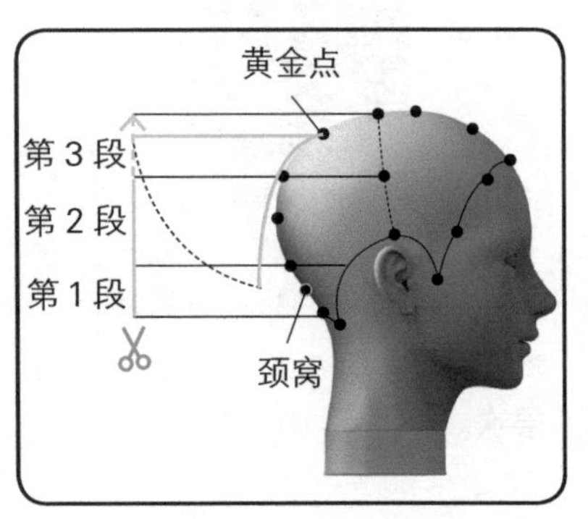

图解 20　将层次从下边连接起来

按照步骤 8 中设定的长度，层次的角度是连接黄金点和脖颈发际线之间发区的角度。此时要将在第 1 段（步骤 9）、第 2 段（步骤 18）中所剪的后脑区中心的层次连接到第 3 段。

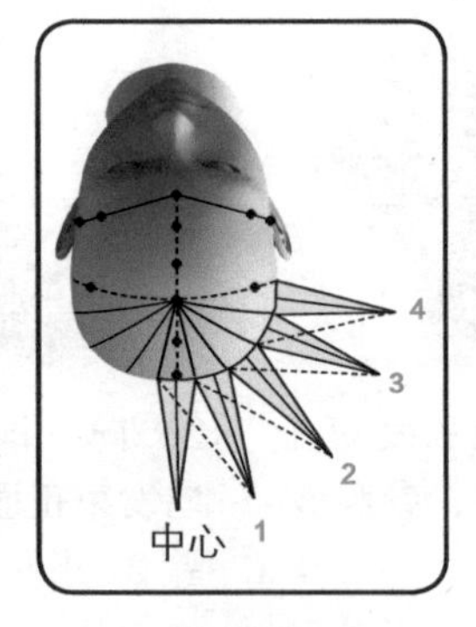

图解 21　每次向前水平拉出一个发束

和后脑区第 1、2 段一样，每个发束总是向发束宽度中央水平地拉出来剪。

32. 向右推进。同样地从侧中主线点开始取放射状的发束 2，向发束正面水平地拉出，参照步骤 31 来修剪。

33. 同样地，取放射状的发束 3 推进，向发束正面水平地拉出，参照步骤 32 来修剪。

34. 第 4 个发束一直推进到侧中主线为止。同样地，向发束正面水平地拉出，参照步骤 33 来修剪。

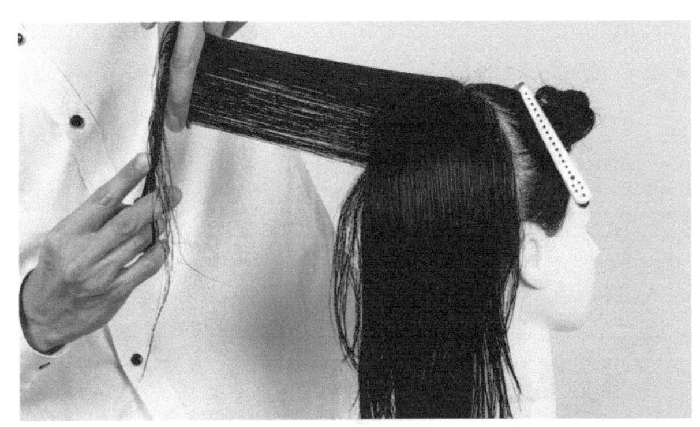

35. 左侧也同样，以侧中主线点为起点呈放射状地取发束 1，向发束的正面水平地拉出，参照步骤 30 来修剪。

36. 同样地，从侧中主线点开始放射状地取发束 2，向发束正面水平地拉出，参照步骤35来修剪。

37. 同样地，放射状地取发束 3，剪法和上一步骤相同。

38. 第 4 个发束一直推进到侧中主线，剪法同上一步骤。

检查并修剪

剪发步骤详解：

39. 对底边线条进行检查。（图解 22）沿着发际线取发束，相对头皮呈 0° 拉出。由于切口杂乱，所以要修整这里。

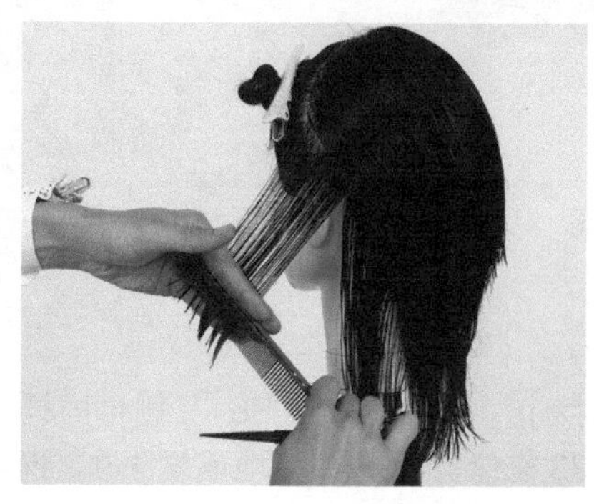

40. 向上推进。取平行的发束，拉到和步骤39相同的位置修整切口。

41. 左侧也同样地取和耳后的发际线平行的发束，相对头皮呈 0° 拉出检查。

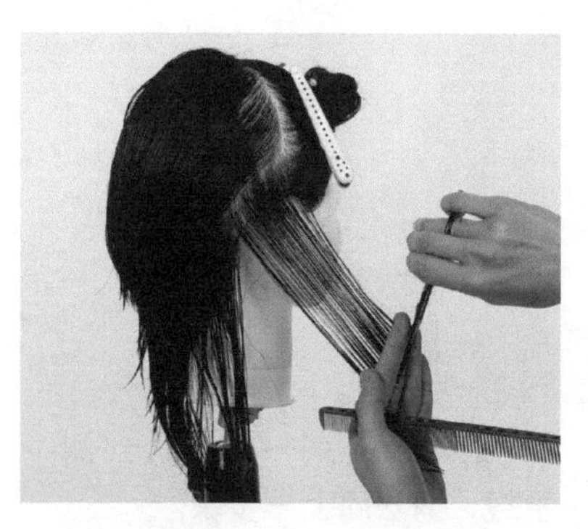

42. 取平行的发束向上推进检查。

43. 检查结束。在后脑区整体加入了方形层次，形成了深深凹陷的薄的形状。

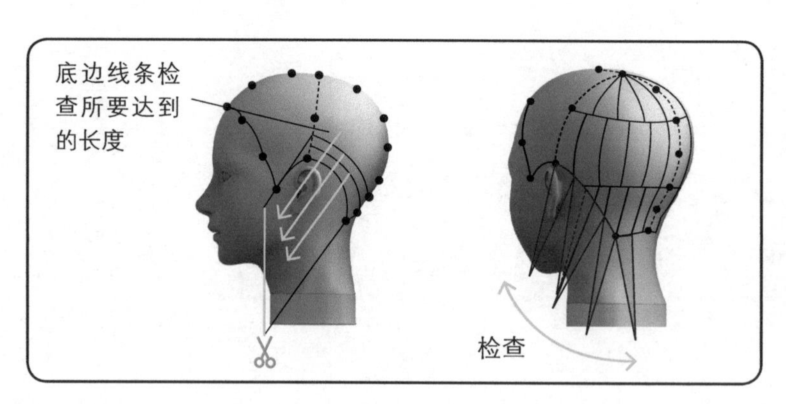

图解 22　底边线的杂乱

到这里为止，因为后脑区整体上用纵向发束推进修剪，纵向的连接是流畅的，但左右需要重新连接。因此，需要把旁边连接的底边线条和发际线平行地修整。

在右侧发区加入 SL

剪发步骤详解：

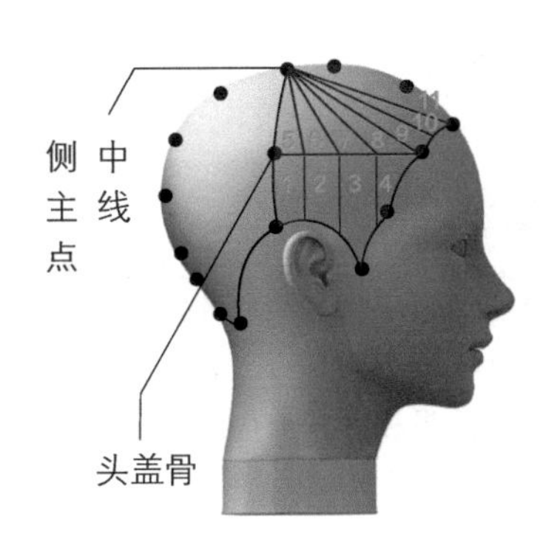

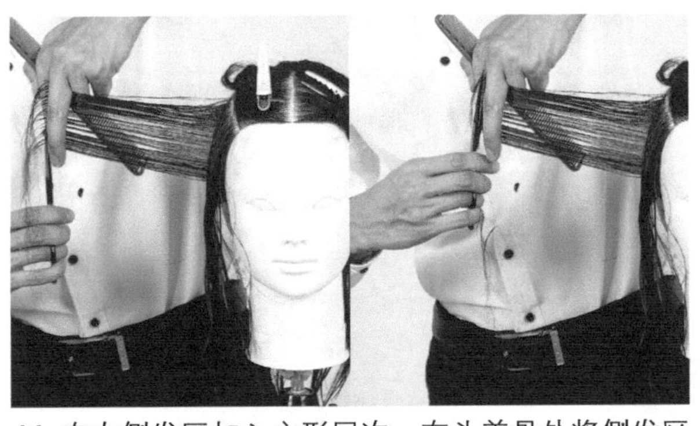

44. 在右侧发区加入方形层次。在头盖骨处将侧发区上下分开，从下方后边取纵向的发束 1，向发束正面水平地拉出，参照步骤 23 加入层次。

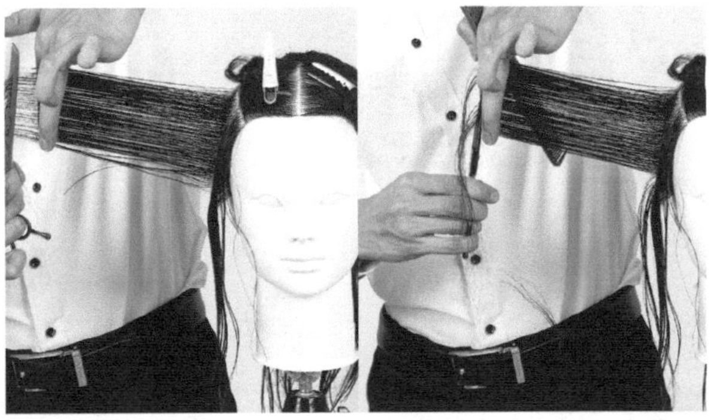

45. 和发束 1 平行地取纵向的发束 2，向发束正面水平地拉出。参照步骤 44 来修剪层次。

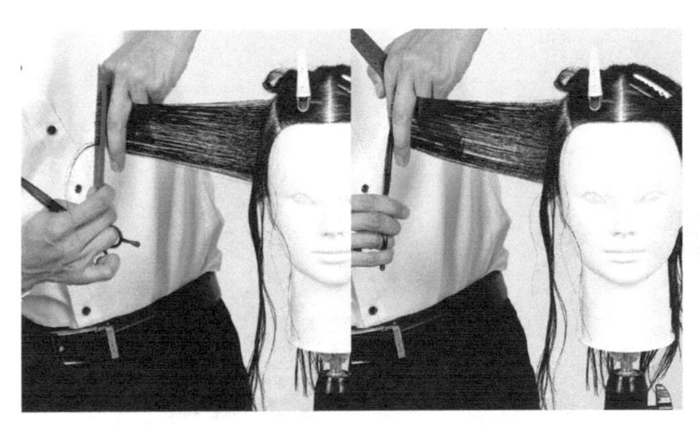

46. 同样地，向前推进。取纵向的发束 3 向发束正面水平地拉出，参照步骤 45 来修剪。

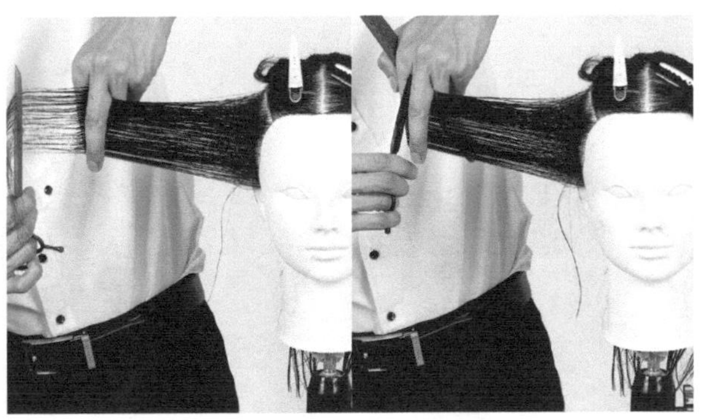

47. 第 4 个发束推进到发际线，取纵向的发束向发束正面水平地拉出，参照步骤 46 来修剪。

48. 推进到上段。从侧中主线开始呈放射状地取发束5。参照步骤34来修剪，使加入的层次能够和步骤44中的发束连接起来。

49. 以侧中主线点为起点，用放射状的发束向前推进。取发束6向发束正面水平地拉出，参照步骤48来修剪。

50. 同样地，以侧中主线点为起点，用放射状的发束向前推进。将发束7向正面水平地拉出，参照步骤49来修剪。

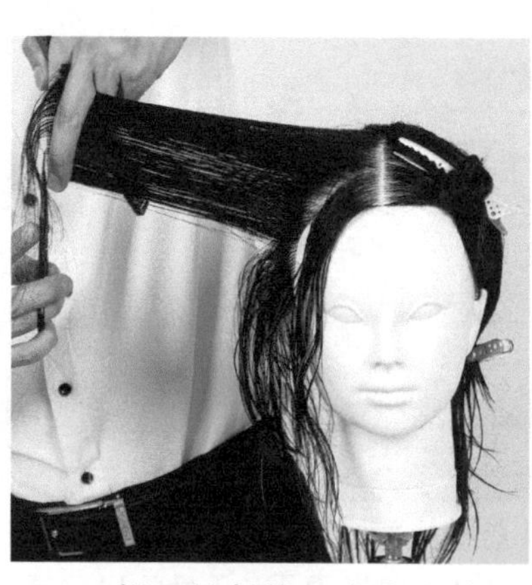

51. 同样用放射状的发束向前推进。将发束8向发束正面水平地拉出，参照步骤50来修剪。

52. 同样向前推进修剪发束9，剪法同上一步骤。

53. 同样向前推进，剪发束10，剪法同上一步骤。

54. 第11个发束推进到前额区纵向中主线，同样地向发束正面水平地拉出。

55. 在右侧发区加入了方形层次。在从后脑区开始的水平延长上，形成了水平的层次。

在左侧发区加入 SL

剪发步骤详解：

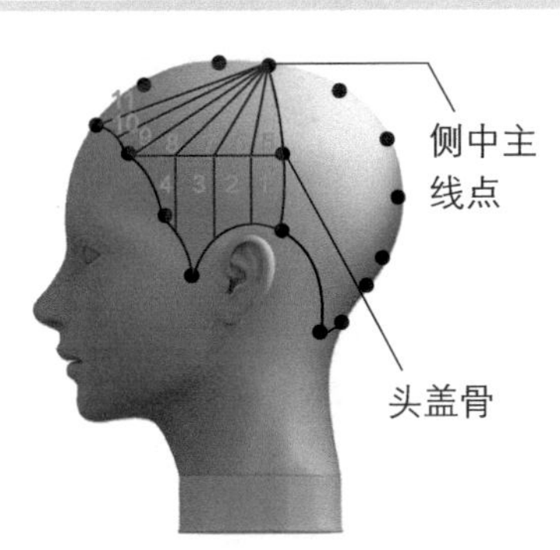

56. 左侧发区也同样地分成上下两段加入方形层次。下段从下边开始取纵向的发束 1，水平地拉出，参照后脑区来修剪。

57. 用纵向的发束向前推进。向发束正面水平地拉出发束 2。

58. 同样地，取纵向的发束 3 向前推进。

59. 第 4 个发束推进到发际线，剪法同上一步骤。

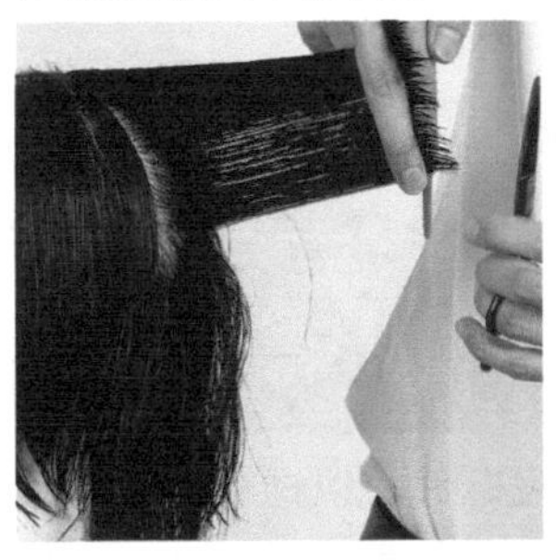

60. 在上段，从侧中主线点开始呈放射状地取发束 5，参照后脑区修剪。

61. 用放射状的发束向前推进。向发束正面水平地拉出发束 6。

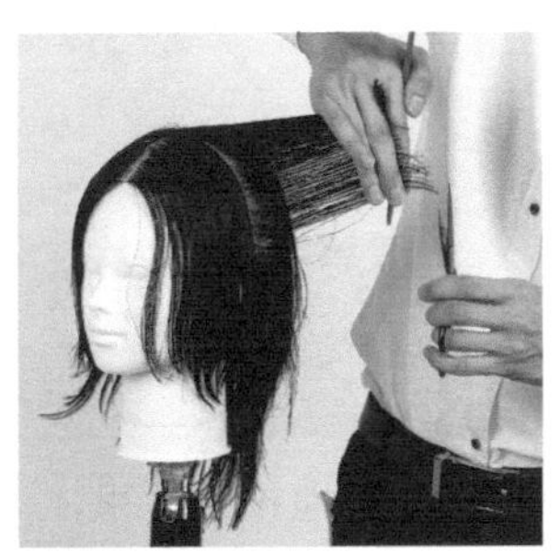

62. 同样地向前推进，从侧中主线点呈放射状地取发束 7，向发束正面水平地拉出。

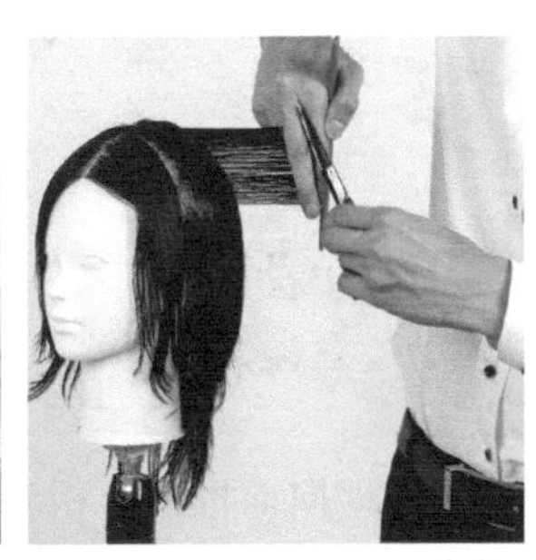

63. 同样地，用放射状的发束向前推进。向发束正面水平地拉出发束 8。

64. 继续向前推进。向发束正面水平地拉出发束9。

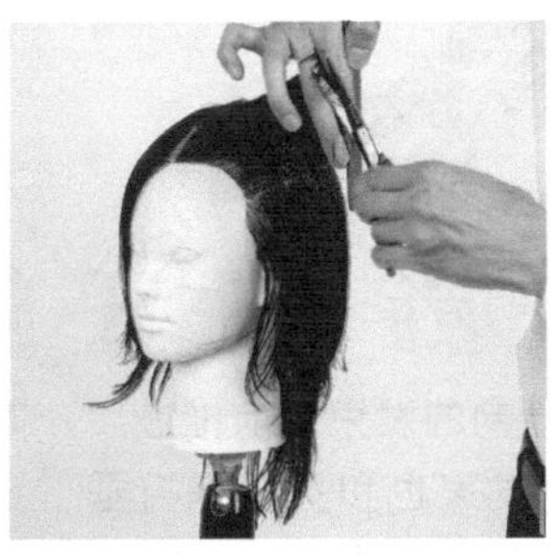

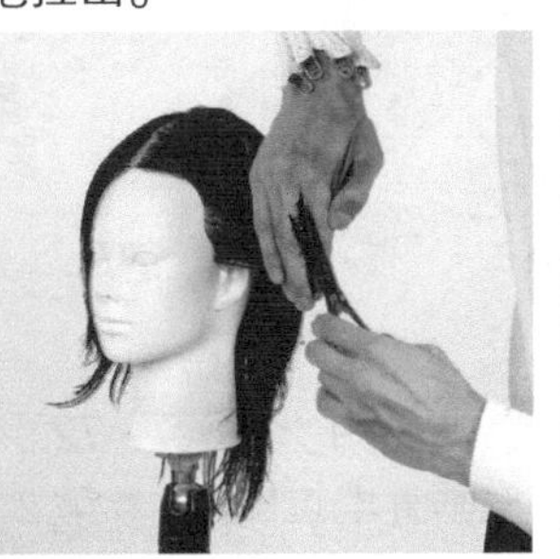

65. 同样地，放射状地取发束向前推进。直至第 11 个发束推进到前额区中心为止。

66. 在前额区加入了方形层次。

在头顶区加入层次

剪发步骤详解：

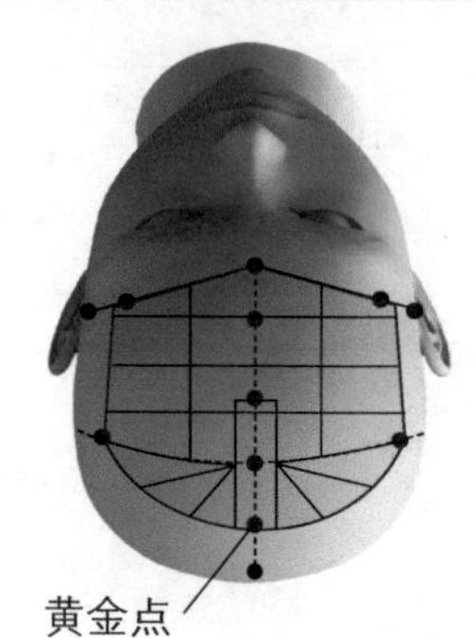

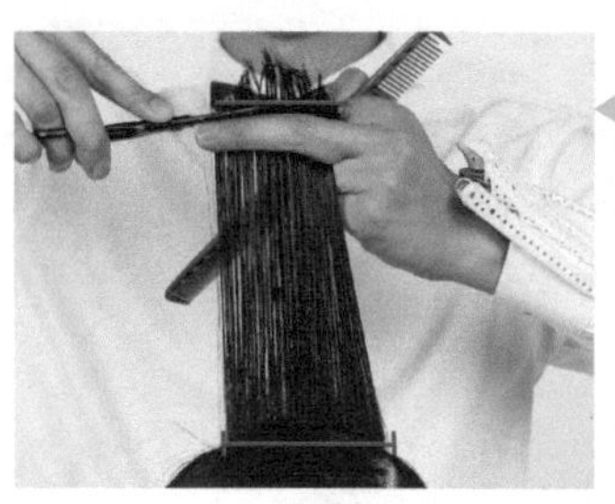
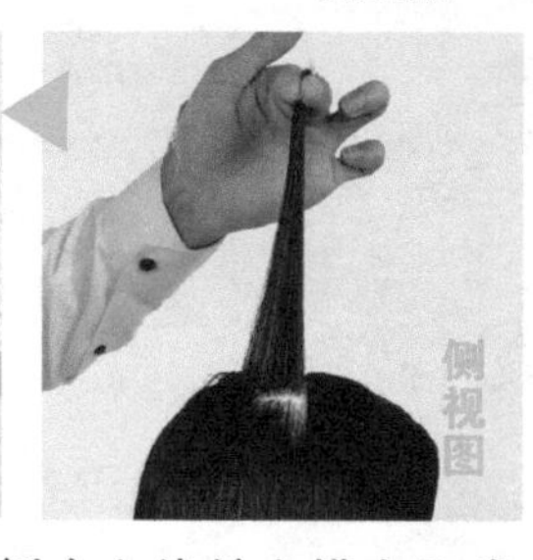

67. 在头顶区补足层次。在侧中主线前方横向取发束，发束横向长度为两眼外眼角之间的距离。和头皮保持垂直地拉出发束，将发束两端水平地整修连接起来。

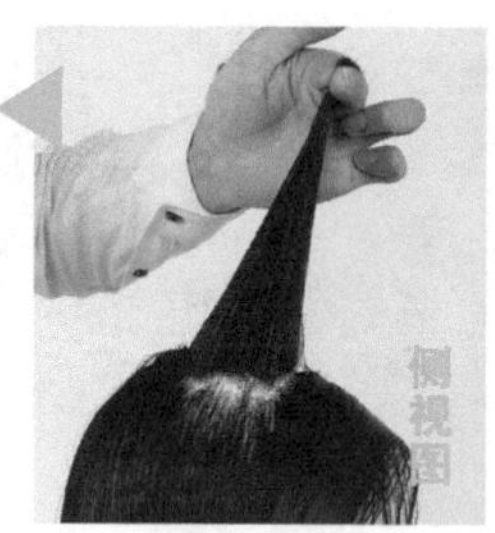

68. 取平行的横向发束向前推进。和第 1 个发束一起，相对第 2 个发束的头皮垂直地拉出发束，以第 1 个发束（步骤 67 中的发束）为导线水平地修剪。

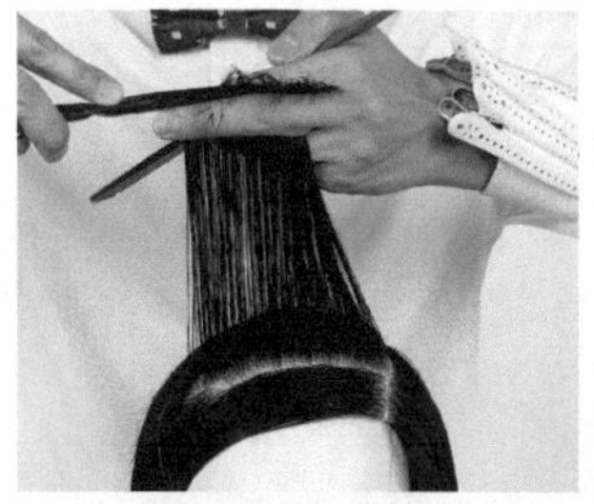
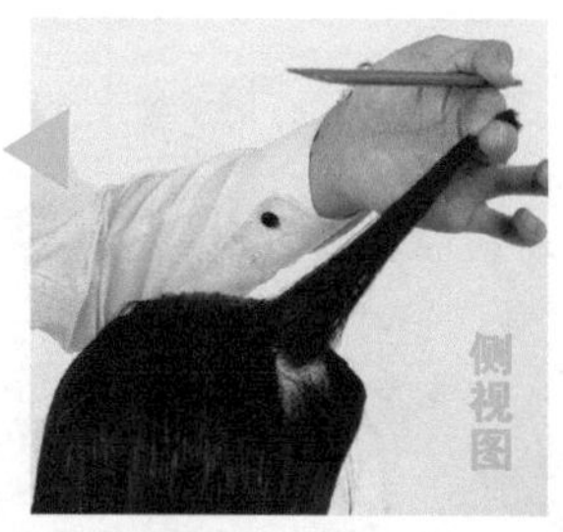

69. 同样地向前推进。相对头皮垂直地拉出发束，参照步骤 68 来修剪。

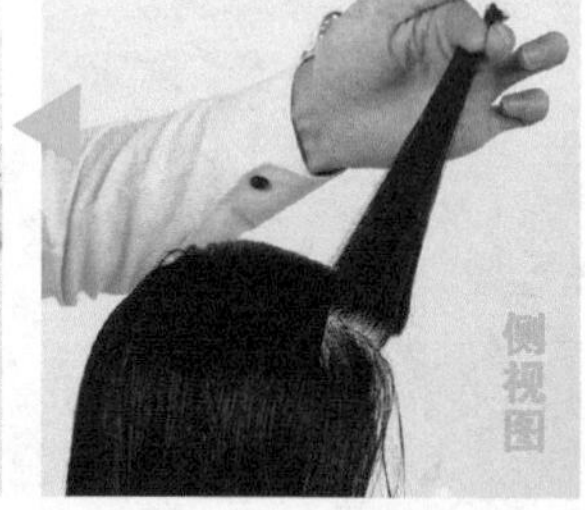

70. 第 4 个发束推进到发际线。以这个发束向后方拉剪，拉到第 3 个发束的修剪位置。

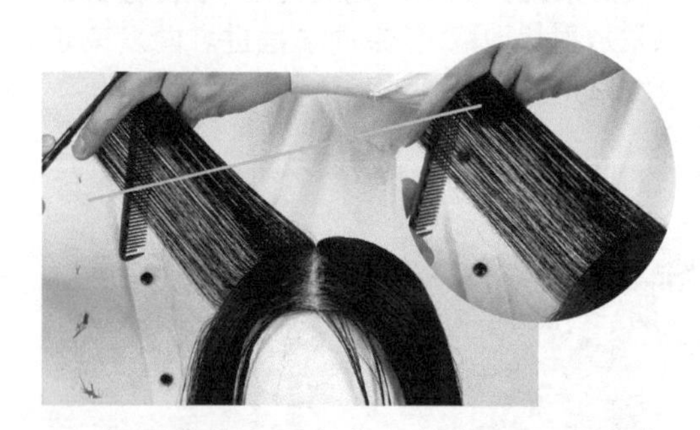

71. 将层次扩大到左右。在步骤 67 中发束的右边取横向的发束，与头皮垂直地拉出。然后剪掉步骤 67 的层次和步骤 48 中方形层次的角。

72. 用横向的发束向前推进。第 2 个发束也和头皮保持垂直地拉出，剪掉步骤 68 中的层次和方形层次的角。

73. 第 3 个发束也同样，与头皮保持垂直地拉出修整，去掉两个层次的角。

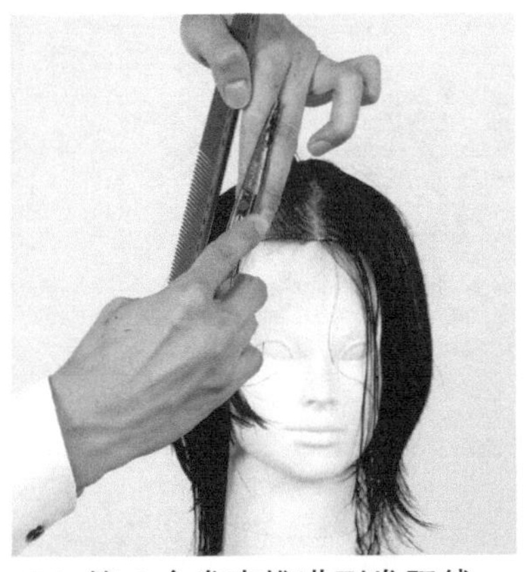

74. 第 4 个发束推进到发际线。和步骤 70 中一样，将第 4 个发束拉倒后方，一直拉到第 3 个发束修剪的位置。

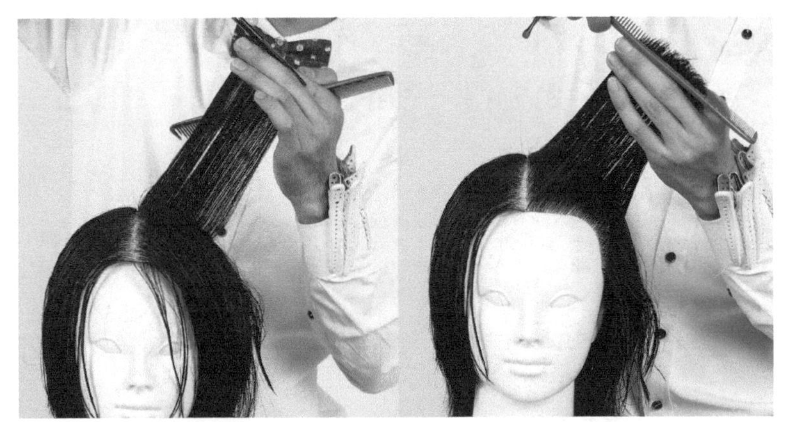

75. 左侧也同样地取 4 个横向的发束，去掉头顶区和侧发区的角。

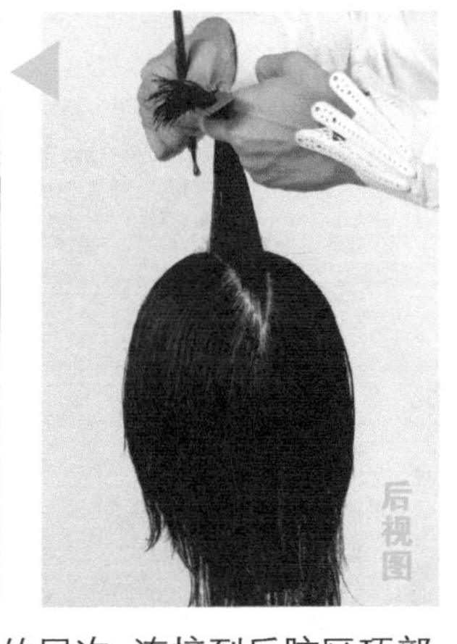

76. 将在前额区顶部加入的层次，连接到后脑区顶部。从顶点开始纵向取发束，一直到黄金点，将发束提拉到正上方，在前额区的延长线上剪后脑区。

77. 从侧中主线点开始呈放射状地取发束，将步骤 76 中的层次扩大到左右。

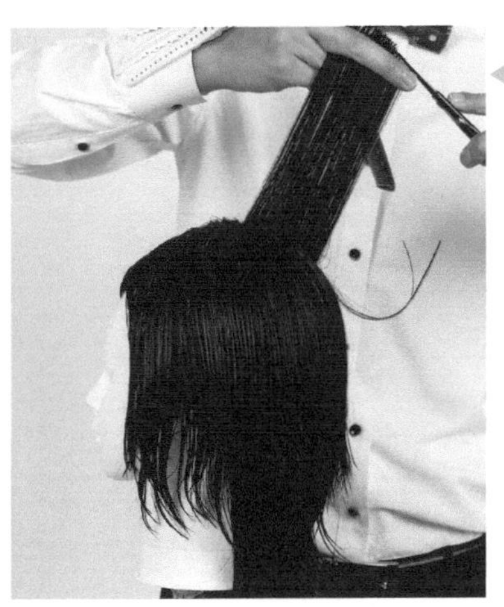

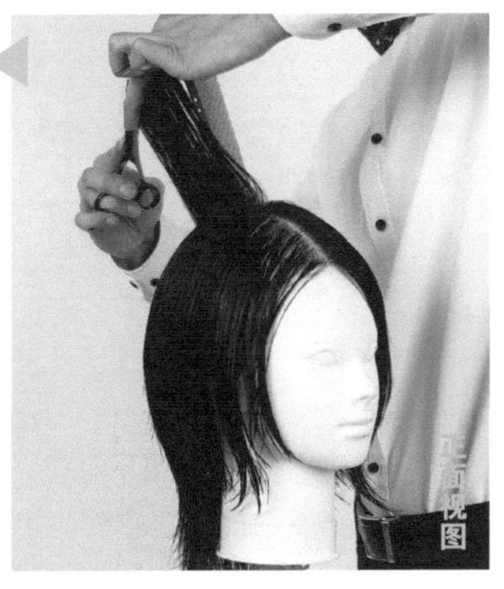

78. 同样地，呈放射状地取发束，一直到侧中主线为止，将前后层次连接起来。

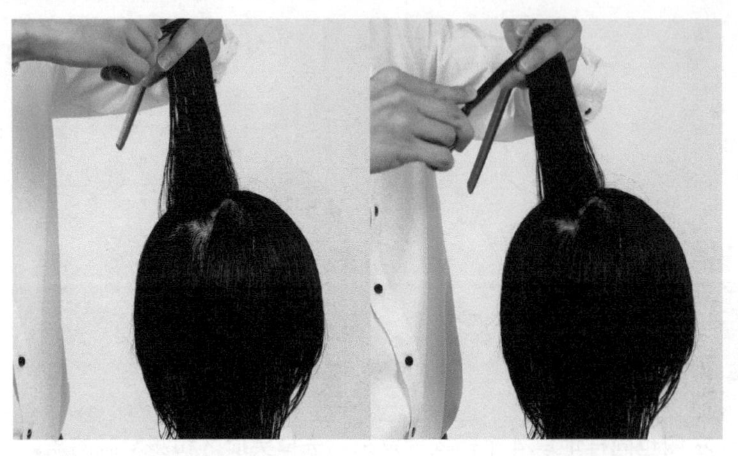

79. 右侧也同样地从侧中主线点开始，呈放射状地取发束，扩大层次。

80. 进一步将后脑区中心从黄金点重新垂直地拉出。因为头顶区的层次和后脑区的方形层次均显现出了角，所以要将这个角修整圆。

81. 再次从侧中主线点开始放射状地取发束。相对黄金点处的头皮，重新垂直地拉出，去掉角。

82. 右侧也同样放射状地取发束，重新向斜上拉出，去掉角。

剪刘海

剪发步骤详解：

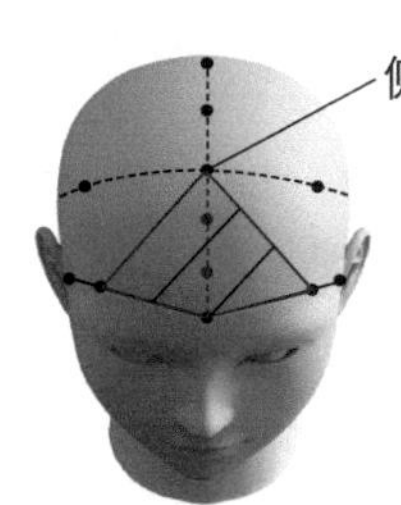

83. 修剪左发线的前刘海。从侧中主线点开始向眼珠的上方取分线，然后取和分线垂直的发束。和发片保持垂直地拉出发束，平行地剪。

84. 同样地，分成 3 个发束，在和步骤 83 相同的位置拉出来修剪。

85. 将步骤 83、84 中剪的前额区重新梳到正面，此时会出现角。将这个角修整流畅。

86. 因为前刘海的一侧在修剪后变轻了，所以要将其重新和面部线条连接。（图解 23）取和发际线平行的发束，拉向正面，在从前刘海开始的延长线上修剪。

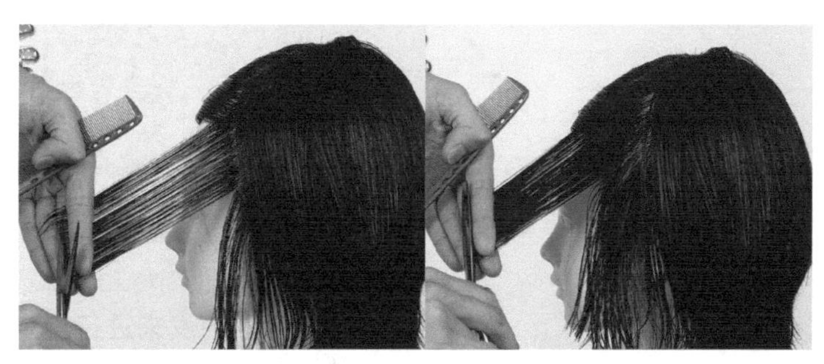

87. 向后推进，一直到步骤 86 中所修剪的位置为止，进行检查。（图解 24）

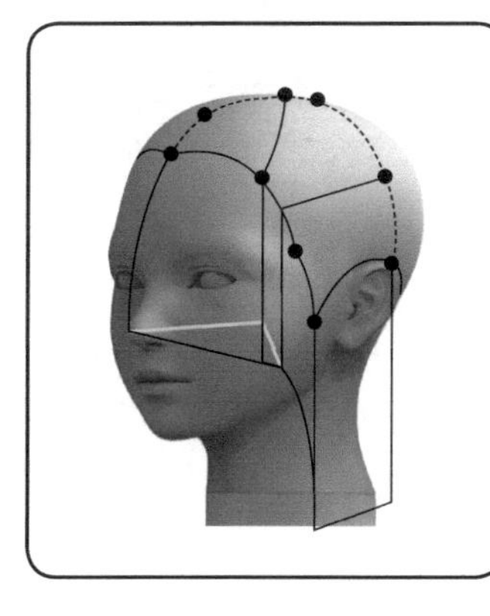

图解 23 面部线条的调整

稍微斜的刘海的轻的一侧比较短。因为要从这个变短的刘海开始重新连接面部线条，所以要将左边的发际线提拉到前方重新修剪。

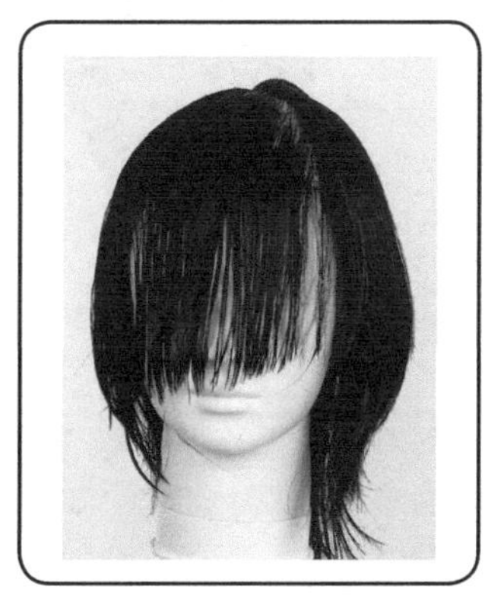

图解 24 完成刘海

从左向右完成斜刘海。

检查并修剪

剪发步骤详解：

88. 交叉检查。在后脑区取和发际线平行的斜发束，相对于头皮垂直地拉出，修整切口。（图解25）

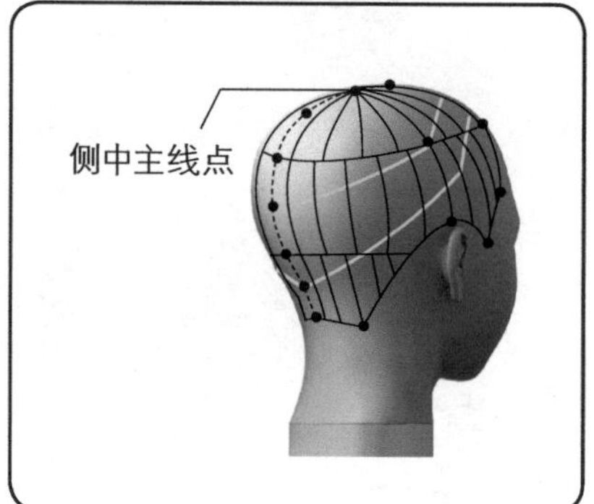

图解 25 交叉检查

用纵向发束形成的形状，对以侧中主线点作为中心的同心圆状的发束进行检查。

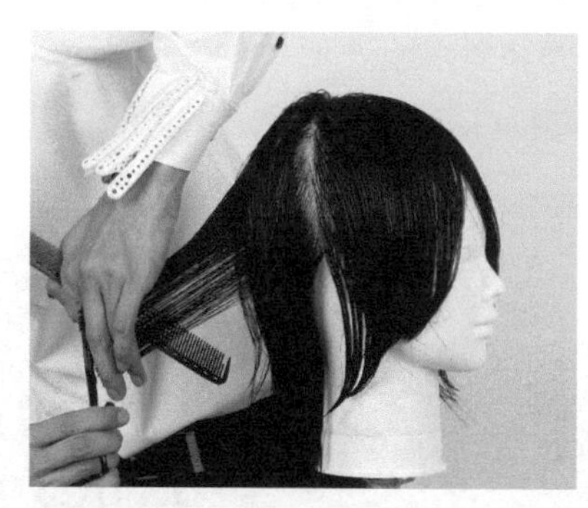

89. 前额区也同样和发际线保持平行地取斜的发束进行检查。左侧的检查也同样进行。

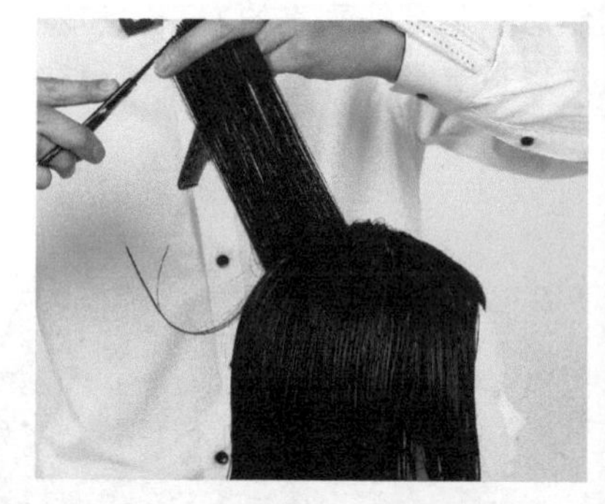

90. 最后，和加入了方形层次的时候一样，将纵向的发束水平地拉出，将发束削尖。同样地将整体的发梢修得模糊些。

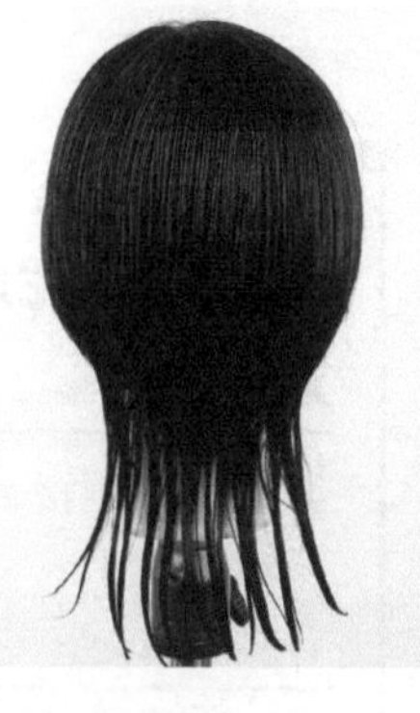
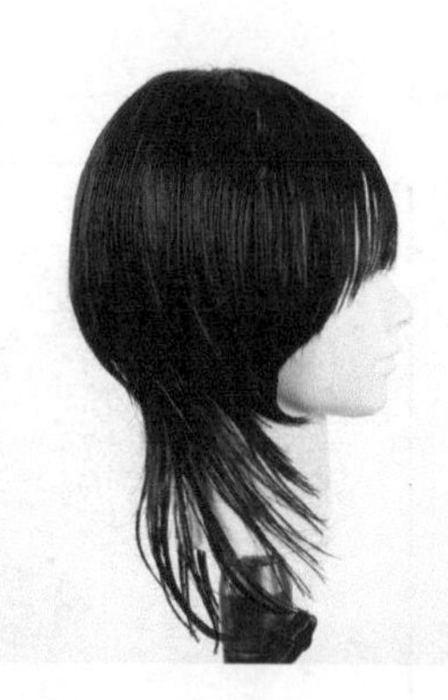
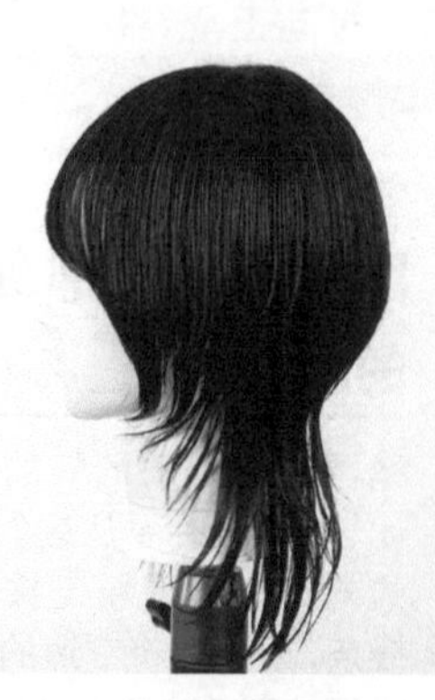
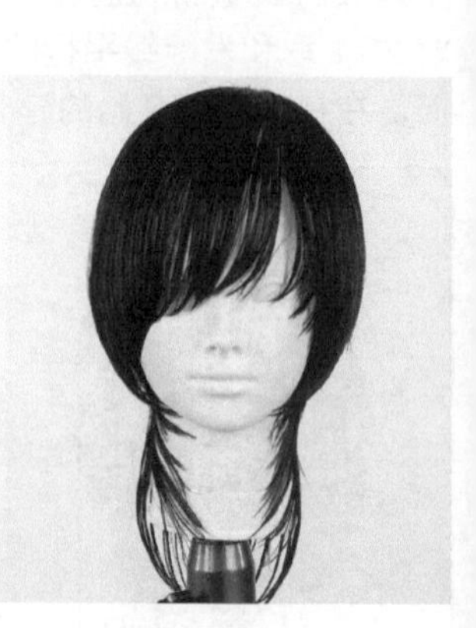

91. 湿剪结束。

完成

剪发步骤详解：

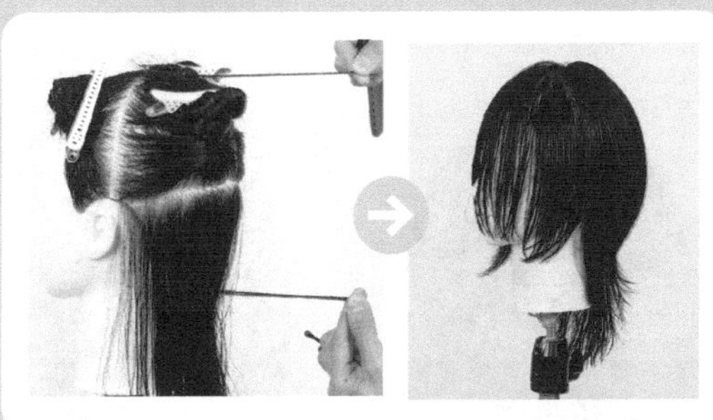

方形层次的特征

方形层次是因为采用和地面水平拉出的方法修剪的，所以头皮凸起的地方头发较短，凹下去的地方头发较长。据此，在脖根处会形成凹进去的层次。

扫一扫，观看剪发完整视频

第 3 章 波波头的剪发

3.1 直线型波波头

波波头的剪发有很多种，这里介绍一种易于操作的方法——分区域剪成板状。

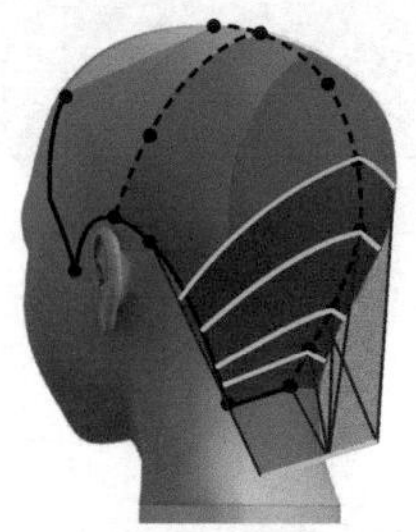

①先将后面剪成板状。

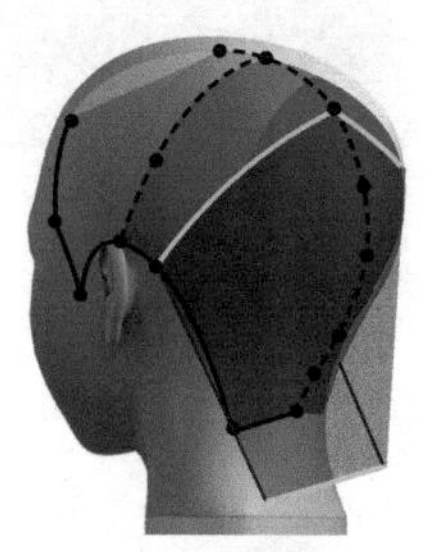

②把后面两边的头发放下。

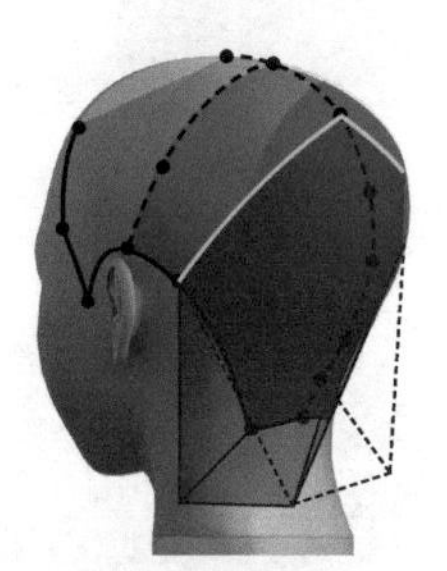

③向两边梳顺。

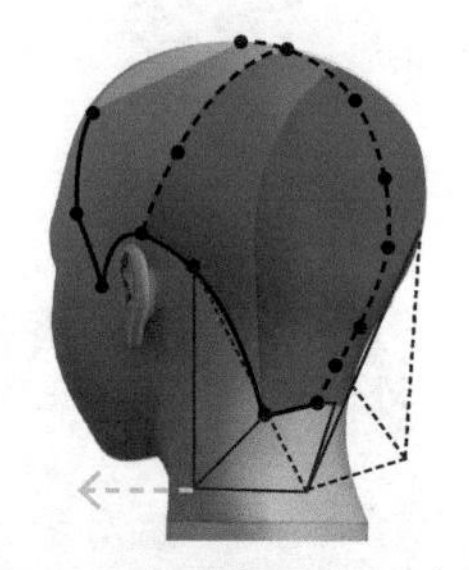

④以后面两边的头发为基准，顺次剪侧边和前面的头发。

掌握这个发型后可以学到的技巧

掌握头部骨骼的特征

剪这个发型时，在顺次剪每个区域的过程中，可以逐渐抓住头部骨骼的特征，同时也可以了解发根的形状以及头发的流线等。

能够做到左右均等地剪发

剪成板状，就是将后面两侧的头发在一个直线上剪完后，再向两边延伸。这个方法可以积累两边对称剪发的经验。

掌握了直线型剪发方法，就等于掌握了所有发型的技术基础

对于初学者来说，在剪直线型发型时，很容易剪成前短后长的发型。书中所介绍的这个剪发方法，是将后面先剪成一个凹面，然后再顺次修整，以防出现从后到前越剪越短的问题。

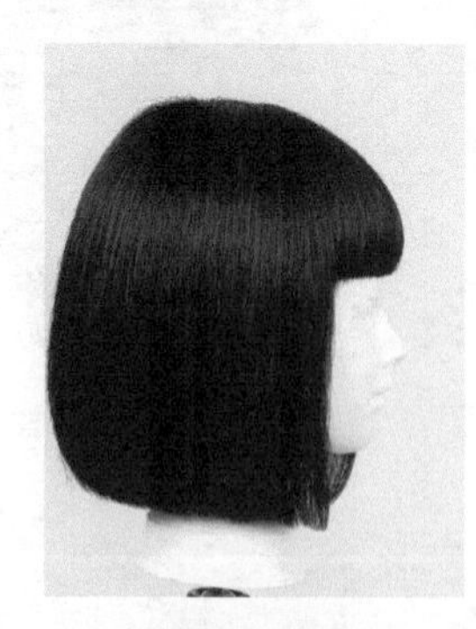

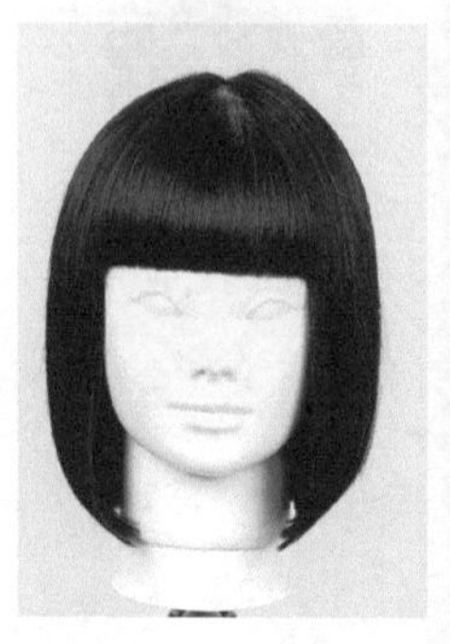

剪发前的准备工作

剪发步骤详解：

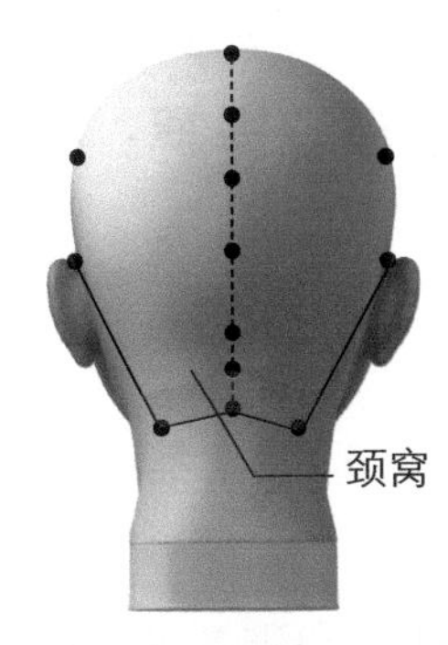

剪发前的准备工作

1. 让头发充分湿润，并用毛巾浸去多余的水分，剪发途中如果感觉头发水分不够充足，可以用喷壶来补充水分。
2. 用梳子将头发充分梳顺，并让头发自然下垂。

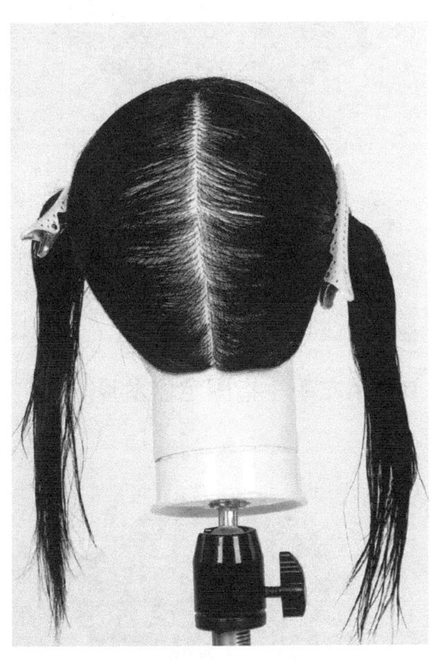

01. 将头发中分。

02. 让头部稍稍向前倾斜。（图解 26）在实际操作过程中请客人将下巴放低。

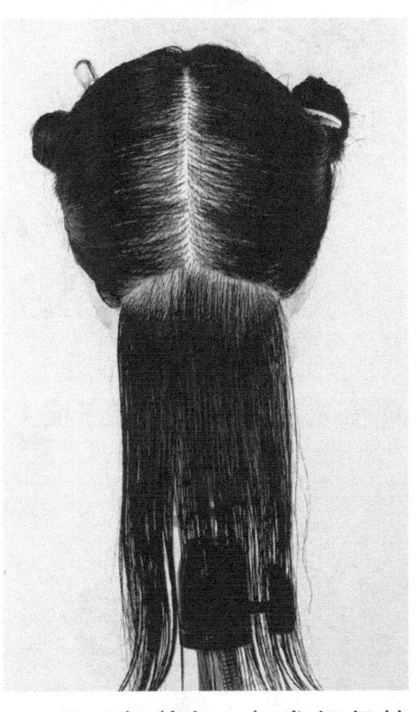

03. 从后部剪起。与发根保持平行，从颈窝开始往下两厘米左右的高度以“八”字（图解 27）的形状剪发。

图解 26 为什么头发要稍稍前倾

从后脑区域向下，头骨是向内倾斜的。如果让头部直立进行操作的话，那么就会自然而然地沿着头部曲线来剪，剪出来的效果要比预期的短。而头部稍微向前倾斜则会避免出现此类问题。

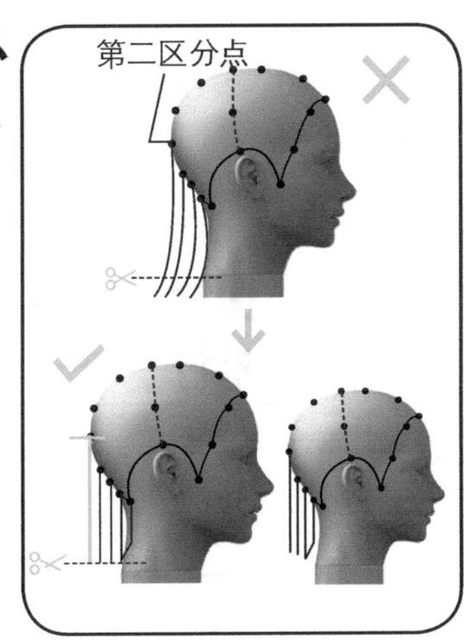

图解 27 为什么要以“八”字的形状进行操作

因为后颈中间部位要比两侧略微靠上，如果在一个水平线上操作，那么结果就是这个发片两侧的发量要比中间多，进而形成误差，而沿着发根以“八”字形状进行操作，更容易剪出发量均等的发片。

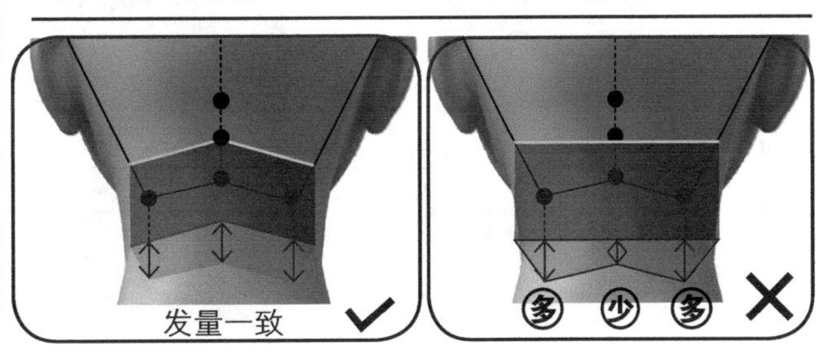

剪第 1 层的中间部位

剪发步骤详解：

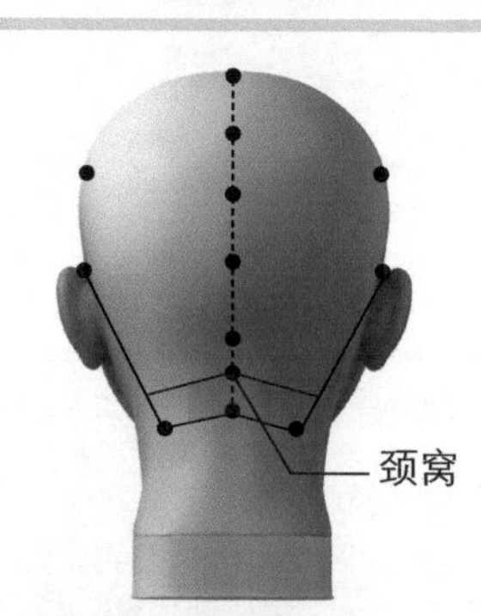

04. 在发片的根部，用梳子梳头发。

05. 在通过后颈时将梳子翻转。

06. 用左手手指固定住发片。

07. 确定好要剪的长度。

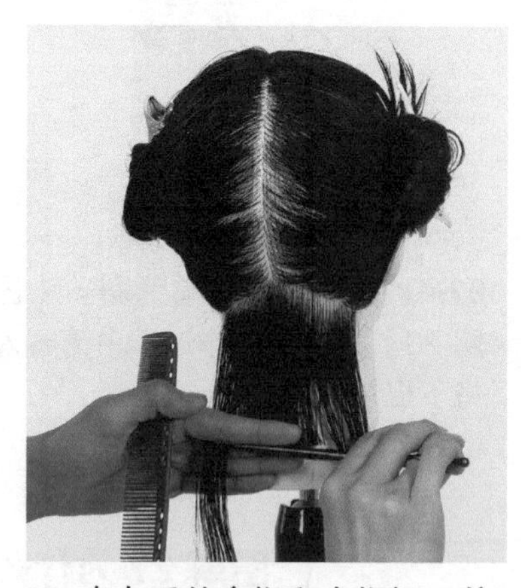

08. 在左手的食指和中指间入剪，并沿着中指剪发。（图解 28）

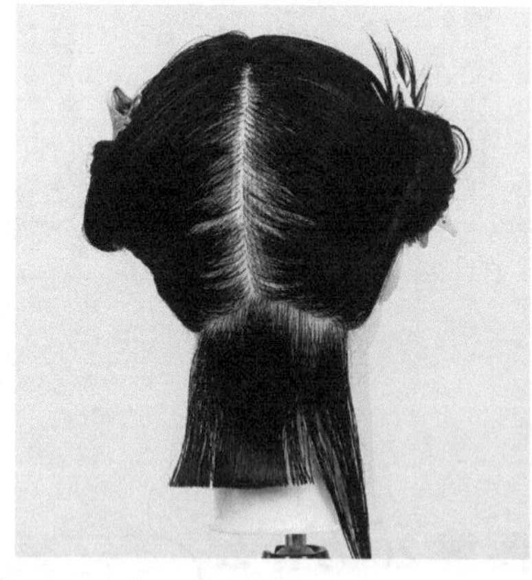

09. 完成。

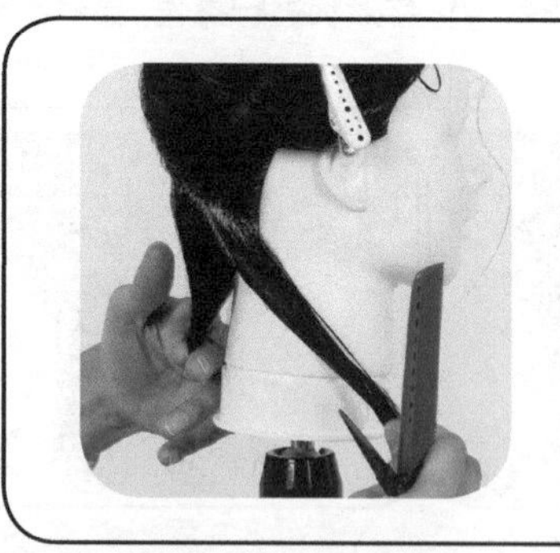

图解 28 发片要与头皮保持平行

左手固定发片后，始终保持中指与颈部中心相接触，这样就说明发片与头皮保持了水平状态。

剪第 1 层的左右部位

剪发步骤详解：

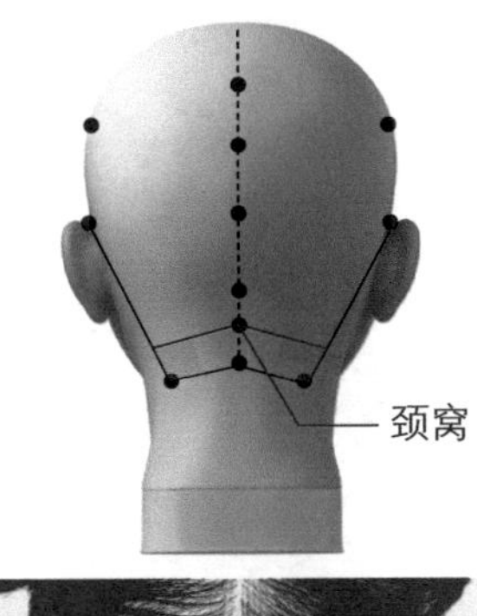

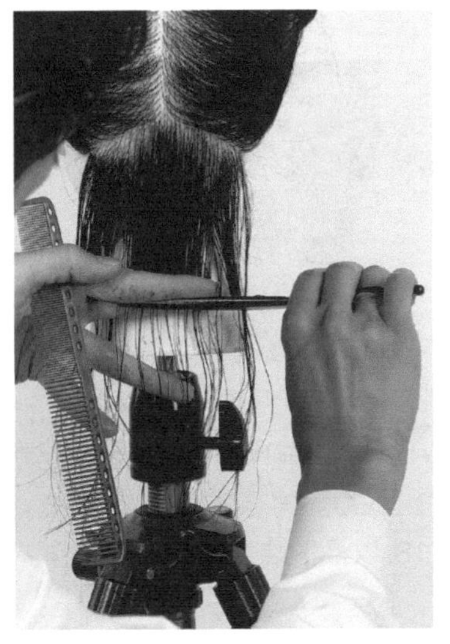

10. 取中间部位，从右向左入剪。不要沿着头皮的曲线来剪，要以平板状拉伸发片，并以左手来决定修剪的长度。

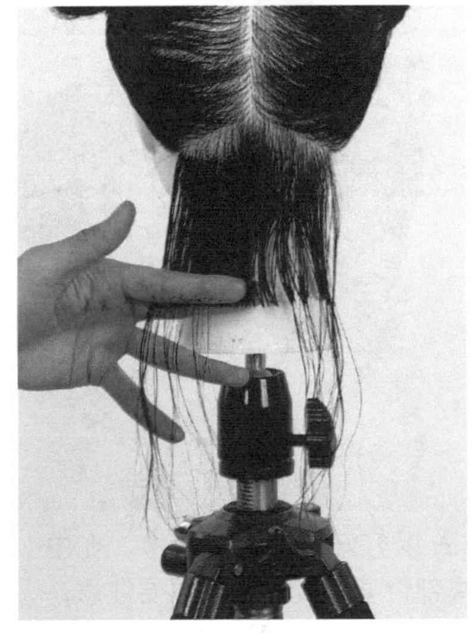

11. 以左手为基准来操作。

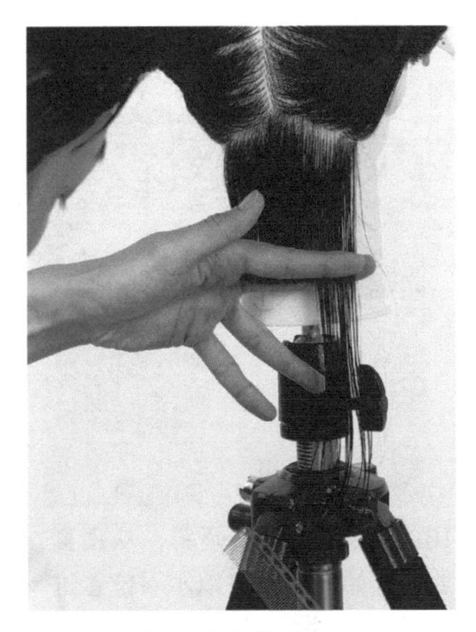

12. 返回中央部位修整。

13. 右边也同样以平板状拉伸发片。

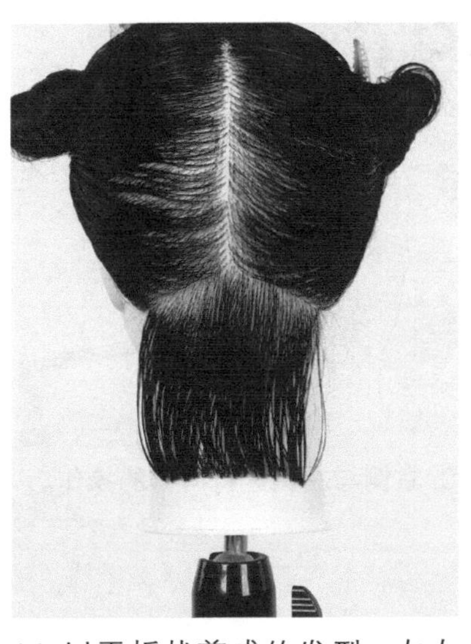

14. 以平板状剪成的发型，左右的长短容易保持齐平。

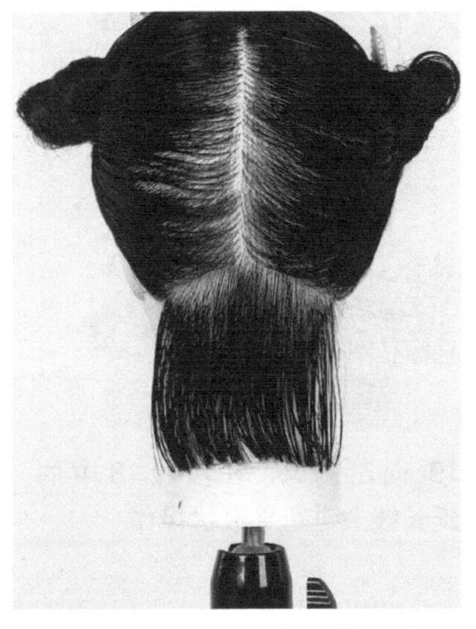

15. 将步骤 14 的头发沿着头皮的曲线梳理后，会形成一个弧线。

剪第2层

剪发步骤详解：

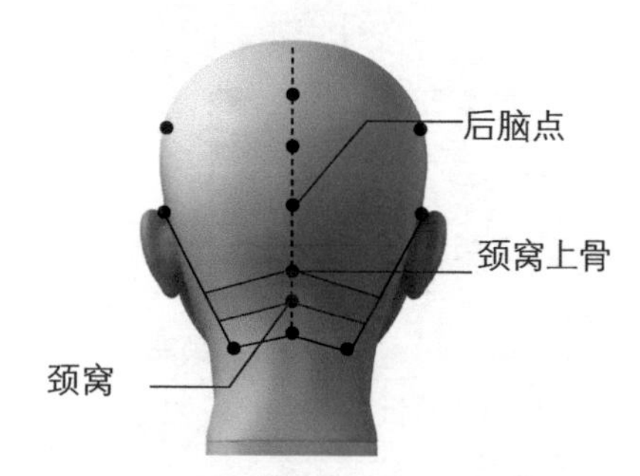

16. 让头稍稍向前倾斜，从颈窝上骨开始，和下方以水平位置进行“八”字形的操作。

17. 以剪好的发片为参考，在中央部位截取发片。这里要注意，中指要能够碰触到后脑的中央部位。

18. 以最下端为基准进行操作。

19. 向左侧剪，在步骤18中的延长线上进行平板状操作。

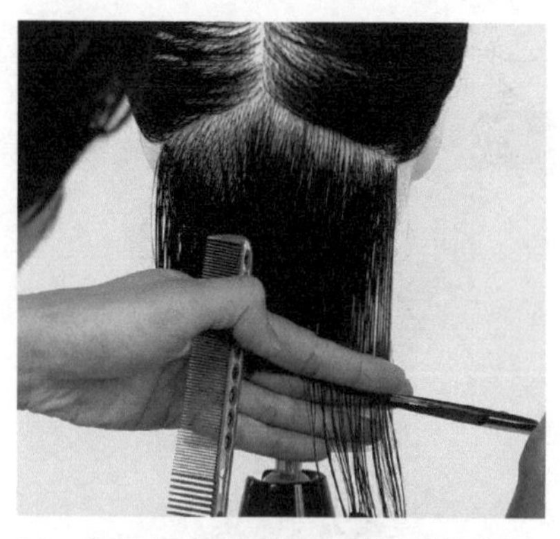

20. 右侧与左侧进行同样的操作。

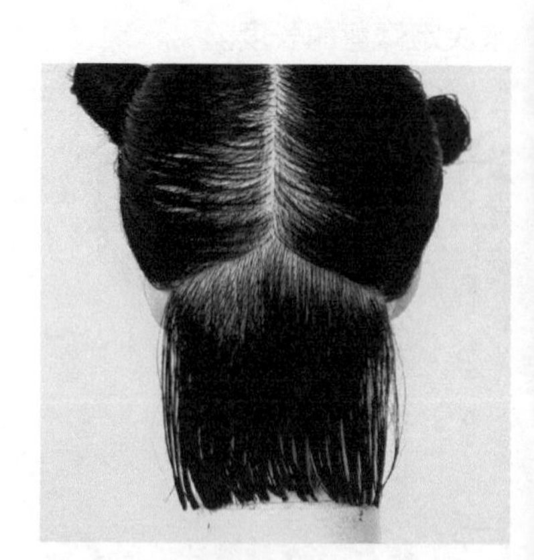

21. 第二层完成。

剪第3层

剪发步骤详解：

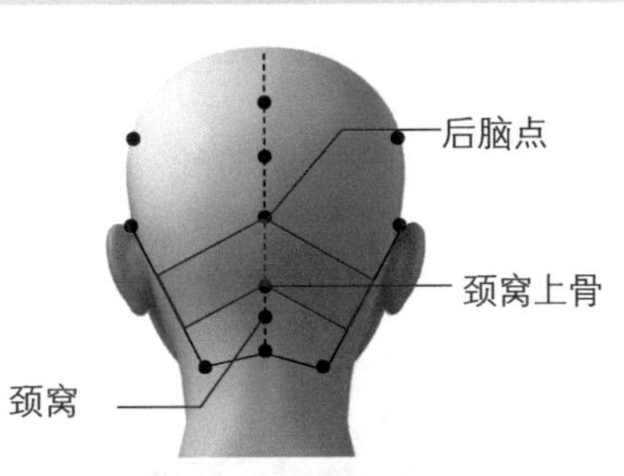

22. 第三层也同样让头稍稍向前倾斜，从后脑点开始，和下方以水平位置进行“八”字形的操作。

23. 中指碰触到后脑中央位置，在中央部位取发片，以下面一层为基准，进行操作。

24. 从这一层开始，头骨的宽度加大，可将发片分左右两部分来剪。以中央的发片为基准，首先在左侧取平板状入剪，进行第一次操作。

25. 然后继续从右向左入剪，进行第二次操作。

26. 右侧也同样分为两次进行操作。（图解 29）

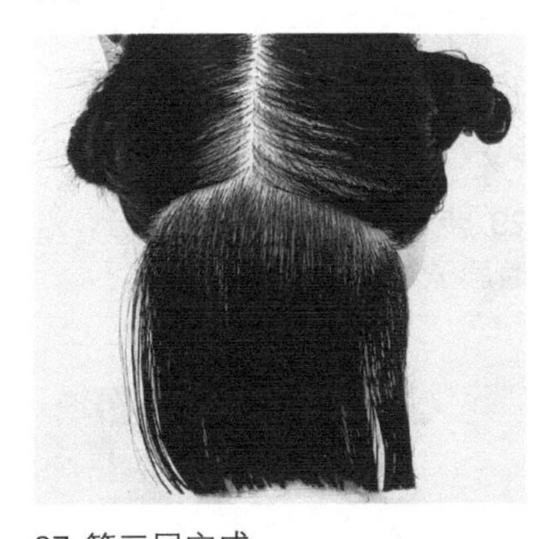

27. 第三层完成。

图解 29 切记不以平板状进行操作，以防把头发剪得过多

一定要保持中指可以轻轻碰触后脑中央部位来剪，如果一味地沿着脖子的曲线进行操作，就会如左图所示，头发被剪掉得过多。

剪发步骤详解：

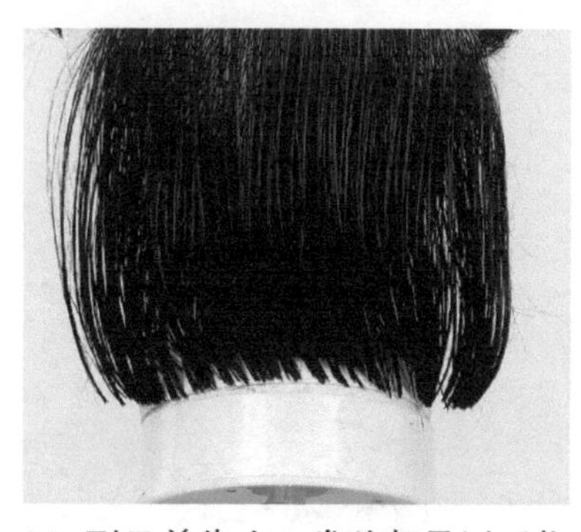

28. 到目前为止，发片都是以手指为基准来进行操作，会发现发梢处大概有一指之差的梯度。（图解 30）

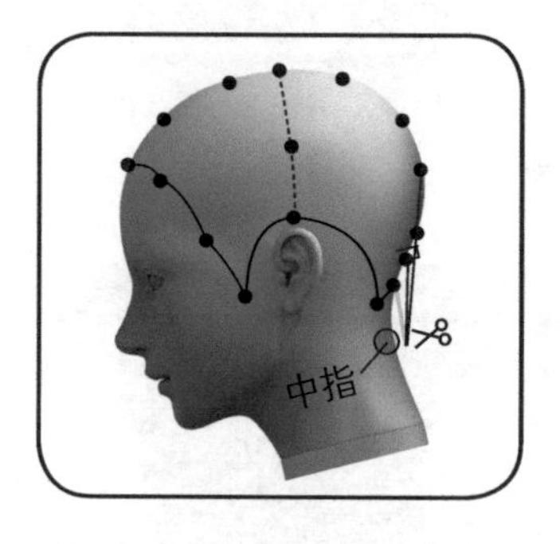

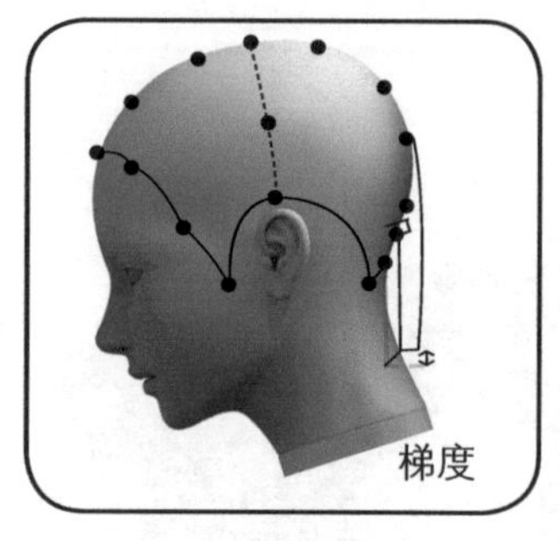

图解 30 为什么会形成梯度

从后颈开始顺次剪发时，要用左手中指夹住头发，也就是将发片用一根手指挑起来进行剪发，从而形成梯度。

29. 步骤 28 中长出来的部分，沿着脖子对其进行修整。

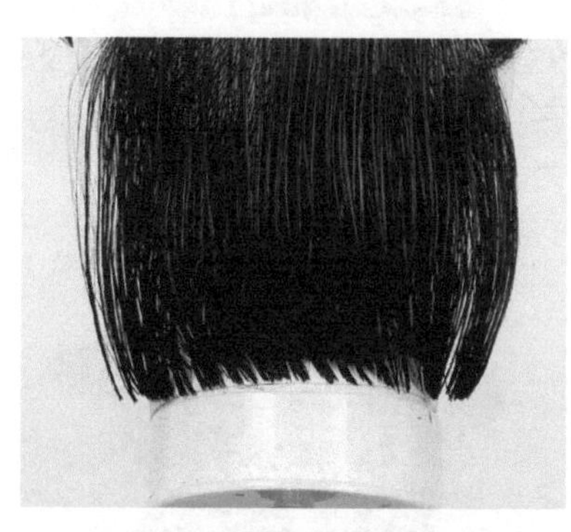

30. 修整了梯度后的效果。

31. 对头部下倾时所修剪的头发进行修整。头部倾斜后，因为头发重叠造成了偏差，会出现修剪后头发参差不齐的现象。

32. 在距离中心部稍稍靠右的位置，将头发向左梳理成 C 形轮廓，即头部下倾斜时头发的形态。

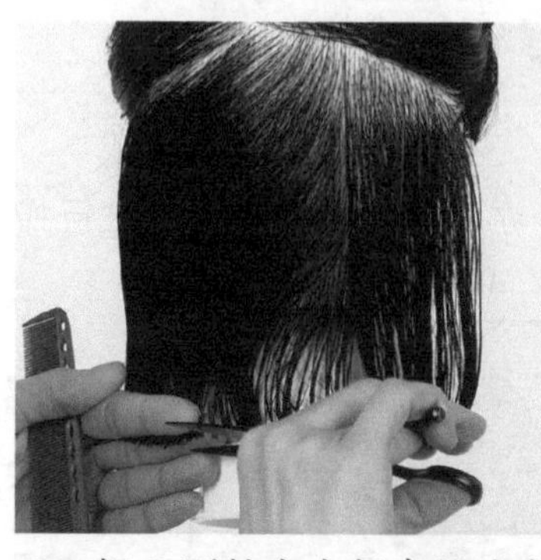

33. 把 C 形轮廓中长出的头发全部剪去（图解 31），不过这个时候不是按板状来剪，而是沿着脖子的曲线来剪。

34. 继续向左梳成 C 形轮廓。

35. 将轮廓中长出的头发依次修剪。

36. 这样即使头向下倾斜，也不会出现混乱的层次。

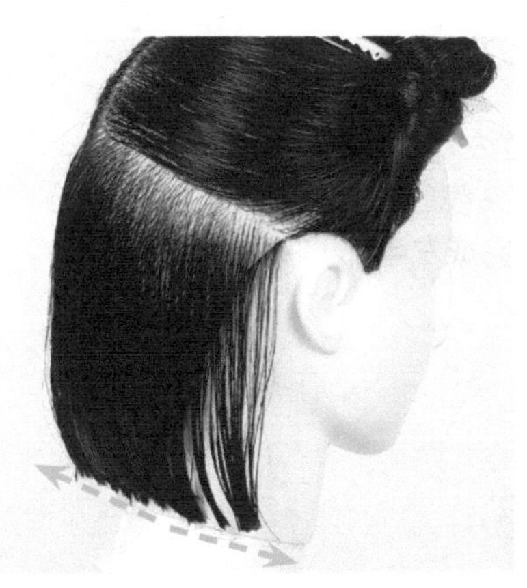

37. 同样，右侧也会出现层次的混乱。

38. 同样将右侧头发整理成 C 形轮廓，修剪掉长出来的头发。

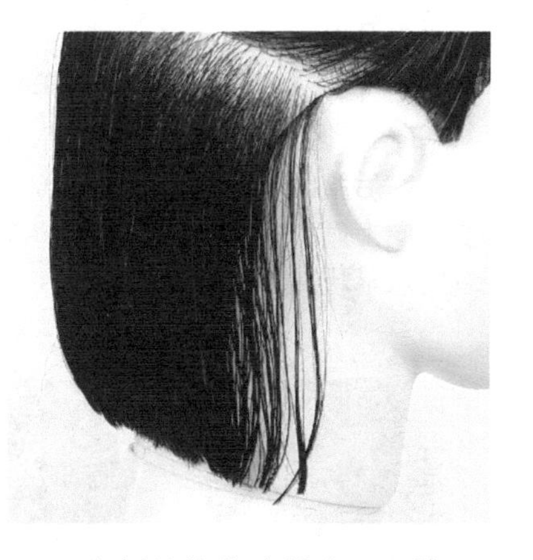

39. 右侧的修整也结束了。接下来，我们将以这里为基准，开始进行两侧和前面头发的修剪。这次修整可以为整个发型打下良好的基础。

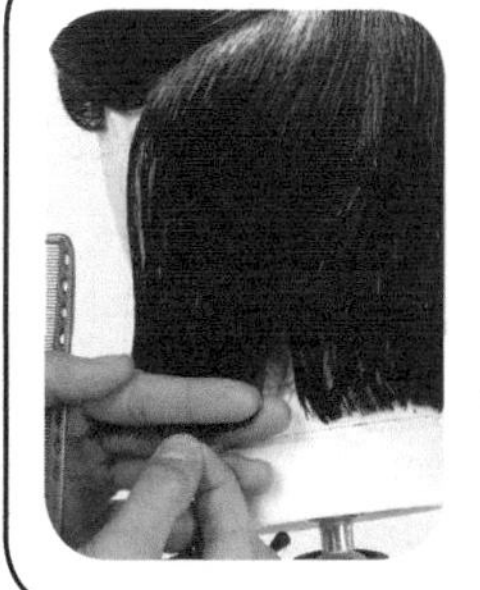

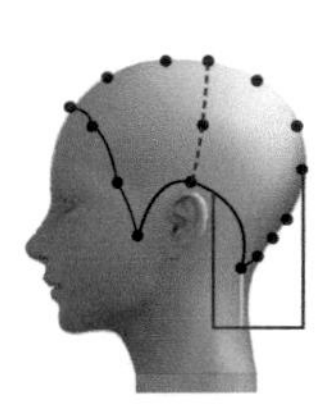

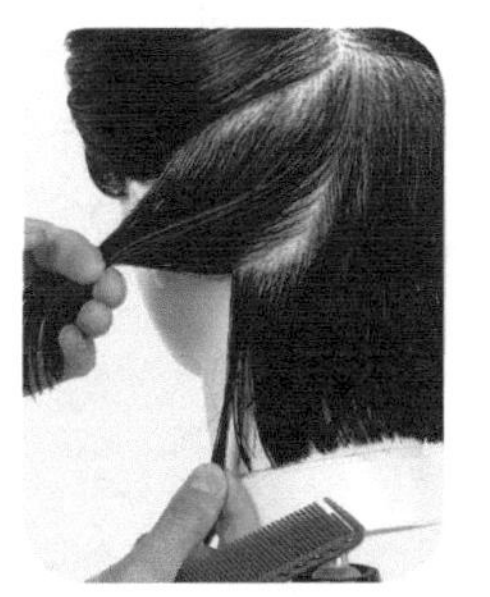

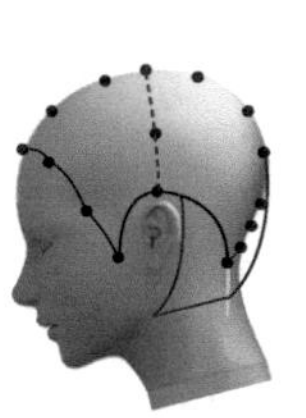

图解 31 发生层次混乱的原因

此处凸出来的是后脖颈两侧的头发。随着头部角度的变化，发际线处的头发就会很自然地凸出来。

剪第 4 层

剪发步骤详解：

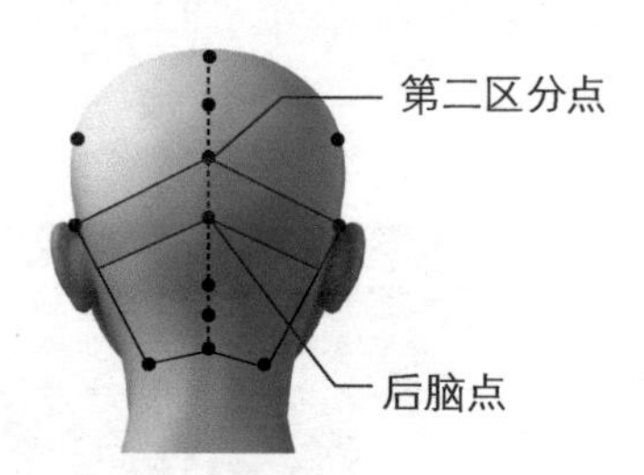

40. 在第二区分点将头发分成“八”字形。因为在后脑区域稍稍靠上的部位，骨骼变成向上倾斜的状态，因此要将头部恢复成水平状态。

41. 用中指夹住并挑起头发，在中央部位整理成发片，和下端保持平整后开始剪。

42. 往左行进，在发片上取平板状，在中央线的延长线上开始剪发。分两次完成左半部。

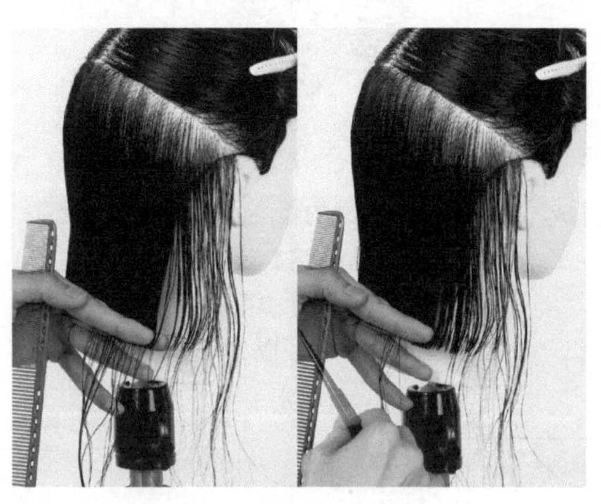

43. 右半部也同样分成两次完成。

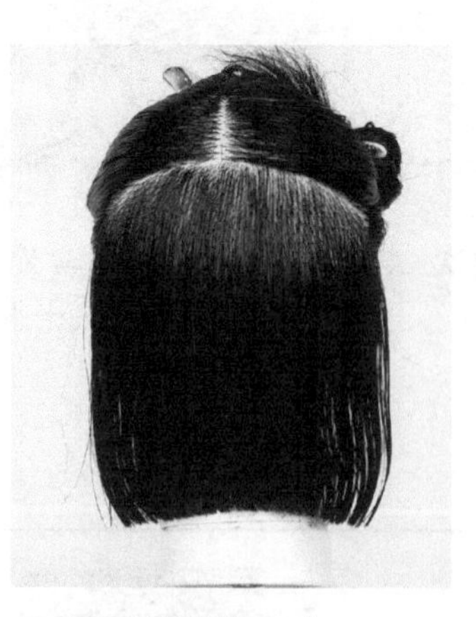

44. 后面的修剪完成。

下面，我们就要开始进行两侧的修剪。

修剪重点难点分析

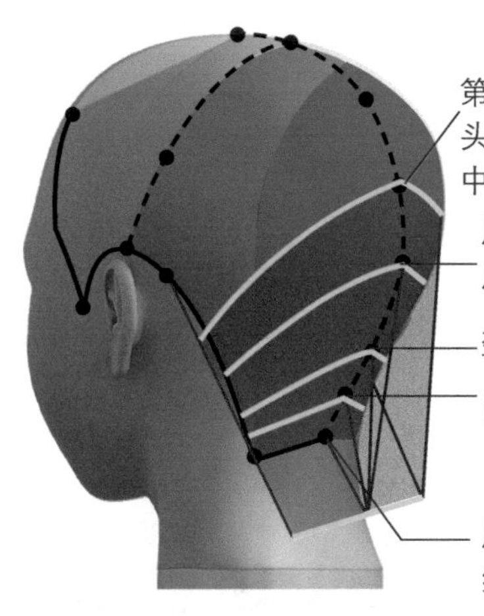

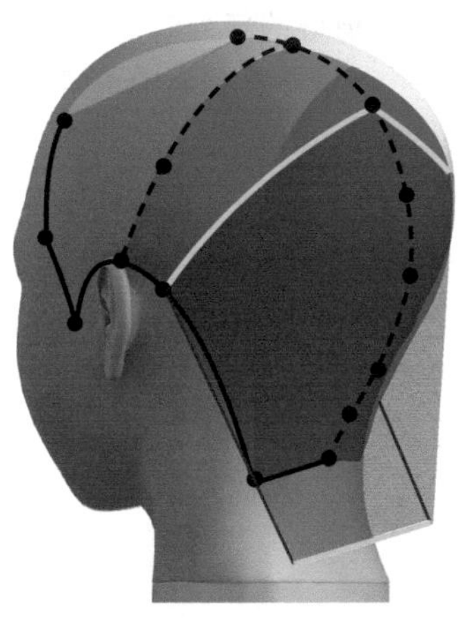

后脑部剪过的头发在后面对齐后的状态

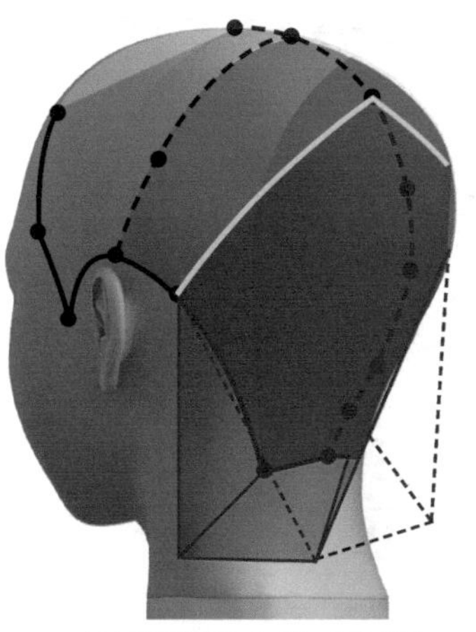

放下两侧的头发，并以后面两侧为基准进行操作

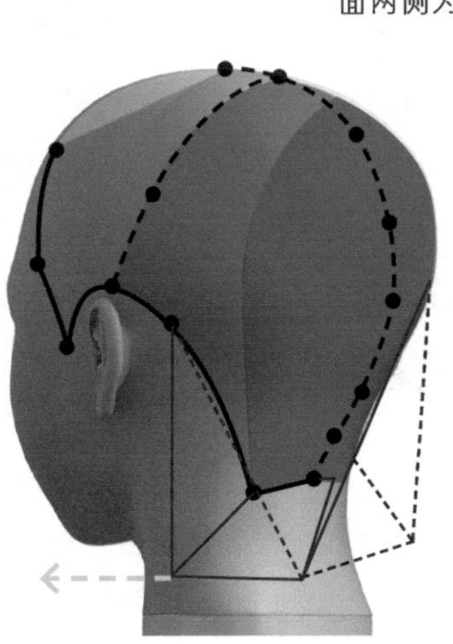

后面已经完成了，那么接下来我们要进行的是什么呢？

到目前为止，后面部分以“八”字形状分 4 次进行了修剪，每次操作都是拉出平板状，并修剪到同一长度。

后脑区侧面头发是连接后脑区和侧发区的桥梁

剪完后脑区后，开始进行后脑区侧面头发的修剪，它在这里起到了一个连接后脑区和侧发区的作用，因此，先要对齐后脑区的头发，再将其作为修剪后脑区侧面头发的基准，进行两侧的操作。

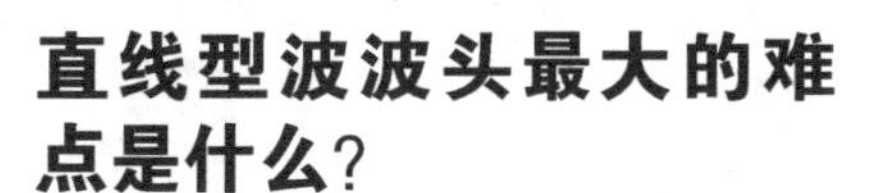

直线型波波头最大的难点是什么？

直线型波波头最大的难点就是如何让两侧保持在同一水平线上来完成。在湿发状态水平操作时，头发干后会自然地向上翘，因此在操作的过程中，要下意识地将头发剪成下垂状。

剪后面两侧

剪发步骤详解：

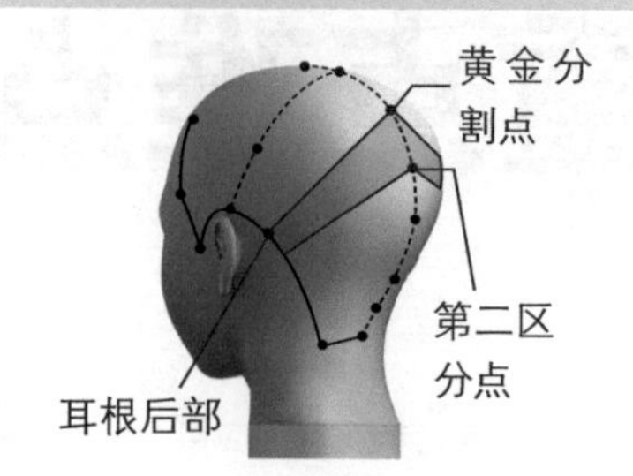

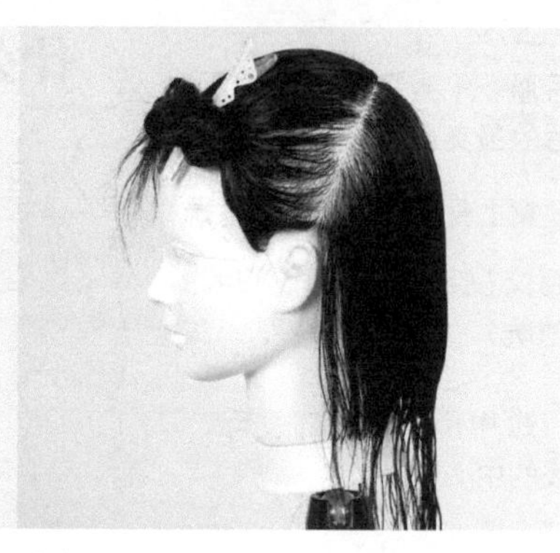

45. 先以通过黄金分割点的两耳连接线为基准来将头发前后分开。不过要注意起止点不在耳朵上端，而是在耳朵的后面。

46. 和后面剪好的部分对齐。从后部的正下方梳顺头发，在中央部分入剪。

47. 步骤 46 中的左半侧分两次进行操作。每次都将发片整理为平板状，沿着中央延长线进行操作。

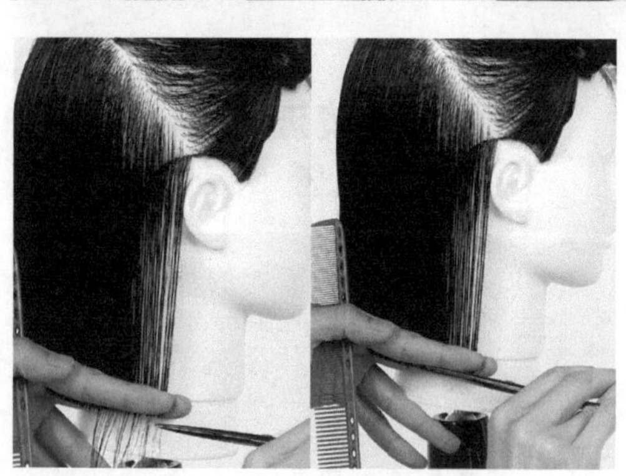

48. 右半侧也同样分两次进行操作。

49. 因为成平板状操作，因此两边会稍微长些。（图解 32）

50. 取两边的头发集中到中间，确认是否一样长。不一样长的话，要修剪整齐。

51. 为了使这部分头发更好地成为两侧剪发时的基准，因此需要将这部分头发向侧面梳通。

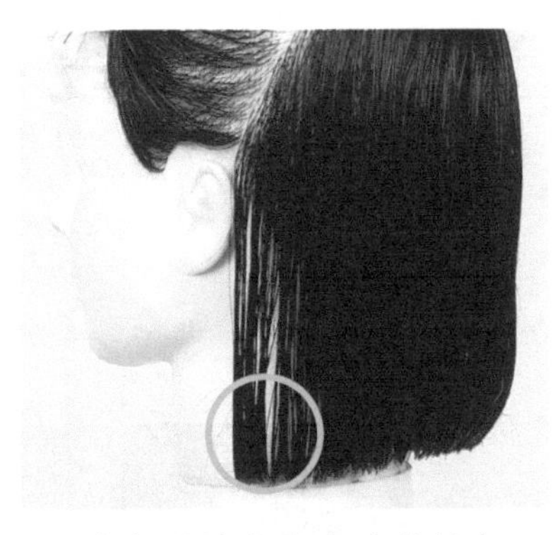

52. 发角的地方会有头发长出来，对其进行修整。

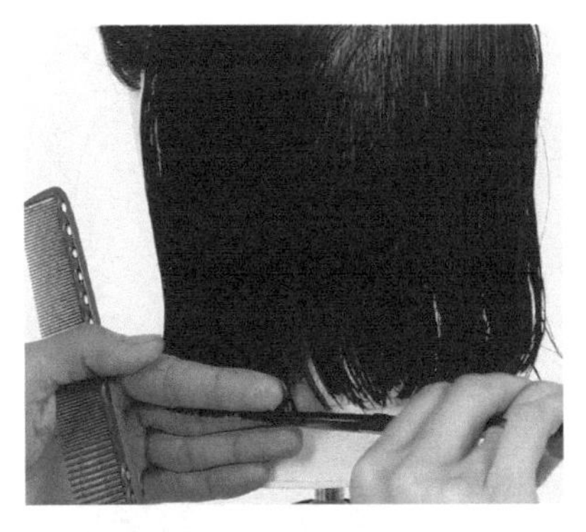

53. 将轮廓中长出来的部分全部剪去。

54. 一直剪到发角都在同一个直线上为止。

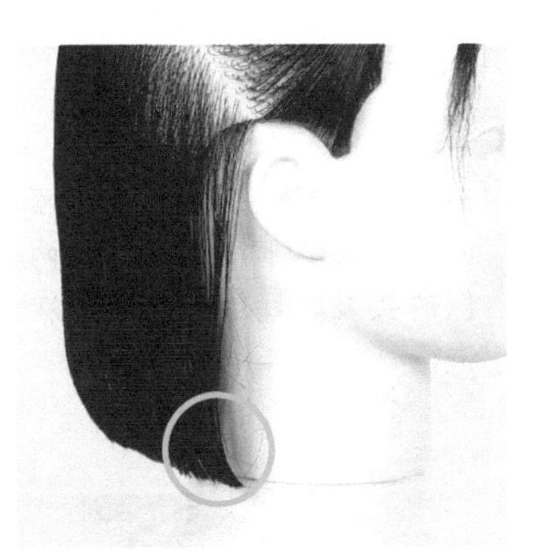

55. 同样，右半侧也会出现较长的头发。

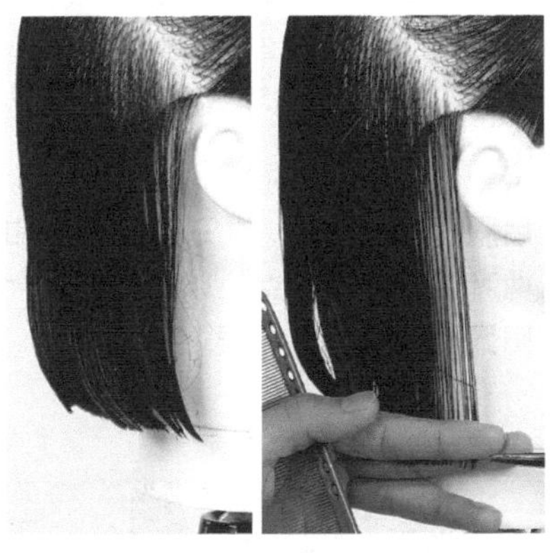

56. 将长出来的部分全部剪去。

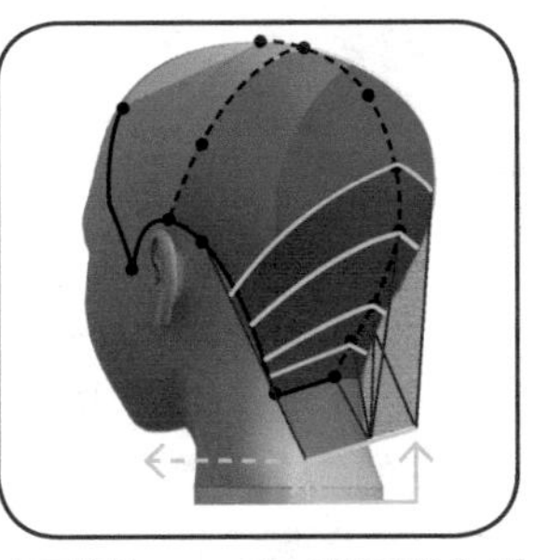

1. 左右容易对称

后面在同一直线上进行操作，这样会让两端的长度相同，再以这个长度为基准进行下一步操作，就容易使左右对称。

图解 32 直线型波波头，为何却前长后短?

最初便在后面取平板状进行操作的原因是：首先，左右容易对称；其次，防止前短后长。

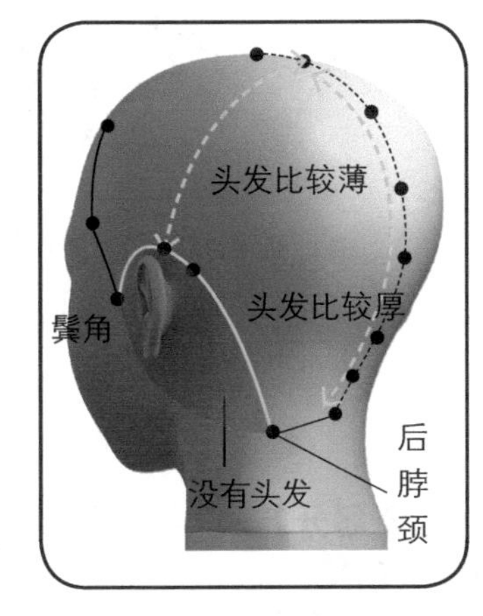

2. 防止前短后长

从鬓角到后脖颈两侧，由于发际被夹住，会发现里侧没有头发，头发也因此干后会自然而然地向里卷，导致头发的整体出现一个坡度。为了能使头发保持水平状态，要在湿发时剪出一个稍稍前长后短的效果。也是因为如此，在后脑部以平板状操作时，要把两侧留得稍微长一些。

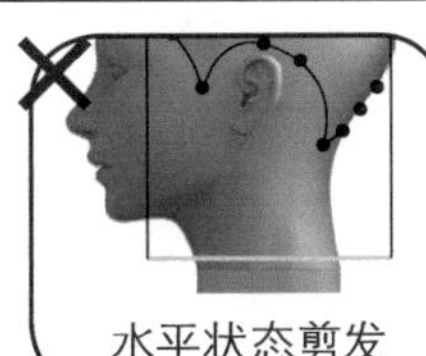

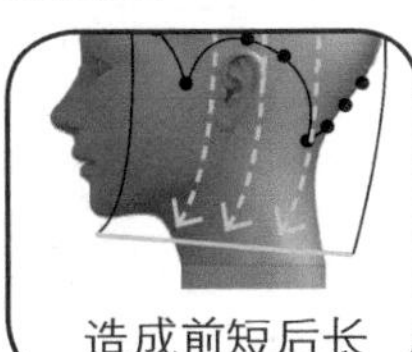

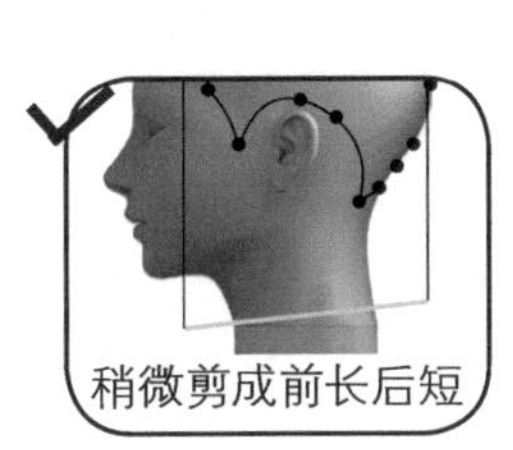

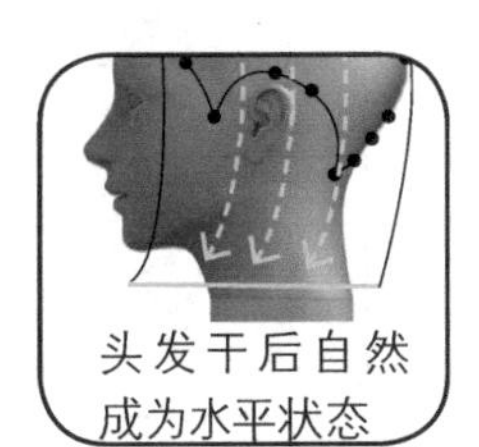

剪左侧第 1 段

剪发步骤详解：

57. 开始剪两侧的第 1~3 段，包含后脑两侧的部分。先取头盖骨点和两耳连接线的交点，以此交点和太阳穴的连线为分界线。

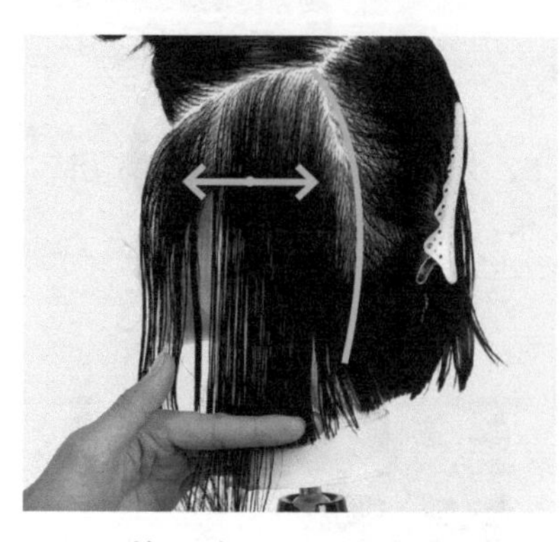

58. 接下来，从耳后到后脖颈的发际线的平行线取后脑两侧的头发。耳后分前后两次进行剪发操作。（图解 33）

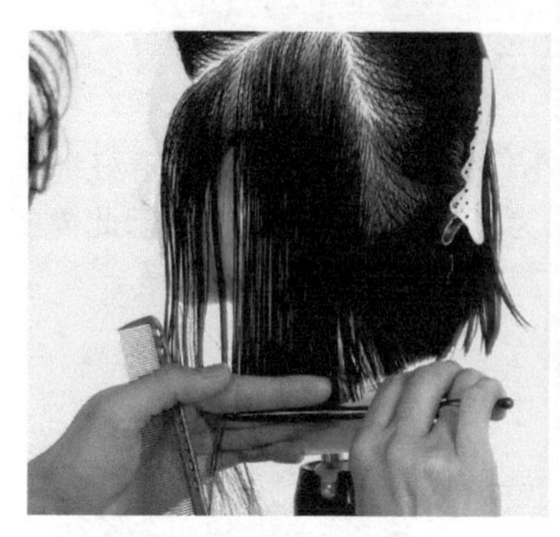

59. 后脑两侧面部分是连接后脑区和两侧区的重要部位。要以两侧为基准，用左手中指边碰触脖颈边取发片。

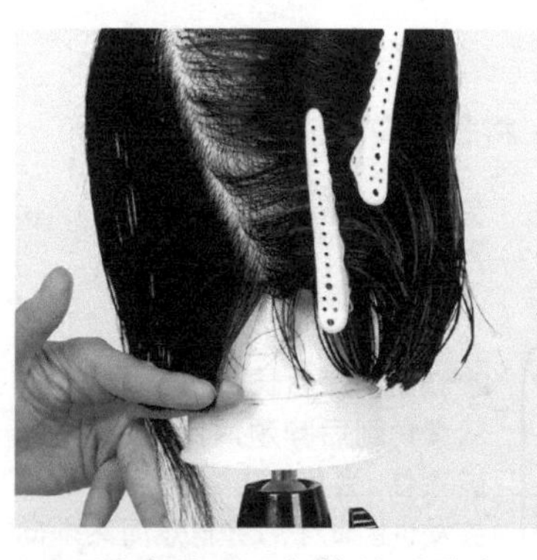

60. 以步骤 53 中剪的后脑部分为基准，进行操作。

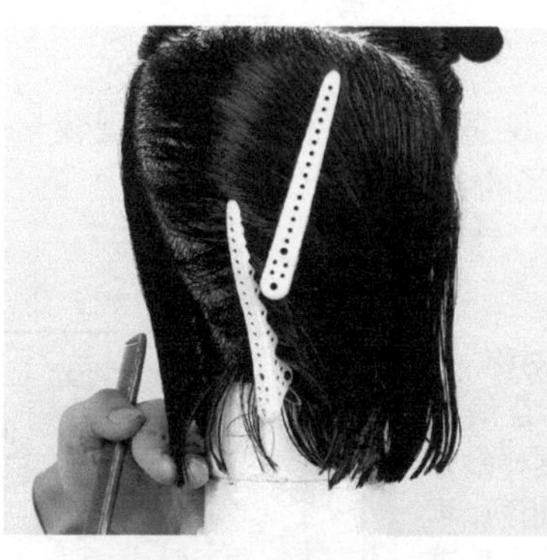

61. 观察步骤 60 可以发现，整理好的发片呈平板状被拉伸出来。

62. 步骤 60 中，发片是沿着后脑部骨骼的凸起部分被垂直向下拉伸出来的。将头发的线条稍微做些前长后短的调整。（图解 34）

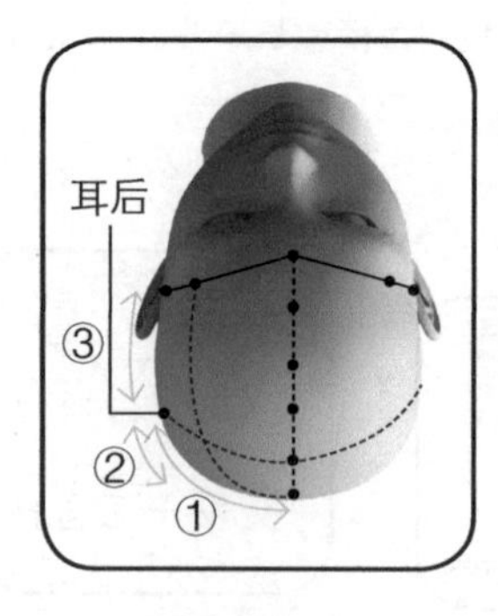

图解 33 划分方法隐含的意义

从后脑两侧面部分直到两侧侧发区，一边沿着骨骼的曲线进行划分，一边以平板状进行剪发操作。

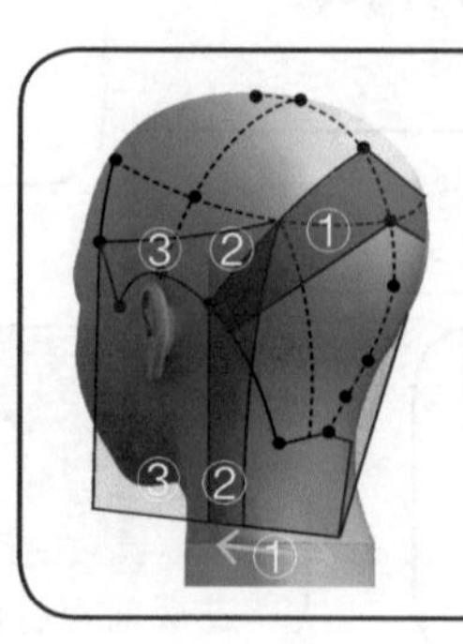

先剪①（参照步骤 53）；
以①为基准剪②（参照步骤 59~63）；
以②为基准剪③（参照步骤 64~68）。

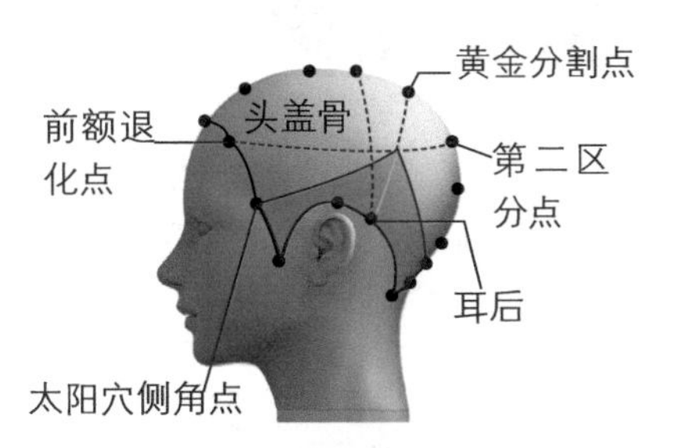

63. 作为两侧区剪发基准的后脑侧发区已经完成剪发。

64. 接下来，将两侧头发放下梳通。

65. 左手中指夹住头发，整理成发片，以步骤 63 中完成的发区后侧为起点，以平板状开始修剪。

66. 要注意所取发片的头发，要以侧区头部凸出来的骨头开始，垂直放下并梳通。

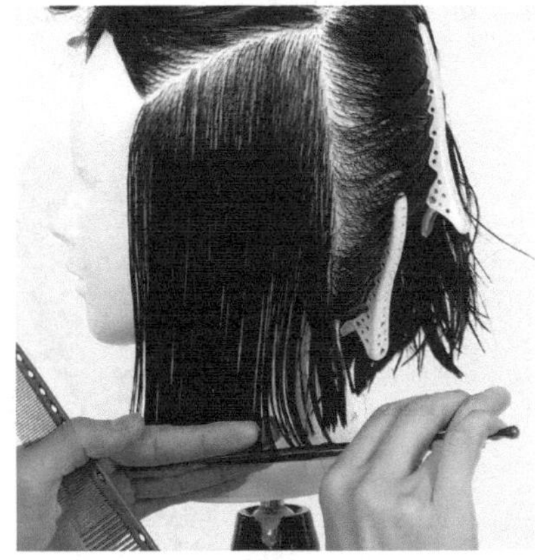

67. 一直剪到发端。

68. 侧面第 1 段完成。

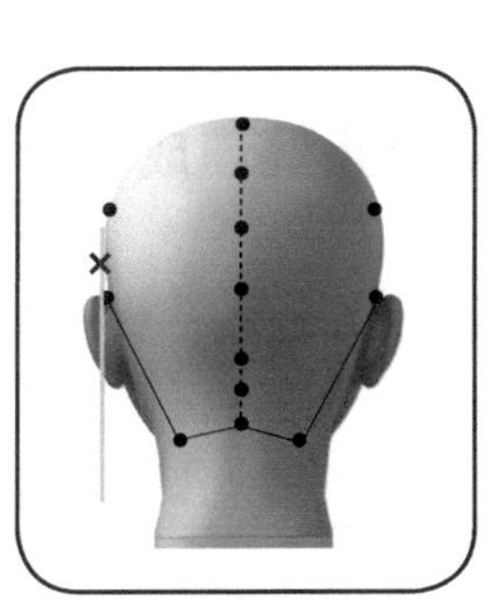

图解 34 以耳朵上面凸出来的部分为记号

不管是后脑区侧面还是两侧发区，都要注意从侧面的角度来取平板状并拉伸。而这个重要的记号就是耳朵上面凸出来的部位。从这个点取 0° 平板状，才是正确的角度。

剪左侧第 2 段

剪发步骤详解：

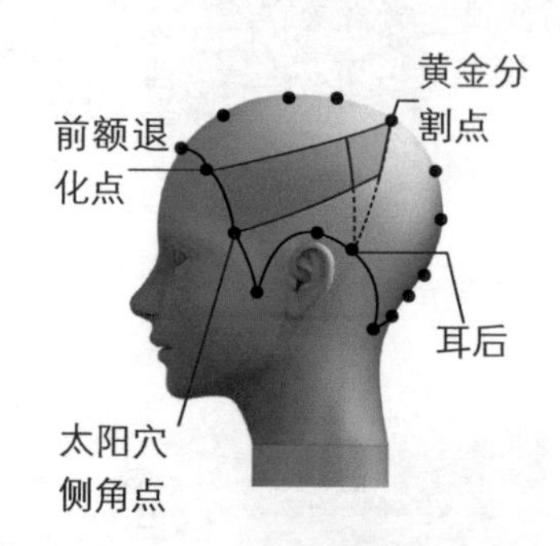

69. 侧面的第 2 段头发也包含了后侧的一部分。以前额退化点和黄金分割点的连线划分界线，然后以耳后垂直线来划分前后。

70. 将后侧区头发向正下方仔细梳理。（图解 35）以侧面角度整理成平板状进行剪发操作。

71. 此图为后侧区剪完后的状态。

72. 将侧发区头发也垂直向下梳通，其下段以后侧区为基准取平板状进行修剪。

73. 用同样的方法一直剪到最左端。

74. 左侧第 2 段完成。

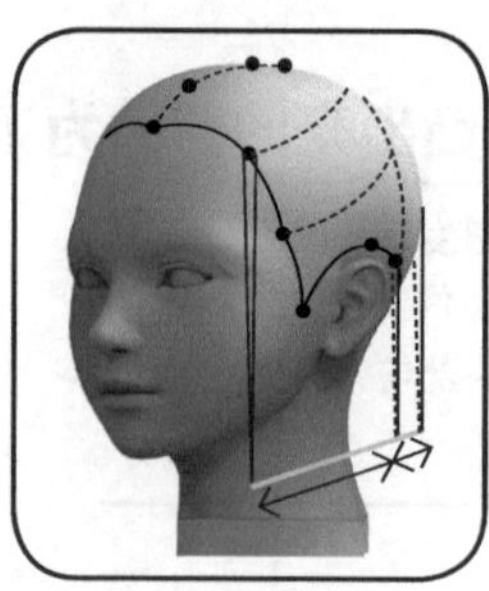

图解 35 垂直向下梳理并整理成平板状

这一段也是把后侧区和两侧区分开进行操作，并以两侧为视角整理成平板状。

剪左侧第 3 段

剪发步骤详解：

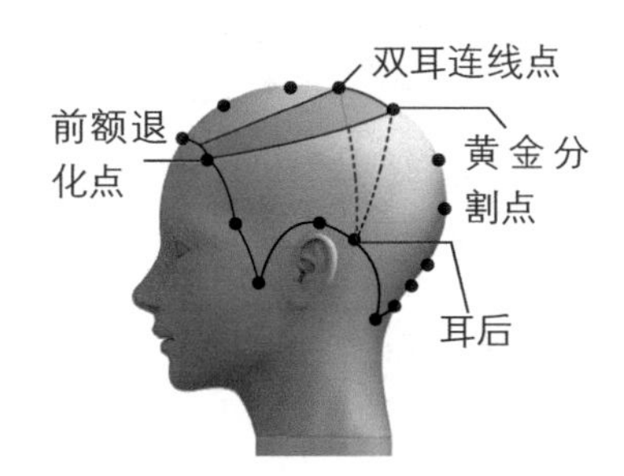

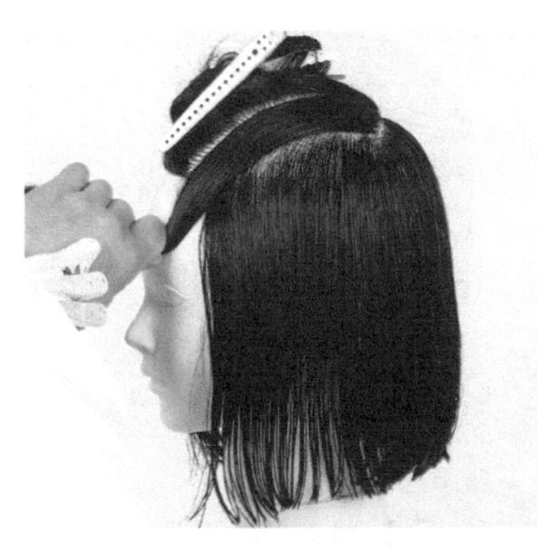

75. 第 3 段的划分线是从双耳连线点开始，与第 2 段保持平行取发。这一段也包含一部分后侧区头发。

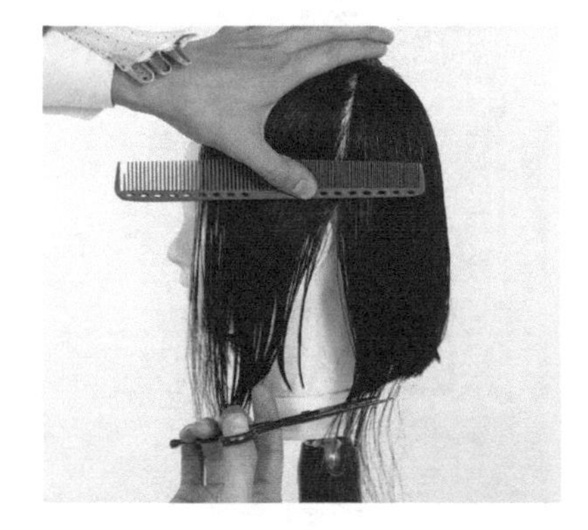

76. 在耳后将后侧区头发和两侧区分开，以耳朵上面的突起位置为 0° 将头发整理成平板状剪发。

77. 首先，将后侧头发垂直向下梳通，以平板状进行剪发操作。

78. 侧面头发的修剪也以后侧区头发的下段为基准，进行平板状操作。

79. 同样剪到最左端。

80. 左侧第 3 段完成。从侧面看也是平板状的。

剪左侧第 4 段

剪发步骤详解：

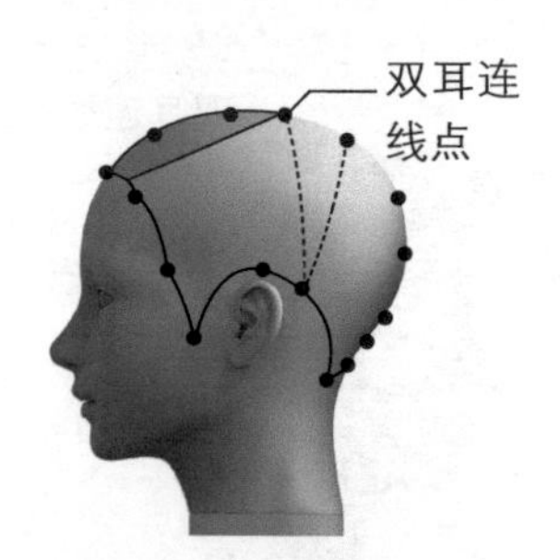

81. 第 4 段就是前面的中心发区。从后面开始，将发片垂直放下，拉伸成平板状。

82. 以下面一段为基准进行剪发操作。

83. 继续向前剪。垂直向下放下发片，以后面的发片和下面一段为基准进行剪发操作。

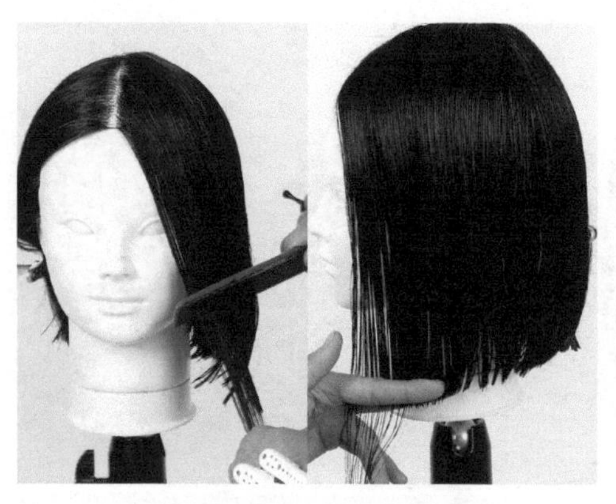

84. 最前方也同样将头发向侧面垂直向下梳通，整理成发片。

85. 在后侧的延长线上，一直剪到最左端。

86. 左侧完成，看起来有些前长后短，这是因为头发还没有干透。等头发干透，自然会恢复成水平状态。

剪右侧

剪发步骤详解：

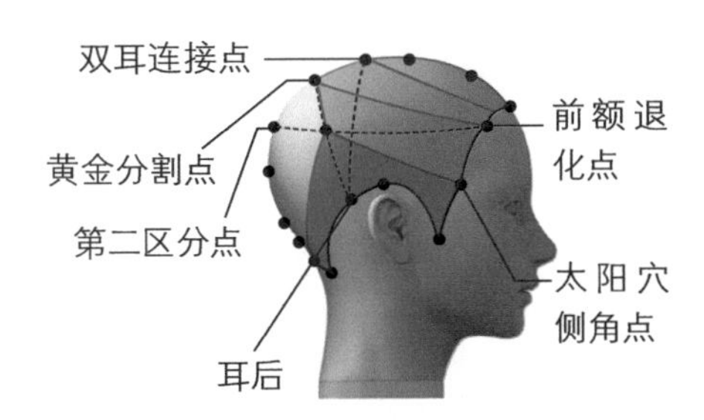

87. 右侧第 1 段，取头盖骨点和双耳连接线的交点，以此交点和太阳穴的连线为划分线。以侧面为视角，取平板状来剪。

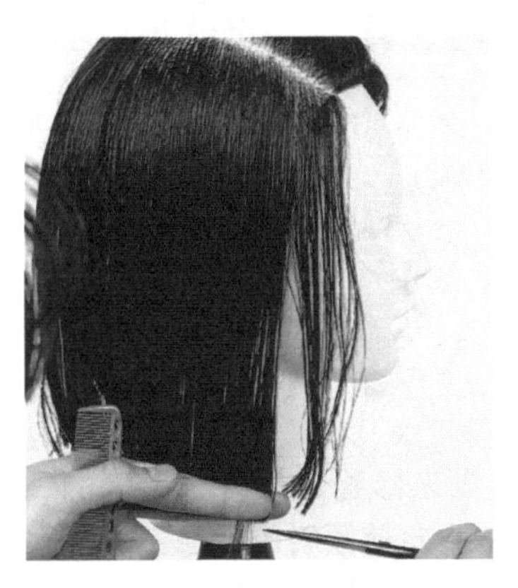

88. 右侧第 2 段，以前额退化点和黄金分割点的连线来划分。同样以平板状进行剪发操作。

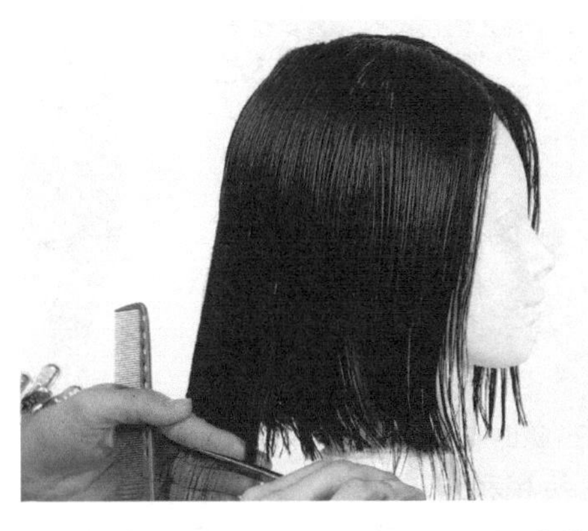

89. 右侧第 3 段，划分线是从双耳连接点取与第 2 段的发区。同样以平板状进行剪发操作。

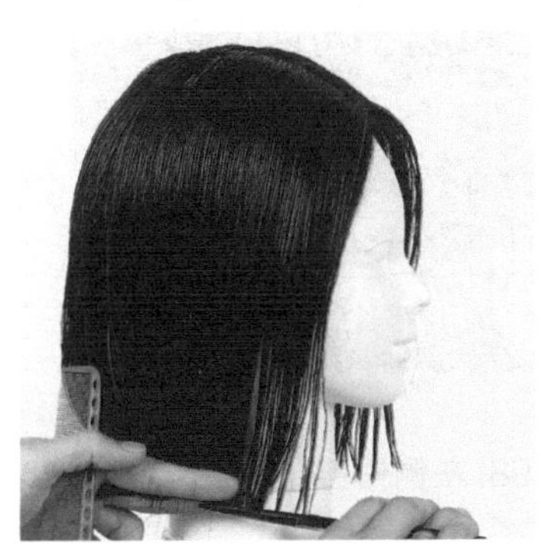

90. 第 4 段，将发片垂直放下，拉伸成平板状进行剪发操作。

91. 最前面的头发也同样以侧面为视角，整理成平板状进行剪发操作。

92. 右侧也完成了。这样，整个发型的长短就已经定型了。

修剪（头向前倾）

剪发步骤详解：

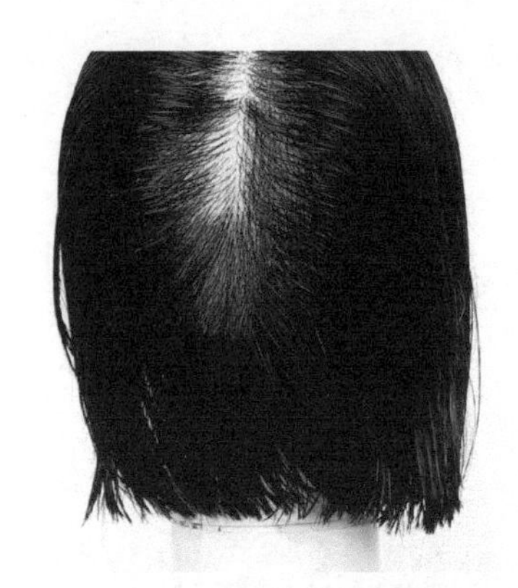

93. 此时要进行长度的调整。先让头稍稍向前倾斜，会发现发际边角的头发有一些凸出来的部分。

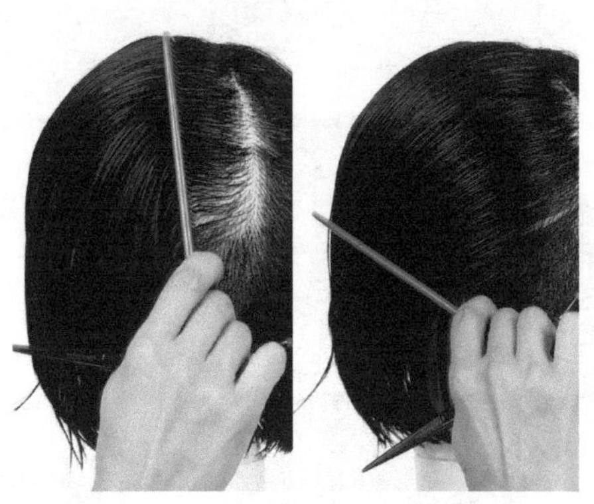

94. 我们先来修整这部分长出来的头发。在头向前倾斜的状态下，在后面中心部分取 C 形轮廓。

95. 确定长度后，将多出来的部分修剪掉。

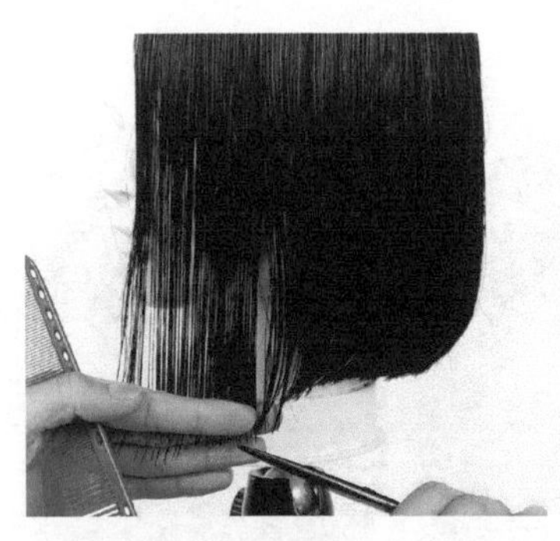

96. 同样分两次进行操作。左侧第一部分完成后继续向左行进，也取 C 形轮廓。

97. 同样的方法剪除长出来的头发。

98. 左侧修整结束。

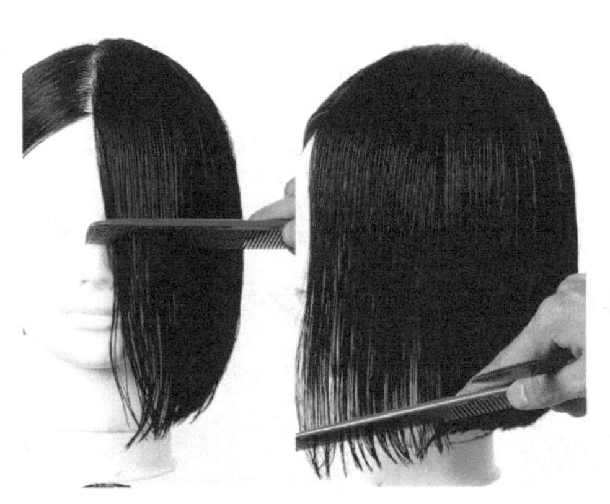

99. 修整最前面的头发。这部分的头发在步骤 84 和步骤 85 中的要求是将头发垂直放下来操作的，但是总会有一部分跑到前面来。那么在修整的时候，需要将头发向前拉伸梳通。

100. 将整体轮廓中凸出来的部分全部剪除。（图解 36）

101. 这样，前面左侧的修整就完成了。将头发梳理到侧面。

102. 右侧也同样地将头向前倾斜，整形成 C 形轮廓进行修整。

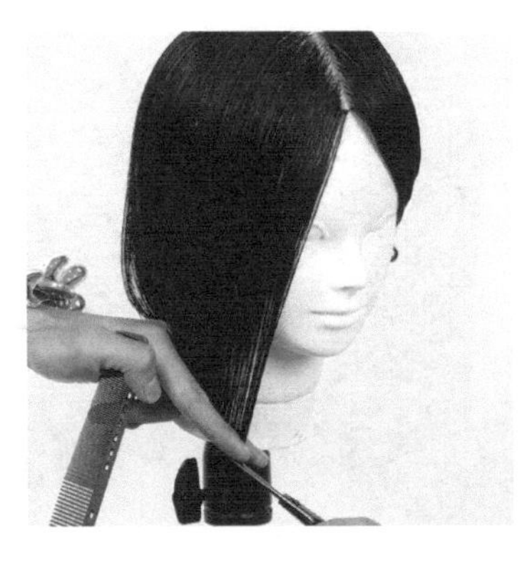

103. 接下来，最前面的头发还是向前拉伸继续修整。

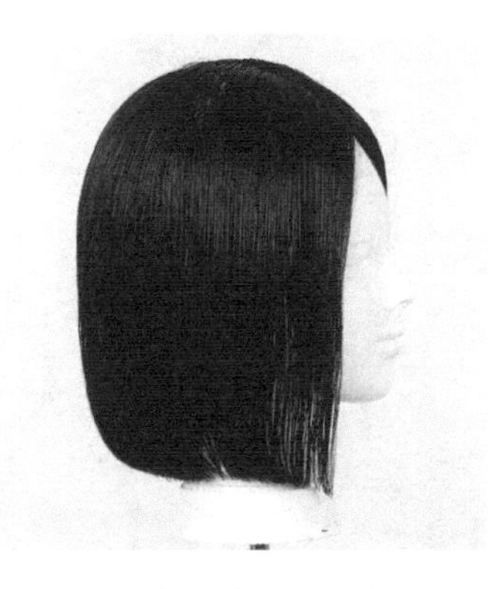

104. 两侧都修整完成了。

图解 36 头向前倾斜时，长出来的头发该如何处理？

在头倾斜的时候，发际边角处的头发容易出现长短不一的情况。在后侧头发剪完后，修整了后脖颈的头发（参考步骤 33 和步骤 35），那么同样地，此处也要修整鬓角和太阳穴处的头发。

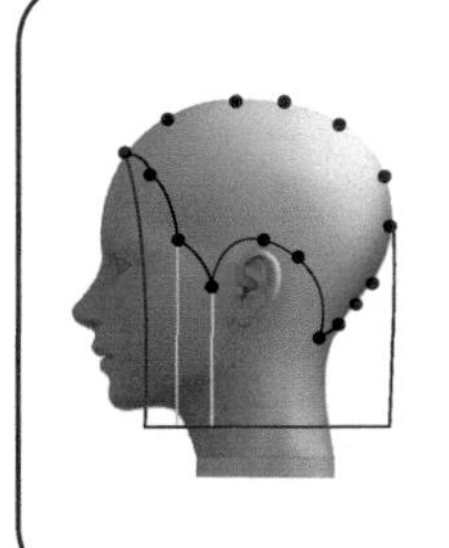

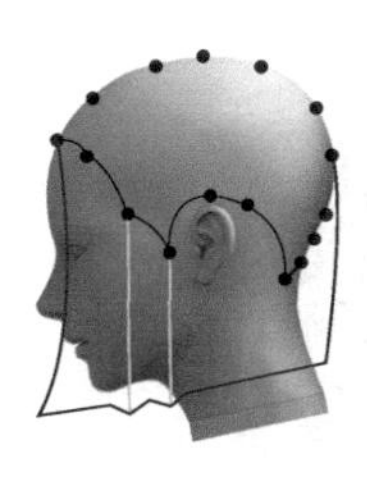

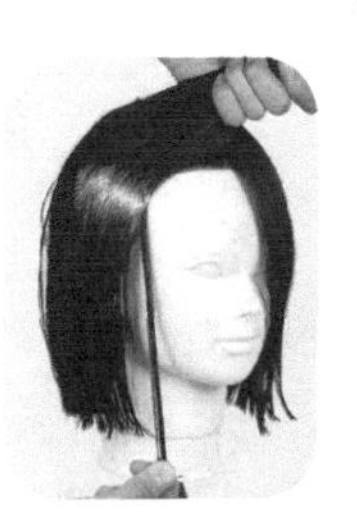

修剪（头向后倾）

剪发步骤详解：

105. 接下来，将头稍微向后倒，再次进行修整。

106. 为了修整向上抬头时头发的长短，将头垂直抬起梳理后面的头发。随着头的活动，头发也自然会动来动去，因此，发梢的地方会出现参差不齐的现象。

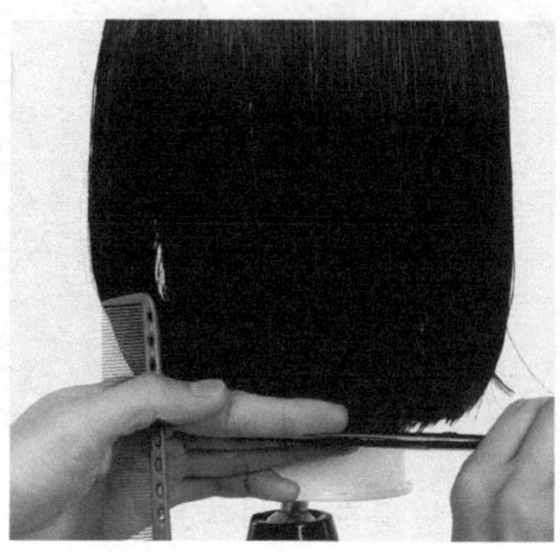

107. 剪去长出来的头发。

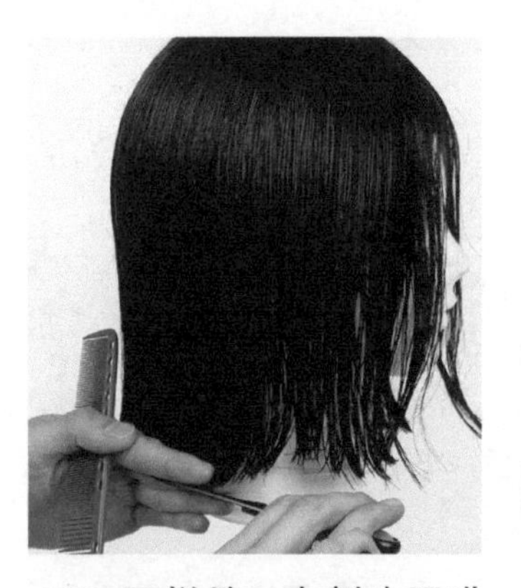

108. 同样地，右侧也要进行修整。

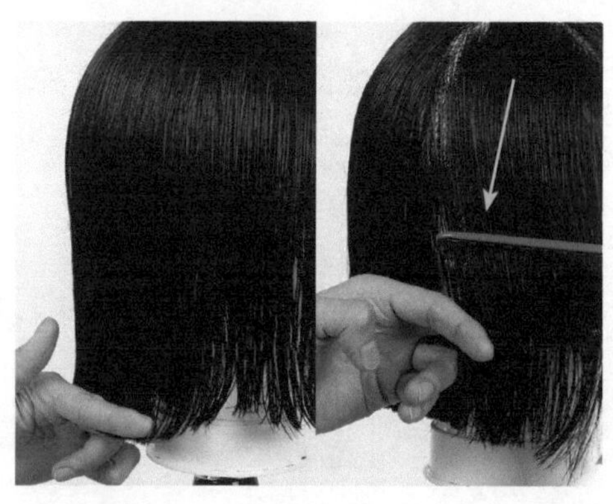

109. 接下来，顺延到耳朵后面，按压发梢。

110. 将整体轮廓长出来的头发全部修剪掉。

可以看到太阳穴处的头发也出现了长短不齐的情况。

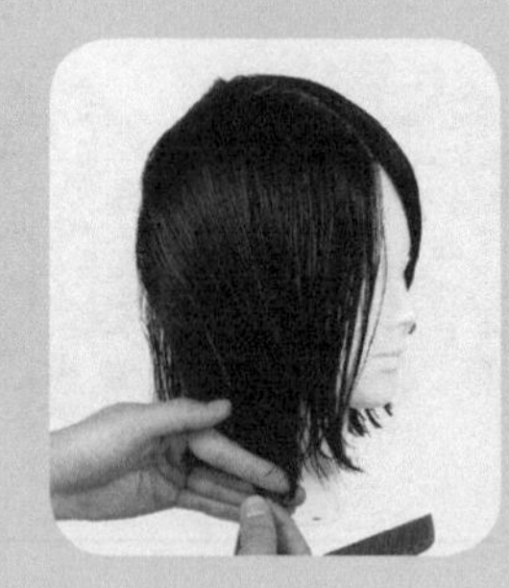

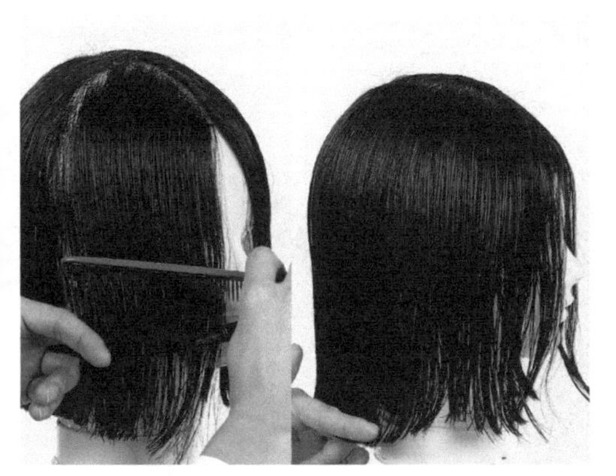

111. 将耳朵前面的头发保持与脸部周围的发际平行梳理，并按压发梢。

112. 将整体轮廓中长出来的部分全部剪除。

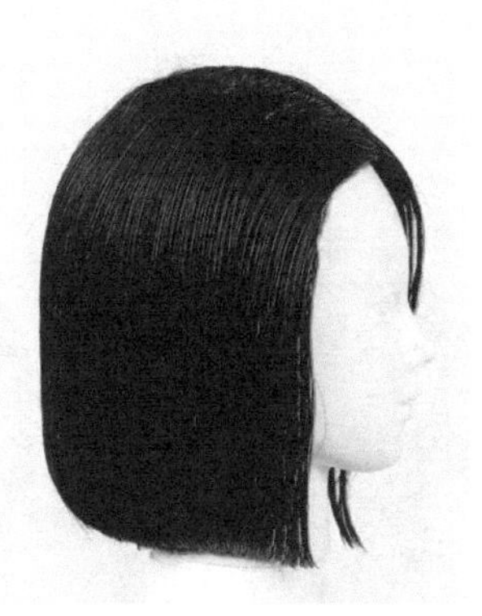

113. 右侧修整完成。

114. 左侧也是同样，首先梳理耳朵后面的部分进行修整。

115. 耳朵前面的部分，与脸部周围的发际平行梳理，并进行修整。

116. 左侧修整完成。

剪刘海

剪发步骤详解：

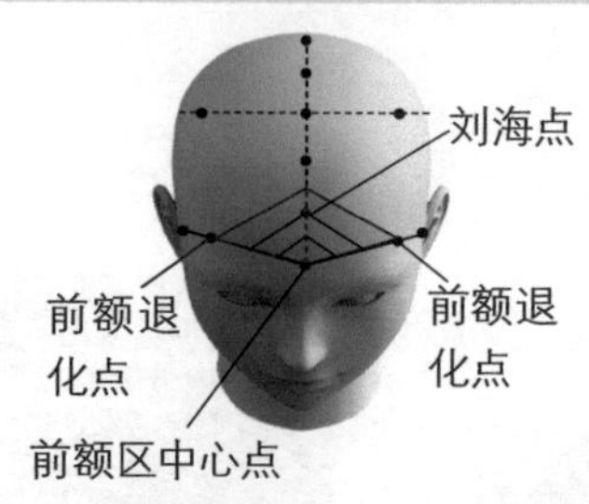

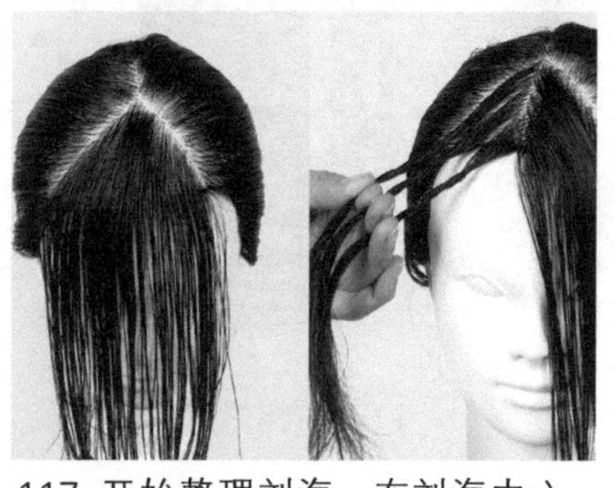

117. 开始整理刘海。在刘海中心点稍稍靠上的位置，与左右前额退化点取一个等边三角形。在三角形内再将其三等分。

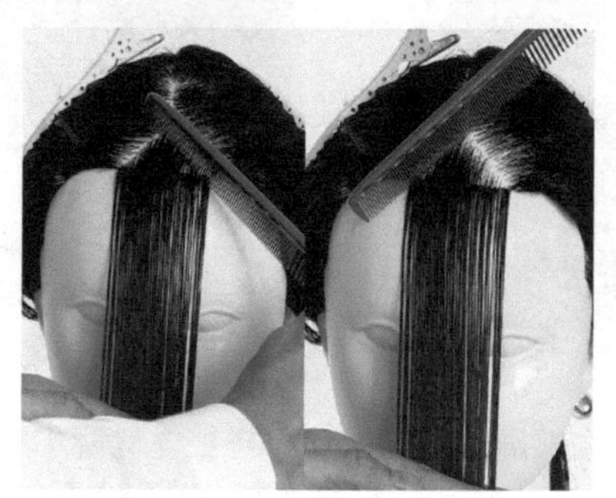

118. 梳通头发。首先，与左右发束保持平行将头发梳通。

119. 然后保持与发际平行将头发梳通。

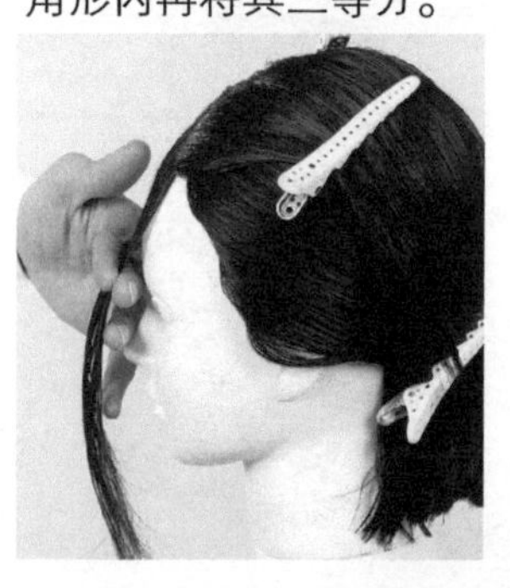

120. 中指边碰触鼻根边取发片。

121. 保持步骤 120 中的位置，长度为刚好在眼睛的上方进行剪发操作。

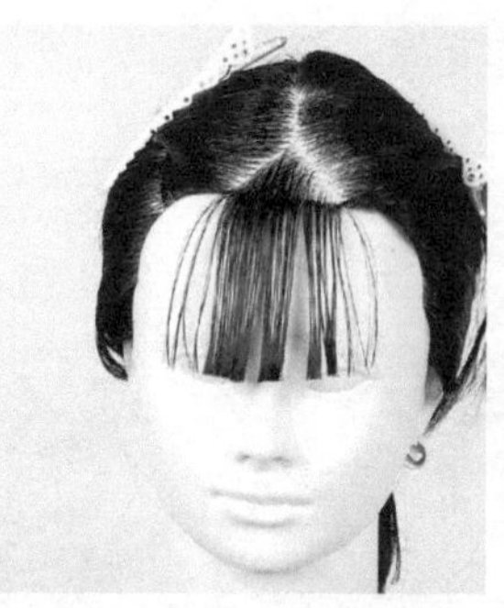

122. 上图为第 1 段完成后的效果。

123. 第 2 段也同样，以中指边碰触鼻根，边取发片边笔直地拉伸出来。

124. 以步骤 121 完成的第一段为基准，先剪与第一段相同的宽度的头发。

125. 上图为中央剪完后的效果。

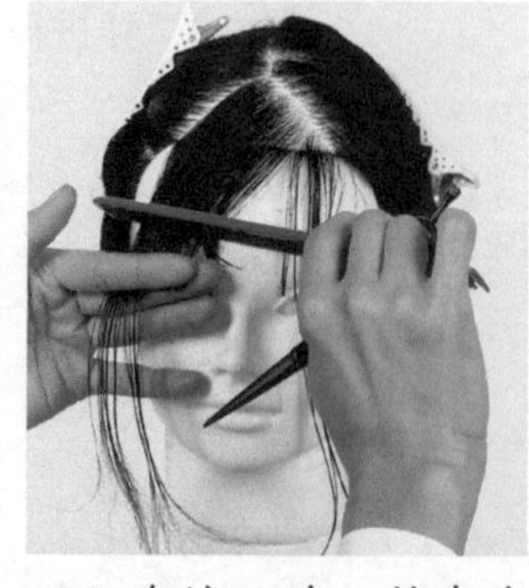

126. 在这一步，从左上到右下，沿着头部的曲线将发片梳通。

127. 保持步骤 126 中的位置，在步骤 124 中完成的延长线上以水平状态进行剪发操作。

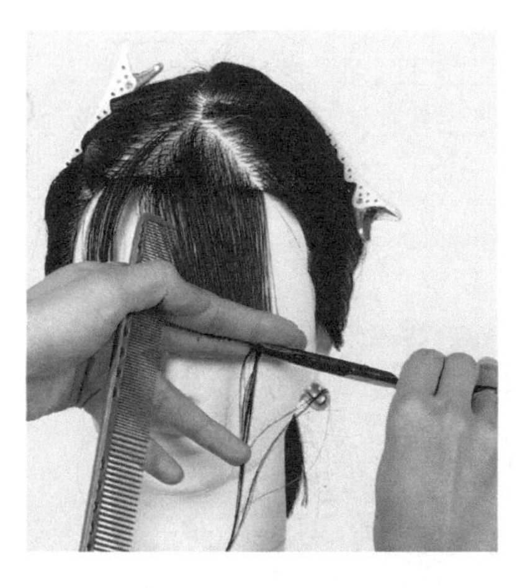

128. 左侧也同样，沿着头部的曲线将发片梳通，然后在步骤 124 中完成的延长线上以水平状态进行剪发操作。

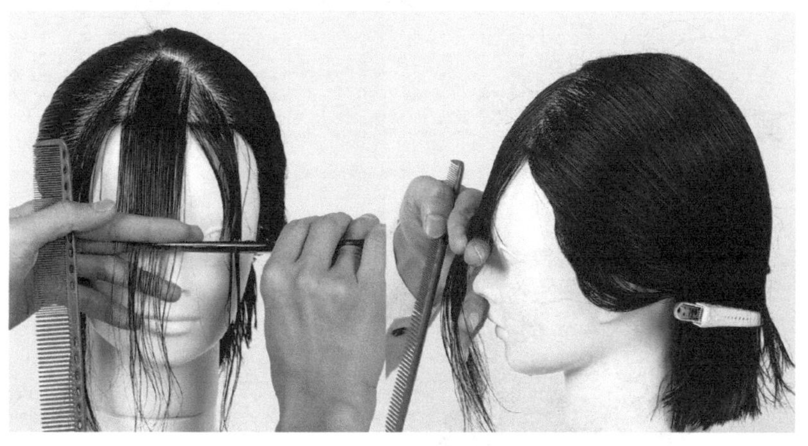

129. 第 3 段也同样先从中央开始，中指边碰触鼻根部位，边笔直地拉伸。

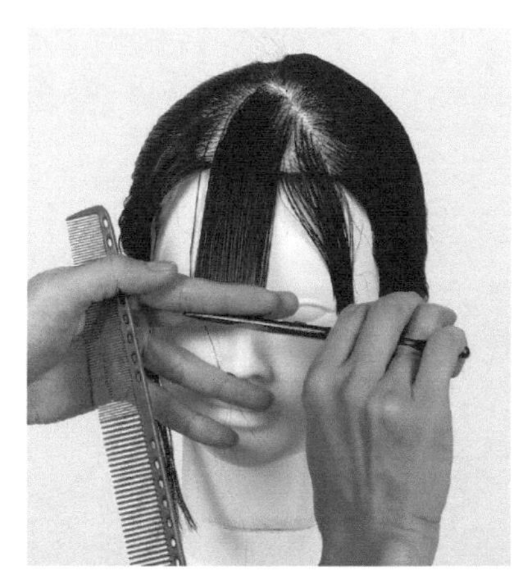

130. 以步骤 121 和步骤 124 中所剪的头发为基准，对中央部分进行剪发操作。

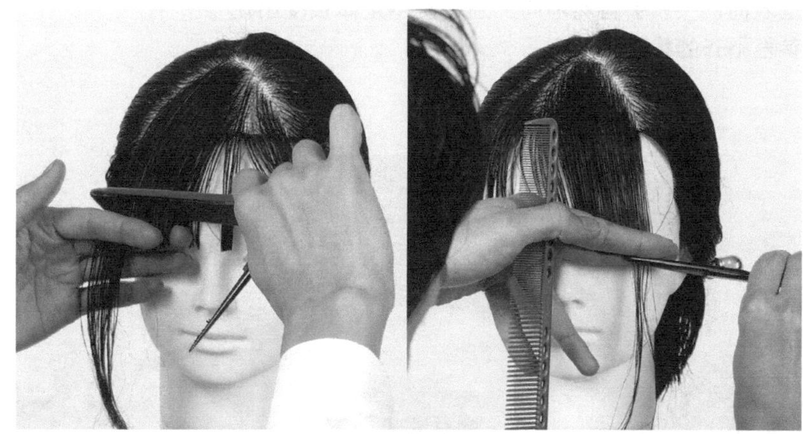

131. 将左右成放射线状梳通，在步骤 130 中所剪的延长线上以水平状态进行剪发操作。

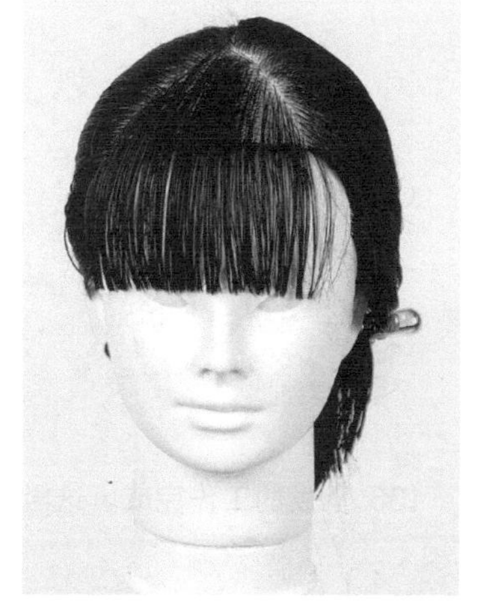

132. 水平效果的刘海完成。

发梢部分最终修剪

剪发步骤详解：

133. 在剪刘海的过程中，后面的头发已经干了，于是表面的头发会自然地向上翘，使得整体长度出现参差不齐的状况。

134. 用剪子将多余的部分剪去。

135. 左右都一直剪到最边缘，最终修整完成。

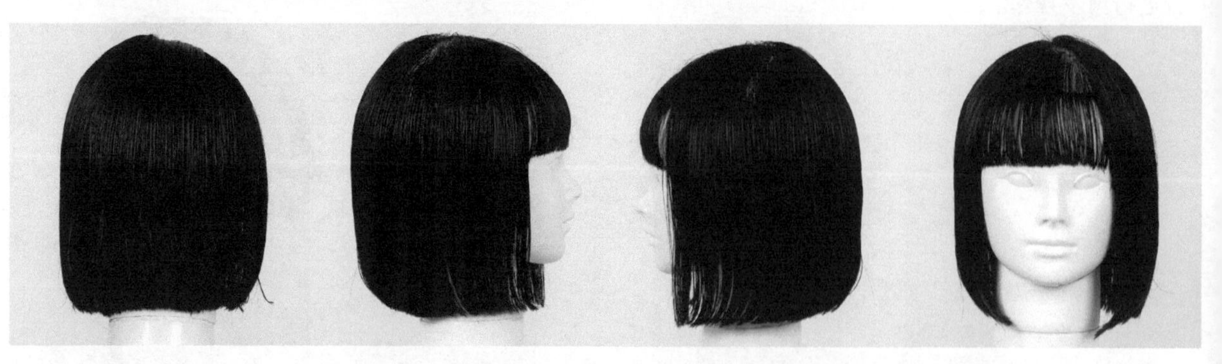

136. 剪发的工作完成。这里展现的是湿发状态下的效果，干透后又会是什么样的效果呢？

完成

剪发步骤详解：

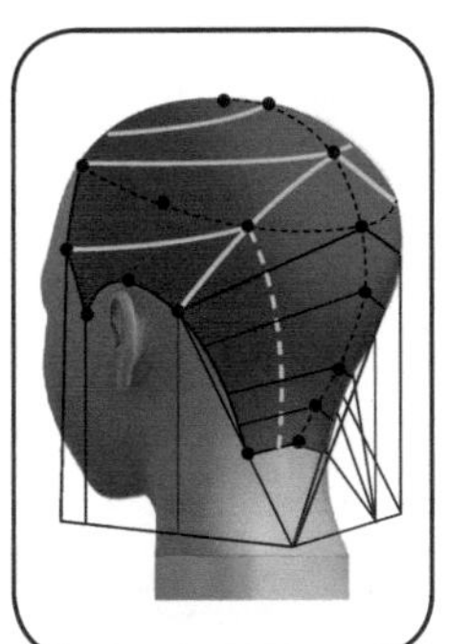

是否大概掌握了头部骨骼的特点？

骨骼的曲线，发际的变换，都是骨骼很重要的特点。掌握了这些特点，有利于在剪发过程中划分各种区域，并且有利于理解倾斜度的不同。

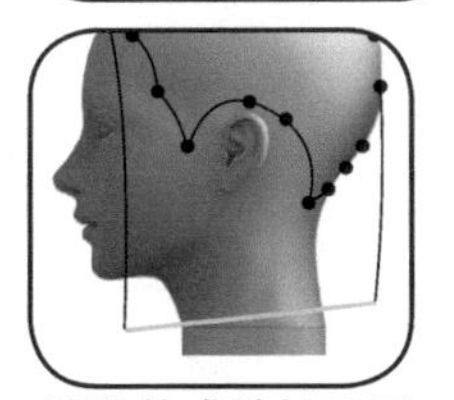

稍微剪成前长后短

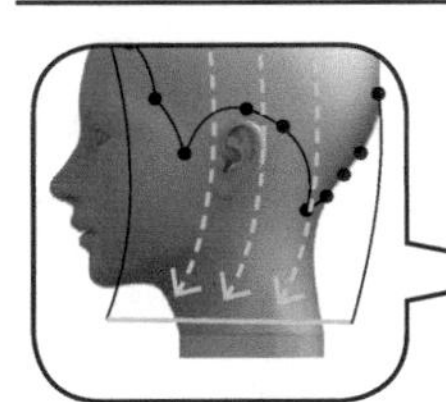

完成时是水平的效果

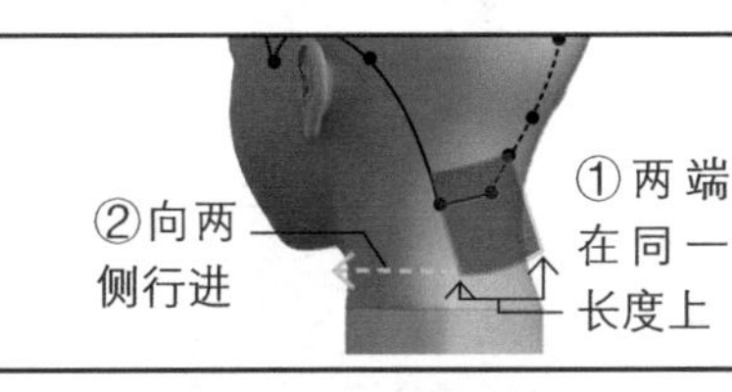

左右是否能够同一长度完成？

重点在于后面的头发要以平板状进行剪发操作。后面剪成一个直线，左右两端就自然处于同一个长度上。然后以后面为基准向两侧行进就可以了。

长度基准，能够自如地剪出来吗？

湿发状态下如果剪成水平线，那么完成后的效果就会前短后长。因此在剪发过程中，要始终有一个前长后短的意识。

3.2 前长后短的波波头

在发梢稍稍下垂的状态下进行剪发，剪出稍微带一些坡度、还有一些圆弧度的波波头。

请注意

- 左右两边的倾斜度要相同

发型必备技能

学会线条的倾斜度的操作

如果认为只有两侧稍微倾斜就可以了，那就大错特错了，整个头部都应成为一个整体，要学习的就是这种变化。

左右能够更加均等地完成

要学会即使后面不整理成平板状，而是单独从两侧剪，也可以均等地完成。

剪后面第 1 段

剪发步骤详解：

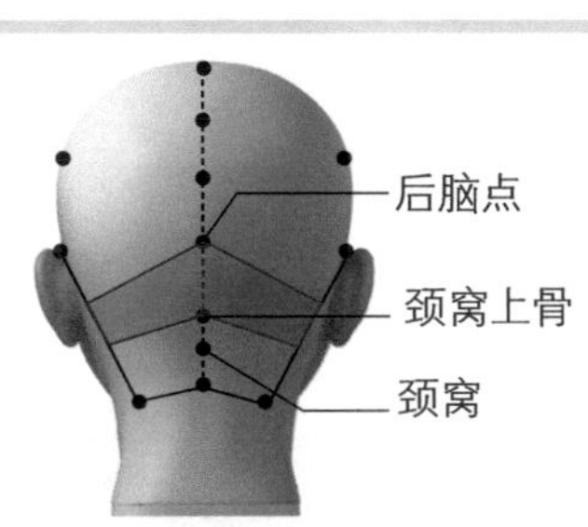

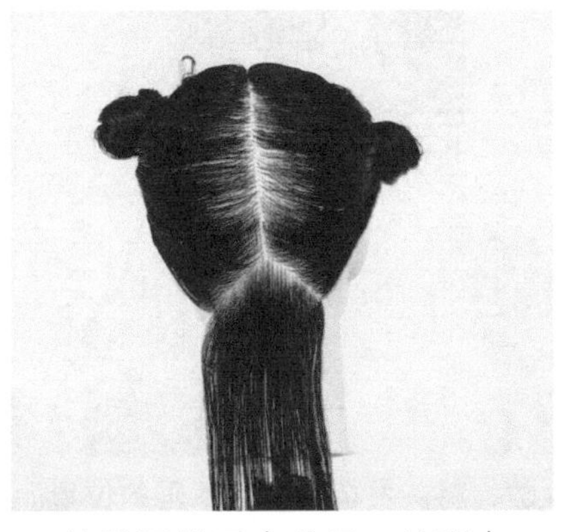

01 从后面的正中分开，从颈窝处以“八”字形划分发束。后脖颈取发的厚度为 1 厘米左右。（图解 37）

02. 头部向前倾。比起水平式波波头，倾斜的角度可以更大一些。

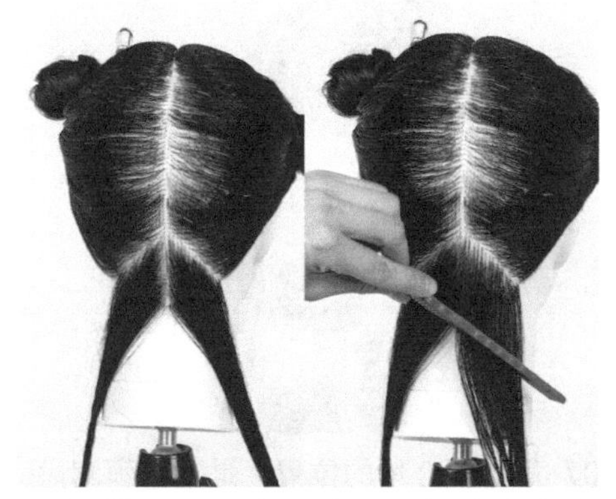

03. 保持步骤 1 中的位置，将发束左右分开。与右侧发束平行地切入梳子，梳到自然落下的位置，决定长度后进行剪发操作。（图解 38）

04. 左手将发梢自然弯成弧状，设想是在头发干透的状态下来确认线条，线条与发束保持平行就可以了。

05. 左侧也同样与发束保持平行状态，然后进行剪发。

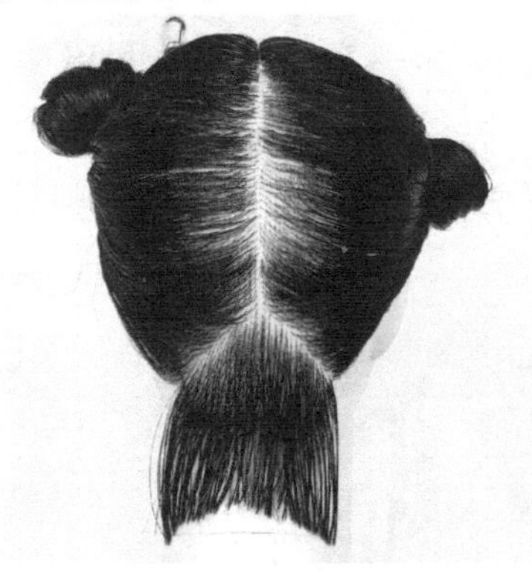

06. 后面的第 1 段完成了。

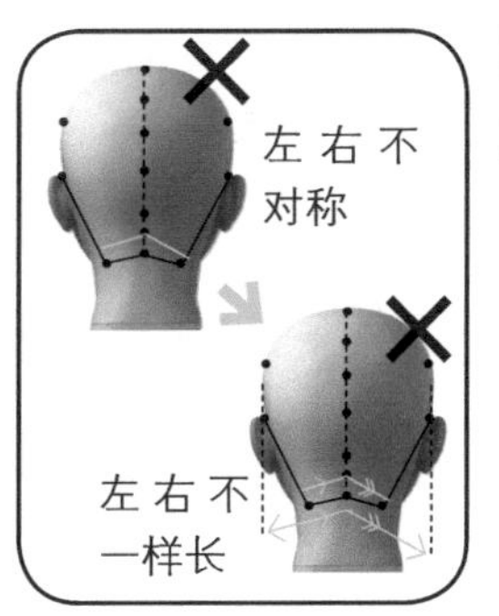

图解 37 发束的重要性

“八”字形状的倾斜度，也就是整个线条的倾斜度。因此要注意：
①与需要完成的下垂角度搭配；
②左右对称非常重要。

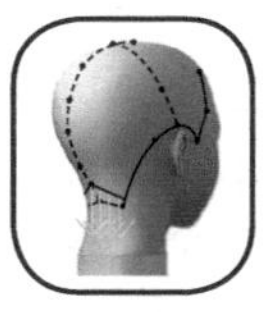

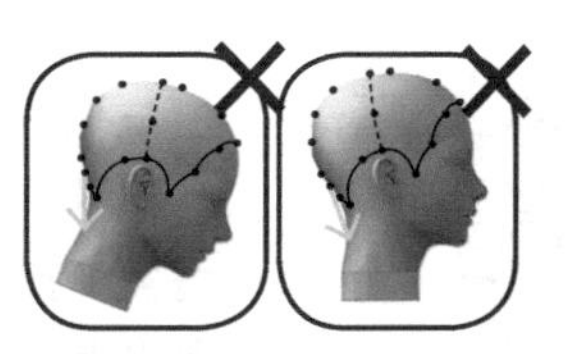

图解 38 所谓的垂落到自然位置

如果头部是垂直向前的，平视前方的时候，头发是自然下垂的。而在剪发的时候，需要头部向前倾斜，因此这种时候只能设想一下自然下垂的位置。

剪后面第 2 段

剪发步骤详解：

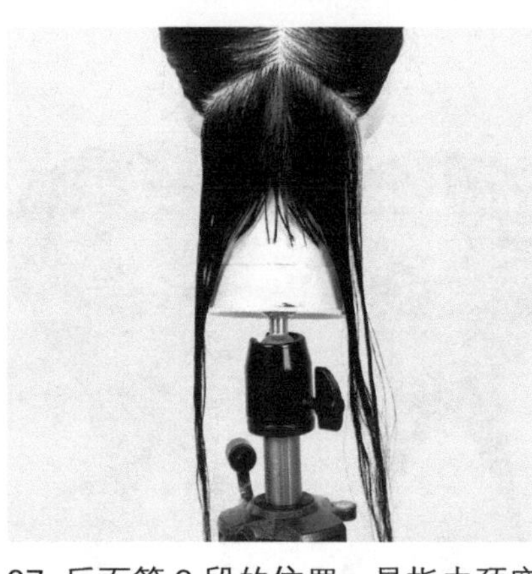

07. 后面第 2 段的位置，是指由颈窝上骨开始，与第一段保持平行地取发束。然后在这个发束内取中线，划分左右。

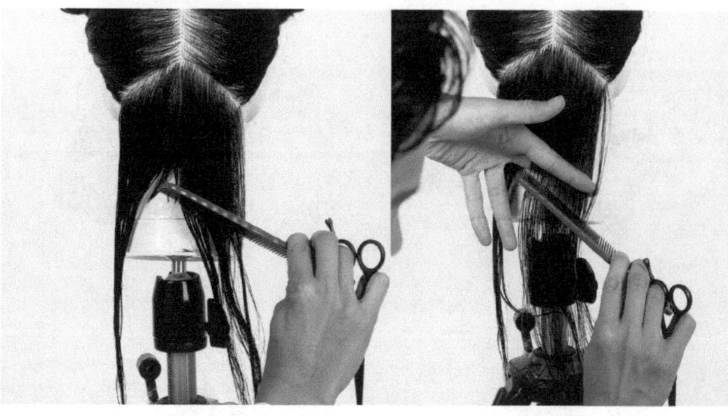

08. 从右侧开始剪。把梳子立放，将头发梳到自然下垂的位置。梳到发际的位置后，将梳子翻转，以第 1 段为基准，左手指插入头发。

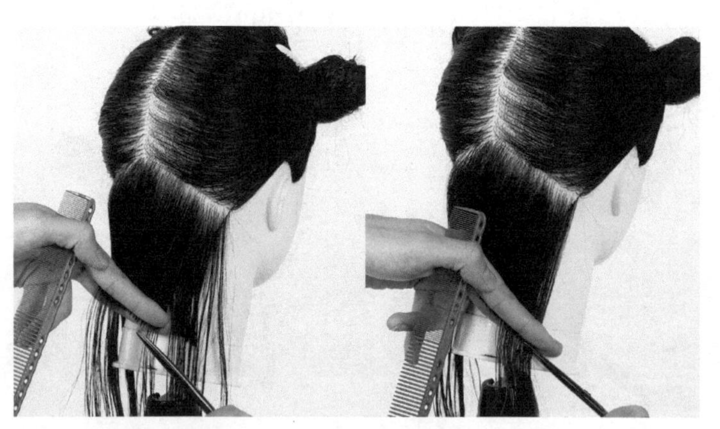

09. 分别以第 1 段为基准分两次进行剪发。

10. 左侧也同样，在自然下垂的位置，以第 1 段为基准进行剪发。

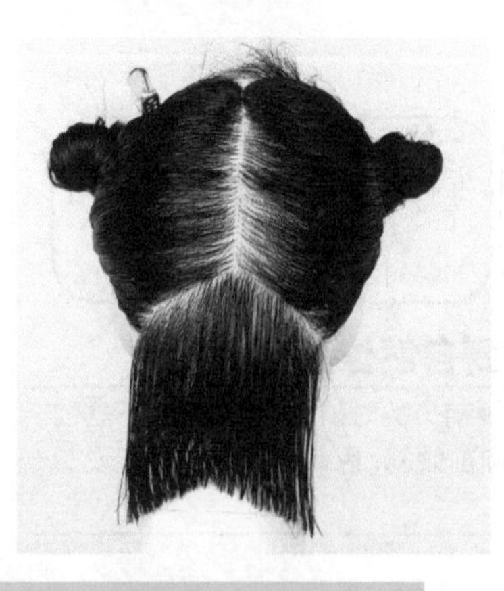

11. 在步骤 11 的位置上再继续前倾，会发现后脖颈的头发也都凸出来，使得后面的线条变成了一个弧形，那么接下来我们来修整这个部位。

12. 在自然下垂位置上完成剪发。

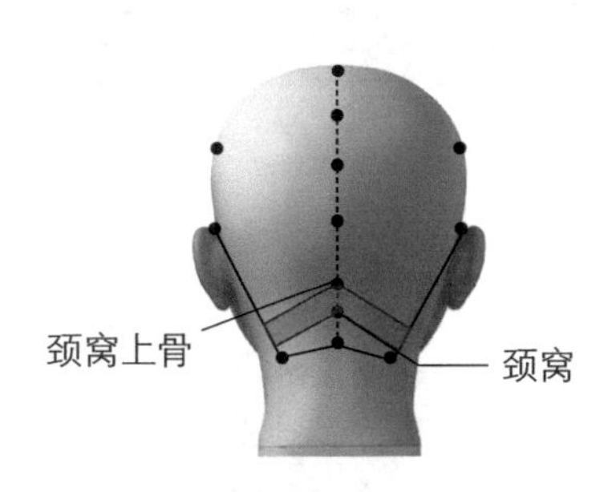

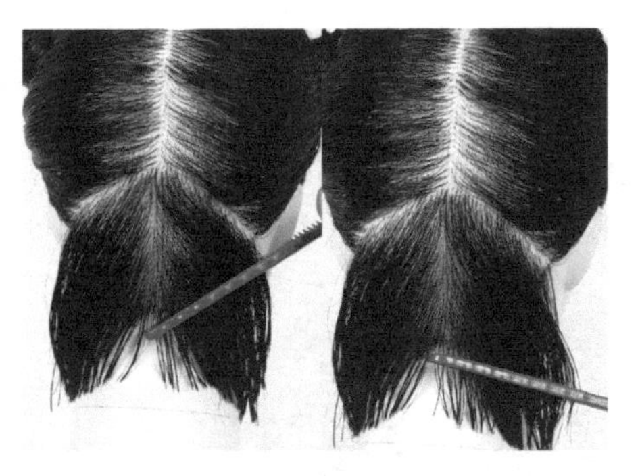

13. 从中央向前梳理成 C 字形。（图解 39）

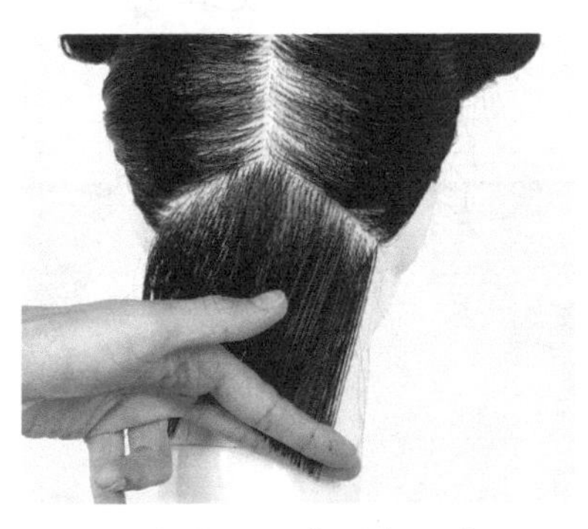

14. 取发片，这个时候要保证左手无名指的指尖指向发片的最右端。（图解 40）

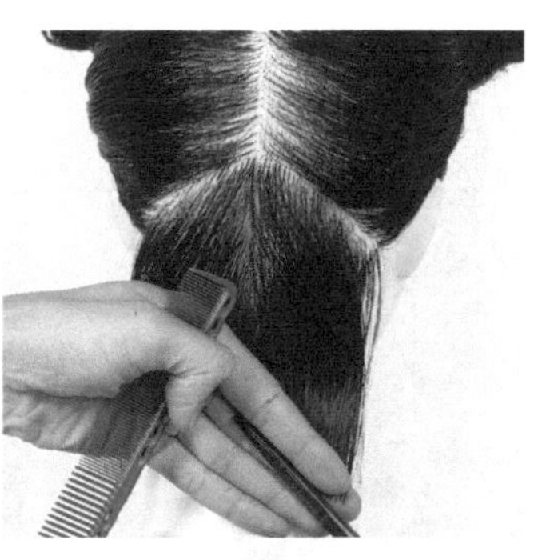

15. 将整体轮廓中长出来的头发全部剪除。

16. 左侧也同样，将头发梳通成 C 形，取发片，并剪去从整体轮廓中长出来的全部头发。

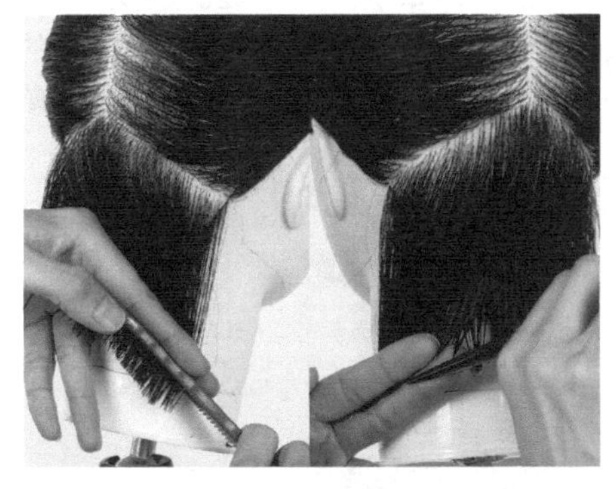

17. 将头发梳到自然下垂的位置，并检查步骤 13~16 的修整过程中，是否还有没剪去的长出来的头发。

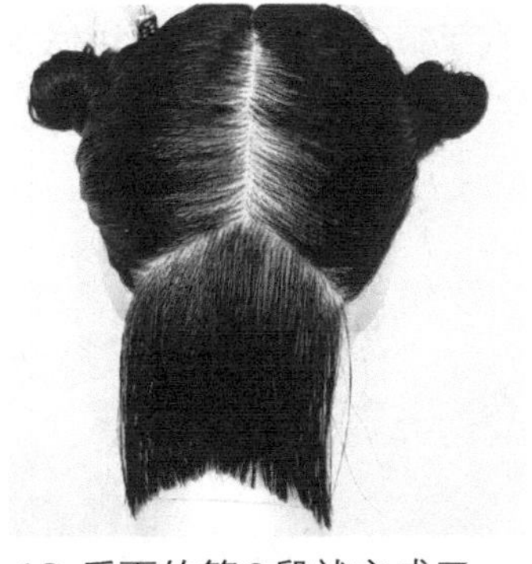

18. 后面的第 2 段就完成了，即使头向前倾斜，也不会出现影响整个线条的头发了。

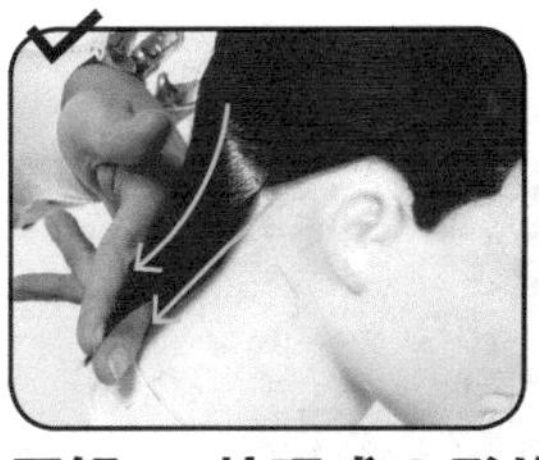

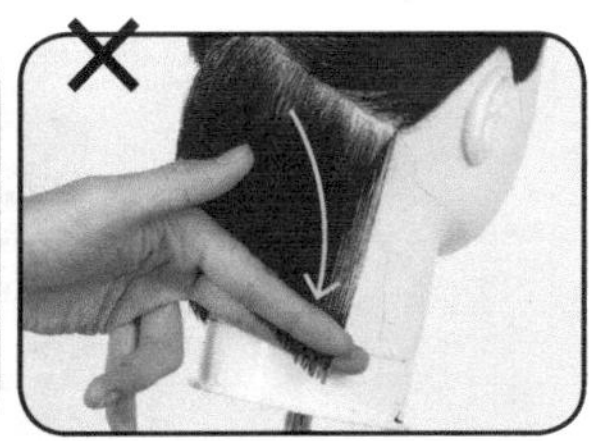

图解 39 梳理成 C 形的要点

①以后中心为轴，以画弧线形的手法梳理头发；②梳理完成后，右侧头发就到了自然下垂的位置；③不用剪表面的头发，只将里面的头发剪掉就可以了。梳理后到达自然下垂的位置，梳理头发的时候如果弧度不够，剪去不需要剪的头发。

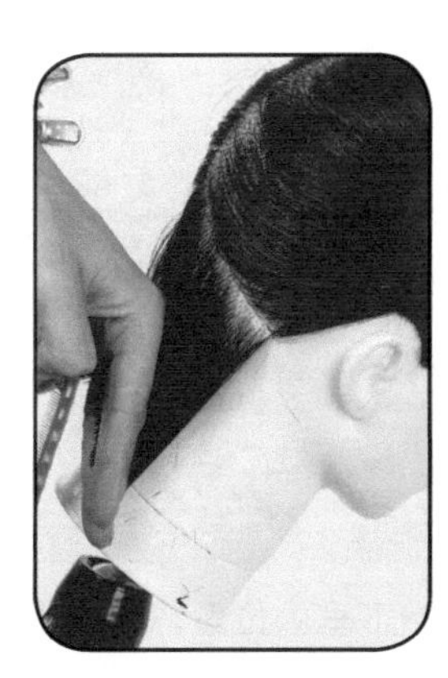

图解 40 要注意手指的粗细

左手指插入左侧和右侧头发的方向是相反的。指尖细，指根粗，为了让左右完成后达到均等的效果，在手指插入左侧头发时，要注意手指尽量保持平放的状态，左侧不要高过右侧。

剪后面第 3 段

剪发步骤详解：

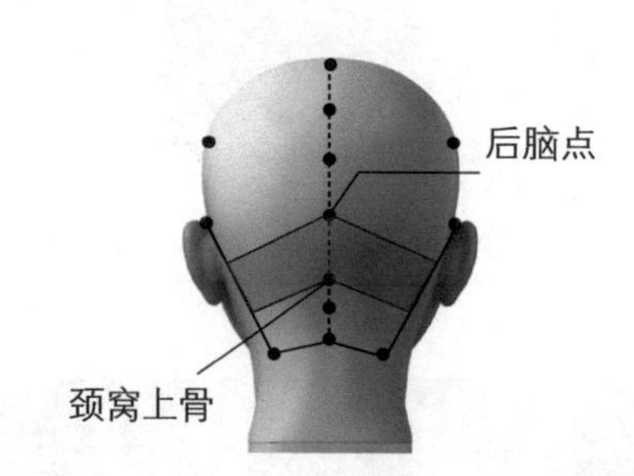

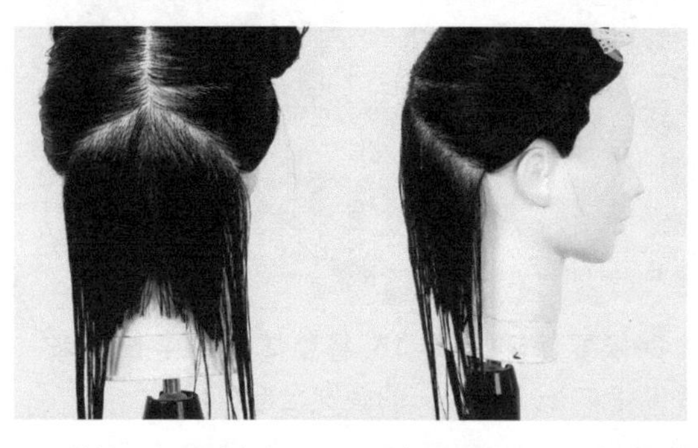

19. 第 3 段的划分是从后脑点开始的，与第 2 段平行，取“八”字形的发束。

20. 将头发左右分开，像第 2 段一样，先将头发梳到自然下垂的位置，左手指插入发片，以第 2 段为基准进行剪发操作。

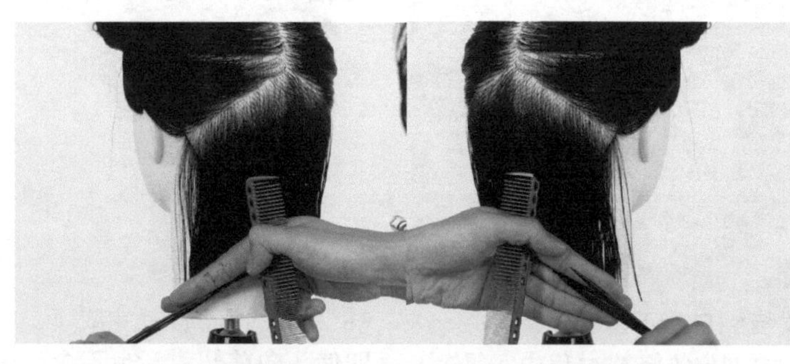

21. 接下来，将头部前倾，并将头发梳理成 C 形，修整内侧的头发。因为发片的宽度比较大，可分大 C 形和小 C 形两次进行剪发操作。

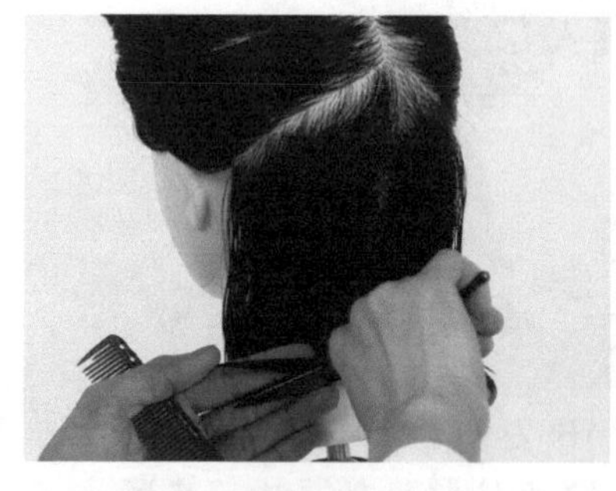

22. 左侧也同样梳理成 C 形，然后进行修整。

23. 最后再将头发梳理到自然下垂的位置，再次进行线条的确认。

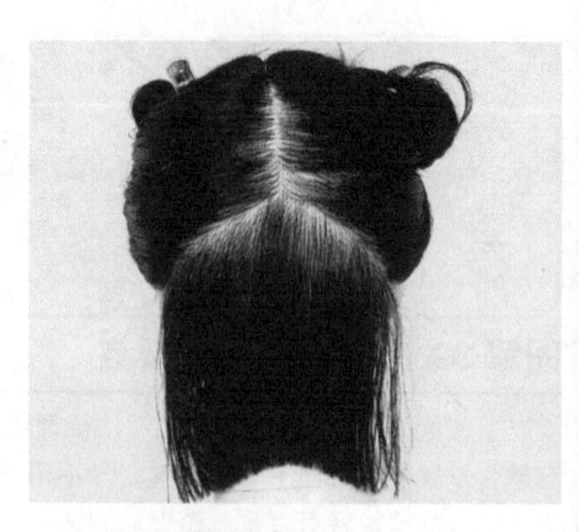

24. 第 3 段完成。

修剪（头向后倒的状态）

剪发步骤详解：

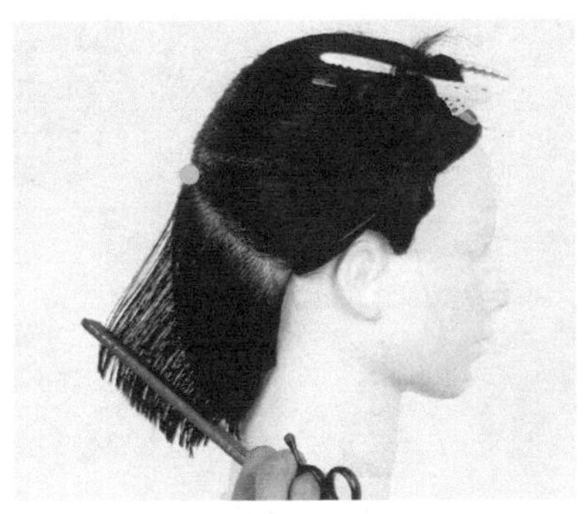

25. 头向后倒时，表面的头发会参差不齐，因此我们要进行修剪。让头恢复水平状态，首先来处理右侧，将耳后到后脖颈的发际处的头发平行地拉伸出来。

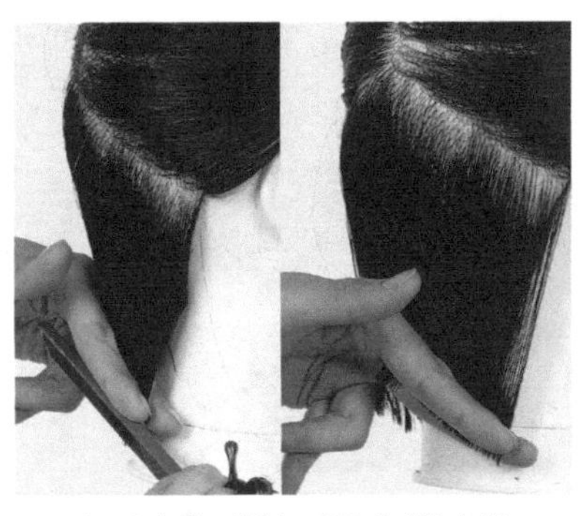

26. 左手食指碰触到最右端头发，然后以左手中指插入头发后取发片。（图解 41）

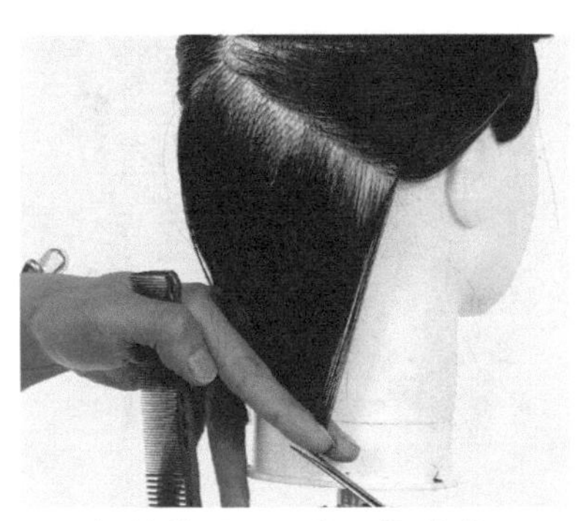

27. 保持步骤 26 中手指的位置，剪去多余的头发。

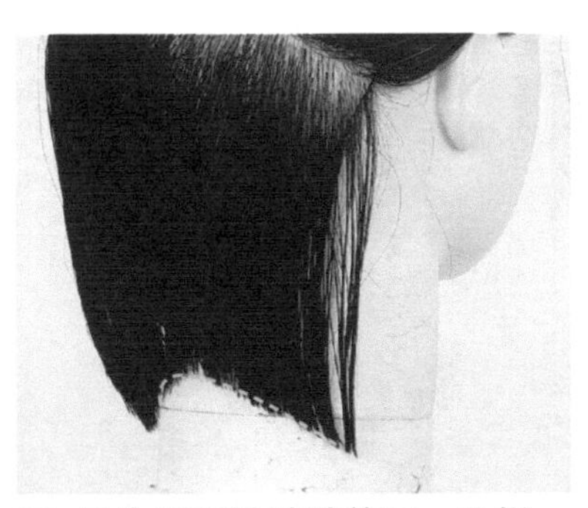

28. 因为表面被稍稍剪短，这样一来，即使头向后倾斜也不会影响整体效果。

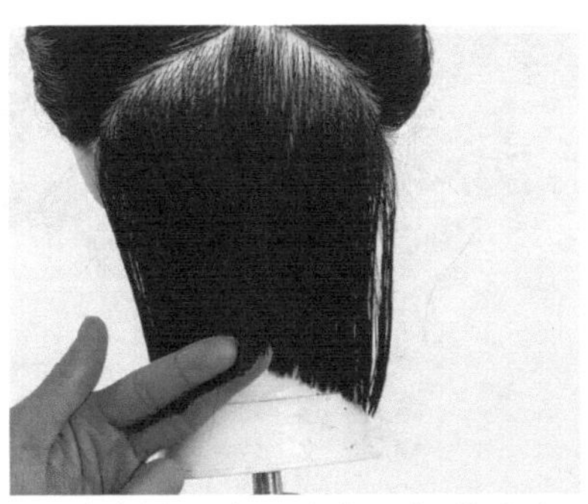

29. 左侧也同样，边向后拉伸头发，边进行剪发操作。

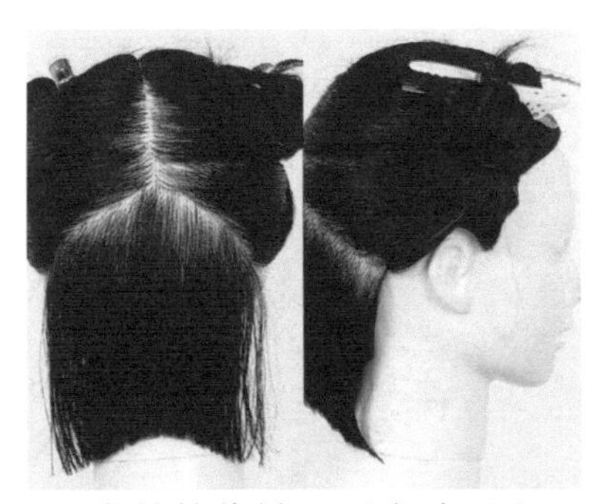

30. 发梢就像被吸引在脖颈上一样，自然地形成一个整体。（图解 42）

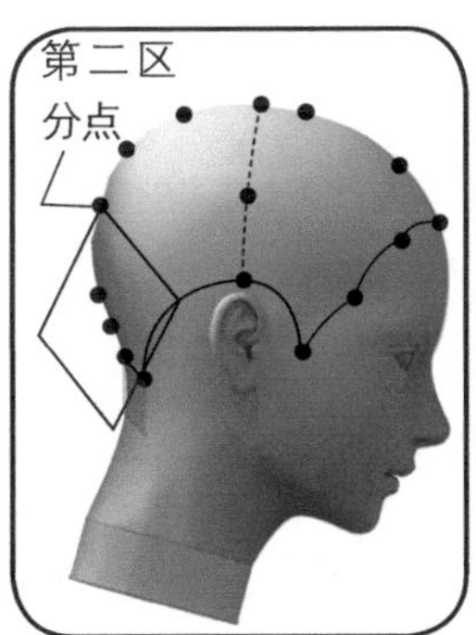

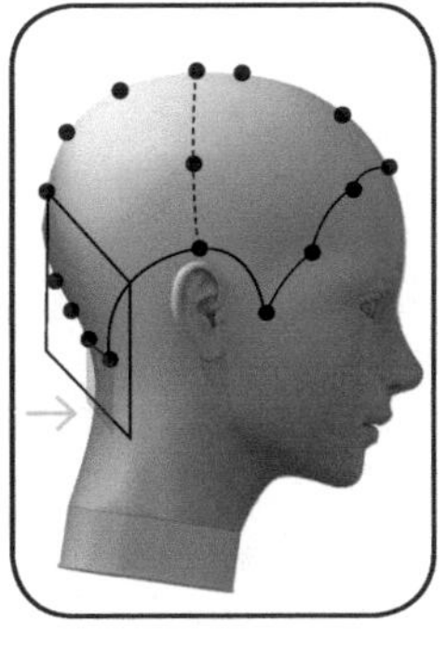

图解 41 为什么会出现坡度

由于要用一根手指插入发片作为标尺来进行操作，而这一根手指的宽度就形成了这个坡度。

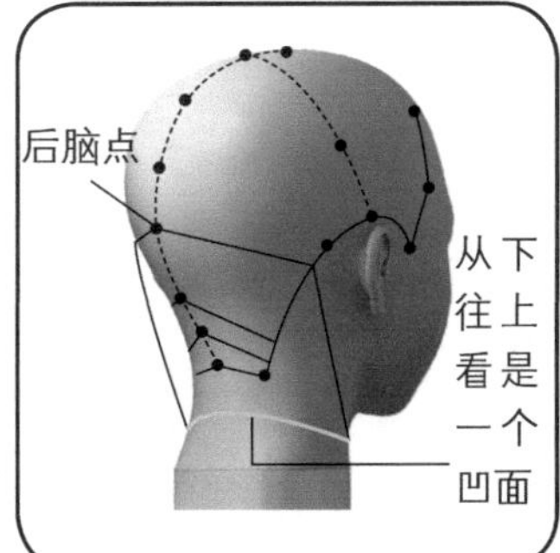

图解 42 什么叫做脖颈的弧线

向前下垂式波波头的魅力就在于可以显示出脖颈的曲线。从后面向两侧，从下向上看，后面的整体轮廓是一个漂亮的凹面。

修剪（去除坡度）

剪发步骤详解：

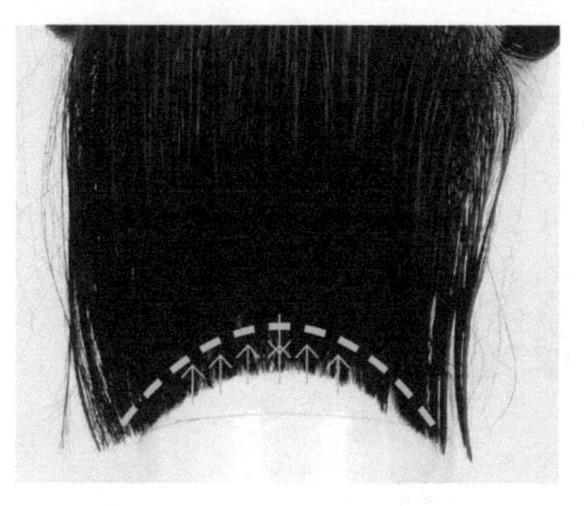

31. 后面的第 1 段是用梳子拉伸发片完成的（步骤 3），而第 2 段和第 3 段是以左手手指插入头发作为标尺完成的（步骤 9、步骤 20），因此就出现了一定的坡度。

32. 现在我们要修整这个坡度。用修整剪子将内侧凸出来的部分全部剪除。

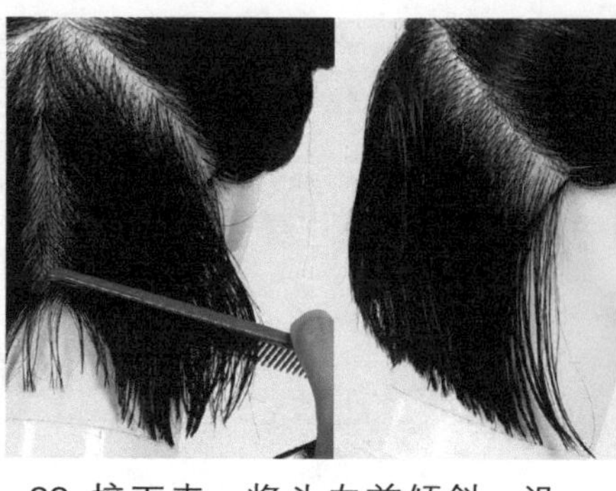

33. 接下来，将头向前倾斜，沿着脖颈梳理出 C 形，这时候会再次发现参差不齐的头发。

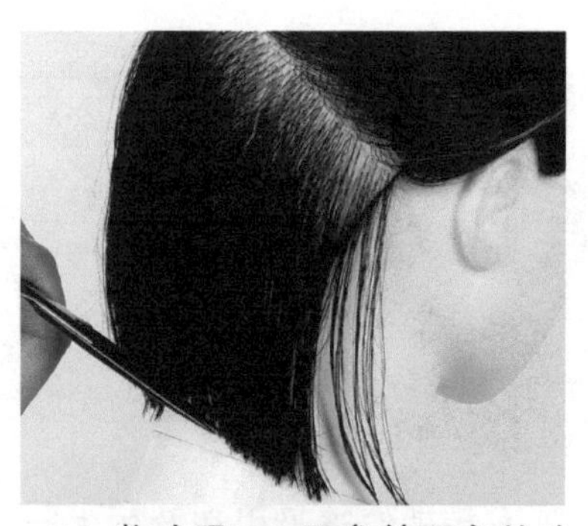

34. 将步骤 33 里参差不齐的头发剪除。注意从后脑点开始一直向右端沿着脖颈的曲线来剪。

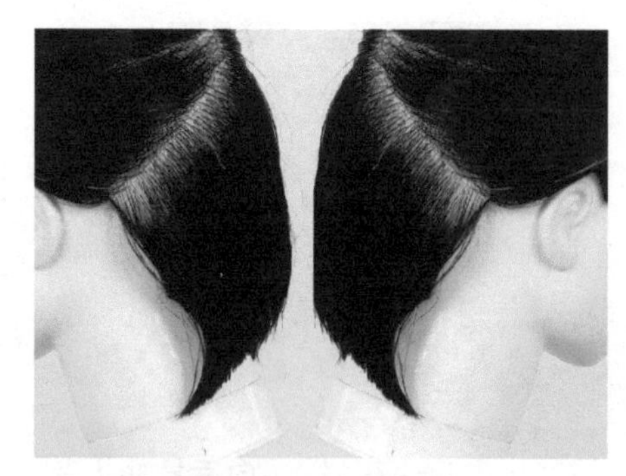

35. 同样修整左侧。

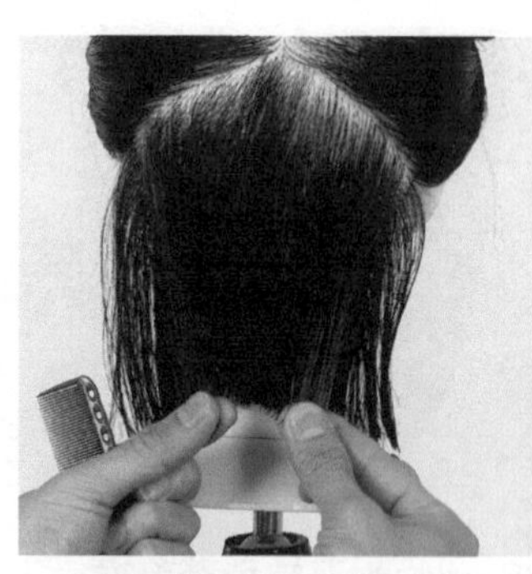

36. 再次确认左右的长短是否相同。

剪后面第 4 段

剪发步骤详解:

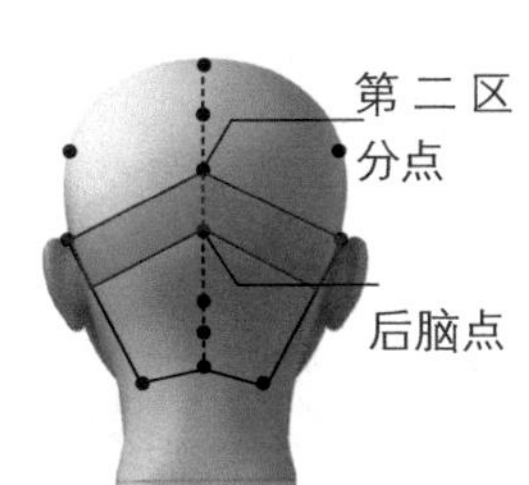

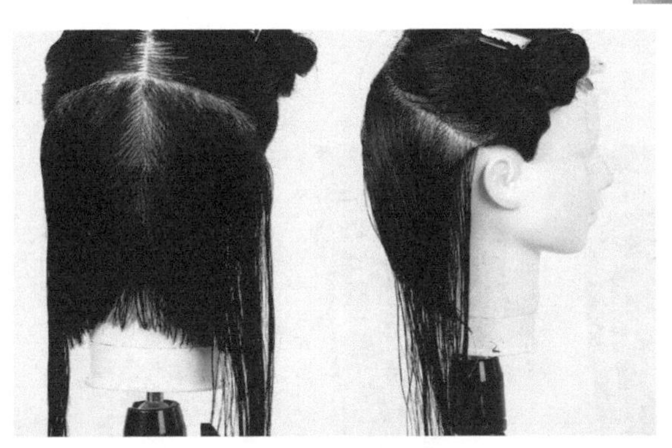

37. 第 4 段的划分从第二区分点开始，与第 3 段平行取发束。

38. 将其分成左右两部分，先进行右侧的操作。同样要分 3 个步骤来做出轮廓。先在自然下垂的位置拉出头发进行剪发操作。

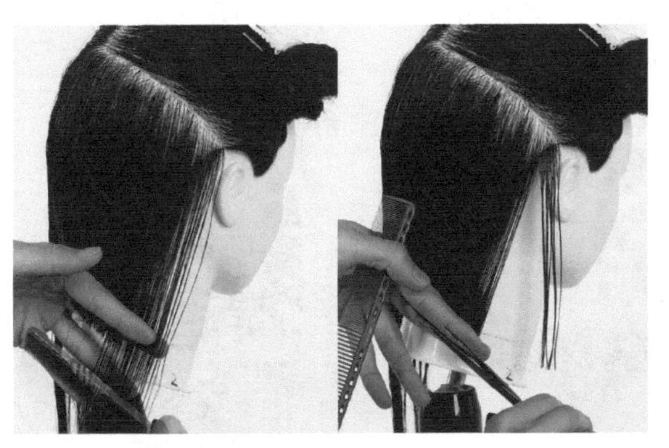

39. 接下来，设想头部向前倾斜的状态，梳理出 C 形，然后修整内侧头发。

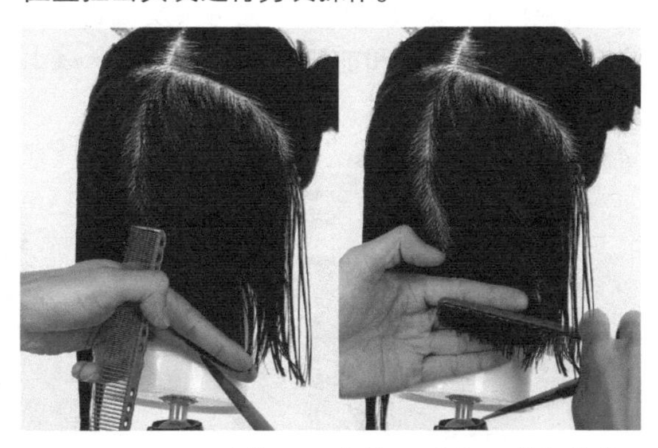

40. 最后，再一次梳通到自然下垂位置进行修整。

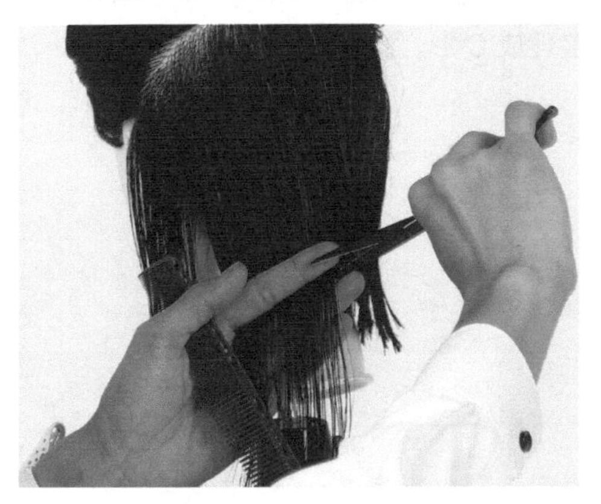

41. 左侧也同样分 3 步进行。

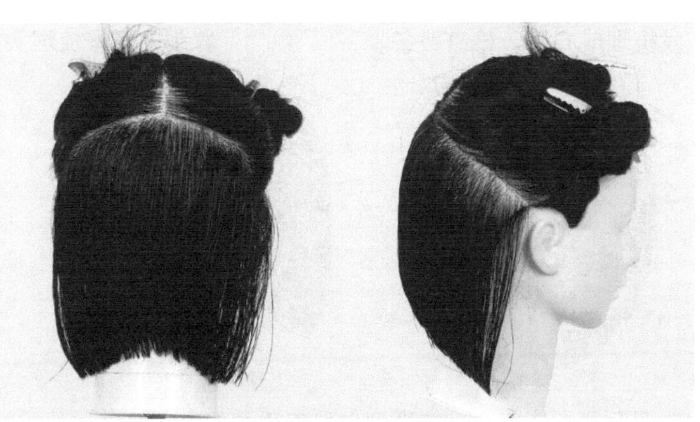

42. 第 4 段完成。

剪第 5 段（后面顺延到侧面）

剪发步骤详解：

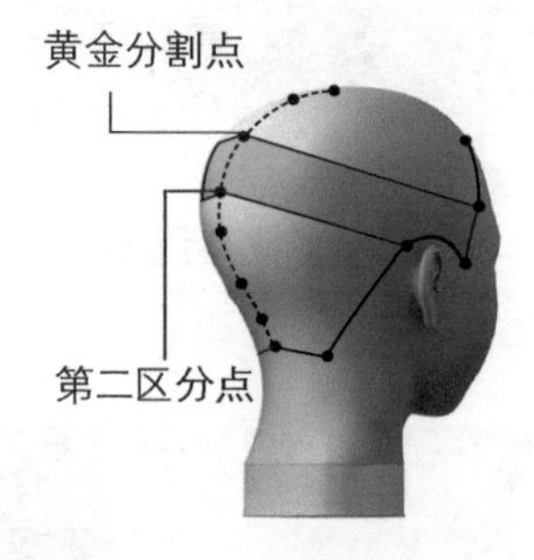

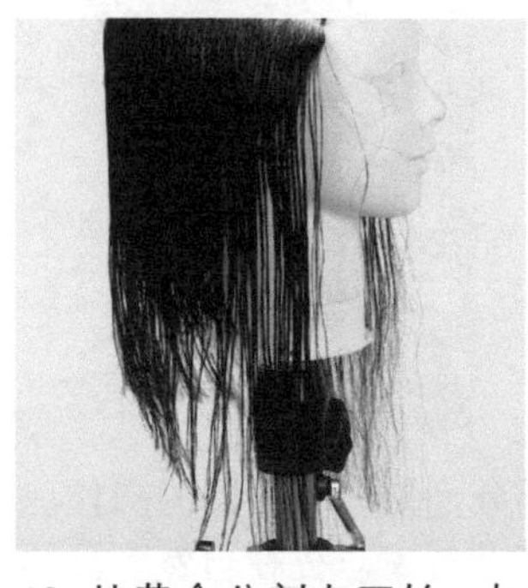

43. 从黄金分割点开始，与第4段保持平行地取发束。这一段包含了后面和前侧的一部分。

44. 首先，在耳后的部分分两次，先将头发梳到自然下垂的状态，在后面的延长线上，修剪前半部分的头发。

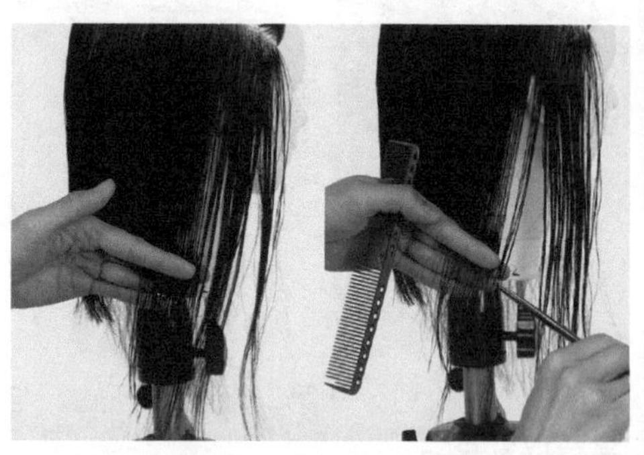

45. 侧面也同样，先将头发梳到自然下垂的位置，然后在后面的延长线上进行剪发操作。

46. 从后面开始向前推进，将头发梳理成 C 形，修整线条。

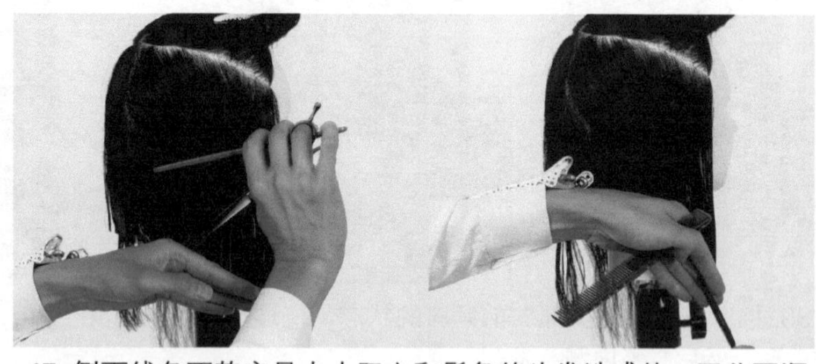

47. 侧面线条不整齐是由太阳穴和鬓角的头发造成的，因此要顺着头皮好好梳理头发，整理成 C 形，修整线条。

48. 最后再一次将头发梳理到自然下垂的位置，修整线条。左侧也做同样操作。

剪第 6 段

剪发步骤详解：

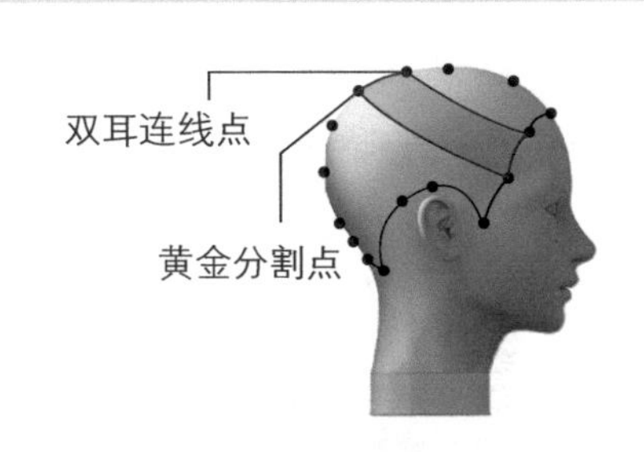

49. 从双耳连线点开始，与第 5 段平行取第 6 段。

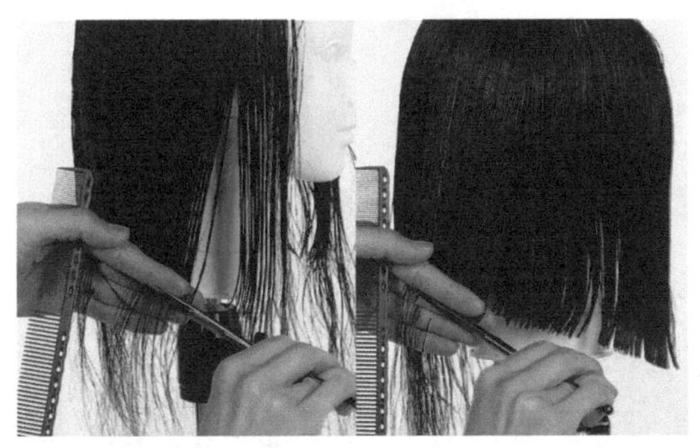

50. 从后往前推进，以第 5 段为基准进行剪发操作。（图解 43）

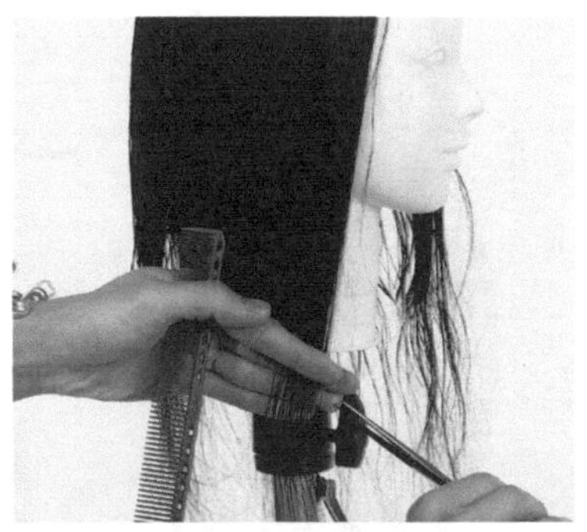

51. 从后往前推进，梳理成 C 形，然后剪去长出来的头发。

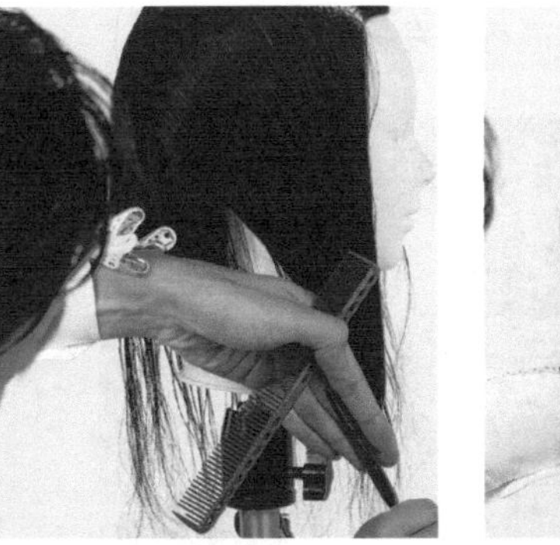

52. 继续向前推进梳理头发。在这里，鬓角和太阳穴附近的头发也会有长出来的部分，边行进边修剪。

53. 最后，再次梳通到自然下垂位置进行修整。

54. 第 6 段完成。

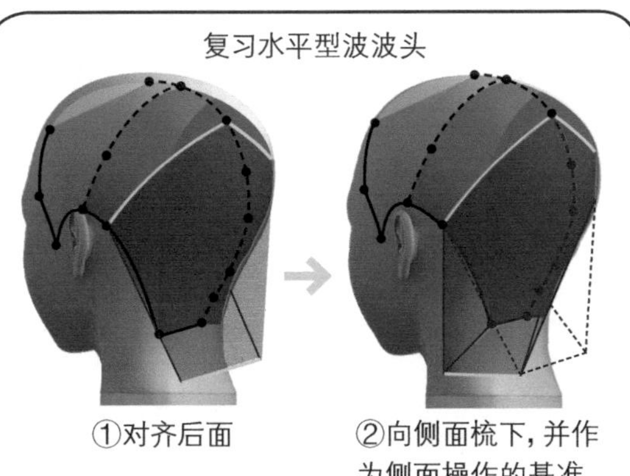

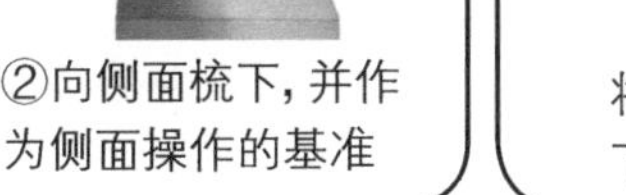

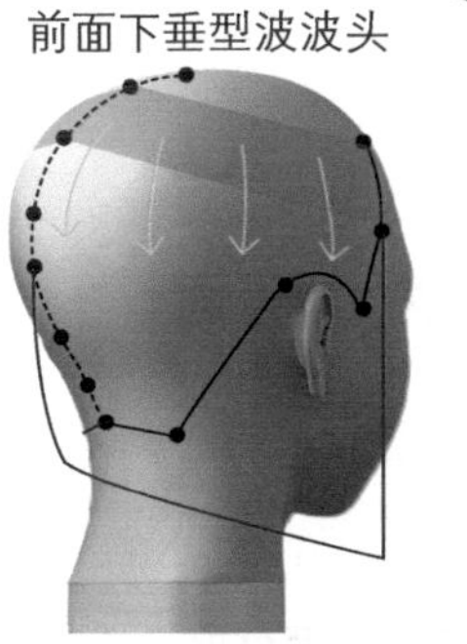

图解 43 侧面的不同操作方法

对于水平型波波头来说：①后侧面的头发要对齐后面的头发；②以后侧头发为基准来剪侧面的头发。而对于前面下垂型波波头来说，剪发操作是从后向前逐次行进的。

剪右侧第 7（侧）~ 8 段（前）

剪发步骤详解：

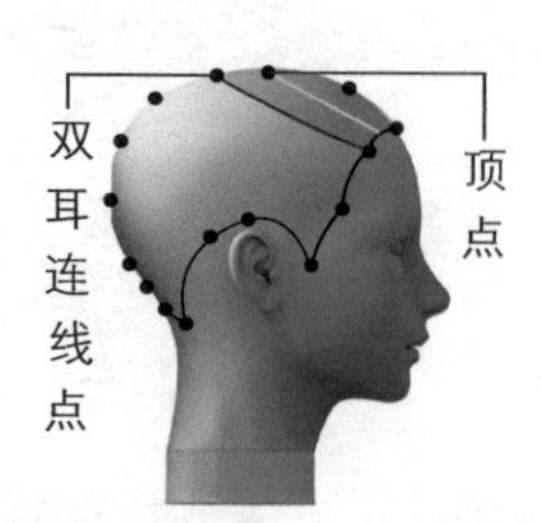

55. 第 7 段从顶点开始，与第 6 段平行分开。

56. 首先梳成放射状，然后从后向前推进，以第 6 段为基准进行剪发操作。

57. 前侧也向侧面梳通，在后面的延长线上进行剪发操作。

58. 第 8 段在中心区域分开。

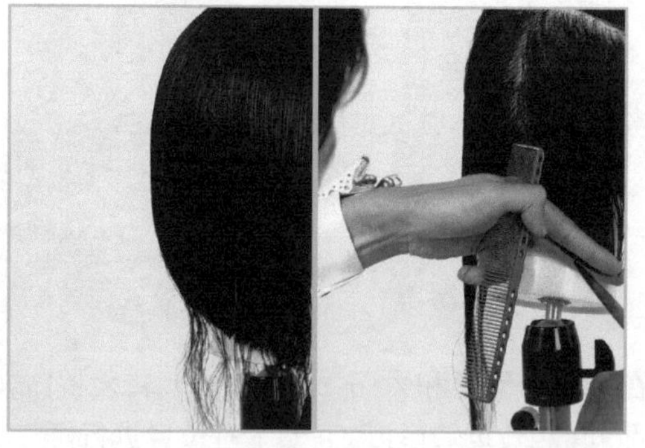

59. 向侧面梳通，进行剪发操作。（图解 44）

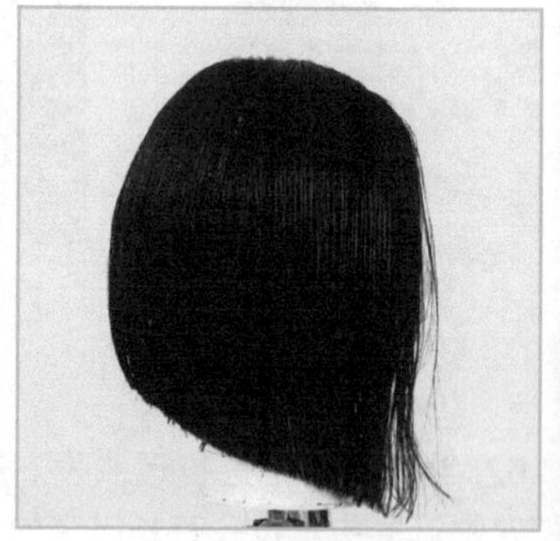

60. 右侧从后到前全部完成。

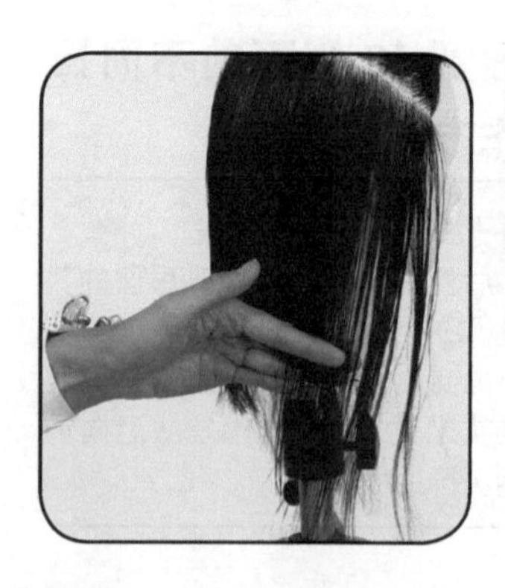

图解 44 前面的头发向侧面梳下

从侧面来看，是垂直向下的，插入手指为标尺，进行剪发操作。

剪左侧第 6 ~ 8 段

剪发步骤详解：

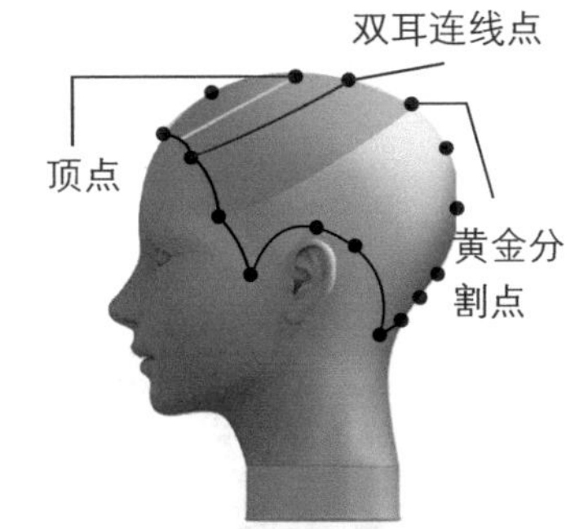

61. 和右侧相同，左侧第 6 段从双耳连线点开始，与第 5 段平行取发。首先将头发梳理到自然下垂的位置。

62. 同样向前行进，梳理成 C 形后进行修整。然后继续向前方推进修剪。

63. 修理鬓角和太阳穴处的头发。

64. 第 7 段由顶点分开，梳理成放射状，然后让头发落到自然下垂的位置。

65. 第 8 段（前面）在中心区域分开，向侧面梳理后进行剪发操作。

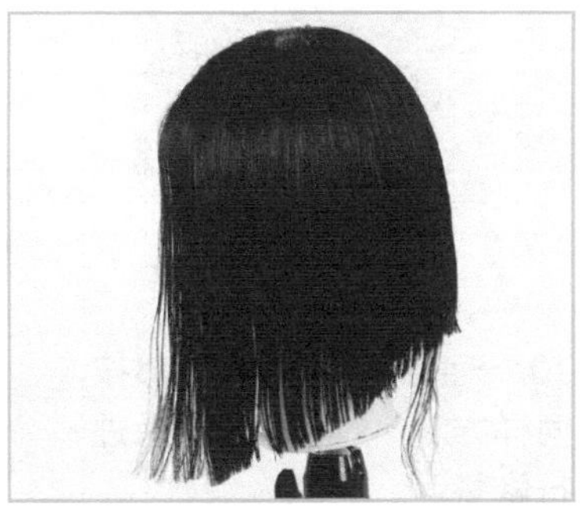

66. 左侧从后到前也全部完成。

拓展视频

扫一扫，观看剪发拓展案例完整视频

修整

剪发步骤详解：

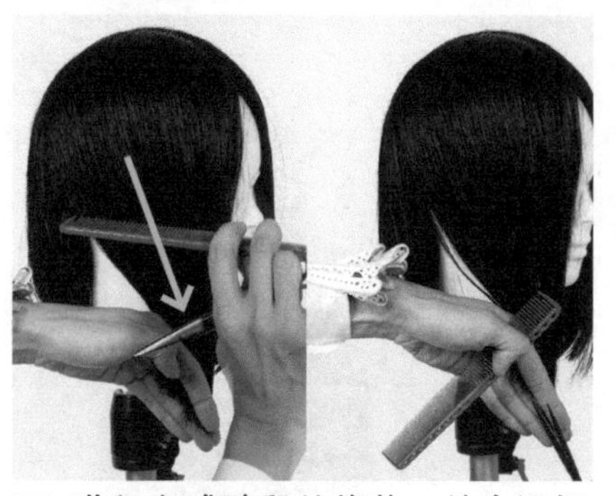

67. 进行完成阶段的修整。首先设想头发向前方活动的状况，将头发整体向前方梳通后进行修整。

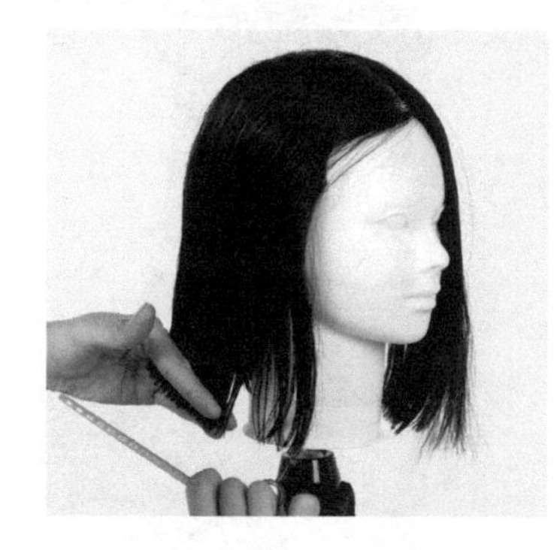

68. 一直到最前面为止都同样，向前方梳通后进行修整。

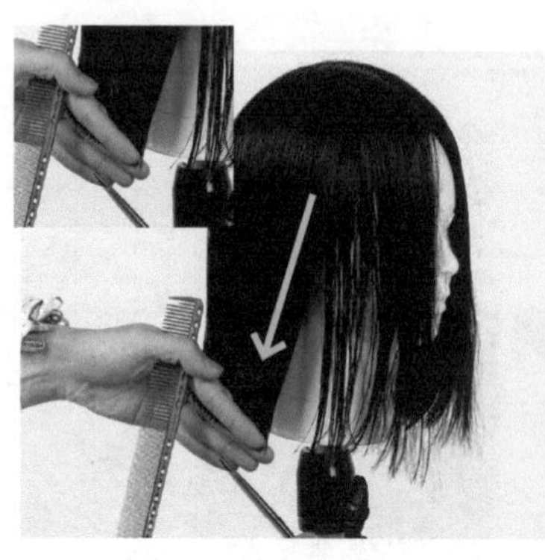

69. 接下来，设想头发向后方活动的状况，将头发整体向后方梳通后进行修整。

70. 一直到最后面为止都按同样方法，向后方梳通后进行修整。

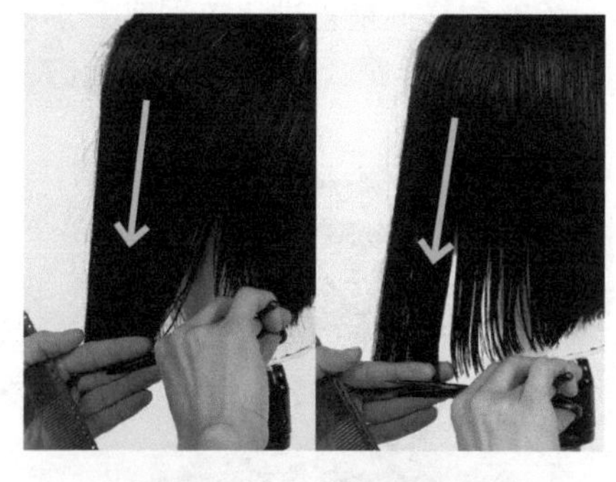

71. 左侧也同样，按照前面的步骤，将后方的头发按顺序梳通后进行修整。

72. 最后在发旋的附近，将整个头发向正后方梳理，在后脑中心部位再进行一次有针对性的修整。

73. 湿发状态下的剪发已经完成。那么让我们看一看头发干透之后的效果吧。

完成

剪发步骤详解：

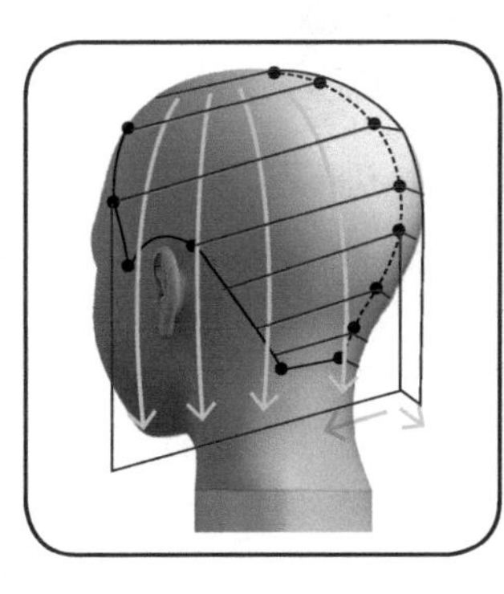

掌握线条的倾斜度

由于是前面下垂式波波头，因此和水平式的步骤方法在整体上有所不同。

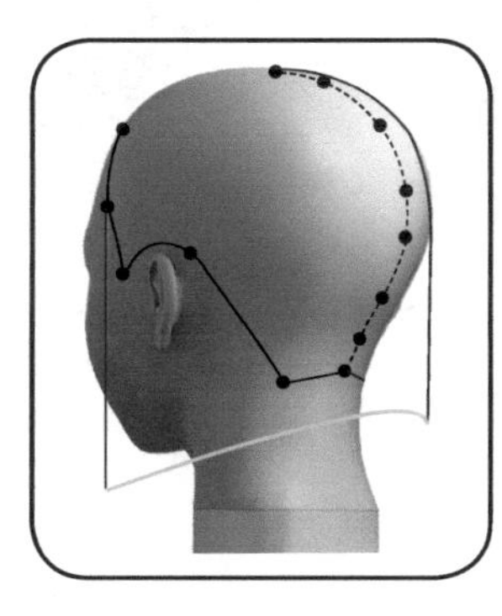

左右剪齐

不是先从后面取平板状进行操作，而是左右分开，从后向前逐一进行操作。是否实现了左右对称的效果。

第二部分 吹发

吹发是对头发进行造型的重要步骤，头发不同的长短，或者不同的发型，在吹风时的操作要领都不一样。本章内容中，除了介绍吹发的基本动作和基本技术外，还根据不同的发型，介绍相关发型的吹发方法，吹出不同的风格，非常实用。

第 4 章 吹发的基本知识

4.1 发区的划分

通过了解与头型相关的特征，以及头部不同区域毛发的数量。

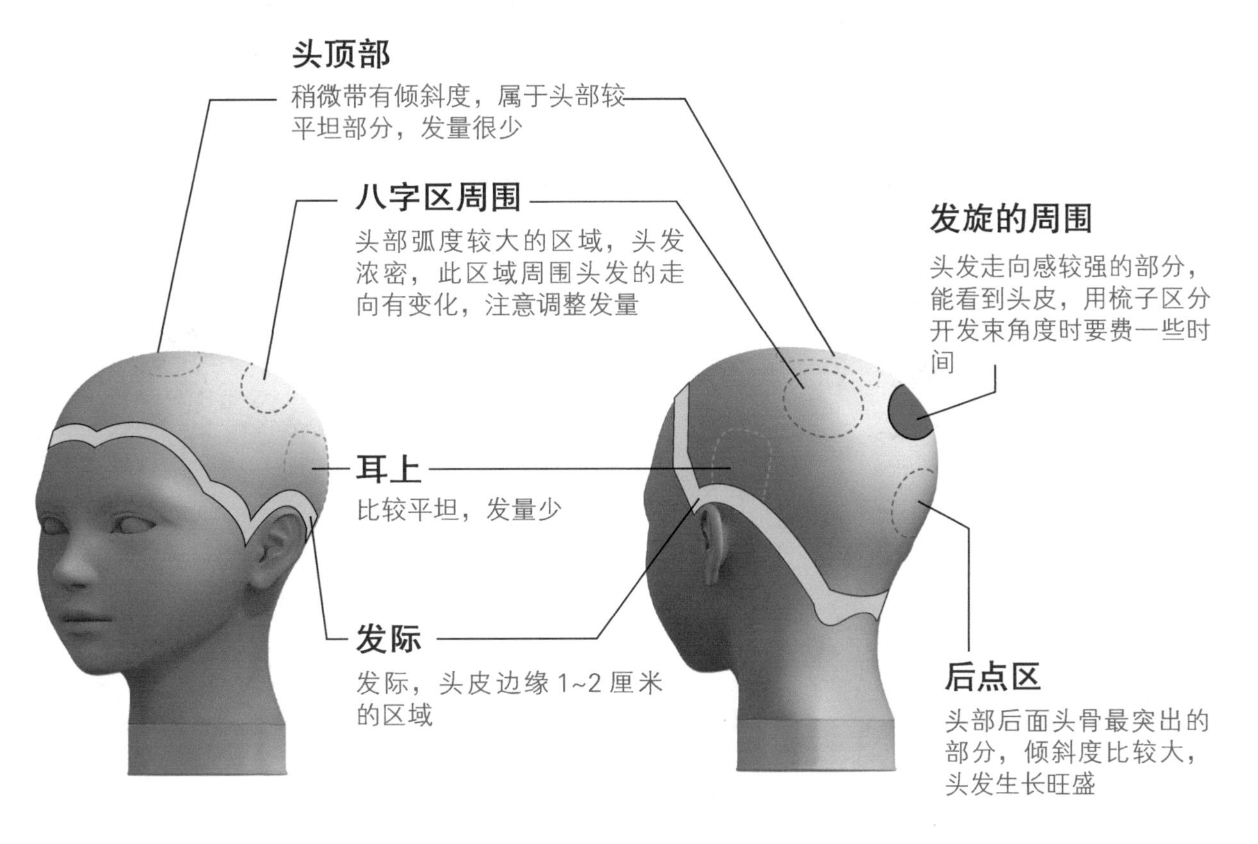

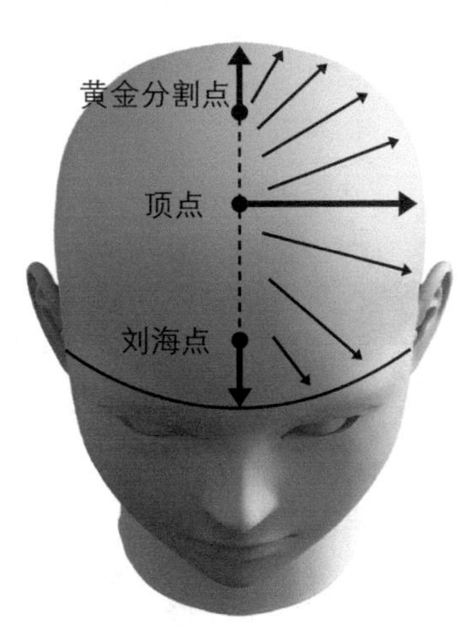

自然双肩状态

自然状态，顾名思义就是指头发自然下垂的状态。人类的头部是圆形的，伴随着头部倾斜的角度，头发自然下落的位置也是既定的。在吹发前要了解自然状态下头发的状况和位置，这样吹发才能和剪发准确地配合起来。

4.2 发型师的姿势和重心移动

吹发时，身体要配合梳子梳理的方向，一边移动一边梳理。握着梳子的手，从手到肘部都要伸展开，胳膊不要夹紧。总体上，持梳子的姿态要缓和，两个手腕的感觉像是在画圆圈一样。

身体重心向前 发根

手臂角度大

身体重心稍稍后移 发中

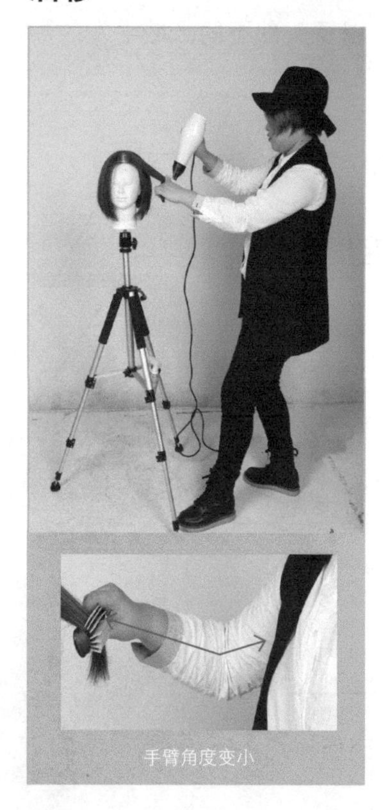

手臂角度变小

身体重心移向最后方 发梢

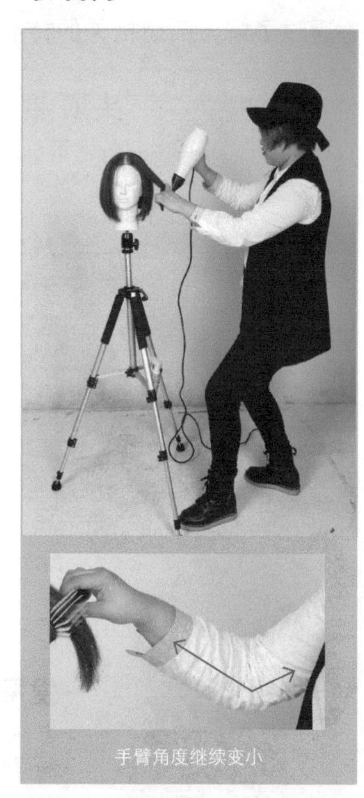

手臂角度继续变小

错误姿势

如右边图1中，吹发者站姿过于笔直，紧闭手臂；图2中，吹发者呈半蹲姿势，只靠手来操作吹发，下半身不动。这两种姿势都不能很好地移动重心。还有图3、图4，如果手腕到手肘不全部张开的话，便无法让梳子彻底进入到发根部分，梳理不出从发根到发梢的层次。

4.3 吹发的两种手法

根据发片延伸出来的角度和吹发者站立的位置，将吹发手法划分为偏侧吹发和平行吹发。

偏侧吹发

吹发者站在要吹风的发片后 45° 的地方，和拿梳子的手同侧的脚，脚尖向外站立。后面我们也将其简称为“斜吹”。

平行吹发

平行吹发，是指吹发者正对要吹的头发站立，身体和发片的发根部分保持平行。

身体左右移动时，上半身的移动很重要

吹发时，如果吹发者距离头发过近，站得过于笔直，而上身蜷缩着，上身是没办法左右自如移动的。

侧面吹发时，伴随着梳子从发根到发梢的移动，上半身逐渐向一侧倾斜。

身体上下移动时，膝盖的活动很重要

如果双脚只向左右两边横着张开是无法让身体前后移动的，吹出的头发也难以形成均一的层次。

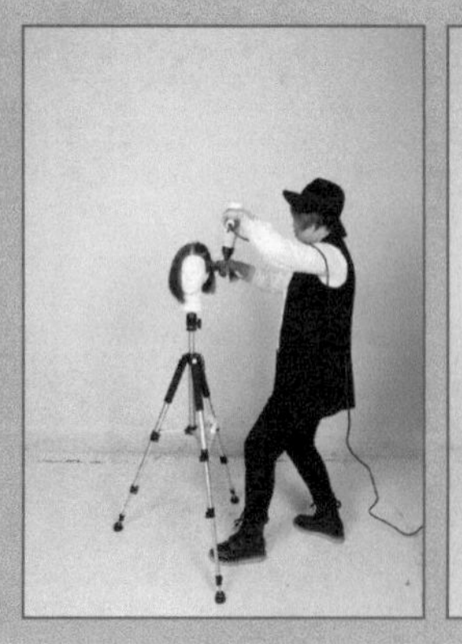

发片上下重叠时用平行吹发，这时膝盖的上下移动很重要。越接近表层的发片，膝盖就越伸展。

4.4 吹发道具及使用方法

九排梳
可以让发中到发梢营造蓬松感。

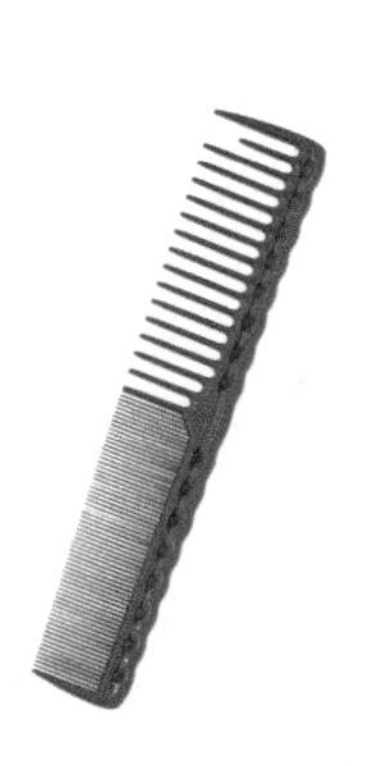

疏密两用梳
用毛巾擦干头发后，用齿间距离较大的一头梳理头发。齿梳较密的一头可用来区分发片。

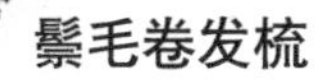

鬃毛卷发梳
鬃毛卷发梳梳齿底部的橡胶部分可以保持吹风的温度，可以给头发增添光泽度。

中号卷发梳
可使做出的头发有张力，有光泽度，有弧度。

大号卷发梳
能最大限度地满足所选取的头发的长度。

毛巾
洗头后，用来擦干头发。

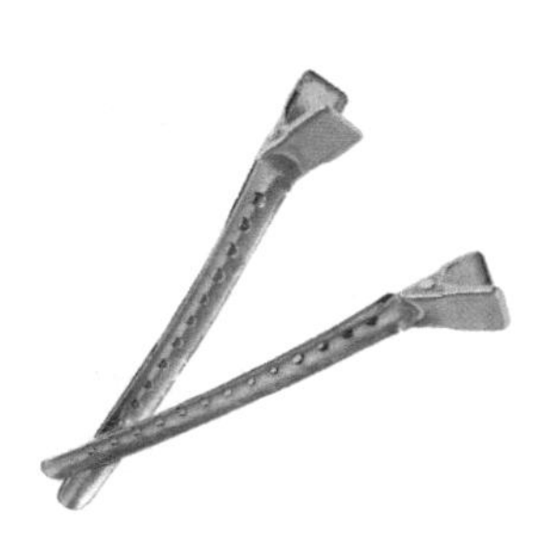

发夹
手动吹干后，用来固定卷起来的头发。

骨梳
吹发完成时使用，用于整体整理头发表面。

本书基础造型只会用到九排梳、疏密两用梳、中号卷发梳、大号卷发梳和骨梳。

握梳子的方法

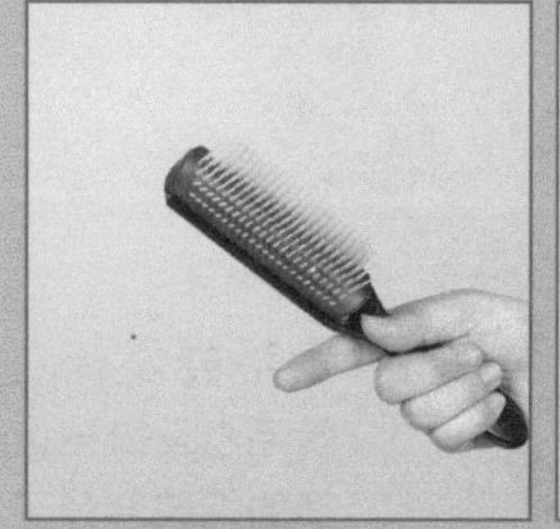

1. 用小指、无名指和中指夹住从梳子手柄的下端。

2. 用食指和拇指固定住手柄的上端。

3. 保持步骤1和步骤2的状态，翻转手腕。

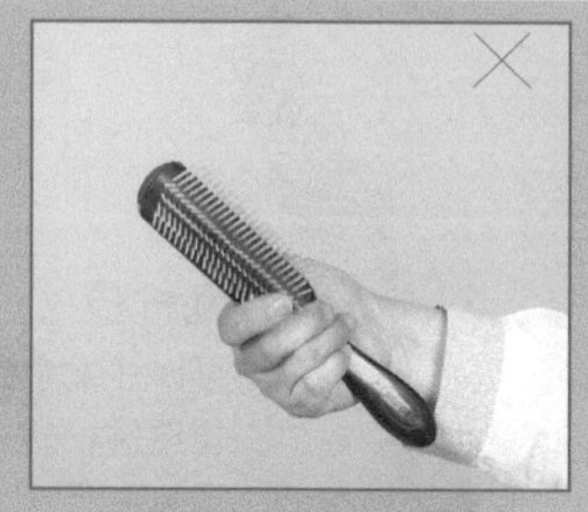

4. 如果握梳子的方法不正确，手腕的回转就不灵活，如果用上图中所展示的方法握梳子，梳子缠在头发上。

吹风机的角度

如果梳子的方向改变了，吹风机要在该处吹出梳子改变的角度，对于要形成层次的发片，吹风机通常和发片保持45° 的倾斜角度。

发束如果和吹风成直角角度的话，就会被风吹散，吹向多个方向。

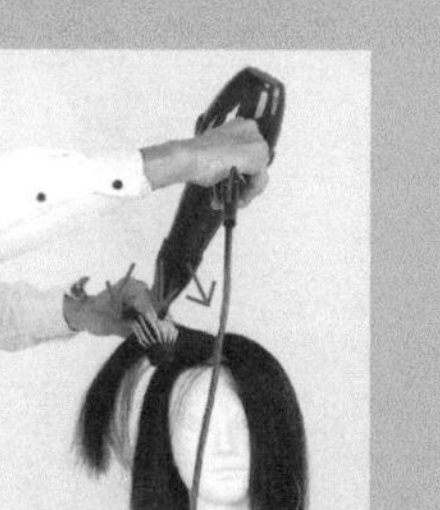

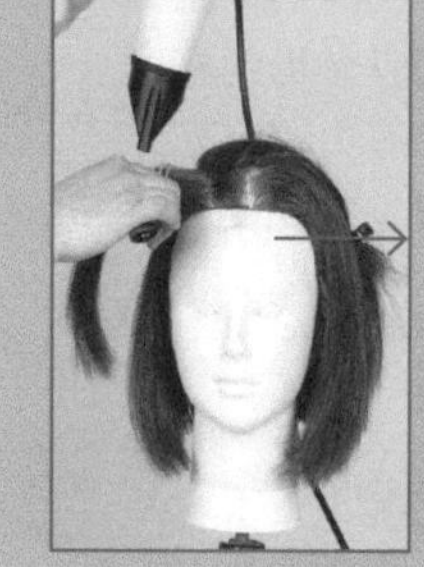

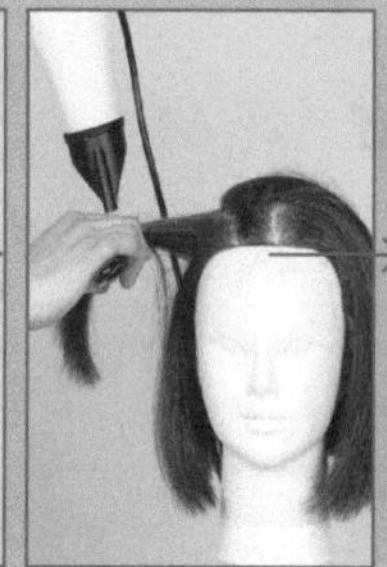

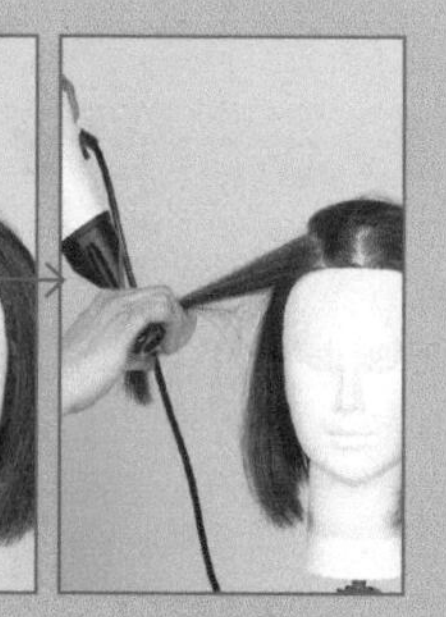

梳子在薄发片上的应用

梳子梳薄发片时一定要与发片保持平行。如果不能保持平行的话，会对上下头发形成疏漏，不能形成均一的层次。

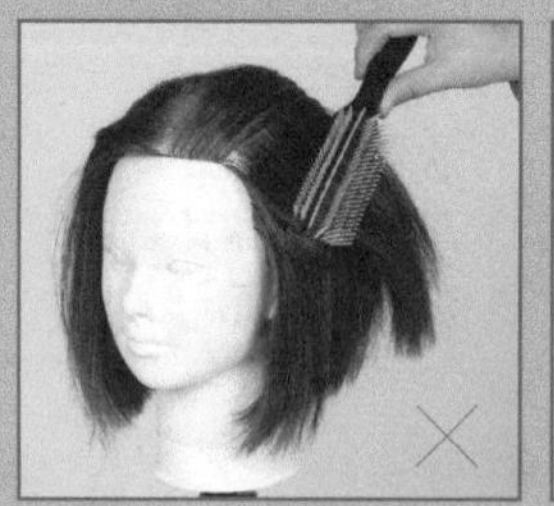

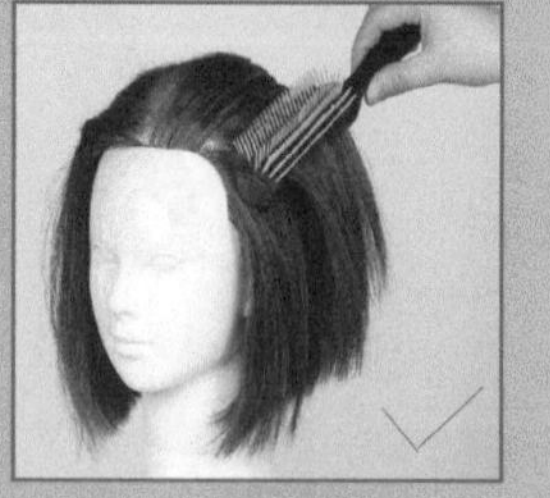

发片的厚度和梳子的宽度要符合

发片的厚度要符合梳子的宽度，太厚和太薄都不行。否则发片表面和内部受热不均匀，发片表面也会不平滑。

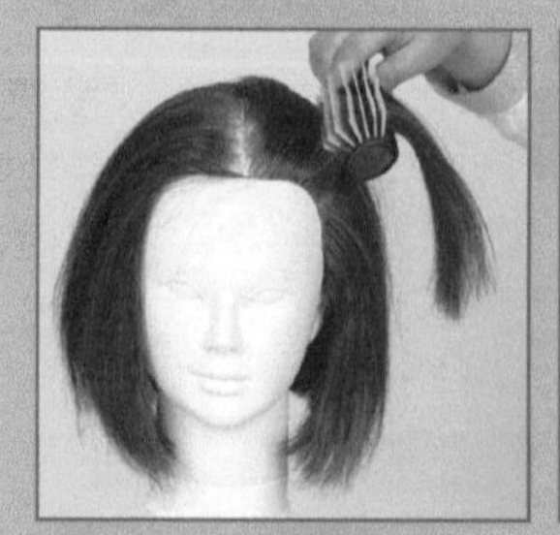

九排梳

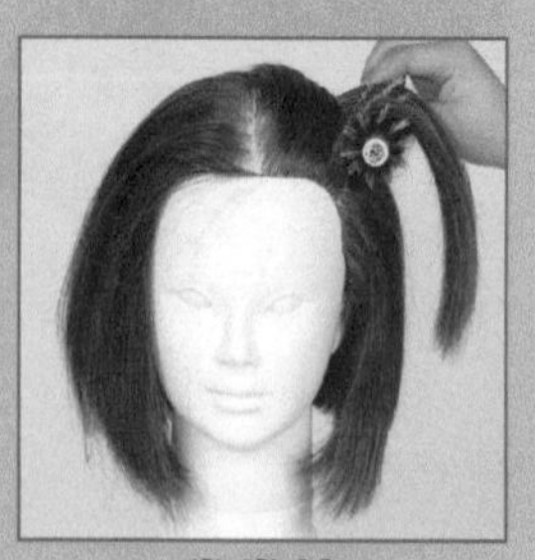

卷发梳

梳子不同，吹发的效果也不同

在吹发手法相同的前提下，使用不同类别的梳子，吹发的结果区别很大。下面来看看使用九排梳、鬃毛卷发梳、卷发梳这3种梳子，吹发的效果有什么不同。

九排梳

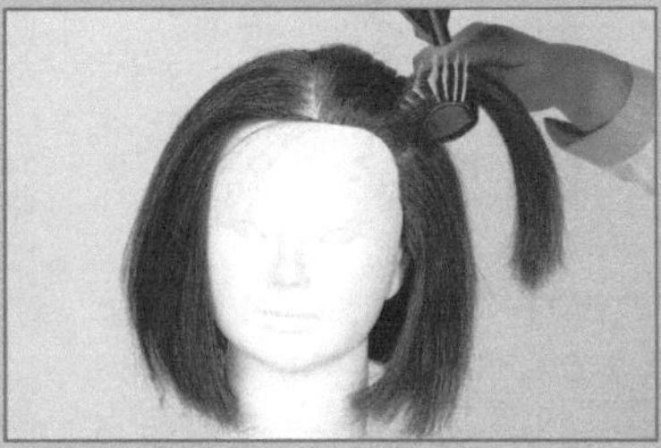

先将耳朵附近的发片吹干（其他两种梳子也同样）。将九排梳插入发根，按照一定方向一边拉出发片，一边用吹风机吹风。

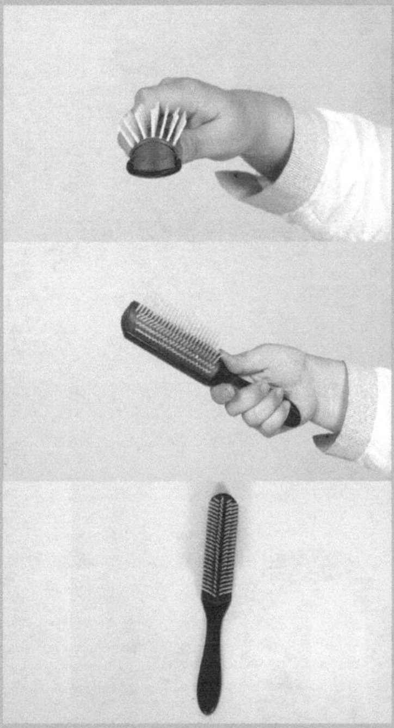

鬃毛卷发梳

将鬃毛卷发梳插入发根，按一定方向一边卷出发片，一边用吹风机吹风。

卷发梳

将卷发梳插入发根，按一定方向一边卷出发片，一边用吹风机吹风。

用九排梳将头发向身边拉伸，吹中间部分。

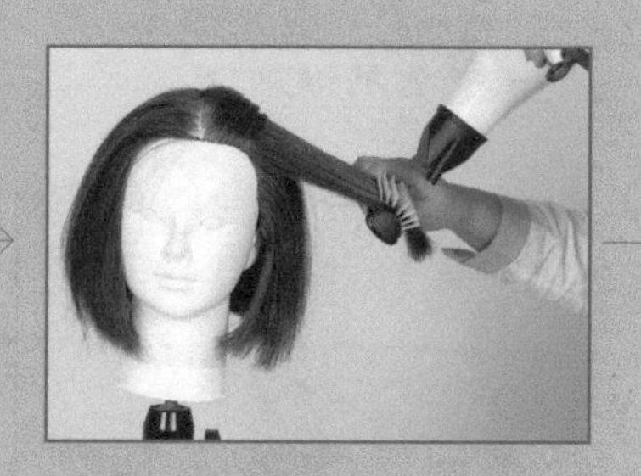

一直吹到发梢为止，吹出层次。

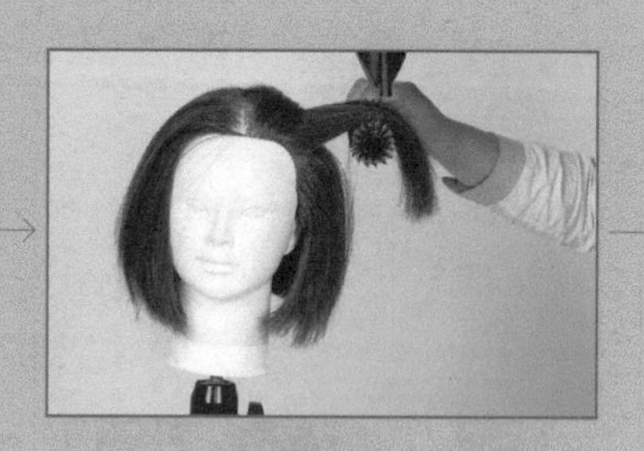

从头发自然的下落的位置，慢慢松开梳子，吹的时候，吹风机和梳子之间保持一定距离。

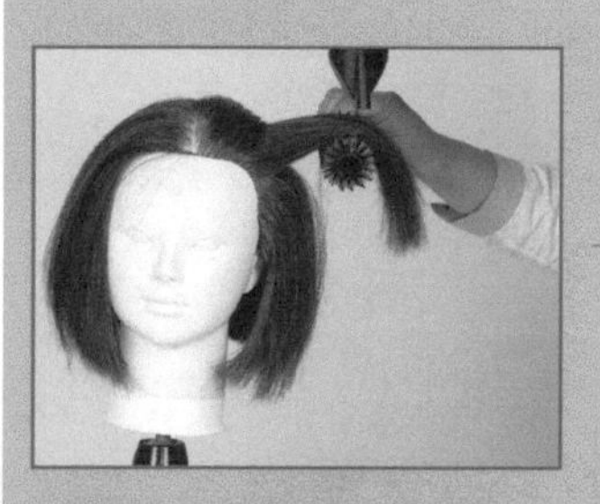

用鬃毛卷发梳将头发向身边拉伸，吹中间部分。

向发梢方向边吹边拉伸。

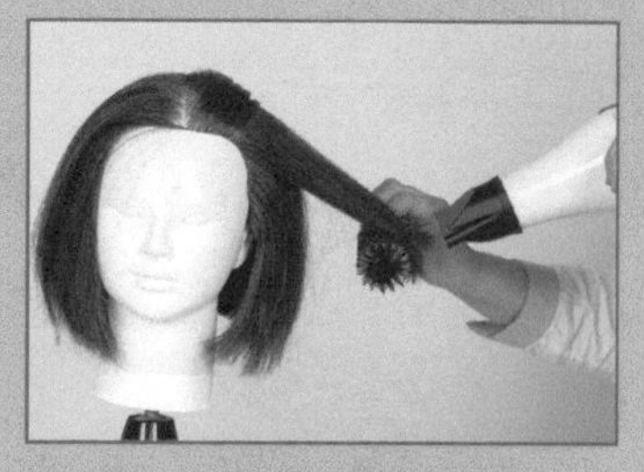

最后从发梢开始慢慢松开梳子。

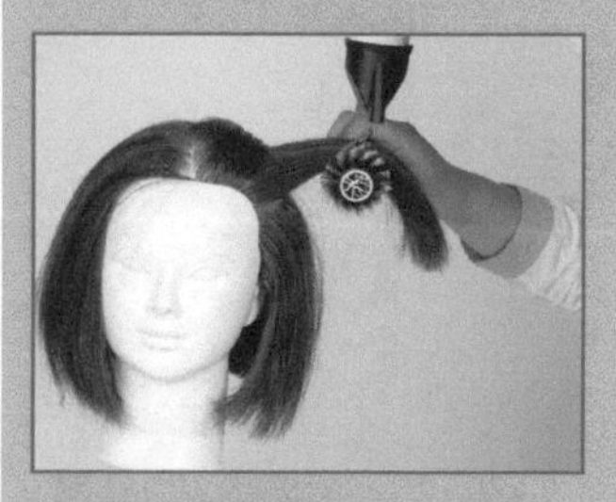

用卷发梳将头发向身边拉伸，吹中间部分。

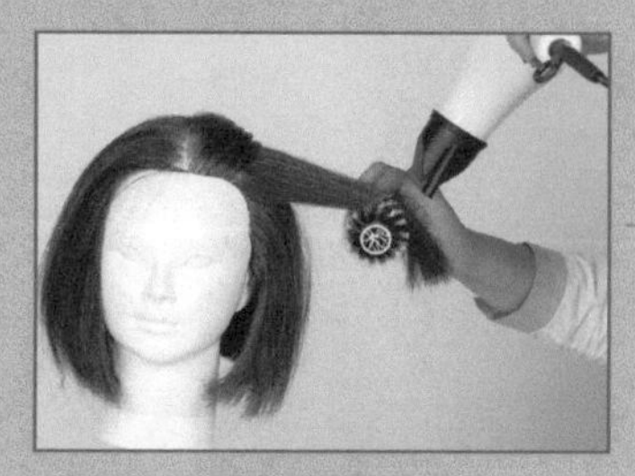

向发梢方向边吹边拉伸。

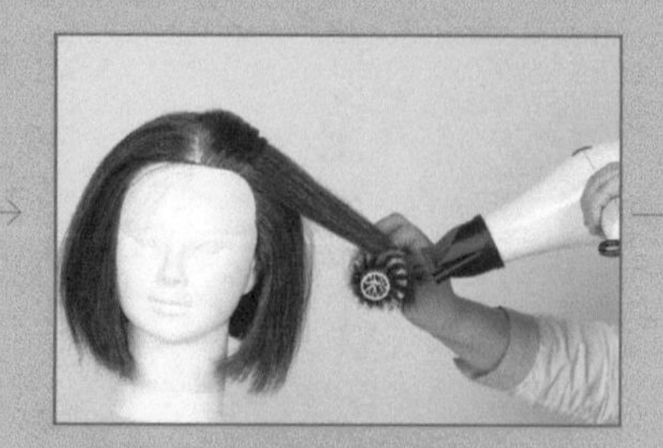

吹出层次，至发梢慢慢松开梳子。卷发梳容易挂到下面层次的头发，要注意避免挂到下面的头发。

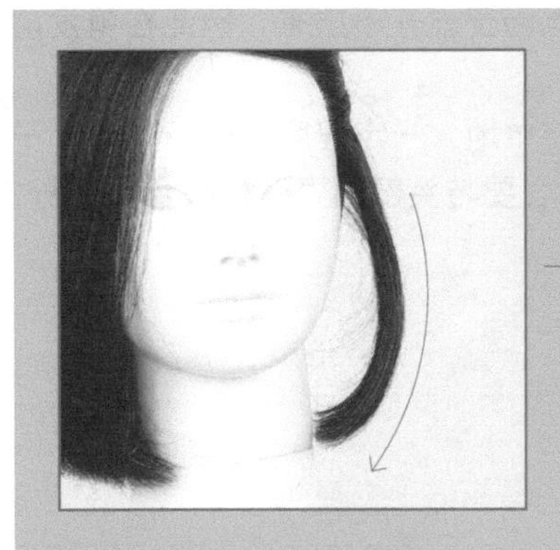

发梢靠里的地方用梳子梳成弧形

发梢稍微向内卷曲的“L”形，发片的发根至发中是直线的感觉，发中至发梢形成自然的“L”形状。

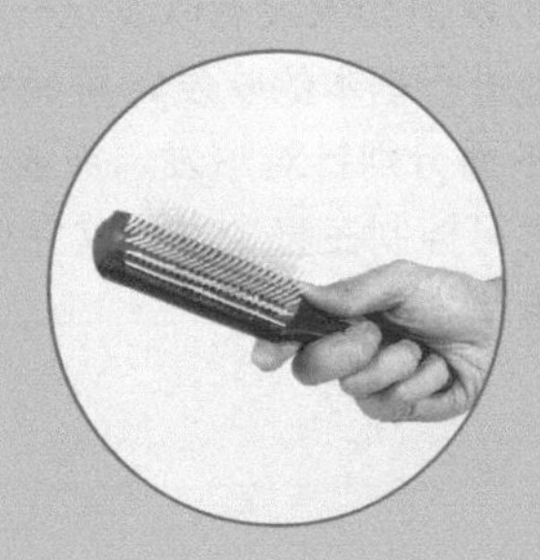

九排梳

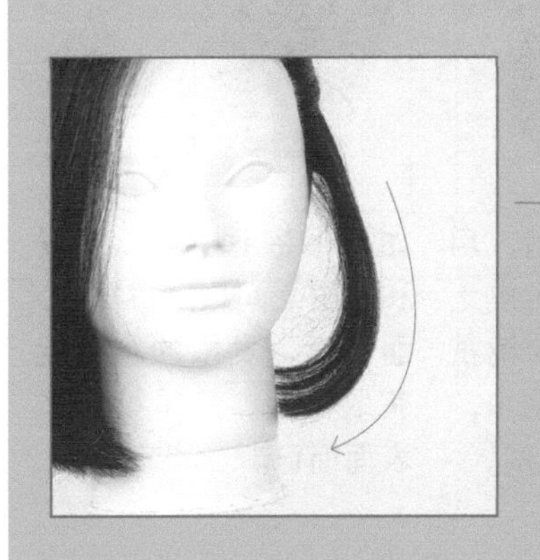

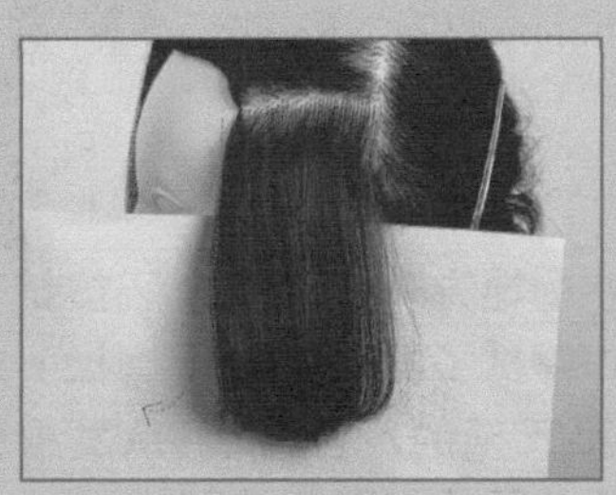

蓬松的平缓的弧形

中间开始到发梢，在更靠内侧的地方，开始使用梳子。这样有弧度，而且增加了表面的光滑度。

鬃毛卷发梳

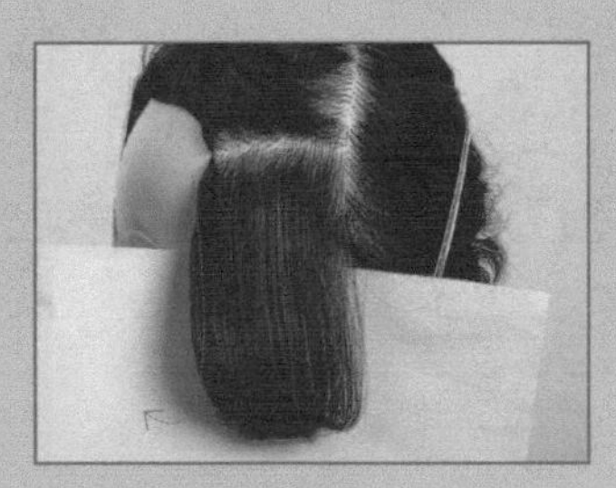

弧度较强的卷发

发片从中间至发梢的弯度最强，发束整体都带有弧度。还有，发束的内侧里面的弯度也最大。

卷发梳

4.5 不同发型的吹发练习

剪发前如果没有吹发这一步，发型左右均等的形状和层次差异等重点因素都开不出来，因此在剪发前适当地进行基本的吹发，可能会使剪发变得更加梳理。

下面分别针对短发、波波头（同一长度）、长发进行吹发练习。先简单地、一定程度上进行吹干，干湿程度可控制在整个发型吹完时头发正好全干为好。抚摸人的头部的时候，要与头部的弧度相吻合来进行，这是最基本的。

快速用毛巾擦干多余水分

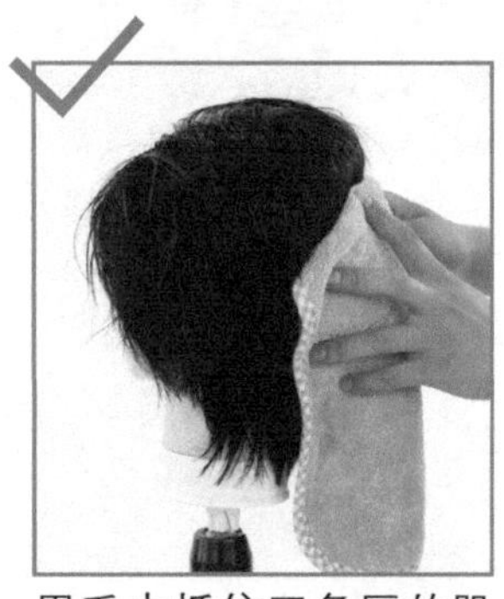

用毛巾抵住三角区的肌肤，将头发向上归拢，擦拭容易滴水的三角区和脸部周围的水汽。

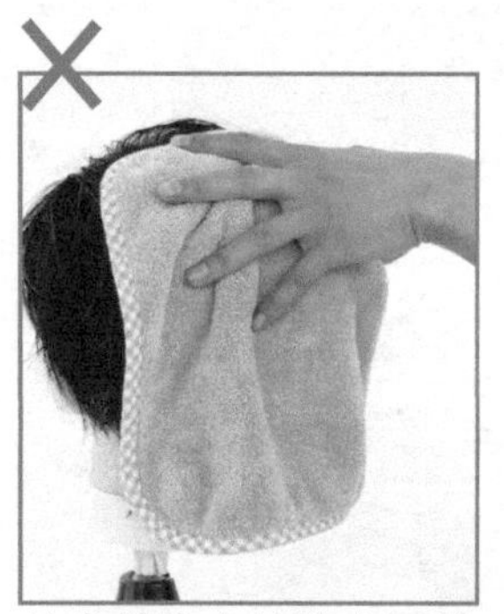

从发梢滴水的地方开始，只是用毛巾擦拭了发梢，这样做是不正确的，首先要擦拭三角区的水汽。

三角区擦拭了以后，用毛巾擦拭头发和头皮之间，从发根处开始擦拭水汽。一边移动毛巾，一边快速地整体擦拭。

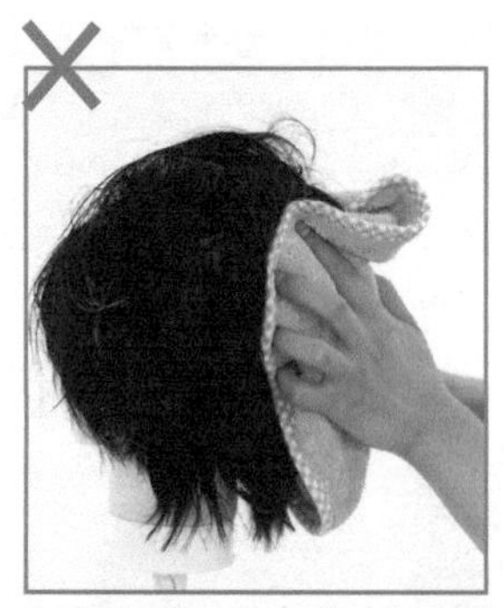

如果不将毛巾擦拭头发和头皮之间只是擦拭表面的话，发根的水分就获取不到，只是擦干了表面而已。

短发吹干练习

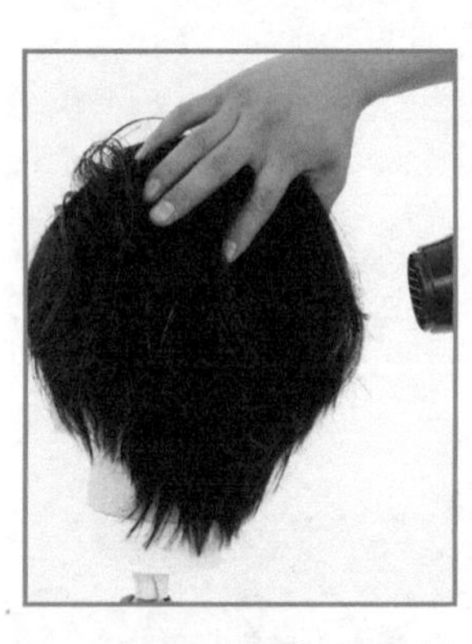

从三角区的发根处开始加热，吹风的热以发根为中心向前吹。用手牵住头发使它们吹干。

取左侧发区第一个发片，梳子和发片的分界线平行，用吹风机抵住发根处进行热吹。

梳子运行的轨迹就像画一个逆向的 C 一样，最后将梳子压着鬓角拔出来。

和发片分界线平行插入梳子，使发根立起来。

一边留意头部的弧度，一边像画一个小型的圆形一样向下梳理，直到拔出刷子。用吹风机的热风抵住刷子表面从上往下吹。

向上推进取发片，一直到顶点为止，也同样和头部弧度相吻合，相对头皮是90° 拉伸发片，形成各种各样的向内卷曲并且继续吹风。

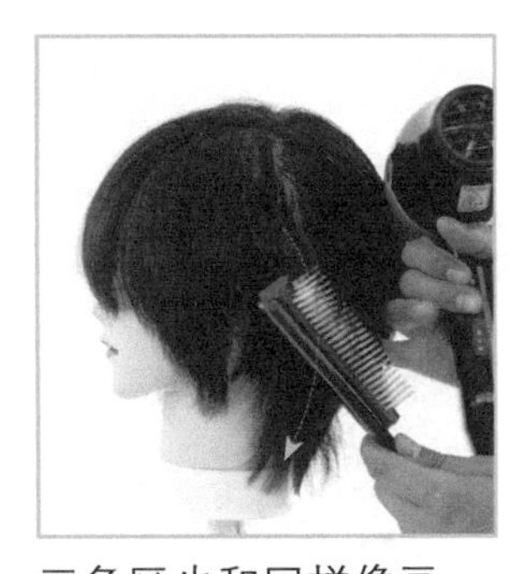

三角区也和同样像画一个逆向的 C 弧度一样，一边压住三角区吹风，一直到最后吹完拔出梳子。

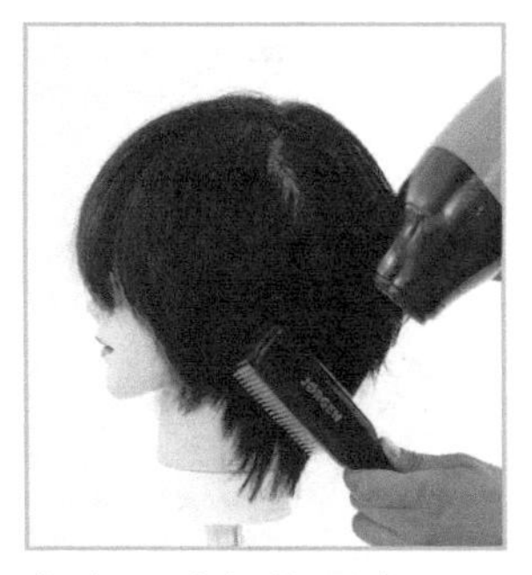

考虑到头部的弧度，耳朵后面的位置，开始渐渐地将各发片的发根立起来吹，内卷，形成有发量的感觉。

一直到顶点位置，都是竖起各个发片的发根处，内卷形成发量的感觉。右侧也和左侧一样进行吹发。

前面的第一个发片，发根立起以后，将发梢朝着想要延伸的方向，像画一个 C 卷一样向内继续卷曲。

第二个发片也进行同样的内卷操作。

前面顶点处的头发，在注意头部弧度的前提下，垂直于头皮向上提拉，进行内卷吹发。

由于刘海不想有明显的分界线，所以用梳子取左右过渡区的头发，向前进行内卷吹发。

然后梳子的一端从顶点开始划分发片，从发片的内侧开始插入刷子，向上提起。

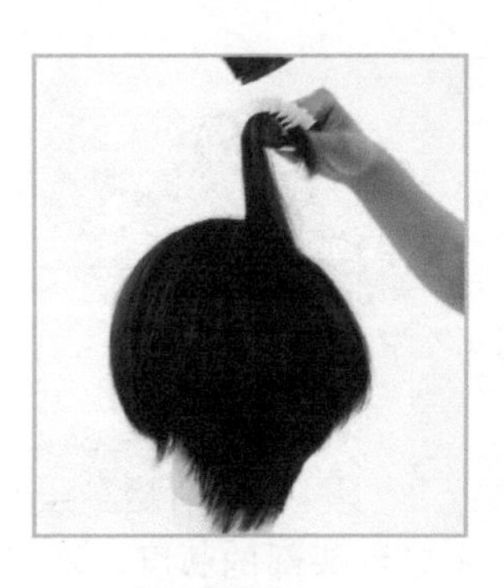

像画圆一样从发根开始竖起，卷曲吹发，形成发量。

一直到头发自然下落的位置为止，梳子向下，进行内卷吹发。用同样的步骤，从顶发区至颈部颈窝下面为止，进行融合吹发。

前面的头发分成两个部分，第一部分考虑到头部弧度以及想要的头发走向而移动梳子吹发。

第二部分在部分分界线上开始，向想要形成头发走向的方向移动梳子吹发。

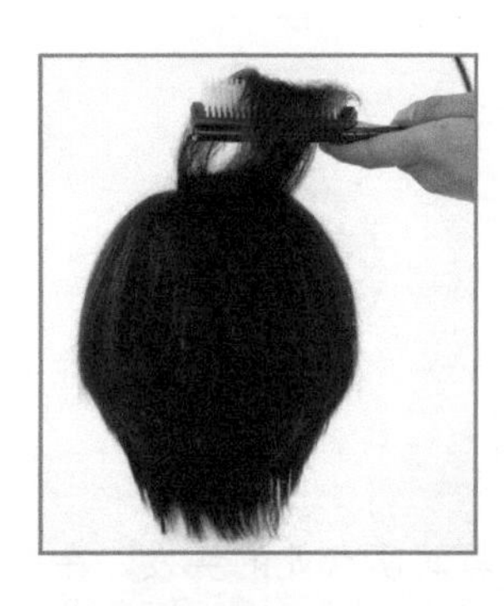

像要跨越分界线一样，与头部的弧度相吻合，一边树起发根，一边向想要形成的头发走向移动刷子。

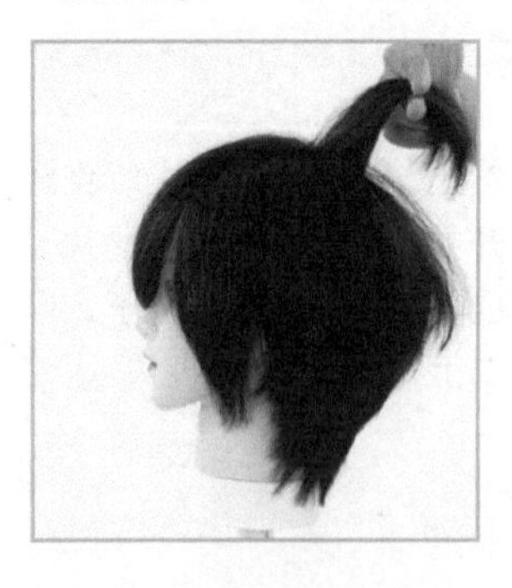

用手给整体的头发做一个连接和融合。

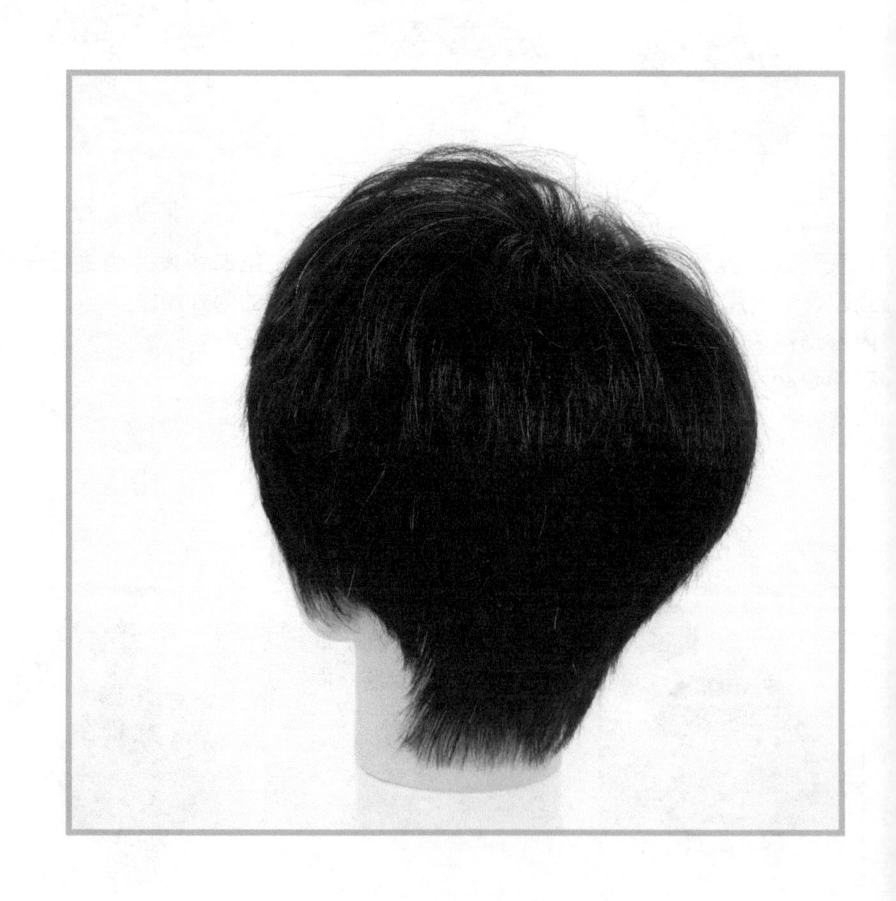

波波头吹干练习

后面中心位置开始，将头发向前下方捋顺吹发，将发根处吹至七八成干。

刷子抵住刘海，并且与薄发片的轮廓线平行，向内卷曲进行吹发。

发根注意不要过于向上提拉，一边留意一边吹发，直至将梳子拔出来。

逆向一侧也同样向内进行卷曲进行吹发。

同样向内卷曲。

整体上取一大块刘海的发片，从发片中间到发梢为止，在自然下落的位置进行融合吹发。

左侧发区划分和地板平行的发片，梳子和地板平行插入发片，进行回转，形成自然立起的效果。

梳子一直保持和地板平行，向下持续吹发。

一直到头发自然下落的位置为止拔出刷子。梳子和吹风向着相同的方向移动，这点很重要。

考虑到头部的弧度，侧发区一直到顶点为止，各发片都垂直于头皮提拉，发根立起，形成各种各样的内卷。

划分和地板平行的发片线，与头部弧度相吻合进行内卷吹发。

顶点位置也同样，与头部弧度相吻合，垂直于头皮提拉发片，内卷进行吹发。

另一侧也按照同样的方法进行吹发。

后脑区从中心位置上下分开，划分成和地板平行的发片，从头发的内侧开始插入刷子。

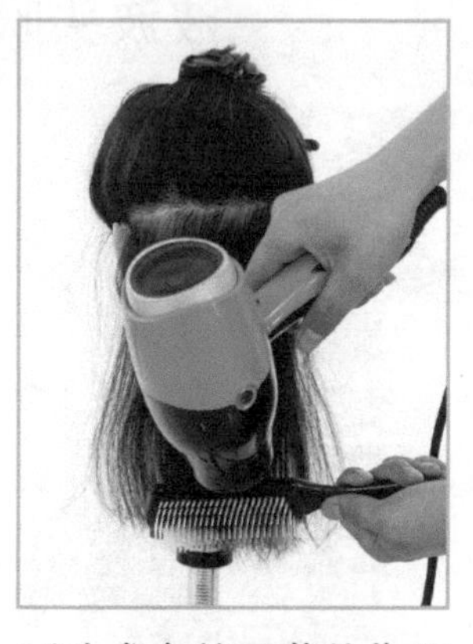

到头发自然下落的位置为止，进行融合吹发处理。然后逐渐向上取发片，进行同样的处理。

顶点部分的发片就向上拉伸，像画一个圆形一样一边吹发，一边渐渐地拔出刷子。

左侧耳上区域的头发，继续划分和地板平行的发片,结合头部的弧度，垂直于头皮提拉，进行融合吹发。

一直到顶点为止，与头部弧度相吻合，垂直于头皮提拉发片，继续进行融合吹发。

前面头发和旁边的头发过渡的地方划分发片，发量也不要太多，一直到头发自然落下的位置为止进行融合吹发。

最后从上面开始用梳子抵住头发，不要取过多的发量，轻轻地压住从上往下吹。

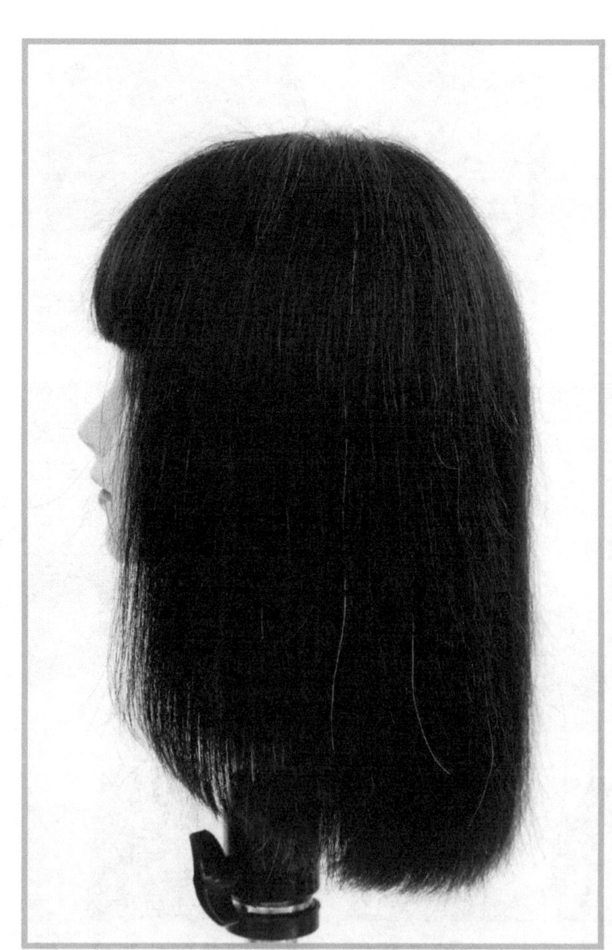

长发吹干练习

后面中心位置开始，将头发向前下方捋顺吹发，将发根处吹至七八成干。

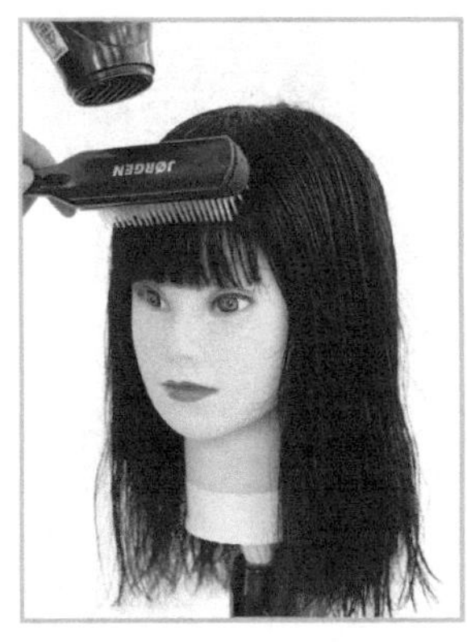

刷子平行抵住刘海，向内卷曲吹发。

发根注意不要过于向上提拉，一边留意一边吹发，直至将梳子拔出来。

同样向内卷曲进行吹发。

刘海处整体取一大块发片，从发中到发梢，在头发自然下落位置进行融合吹发。

左侧发区从上面开始用梳子抵住头发，发量不要多，轻轻地压住。

划分和地板平行的发片，梳子和地板平行插入发片，发根立起来，内卷，下吹。

发际处的头发，梳子在和地板平行基础上，向外向上拉伸。

沿着发片的剪切线反转刷子，向前下方拉伸，直到拔出。

考虑到头部的弧度，侧发区一直到顶点为止，垂直于头皮提拉发片，发根立起，形成各种各样的内卷。

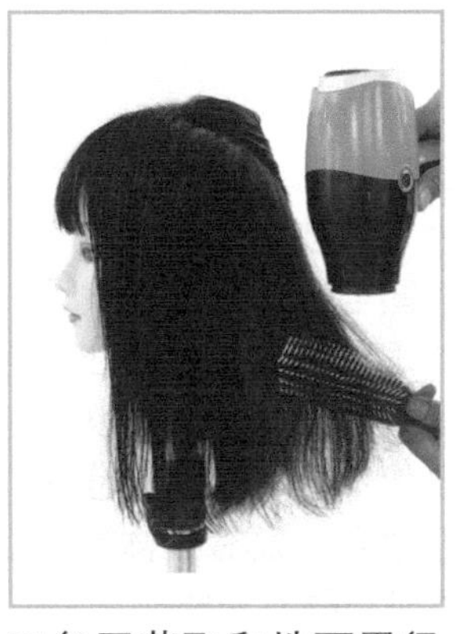

三角区获取和地面平行的发片，沿着发片的剪切线反转刷子，向前下方拉伸，直到拔出。

一直到顶点为止，各发片都垂直于头皮提拉，发根立起，形成各种各样的内卷。

另一侧也按照同样的方法进行吹发。

侧发区开始用梳子的一端划分斜向的发片，从发片的内侧开始插入梳子。

沿着发片的剪切线反转刷子，向前下方拉伸，直到拔出。

渐渐上升到顶点区域，这个区域，梳子从发根开始像画一个圆一样取发片，发量不要多，边画圆边吹发，直到最后渐渐地拔出梳子。

前面头发和侧发区头发，从上面开始划分发片，不要取过多的发量，从头发内侧开始插入刷子，在头发下落的位置进行融合吹发。

后面也同样的，划分斜向的发片，向前下方拉伸，与旁边的头发进行融合，直到拔出。另一侧也是同样进行

为了能使左右均等地进行融合，顶点部分的发片垂直于头皮提拉出来进行吹发，一直到头发自然下落的位置为止进行融合。最后整体再用手进行融合处理。

第 5 章 短发的吹发

5.1 蘑菇短发

短发的吹发容易受到骨骼的影响，因此要根据头部的弧度来吹发。蘑菇短发的发型，前短后长，并且形成环形的刘海，有厚度的量感是它的特征。通过对蘑菇短发的吹发练习，可以学习针对头部弧度来吹发的吹发技术。

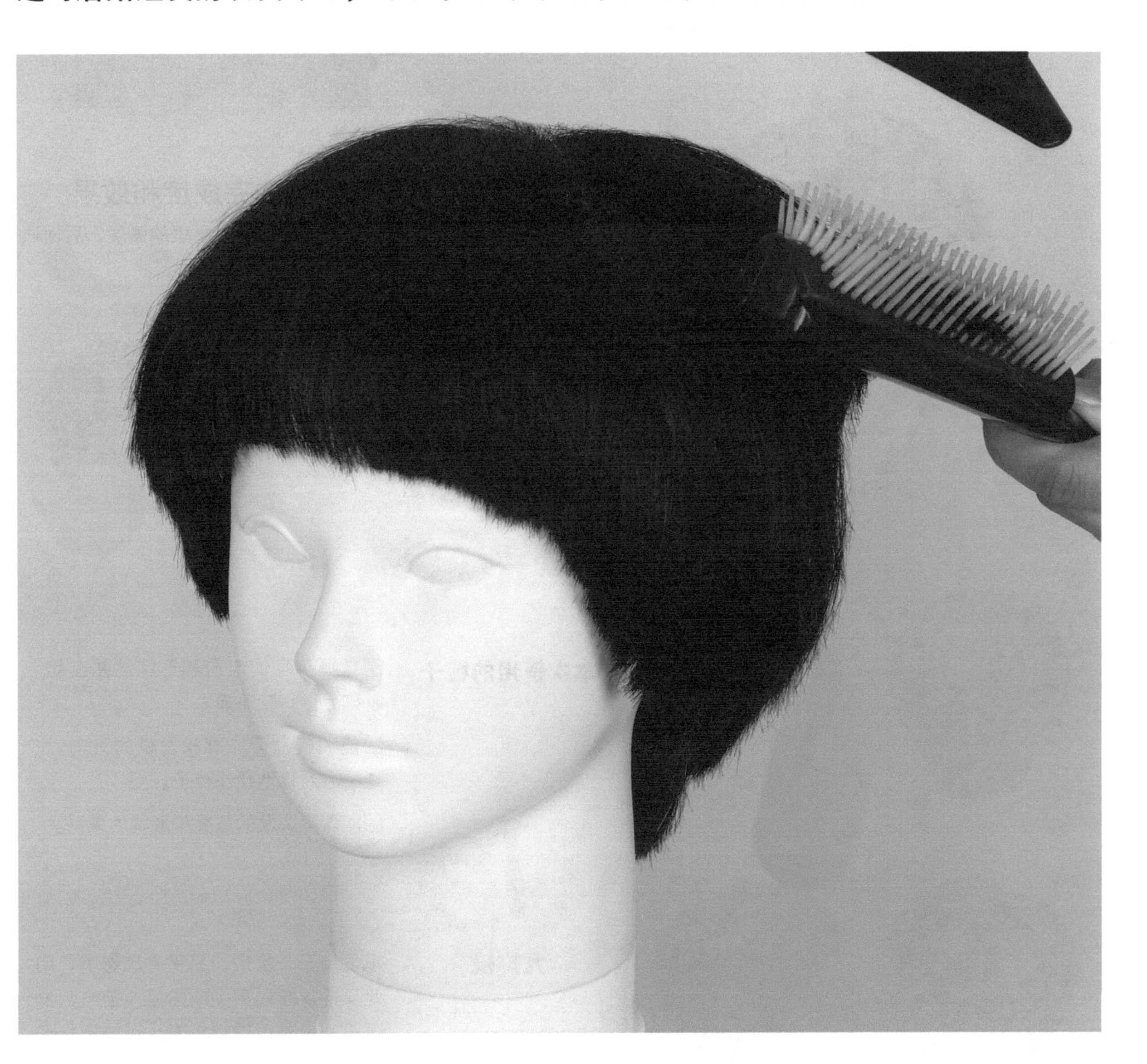

发型分析

吹发步骤详解:

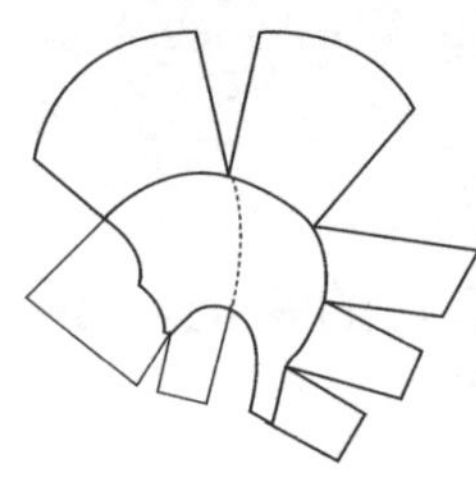

蘑菇短发吹发前的分析

剪好环形的层次以后，发型前短后长。从颈部开始向上，发片层层延伸，脸部周围的发片有蘑菇形的轮廓，而且有量感。

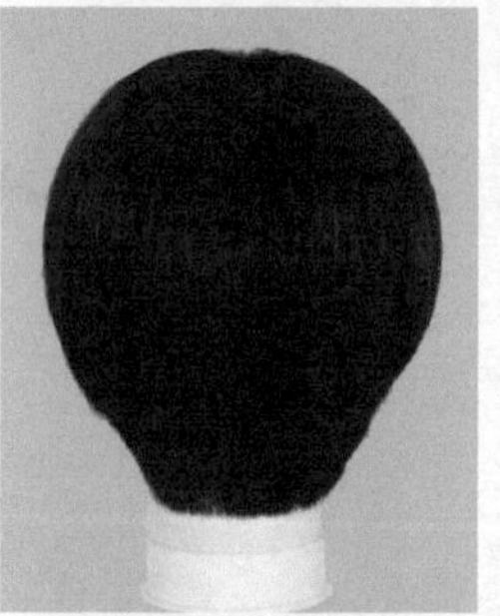

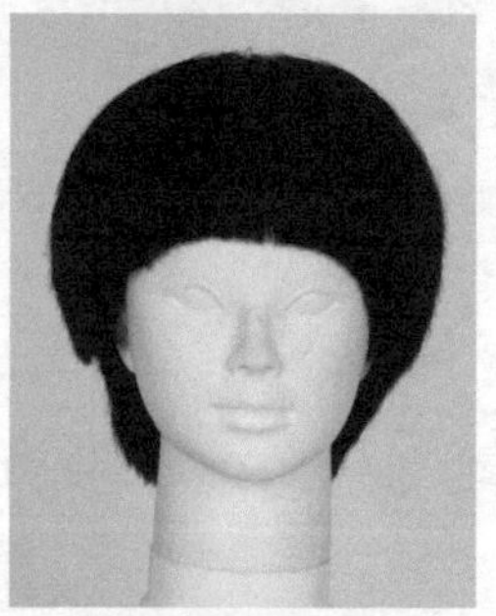

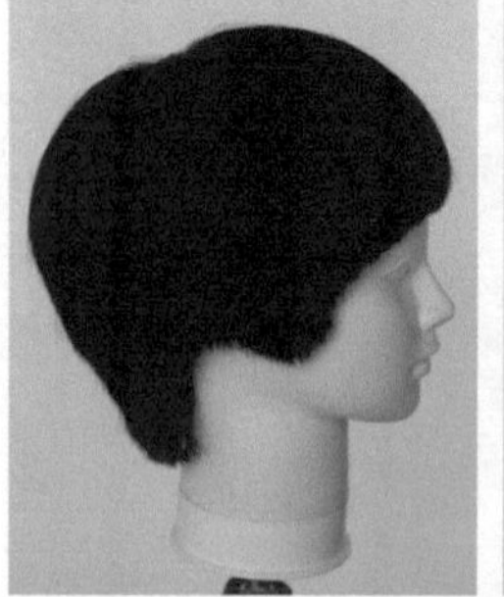

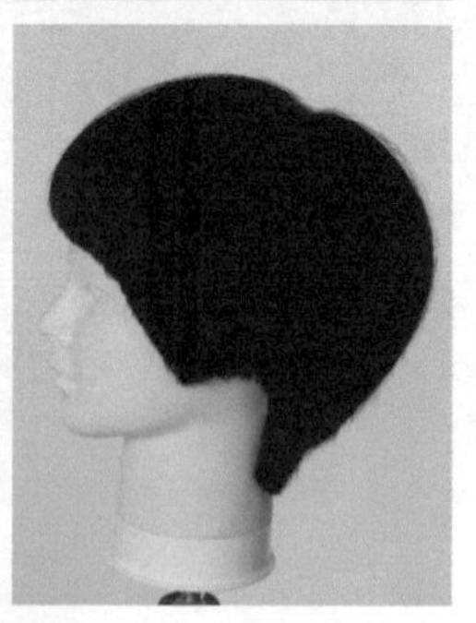

吹发的原则

①“斜吹”符合头部弧度进行吹发

在已经剪好了的环形层次的基础上，沿着颈部以上骨骼的倾斜度分出斜向发片，进行斜吹。

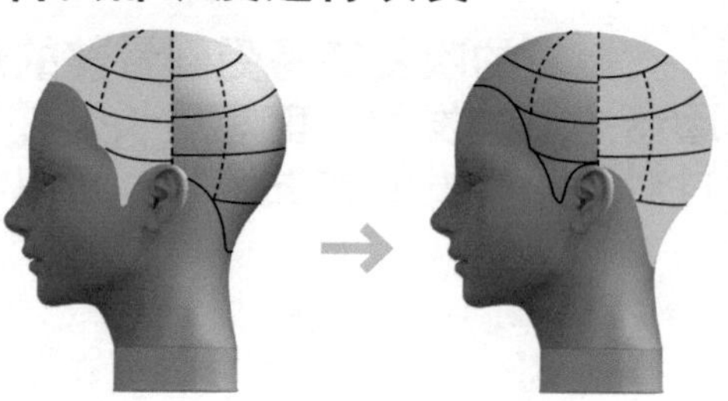

②“平行吹发”提高发型的完成度和效果

斜吹后，再进行平行吹发，将发表调整为呈平缓的弧度，后面顶部要有蓬松感和量感。

学会给蘑菇短发吹发

本次使用的梳子

九排梳

能完美地表现出发梢稍微内收的效果。

□掌握头发的走向和形状，并在此基础上进行预干燥。

□能调整发型轮廓和发梢的方向，能左右对称地操作梳子。

□能理解头发的重叠与形状的关系。

短发由于长度短，易受骨骼影响，因此从干燥阶段到完成阶段，整个吹发过程的设想显得很重要。用梳子操作要做好左右对称，使发型无论从哪个角度看，都能达到平衡的效果。

预干燥

吹发步骤详解：

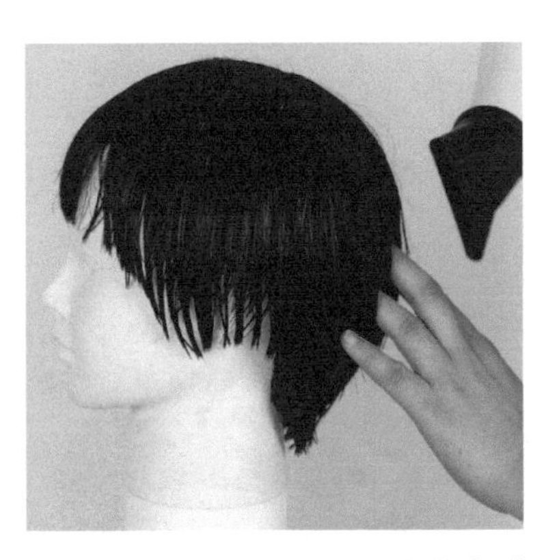

01. 从颈部周围开始，对头发进行预干燥。

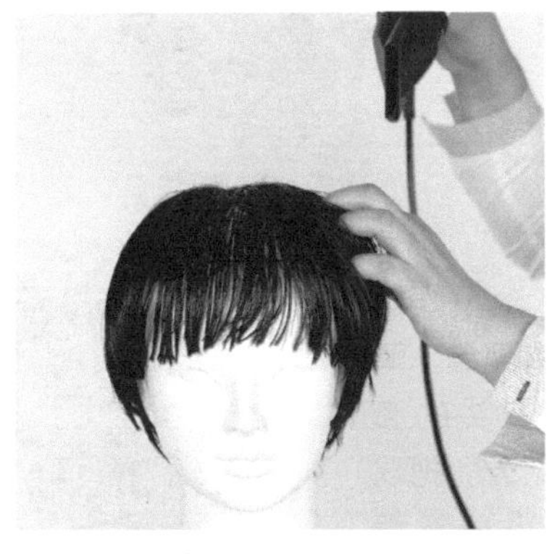

02. 用手指做出发束之间的空隙，使风能通过。

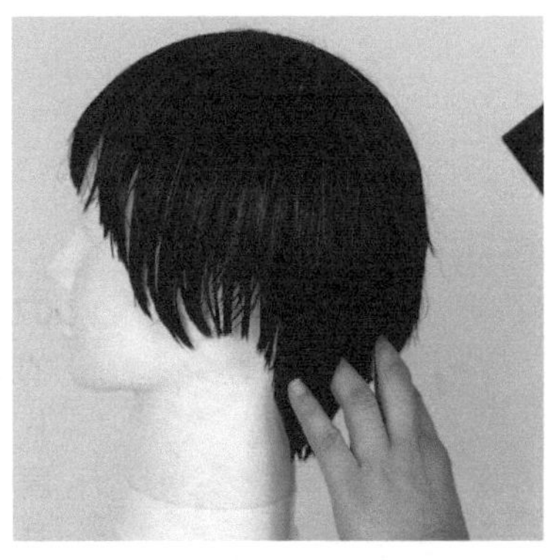

03. 同时注意不要把发根弄乱，梳理方向和使用梳子梳理时的方向相同。颈部要沿着头皮梳理成向上的头发走向。

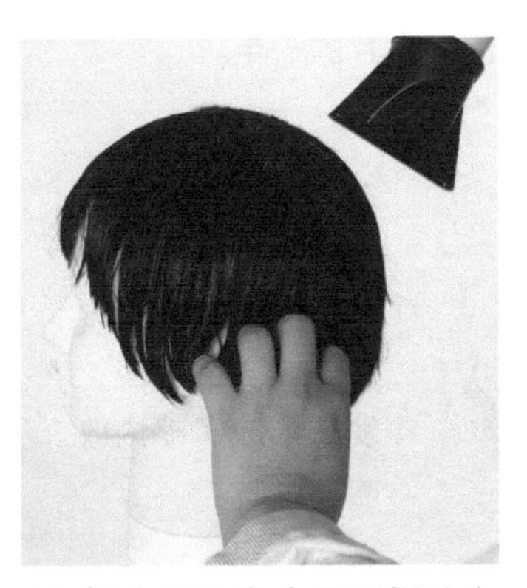

04. 侧边的头发也用同样的方法来干燥。

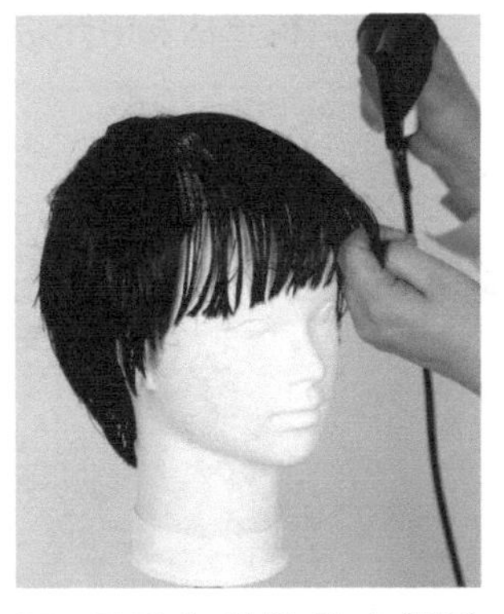

05. 用手自然地从内侧进入刘海，通过手指和吹风机将头发吹成内收状。

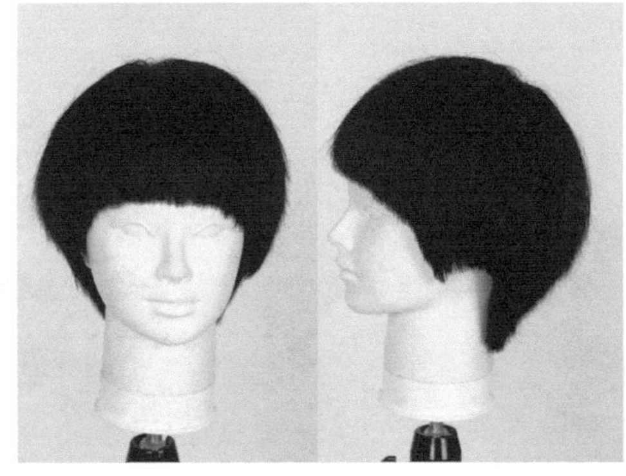

06. 预干燥结束。外轮廓线的发梢还不规整，形态还不够错落有致。

右侧发区和前额区斜吹

吹发步骤详解：

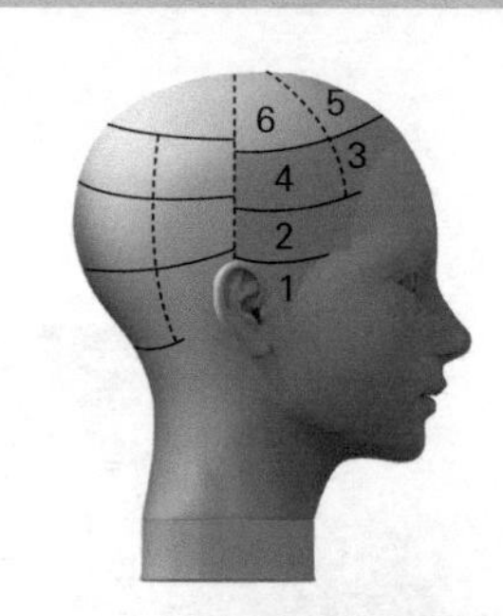

07. 为了防止吹出的效果有裂缝，薄片要沿着头的弧度倾斜划分。把双耳连线将头发前后分开。

08. 从右侧前方开始吹发片 1，让梳子贴着鬓角进入发片，梳子从发中开始，只固定发片的一半。

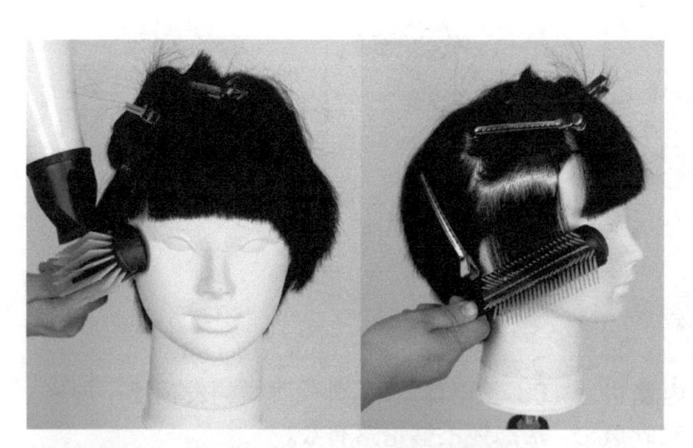

09. 如图，一直向下吹，同时梳子朝前移动。

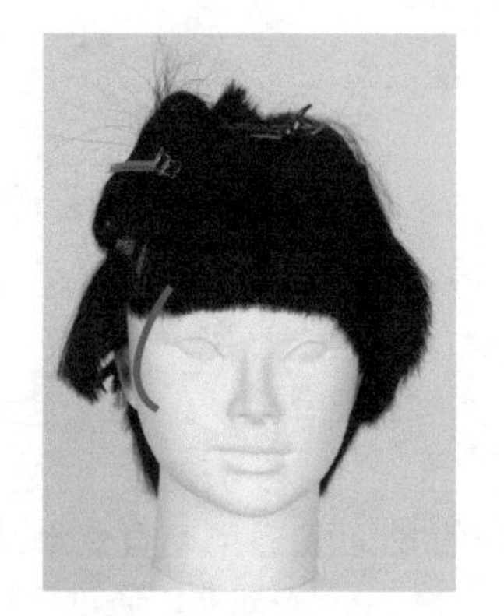

10. 左图所示为发片 1 吹完的效果，发梢形成了略内收的 L 形状。

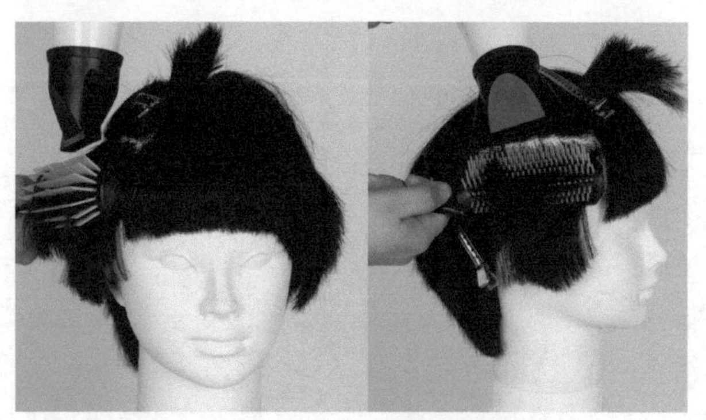

11. 吹发片 2，用梳子梳起发片 2 全部的头发来吹。

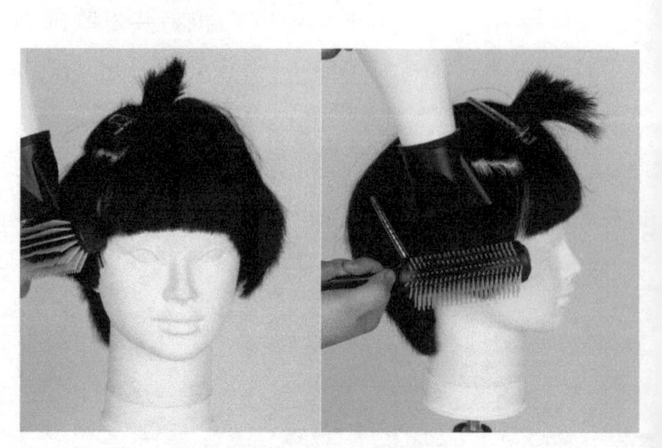

12. 发片 2 的吹发和发片 1 一样。

13. 然后开始吹发片 3 和发片 4。

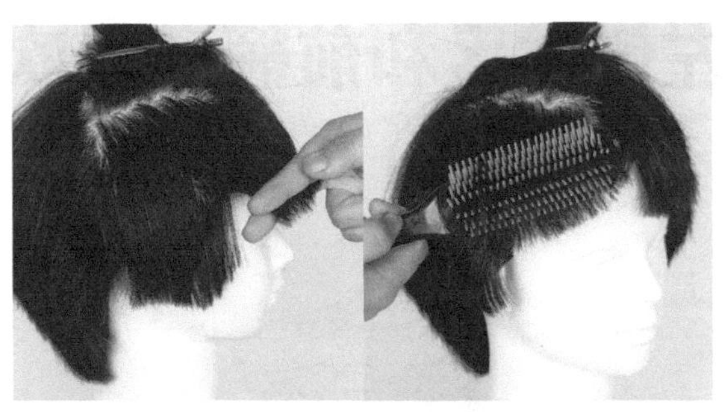

14. 在吹发片 3，也就是刘海处时，让梳子进入发根，注意不要让发束蓬松起来。

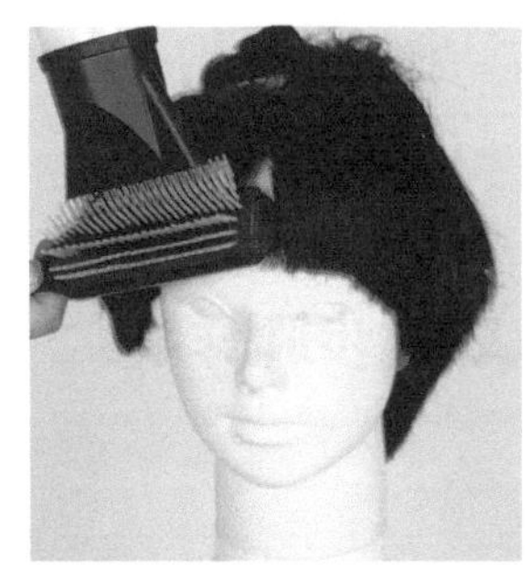

15. 将发片拉伸出来，和地面保持平行，进行吹发。

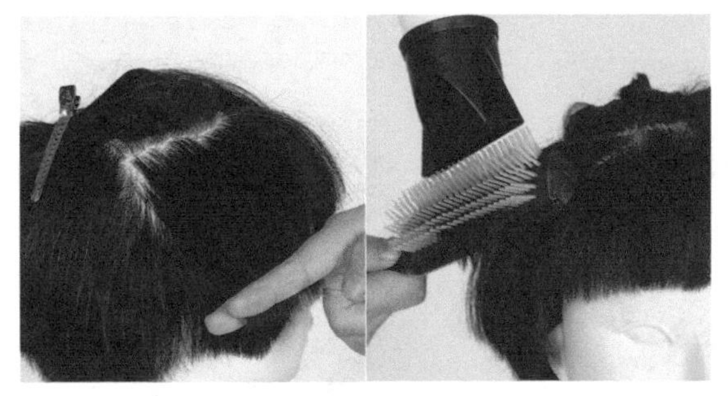

16. 然后开始吹发片 4，参照发片 3 一样来吹。

17. 再次对发片 2 的发梢处进行吹发处理。

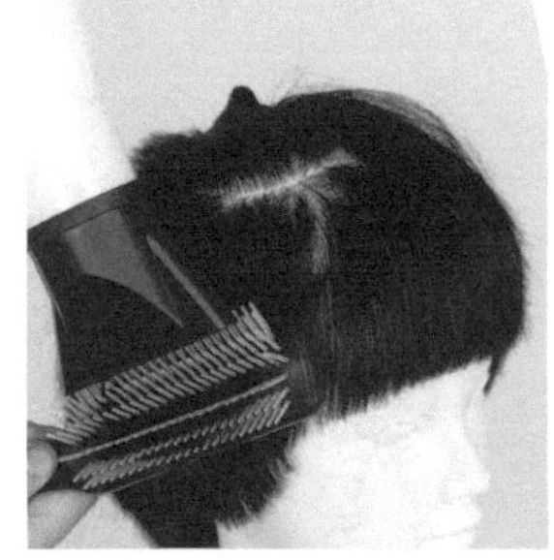

18. 对发片 3 和发片 4 进行平行吹发，完善整个发片之间的边缘。

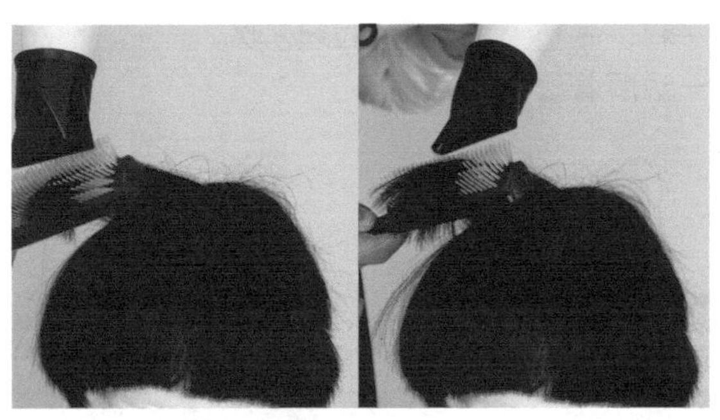

19. 发片 5 要上拉起来吹。

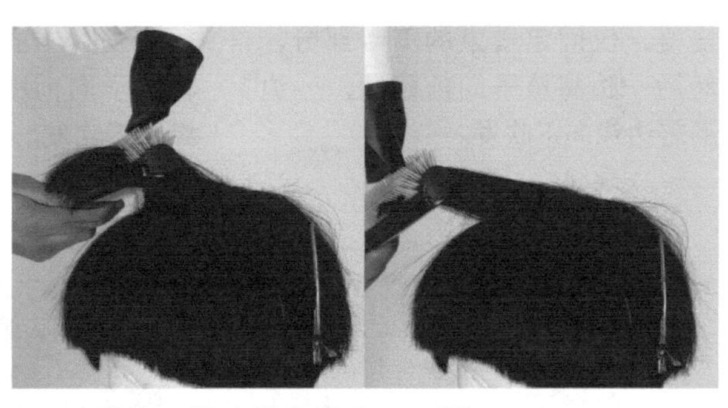

20. 发片 6 的吹发和发片 5 一样。

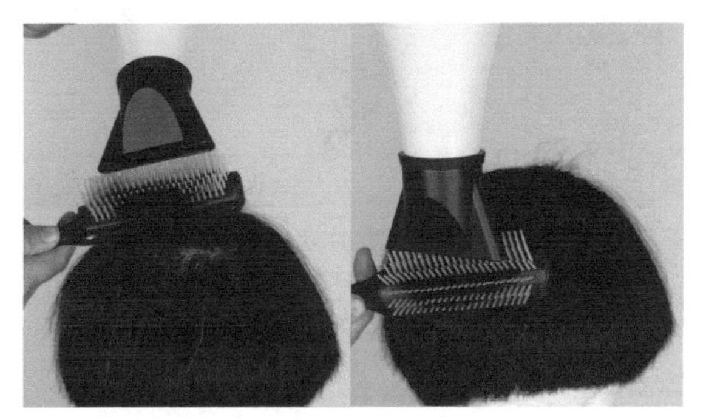

21. 然后将发片 5 和发片 6 合起来吹发。

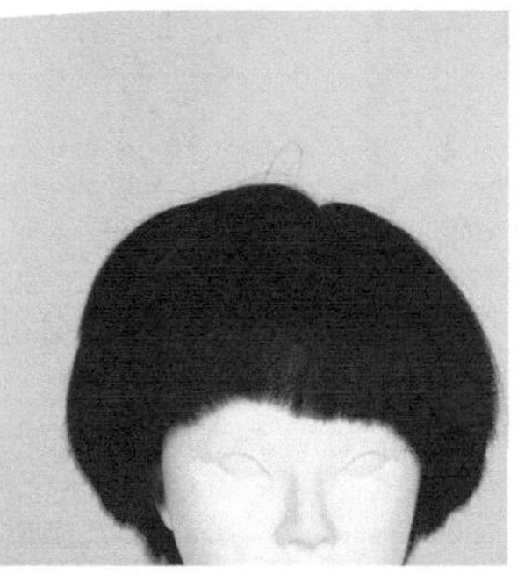

22. 右边侧发区和前额区的吹发就完成了。

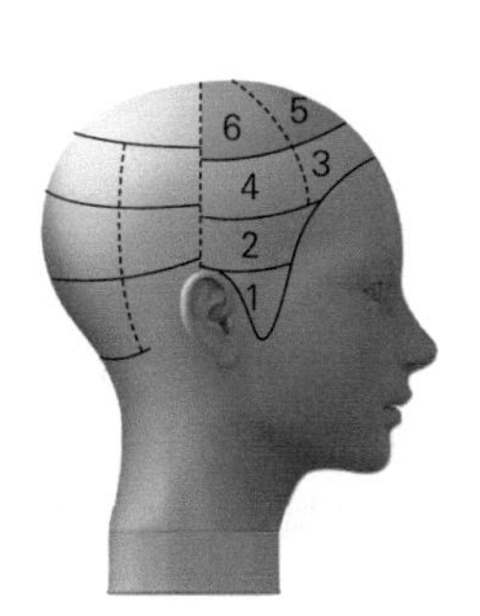

左侧发区和前额区斜吹

吹发步骤详解：

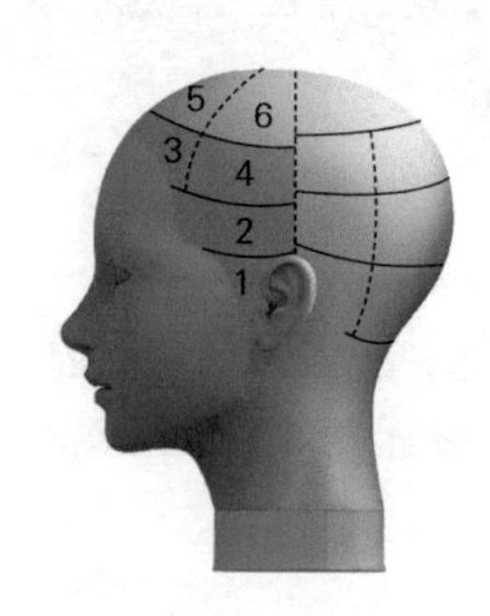

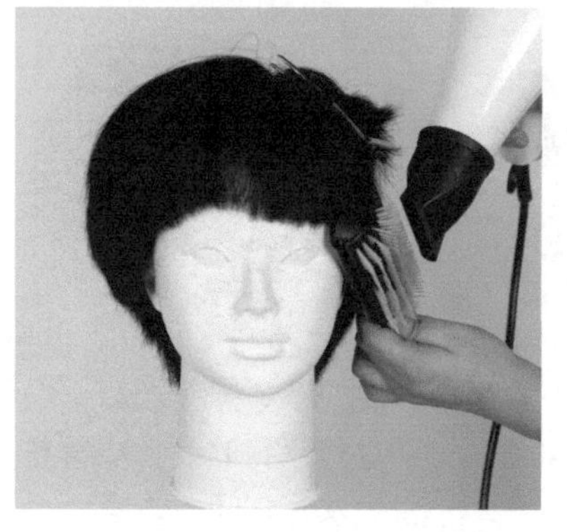

23. 鬓角处的发片 1，梳子贴着头皮梳，仅固定发束的下半部分，然后一边将梳子向前移动，一边顺着边缘向下吹发。

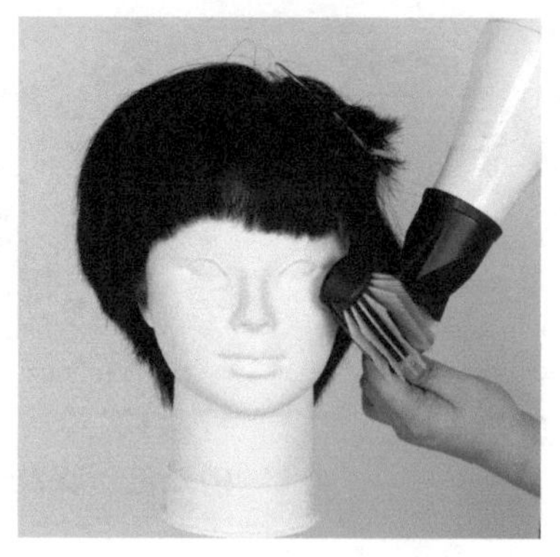

24. 发片 2 要整体梳理起来，然后和发片 1 的吹发一样，一边将梳子向前移动，一边顺着边缘向下吹发。

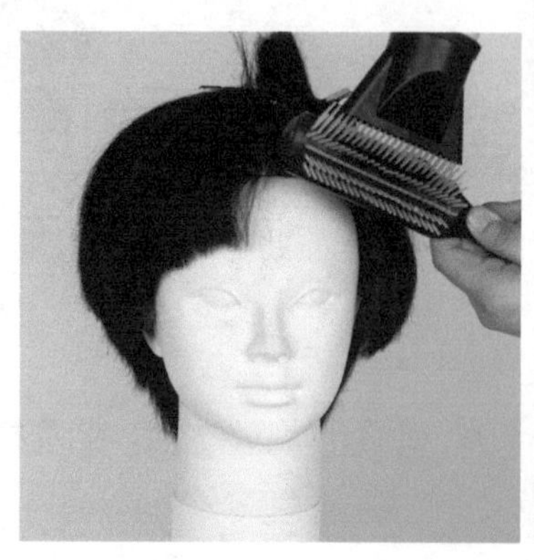

25 刘海处的发片 3 和地板保持平行拉起来吹。

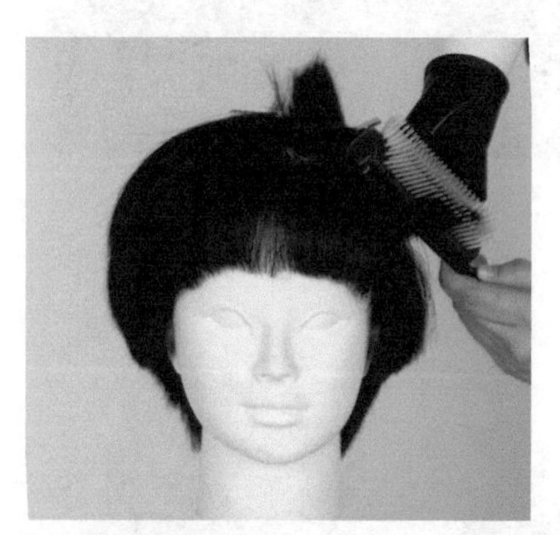

26. 发片 4 和发片 3 一样，发片和地面保持平行进行吹发，一边向前移动梳子一边吹发。

27. 发片 3 也采用平行吹发。

28. 发片 4 也采用平行吹发，将同一个平行面的发片 3 和发片 4 平缓地连接起来。

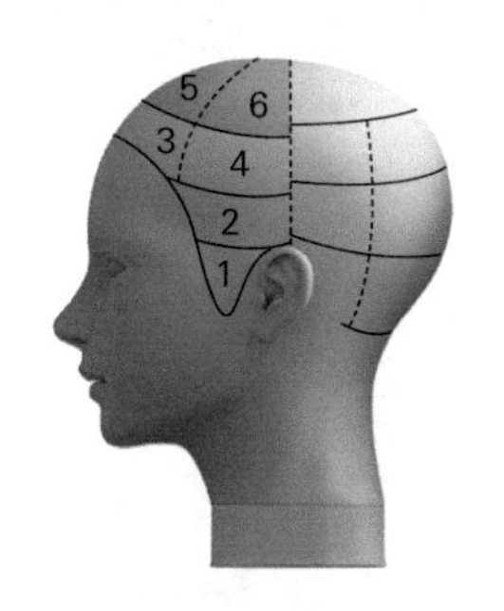

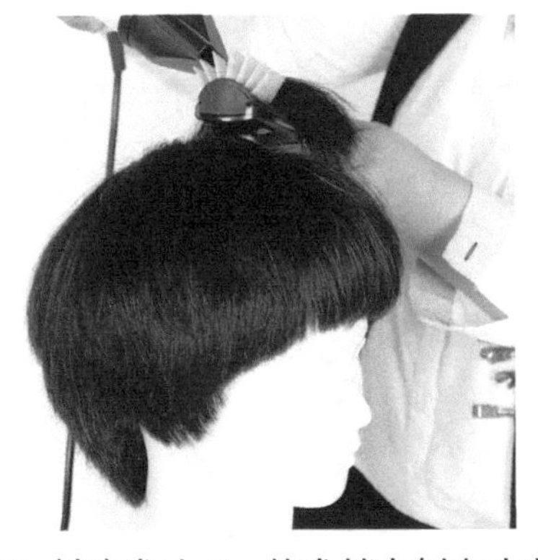

29. 斜吹发片 5，使发梢右侧向内收拢。

30. 吹发片 6，一边把梳子向上移动，一边斜吹。

31. 将发片 5 和发片 6 合并成一个发片来吹。

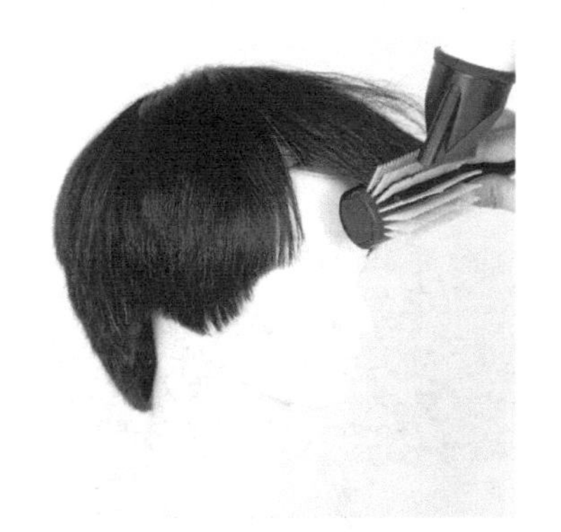

32. 在刘海中间取发中到发梢的位置来吹发，将左右部分相连。

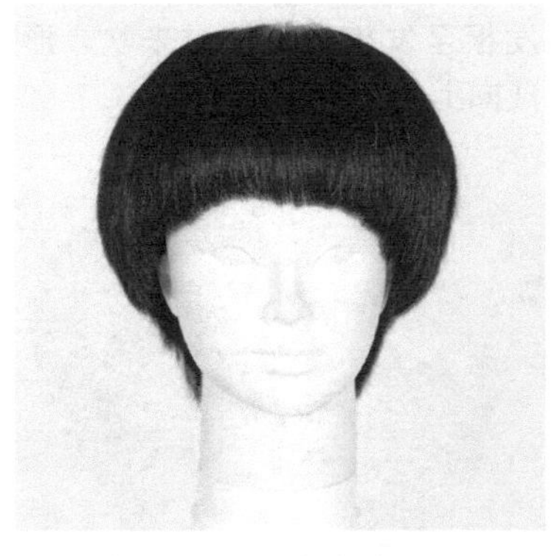

33. 前面的头发和两边的头发吹完了。

后脑区右侧的斜吹

吹发步骤详解：

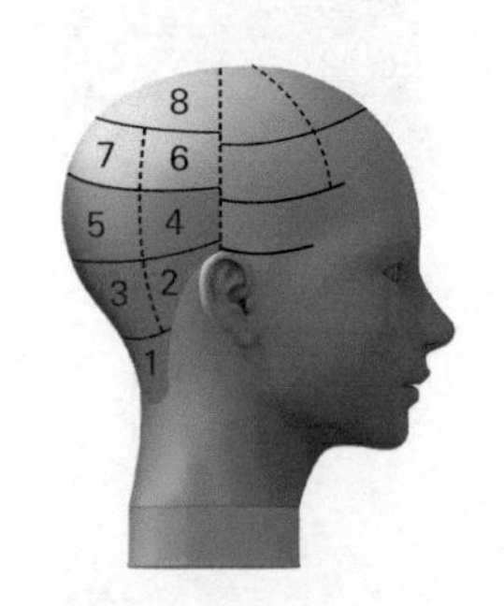

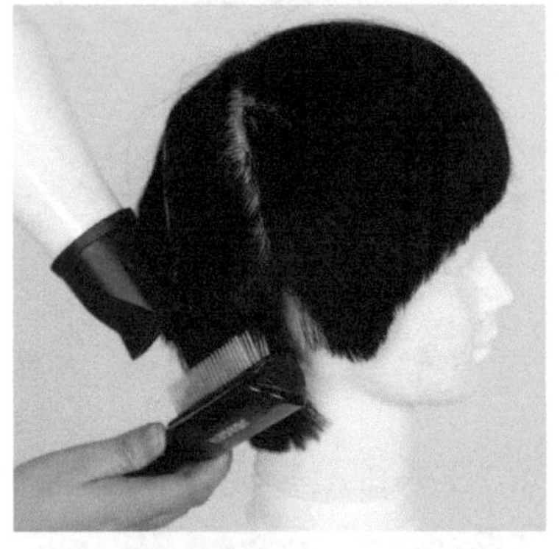

34. 取颈部的发片 1，用梳子从发根至发梢轻轻梳过来吹，形成向上的走向。

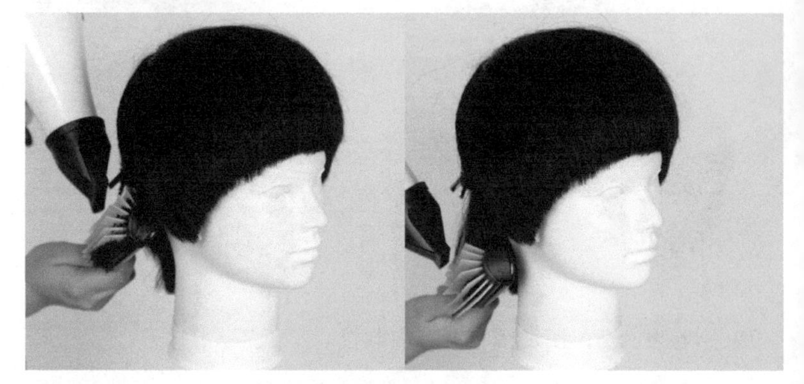

35. 吹发片 2，向下移动梳子斜吹。

36. 发片 3 的吹法和发片 2 一样。

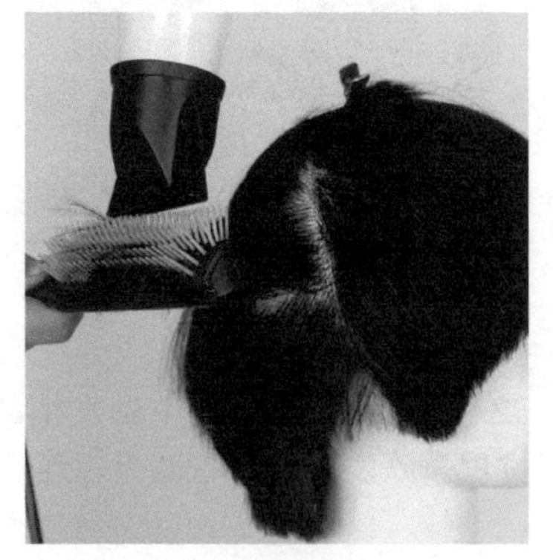

37. 发片 4 和地板保持平行斜吹。

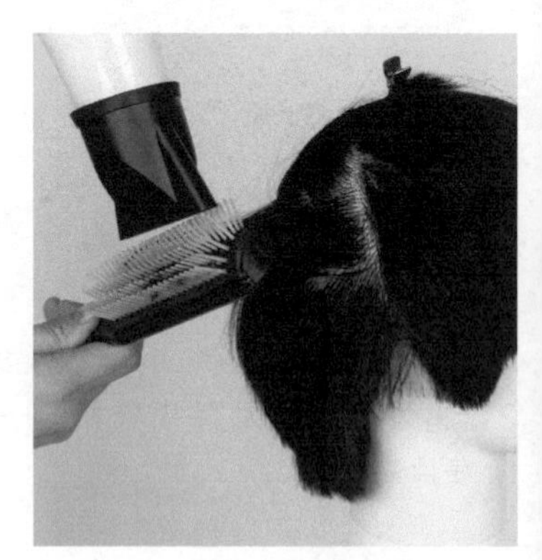

38. 发片 5 的吹发和发片 4 一样。

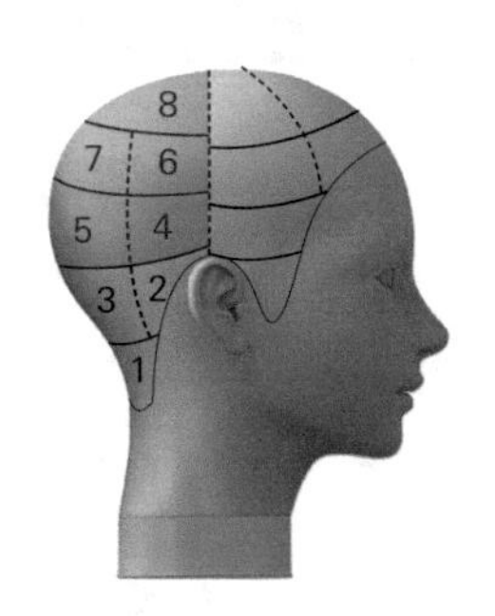

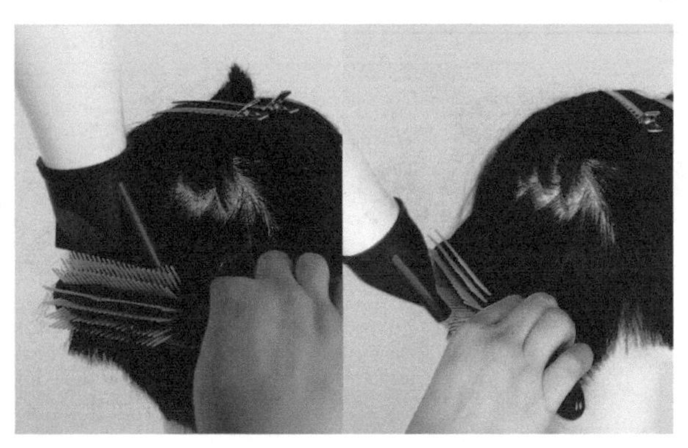

39. 将发片 4 和发片 5 有意识地合为一个发片，进行平行吹发。（图解 45）

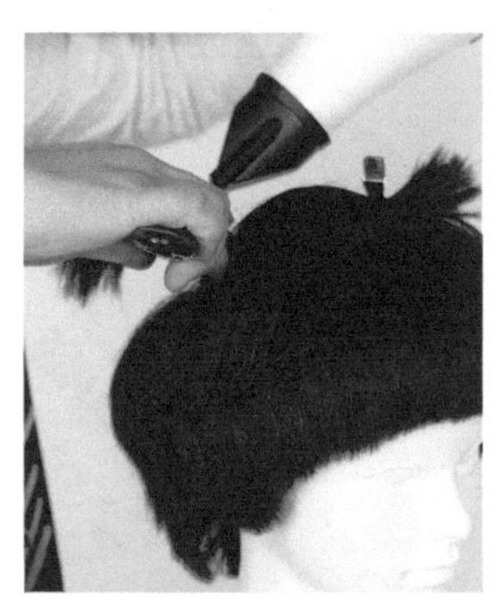

40. 吹发片 6，和发片 4 的吹法一样，让发片和地面保持平行来吹。

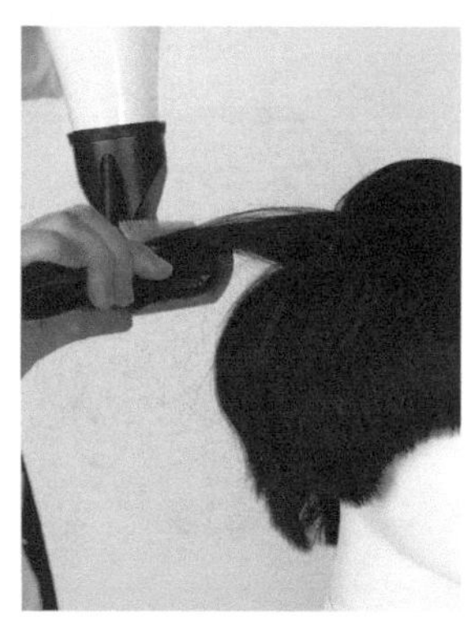

41. 发片 7 的吹发和发片 6 一样，让发片和地面保持平行来吹。

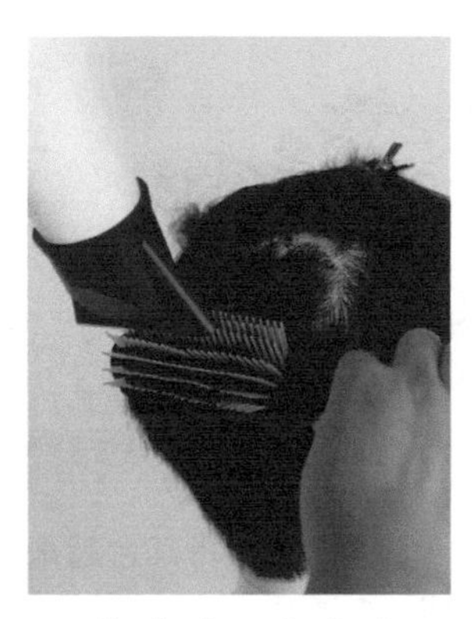

42. 将发片 6 和发片 7 合起来进行平行吹发。

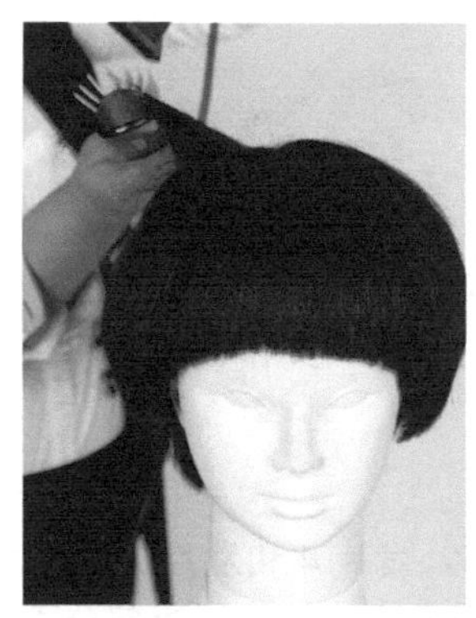

43. 把顶端的发片 8 拉起来吹。

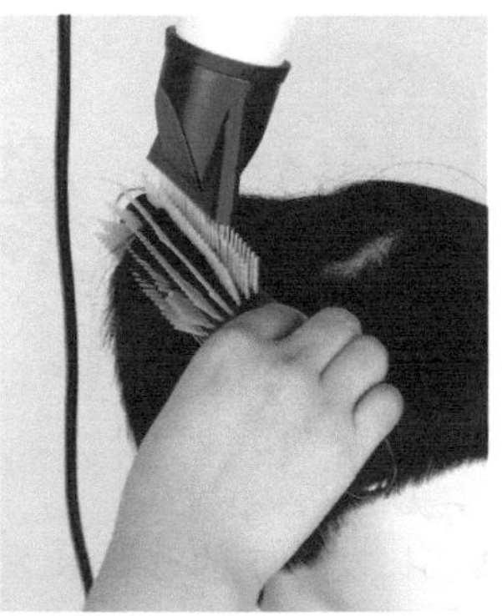

44. 进行平行吹发。

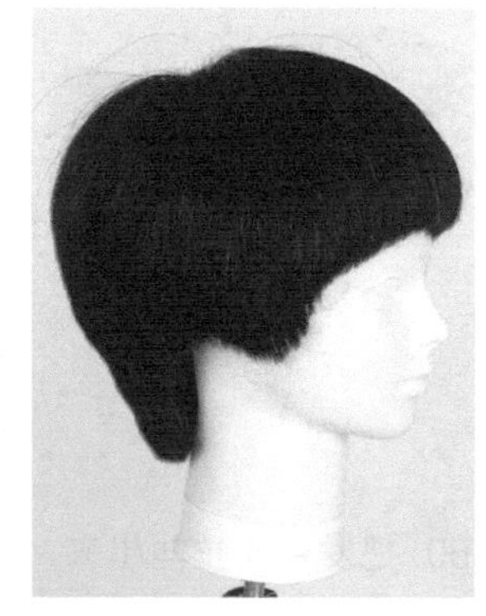

45. 后脑区右边的吹发结束。

图解 45 发型从前到后的连接

发型从前到后持续被剪成环形层次，斜吹发片 3~5 后再进行平行吹发，使发片间重叠、平缓地连接。

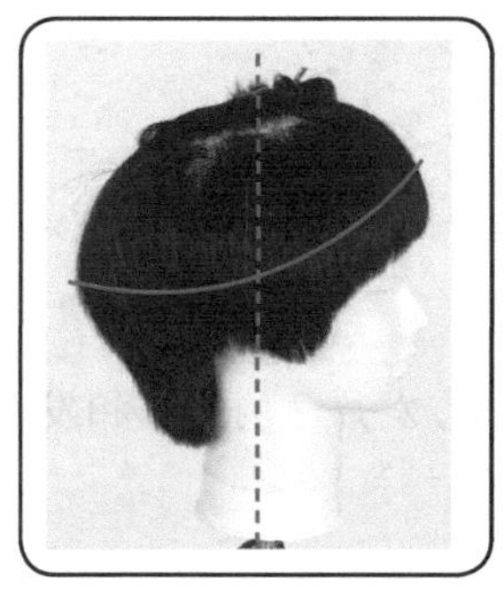

后脑区左侧的斜吹

吹发步骤详解：

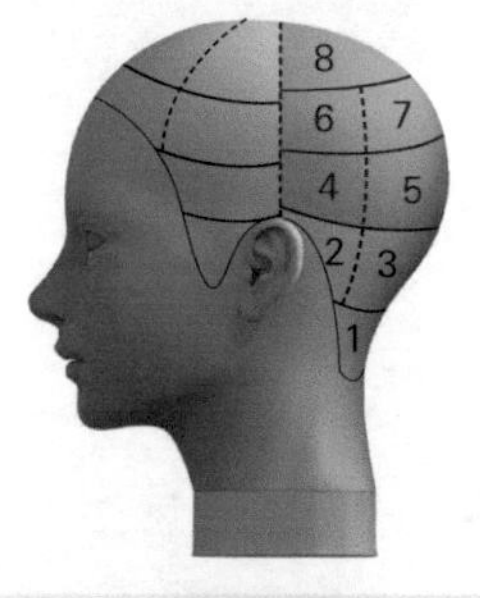

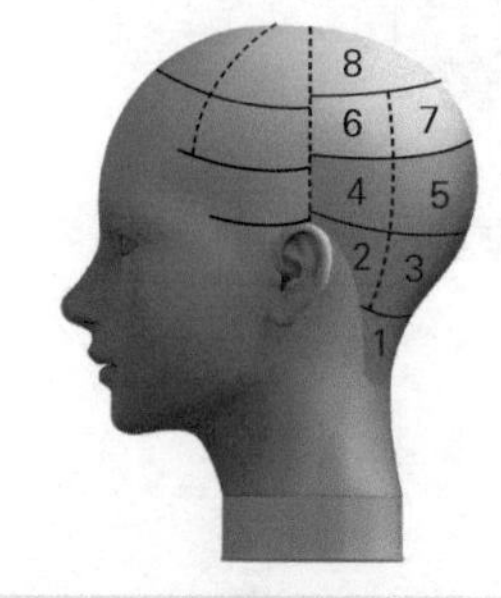

图解 46 从下往上渐渐上翘

后脑区的头发和前面的头发一样，发型的角度和发量都是有变化的。越接近表面，越要抬高发片进行吹发，沿着头的弧度来造型。后面的头发则要向下吹。

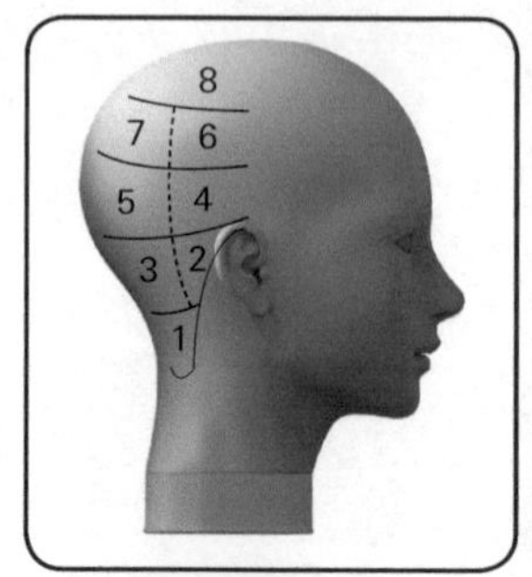

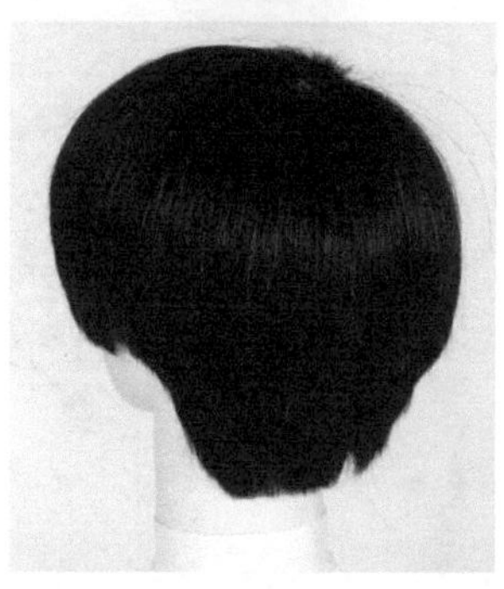

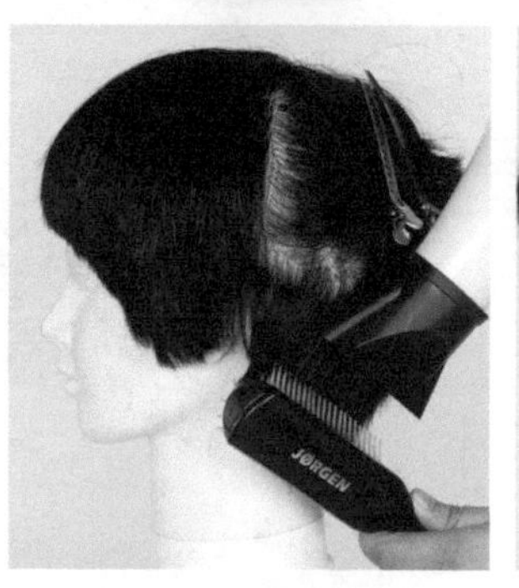

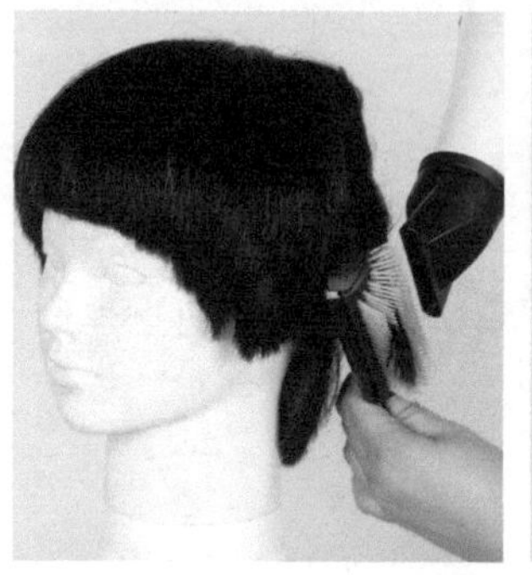

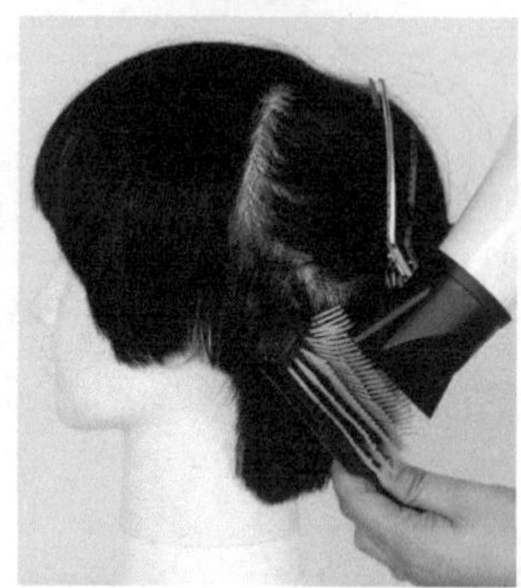

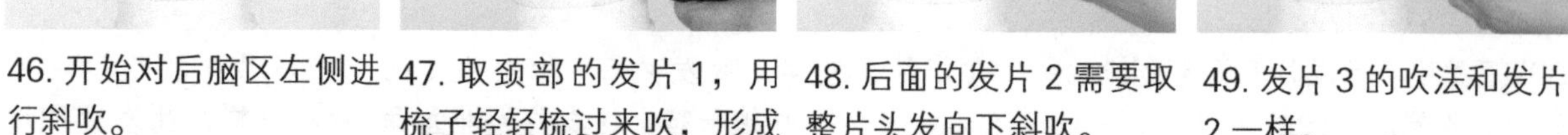

46. 开始对后脑区左侧进行斜吹。

47. 取颈部的发片 1，用梳子轻轻梳过来吹，形成向上的走向。（图解 46）

48. 后面的发片 2 需要取整片头发向下斜吹。

49. 发片 3 的吹法和发片 2 一样。

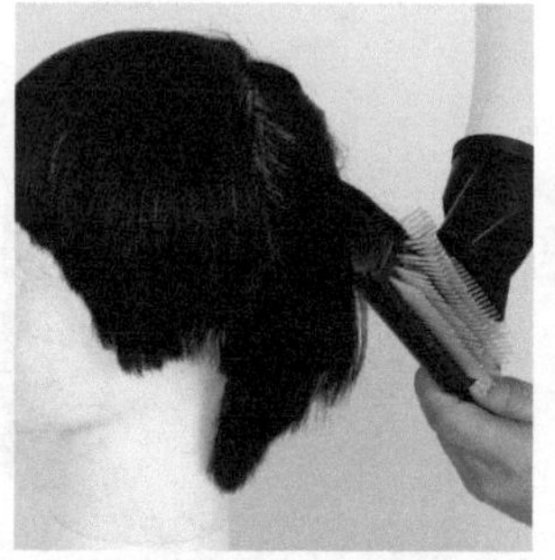

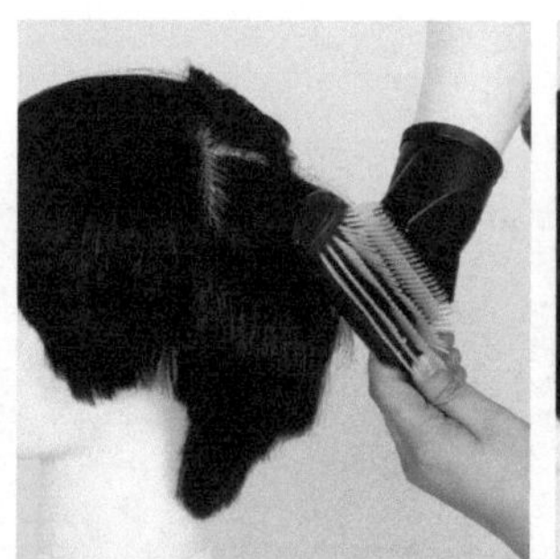

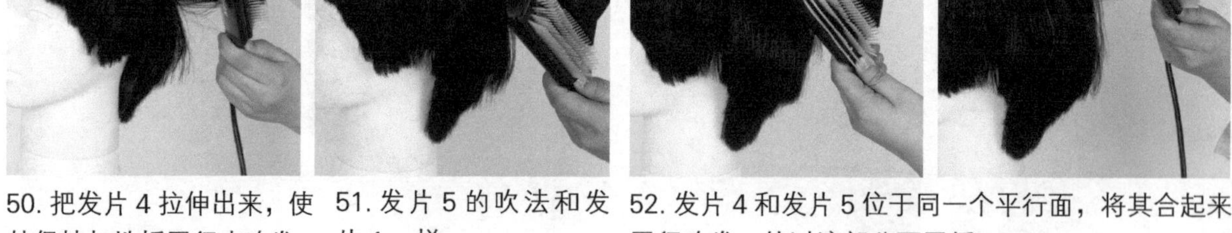

50. 把发片 4 拉伸出来，使其保持与地板平行来吹发。

51. 发片 5 的吹法和发片 4 一样。

52. 发片 4 和发片 5 位于同一个平行面，将其合起来平行吹发，使过渡部分更平缓。

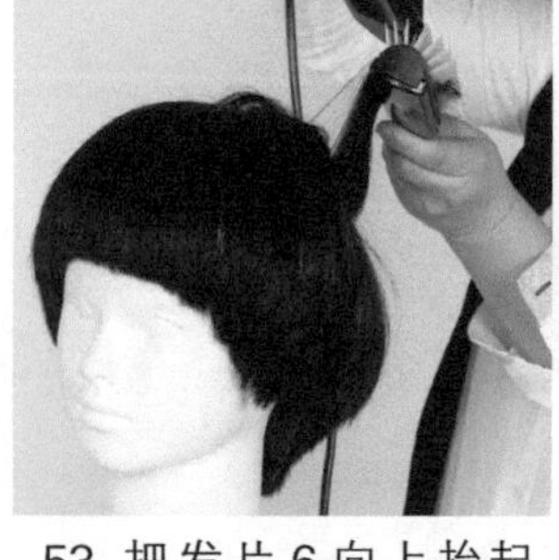

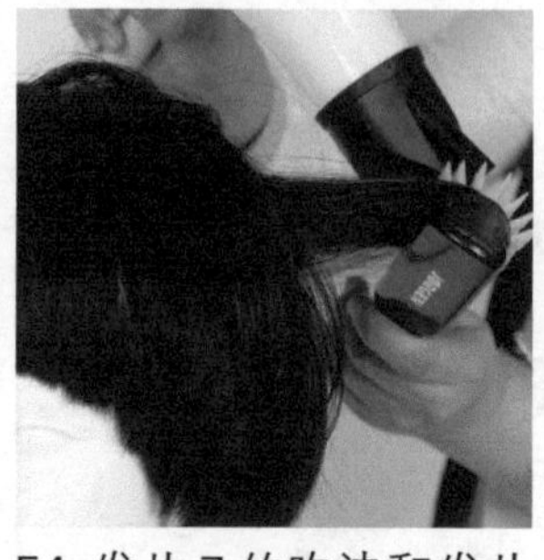

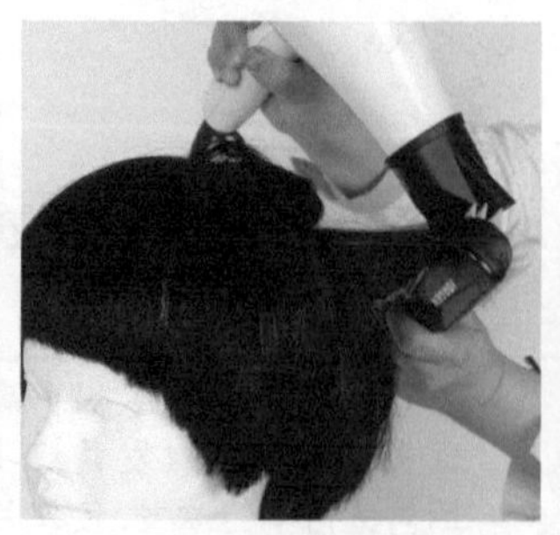

53. 把发片 6 向上抬起来吹。

54. 发片 7 的吹法和发片 6 一样。

55. 将发片 6 和发片 7 合起来平行吹，形成平缓的面。

56. 把发片 8 向上拉起来吹，形成自然的蓬松状态。

顶发区平行吹发

吹发步骤详解：

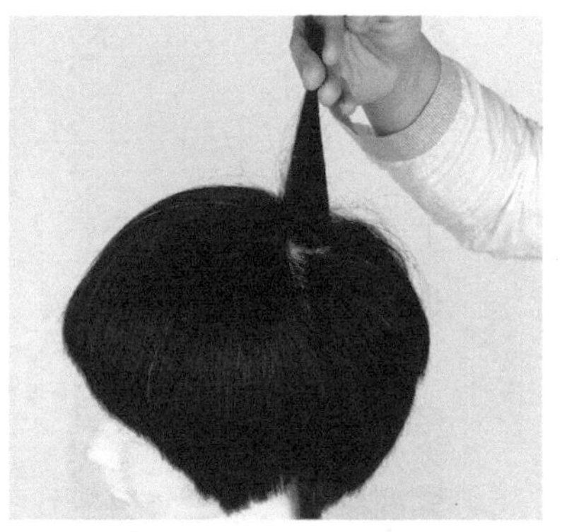

57. 将后脑区发片 8 的左侧和右侧合在一起，向上提拉，进行平行吹发。（图解 47）

图解 47 顶发区的边缘要上翘

将后脑区发顶左右部分合并为一个发片，这个位置要上翘，进行平行吹发，营造一种发量纵深的感觉。

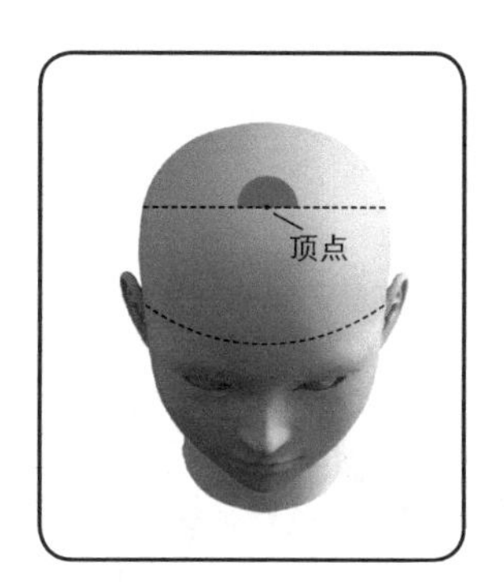

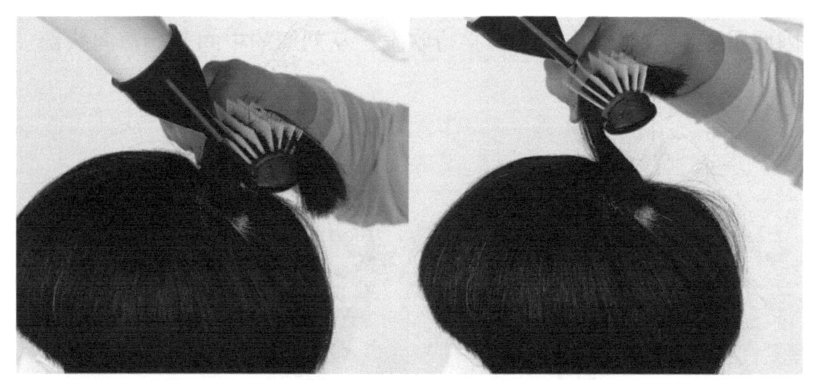

58. 用梳子牢牢固定住发根，用吹风机从发根吹到发梢。

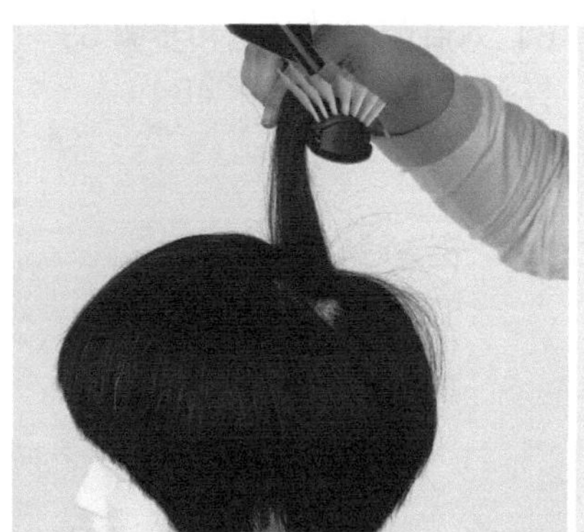

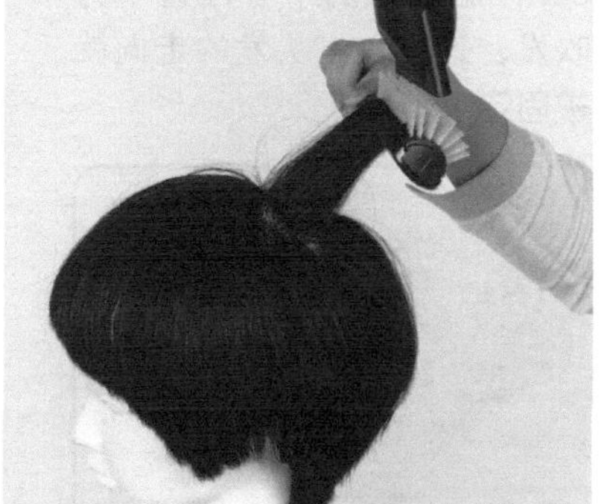

59. 一边吹一边移动梳子，画出大的弧线并向发型师自身靠拢。

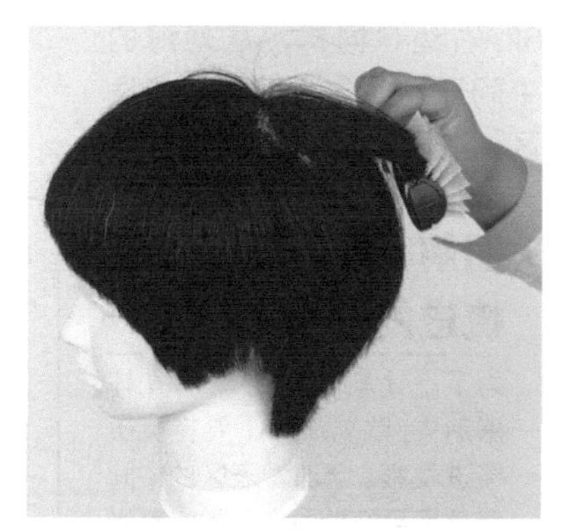

60. 吹完后，注意不要打乱发冠的发量，慢慢地将梳子抽出。

发中至发梢的平行吹发

吹发步骤详解：

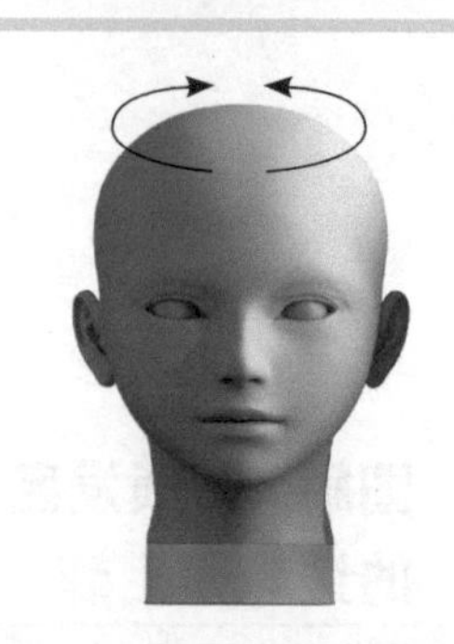

61. 发中和发梢超出了头部的轮廓，因此需要对这部分头发实施平行吹发。从刘海的中间开始，向头部的左侧发区、左后脑区来推进吹发。

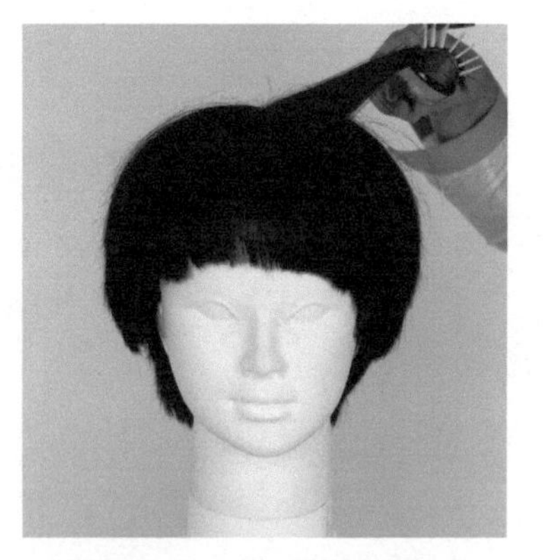

62. 右边也同样，从刘海的中间开始，向头部的右侧发区、右后脑区来推进吹发。

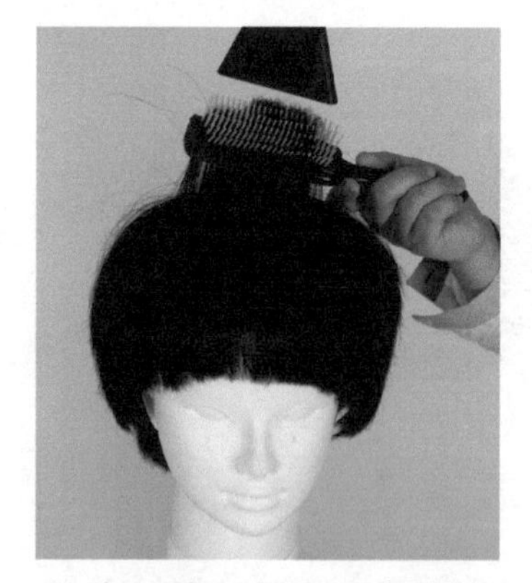

63. 在后脑区的中心位置平行吹发，这样左右头发的走向就被固定了。

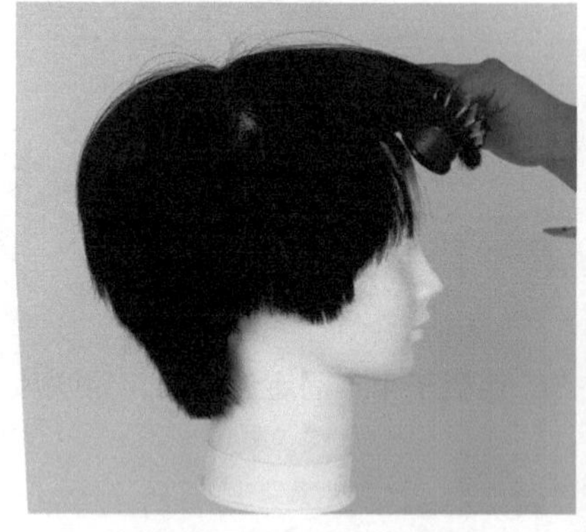

64. 刘海中间部分也和步骤 63 一样平行吹发。（图解 48）

图解 48 不要将梳子梳进发根

为了不让斜吹所形成的立体感消失，吹刘海时不要将梳子梳进发根。全部发表区的中间部分用平行吹发，会形成有光泽的发型。

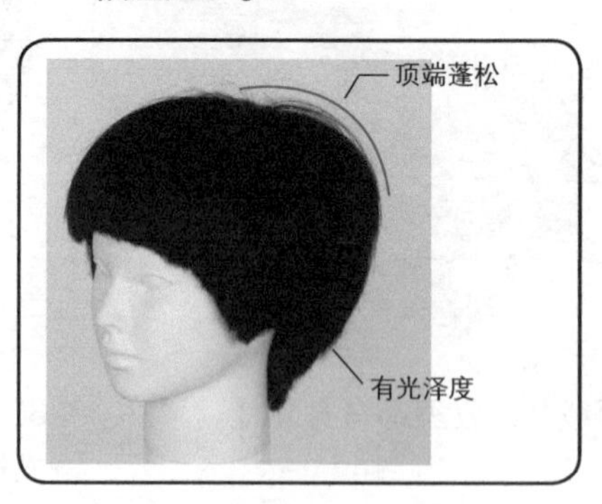

完成

吹发步骤详解：

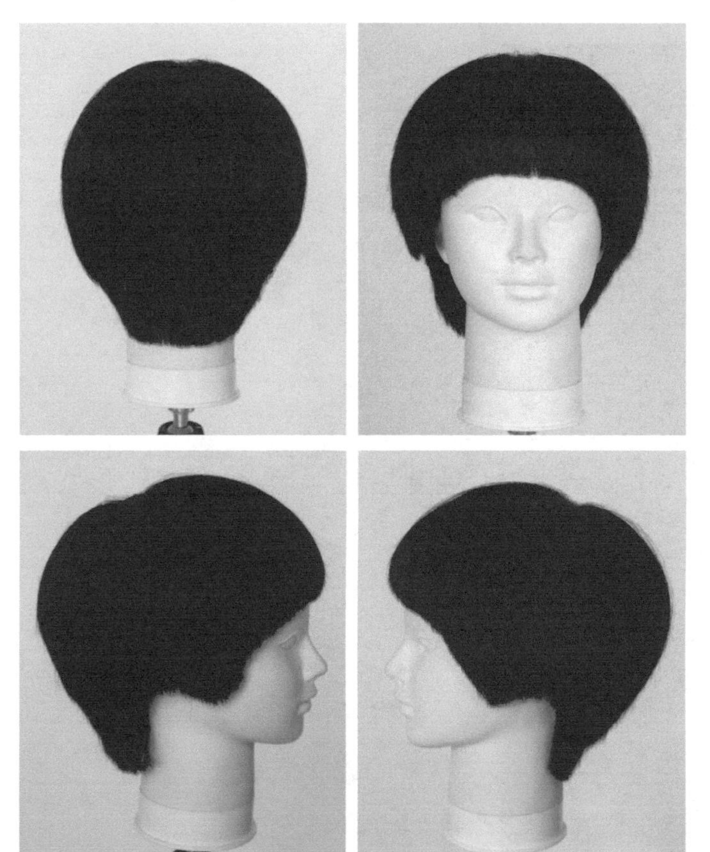

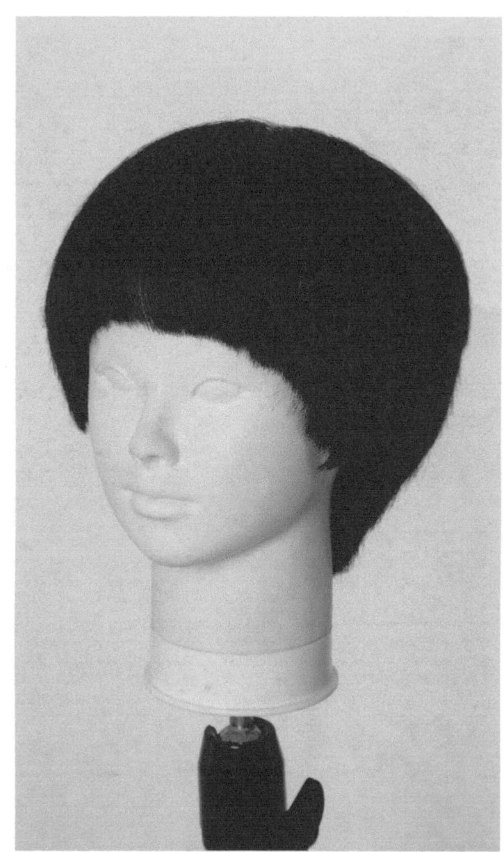

蘑菇短头吹发的关键点

用梳子进行斜吹时，要左右对称地吹，且与头部的弧度相吻合，形成平缓的面。此外还要整理脸部周围的发梢，强调圆滑的弧线感。

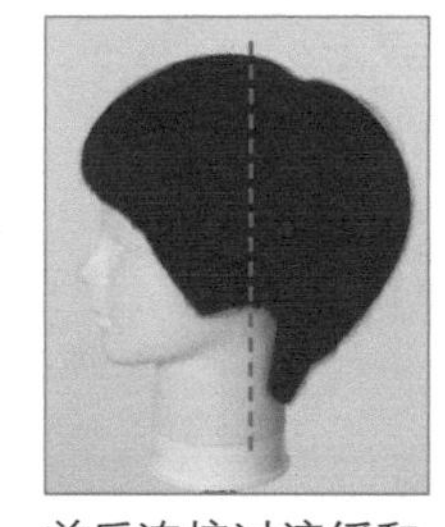

前后连接过渡缓和

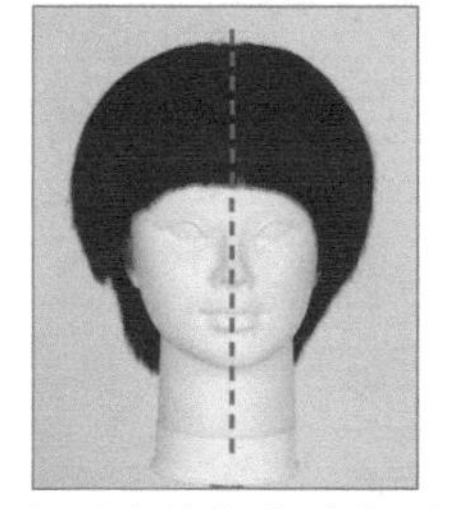

有弧度的左右对称形式

复习

结合骨骼的倾斜度用梳子操作

梳子是用来调整头发与头部弧度相结合而划分的薄片，以及调整预期中的发量的。颈部紧凑时，只有发表蓬松上翘，体现出发量，才能使整个造型错落有致。

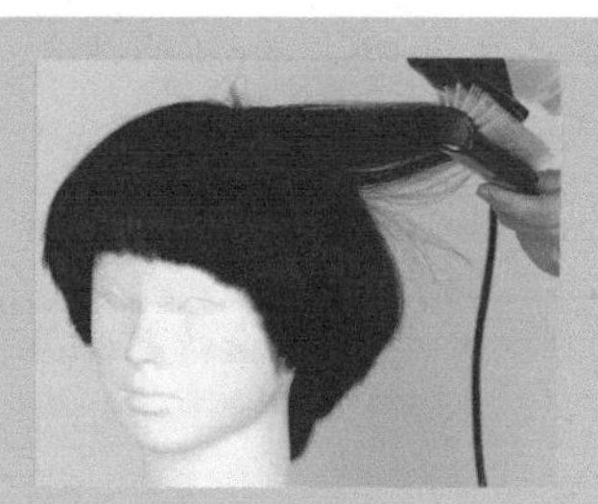

5.2 层次短发

短层次发型很少有厚重感，细长的形式是其基本特征。

本章将提高头发的重量位置，使其与脸部周围、颈部相连，打造出张弛有度的发型。

发型分析

吹发步骤详解：

吹短层次发型

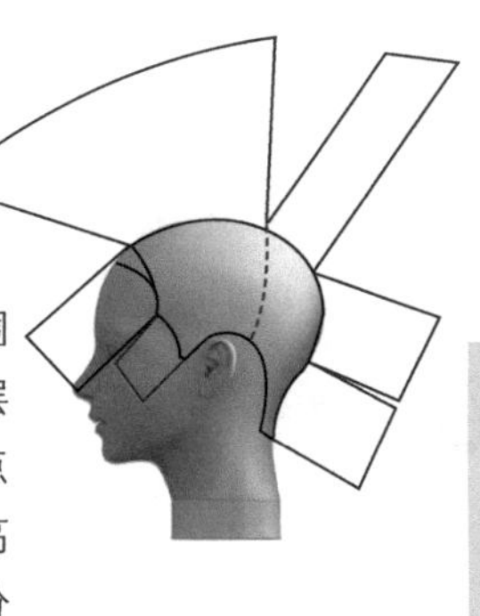

根据显现的弧度可知，颈部和脸部周围紧缩，外界线上呈现张弛有度的短发层次。超出部分后面至前面朝向，从顶点开始，把发片向后插入层次。前低后高的重线，向内部纵深延伸。刘海的部分要向左侧多分一些。

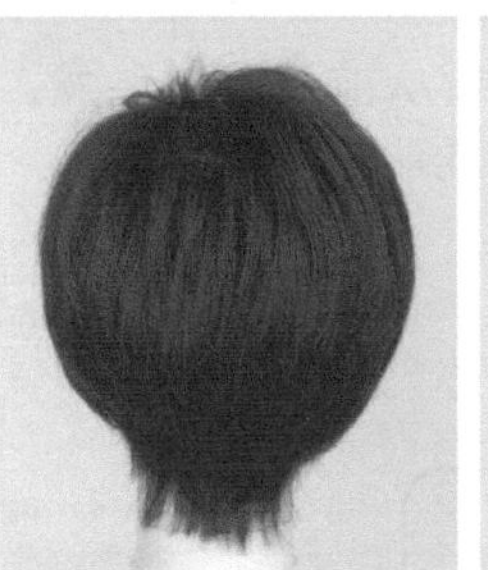

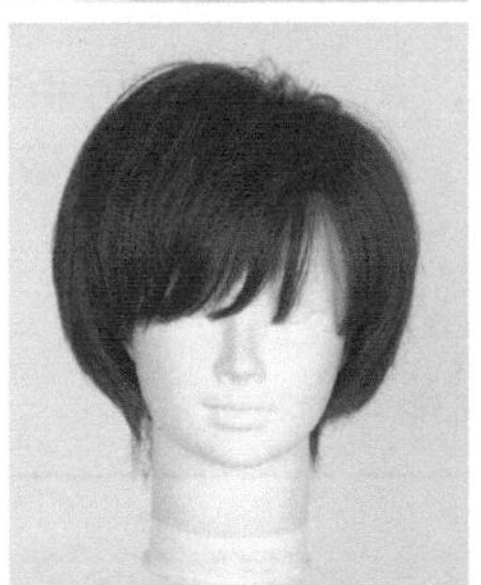

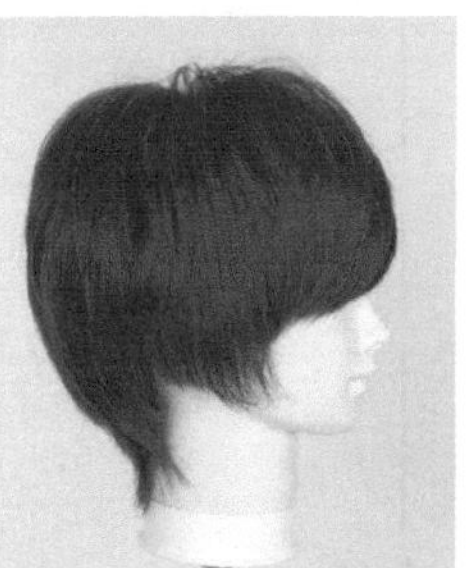

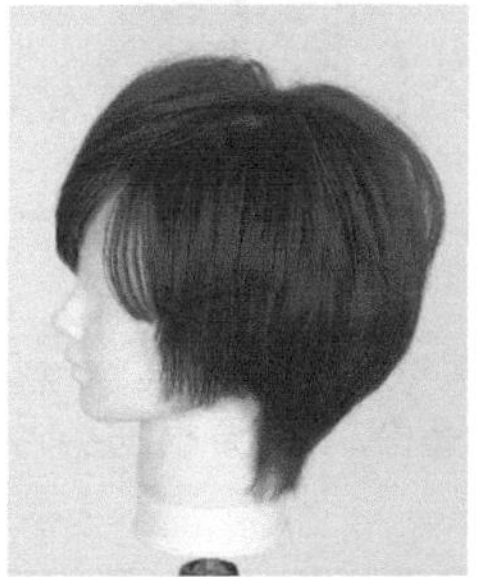

吹发的原则

从发根开始进行预干燥，用卷发梳整理头发的走向

使用卷发梳吹头发之前，注意不要刮到头发整体的走向。预干燥以后，从发中的位置插入骨梳。

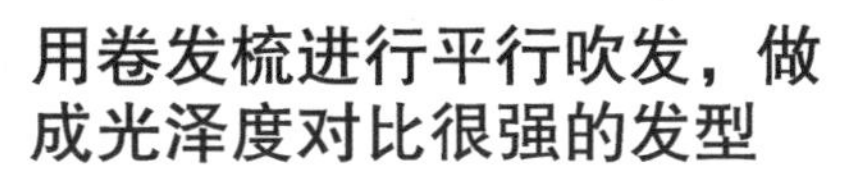

用卷发梳进行平行吹发，做成光泽度对比很强的发型

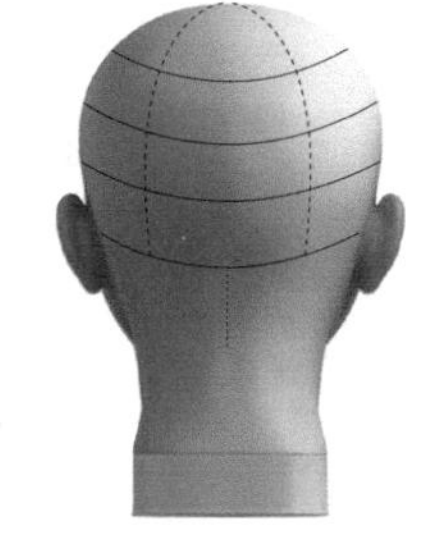

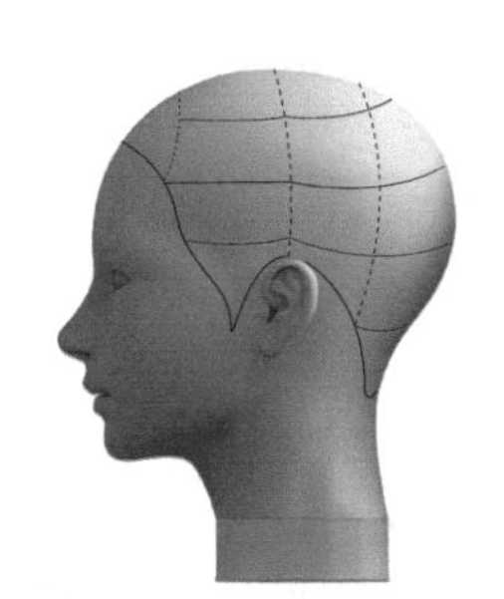

整个头部实施平行吹发，先按照预想中发型的效果，随后根据每个发片来调整卷发梳进入的角度。

学会吹层次短发

这次使用的梳子

中号卷发梳

卷发梳可以帮助完成想要的发型，并用光泽度来表现和强调发量。由于此发型的头发比较短，因此要选择小的卷发梳。

□能够根据预干燥来计算发型的发量。

□根据头的倾斜度学会用梳子控制方法。

□能理解每个发片的效果对全体的轮廓和形状的影响。

□设定重量线，理解发量的强弱和发型设计的要点。

头发短的话，厚的地方比较少，用梳子容易形成痕迹。在什么位置，想做成什么样的形状，要一边根据头脑中对发型的想象一边吹。

预干燥

吹发步骤详解：

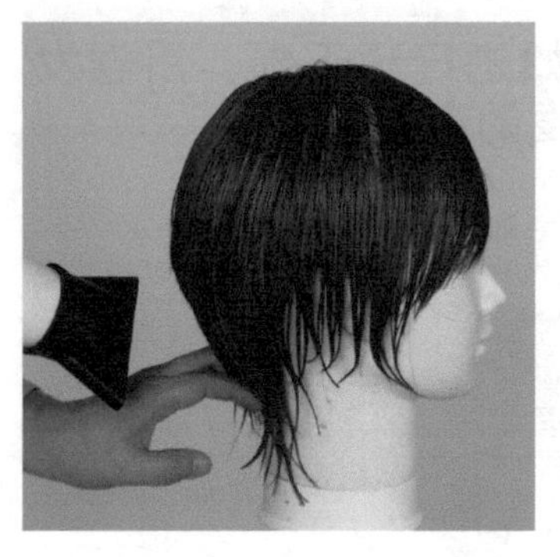

01. 用毛巾预干燥后，将发根拭干。注意不要让颈部的头发飘起，用手指归拢出头发的朝向。（图解 49）

02. 按照从下部到中间，再到顶区的顺序吹发。为了给头皮做按摩，要一边用指肚左右移动，一边擦拭干。

03. 对于难以擦干的内侧发根，要将头发上抬，用吹风机吹。顶点位置让空气进入内侧，营造出一种吹干后的蓬松感。

04. 一边左右移动手指，一边吹干发根中心。

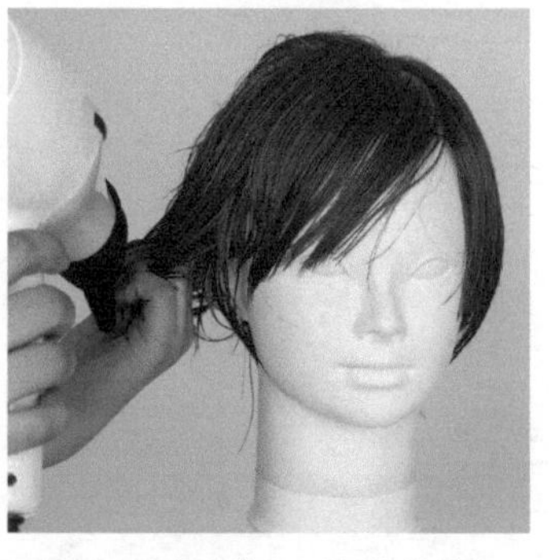

05. 用手指进入头发内侧，做成头发朝上的走向。

06. 用手指从前面通过头发，将头发做成从左至右的方向。

图解 49 在湿发的状态下，做出发型的大致形状

理解发型的基本特征后再进行预干燥，可以提高完成度。设定头发的重量、颈部变细、左边发量重都是该发型的操作特点，在抓住这些特点的基础上进行预干燥。

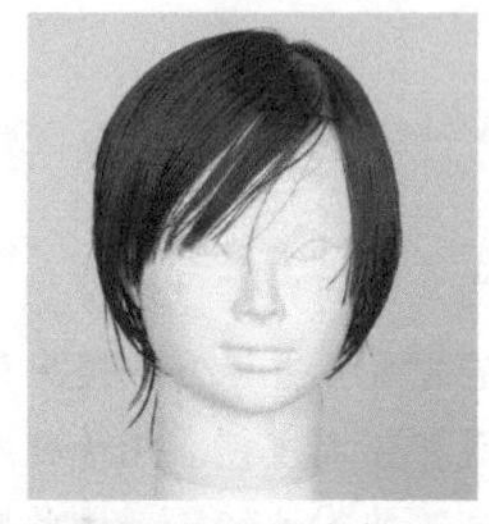

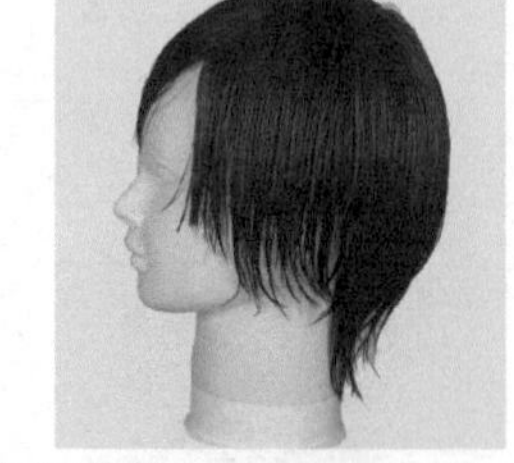

把握湿发的状态特征，上面蓬松，下面要根据头的轮廓做成目标发型。

用骨梳整理头发走向

吹发步骤详解：

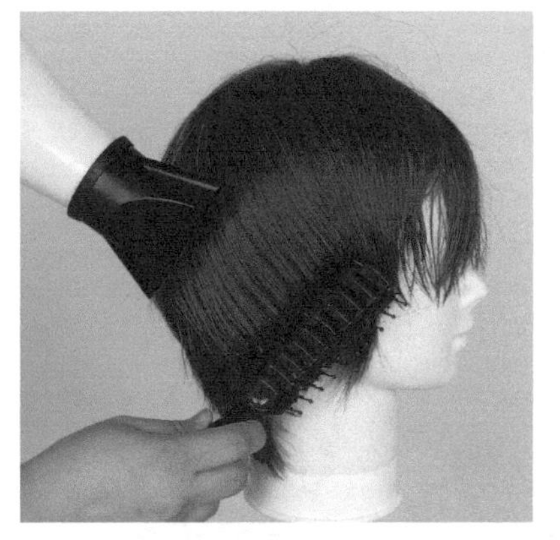

07. 从后脑区中心线将头发分成左右两边，用骨梳整理头发走向。颈部位置做成带有痕迹的朝向。

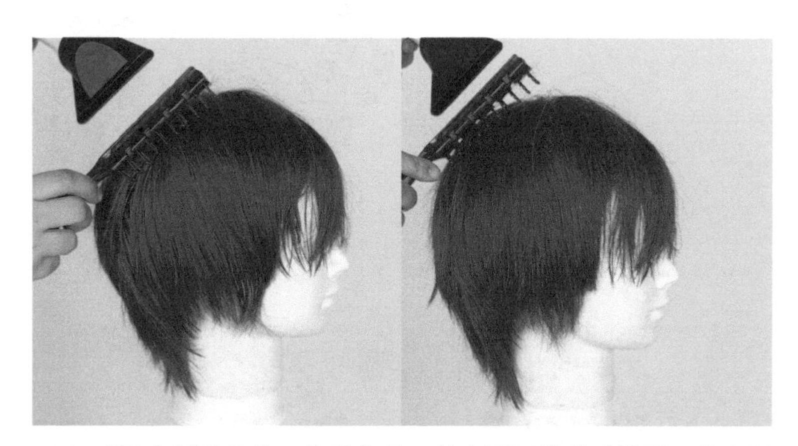

08. 对于右侧的头发，从后向前、从上到下地移动梳子，发中至发梢用吹风机吹发。从后向前推进。

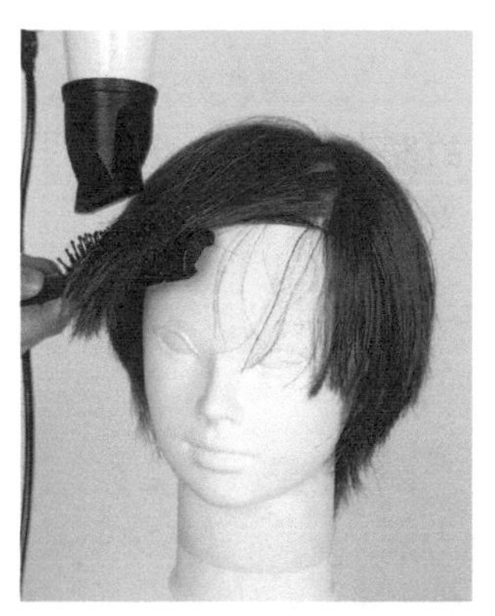

09. 对于刘海头发较重的一侧，让发梢稍向右偏移。

10. 左侧和右侧的操作方法一样。

11. 在刘海较少的一侧，连带左边的发束也一起用梳子向内固定。

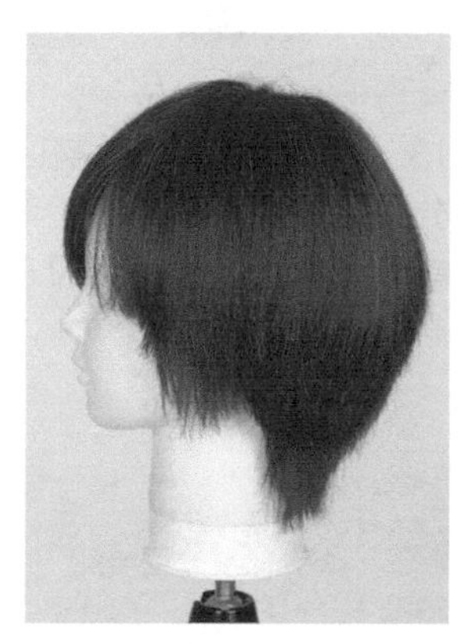

12. 用骨梳将头发全部整理。

后脑区中心平行吹发

吹发步骤详解：

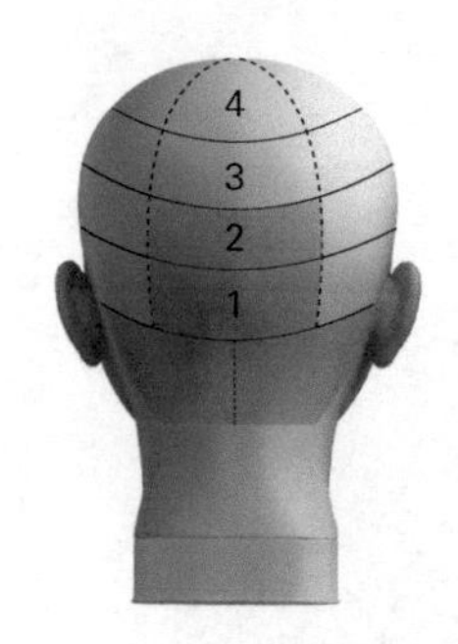

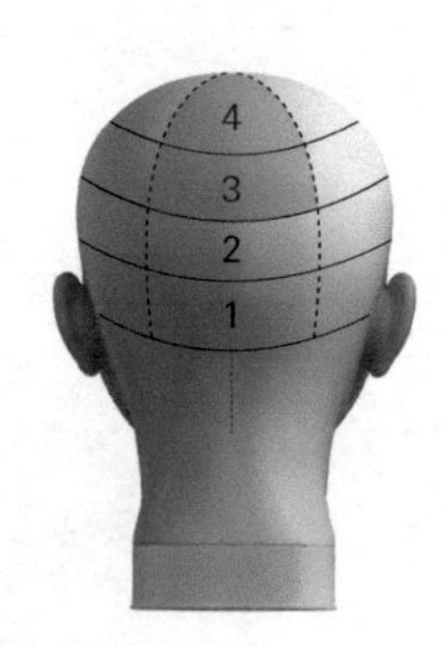

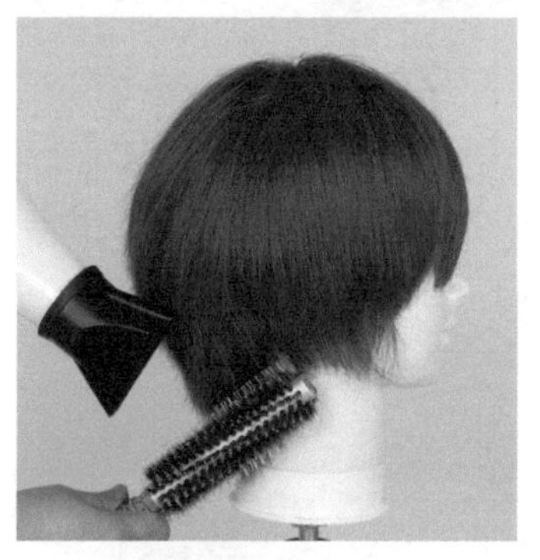

13. 从颈窝上部将后脑区头发分为上下两部分，然后再将上部分成纵向的 3 列。

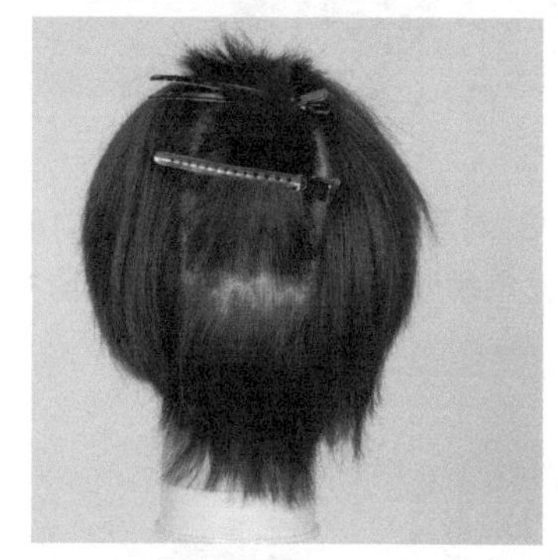

14. 由于卷发梳比较容易在发片间形成层次，因此按照梳子的直径，将中间的一列划分为 4 个锯齿状的发片。

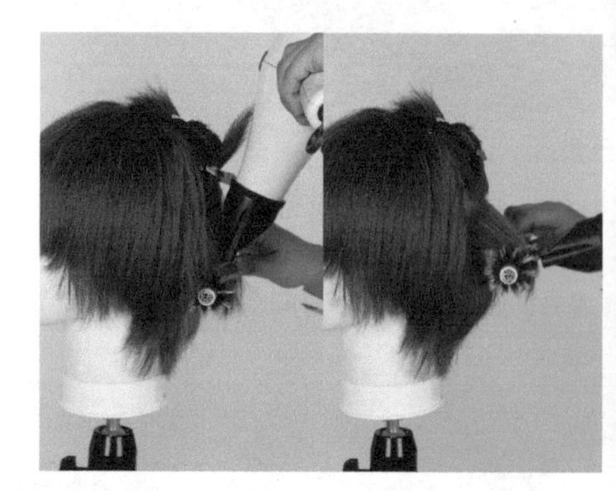

15. 在发片 1 的发中位置插入梳子，一直吹到发梢，吹成下压的形式。

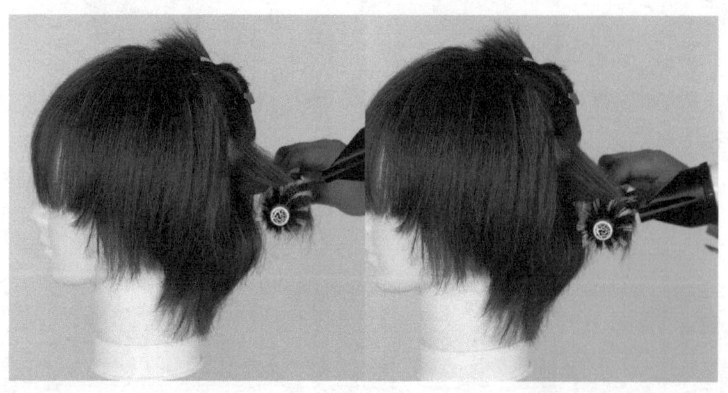

16. 发片 2 也同样来吹，从发中吹至发梢，边缘下压来吹。

17. 从颈部到发片 2 的位置形成了平缓的连接。

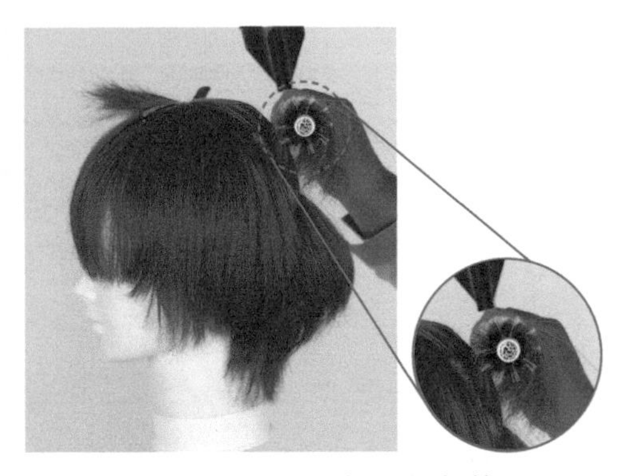

18. 吹发片 3 时，从根部开始将梳子插入。

19. 将发片垂直于头皮拉出，边吹发，边把梳子向发中移动。

20. 保持层次，一直吹到发梢。

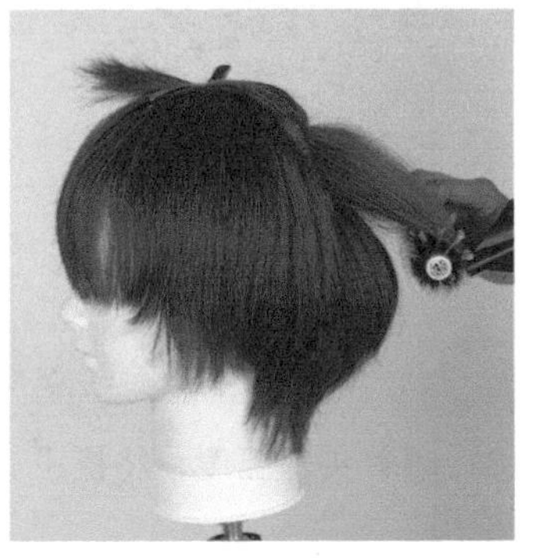

21. 在发片 3 的发梢和发片 2 相连的地方，将梳子取出。

22. 发片 2 和发片 3 的轮廓线很整齐地对接上了。

23. 发片 4 也同样从发根开始插入梳子。

24. 梳子移动至发中，再到发梢，向上拉起吹发。

25. 发根处稍稍留出空隙后卷发。

26. 再一次向发梢方向移动梳子吹发。

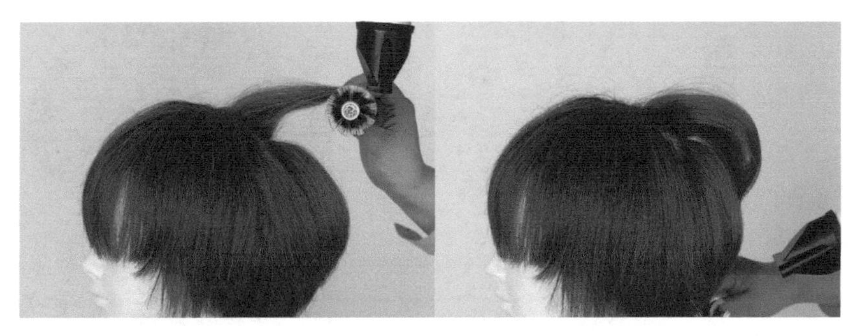

27. 为了保持发根的蓬松度，不破坏发量感，将梳子从发梢处轻轻地取下。

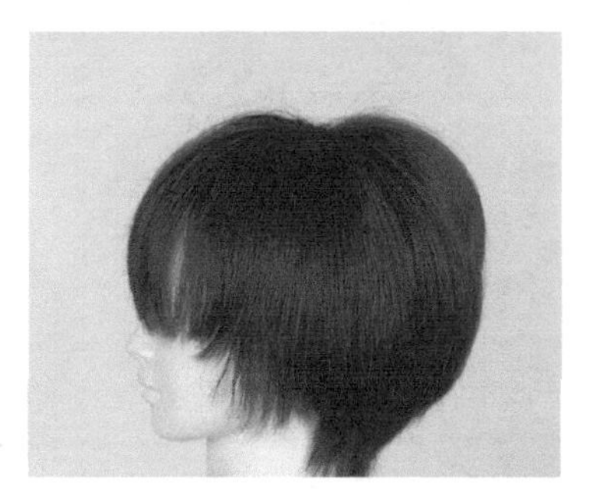

28. 后脑区中间部分的平行吹发完成了。

后侧发区的平行吹发

吹发步骤详解：

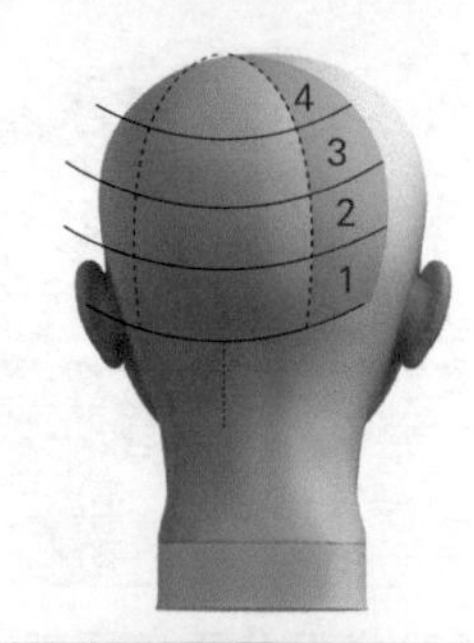

29. 对右边后侧发区进行吹发。首先将其划分为 4 片锯齿状的薄片。发片 1 根部空出，从发中开始吹发。

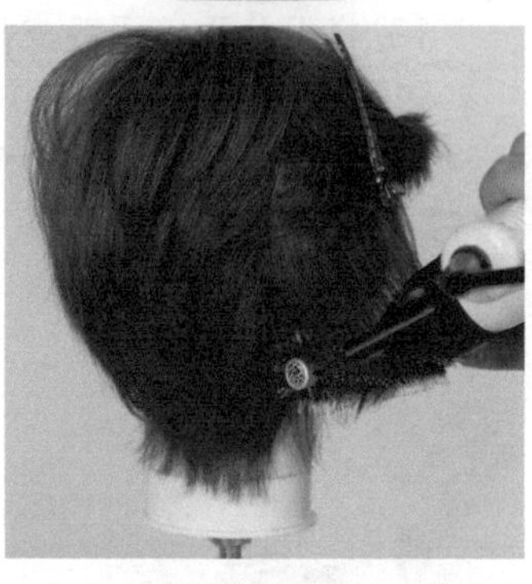

30. 一边移动梳子，一边向下吹。

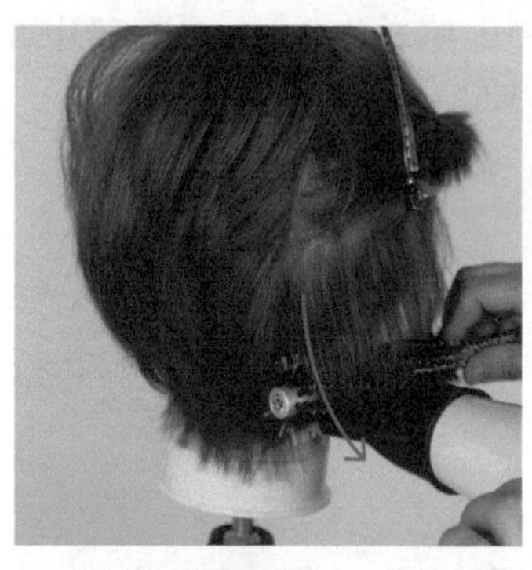

31. 顺着头部弧度，将梳子取出。

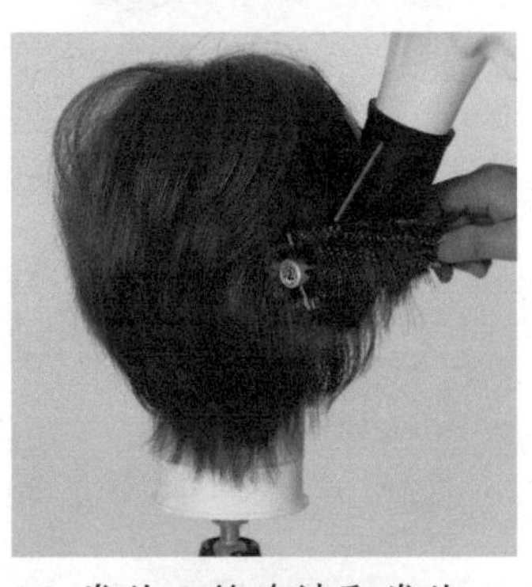

32. 发片 2 的吹法和发片 1 一样，同样将根部稍微空出，将梳子从发中插入。

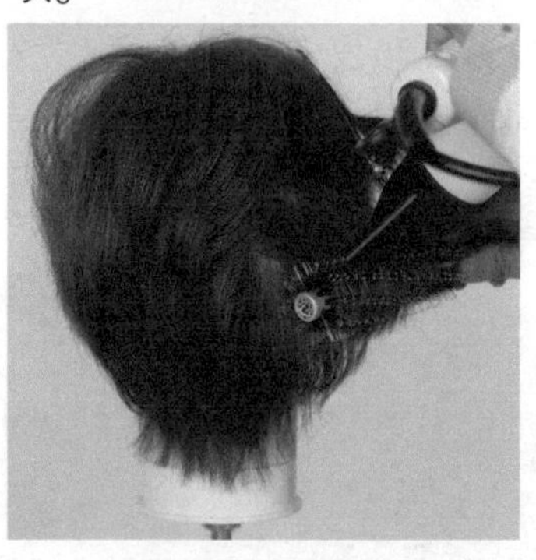

33. 边移动梳子边向下吹发。

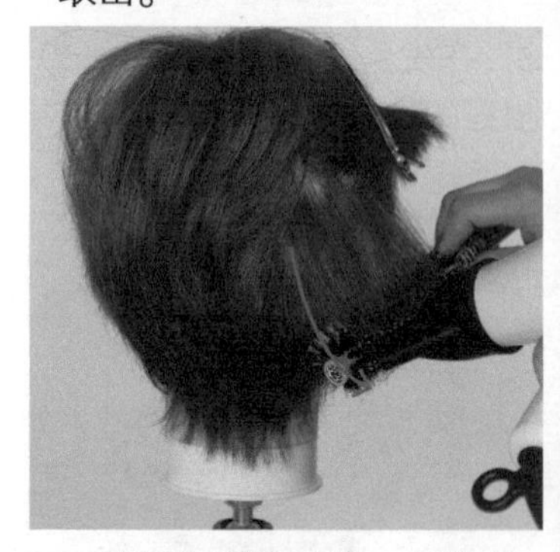

34. 顺着头部弧度，将梳子取出。

35. 发片 3，在保持发根处稍空的位置插入梳子。

36. 向上抬起，和地板保持平行地吹发。

37. 将梳子移动到发梢朝向的位置，形成头发走向。

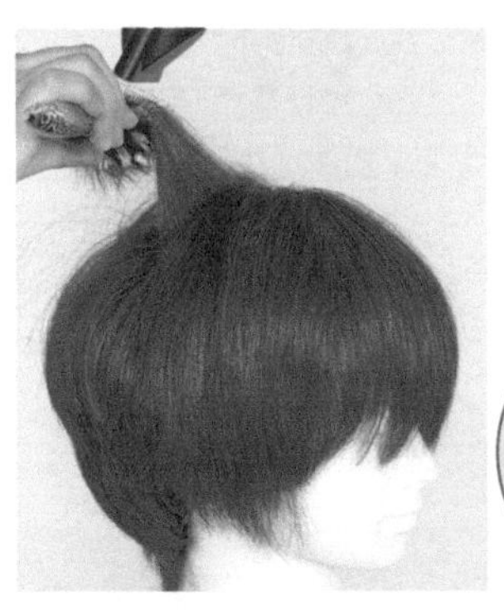

38. 表层发片 4 的发量比较少，可从后脑中心区的发束取一些头发，调整成和发片 1 相同的发量，将梳子插入根部，和头皮保持垂直拉出来吹发。

39. 将梳子移动到发梢朝向的位置，形成头发走向。

40. 后侧发区的发片 3 和发片 4，吹发时发梢向下吹，比后脑区中心的头发的边缘要向下一些。发冠开始偏向一侧，形成前短后长的、有方向性的发型。

41. 后侧发区左边的发片 1 和右侧同样的划分成前高后低的锯齿形的薄片，给发根稍留有空间，边缘向下吹风。从发梢的朝向位置拔出梳子。

42. 发片 2 和发片 1 的吹法一样。

43. 发片 3 的根部也稍空出位置，然后插入梳子，和地板平行地向下吹发。

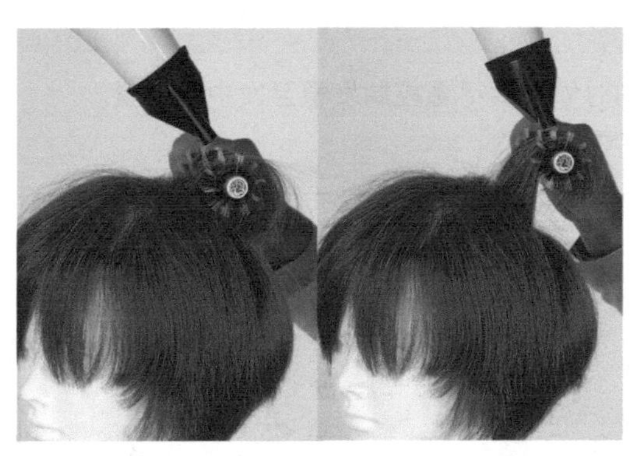

44. 发片 4 也从发根处插入梳子，和头皮保持垂直，拉出发片来吹。

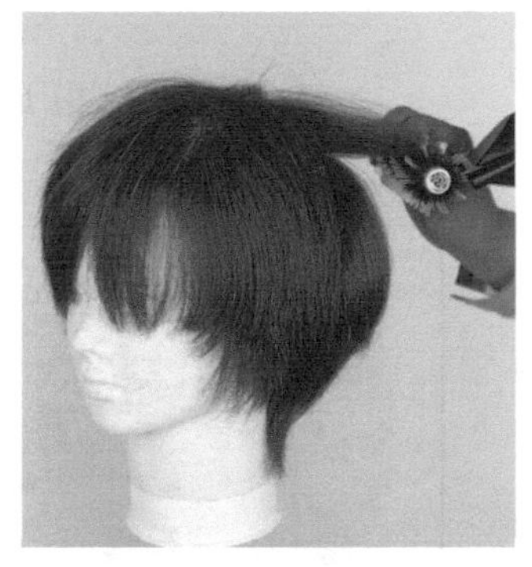

45. 用梳子保持好层次，向发梢移动梳子。

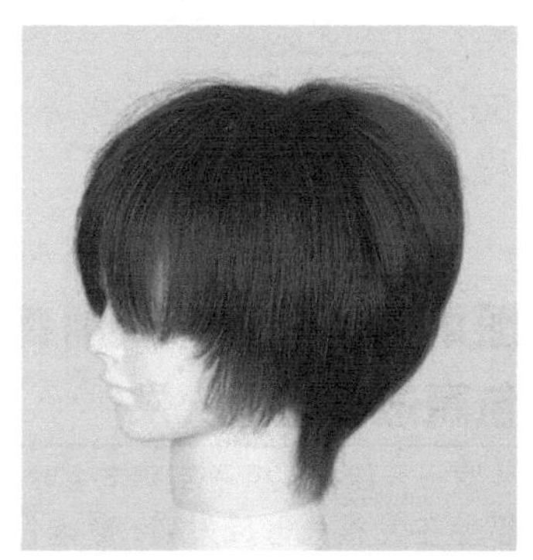

46. 后侧发区左边的平行吹发就完成了。

右侧发区的平行吹发

吹发步骤详解:

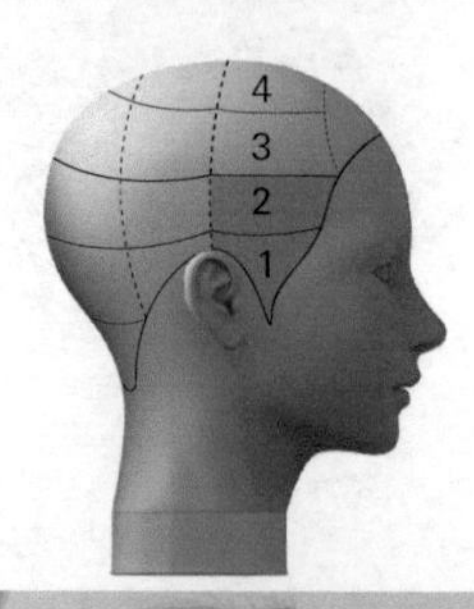

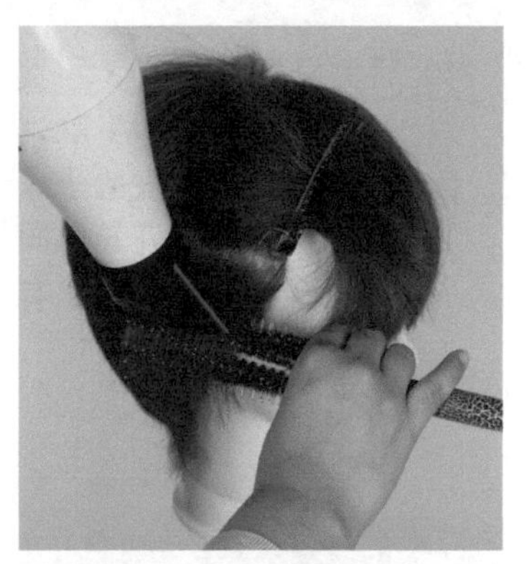

47. 取发片 1，发根空出，插入梳子。

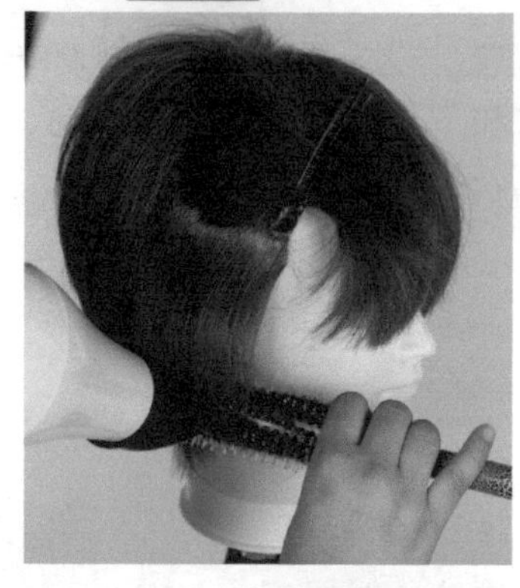

48. 从发中吹到发梢，边下压边吹发。（图解 50）

49. 发根到发中比较直，发梢的朝向形成自然向内的状态。

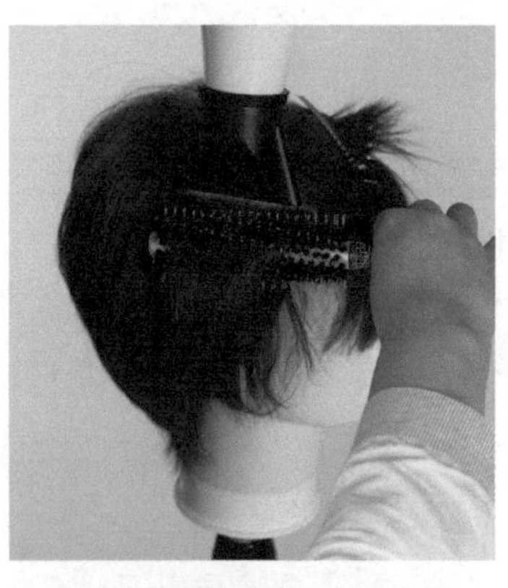

50. 发片 2 和发片 1 的吹法一样，空出根部插入梳子。

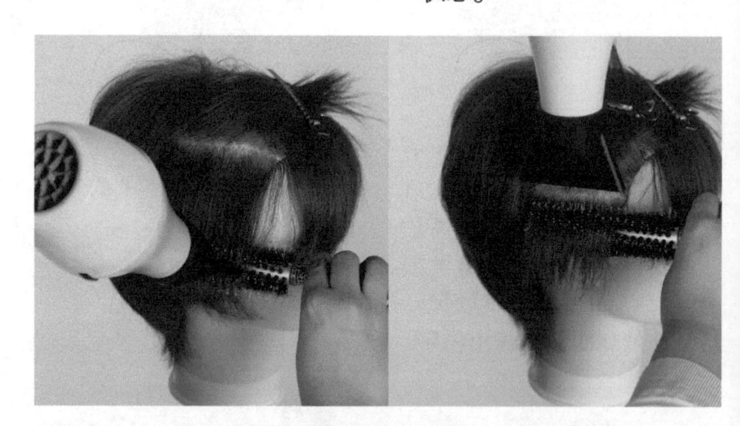

51. 边吹边下压的时候，要尽量控制发根至发中的发量。

图解 50 把脸部周围都包裹进去进行吹发

从发根开始插入梳子,或者向上吹,都会在发根处形成发量,影响发型的光泽度。侧面贴着头部轮廓来吹的话,侧面与蓬松的顶点发量就会形成反差。

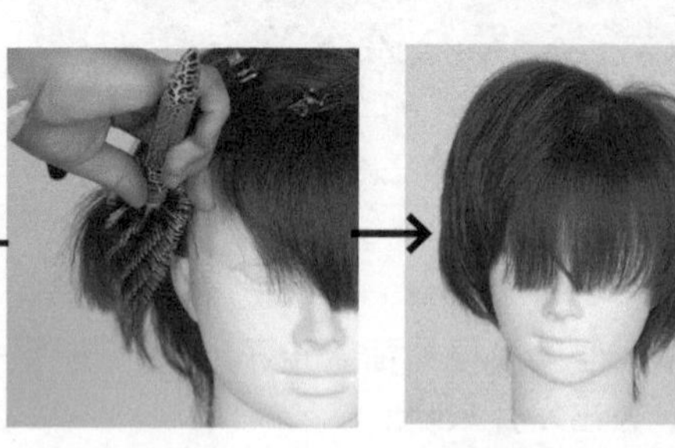

发根至发中形成发量

外观没有光泽

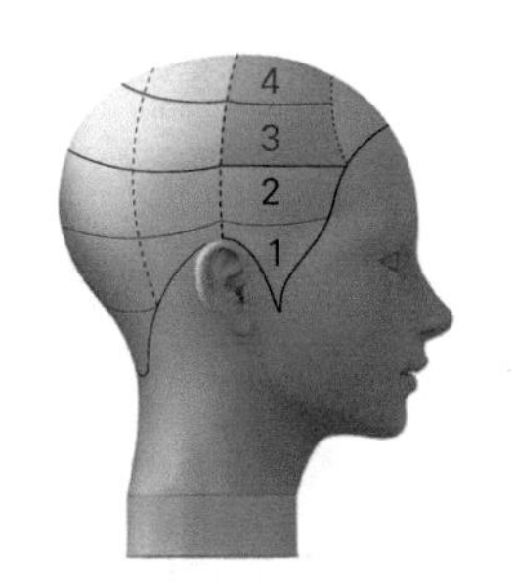

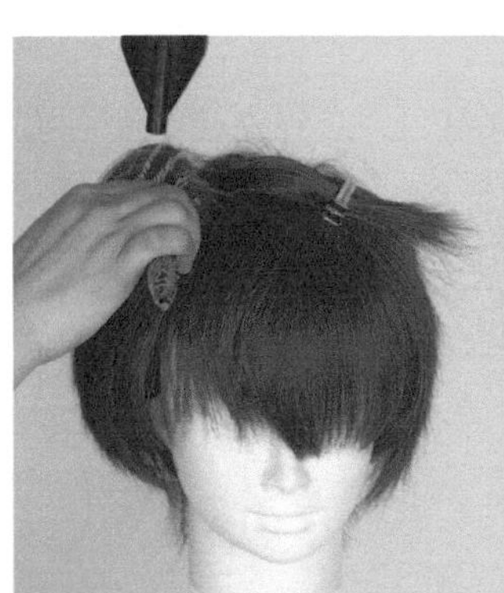
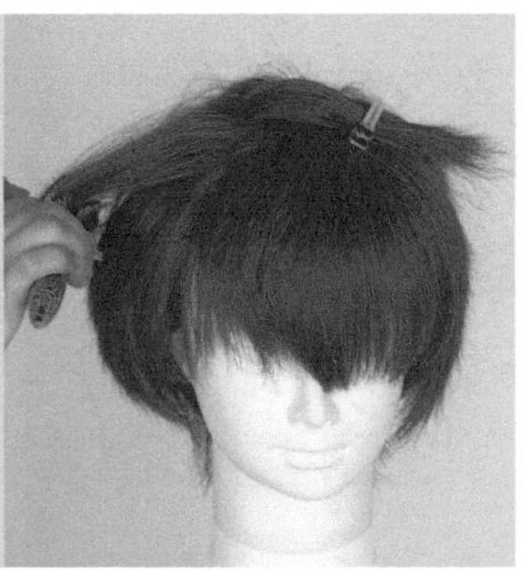

52. 在发片 3，让梳子避开发根，将发片平行于地板，从发中吹至发梢。

53. 对于发片 4，用梳子固定发根，向发梢移动梳子。

54. 上抬边缘，同步骤 53 的角度，向发梢位置移动梳子。

55. 到发梢为止保持层次，慢慢地剥离梳子。

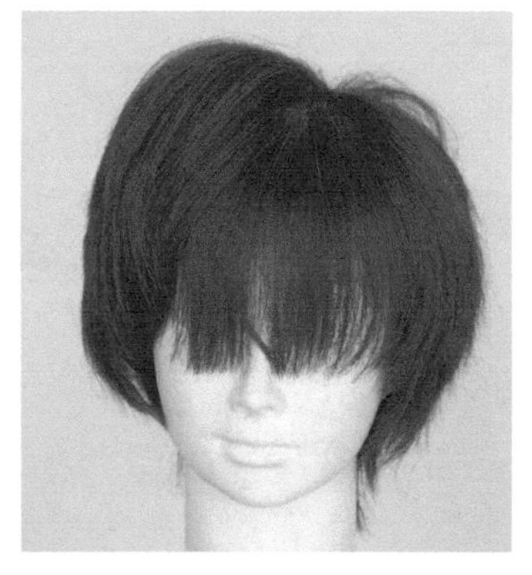

56. 头后部到侧面前低后高，呈现出纵深感。（图解 51）

图解 51 做成前长后短的纵深感

侧发区表层的头发在顶点最高的位置，用梳子上部将头发拉伸出来吹发，会形成前长后短的纵深感。如果梳子的下部（梳子柄）上抬来吹的话，刘海则会成为重点，发型就会遭到破坏。

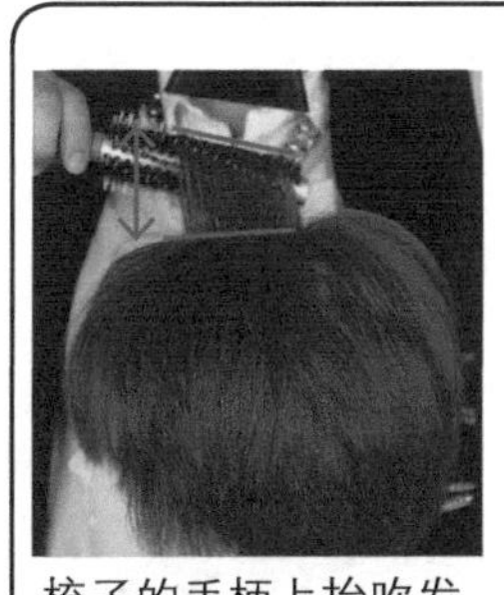

梳子的手柄上抬吹发

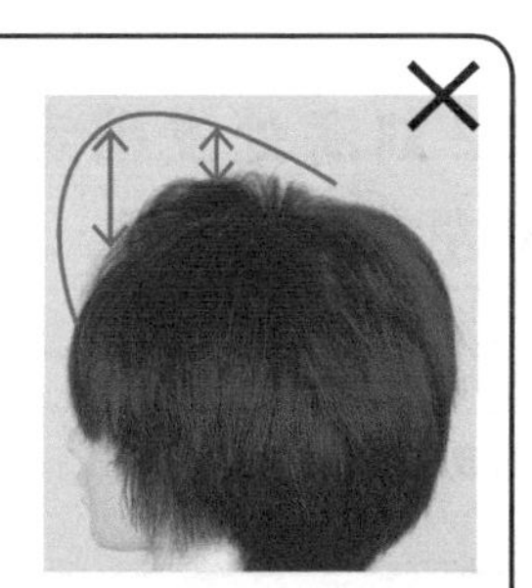

发型没有统一的感觉

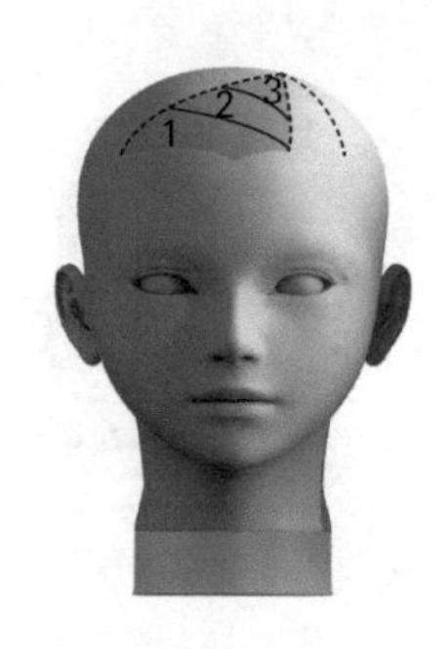

57. 在刘海头发较多的一侧取发片 1，用梳子将发根牢牢固定住。（图解 52）

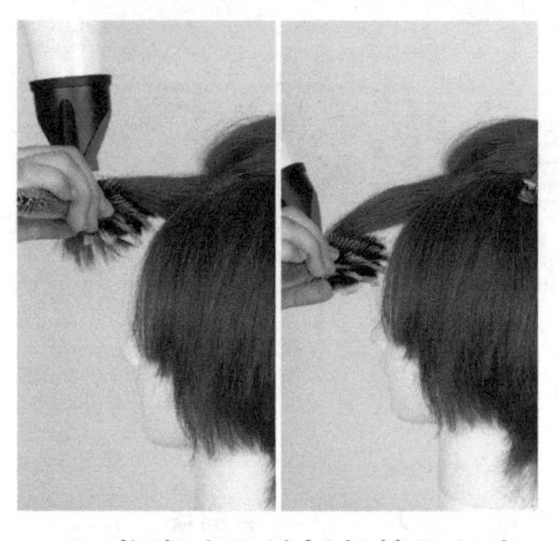

58. 将发片和地板保持平行来吹发。

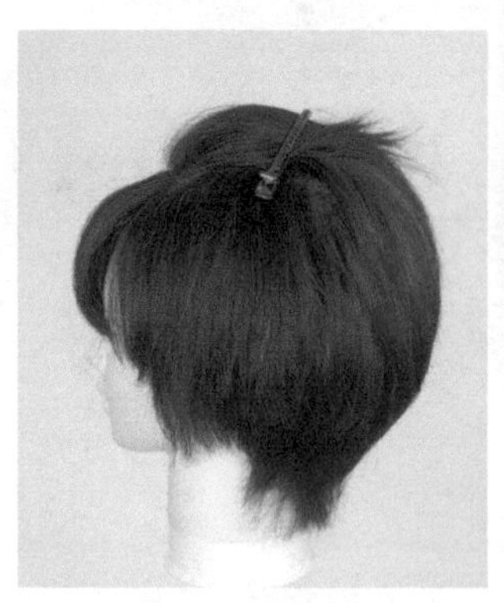

59. 根据头部弧线，吹成自然弯曲的弧度。

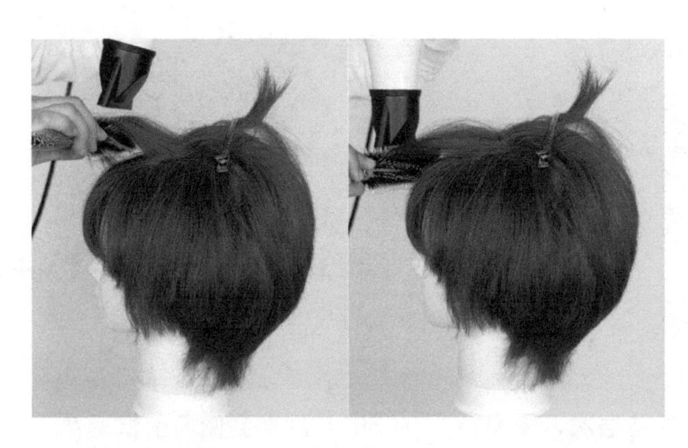

60. 发片 2 吹发时，空出根部插入梳子，在发片 1 的发梢延长线上，边向下压边吹发。

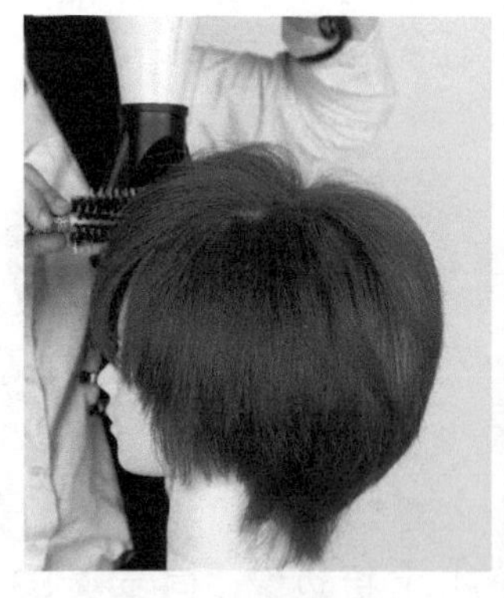

61. 发片 3 的吹发和发片 2 一样。

图解 52 刘海处发梢走向为从左向右

发片 1 从发根开始插入梳子，根据骨骼的弧度来吹发，发片 2、3 的发梢形成从左往右的走向。

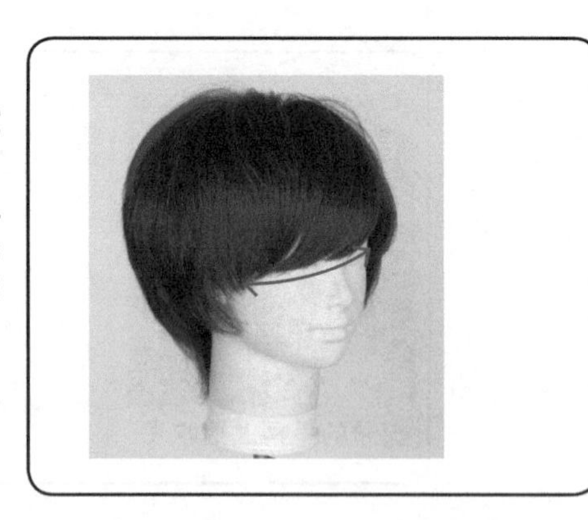

左侧发区的平行吹发

吹发步骤详解：

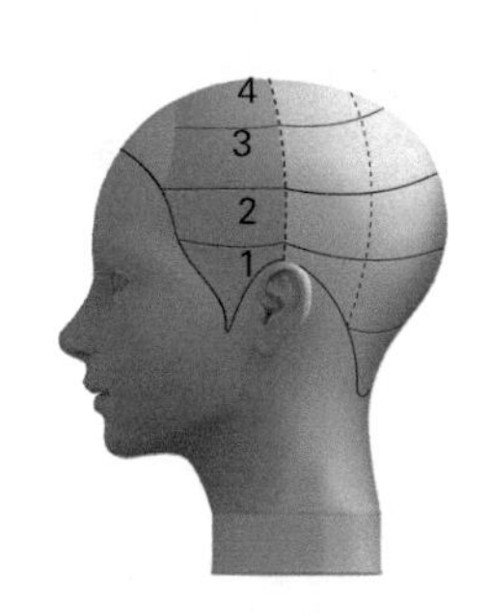

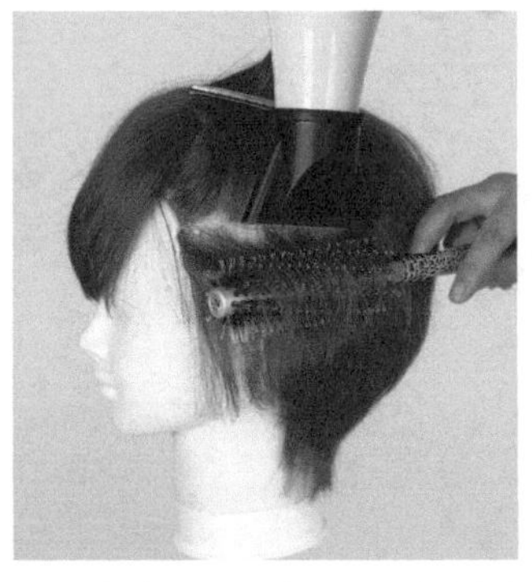

62. 左侧发区也划分为横向的薄片，发片 1 的吹法和右侧发区的发片 1 一样，让根部稍微空出，将梳子插入。

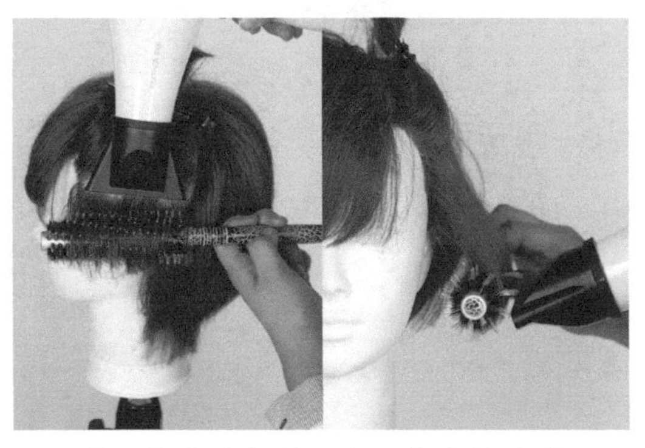

63. 梳子与发片保持平行，向发梢移动，边移动边向下吹发。（图解 53）

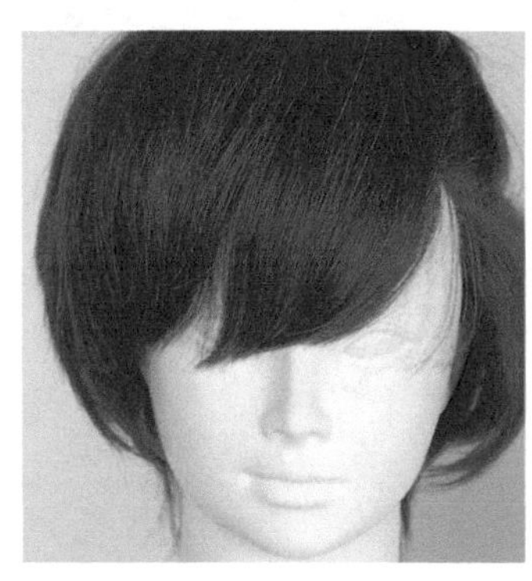

64. 控制发根至发中的发量。

65. 发片 2 和发片 1 的操作方法一样。

66. 发片 3，让梳子避开发根，将发片平行于地面，从发中吹至发梢。

图解 53 梳子要和发片保持平行

梳子相对于发片的角度和距离不同的话，发片两侧的弯曲度会有差异，就不能在侧面包裹住脸。梳子平行地插入薄片，和发根部保持一定距离，使发片的包裹度更自然。

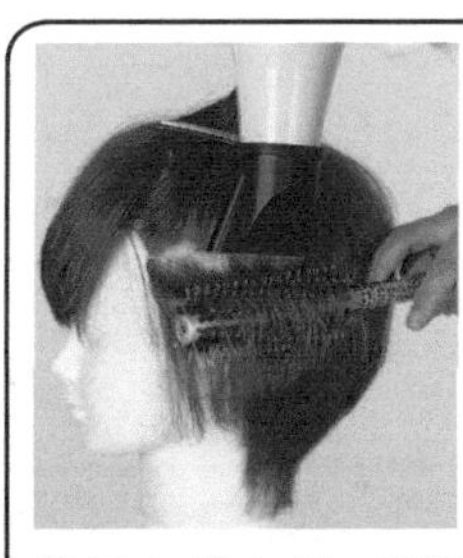

梳子上端上提，手柄部分下压。

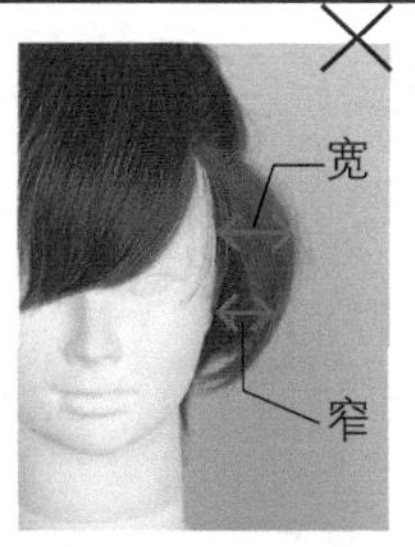

发片两侧的弯曲度略有差异，从正面会看到大大的空隙。

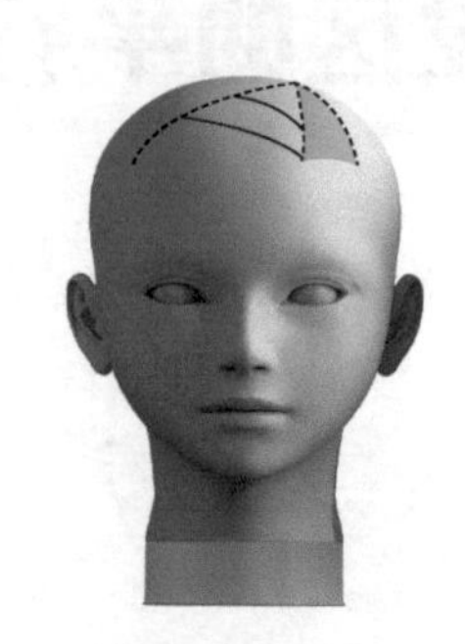

67. 在发表的发片 4 处插入梳子，和右侧发区发片 4 的吹法一样。

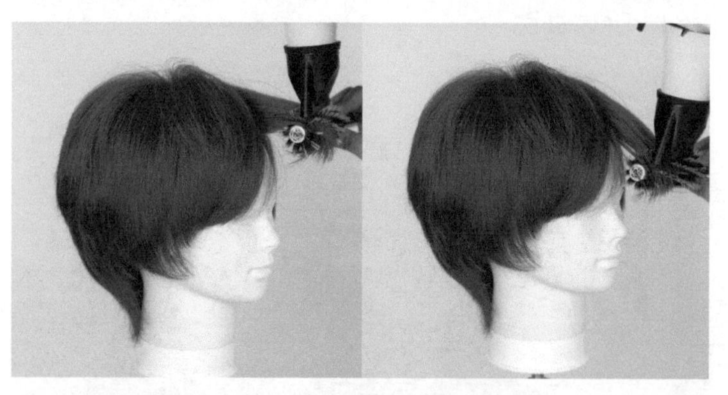

68. 刘海处发量较少的一侧，要从左侧发区相邻的发片中取出一些头发，融合在一起，从发根处插入梳子，一边下压一边吹发。最后与发量多的一侧的发梢进行融合后拔出梳子。

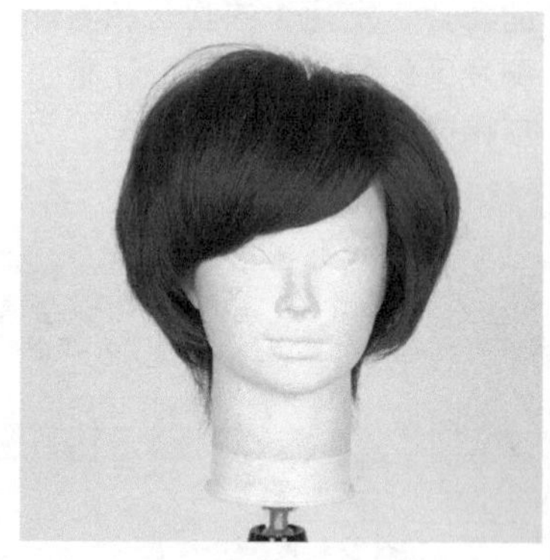

69. 完善左侧发区和发量较少一侧的刘海，吹发结束。

完成

吹发步骤详解：

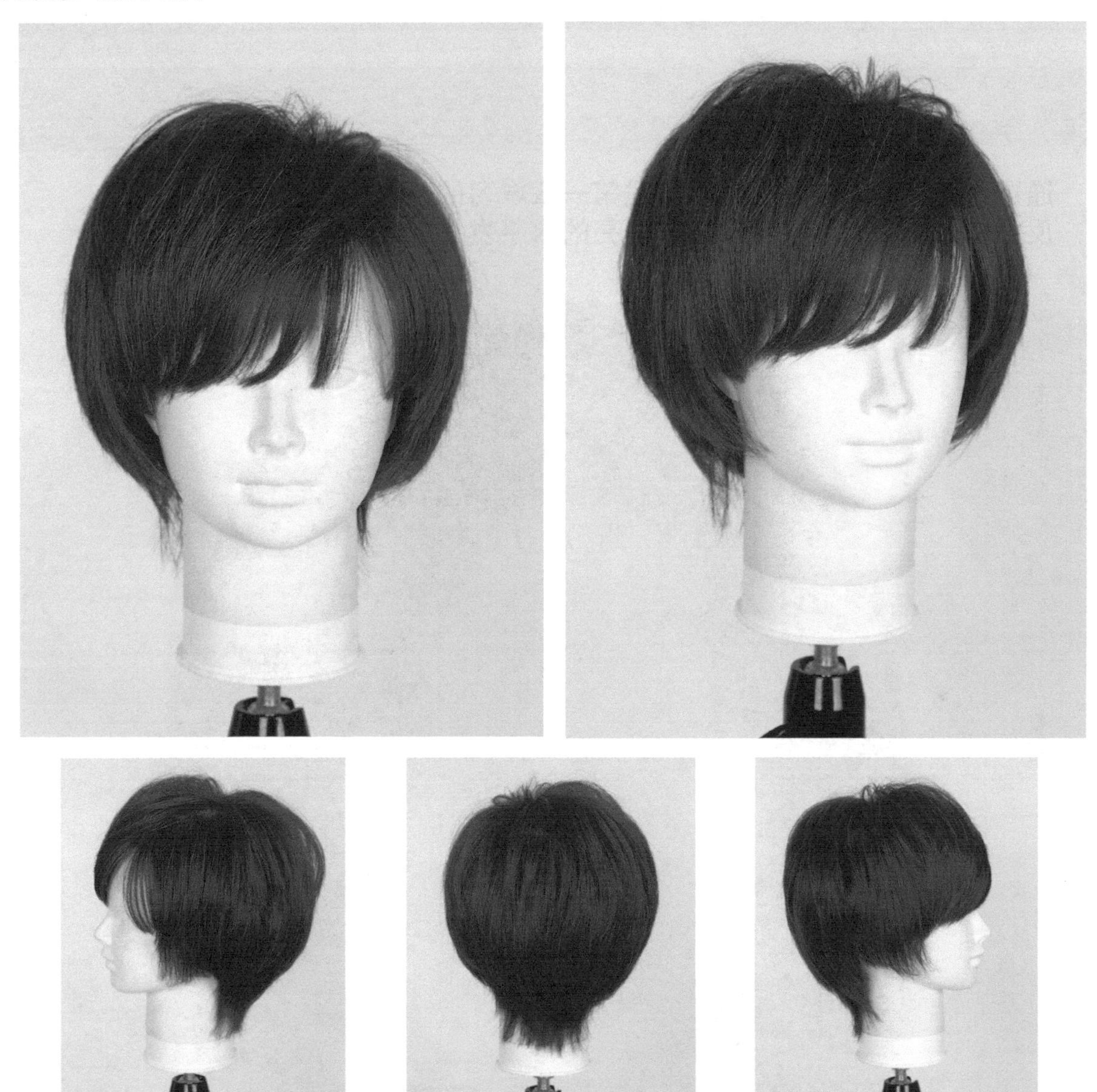

第 6 章 中长发的吹发

6.1 齐发波波头

通过对齐发的波波头吹发，实践第一章学习的基本知识和身体的移动。
反复练习左右对称吹发，形成漂亮的水平发线。

发型分析

吹发步骤详解：

吹发前发型分析：

全部头发都剪成波波风格，发表具有光泽度，其特征是发梢有自然弯曲的弧度。

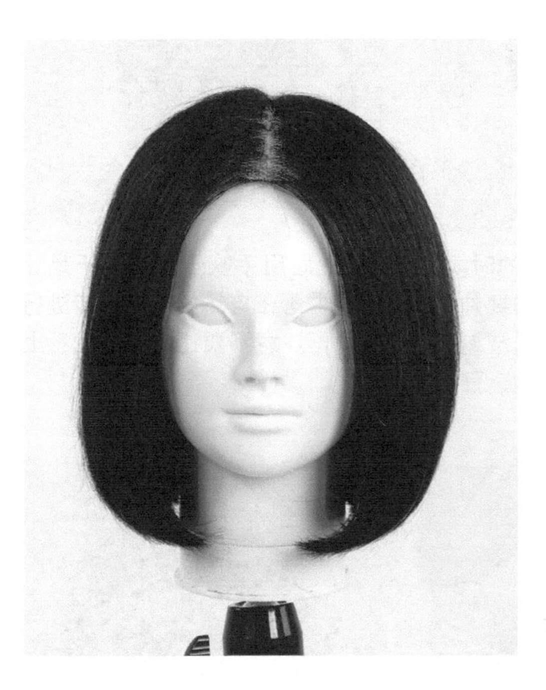

吹发的原则：

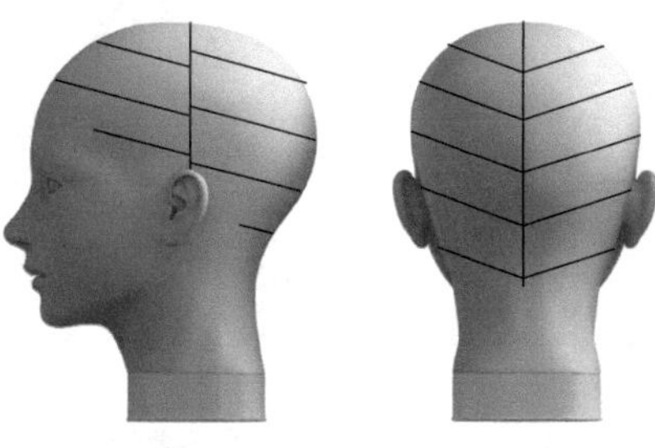

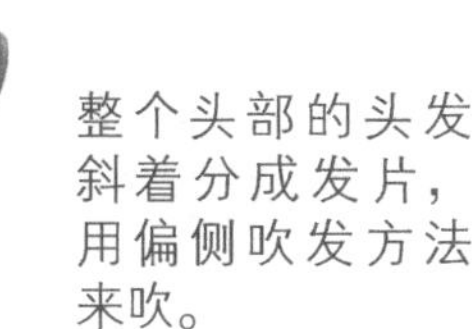

整个头部的头发斜着分成发片，用偏侧吹发方法来吹。

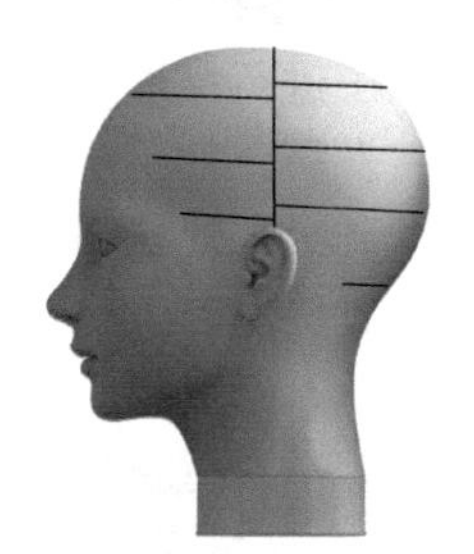

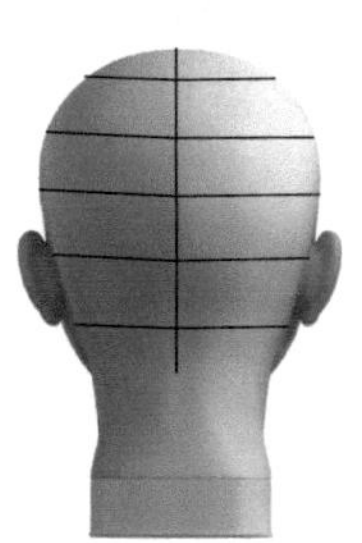

偏侧吹发吹完之后，再将整个头部分成横横向的发片，用平行吹发方法来吹。

此次吹发分两个阶段进行：先是偏侧吹发，然后是平行吹发。偏侧吹发沿着头部的弧度进行，形成带有弧度的效果；平行吹发则是强调齐发波波头的线条。

齐发波波头要能够吹出相同的长度

本次使用的梳子

九排梳

为了发梢有自然弯曲的弧度，因此要使用吹发梳子。

根据头的弧度掌握头发的走向（斜着吹发）。

从头发自然垂下的位置了解自然形式（斜着吹发）。

按照身体和梳子的距离来控制身体重心的移动（斜着吹，身体和发片根部保持平行）。

保持发型左右对称地操作梳子。

保持头部整体左右对称地取相同的薄片反复吹发，得到的就是齐发波波头。要充分了解头部的骨骼特征和头发的发际特征，同时也要掌握身体的移动和梳子、吹风机之间的关系。

预干燥

吹发步骤详解：

01. 从用毛巾擦干头发开始。隔着毛巾用手指肚给头皮进行按摩，让毛巾吸收水分。

02. 差不多擦掉4~5成干的时候，用梳子进行梳理。梳理时要注意保持发型，在不给头发造成刺激的基础上，让梳齿缓慢地、仔细地通过头发。

03. 然后用手吹干，手吹干是让头发垂落在自然位置上初步进行吹风，注意不要让颈部的发根上浮。

04. 为了让头发的中部到发根都能吹到风，头发内侧要通过手指抓取发束，将发束稍稍上抬，从发根到发梢开始吹风。

05. 侧面的头发向上拉伸，用手指从发根到发梢做成发绺。

06. 用手将头发吹至7~8成干，此时发根部分已经干燥，形成了比较立体的样式。

后脑区右部斜吹

吹发步骤详解：

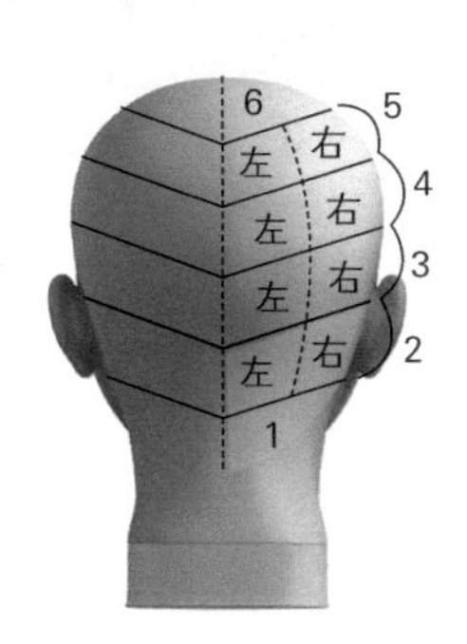

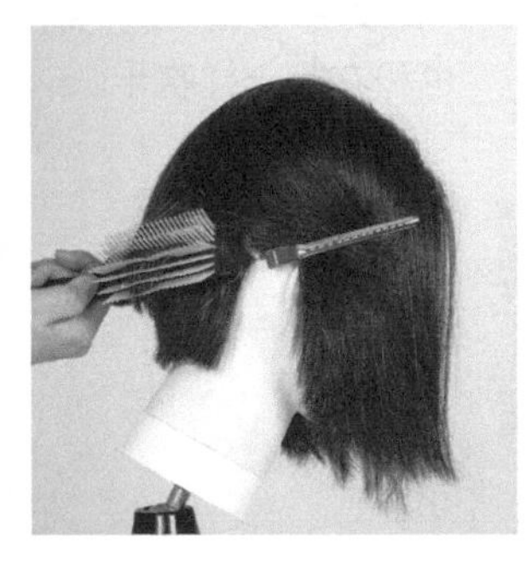

07. 侧吹开始。发片的厚度以梳子宽度为准。从两耳上与顶点连接的双耳连线上将头发前后分开。后面头发以正中线为准左右分开，上下各分成 6 段。沿着脑后区左边开始吹发片 1，将梳子插入发片。

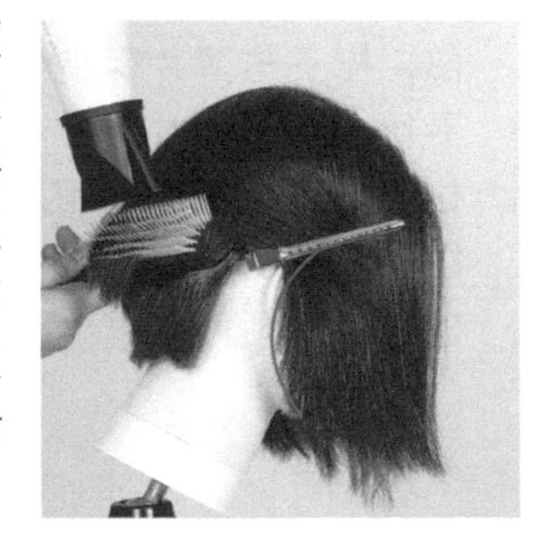

08. 将发片拉出，发片的高度不能超过发梢的高度（图解 54），在发根倾斜处开始用吹风机吹，一直吹到发梢为止。

09. 将发片 2 左右分成相等的发量（图解 55），吹发片 2 的右侧。同吹发片 1 一样，将梳子沿着头皮插入发束。

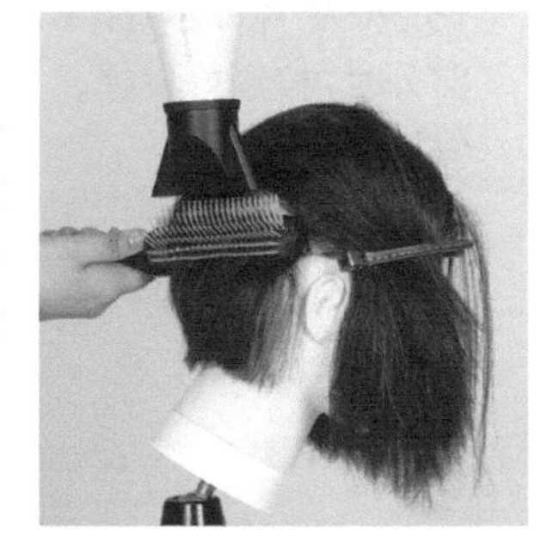

10. 同样，将发片拉伸出来时，发片的高度不能超过发梢的高度，保持分层继续吹发。发片 2 的头发不要蓬起，发梢要往下拉。

11. 到发梢位置一边吹，一边根据剪好的发线，慢慢使梳子离开发片。

12. 脑后区发片 2 的左侧也和右侧一样进行吹发。

图解 54 颈部吹发重点

颈部附近的头发较短，要向下吹。如果向上吹的话，发根蓬松容易显得不整齐。

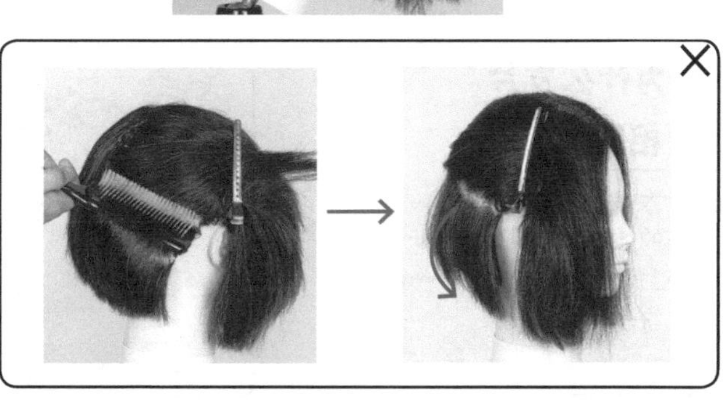

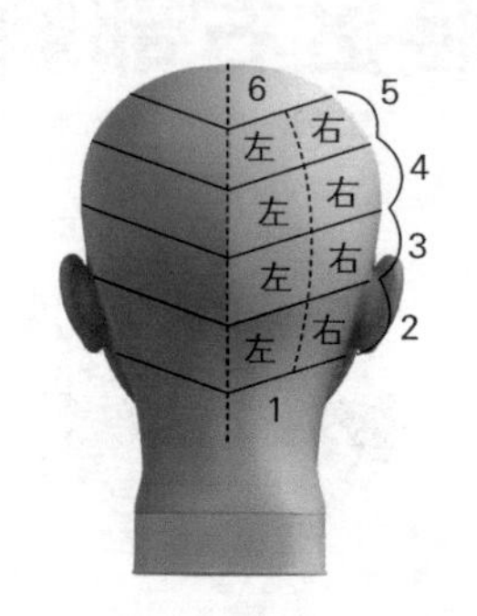

13. 吹发片 3 的右半部，梳子与薄片保持平行地梳进发片，并拉伸出来，牢牢固定住发片，从发根到发梢吹干。

14. 发片 3 的左半部也和右侧一样吹干。

15. 吹发片 4 的右半部分时，控制好发梢，保持好层次。

16. 发片 4 的左半部分也和右侧一样，从发根到发梢，让吹风机的风正对着吹，发梢微微内收。

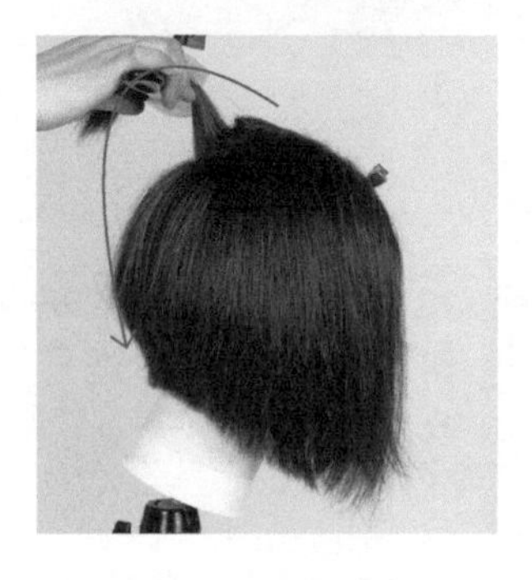

17. 开始吹发片 5 的右半部分，要将发根立起，向高处拉伸出。

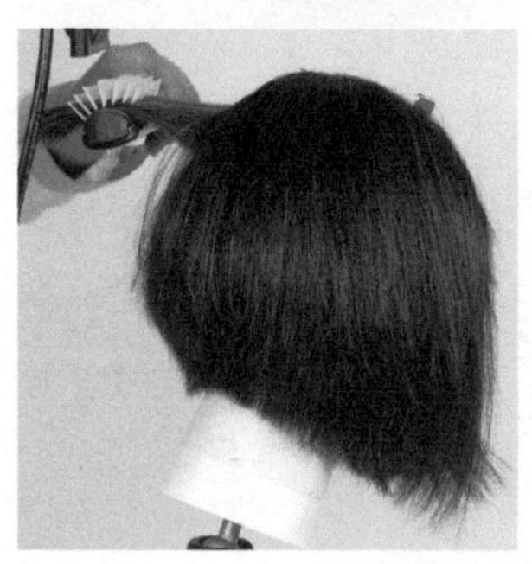

18. 发片 5 的左侧和右侧一样拉伸出来吹。

图解 55 为什么发片的分量要相同？

发片的分量太多的话，吹不出头发膨胀的效果，且头发容易从梳子上滑下落。分成均等的量来吹，吹出的效果会好些。

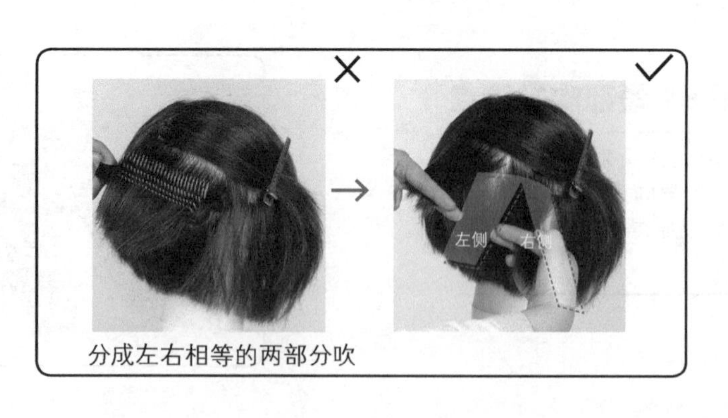

分成左右相等的两部分吹

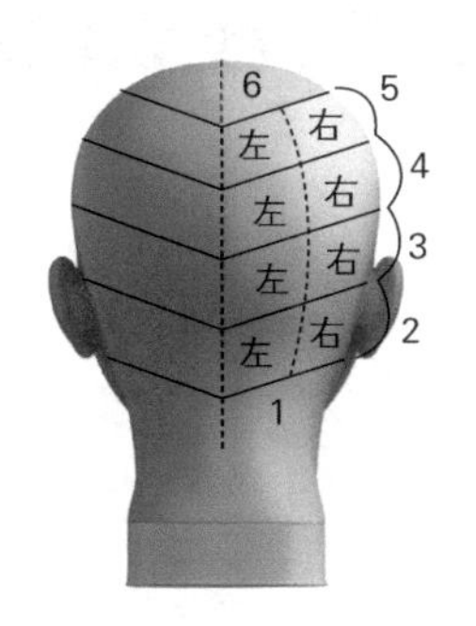

19. 顶发区的发束6分量较少，不用分成两部分来吹。可将其上抬，让发根立起来，并把吹风机对准发根吹。

20. 开始吹发束6的中部，此时梳子要画出弧形轨道，吹风机对准发束中间吹。

21. 用吹风机吹发根到发梢。

22. 吹完后，要注意梳子从发束上取下时不要弄乱发束，到发梢时向内侧收。

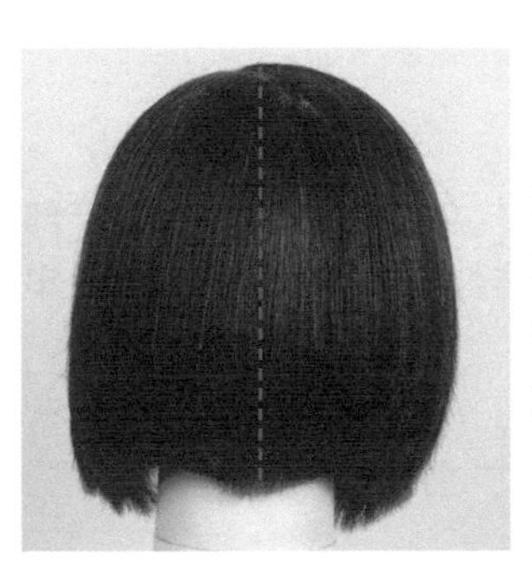

23. 右侧的斜吹完成。与左侧相比，右侧发梢更内扣，而且有自然的弧度和光泽感。

后脑区左侧斜吹

吹发步骤详解：

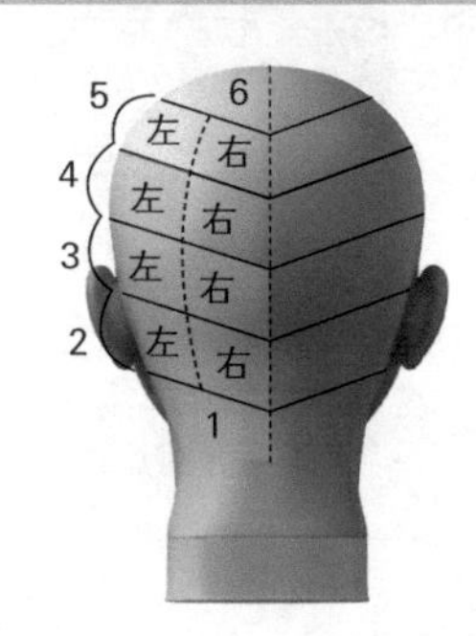

24. 后脑区左侧进行侧吹。先吹发片 1，将梳子沿着头皮从头发内侧进入，向下梳理进行吹发。

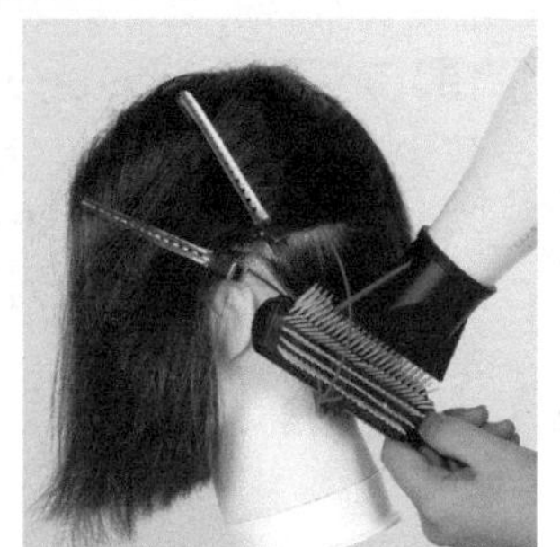

25. 将发片 2~5 左右均等分开吹，将其余头发固定好，先吹发片 2 的左半部分。

26. 用同样的方法吹发片 2 的右半部分。从发片 2 开始注意发梢不要上抬。（图解 56）

27. 左后侧发片 3 的左半部分正对头皮，因此，要固定好发片的层次，用吹风机正对着吹。

28. 左后脑区发片 3 的右半部分，也和左半部分一样进行吹发。

29. 对发片 4 的左半部分进行吹发。用梳子牢牢固定住发根一边吹，一边将发梢向内侧弯曲。

图解 56 在颈部附近将梳子沿着头皮梳进去

颈部附近的头发比较短，如果用梳子向上梳进内侧，发根就会向上蓬松，破坏发型；如果沿着头皮将梳子梳进头发内侧，则会将多余的蓬松感压下去。

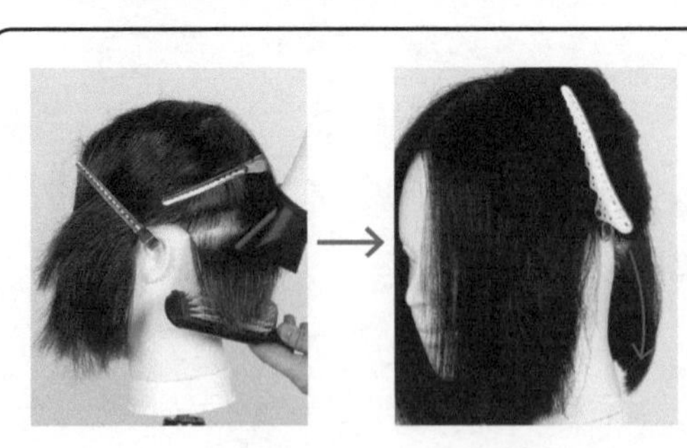

沿着头皮将梳子梳进去

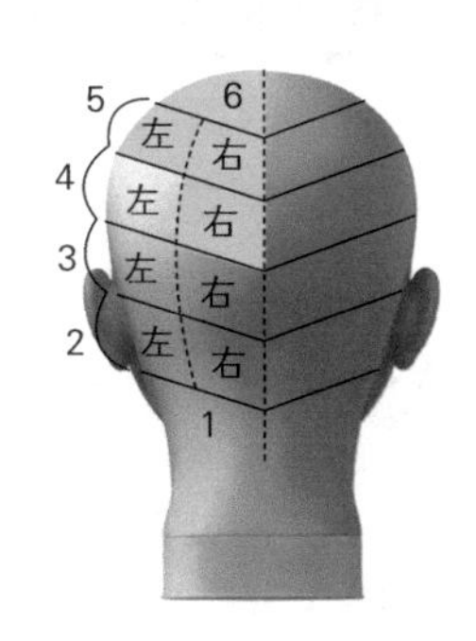

30. 后脑区发片 4 的右半部分和左侧一样来进行吹发。

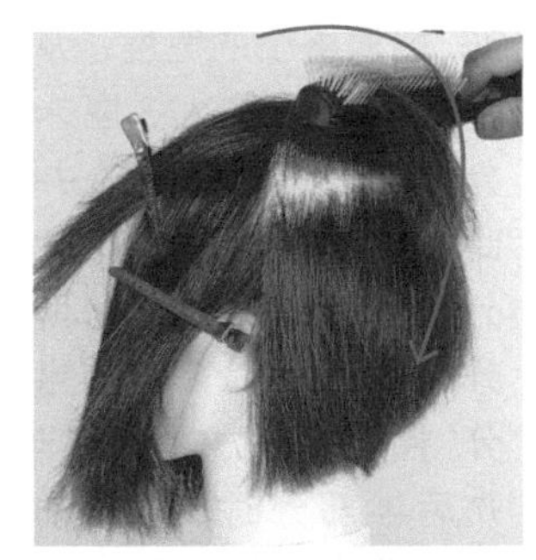

31. 左后脑区从发片 5 开始，吹发时将发片向上抬，从发根到发梢，用吹风机直接对着吹。先吹发片5的左半部分。

32. 发片 5 的右半部分也同样上抬吹发。

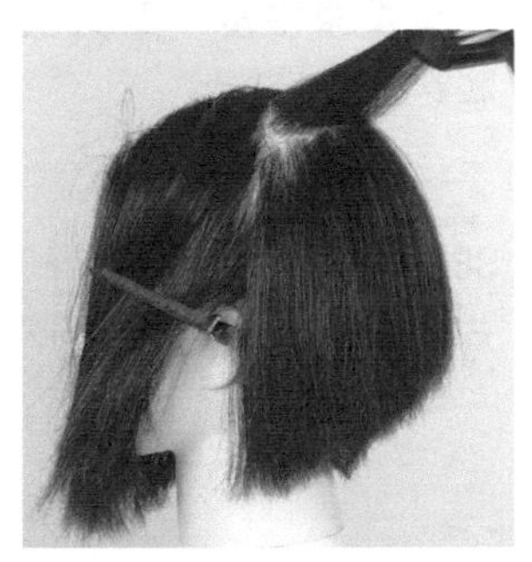

33. 左后脑区发片 6 的发量较少，可一次性吹发。梳子画圈移动。

34. 为发片 6 吹发时，从发根到发梢都保持好层次，注意固定吹完后，在不把发型弄乱的基础上，将梳子慢慢取出来。

35. 后脑区左侧的侧吹完成。

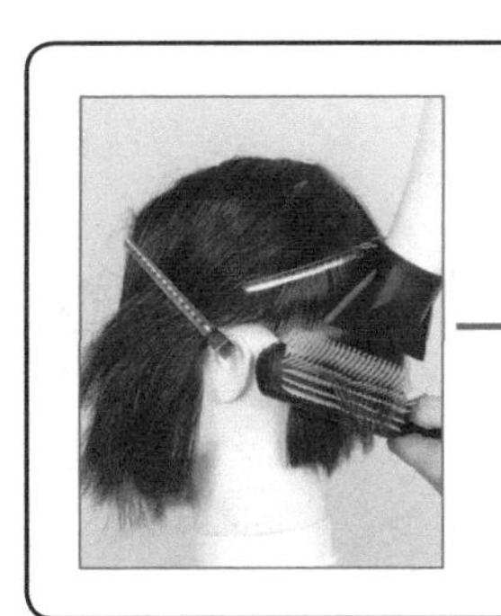

→

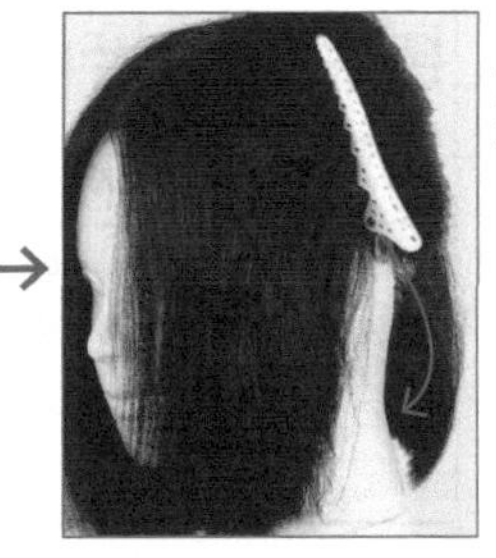

✕

用梳子从下向上梳进头发，发根处会变得蓬松。

右侧发区的斜吹

吹发步骤详解：

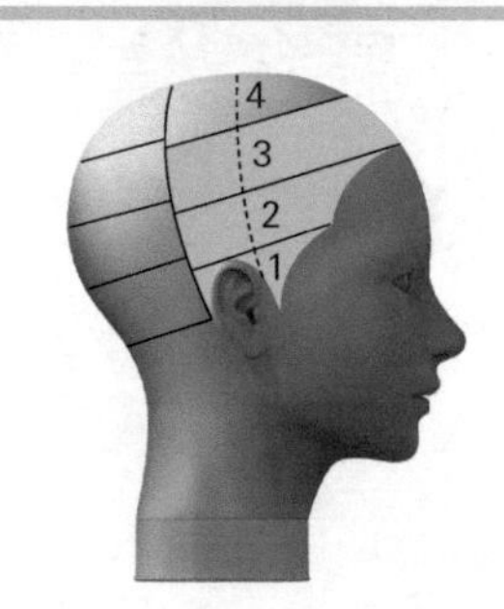

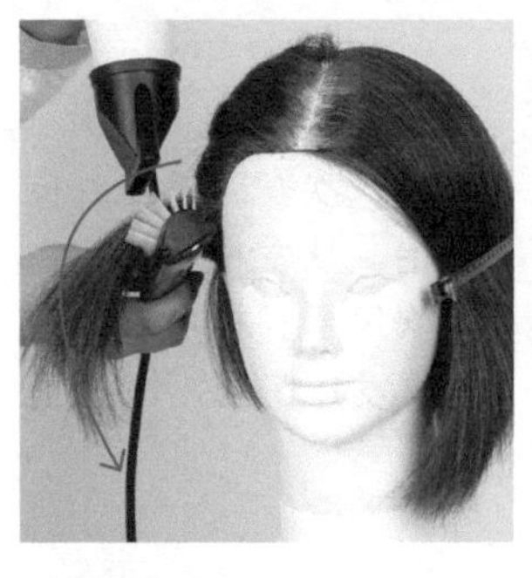

36. 根据梳子的宽度，从双耳连线向后扩大3厘米划分发区（图解57），并将此发区从上到下分成4部分，将每一部分左右两等分来吹。发片1的前半部分（挨着脸部方向）向下吹，吹后半部分时，要从前半部分发束中取一些头发一起吹（图解58）。

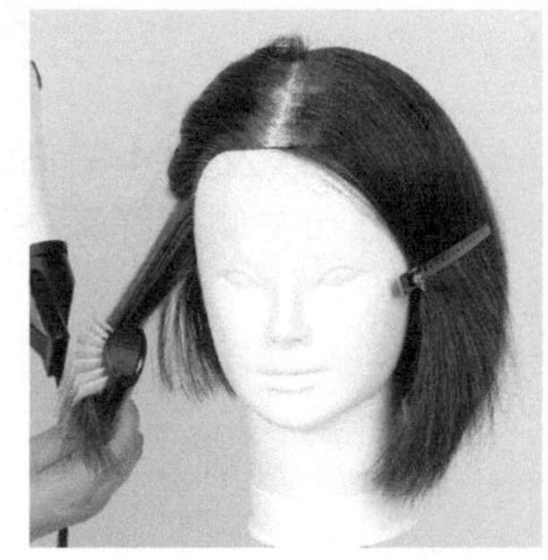

37. 注意吹到耳朵旁时，梳子不要刮到耳朵。

38. 发片2的前半部分和发片1的前半部分一样来吹。

39. 发片2的后半部分的取发范围，也向前半部分扩大一些，融合在一起吹。

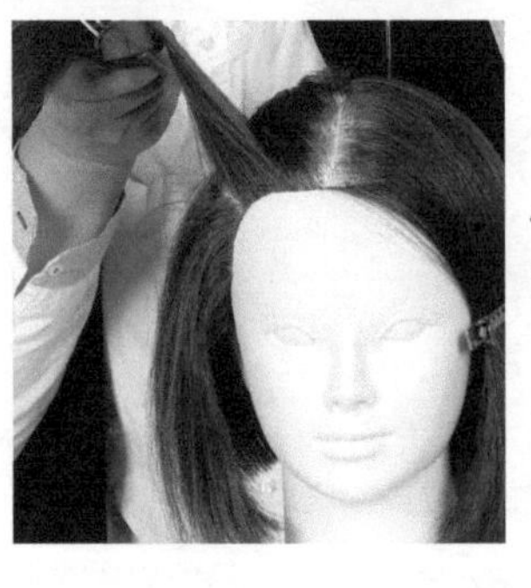

40. 发片3的前半部分，正对着头皮向上拉出来吹。

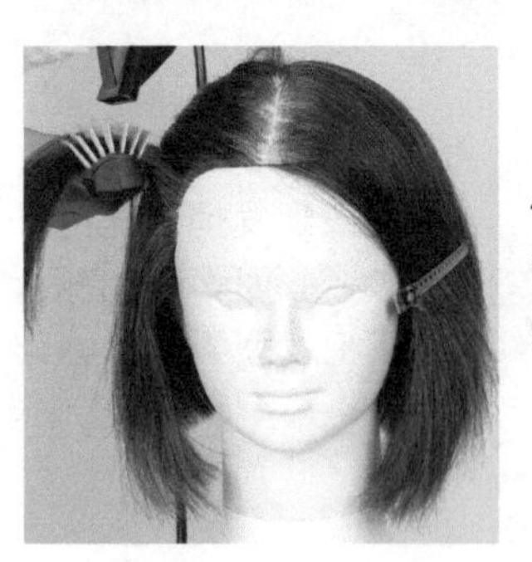

41. 发片3的左半部分也正对着头皮向上拉出来吹。

图解57 扩大范围的原因

吹右边的时候，从双耳连线向后扩大3厘米取发，可以使后脑区头发和侧发区头发融合在一起，过渡更自然。

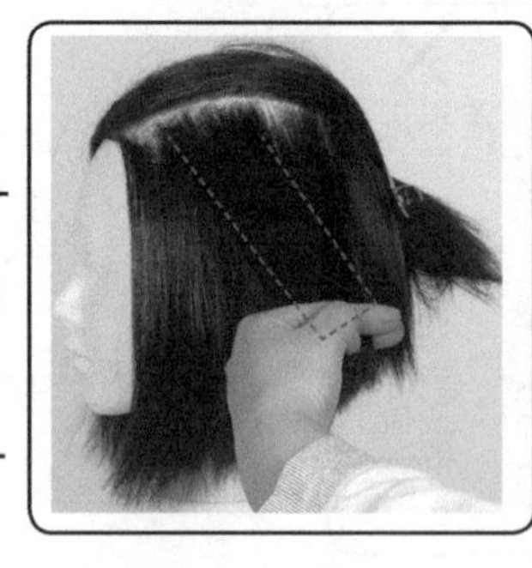

图解58 发片间要互取一些头发

从相邻发束多取一些头发一起吹，使得发片之间更好地融合在一起。

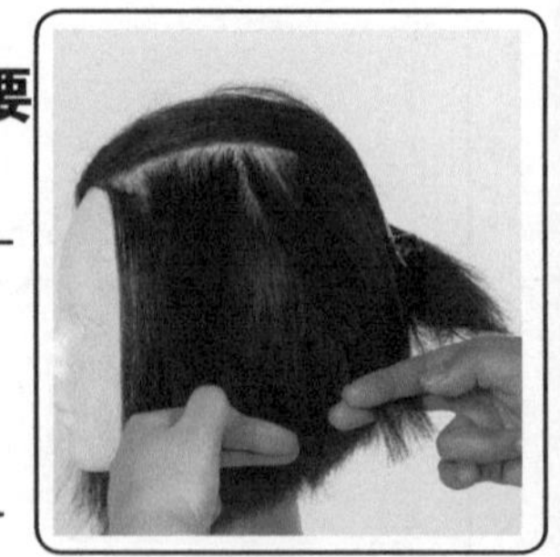

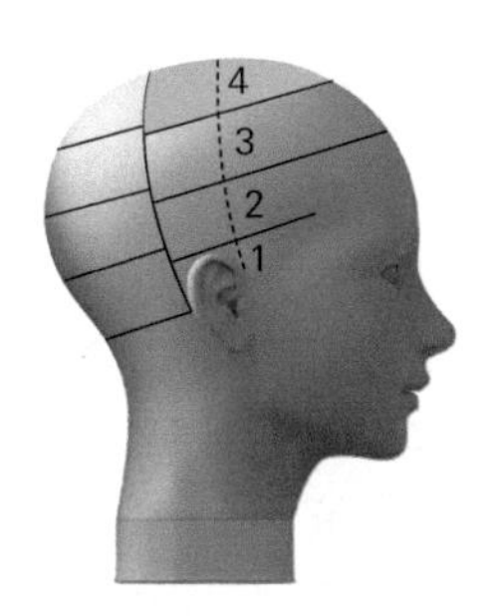

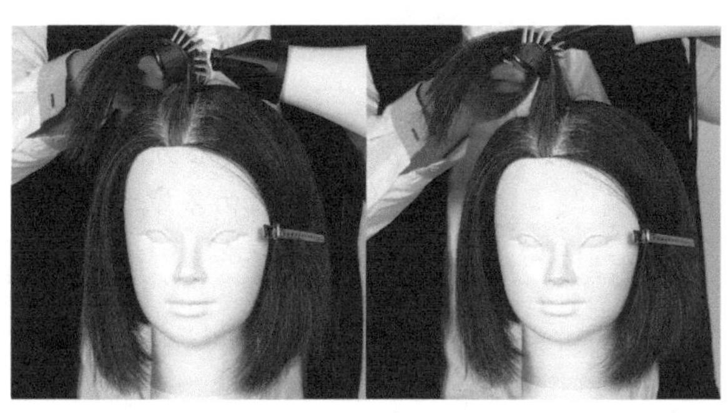

42. 发片 4 也同样分成前后两部分来吹。先吹前半部分，用梳子画出较大的弧线，并将发片上抬至发根中间。

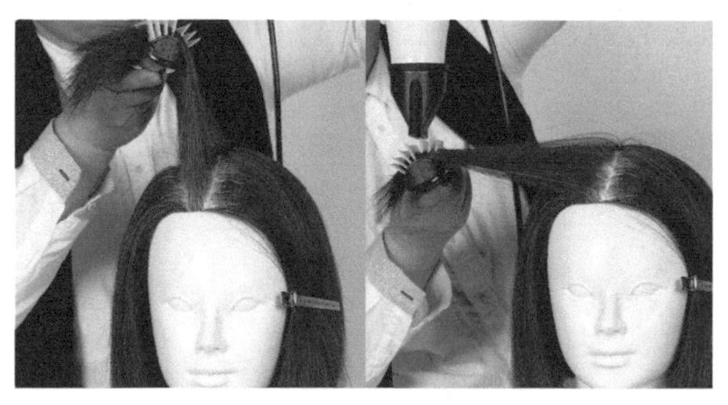

43. 从发根到发梢保持好层次吹发。

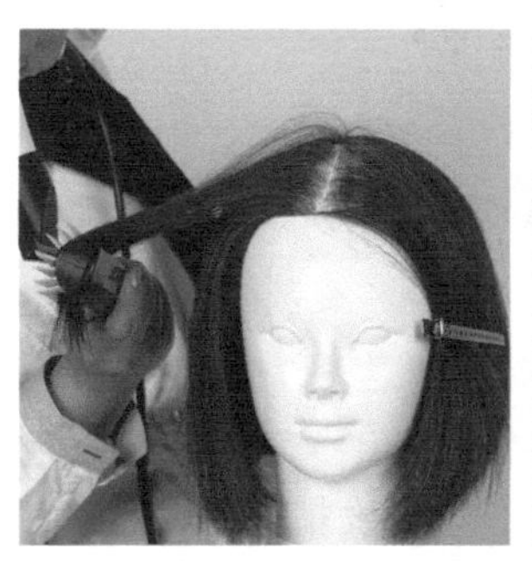

44. 发片向下，要注意不要让头发从梳子滑下。

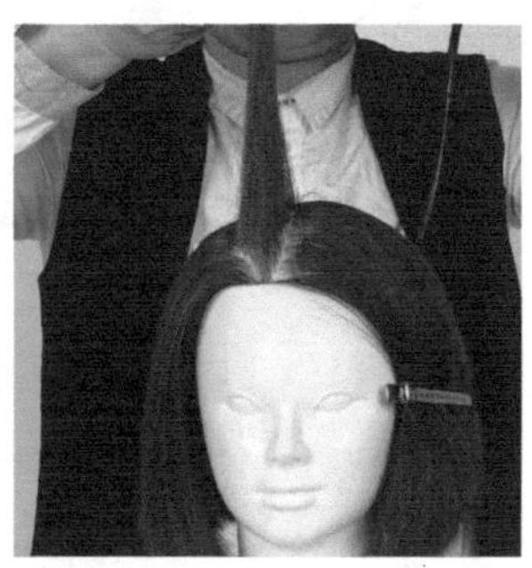

45. 然后吹后半部分，从发根将梳子梳进去，同样上抬吹发。

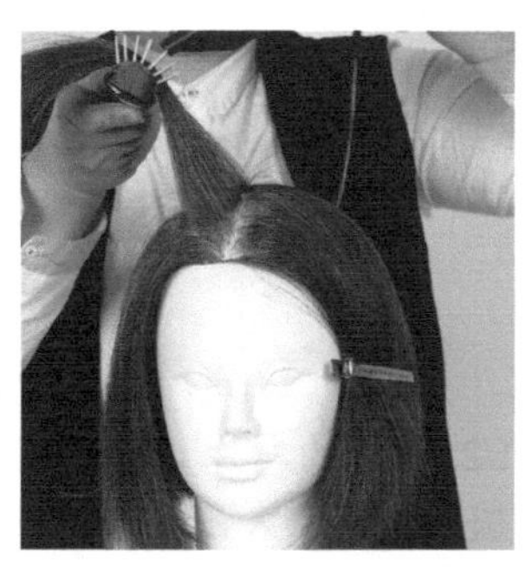

46. 从发根一直吹至发梢。

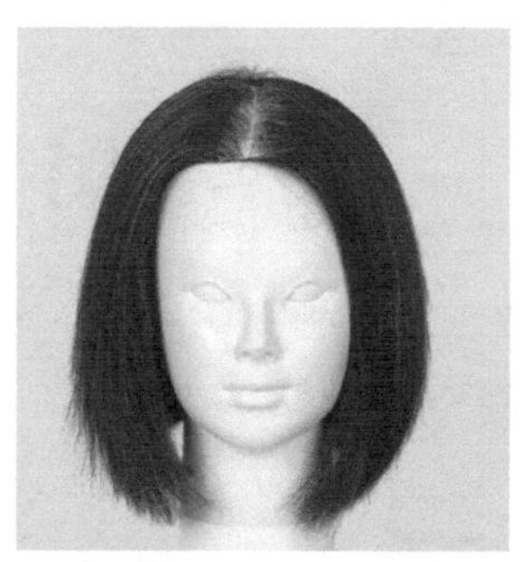

47. 右边的侧发区吹发结束。

左侧发区的斜吹

吹发步骤详解：

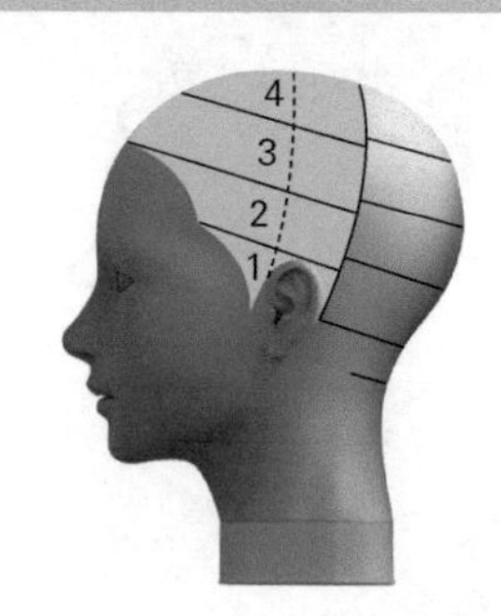

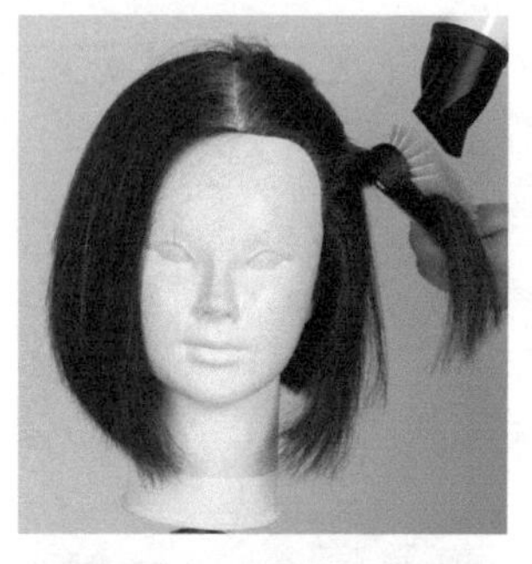

48. 左侧发区的发片 1 的吹发和右侧发区的发片 1 一样。

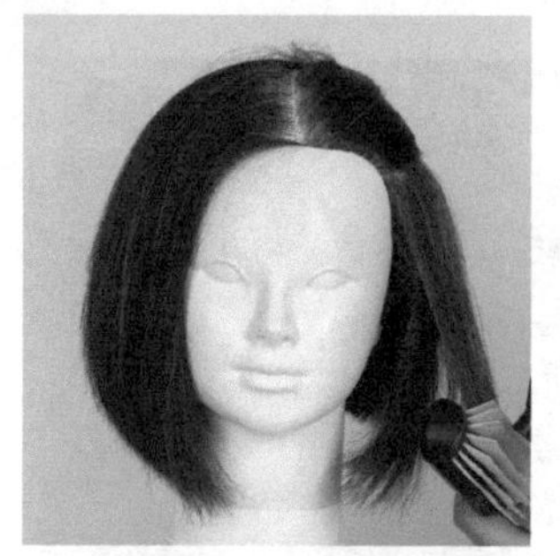

49. 后半部分同样要从前半部分多取一些头发一起吹。

50. 左边发片 2 和右侧发区发片 2 的吹法一样。

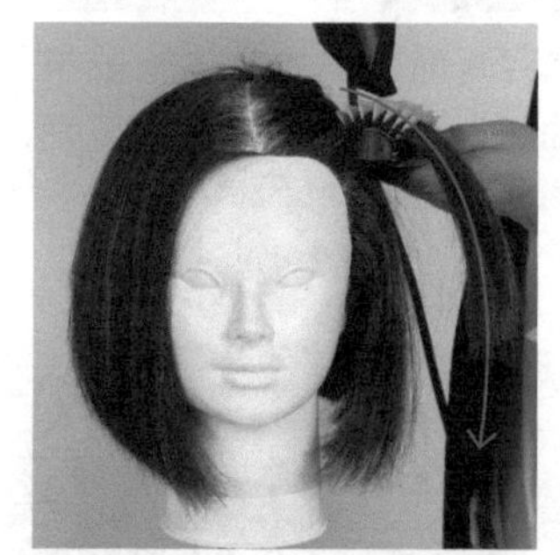

51. 左边发片 3 和右侧发区发片 3 的吹法一样。

52. 左边的发片 4 依旧用梳子画一个大弧度的线，把发根向上吹。

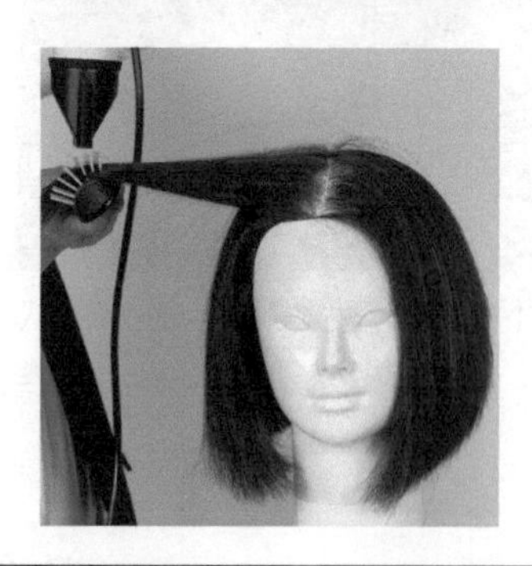

53. 保持层次，从发根吹到发梢，完成侧吹。（图解 59）

图解 59 侧吹后的造型变化

用毛巾和手动吹发将头发预干燥，把全部头发斜着划分薄片，结合梳子进行侧吹头发。两者相比较，能看出头发的造型和光泽发生了很大变化。

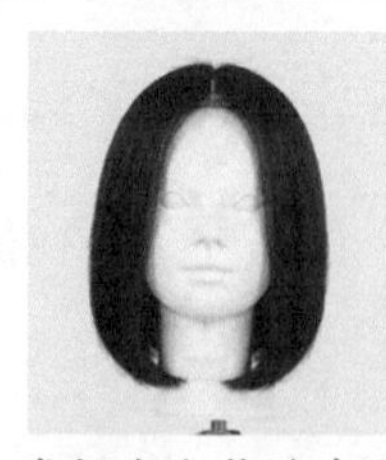

吹干发根后，中间至发梢变成容易移动的状态，没有造型的张弛度和光泽度。

→

发根向上营造出立体感。根据头的弧度斜吹发片，可让发梢表现出自然的弧度。

后脑区平行吹发

吹发步骤详解：

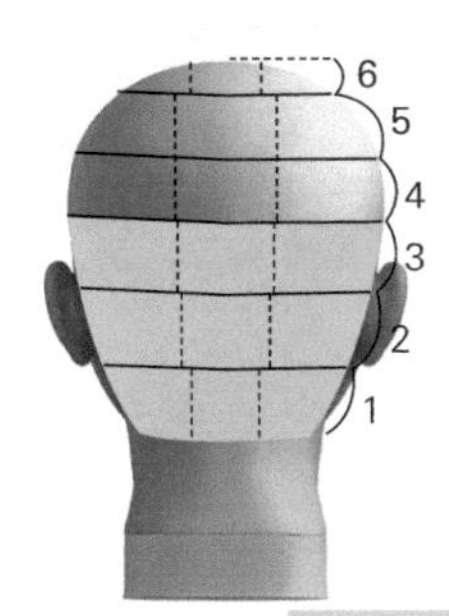

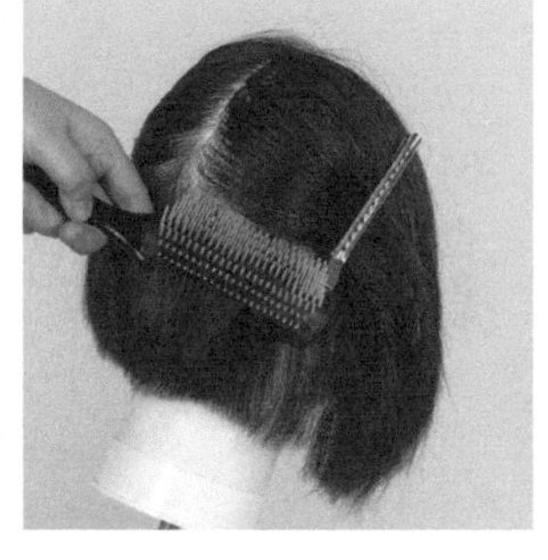

54. 开始进行平行吹发。将后脑区的头发按照梳子的厚度从上到下分成平行的 6 段，每段又分成左、中、右三部分吹发（图解 60），先吹发片 1。

55. 将梳子沿着头皮从发片 1 内侧梳进去。一边向下梳一边吹，一直到发梢。发片 1 的左侧部分、中央部分和右侧一样来吹。

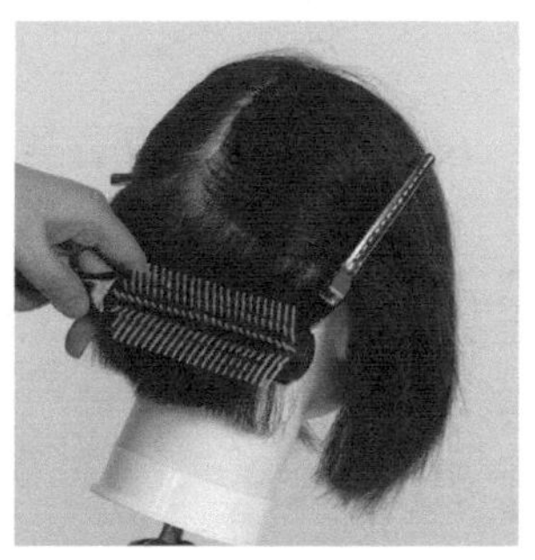

56. 后脑区发片 2 的右侧也和发片 1 的右侧一样来吹。

57. 发片 2 的左侧部分也结合梳子的宽度，一边拉伸，一边向下吹。

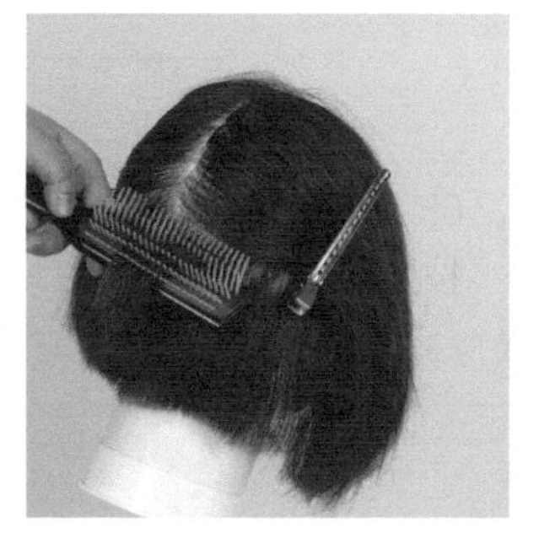

58. 发片 2 的中间部分，可结合左右的头发进行重复吹发。

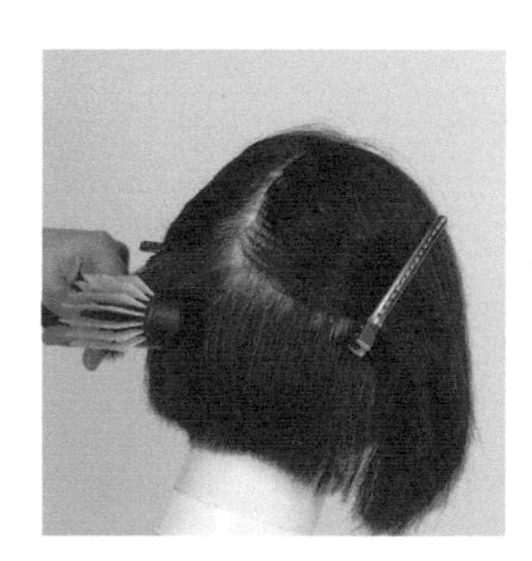

59. 发片 3 分别从右、左、中间部分反复吹发。

图解 60 中间部分融合左右发片

中间发片的分取，是为了对左右发片进一步融合。在横向上进行融合吹发，这与剪发时对过渡区的修剪整理一致。

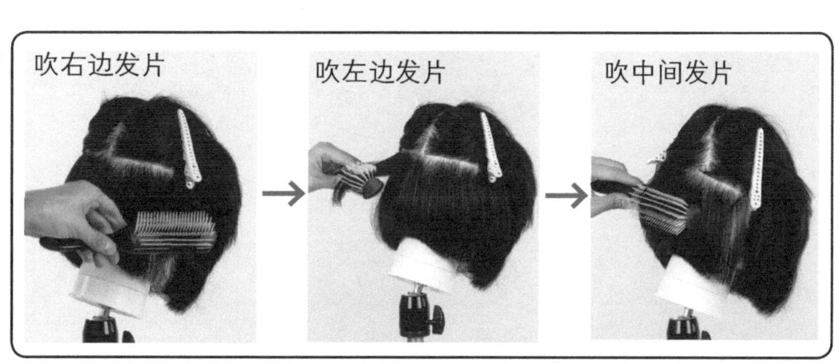

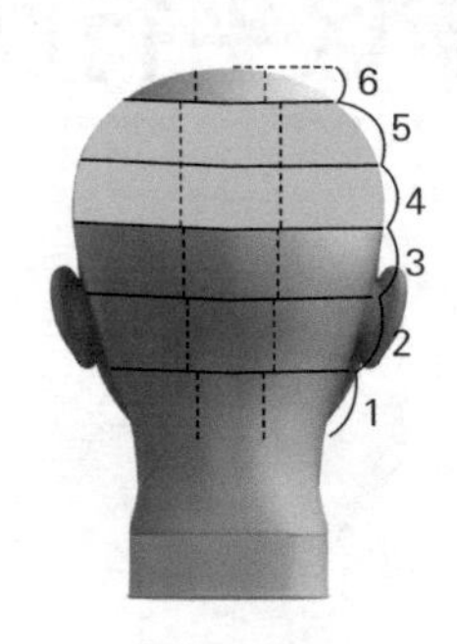

60. 取发片 4 的右侧头发，提拉起来进行吹发。

61. 发片 4 的左侧部分也和右侧一样，先提拉起来，然后吹发。

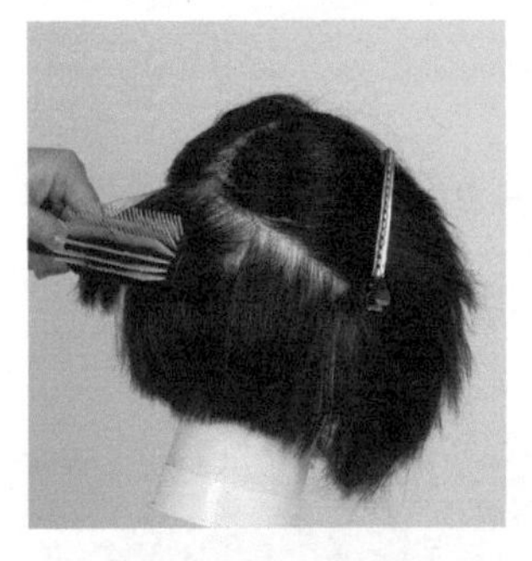

62. 发片 4 中间的头发也和两侧发片一样，从发根到发梢保持好层次，用吹风机正对着吹。

63. 从发片 5 开始，要将发根立起来，用吹风机对着吹，从发根吹到发梢。先吹右侧头发。

64. 发片 5 左侧的头发和右侧一样来吹。

65. 发片 5 中间的头发按照同样方法来吹。

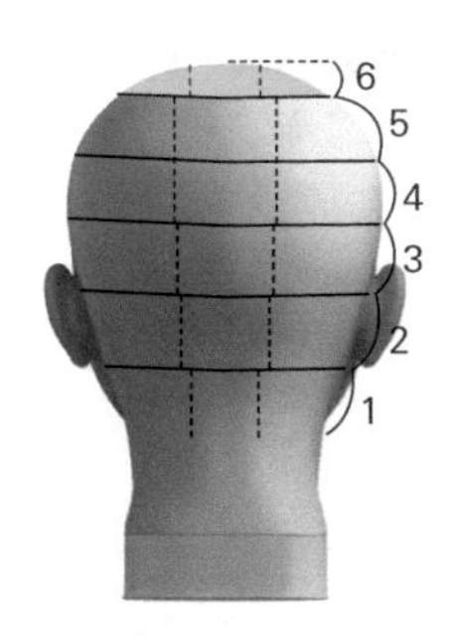

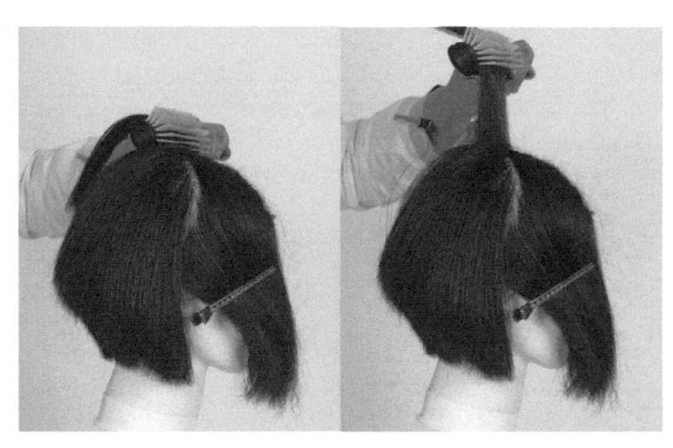

66. 表层的发片 6 也分三回吹干。取发片 6 的右侧头发，边向上提拉边吹发，让发根向上。（图解 61）

67. 吹发时用梳子画出较大的弧度。

68. 用梳子牢牢固定头发，不要让头发从梳子上滑落下来，从发根一直吹到发梢。

69. 发片 6 左侧部分也和右侧部分一样来吹。

70. 发片 6 的中间部分也和左右发片一样，边上拉边吹发。

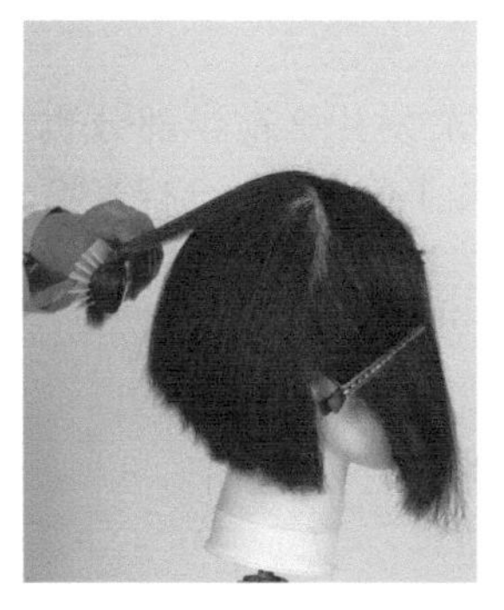

71. 发梢要向内侧收拢，然后将梳子从发束中轻轻取出，注意保持发型。

图解 61 后面 6 段的精吹

发片 6 的发量比较少，“斜吹”的时候从正中线将其分为左右两部分吹两次，两部分之间容易有痕迹，但平行吹发时则需要将其分成三部分来吹，融合前面吹发的痕迹，使发型自然无痕。

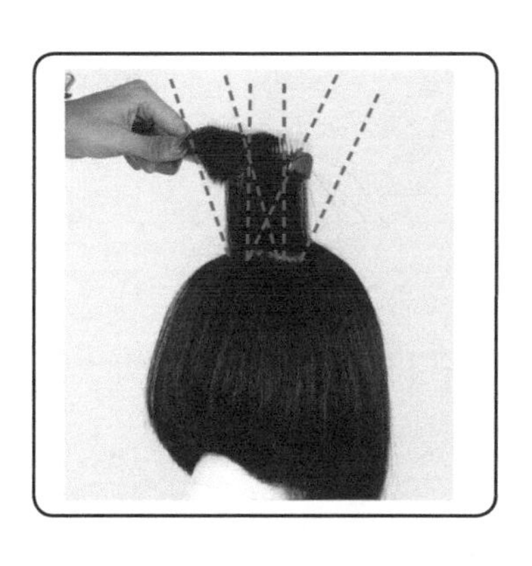

右侧发区平行吹发

吹发步骤详解：

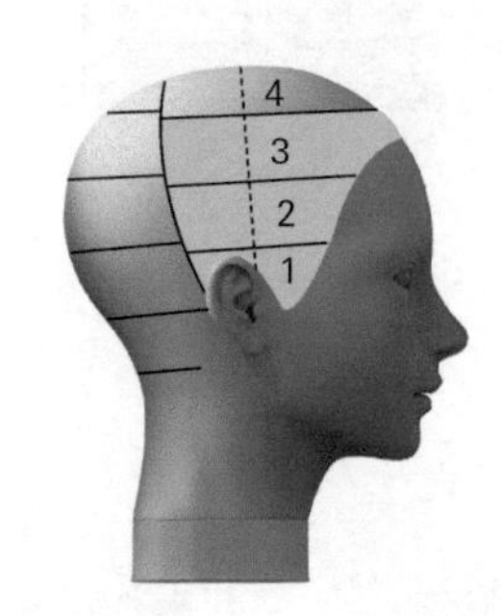

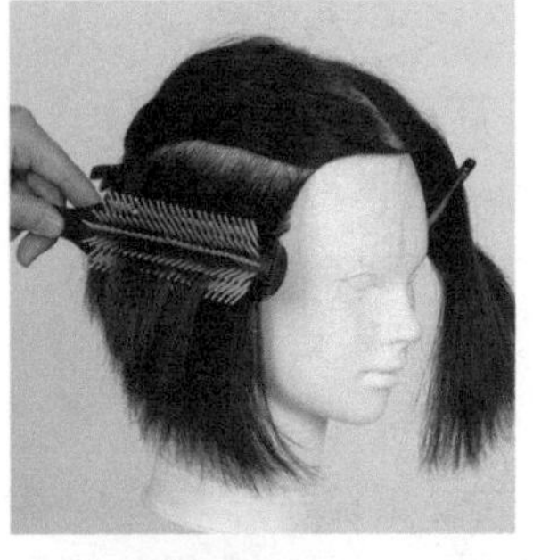

72. 和“斜吹”中吹侧发区一样，将侧发区扩大到双耳连线向后 3 厘米的地方。吹发时，发片间也要互相取一些头发来吹。将扩大后的侧发区按梳子宽度分为上下 4 片，每片也分成前后两个部分进行 2 次吹发。前半部分（挨着脸部方向）向下吹。

73. 发片 1 后半部分取发时，要从前半部分多取一些头发进行吹发。

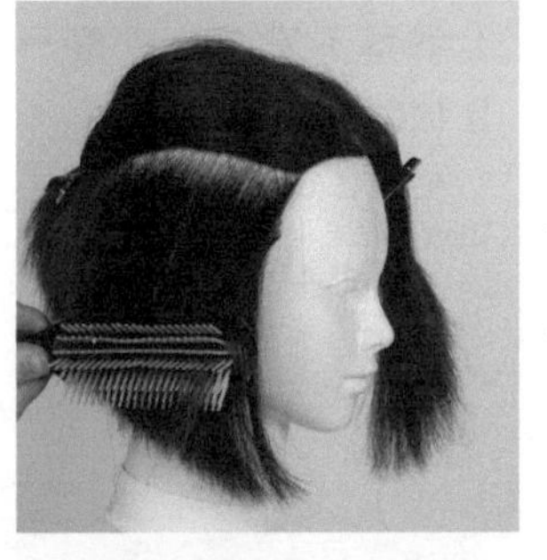

74. 发片 2 前半部分也和发片 1 前半部分一样来吹。

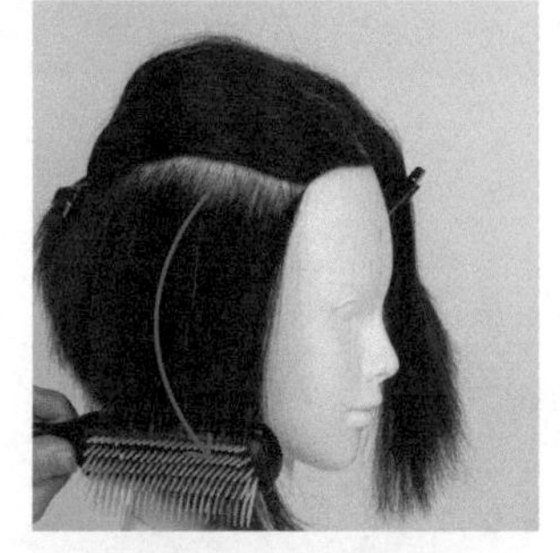

75. 发片 2 后半部分也同样和发片 1 后半部分一样来吹。注意固定好层次，让发梢向内侧收拢。

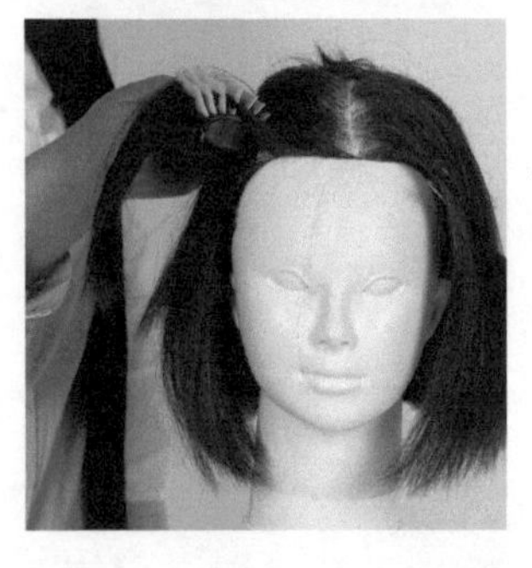

76. 发片 3 前半部分也和发片 2 前半部分一样来吹。

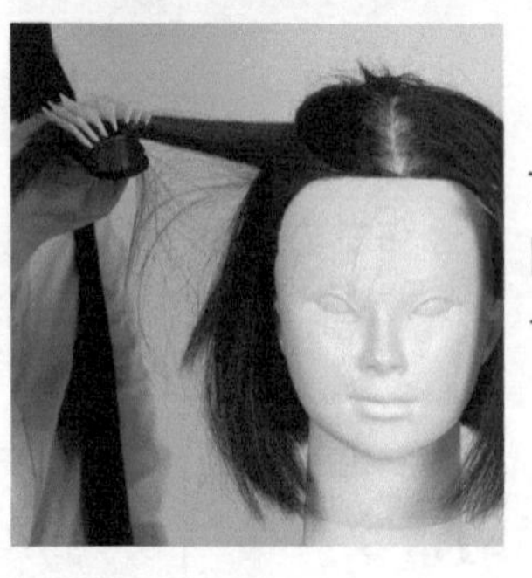

77. 发片 3 后半部分也同样和发片 2 后半部分一样来吹。

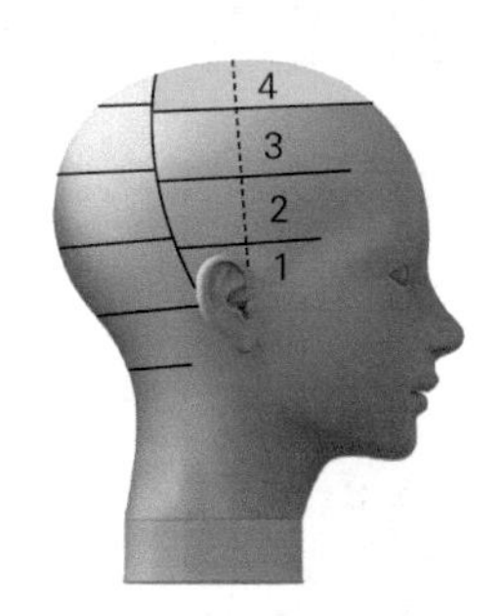

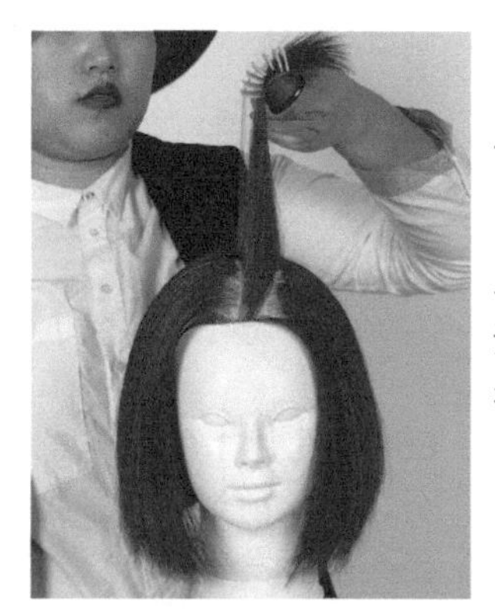

78. 发片 4 的前半部分，当梳子梳进去时，梳子上端渐渐上抬，从发根进入，梳子边上指边进行吹发。（图解 62）

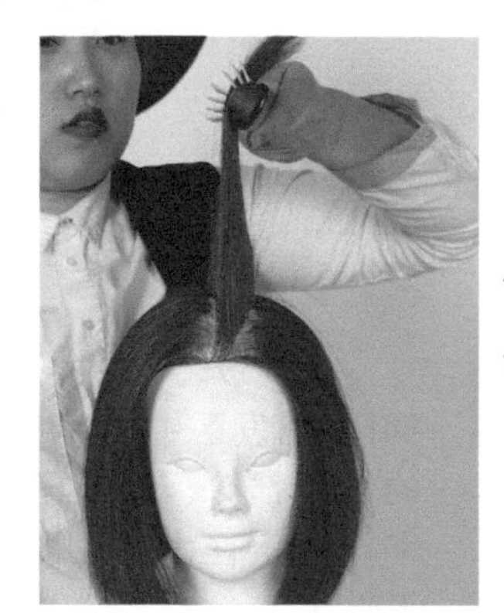

79. 用梳子牢牢抓住头发上抬。

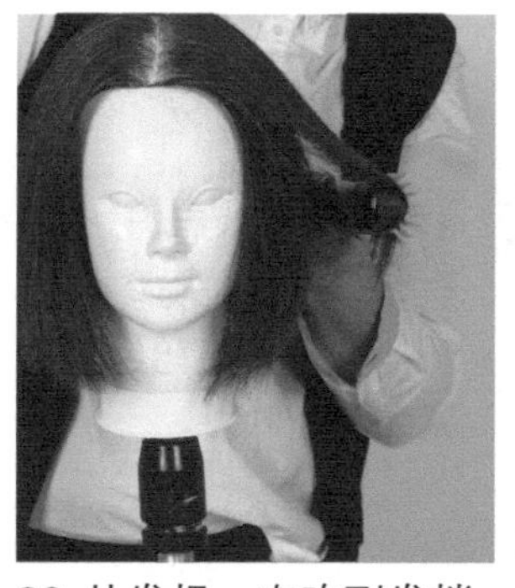

80. 从发根一直吹到发梢，梳子一直牢牢抓住头发。

81. 对发片 4 的后半部分进行吹发。

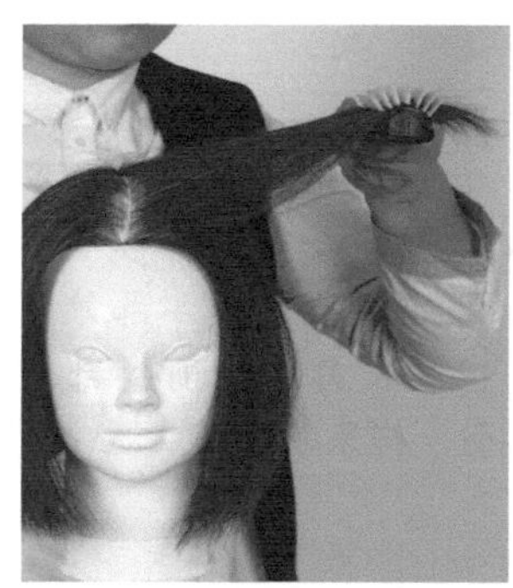

82. 吹发时，发中部分和发梢部分要结合起来，同时身体的重心要向后移。

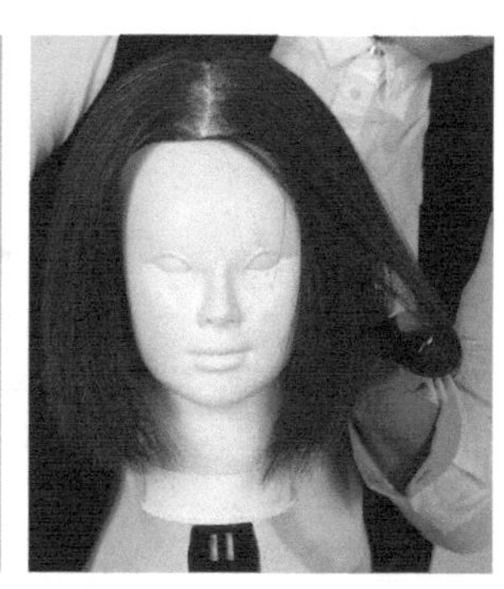

83. 吹发时手腕到手肘要全部展开，一直到发梢都保持头发的紧张感。

图解 62 梳子进入头发的前侧后侧，其角度是有变化的

为了营造侧脸发际的立体感，梳子的上端要稍稍向上（前侧）。如果向下的话，根部会没有立体感；向后侧的话，梳子则要进入侧脸的延长线上。

前侧

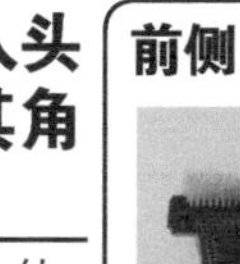

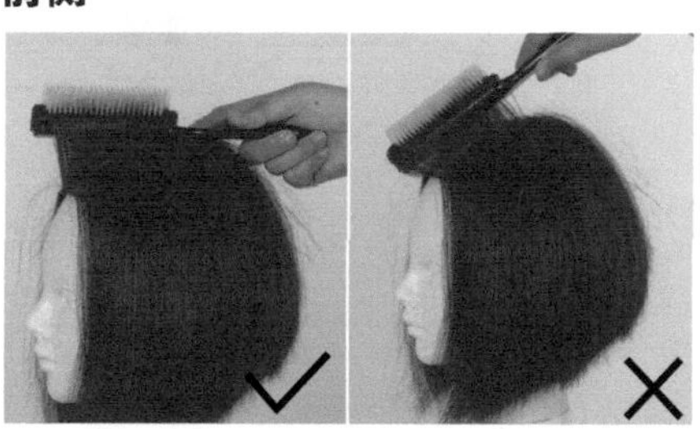

后侧

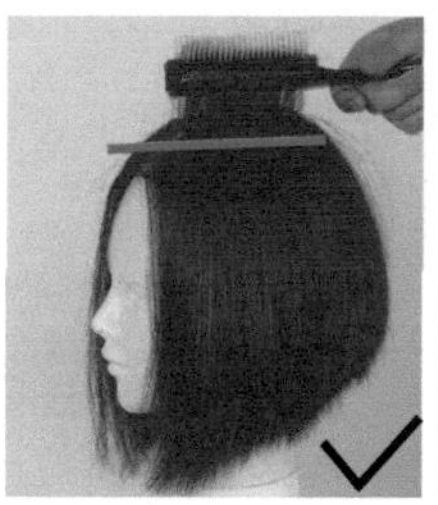

左侧发区平行吹发

吹发步骤详解：

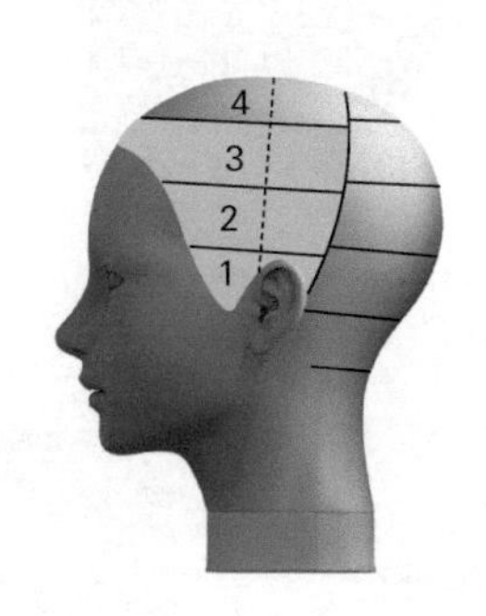

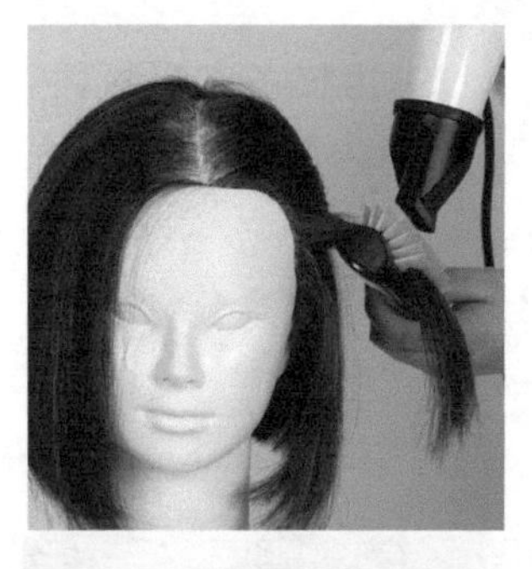

84. 左侧发区中发片 1 的前半部分，让梳子牢牢固定住发根，向下吹发。

85. 吹发片 1 的后半部分，要从前半部分多拉出一些头发一起吹。

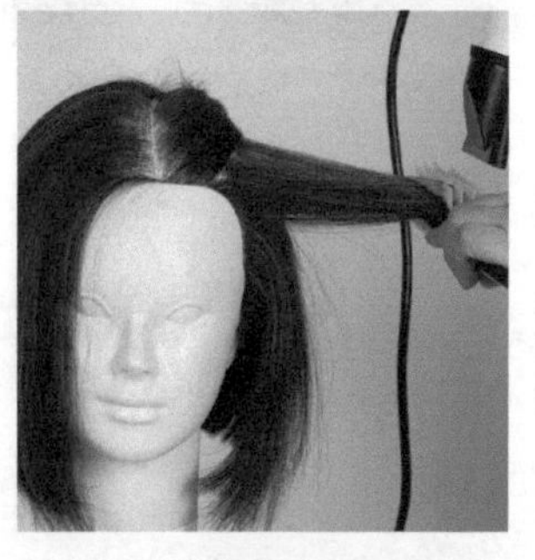

86. 发片 2 的前半部分也和发片 1 的前半部分一样来吹。

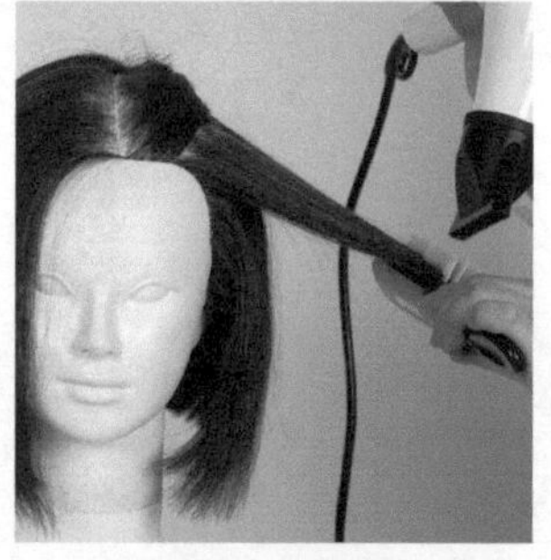

87. 发片 2 的后半部分，也要从前半部分多拉出一些头发，要始终保持紧绷状态吹发。

88. 发片 3 的前半部分也和发片 2 的前半部分一样来吹。

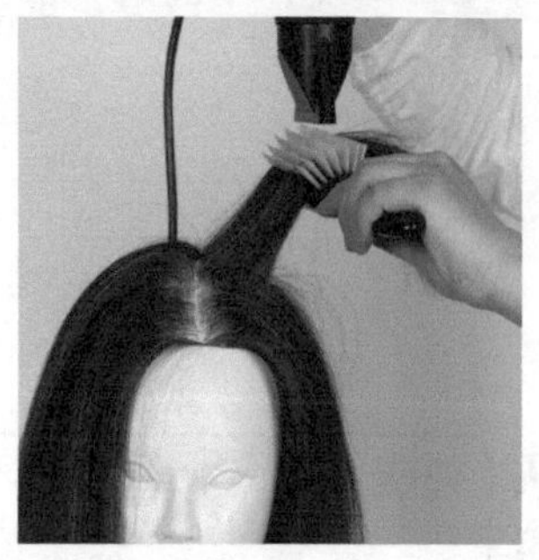

89. 后半部分也进行同样的吹发。

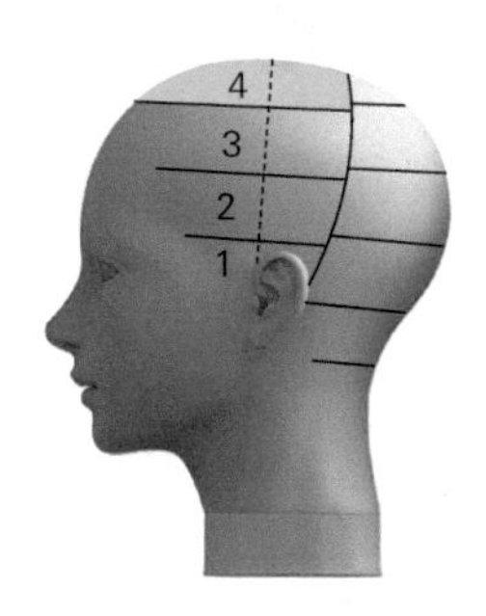

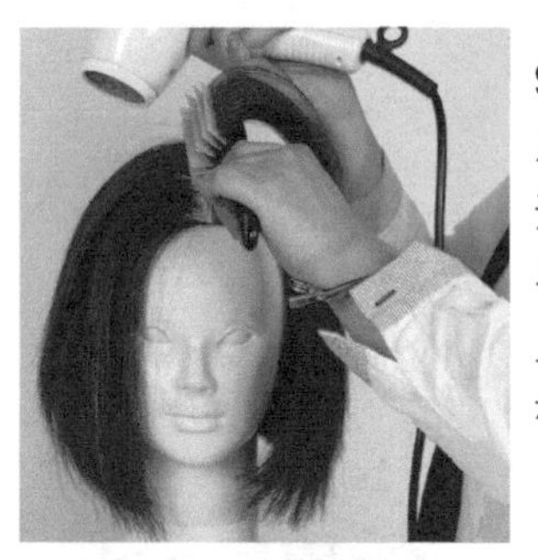

90. 左边的发片 4 和右边发片 4 的吹发一样，梳子进入的角度有变化。吹前半部分时，梳子上端稍微上抬进入，边上拉边在发根处用吹风机正面直吹。

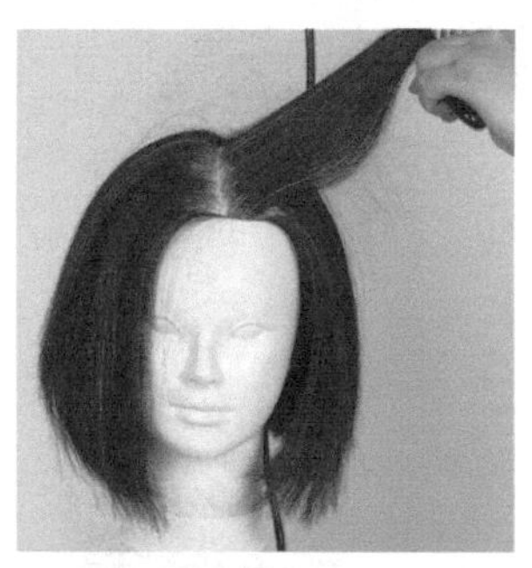

91. 用梳子牢牢抓住头发，保持紧绷状态，移动梳子画出一个大的弧线，一边移动一边吹。

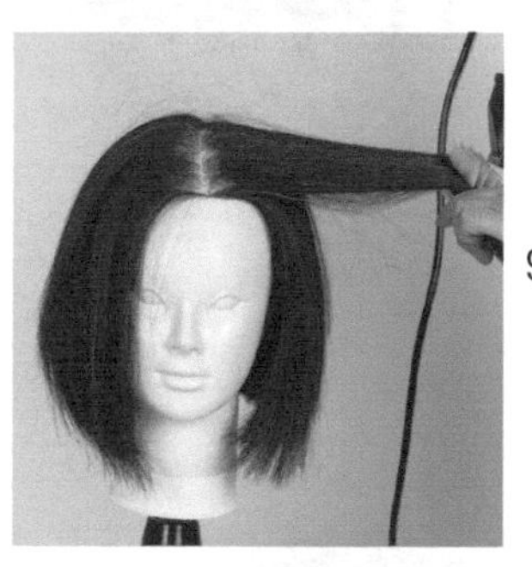

92. 从发中吹到发梢。

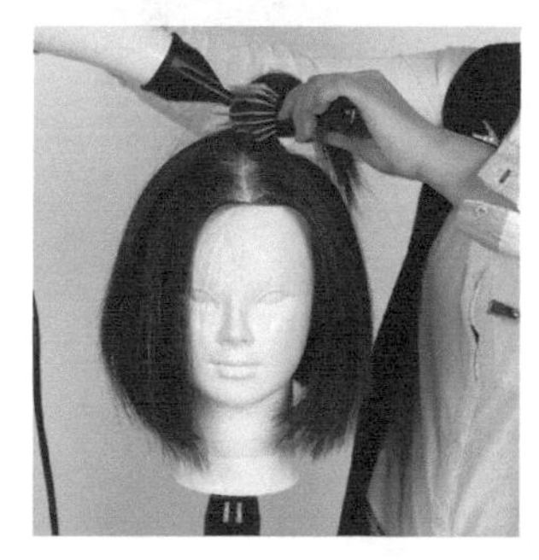

93. 发片 4 的后半部分，梳子进入脸部侧面的延长线上，边上拉边吹发。吹发根时身体重心前移。

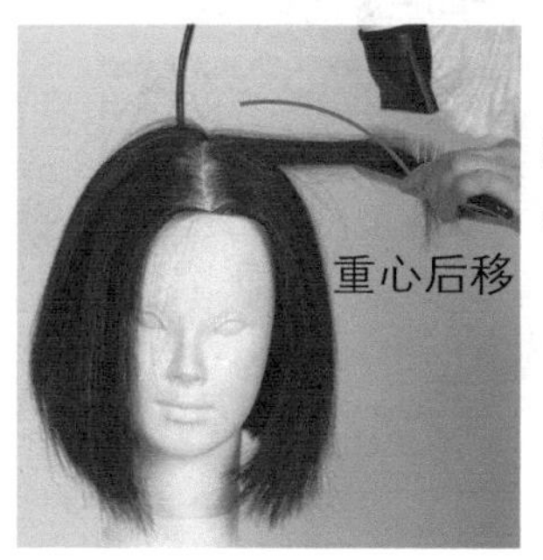

94. 从发中吹到发梢，重心逐渐后移。

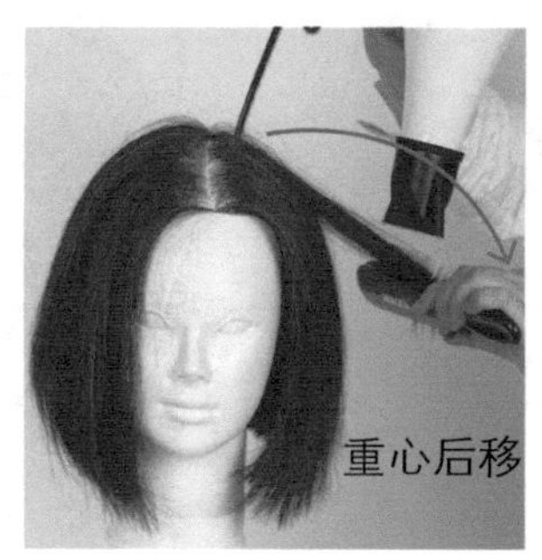

95. 一直吹到发梢，松开梳子。整个头部的平行吹发完成。

完成

剪发步骤详解：

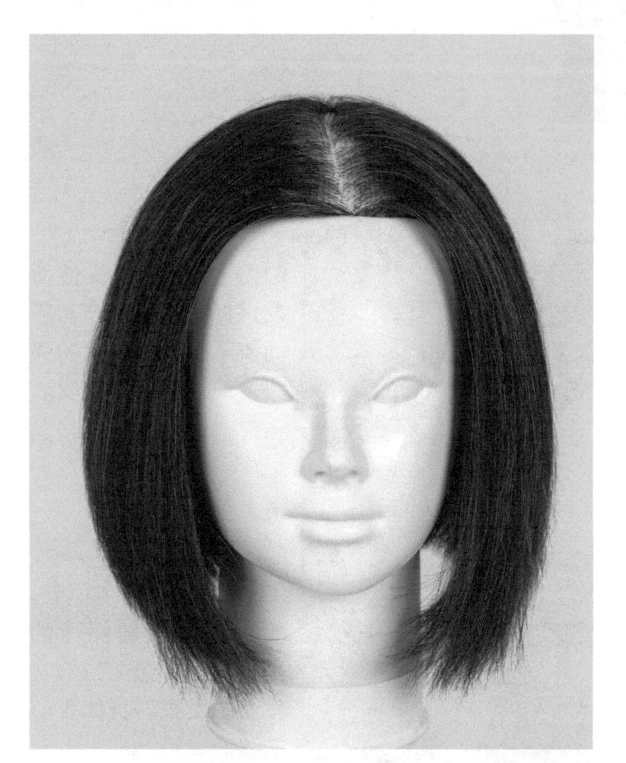

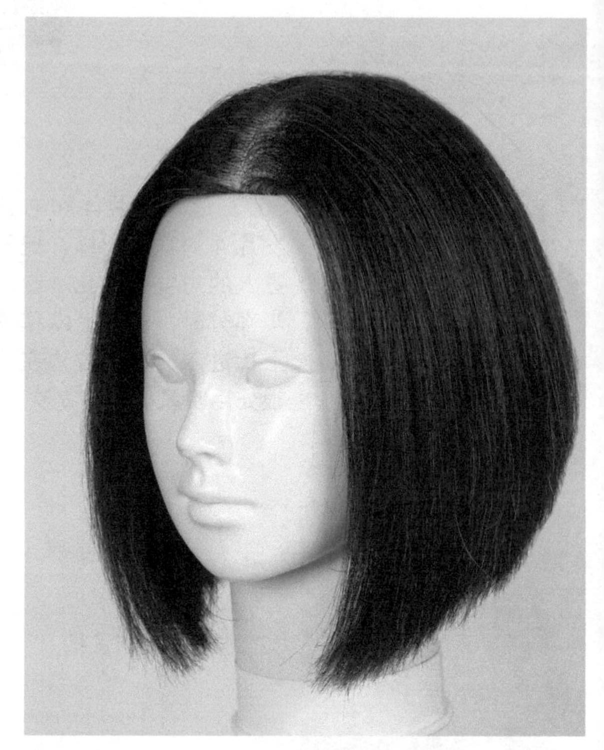

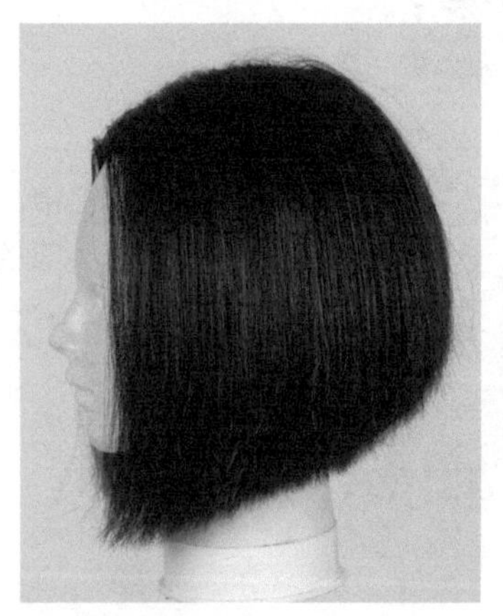

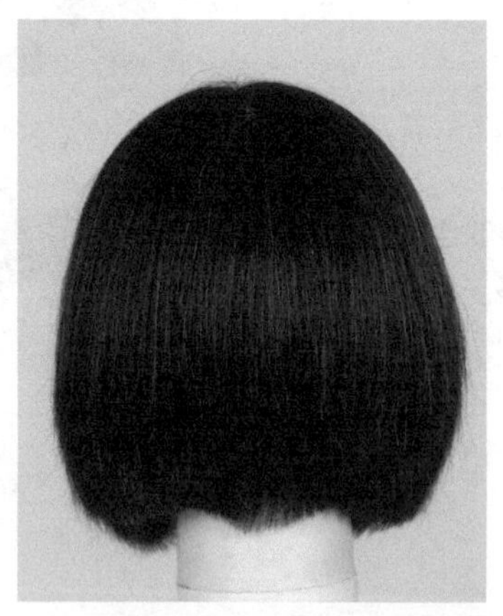

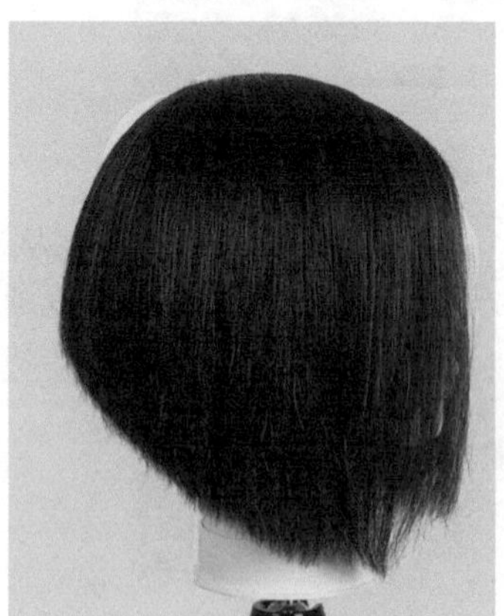

6.2 层次长发

低层次长发，可以在发梢处吹出多种样式。本章中使用卷发梳做成三种风格的低层次长发，分别为“自然内卷”风格的造型、“向上弯曲”风格的造型和“逆向走向”风格的造型。

发型分析

吹发步骤详解：

此次吹发的基础发型：低层次长发

下面部分的层次，取发时要从旁边发束中多取出一部分头发，融合起来一起吹。刘海部分要吹出圆形弧度。

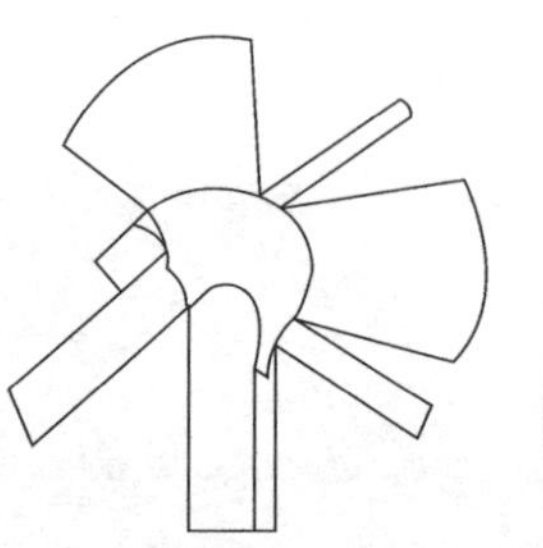

要形成自然的内卷效果

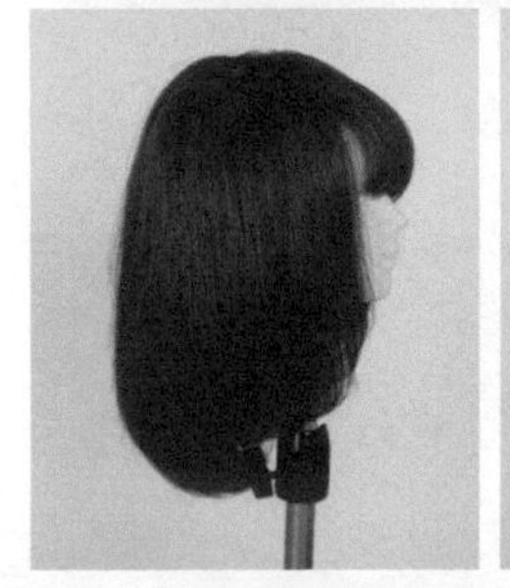

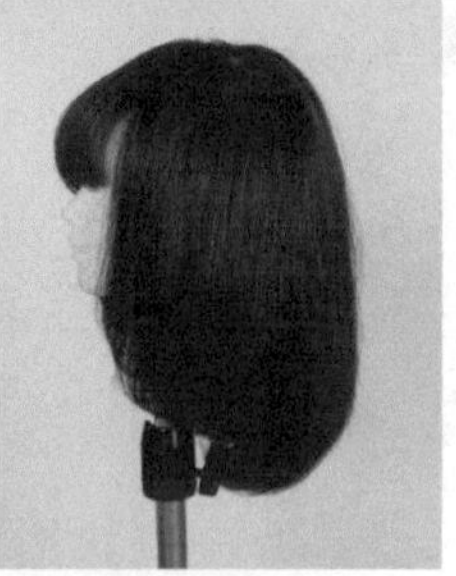

吹发的原则

风格 1：做成自然的内卷

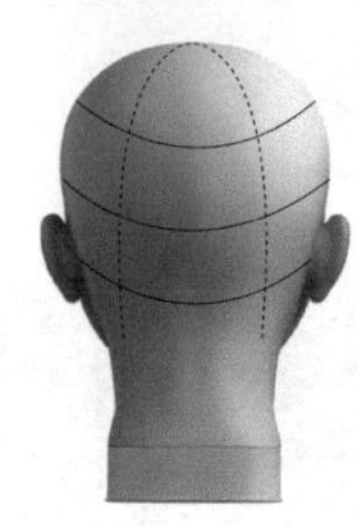

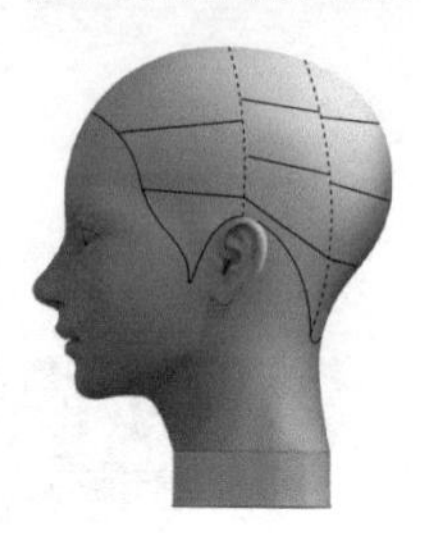

整个头部划分成横向的薄片平行吹。将发梢做成自然的内卷状态。在保持层次的基础上，充分利用吹风机的热效应吹出光泽感。

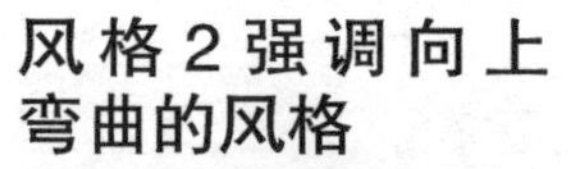

风格 2 强调向上弯曲的风格

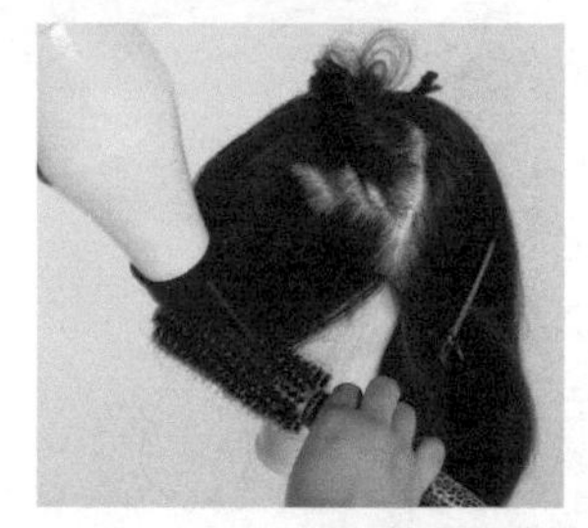

在风格 1 的基础上，将发梢再度向上卷，强调发梢的弯曲度。

风格 3 强调逆向走向的弯曲风格

与风格 2 相反，侧发区的发梢呈逆向的走向，能够呈现出轻快灵动的效果。

学会吹低层次长发

这次使用的梳子

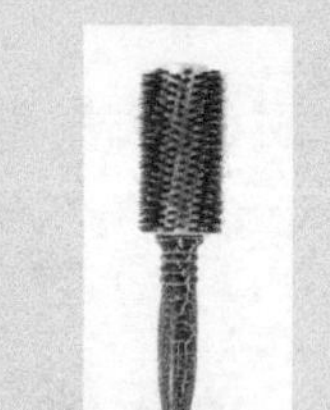

大号卷发梳

适合表现出头发的动感。大号卷发梳不仅能让发梢向内侧做出很强的弯曲，而且还能做成很多其他的形状。

□学会如何控制发量来制作出理想的发型。

□结合所设计的弯曲感，正确地操作卷发梳。

□相反方向的头发要左右对称。

□继续保有发型的层次，使头发更有光泽度。

头发越长，发根越容易重叠和受到损坏。从发根到发中进行彻底干燥，掌握好梳子和层次，进而自由地表现发梢。

预干燥

吹发步骤详解：

01. 用毛巾进行干燥后，再手动干燥。由于头发下面部分难以干燥，且为了不形成上下层之间的缝隙，需将头发呈锯齿形上下分开。

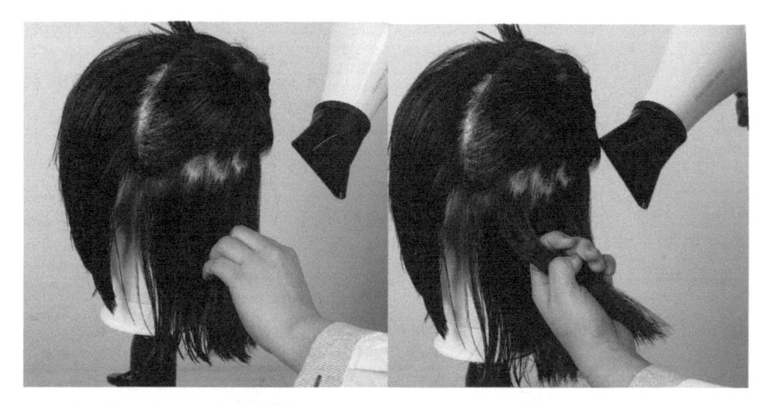

02. 将发根的水分全部擦干，用手指轻轻给头皮按摩，左右移动梳子，用吹风机对头发进行干燥。

03. 发根的水分蒸发完成后，接下来用手指整理发型。沿着发型的自然形状轻轻地用手指按摩发束，做成头发走向。让刘海有意识地形成自然的弯曲，并把发梢稍微向内侧弯曲吹干。

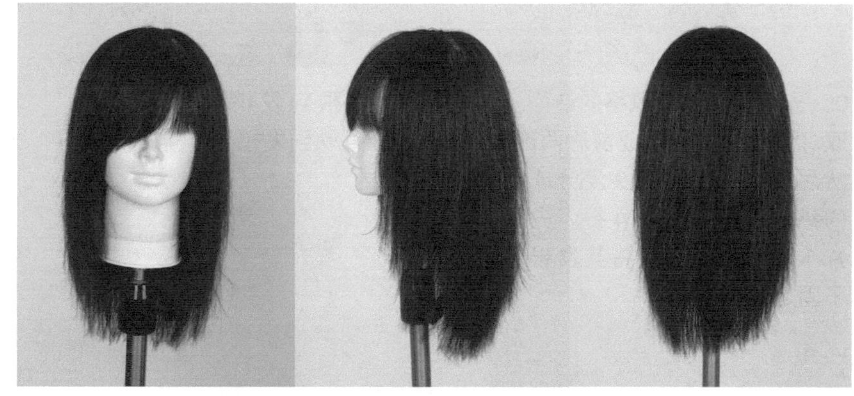

04. 预干燥结束以后的状态。发根吹干，发中至发梢保留 2~3 成的水分。这个阶段的发型无明显轮廓，发梢不连贯，也没有光泽感。

后脑区中间部分平行吹发

吹发步骤详解：

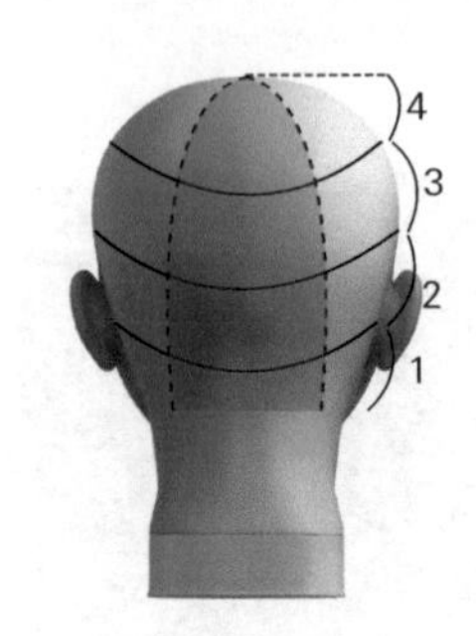

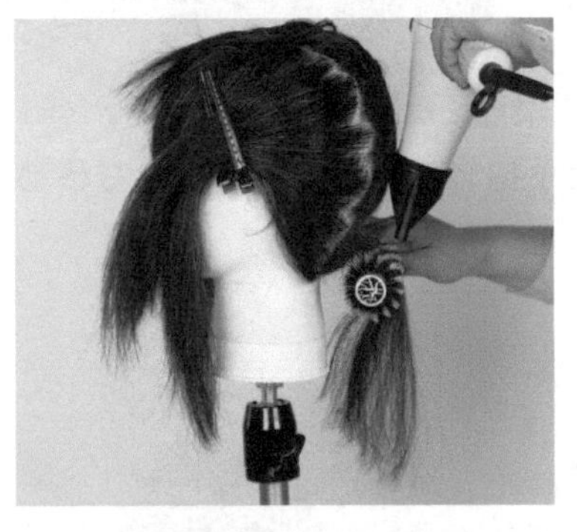

05. 先吹自然内卷风格的造型。从双耳连线将头发分成前后两部分，然后再将后脑区的头发分成相等的纵向 3 列和横向 4 行。先吹发片 1 的中间部分。将其发根用梳子固定住。

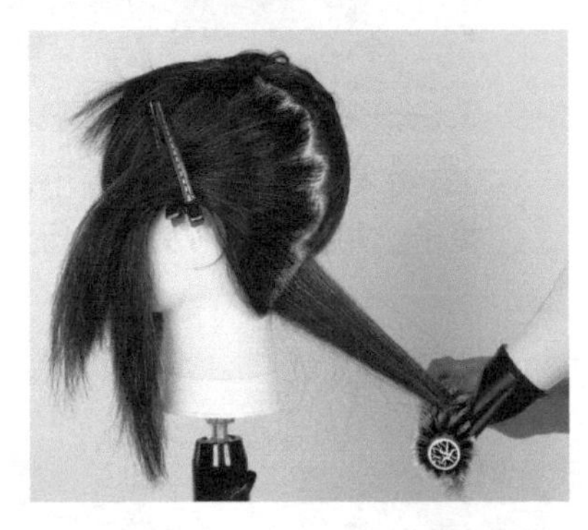

06. 从发根到发梢向下移动梳子，一直吹到发梢。

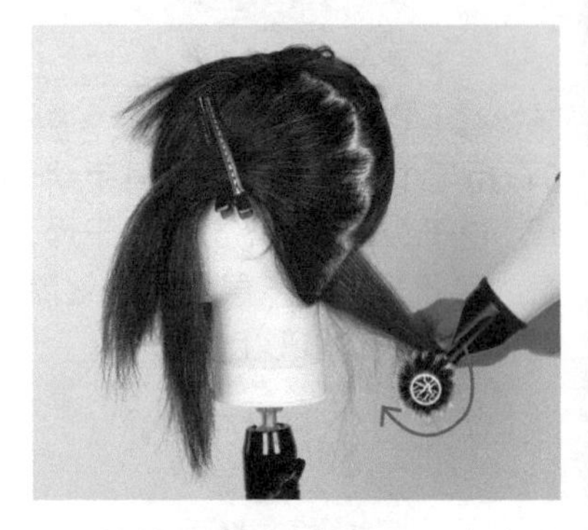

07. 保持发片的层次，一边吹热风，一边向发根方向卷发。

08. 然后将梳子再从发根移向发中，边移动边吹发。

09. 到发中时，再卷至发根吹冷风。

10. 边吹边将梳子移动到发梢位置，向内侧方向轻轻地取出梳子。

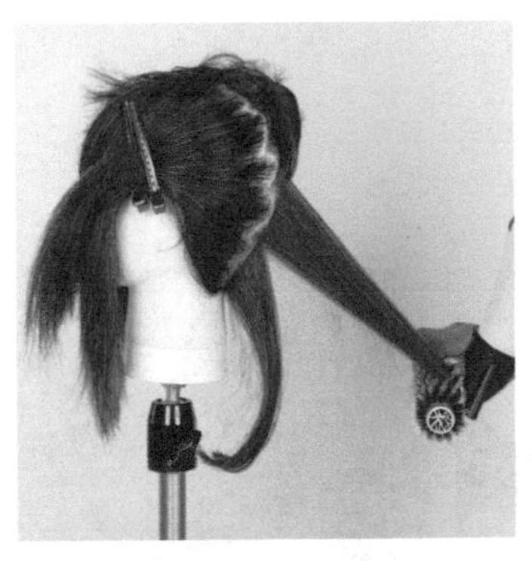

11. 发片 2 的中间部分和发片 1 的中间部分操作方法相同。

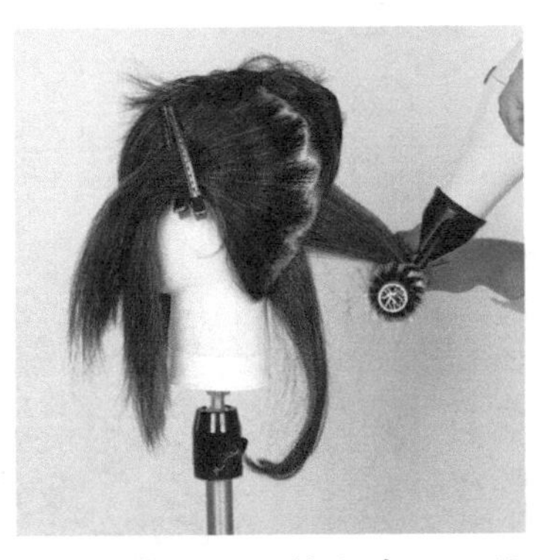

12. 头盖骨周围较突出，因此要控制发量，发片 3 的中间部分要与地板保持平行来吹发。

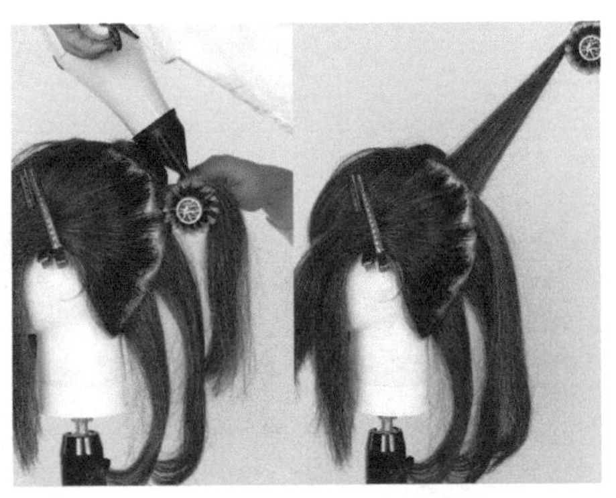

13. 发片 4 的中间部分，垂直于头皮拉出来吹。

14. 从发梢卷至发根，热吹。

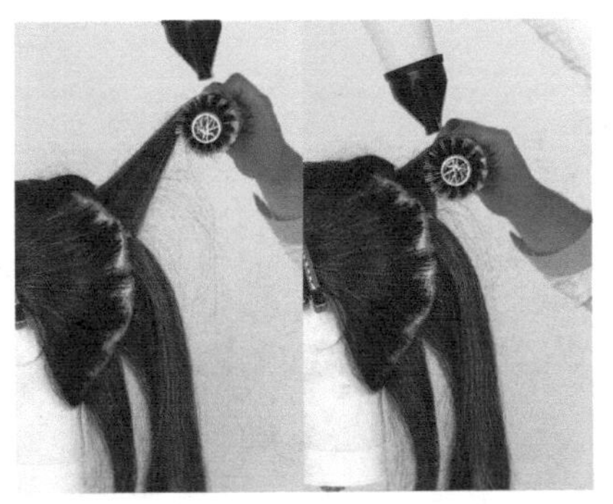

15. 将梳子移动到发中位置继续吹，然后再卷回发根，用冷风吹。如此反复卷发吹发，表面的头发就会呈现出一种立体感。

16. 慢慢地将梳子取出，注意不要破坏掉下边的发片。

后侧发区平行吹发

吹发步骤详解：

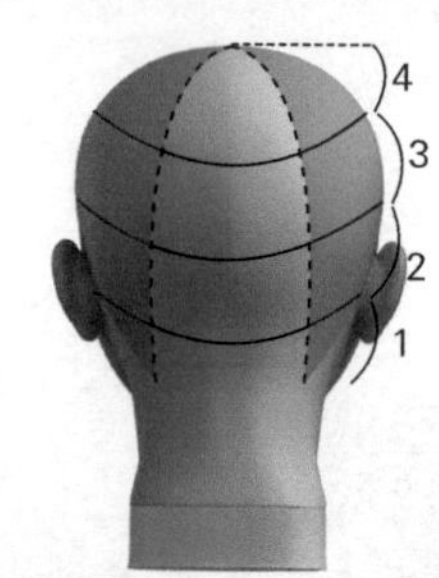

17. 两个侧发区也都划分成锯齿形的发片。先吹右边的发片 1，要从后脑区相邻发束中取出一些头发，融合在一起吹。

18. 从发根到发梢，都要用梳子紧紧地控制好，发梢向下吹。

19. 向发根方向边卷边吹。

20. 再一次从发根移动到发中位置，边移动边吹。

21. 再卷向发根，用冷风吹。

22. 让梳子和发片平行，然后轻轻地取下梳子。

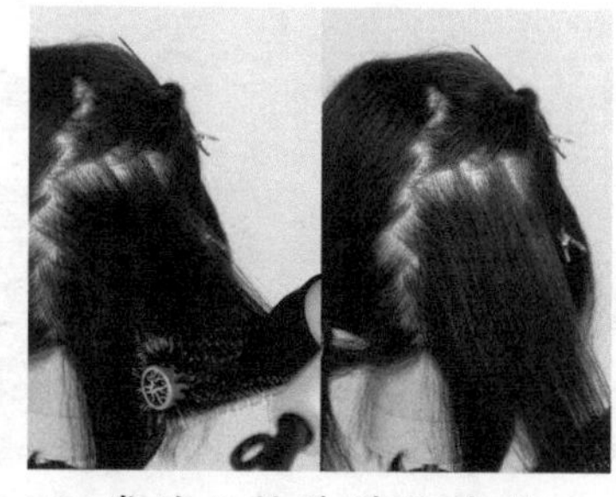

23. 发片 2 的吹法和发片 1 相同。

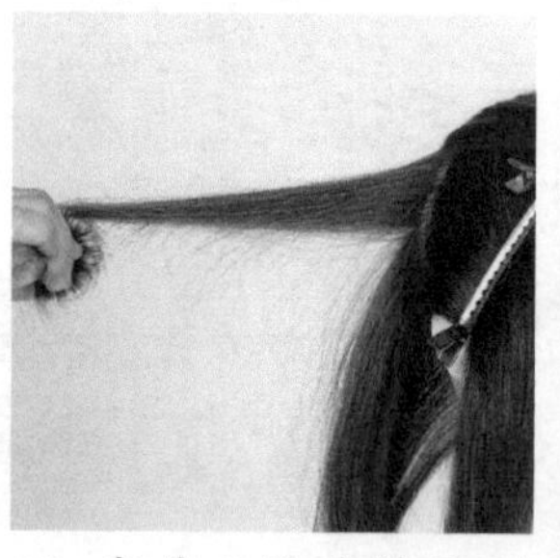

24. 发片 3 的吹法和后脑区中间发片 3 的吹法一样，与地板保持平行地吹。

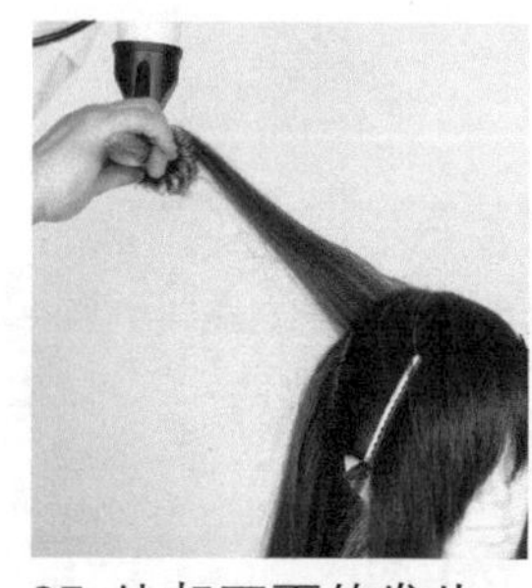

25. 比起下面的发片，发片 4 的发量较少，将其垂直于头皮拉出来吹。

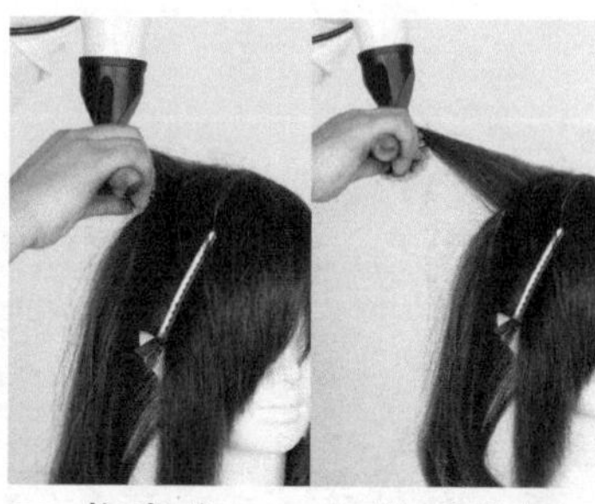

26. 将发片 4 一直卷到发根，充分利用吹风机的热效应，边卷边吹，然后向中间移动梳子。

27. 然后再卷到发根吹冷风，最后取下梳子。

28. 后侧发区的左边吹发和右边一样。

侧发区平行吹发

吹发步骤详解：

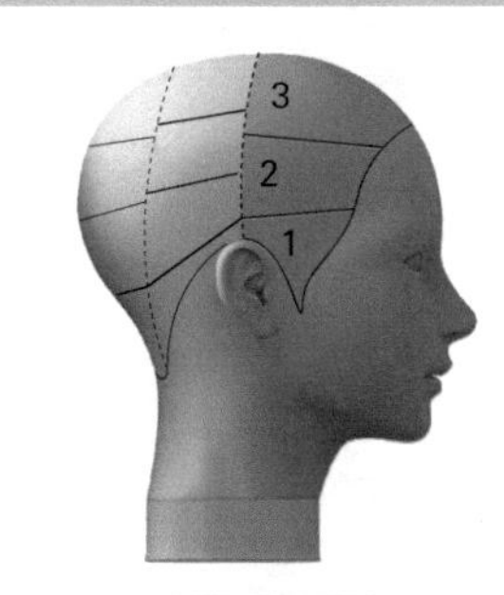

29. 先吹右侧发区的发片 1，从相邻的后面发束中多取出一部分头发，同发片 1 合在一起（图解 63），一边向下拉伸一边吹发，从发根吹到发梢，然后一边卷至发根一边热吹，再将梳子移向发中热吹，然后再卷向发根冷吹。

30. 梳子和发薄片保持平行取下，收紧发梢。

31. 发片 2 和地板保持平行进行吹发，吹发过程和发片 1 一样。

32. 表层的发片 3 垂直于头皮拉出来吹，一直吹到发根，形成痕迹，达到自然的蓬松效果。

33. 在后侧发区轮廓的延长线上将梳子取下。

图解 63 用轮廓的变化来调整发量感

正面开始能看见发片 1 的轮廓，头盖骨周围想要抑制发量，和地板保持平行吹发。表层的发片 3 需垂直于头皮来吹，形成自然的蓬松感。

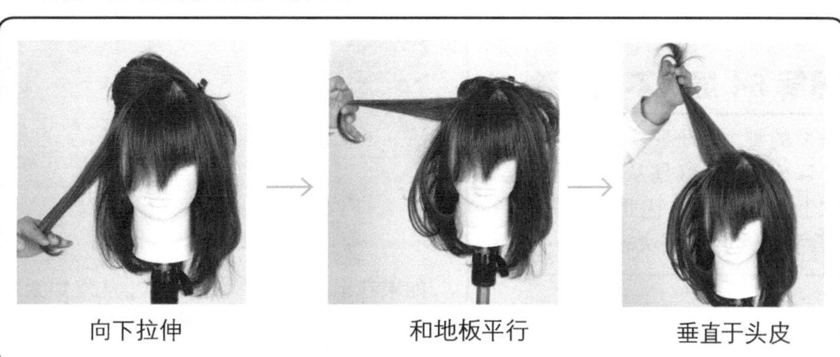

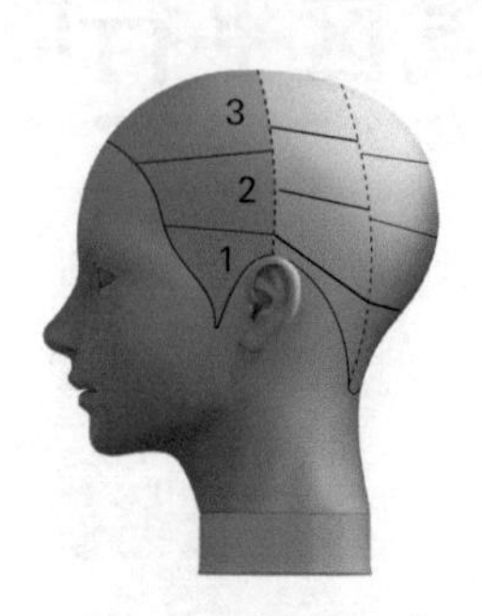

34. 左边侧发区的发片 1 和右边侧发区发片 1 的吹法一样，发束不要松弛，带着层次进行卷发。（图解 64）

35. 在和薄发片平行的位置，慢慢地将梳子取出。

36. 发片 2 和右边侧发区发片 2 的吹法一样。

37. 发片 3 垂直于头皮向上提起，一边提一边吹发，然后卷至发根，形成自然的蓬松状。

38. 与下段的轮廓相结合，拔出梳子。

图解 64 层次不能松弛

长发的魅力在于整个头发能呈现光泽感。光泽感是从不松弛的层次上衍生出来的，因此不管是什么程序，都要维持层次感。

如果卷出的头发不带有层次，从发中到发梢会出现不整齐的弯曲，且不会出现光泽度。

吹刘海，对整体头发进行融合

吹发步骤详解：

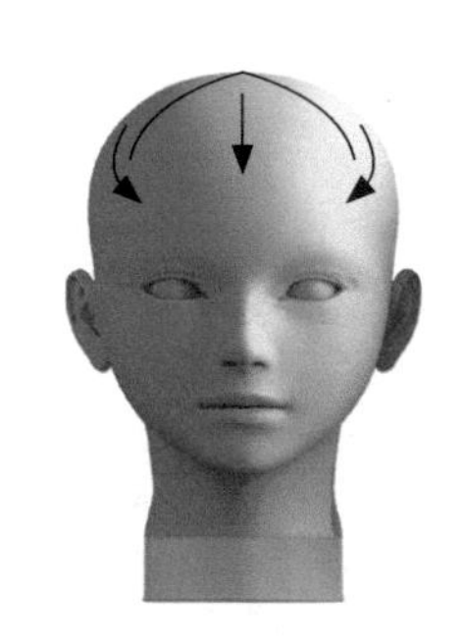

39. 吹刘海，从发中固定梳子吹发，一直吹到发梢，沿着头部的弧度做出蓬松感。

40. 刘海右侧的发片，从侧发区相邻的发束中取一些头发合在一起，以刘海为中心，向刘海的方向卷曲吹发。

41. 从发中吹至发梢，做出无空隙的表面效果。

42. 另一侧按同样的步骤来吹。

43. 刘海吹好后，和侧发区之间形成平缓的表面效果。

44. 最后用骨梳将发束进行融合，并且对全体头发进行融合。

完成

吹发步骤详解：

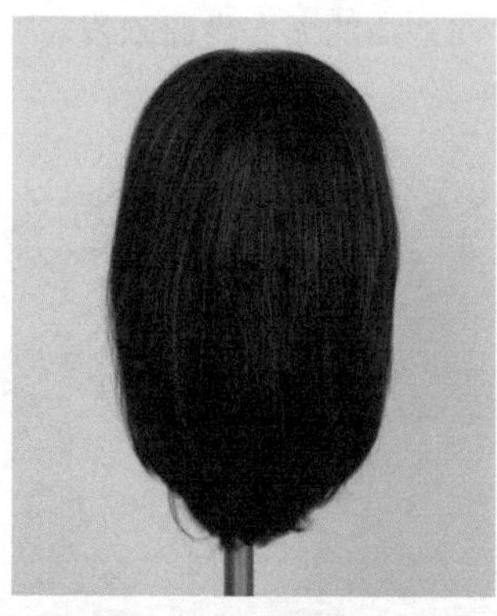

强调发梢发卷方向

吹发步骤详解：

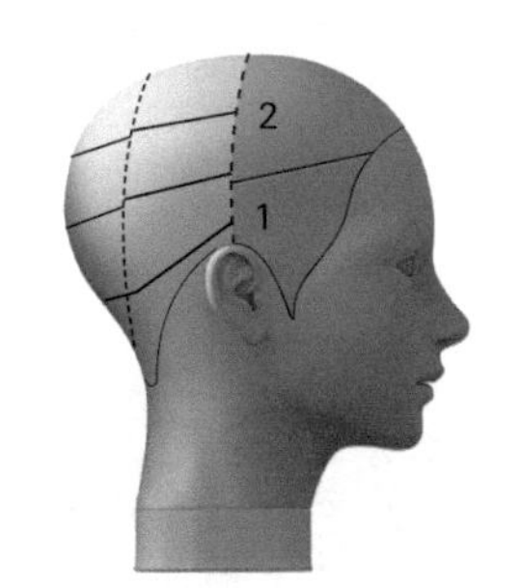

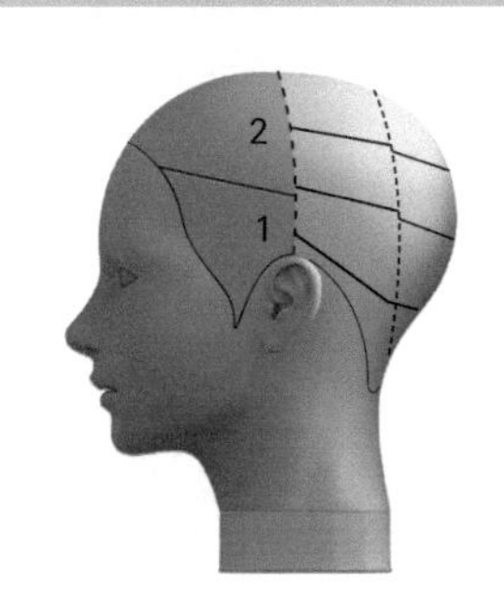

45. 开始进行发梢上卷的风格 2 的吹发。从额角开始到双耳连线，将头发分成前短后长的锯齿形的发片，并以梳子的宽度为准将其分为上下两部分。

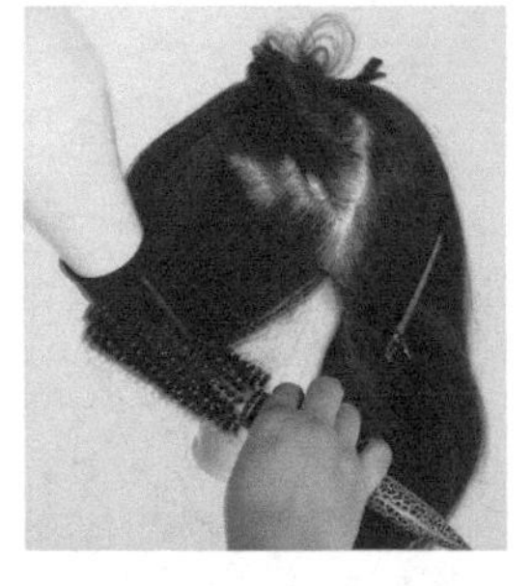

46. 先吹左侧发区的发片 1，从发中开始到发梢，都带着层次吹发。

47. 层次不要松弛，向中间卷发。将梳子整体卷在发束里，使发束均匀地受热，形成牢固的痕迹。最后向上拔出梳子（图解 65）。

48. 左侧发片 2 也同样进行吹发。到发梢部分要在下段的外界线延长线上收紧发卷，形成一定的方向。

49. 左边的吹发就结束了。发中至发梢有了向内侧卷的发卷。右侧也同样进行操作。

50. 然后将侧发区上下段的发梢进行统一整理，用骨梳整理头发走向。

图解 65 拔出梳子时要强调发卷的状态

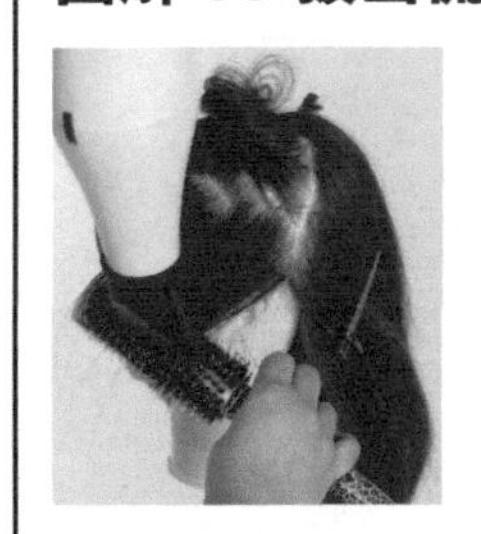

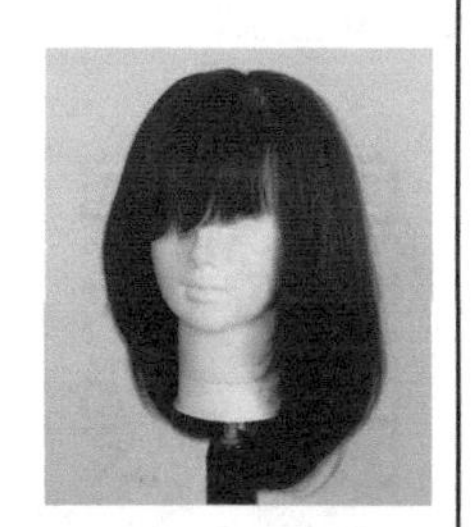

一边要注意不刮到发束，一边按照朝向来拔出梳子。

强调发梢弯曲感造型

吹发步骤详解：

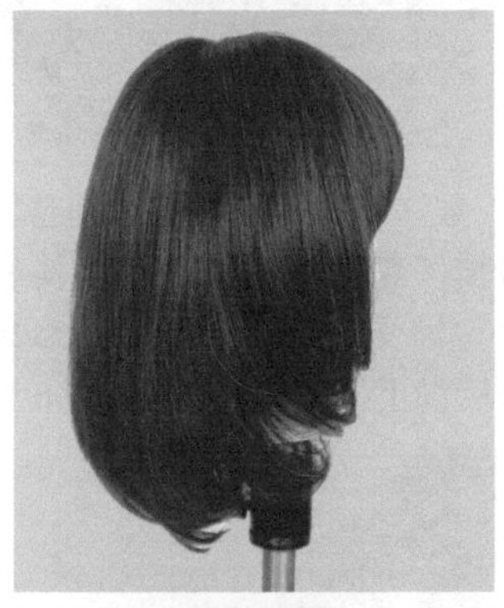

拓展视频

扫一扫，观看吹发拓展案例完整视频

逆向风格吹发

吹发步骤详解：

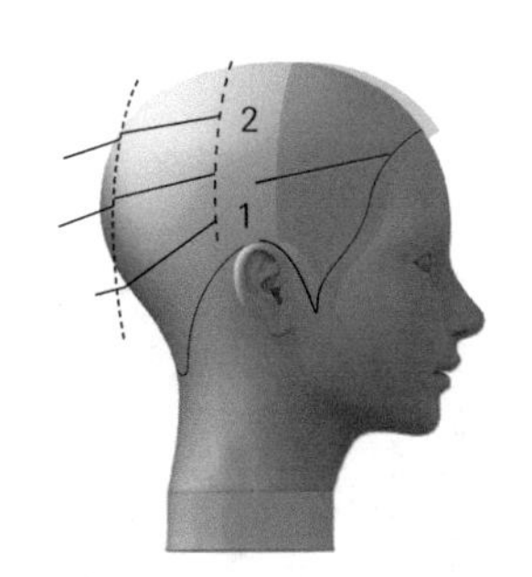

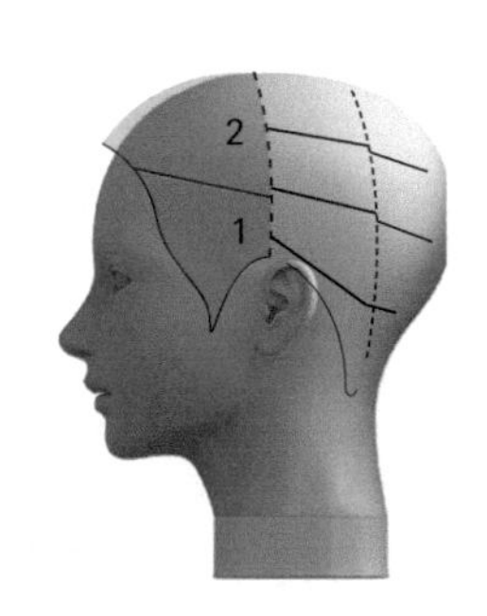

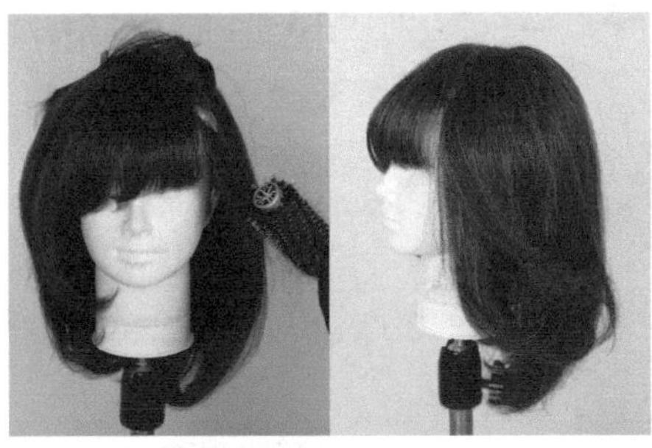

51. 现在进行逆向吹发的风格3。同样，从额角开始到双耳连线，将头发分成前短后长的锯齿形的发片，并以梳子的宽度为准将其分为上下两部分。先吹左侧的发片1，梳子外卷，用热风吹。

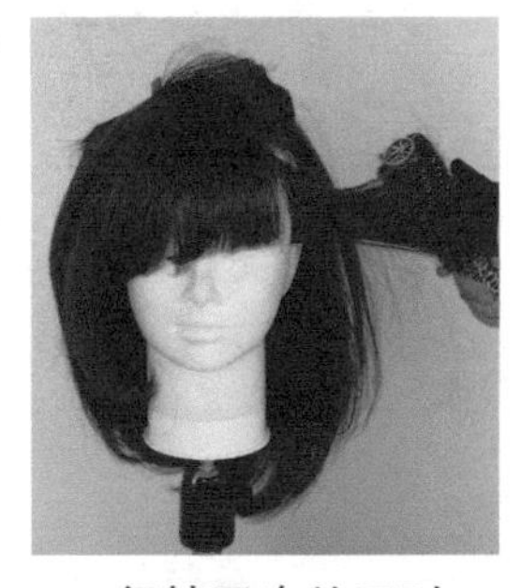

52. 保持层次的同时，一边向发梢移动梳子一边吹。

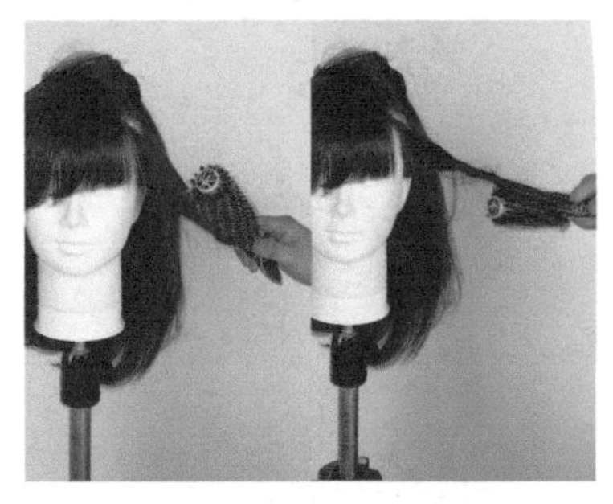

53. 然后再卷至发中，将梳子整体都卷入发束并用吹风机加热，然后向相反方向一边转动梳子，一边将其取出。

54. 左边上段的发片2也和下段发片1一样吹发。

55. 左侧吹发结束。发中至发梢形成相反的痕迹，发片向外的弯曲也有变化。右侧也同样进行吹发。

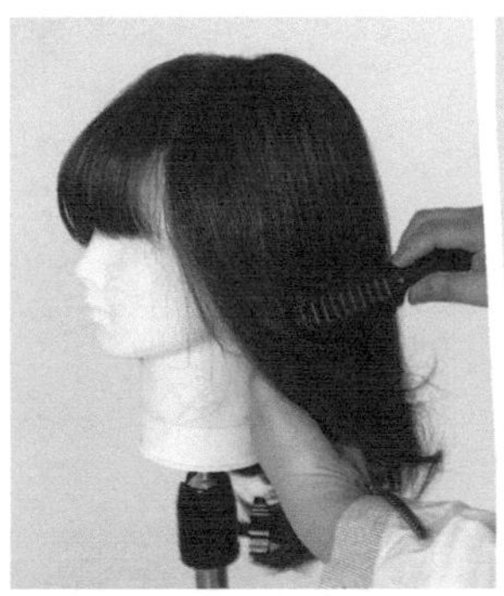

56. 侧发区和后侧发区的过渡区用骨梳进行融合。上下层分别与两个发区的上和下层汇总一起，用梳子在顺着发梢的方向梳理。

逆向方向的造型完成

吹发步骤详解：

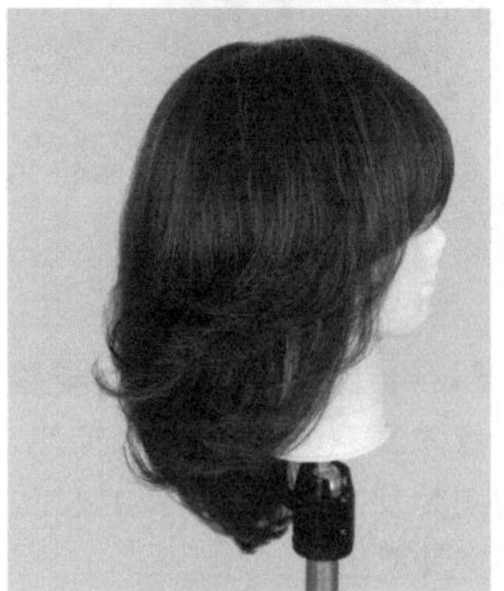

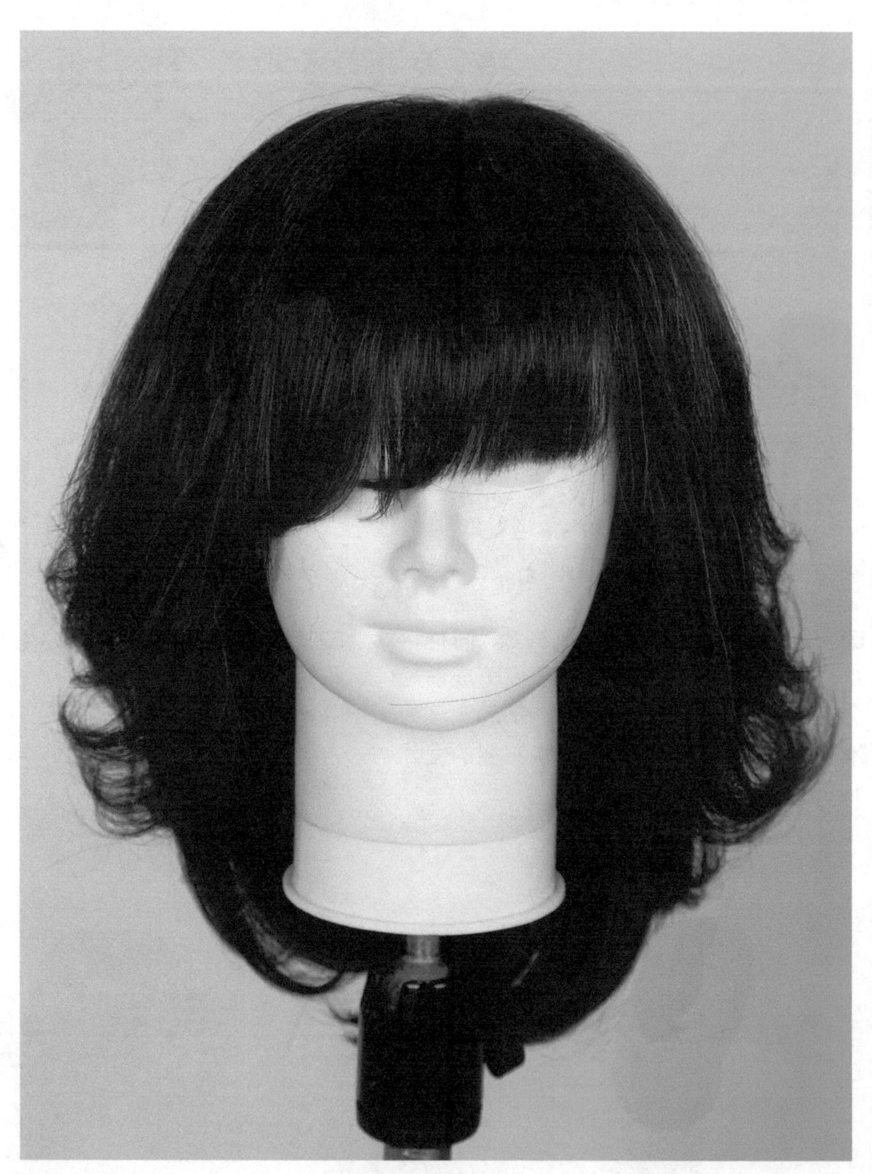

第三部分 烫发

进行剪发之前，不仅要掌握剪发技术，还要有充分的剪发知识和完备的剪发工具。为了掌握头部的骨骼形状，要对头部的一些重点区域有所了解；为了能正确安全地进行操作，还要准备必需的工具。另外，任何一种剪发的方法都有与之相对应的操作手势和姿势，也是学习剪发前需要掌握的。

第 7 章 J 形卷烫发

7.1 低层次 J 形卷

本款烫发造型是女性十分钟爱的造型，它所带来的卷曲效果使女性看起来更妩媚。烫发时，卷曲度不同，卷曲方向不同，都会带来不同的美感。本章节中，主要介绍 W 波浪卷和 J 型卷的烫发方法。

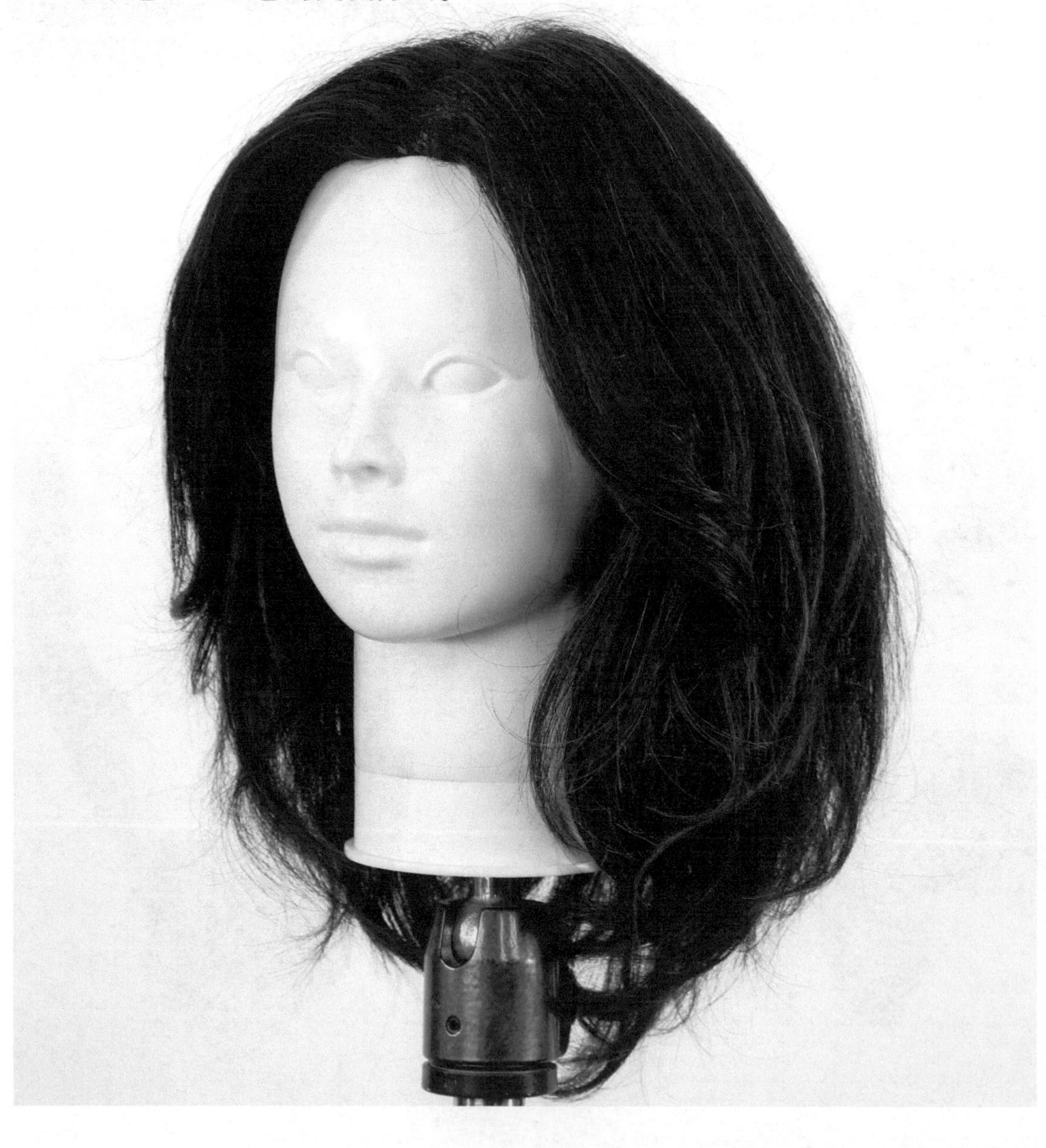

卷低层次 J 形卷

基础发型
低层次长发发型

本章学习给层次较少的低层次长发发型烫卷。

目标发型
J 形卷发型

一旦在发梢加上 J 形卷，就变成了带有缓缓摇晃效果的长发了。

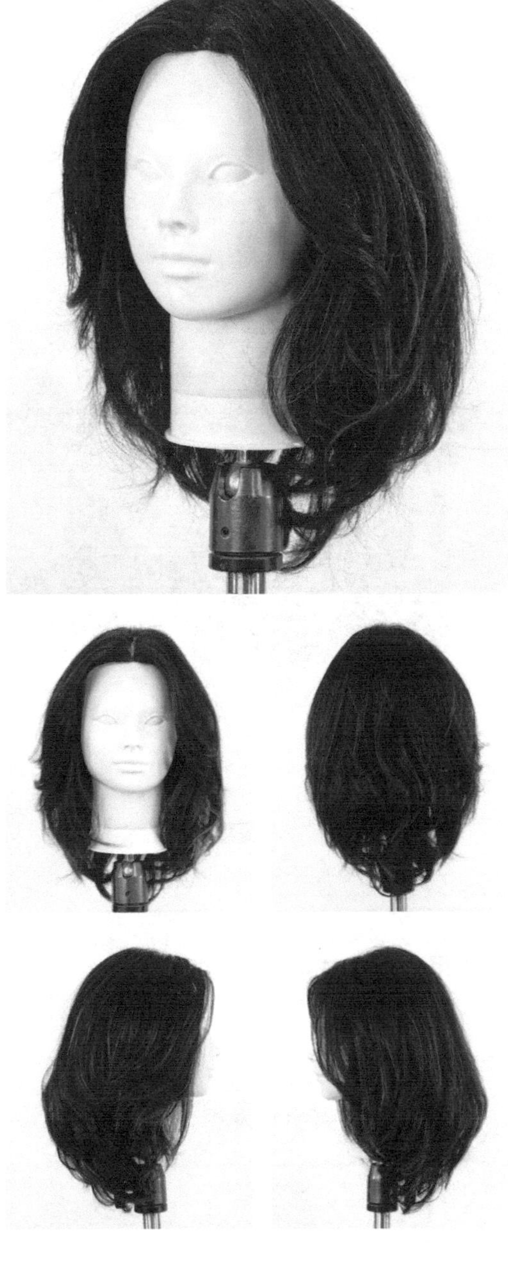

分区

烫发步骤详解：

主要分区为：头顶区的 U 形区，后脑区纵向的 3 个发区

基本的分区为：在侧中主线（从两耳上开始与地面垂直的线）将头发前后分开，然后将后脑区分成 3 列，头顶区分成 U 字形的 U 形区。

・A 线在侧中主线（从耳上通过头顶区点的线）处将头发前后分开。
・B 线将头顶区分成 U 形区。
・C 线将后脑区分成纵向的 3 个发区。
・D 线是从颈窝上骨处将头发水平分开。
・E 线从头盖骨点处将头发水平分开。
・F 处则是其他线对头发进行分区后所剩余的发区。
・G 线配合将后脑区呈放射状分开。

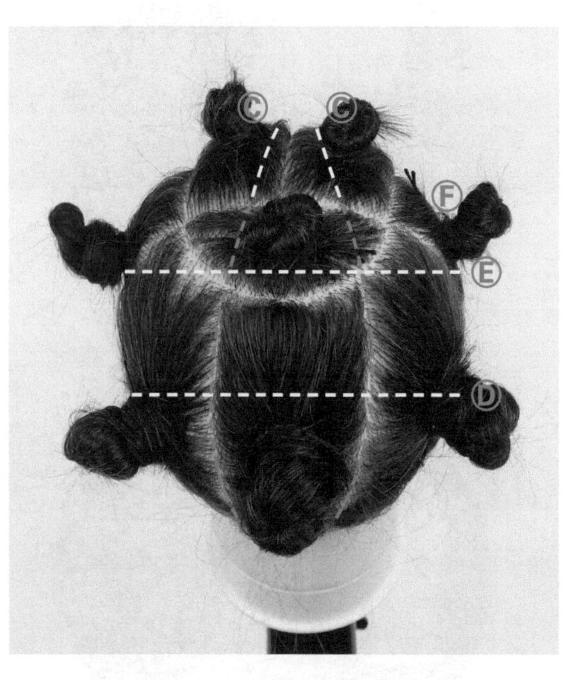

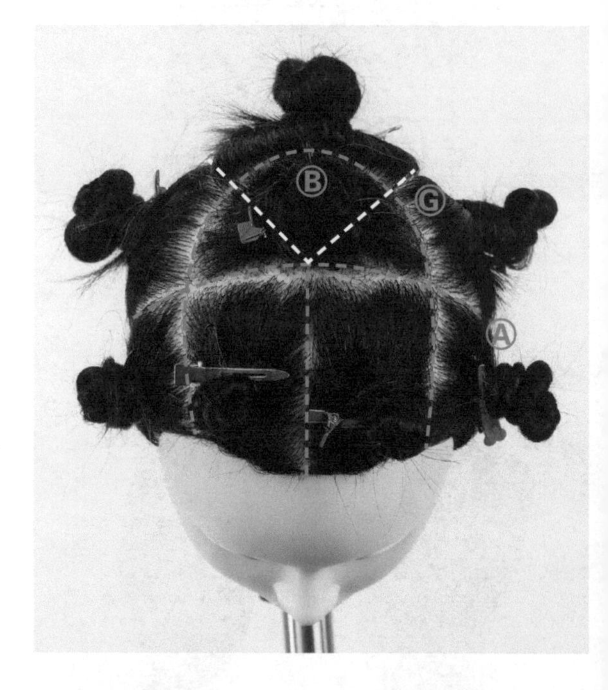

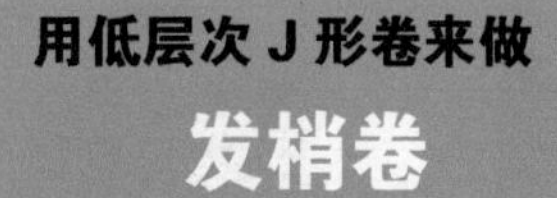

J 形卷是从发梢做卷度为 1 周半的卷。掌握用卷发棒做发梢卷的技术。

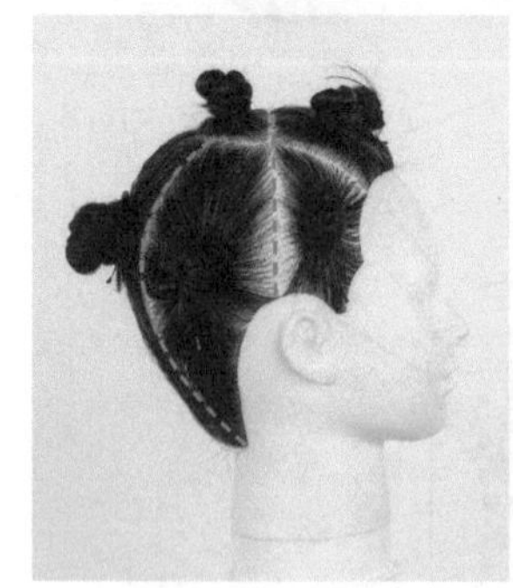

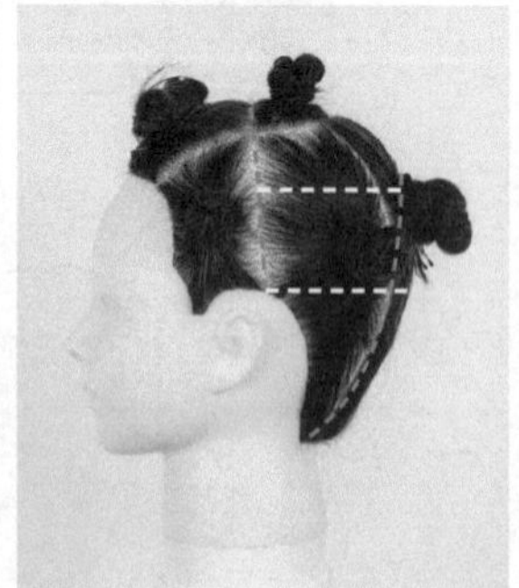

后脑区下方中央卷发束 1

烫发步骤详解：

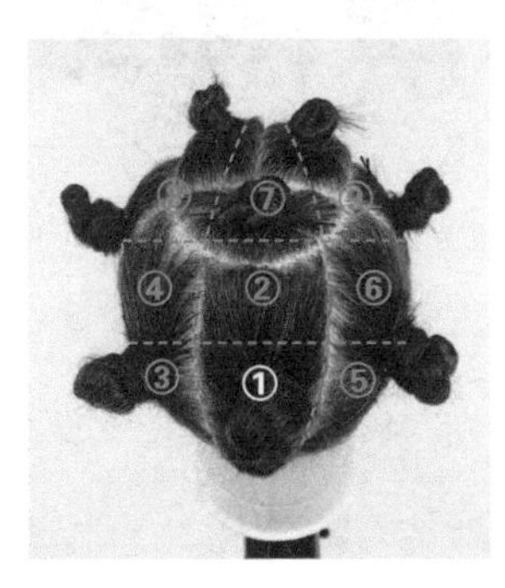

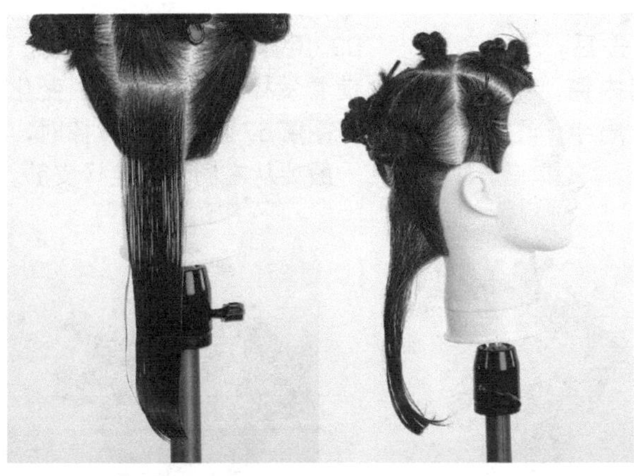

01. 从后脑区下方的中央部分卷起。取出发束 1，确认发束自然垂下的位置，然后从这里开始做“发梢卷”。

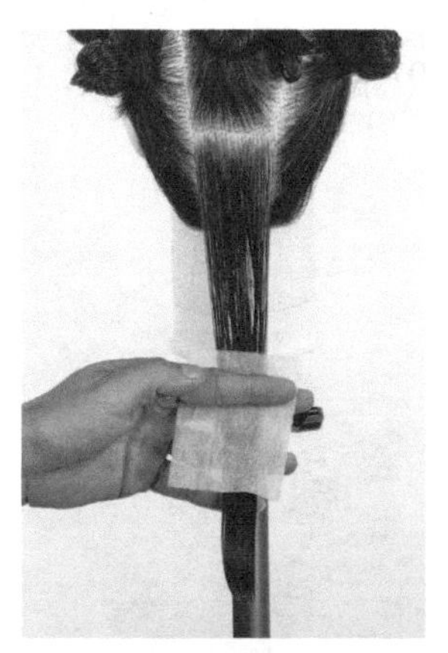

02. 不移动发束的位置，在发表贴纸。

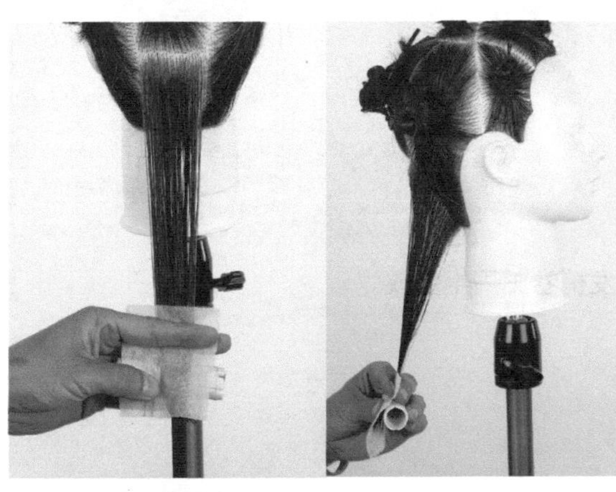

03. 将 23 毫米规格的卷发棒从发片内侧水平紧贴发片。贴的位置是从发梢上可以绕卷发棒 1 周的地方。

04. 贴卷发棒的位置。

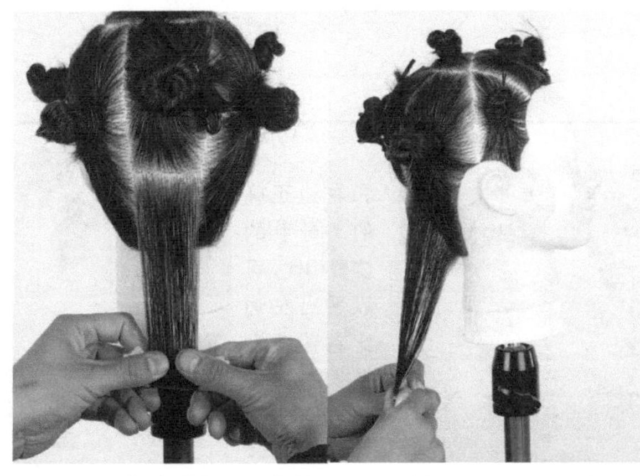

05. 发梢半卷连着卷发棒里侧的状态。此时卷发棒还没有开始卷。

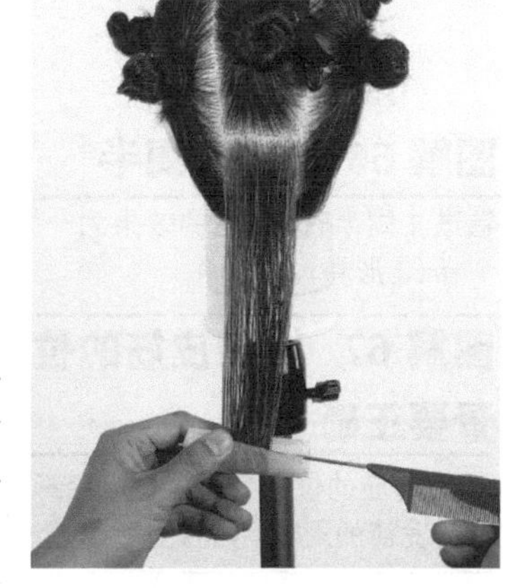

06. 用梳子的末端整理发梢，使发梢和卷发棒很好地贴合在一起。

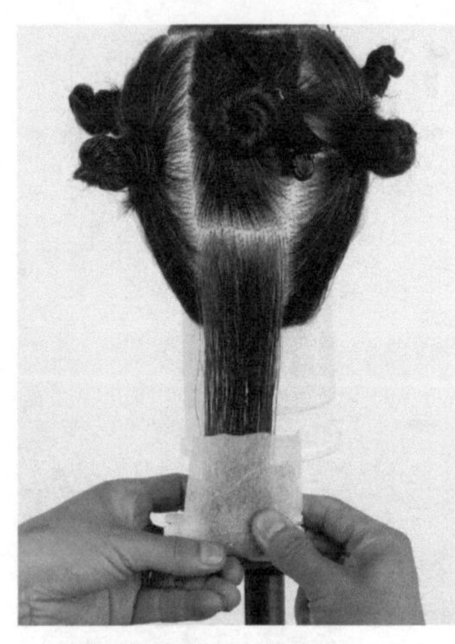

07. 将卷发棒向内侧卷 1 周。

08. 将发梢卷进去后，进一步将卷发棒卷到内侧，整体上将发梢卷进 1 周半（图解 66）。

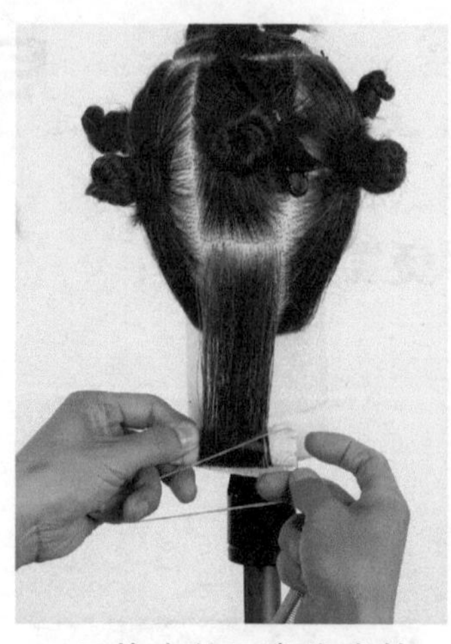

09. 用橡皮筋固定卷发棒，使卷发棒的位置不发生变化（图解 67）。固定卷发棒时，一般要从右侧开始挂橡皮筋。

10. 再向左上方挂橡皮筋，然后再从左上方挂向左下方。

11. 从左下方再挂向右上方。橡皮筋绑定完成。

12. 发梢卷 1 周半完成。

图解 66 卷进 1 周半

卷进 1 周半时，最后的效果为一个卷（J 形卷）。

图解 67 绑橡皮筋的位置要正确

绑橡皮筋的位置错了的话，会影响卷发棒的周数。如右图所示。

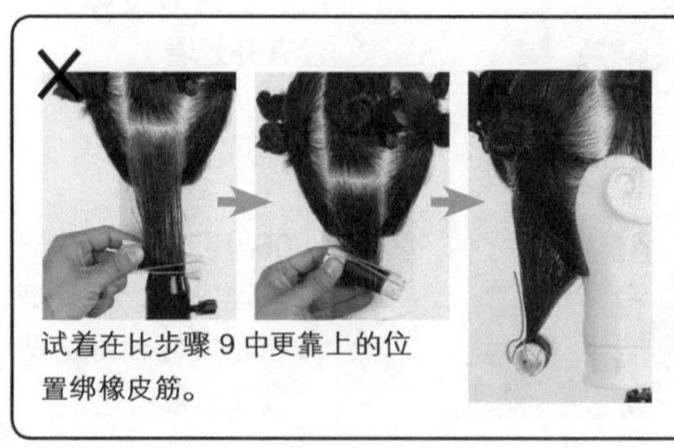

试着在比步骤 9 中更靠上的位置绑橡皮筋。

和右边正确的 1 周半的位置相比，可以看出左边比右边多卷了半周。

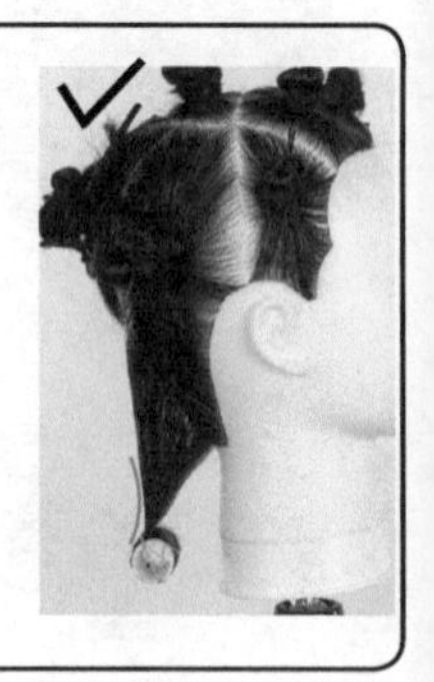

后脑区正中央卷发束 2

烫发步骤详解：

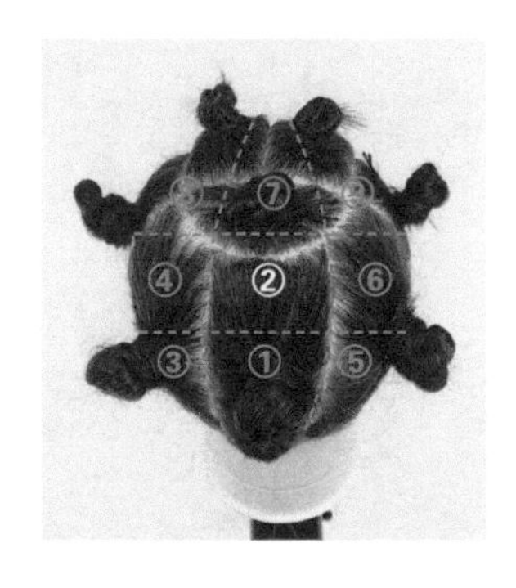

13. 首先确认发束 2 所取的发量和下方发束 1 的发量相同，然后在发表贴纸。

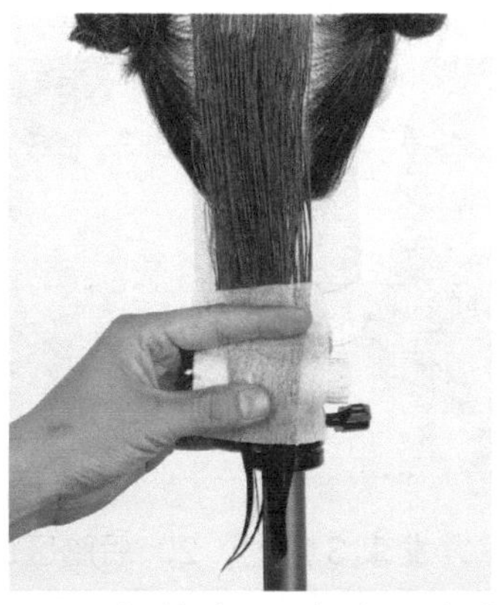

14. 用规格为 26 毫米的卷发棒，在从发梢向上卷发棒 1 周的位置，水平贴紧发片。

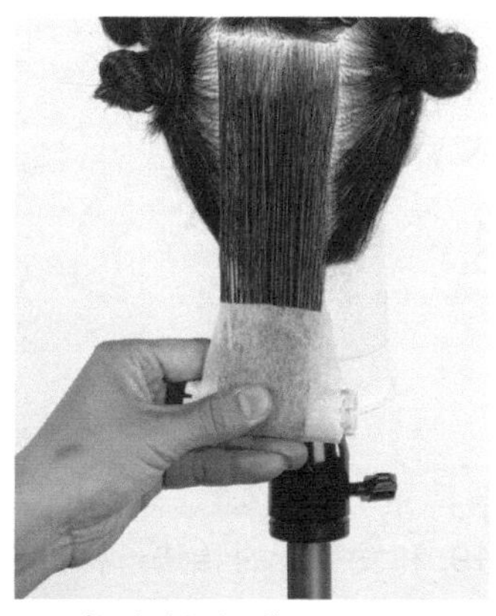

15. 将发梢卷进去。此时发梢卷进去 1 周。

16. 再往上卷半周，总计 1 周半。

17. 然后用橡皮筋固定卷发棒。

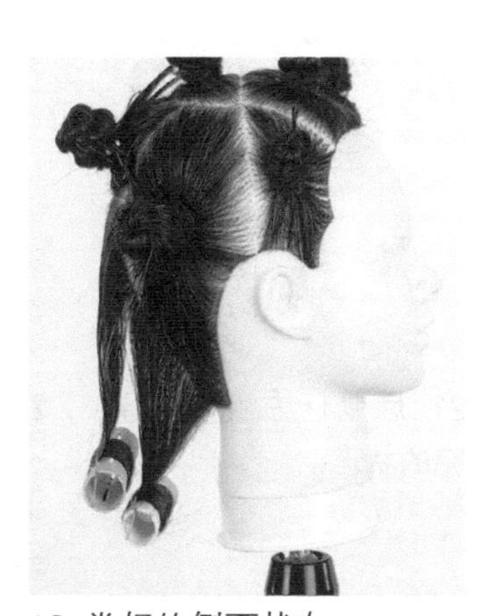

18. 卷好的侧面状态。

后脑区下方卷发束 3~6

烫发步骤详解：

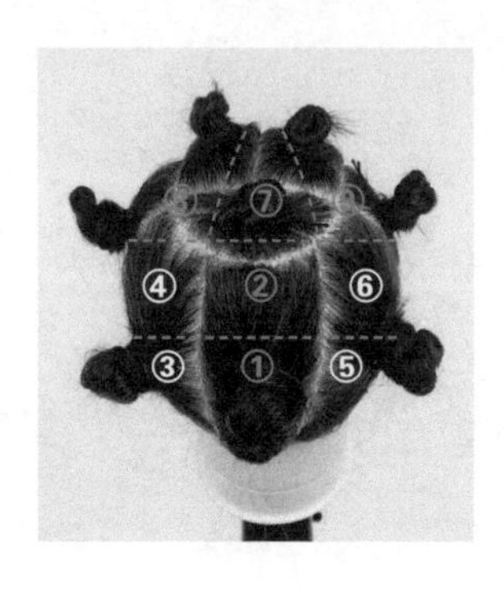

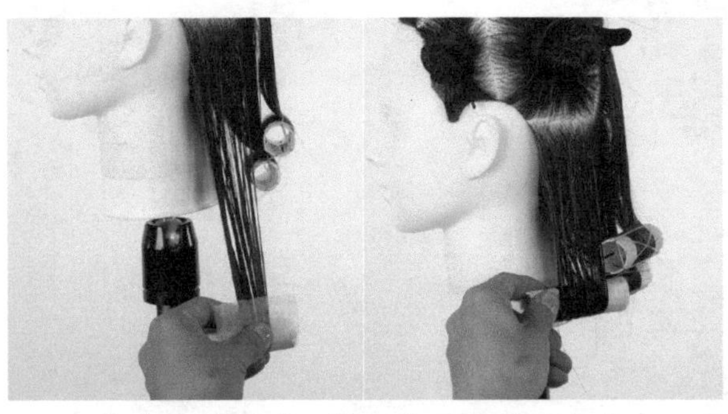

19. 和发束 1 的卷法一样，将后脑区下方发束 3 用 23 毫米卷发棒将发梢内卷 1 周半，并用橡皮筋固定。

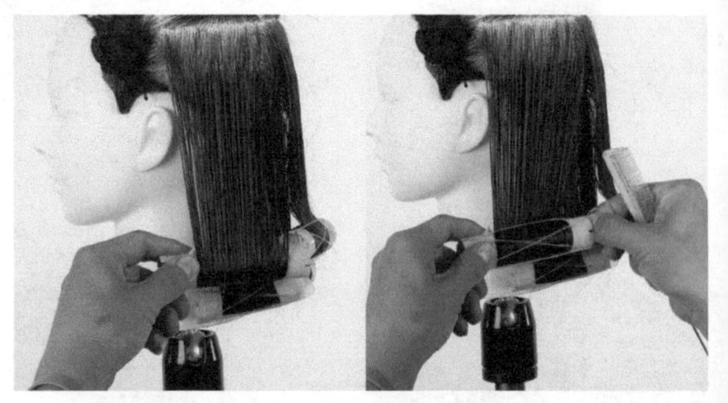

20. 后脑区的发束 4 的卷法和前面的步骤一样，用 26 毫米的卷发棒将发梢内卷 1 周半，用橡皮筋固定。

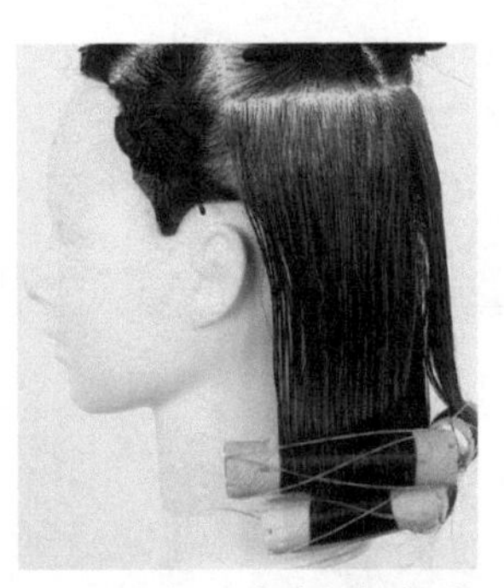

21. 后脑区左侧头发卷完的状态。

22. 右侧的卷法和左侧一样。发束 5 用 23 毫米的卷发棒，将发梢内卷 1 周半。

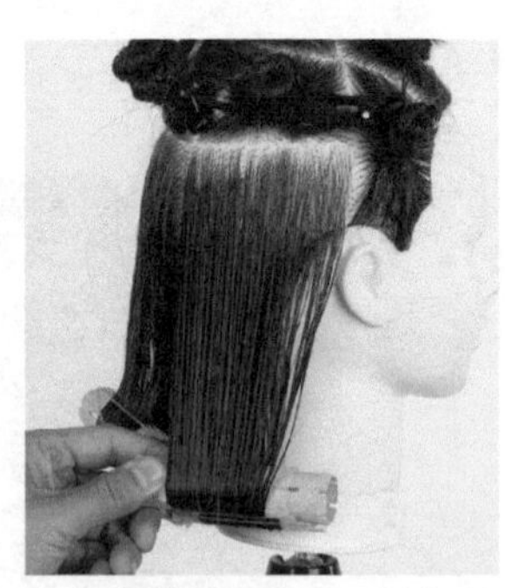

23. 发束 6 用 26 毫米的卷发棒，将发梢内卷 1 周半。

24. 后脑区右侧头发卷完的状态。

后脑区上方卷发束 7 ~ 9

烫发步骤详解：

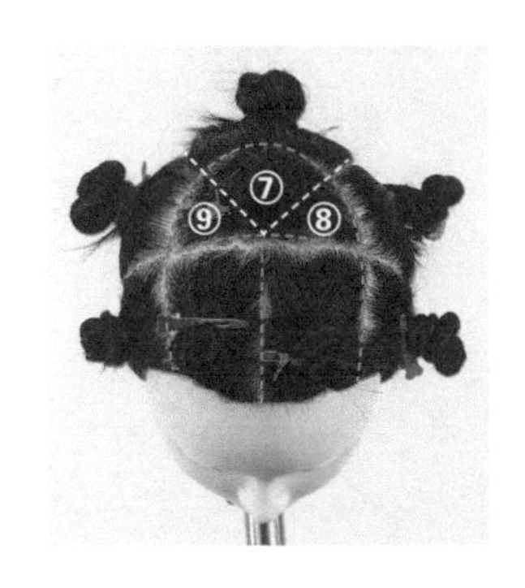

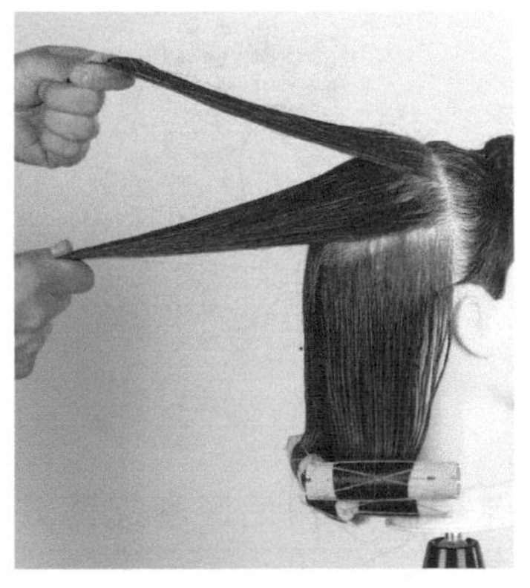

25. 后脑区上方的发束 7~9 因为加入了层次，分量很容易变薄，发量变少，发量不够时可互相均匀一下发量。

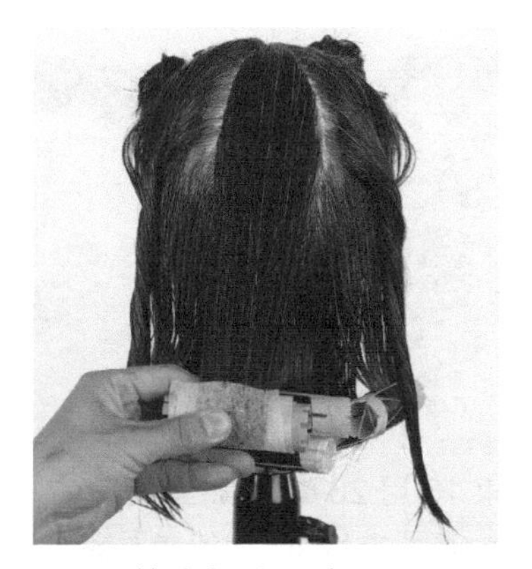

26. 沿着头部的弧度，从顶点呈放射状将后脑区上部发区分成 3 列（即发束 7~9），各部分发量均等。

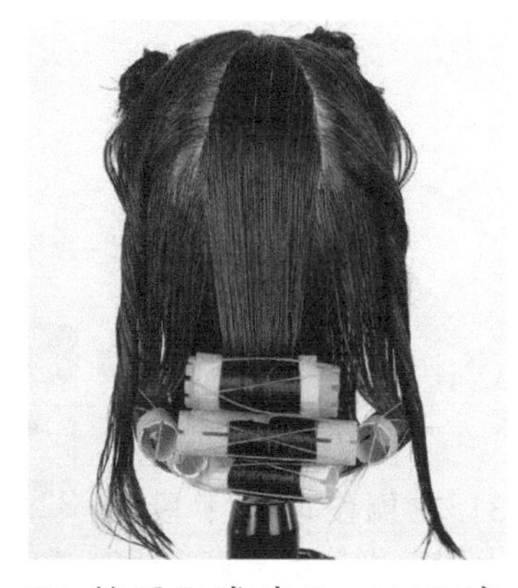

27. 然后取发束 7，用 29 毫米的卷发棒在头发自然垂下的位置将发梢内卷 1 周半，用橡皮筋固定。

28. 发束 8 的卷法同发束 7 一样。

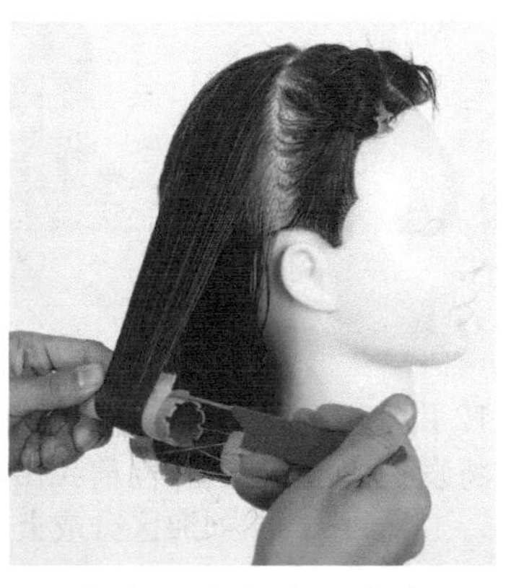

29. 发束 9 的卷法同发束 7 一样。

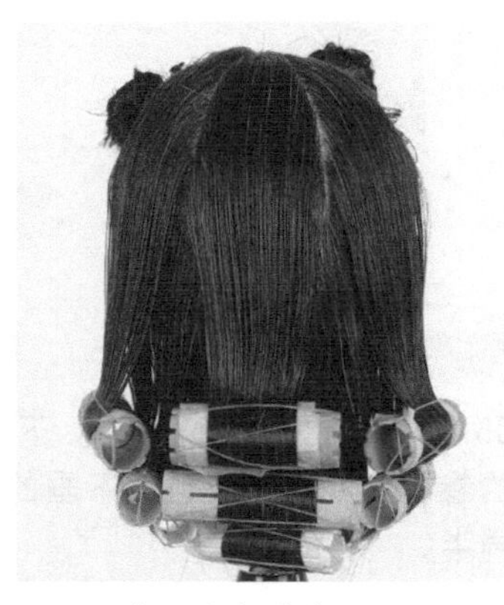

30. 后脑区全部卷好。

侧发区卷发束 10~13

烫发步骤详解：

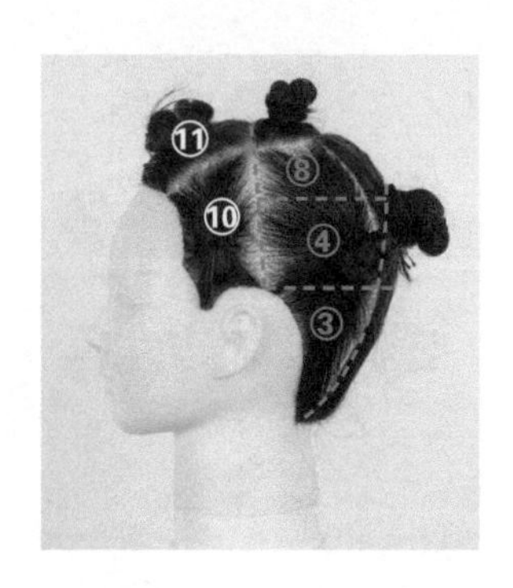

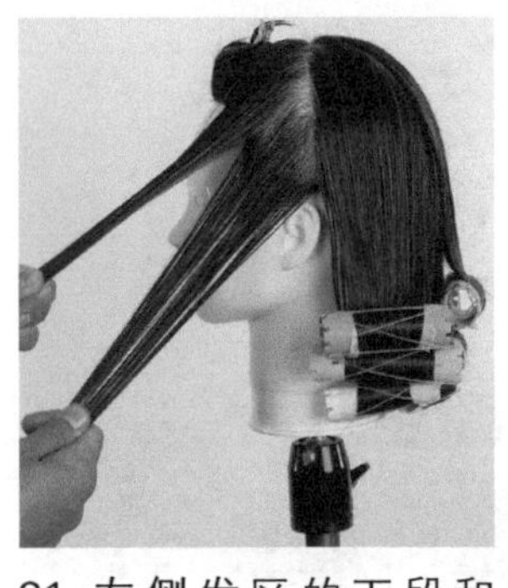

31. 左侧发区的下段和上段分别分出发束 10 和 11，发量均等，发束不能上下重叠拉出，而是前后错开拉出。

32. 下段发束 10 用 26 毫米的卷发棒，在头发自然下垂的位置将发梢内卷 1 周半。

33. 上段发束 11 用 26 毫米的卷发棒，从头顶区放射状稍稍向前拉出，将发梢内卷 1 周半。

34. 左侧发区卷起的效果。

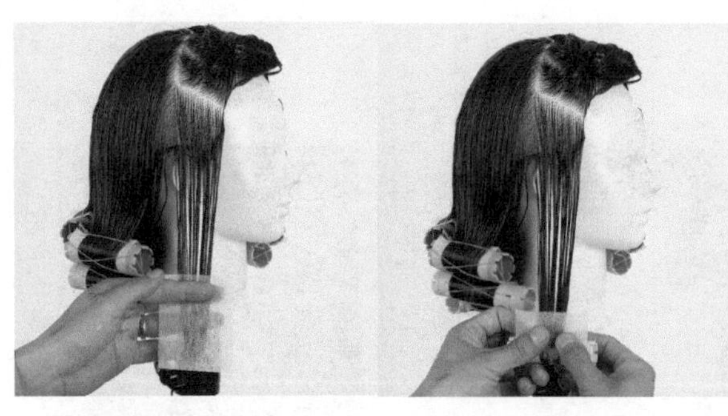

35. 右侧发区也是一样的。下段发束 12 用 26 毫米的卷发棒，在头发自然下垂的位置，将发梢内卷 1 周半。

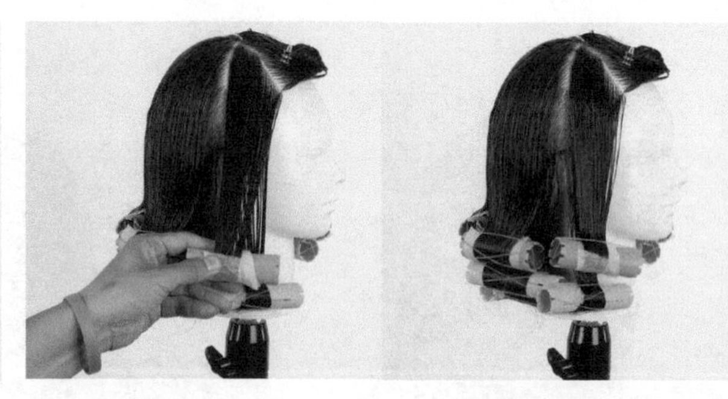

36. 上段发束 13 用 26 毫米的卷发棒，从头顶区呈放射状向前拉出发束 13，将发梢内卷 1 周半。然后将刘海区分成上下两部分，全部用 26 毫米卷发棒做成 1 周半的发梢卷。

卷完卷发棒的状态

烫发步骤详解：

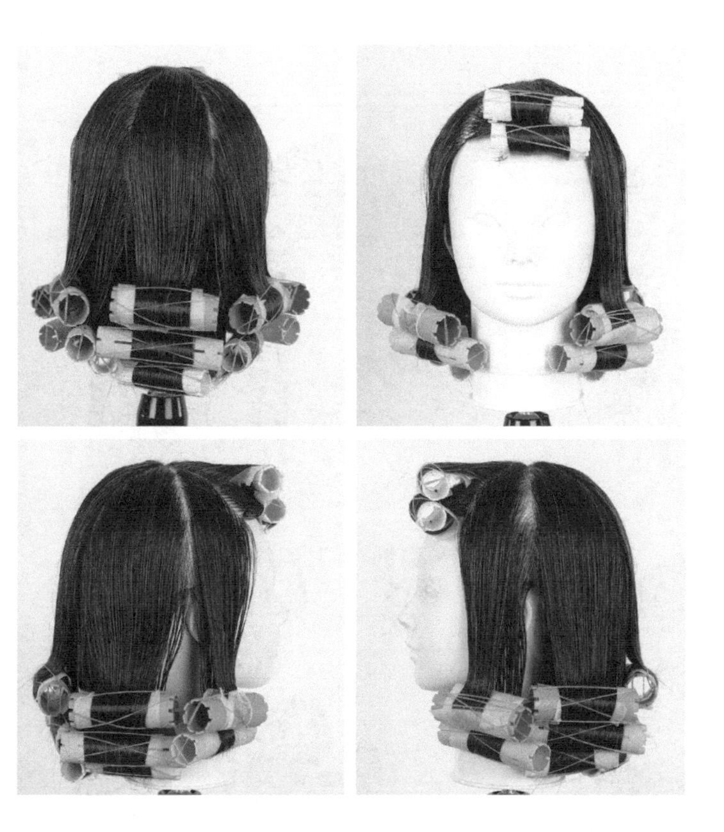

检查①

查看大部分发束是不是都在
自然下垂的位置被卷起来。

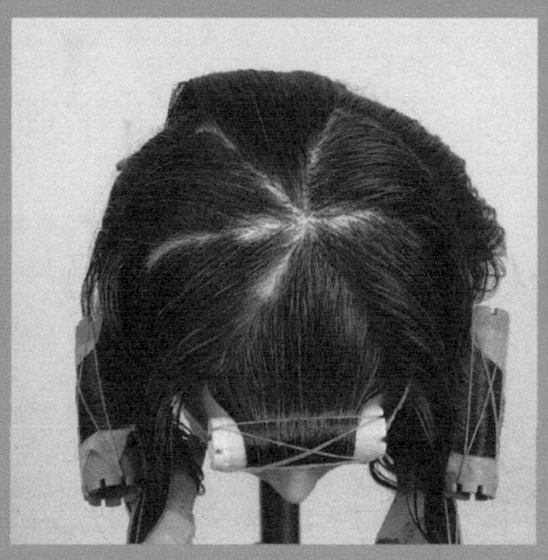

检查②

从正上方看，查看上方发区
是否呈放射状被拉出。

水洗

烫发步骤详解：

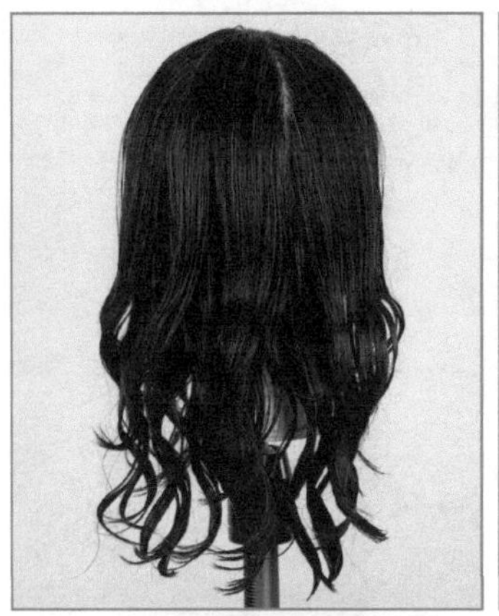

上方的 J 形卷

29 毫米卷发棒 × 发梢卷 1 周半

正中间的 J 形卷

26 毫米卷发棒 × 发梢卷 1 周半

下方的 J 形卷

23 毫米卷发棒 × 发梢卷 1 周半

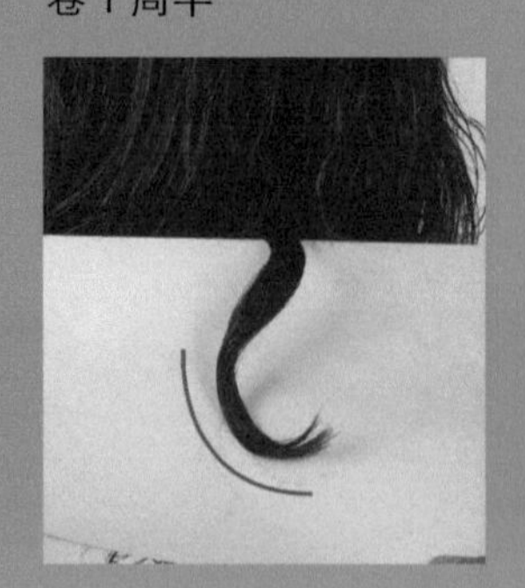

检查③

从发梢的 J 形卷来看，卷发棒规格越大，做出的 J 形卷的隆起线越长。

低层次 J 形卷发型的完成效果

烫发步骤详解：

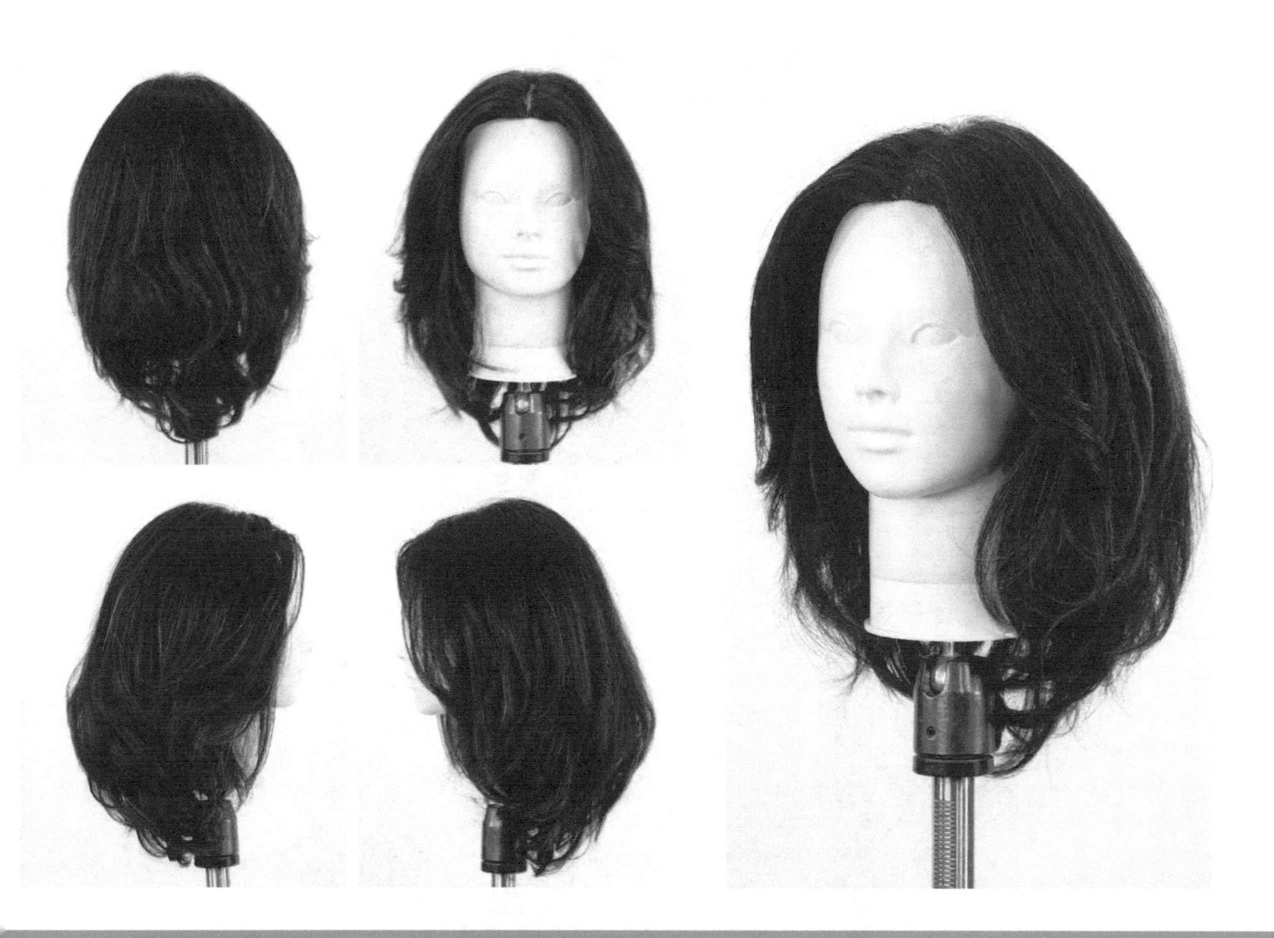

扫一扫，观看烫发完整视频

定型过程

上 1 滴半胱胺，卷 10 分钟→中间水洗→上 2 滴溴酸，每 5 分钟上 1 次，共上 2 次。

注意：假想头发颜色中等受损。

7.2 高层次 J 形卷

此章开始介绍高层次发型的 J 形卷。
从前面学过的 A、B、C 各发区的特点出发，一起来学习新的卷发类型。

高层次 J 形卷

基础发型
高层次长发发型

较高的位置加入了有层次的长发发型。外形细长，末端较薄。

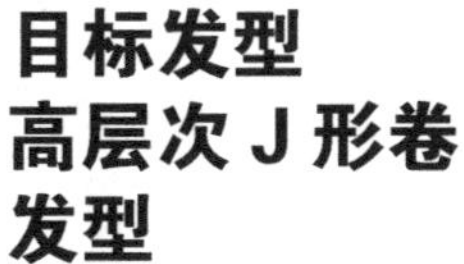

目标发型
高层次 J 形卷发型

在较薄的发梢作出适当的 J 形卷，整个发型会显示出一定的动感。

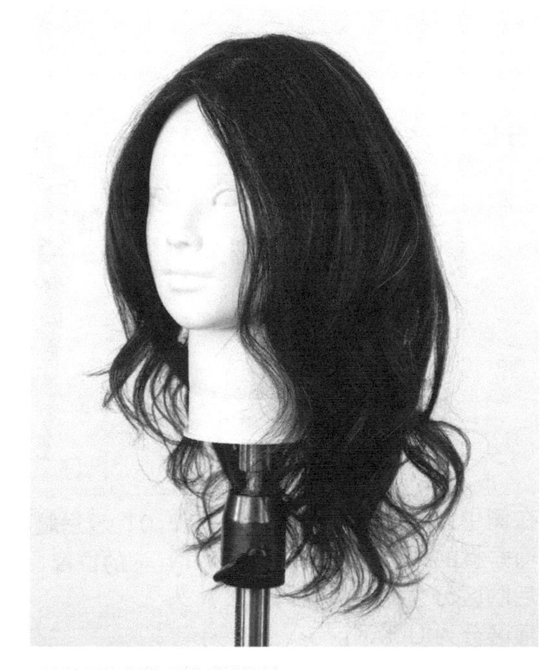

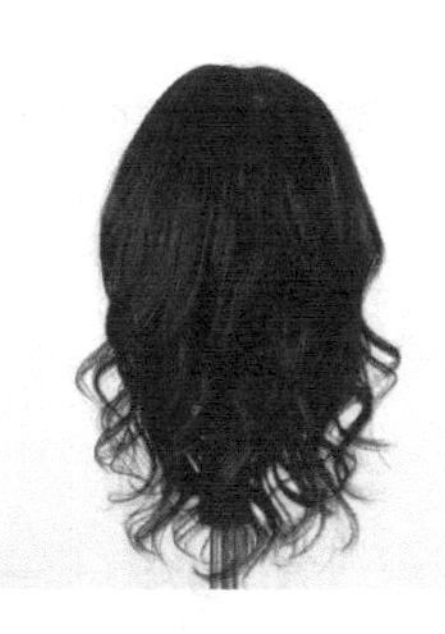

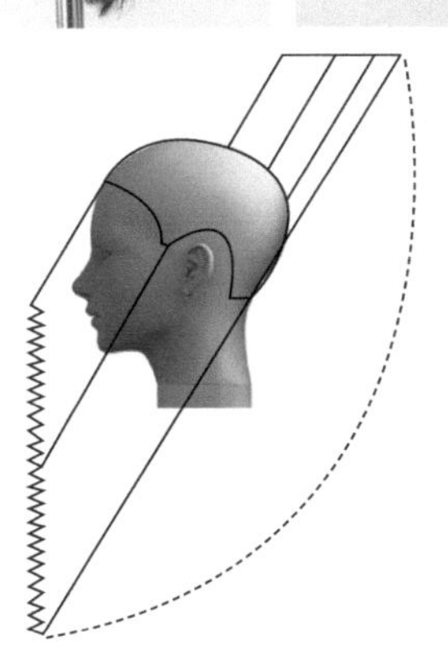

用高层次 J 形卷来做

J 形发梢卷（螺旋形曲线卷）

和低层次的 J 形卷一样从发梢卷 1 周半，但是卷发棒要倾斜着卷。此时的 J 形卷名为“螺旋形曲线卷”。

后脑区下方卷发束 1

烫发步骤详解：

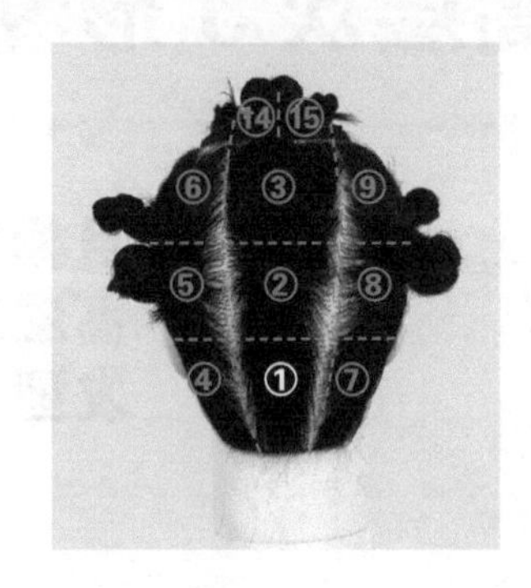

分区

在侧中主线（从两耳上开始与地面垂直的线）处将头发前后分开，后脑区分为纵向的 3 列发区，头顶区分为 U 形区。

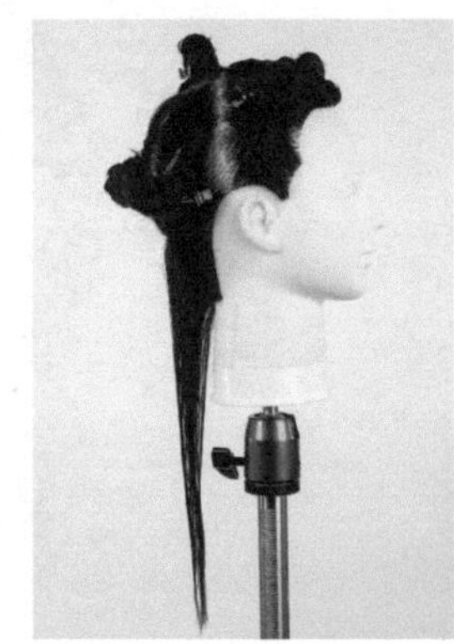

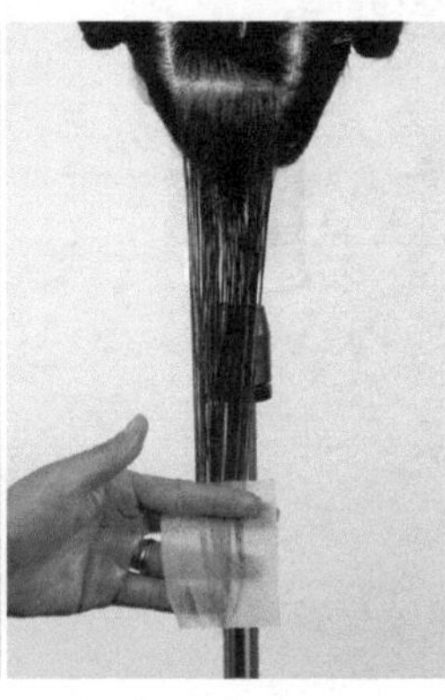

01. 卷后脑区的发束 1。确认头发处于自然垂下的位置，在发梢贴上纸。

02. 在距离发梢长度为卷发棒 1 周的地方，斜着贴上规格为 23 毫米的卷发棒。

03. 将发梢卷进内侧 1 周。

04. 然后再卷上半周，共计 1 周半。

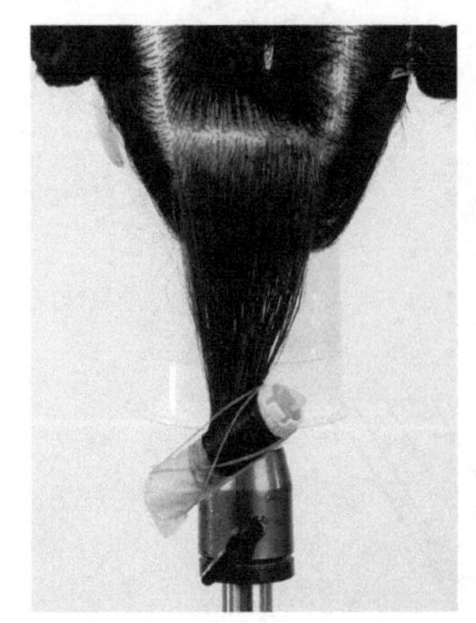

05. 绑上橡皮筋。发梢缠到卷发棒左侧 1 周半的发梢卷（螺旋形曲线卷）完成。

后脑区中央卷发束 2~3

烫发步骤详解：

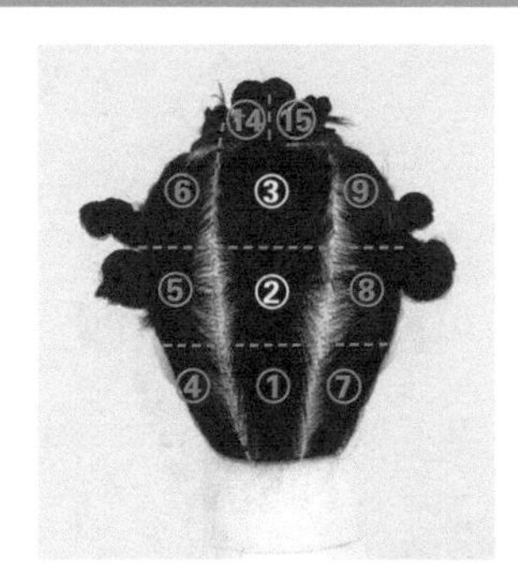

06. 在后脑区中央取发束 2，发量和发束 1 相同。在头发自然下垂的位置贴上纸，倾斜贴上卷发棒。卷发棒的倾斜方向和发束 1 相反。这样一来，上下的发束交互改变螺旋卷的方向，防止发型偏向一定的方向。

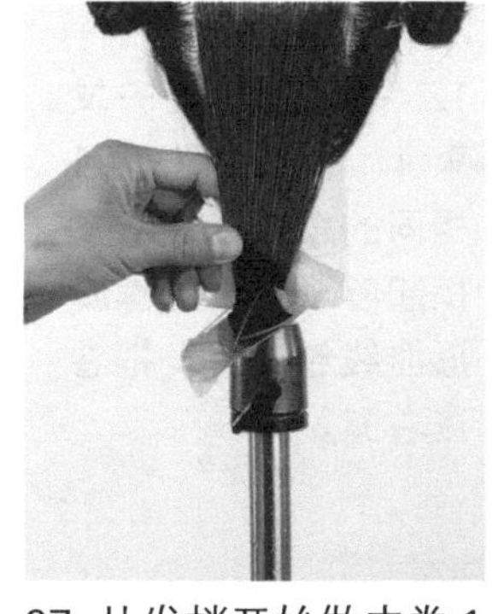

07. 从发梢开始做内卷 1 周半的螺旋形曲线卷。发梢在右侧。

08. 发束 2 的卷起效果。

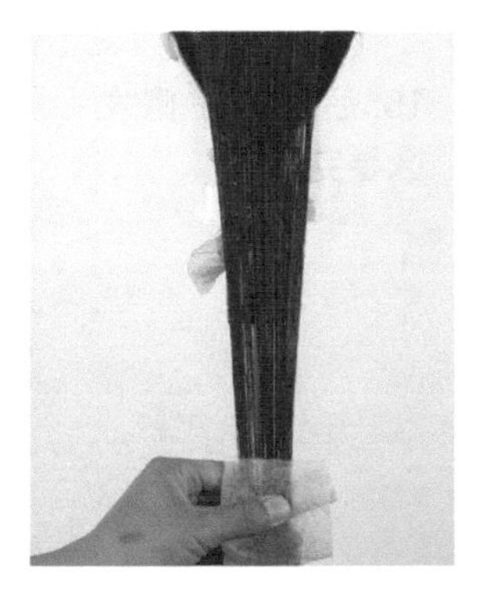

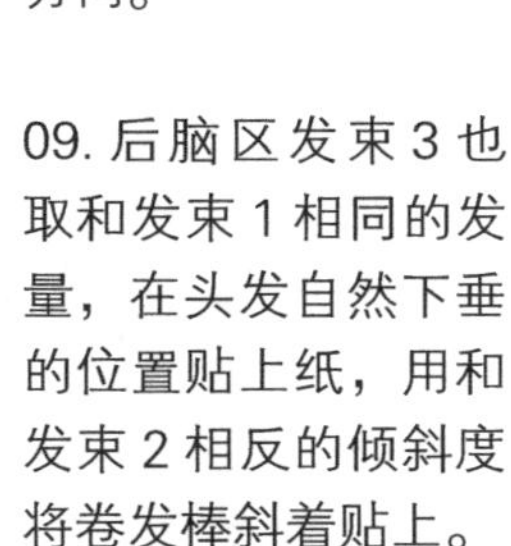

09. 后脑区发束 3 也取和发束 1 相同的发量，在头发自然下垂的位置贴上纸，用和发束 2 相反的倾斜度将卷发棒斜着贴上。

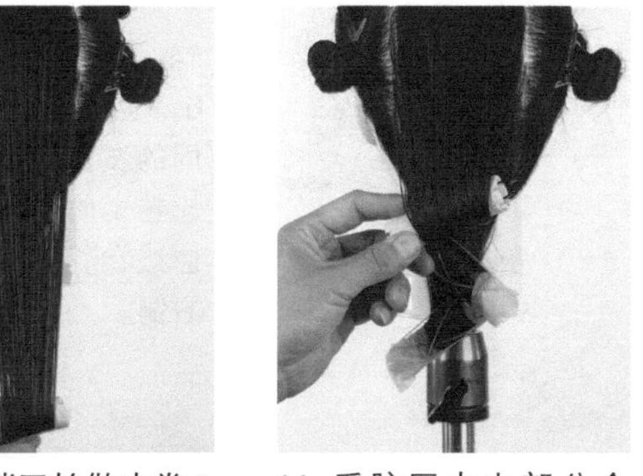

10. 从发梢开始做内卷 1 周半的螺旋形曲线卷。发梢在左侧。

11. 后脑区中央部分全部卷完，用的是从发梢开始 1 周半的螺旋形曲线卷（图解 68）。

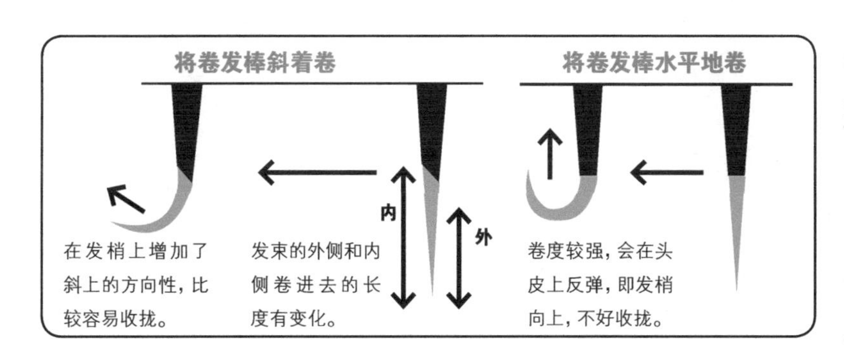

图解 68　为什么卷螺旋形曲线卷

高层次的发梢比较薄，如果平卷的话，发卷会过于凸出，发卷的弹力会很大，这样一来发梢在动态情况下容易乱。用螺旋状来卷的话，在发梢处会产生倾斜向上的方向性，头发因此比较容易收拢。

脑区左右部分卷发束 4~9

烫发步骤详解：

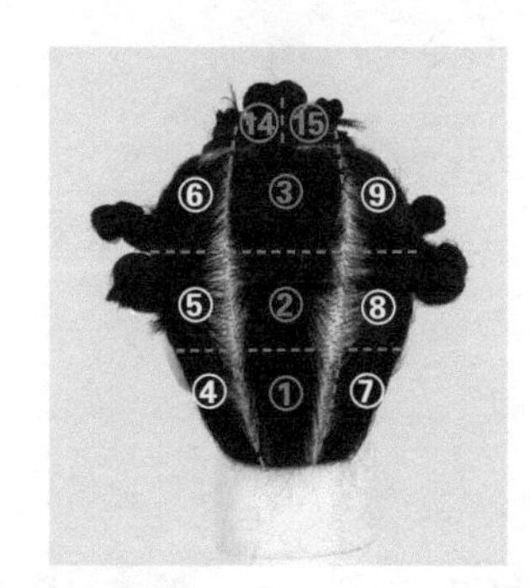

12. 后脑区左边的发束 4，也取和发束 1 相同的发量，做从发梢起卷 1 周半的螺旋形曲线卷。将发梢卷在右侧。

13. 后脑区左边发束 5，也取和发束 1 相同的发量，做从发梢起卷 1 周半的螺旋形曲线卷。将发梢卷在右侧。

14. 后脑区左边发束 6，也取和发束 1 相同的发量，做从发梢起卷 1 周半的螺旋形曲线卷。将发梢卷在右侧。

15. 后脑区左侧发区卷完。

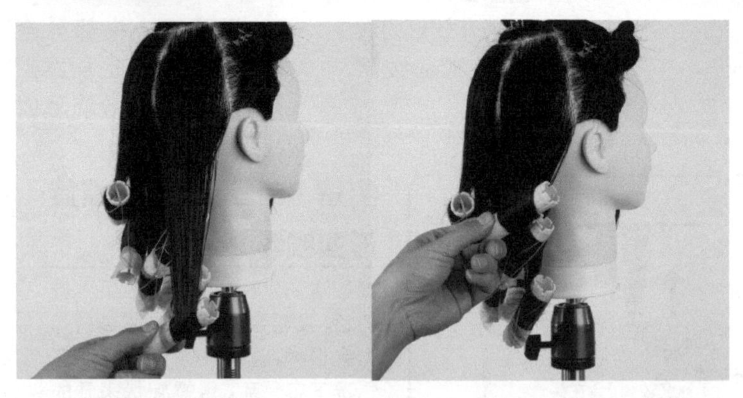

16. 后脑区右侧的发束 7~9，也像左侧一样卷，只不过要将发梢卷在左侧。

17. 后脑区右侧发区全部卷完。

侧发区卷发束 10~13

烫发步骤详解：

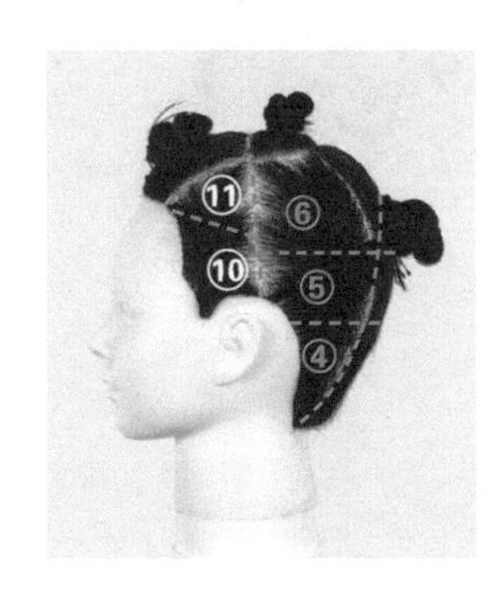

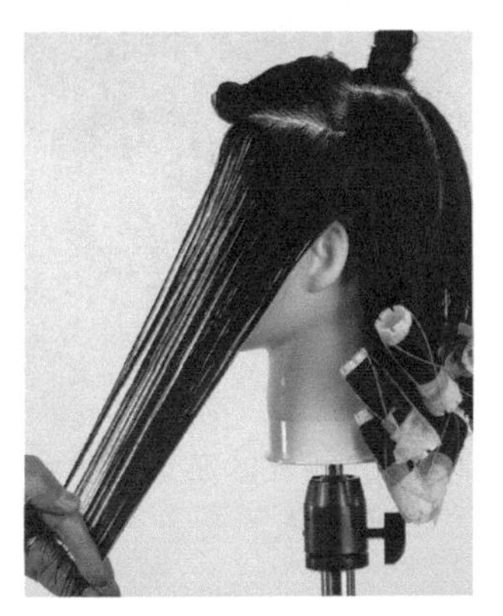

18. 侧发区取发束10，发量和发束1相同。因为这里是头发的长短差异比较大的地方，所以要向前拉出发束来卷（图解14）。

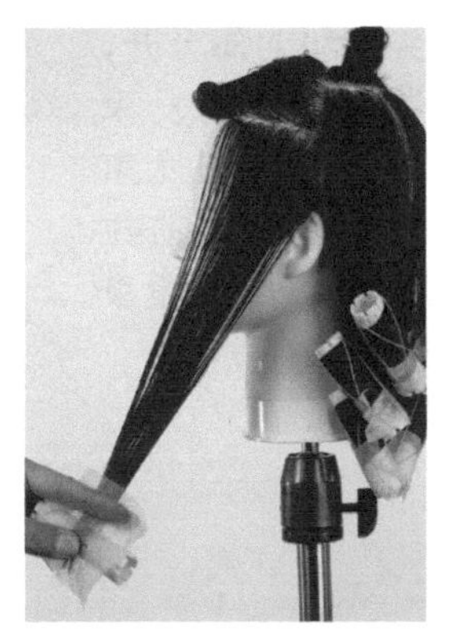

19. 相对拉出的发束斜着贴卷发棒，将发梢卷在右侧。

20. 从发梢起卷1周半的螺旋形曲线卷。

21. 侧发区左边的发束1卷完了。

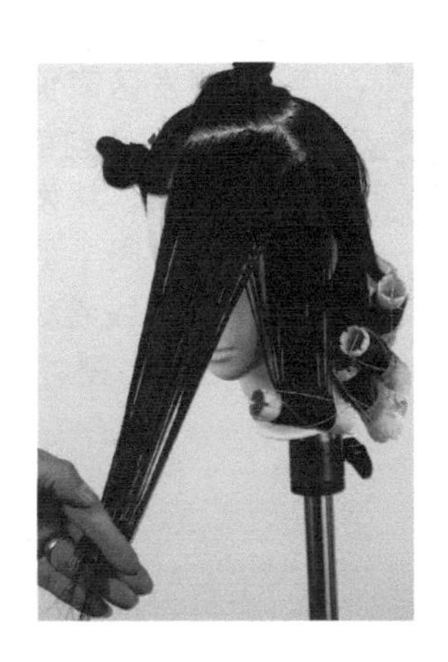

22. 取侧发区左边表面的头发。这束头发太粗，不能全部卷收到卷发棒上。

23. 将其分成两部分来卷。

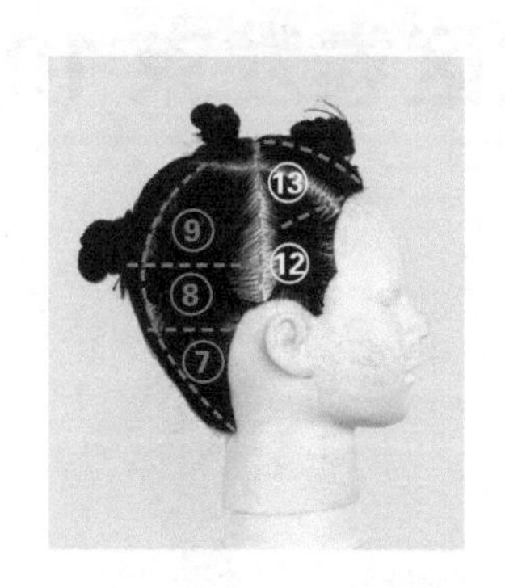

24. 剩下的侧发区头发和刘海分开，然后取表面发束 11，发量和发束 10 相同，向前拉出发束，相对发束斜着贴卷发棒。

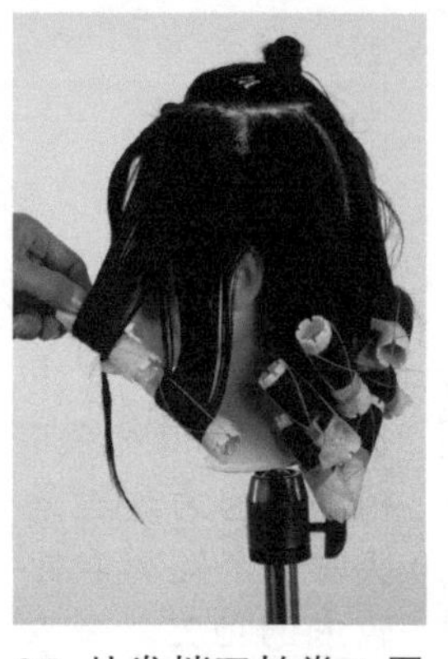

25. 从发梢开始卷 1 周半的螺旋形曲线卷。发梢卷在右侧。

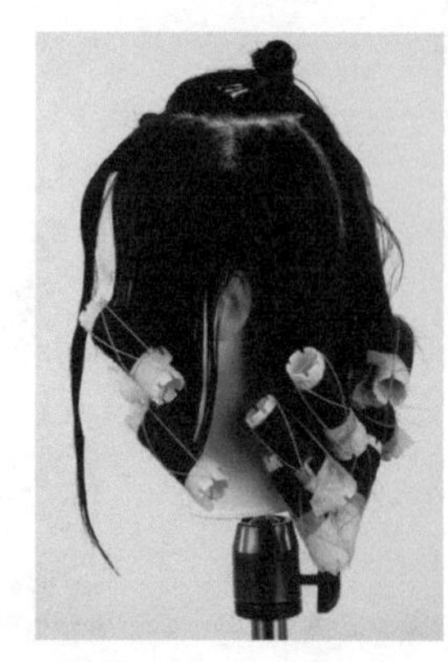

26. 侧发区左边发区全部卷完。

27. 侧发区右边的发束 12 也向前拉出发束，从发梢卷 1 周半的螺旋形曲线卷。发梢在左侧。

28. 和刘海分开取侧发区表面的发束 13，向前拉出发束，从发梢起卷 1 周半的螺旋形曲线卷。发梢卷在右侧。

29. 侧发区右边的头发全部卷完。

顶发区和刘海区卷发束 14~16

烫发步骤详解：

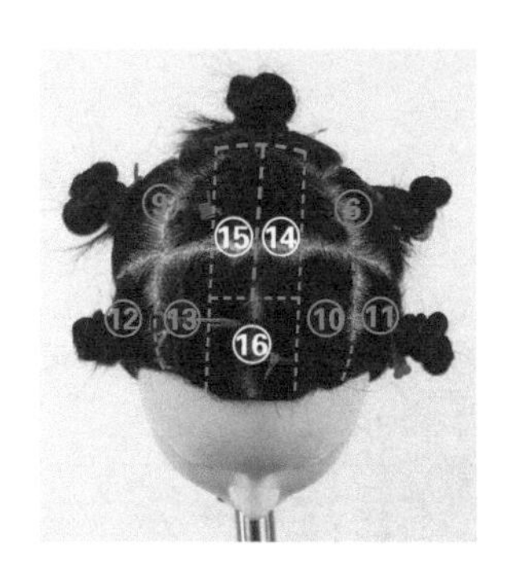

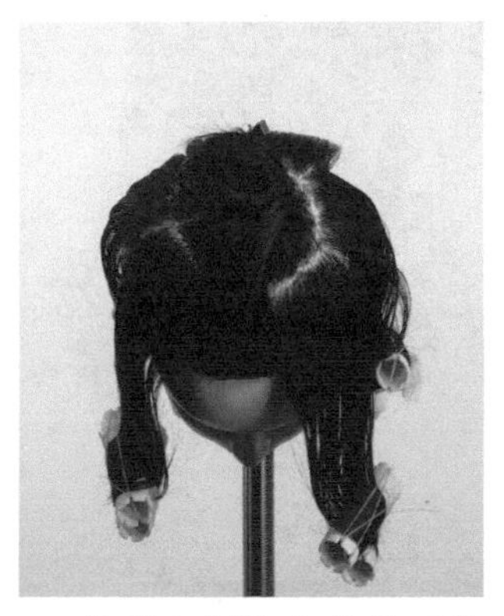

30. 将除了刘海之外的顶发区，从中间分成两部分，分别为发束 14 和 15。

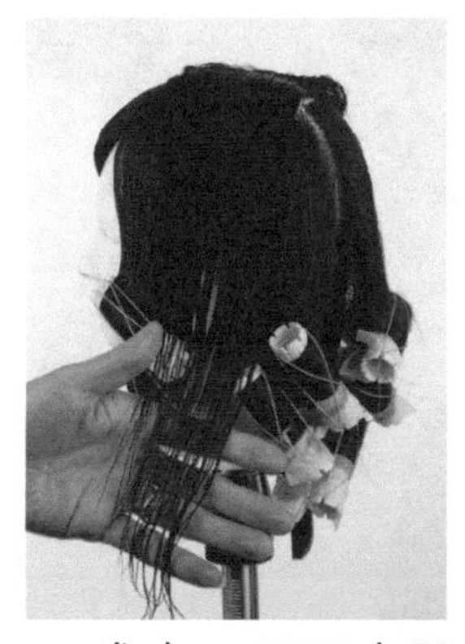

31. 发束 14 属于表层发束中所加入层次的长短差异较小的地方。

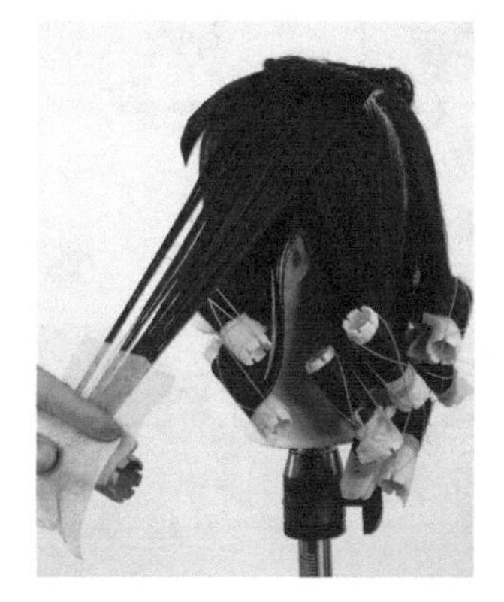

32. 因此使发束 14 向侧发区自然下垂，这次用平卷技术（图解 15）。使用 29 毫米规格的卷发棒（图解 16），和发片平行地贴卷发棒，进行平卷。

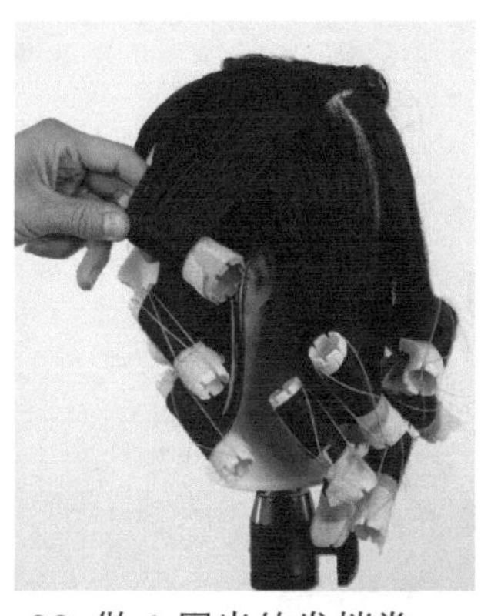

33. 做 1 周半的发梢卷。

34. 发束 15 和发束 14 一样，也做 1 周半的发梢卷。

35. 刘海区的发束 16 也做 1 周半的发梢卷。整个头部卷完了。

卷完卷发棒的状态

烫发步骤详解：

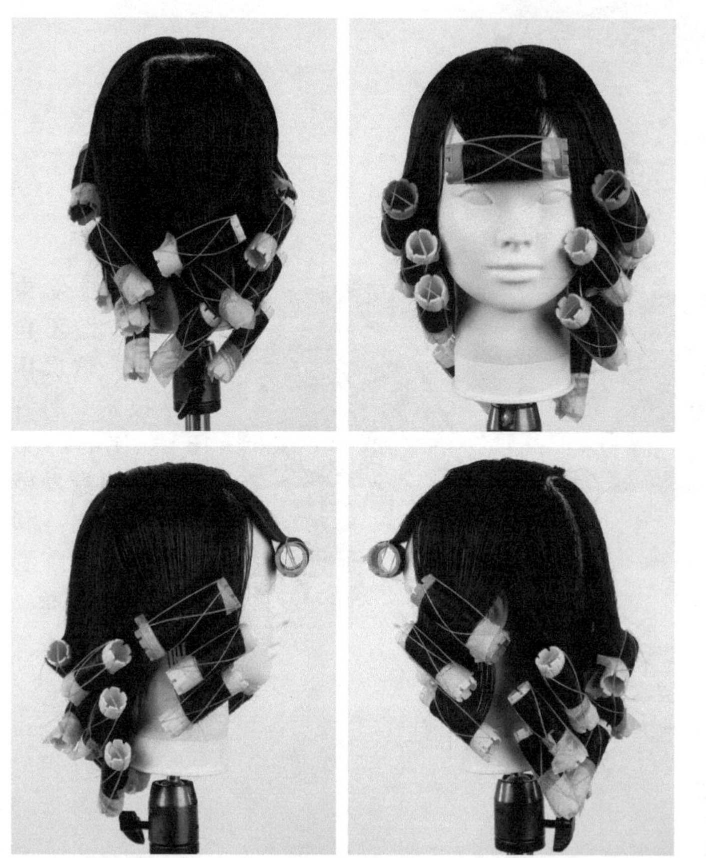

再次确认发束

再次确认一下各个发束的位置，以及各个发束的发量是否相同。

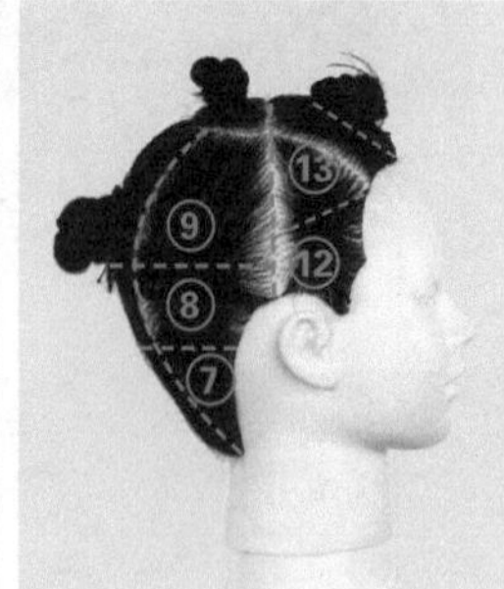

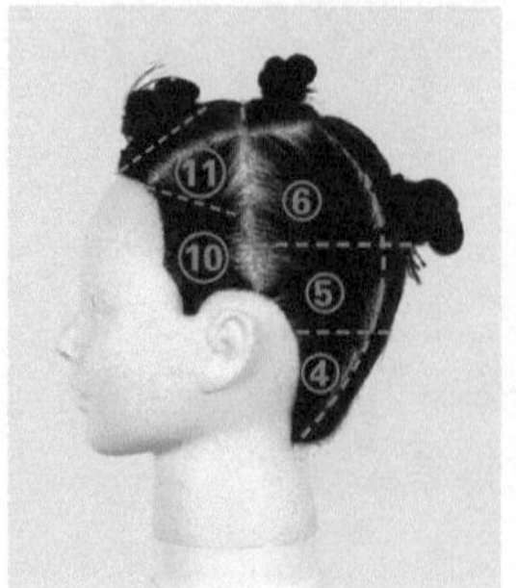

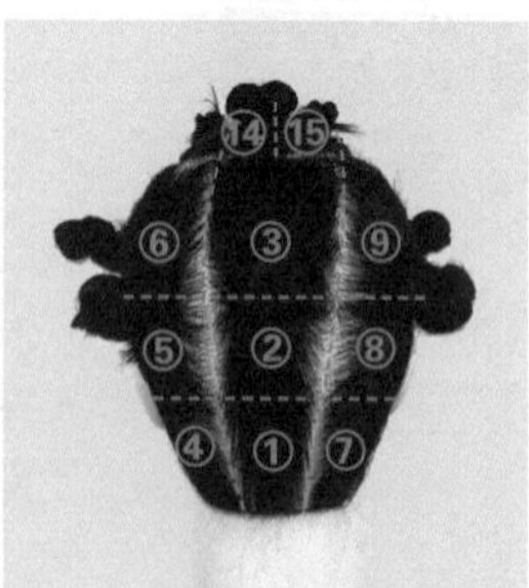

水洗

烫发步骤详解：

A 区
下方的 J 形卷

23 毫米 × 发梢卷（螺旋形曲线卷）1 周半

B 区
正中间的 J 形卷

23 毫米 × 发梢卷（螺旋形曲线卷）1 周半

C 区
上方的 J 形卷

29 毫米 × 发梢卷（平卷）1 周半

检查

整个头部从发梢卷了 1 周半。下方的 A 区、中间的 B 区用 23 毫米的卷发棒卷成螺旋形曲线卷、上方的 C 区用 29 毫米的卷发棒平卷。

高层次 J 形卷的完成效果

烫发步骤详解：

定型过程

上 1 滴半胱胺，卷 10 分钟→中间水洗→上 2 滴溴酸，每 5 分钟上 1 次，共上 2 次。

注意：定型所用药量是根据发质为中度受损的头发而配置的。

发区不同，卷法也不同

用高层次长发发型学习J形发梢卷（螺旋形曲线卷）

J形卷为1周半的发梢卷。层次长度差别较大的A区、B区使用螺旋形卷来抑制弹力，C区层次长度差别较小，用平卷做成的发梢卷能覆盖较大面积。B区的螺旋形曲线卷是起连接表层和外轮廓线作用的重要区域。

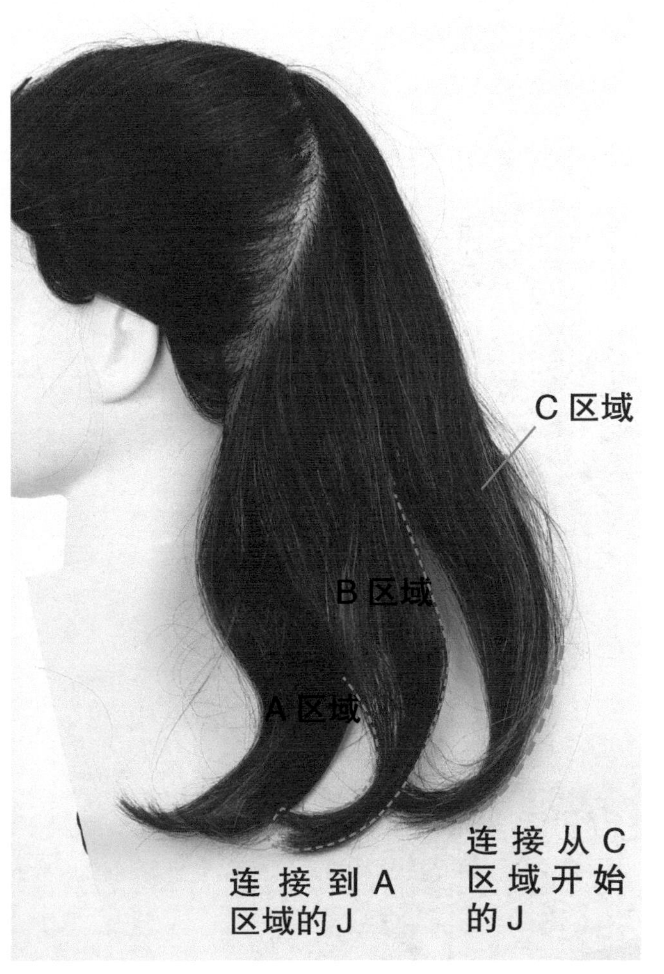

A区的卷发设计：发梢卷（螺旋形曲线卷）×1周半

和B区一样，维持了向下的有方向性的J形卷。

B区的卷发设计：发梢卷（螺旋形曲线卷）×1周半

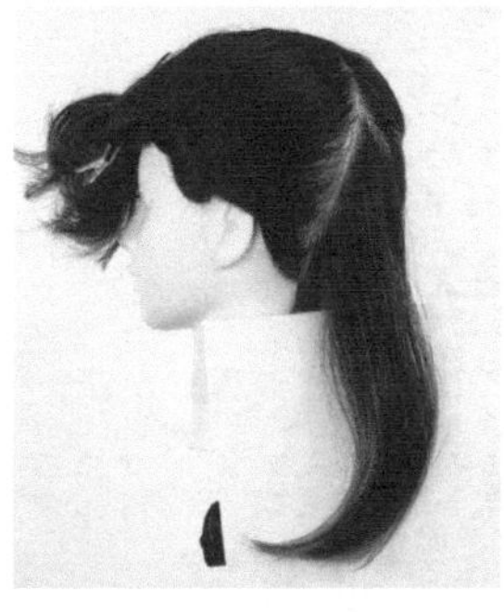

发梢维持向下的方向性。这里变成连接A区和C区的J形卷。

C区的卷发设计：发梢卷（平卷）×1周半

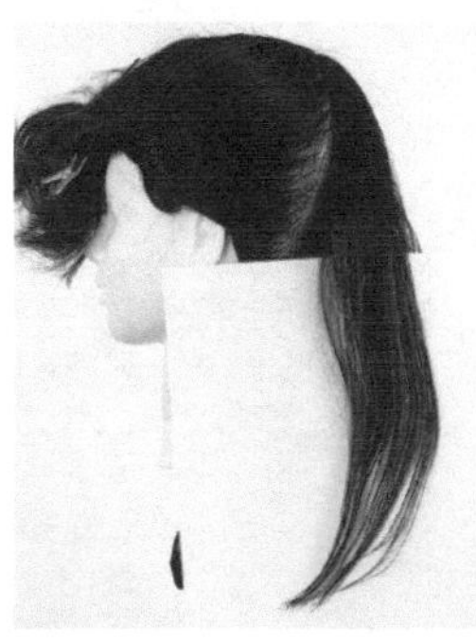

几乎接近笔直状态的卷，覆盖了发型表面。

第 8 章 W 形波浪卷烫发

8.1 低层次 W 形波浪卷

这一章同样以层次长短差较小的低层次长发发型为基础来卷发，这次是从头顶区到后脑区底部为止，统一使用均一的波浪卷。

本章主要学习中间卷的技巧和依照区域来改变卷法的技巧。

卷低层次 W 形波浪卷

基础发型
低层次长发发型

和前面一样，在层次长短差较小的长发基础上烫卷。

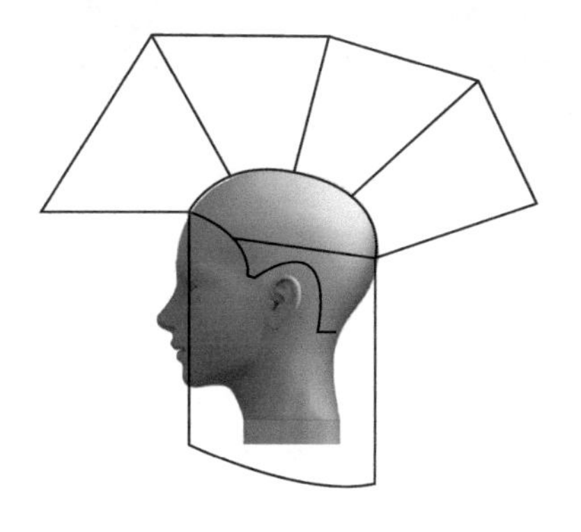

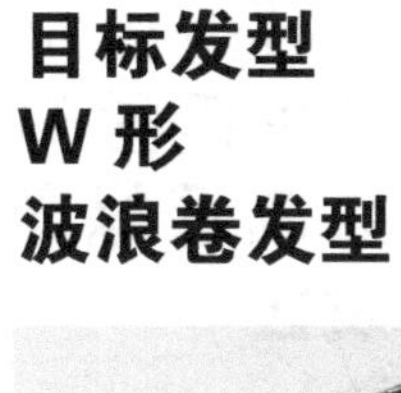

目标发型
W 形
波浪卷发型

整体发型如起伏的波浪，形象更为华丽。

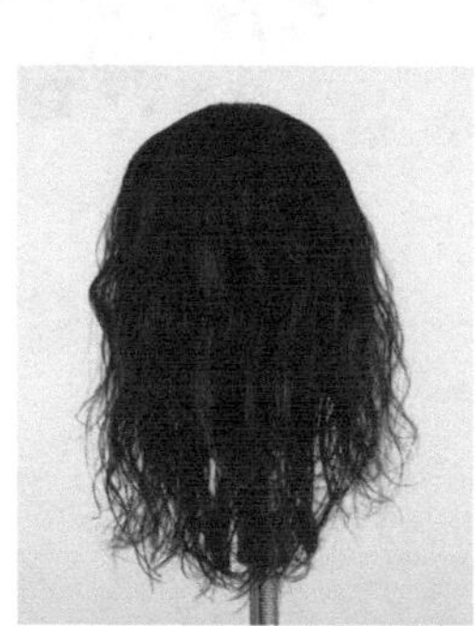

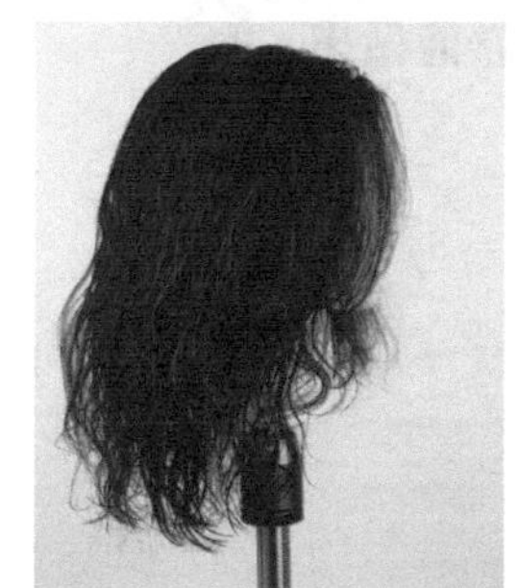

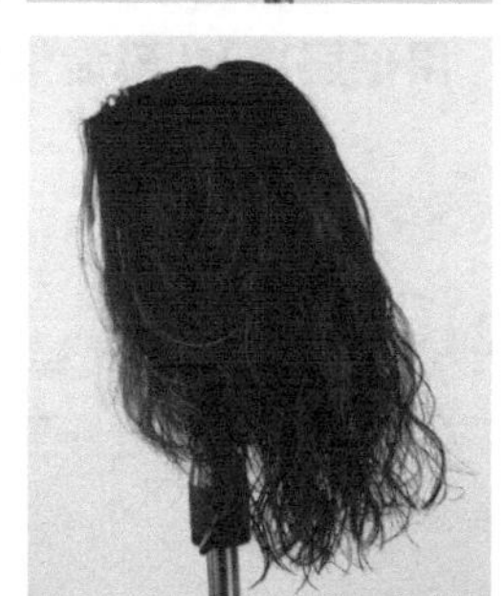

分区

烫发步骤详解：

主要分区为：头顶区的 U 形区，后脑区纵向的 3 个发区

基本的分区为：在侧中主线（从两耳上开始与地面垂直的线）将头发前后分开，然后将后脑区分成 3 列，头顶区分成 U 字形的 U 形区。

- A 线在侧中主线（从耳上通过顶点的线）处将头发前后分开。
- B 线头顶区分出 U 形区。
- C 线将后脑区分成纵向 3 列发区。

用低层次 W 形波浪卷能做出

中间卷

若想做出 W 形波浪卷，必须要掌握从中间缠 3 周的“中间卷”。

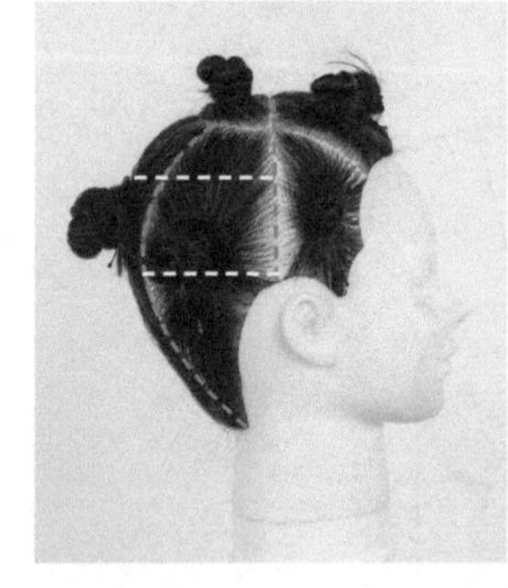

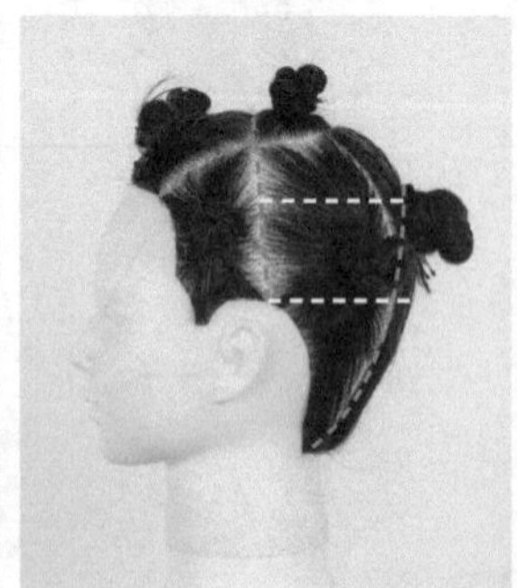

后脑区中央卷发束 1~5

烫发步骤详解：

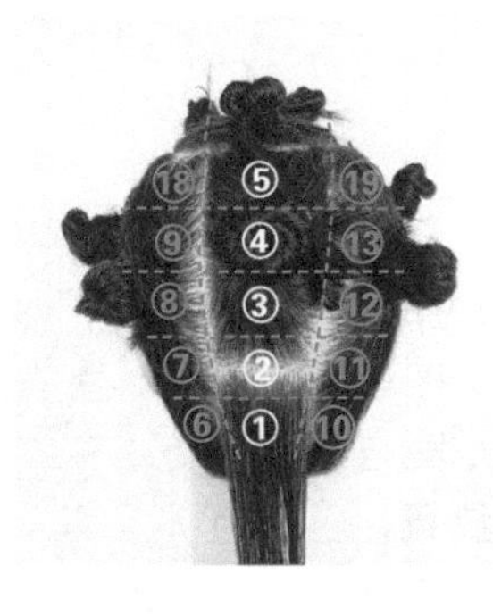

01. 卷后脑区的中央发束 1。将发束放下为自然垂下的位置，在发梢向上长度为卷发棒 1 周的地方，在发束内侧贴上规格为 17 毫米的卷发棒（所有发束均用此规格卷发棒）。

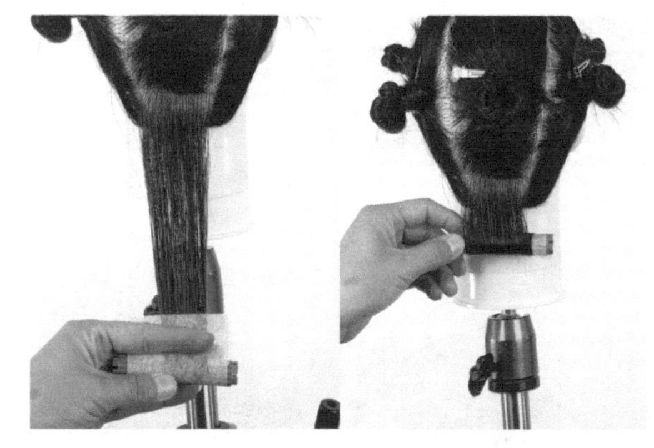

02. 将卷发棒内卷 3 周做发梢卷，用橡皮筋固定。

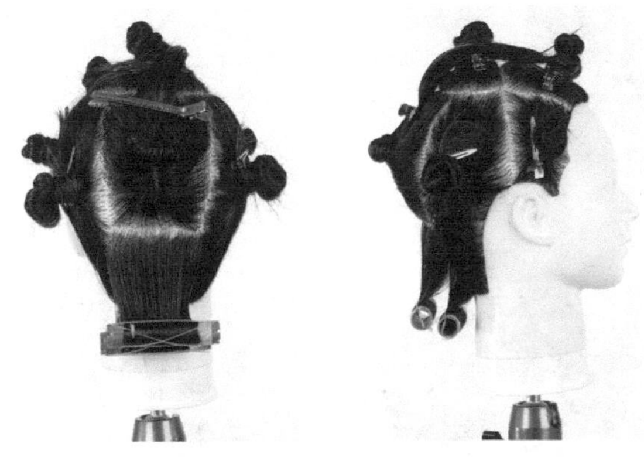

03. 在后脑区发束 2 取和发束 1 相同的发量，下垂至和发束 1 相同的位置卷发。用同样规格卷发棒将发束从发梢内卷 3 周做发梢卷，用橡皮筋固定。头发下方部分卷完了。

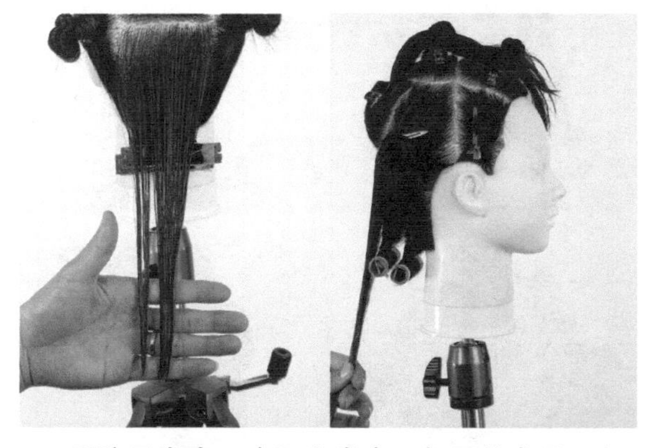

04. 后脑区发束 3 也取和发束 1 相同的发量，和步骤 3 一样做发梢卷。从这个地方开始，发型开始从中间部分加入层次。

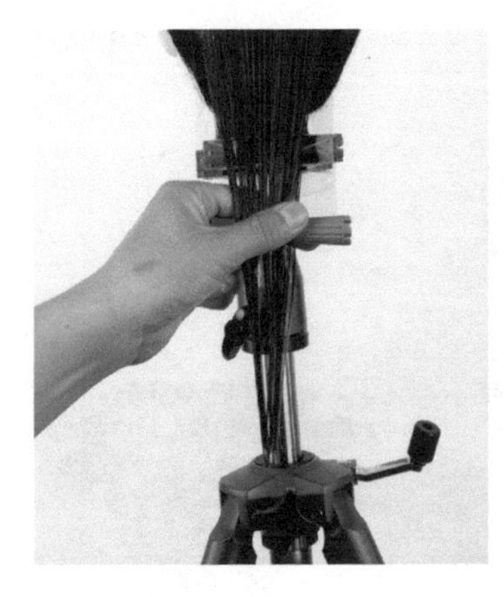

05. 从这里开始做中间卷（图解6）。在头发自然下垂的位置，从发梢向上长度为卷发棒2周的地方贴上卷发棒。

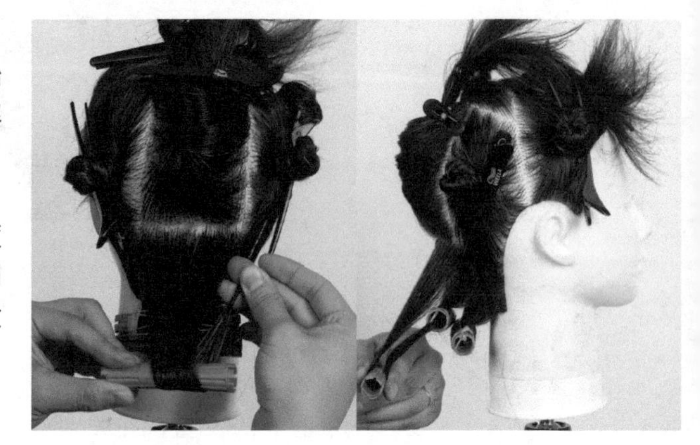

06. 左手握卷发棒，右手提起发梢，向上绕卷发棒一周。将发梢卷到卷发棒上。

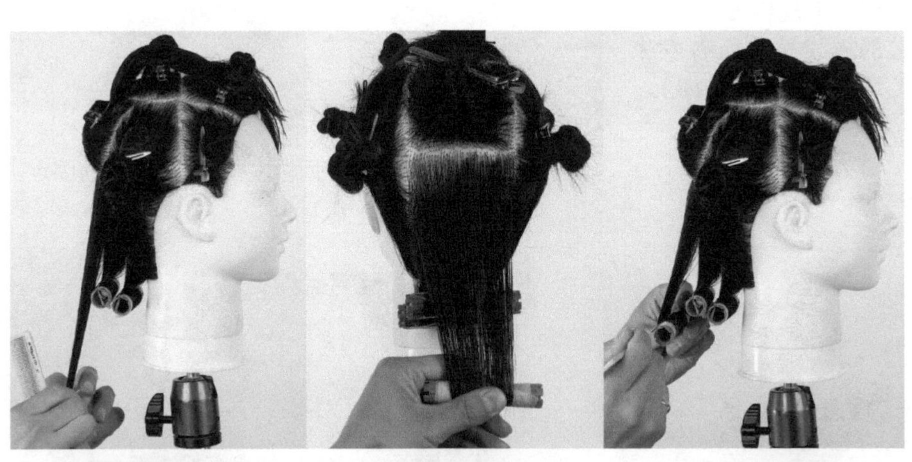

07. 发梢再卷1周，共计卷2周。

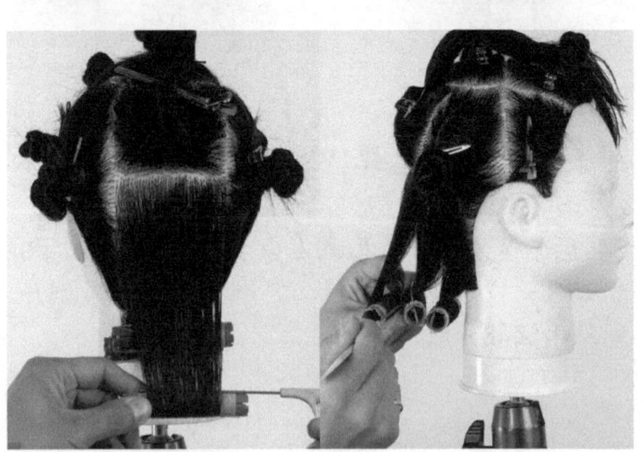

08. 在发梢的表侧贴上纸。用梳子的末端调整发梢，使发梢适合卷发棒。

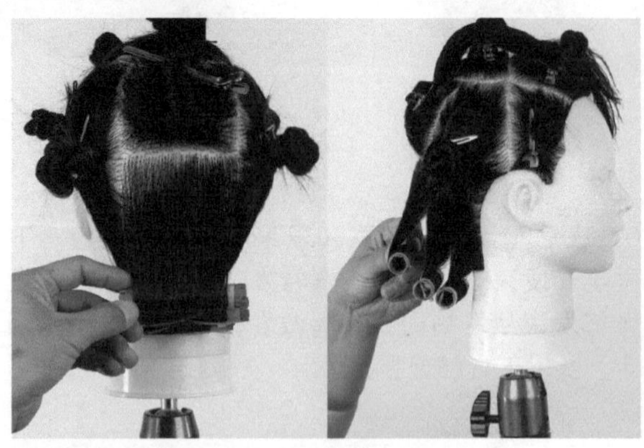

09. 将发梢卷进去后再向上卷1周。

10. 绑上橡皮筋固定好。

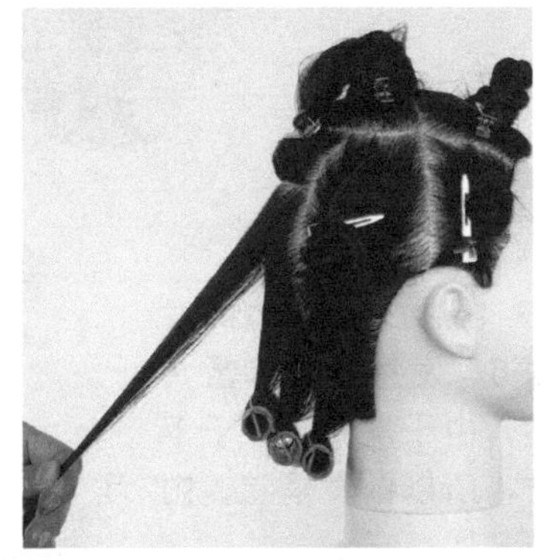

11. 发束 4 也取等量的头发，提起发束中长头发和短头发的长短差异最小的位置。

12. 和步骤 5 一样，将发束 4 做中间卷。将卷发棒贴在发束的中间，然后提起发梢，将发梢卷绕卷发棒 2 周。

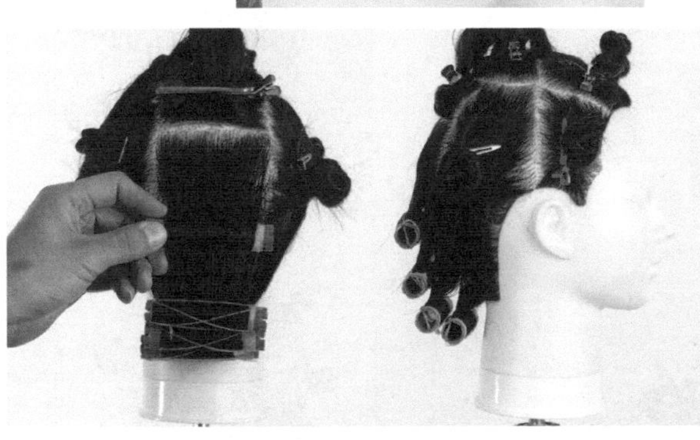

13. 贴上纸，将发梢卷进去以后向上卷 1 周。

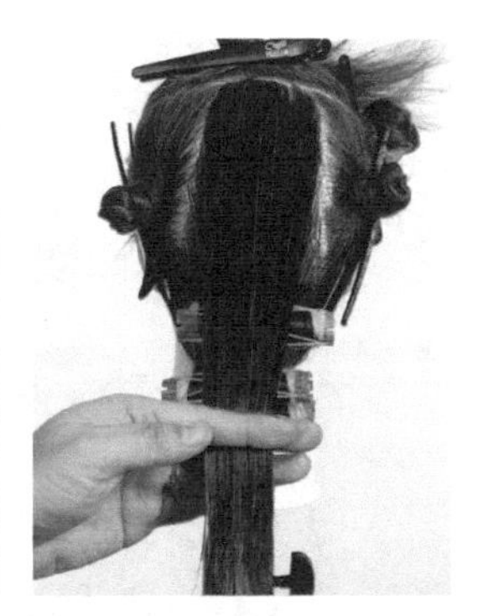

14. 后脑区取等量发束 5。

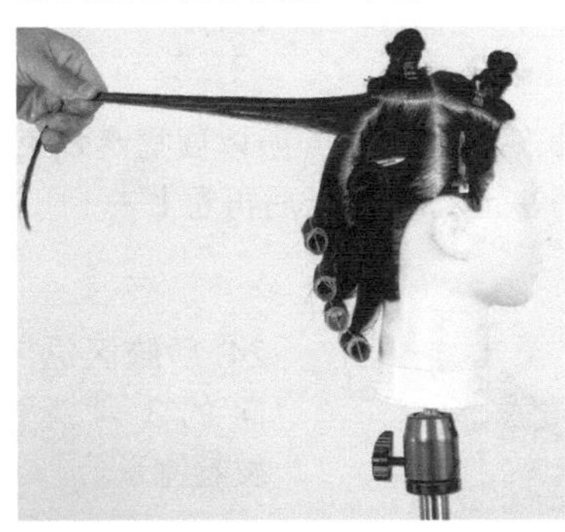

15. 和步骤 11 一样，提高发束角度，寻找发束中短头发和长头发的长短差异最小的位置（在这里，和地面近于平行）。

16. 将发束 5 作成中间卷。将卷发棒贴在发束的中间，将发梢卷到卷发棒上 2 周；贴纸，将发梢卷进去以后卷起 1 周。

17. 绑上橡皮筋固定。

18. 后脑区中央部位的发束 1~5 卷完了。

后脑区左右部分卷发束 6~13

烫发步骤详解：

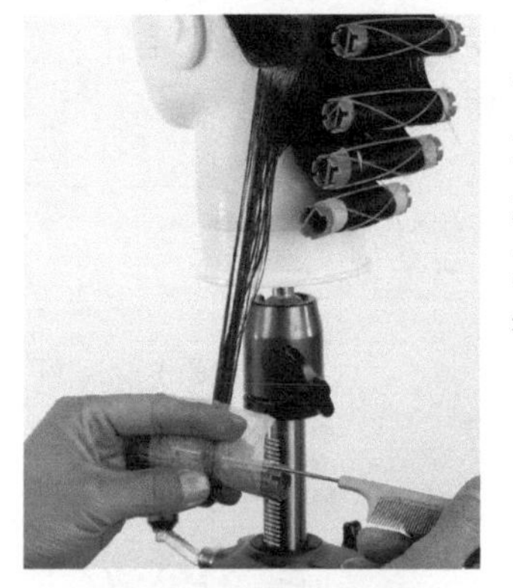

19. 卷后脑区左边的发束 6。发束 6 取等量头发，由于发束 6 位于下方，所以做发梢卷，内卷 3 周。

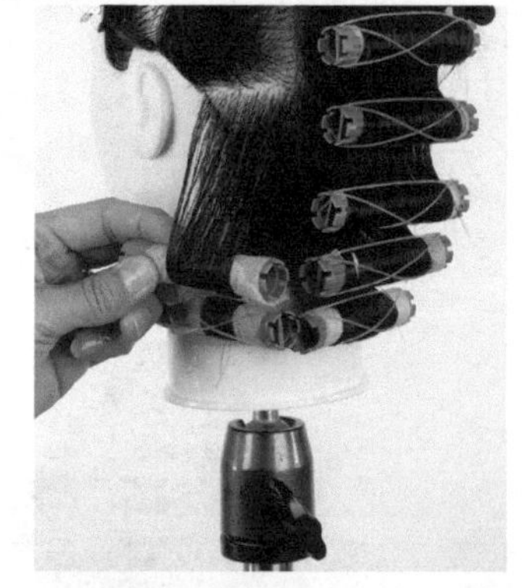

20. 发束 7 也取等量头发，和发束 6 一样做发梢卷，内卷 3 周。

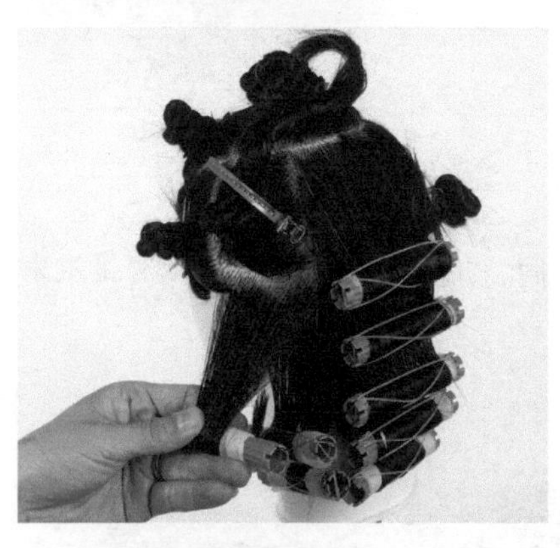

21. 正中间部分的发束 8（图解 8）做中间卷。取等量头发，在中间将发梢卷起 2 周，贴纸后再上卷 1 周。

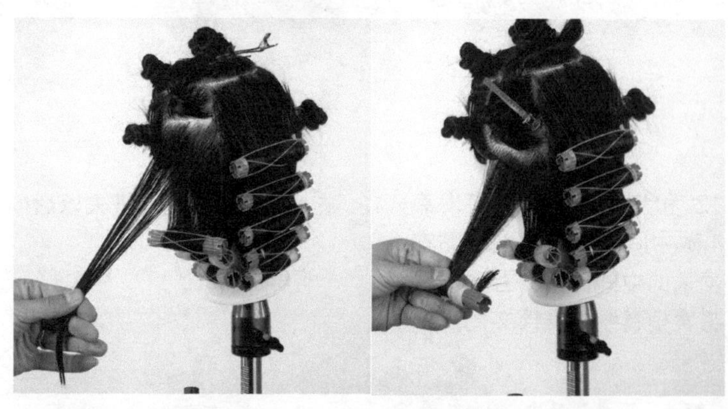

22. 发束 9 带有层次，头发的长短也有差异，所以要提高发束角度来做中间卷。在中间将发梢卷起 2 周，贴纸后再卷上去 1 周。

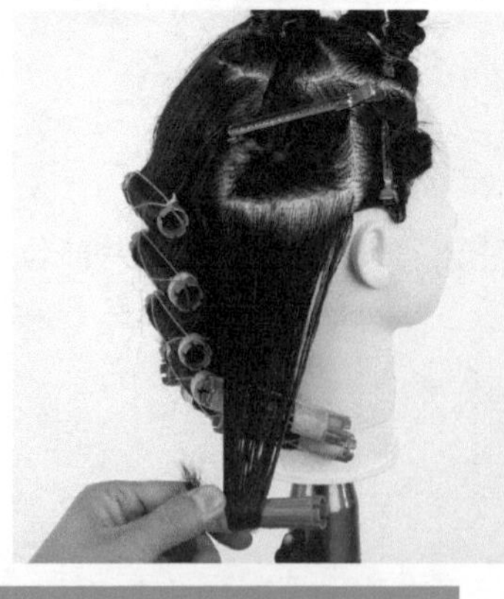

23. 后脑区右侧的发束 10~13，和左边一样卷。中间卷虽然是将发梢卷起 2 周，但是其方向是不同的。

24. 后脑区纵向的 3 列头发卷完了。

侧区卷发束 14~17

烫发步骤详解：

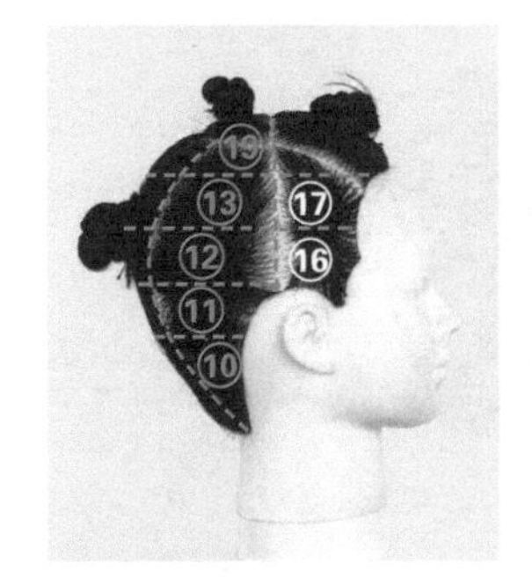

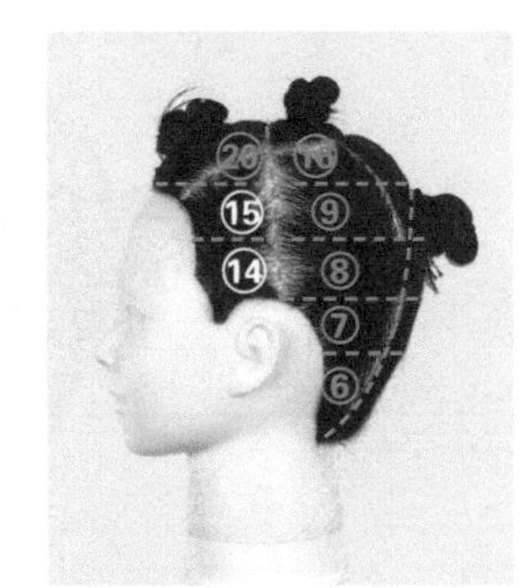

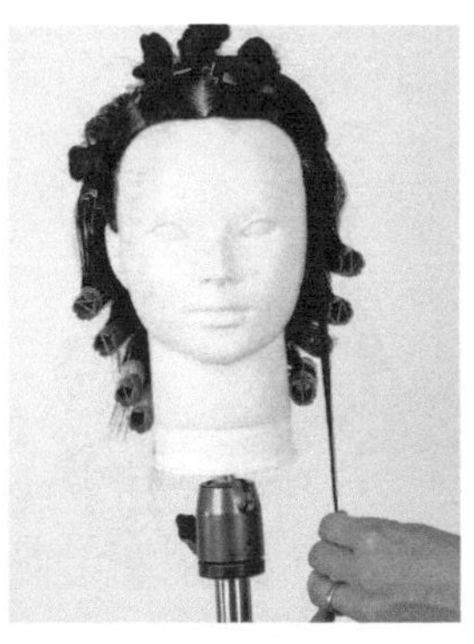

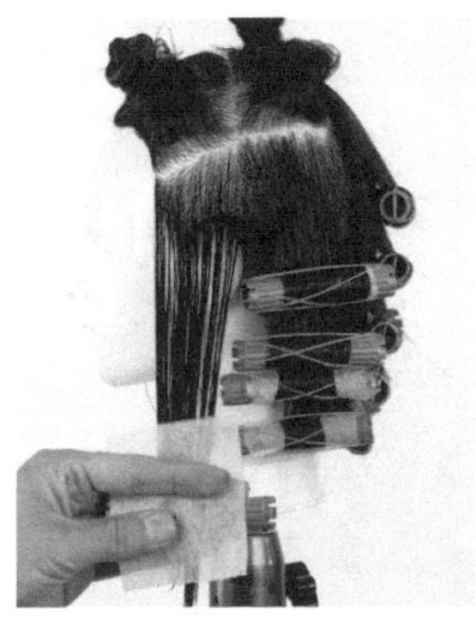

25. 卷左侧区的发束 14。由于这里的头发没有加入层次，所以和后脑区的下方发束一样，在头发自然下垂的位置做发梢卷。

26. 将发束 14 做内卷 3 周的发梢卷。

27. 发束 15 取和发束 14 等量的头发。因为这里的头发层次有长短差异，所以要提高发束的角度做中间卷。

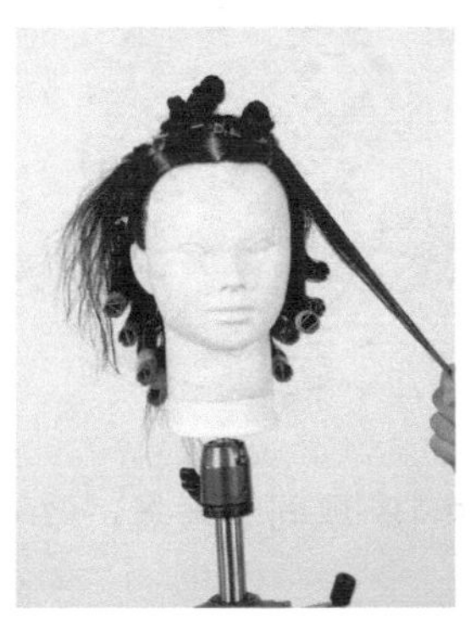

28. 将卷发棒贴于发束中间，将发梢卷起 2 周，贴纸后再向上卷 1 周。（图解 69）

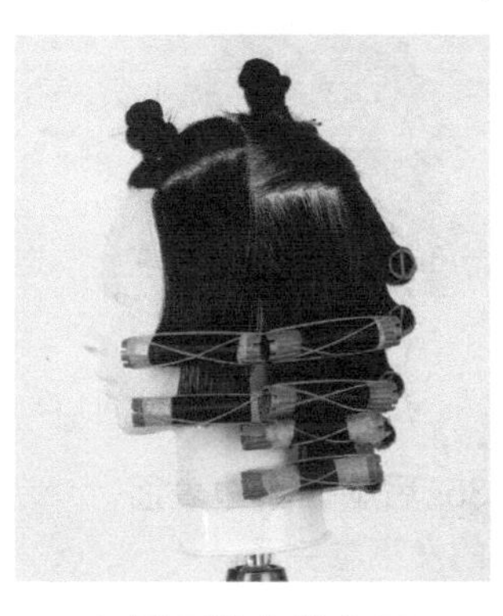

29. 左侧面发束卷完了。

30. 右侧发束 16 和 17 也和左侧一样卷。

图解 69　侧发区的中间卷，发梢卷起的方向不同

和后脑区左右侧的中间卷一样，侧发区中间卷的发梢也都是朝向后脑区的中央卷起的。

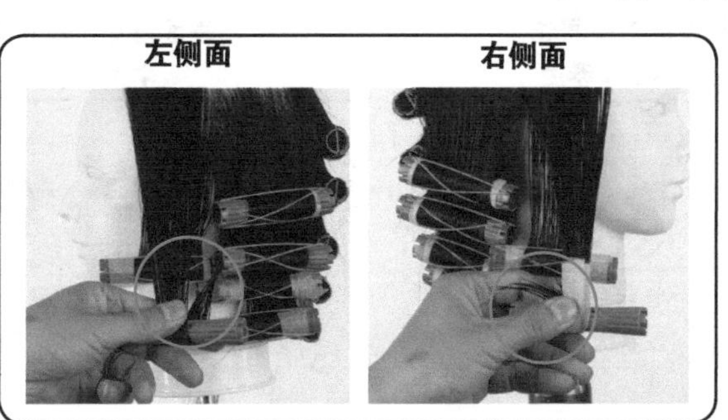

后脑区左右卷发束 18~19

烫发步骤详解：

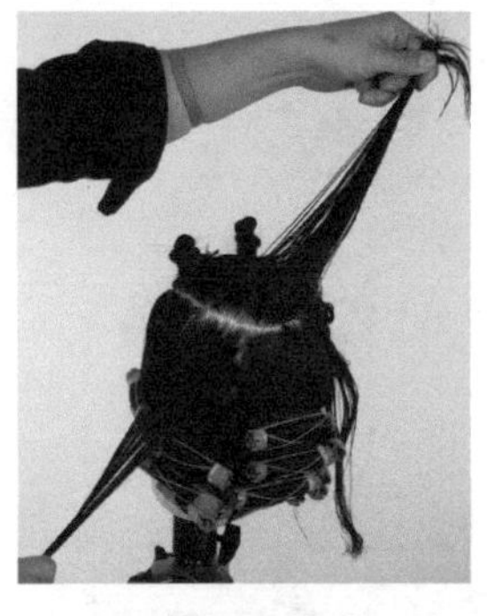

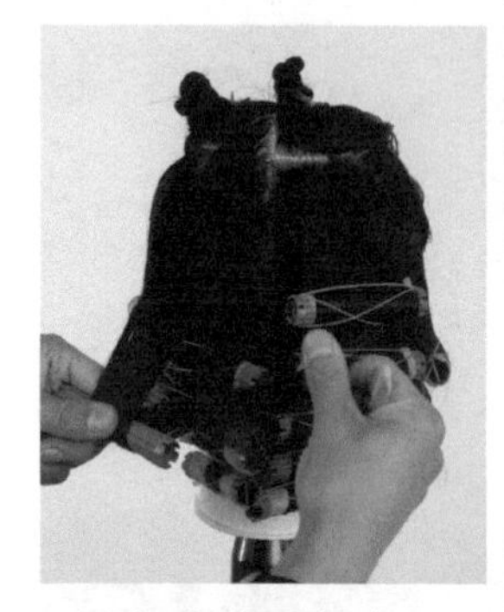

31. 卷后脑区左边的表面发束 18。取等量头发，如果发量不足，则从剩下的头顶区取头发补足。

32. 表面层次的发束，长短差异最大。

33. 提高发束的角度，从距离发梢长度为卷发棒 3 周的地方，贴上卷发棒。

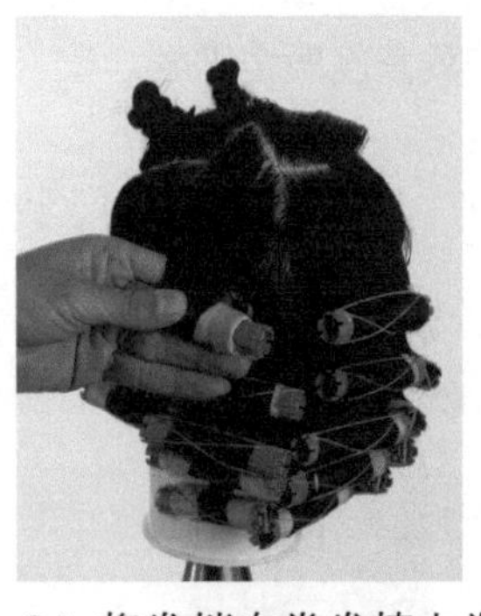

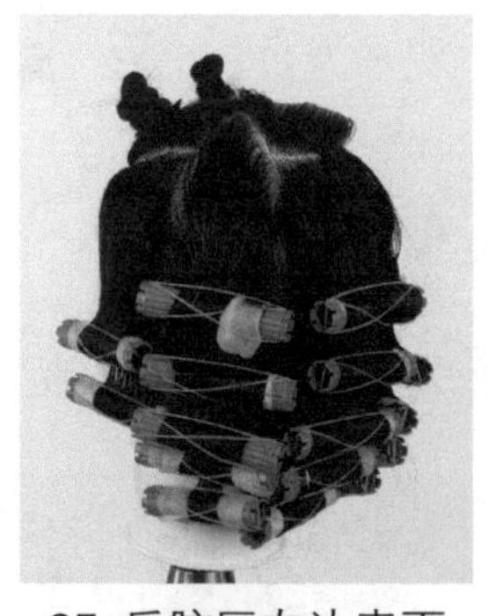

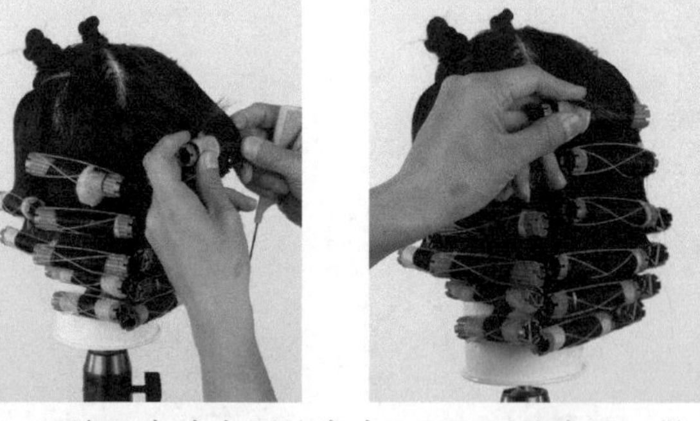

34. 将发梢在卷发棒上卷起 3 周，用橡皮筋固定（图解 70）。

35. 后脑区左边表面的发束卷完了。

36. 后脑区右边表面的发束 19，取同等发量，做中间卷。

正中间发区的中间卷
中间 2 周 +1 周卷上

中间卷起 2 周　卷上 1 周　卷起后的发卷状态　平缓　卷

表面发束的中间卷
中间 3 周

中间卷起 3 周　1 周　2 周　3 周卷起后的状态　卷　平缓

图解 70 中间卷的种类

正中间发区的中间卷和在表面的中间卷有区别。中间发区的中间卷，要求头发中部比较平缓，所以用 2 周 +1 周卷上，能显示出卷度的区别。而表面发束的中间卷，因为表面从发根到发梢位置都显示在外，所以要卷得牢固些，显出波浪发型。

侧面左右卷发束 20~21

烫发步骤详解：

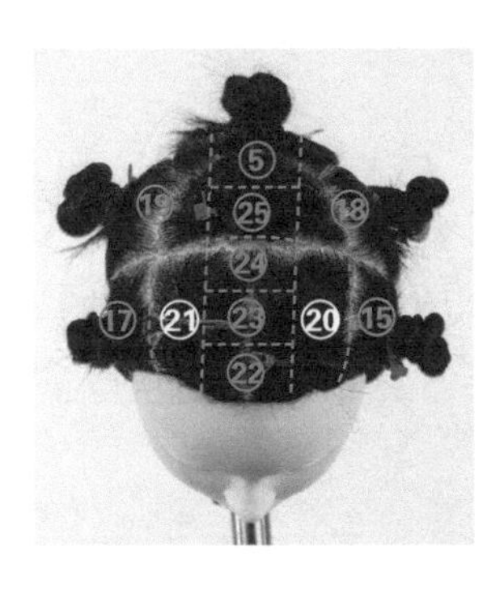

37. 从左侧表面的发束20取相同的发量。因为发束加入了层次，所以要将发束抬起来卷。

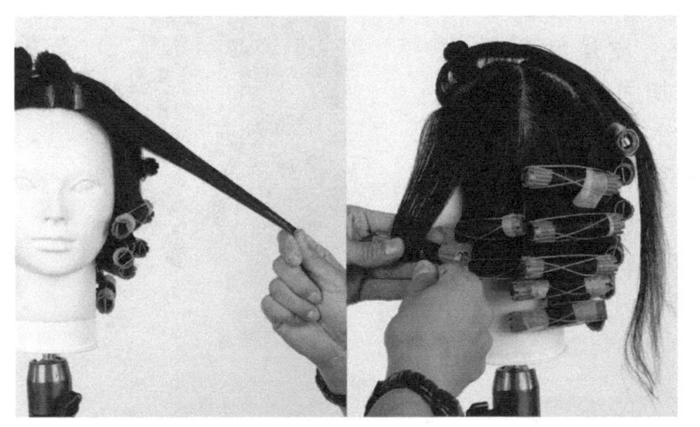

38. 抬起发束20（几乎和地面平行）。从距离发梢长度为卷发棒3周的位置贴上卷发棒，将发梢卷起3周。

39. 贴上纸，将发梢卷进去做中间卷。

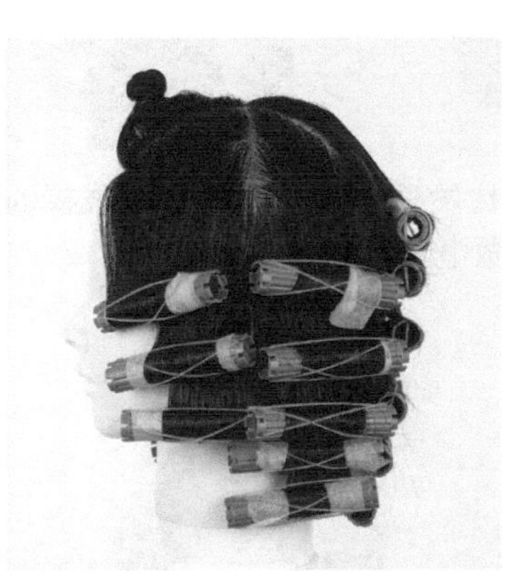

40. 左侧面全部卷完。

41. 右侧表面的发束21也取同等发量，卷发过程同步骤38。

42. 除了头顶发区，其他发区的头发全部卷完了。

卷头顶区发束 22~25

烫发步骤详解：

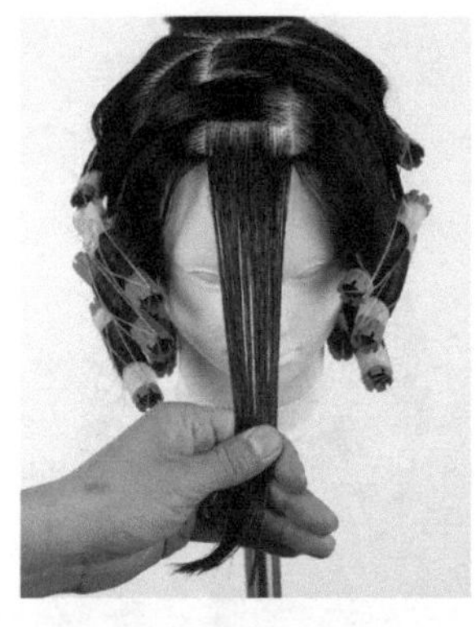

43. 取前额区发束22，发量和其他发束相同。因为头顶区加入了很多层次，所以要抬起做卷，并且全部做成发梢上卷3周的中间卷。

44. 发束22提起的角度几乎与地面平行，在卷发棒的右侧将发梢卷起3周，做中间卷。

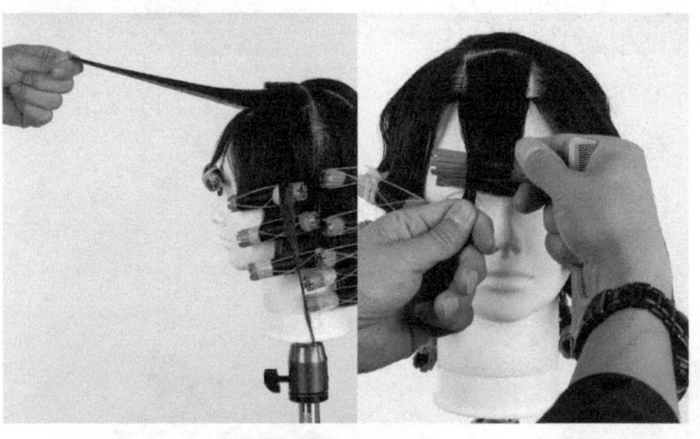

45. 发束23抬起的角度比发束22还要高，在卷发棒的左侧将发梢卷起3周，做中间卷。

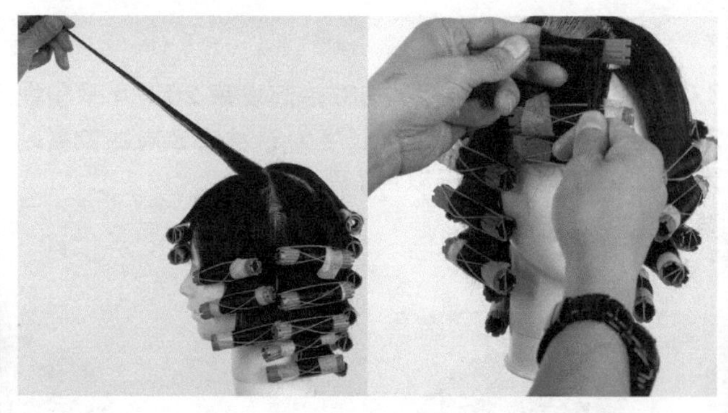

46. 发束24抬起的角度比发束23还要高，在卷发棒的右侧将发梢卷起3周，做中间卷。

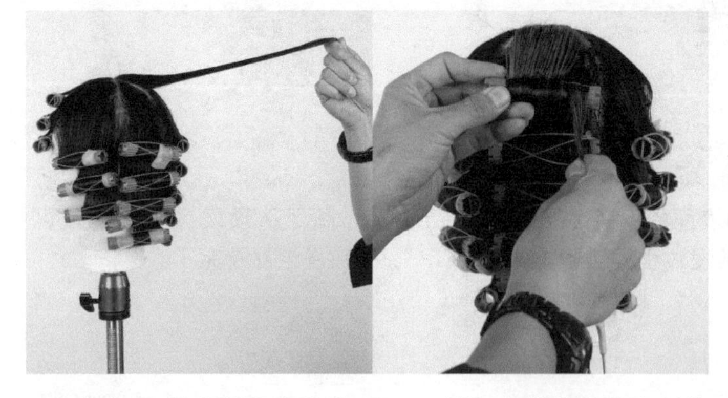

47. 发束25抬起的角度和发束24一样，在卷发棒的右侧将发梢卷起3周，做中间卷。

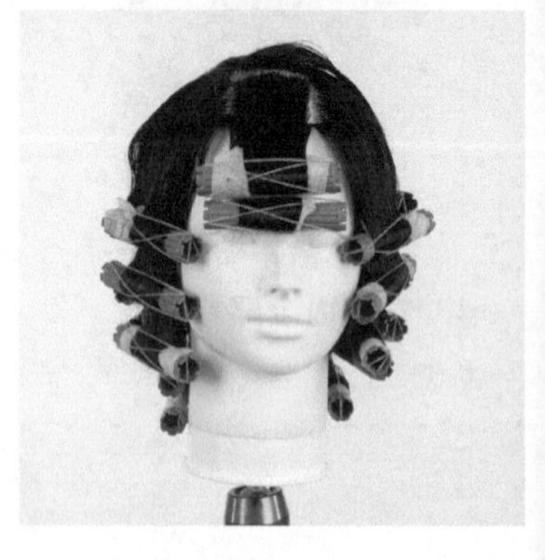

48. 头顶区全部卷完。

卷完卷发棒的状态

烫发步骤详解：

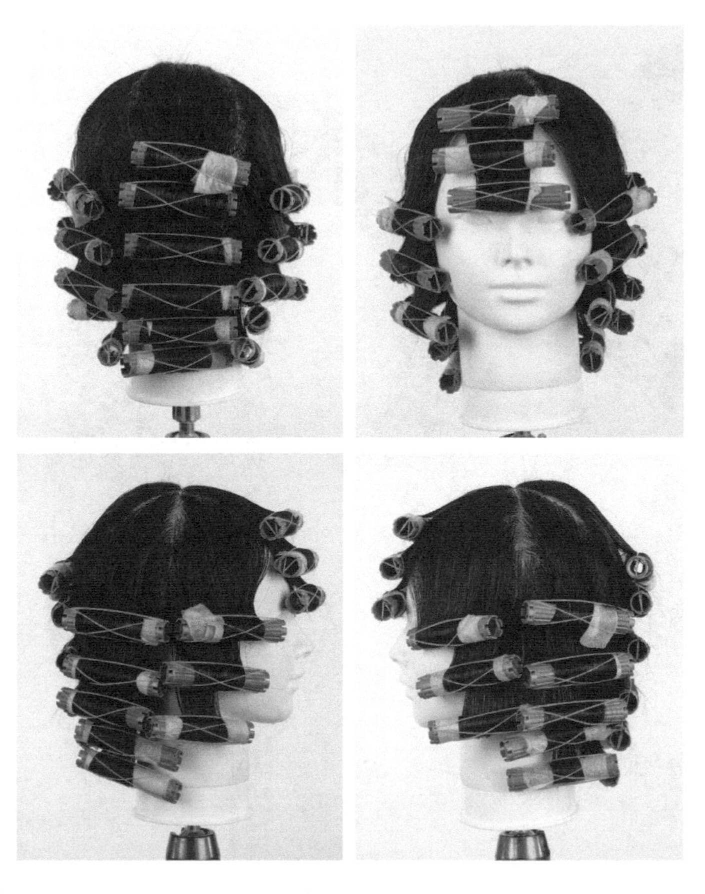

再次确认发束

再次确认一下各个发束的位置，以及各个发束的发量是否相同。

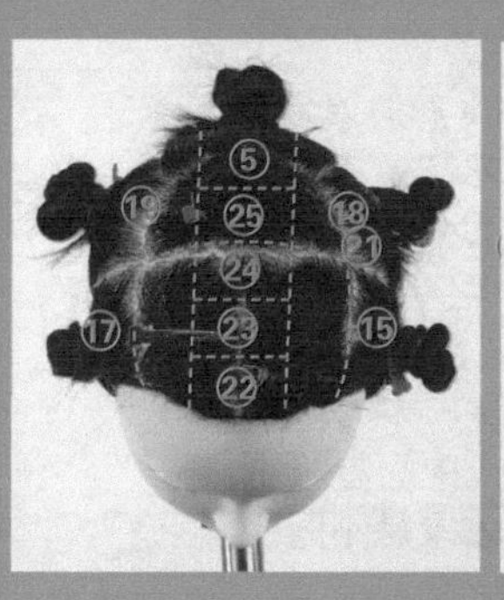

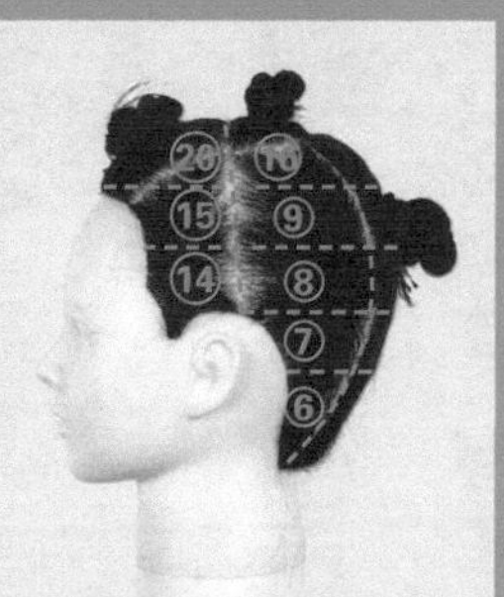

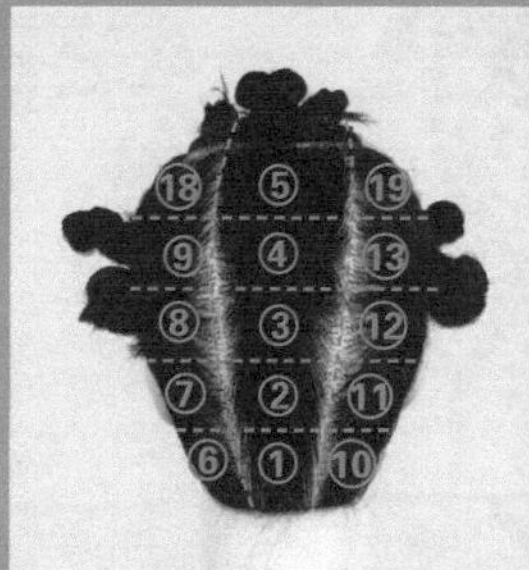

水洗

烫发步骤详解：

上方发区的W形波浪卷

17 毫米 × 中间卷 3 周

正中间发区的W形波浪卷

17 毫米 × 中间卷 2 周 + 卷上 1 周

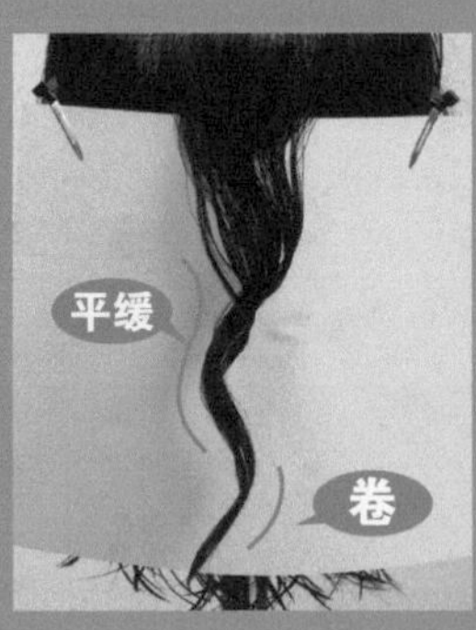

下方发区的W形波浪卷

17 毫米 × 发梢卷 3 周

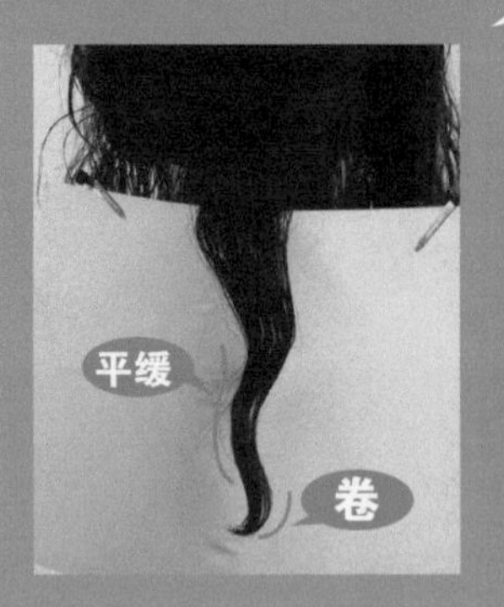

检查

低层次W形波浪发型，虽然全部都是用17毫米的卷发棒卷3周而成的，但各个区域的发束，或用发梢卷，或用2周+1周中间卷，或用3周中间卷，因此最后的效果是不同的。

低层次 W 形波浪卷发型的完成效果

烫发步骤详解：

定型过程

上 1 滴半胱胺，卷 10 分钟→中间水洗→上 2 滴溴酸，每 5 分钟上 1 次，共上 2 次。

注意：假想头发颜色中等受损。

8.2 高层次 W 形波浪卷

和前面一样，在高层次长发发型的基础上，烫 W 形波浪卷发型。
高层次 W 形波浪卷发型形成细长的波浪，学习过程中注意技术的要点。

卷高层次 W 形波浪卷

基础发型
高层次长发发型

较高的位置加入了有层次的长发发型。外形细长，末端较薄。

目标发型
高层次 W 形波浪卷发型

因为头发的长短差异较大，内侧的头发（A、B 区域）能够看到的范围也比较大。可做成产生轻盈纵向形式的波浪卷。

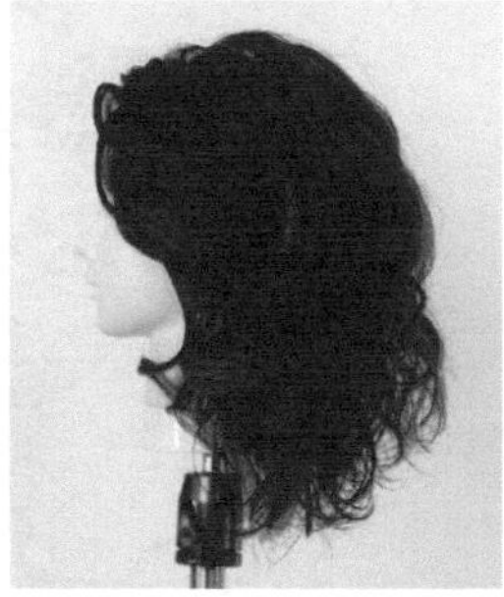

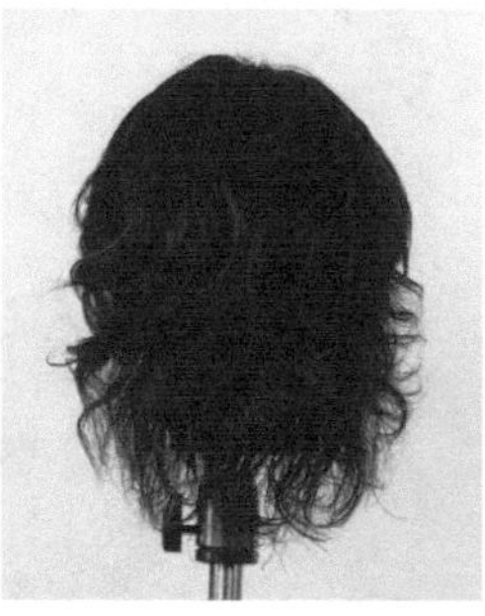

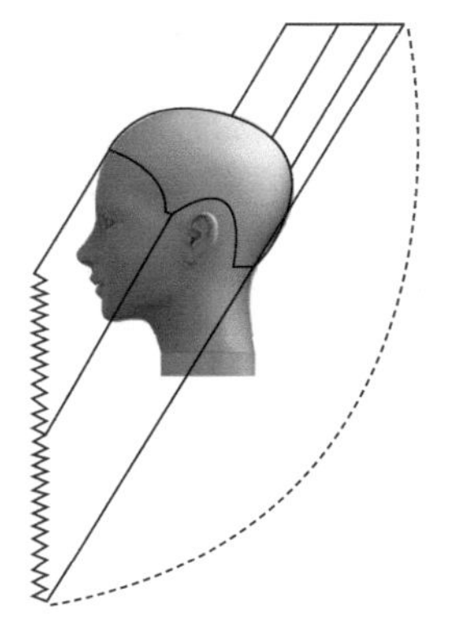

用高层次 W 形波浪卷来做

（使用了长卷发棒的）纵卷

将长卷发棒纵向使用，将头发呈螺旋状缠 3 周。各发区要注意长卷发棒卷起和收拢的位置。

后脑区下方卷发束 1~3

烫发步骤详解：

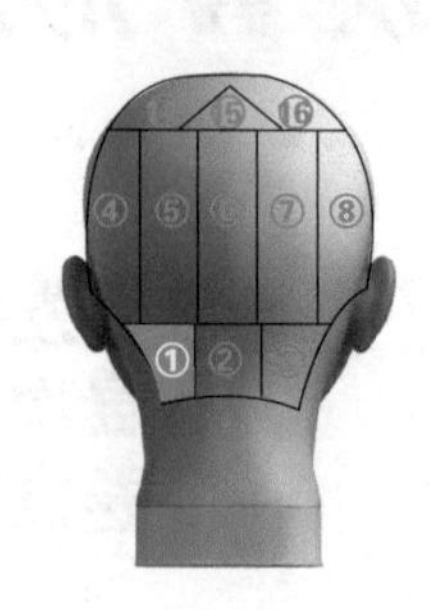

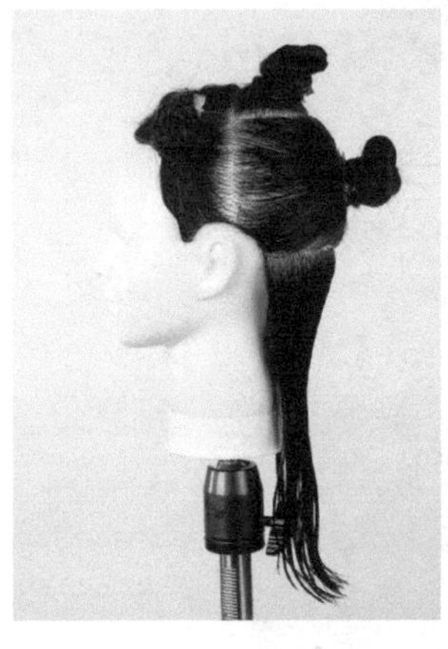

分区

在侧中主线（从两耳上开始与地面垂直的线）处将头发前后分开。将后脑区分为上、中、下3个发区，并保证每个发区每束头发的发量相同。以此为原则，将后脑区分成横向的3部分。

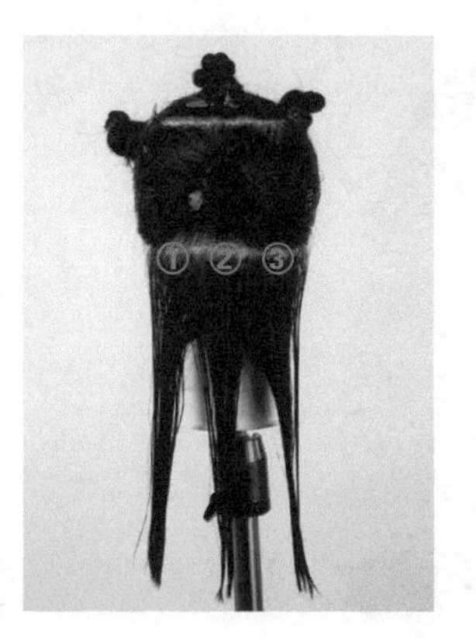

01. 将下方的头发按相同的发量分成纵向3列。

02. 卷下方发束1。相对头皮垂直拉出发束。

03. 首先，确认18毫米的长卷发棒卷起和收拢的位置(图解17)。就像从发梢卷到发根一样，用卷发棒比划一下，来决定卷螺旋形曲线的角度。

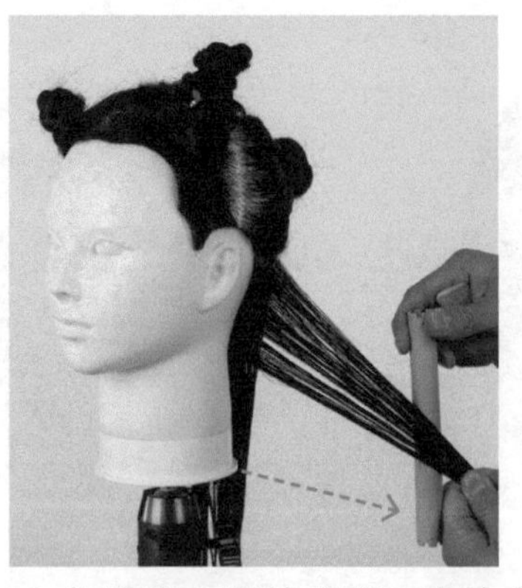

04. 将发束1保持步骤3中决定的角度，将长卷发棒与地面保持平行移动（图解18），在距离发梢长度为1周的位置贴上长卷发棒的下段。

05. 然后做发梢卷。贴上纸，将发梢在长卷发棒的下段缠1周。

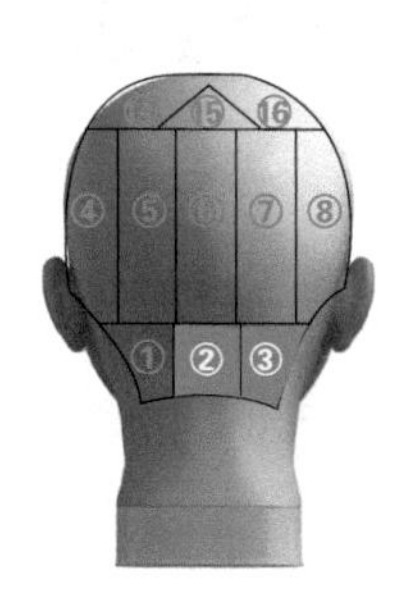

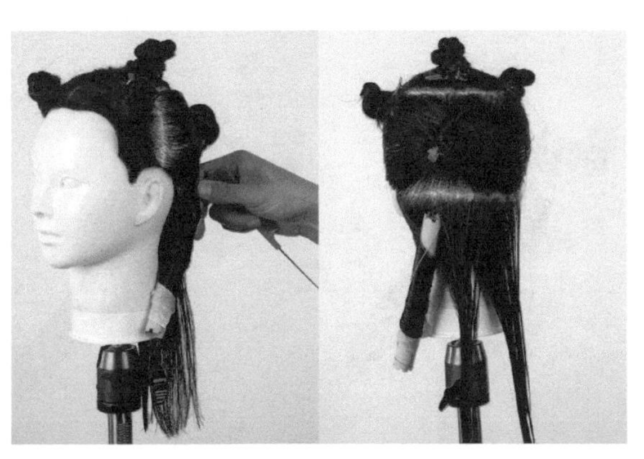

06. 一直到发根为止卷两周，共计 3 周。缠上橡皮筋收拢固定（图解 19）。

07. 卷后脑区下方的发束 2，和发束 1 一样，确认卷起和收拢卷发棒的位置后，将发束与头皮保持垂直地拉出来，做发梢卷。

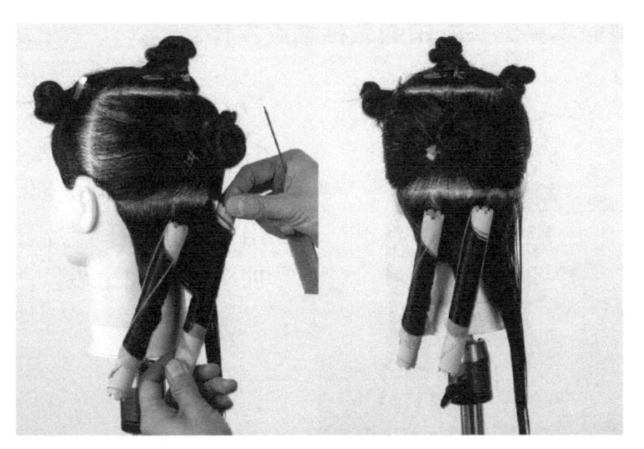

08. 从发梢开始卷 3 周，收拢固定。

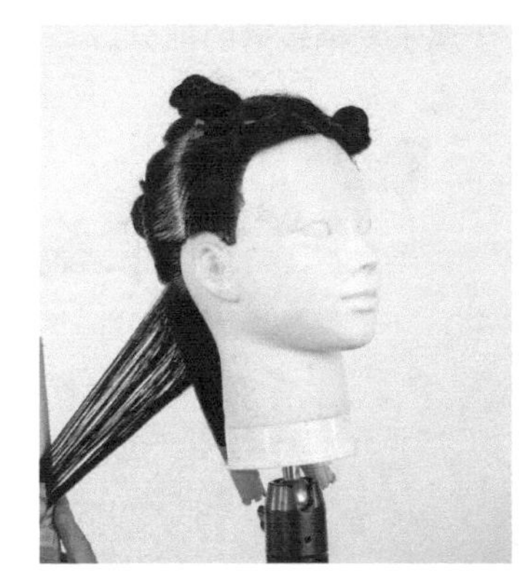

09. 后脑区下方发束 3 也和发束 1、发束 2 一样来卷，但是换成左手持长卷发棒，卷的方向也相反。

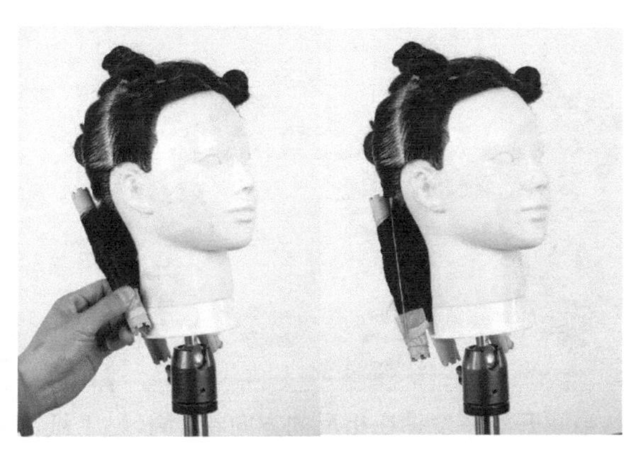

10. 将发束 3 从发梢起卷 3 周，收拢并固定。

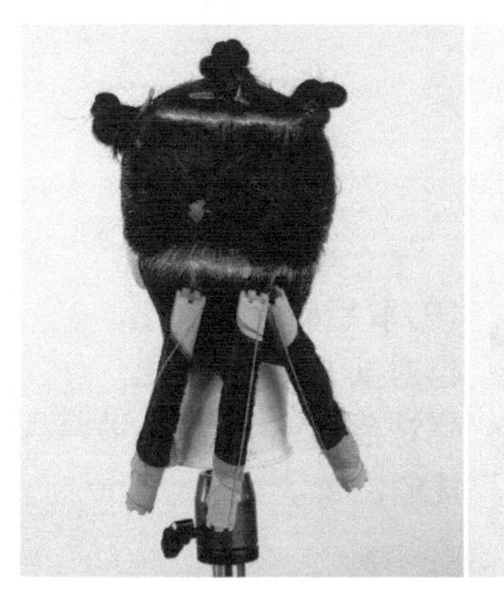

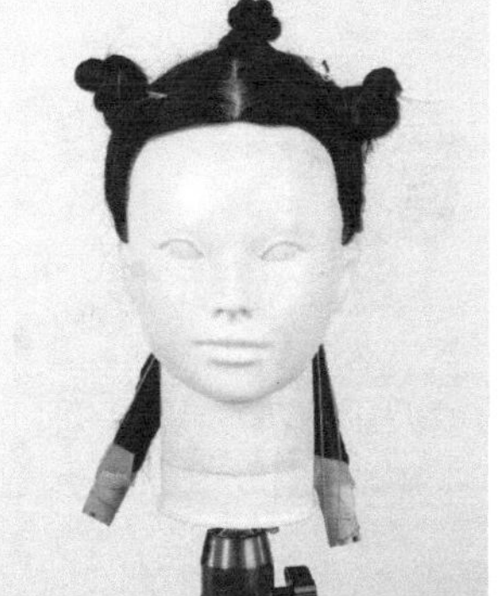

11. 后脑区下方卷完了。

后脑区正中间卷发束 4~8

烫发步骤详解：

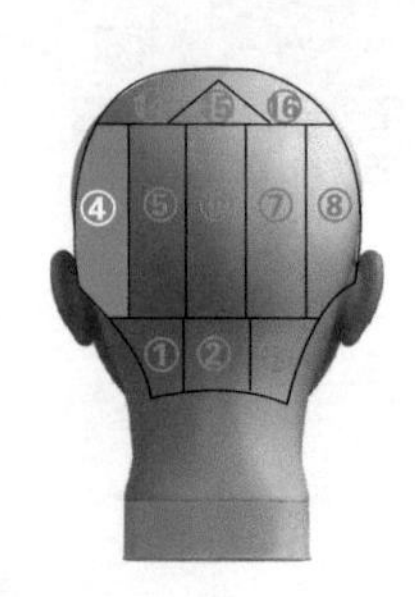

12. 将后脑区正中间的头发，按相同的发量分成纵向 5 列。

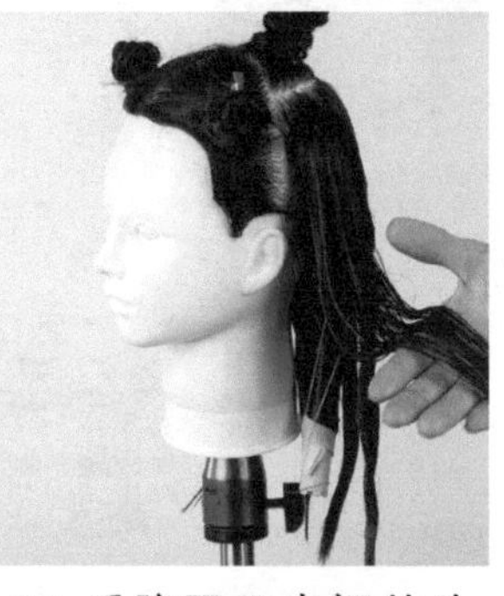

13. 后脑区正中间的头发，层次的长短差变大，属于发梢较薄的部分。

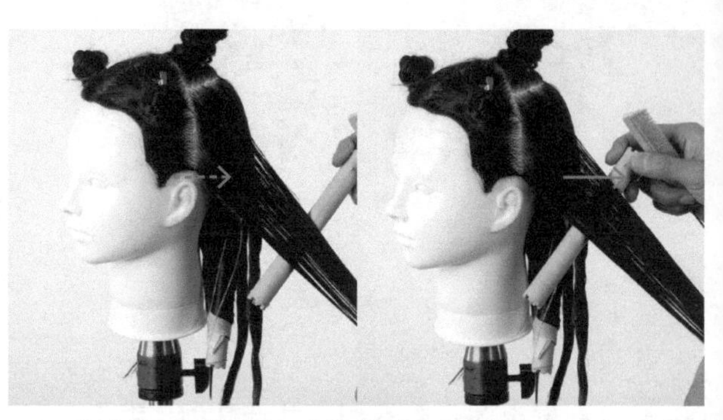

14. 卷发束 4。将发束降低角度（相对头皮 90° 降低）拉出（图解 20），确认将长卷发棒卷起收拢的位置。和地面水平到头发中间处移动卷发棒。

15. 在距离发梢长度为 2 周的位置，反向缠上发梢。

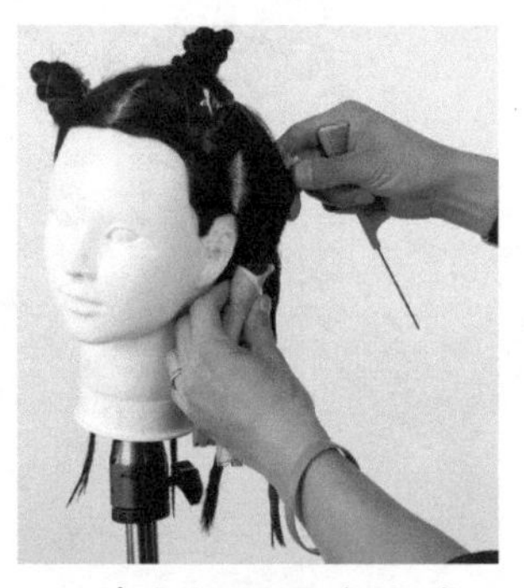

16. 贴上纸后再向上卷 1 周，共计 3 周。

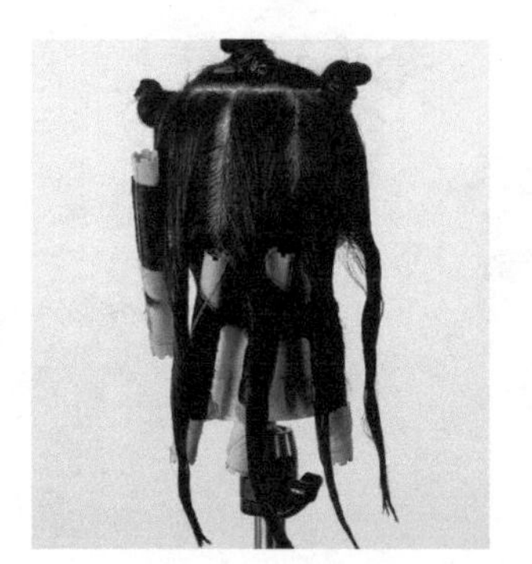

17. 后脑区的发束 4 卷好了。后脑区正中间的发束全部用 2 周的中间卷，加 1 周的向上卷。

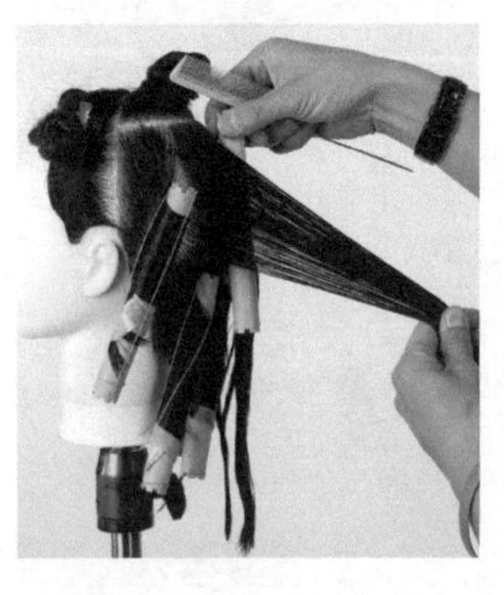

18. 取后脑区发束 5，相对头皮垂直拉出。确认卷发棒卷起、收拢的位置。

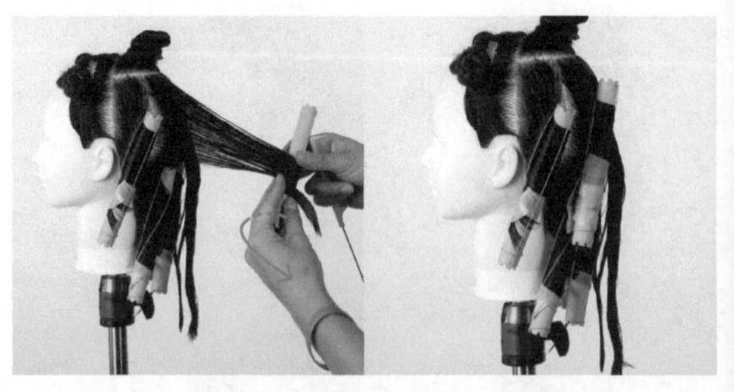

19. 从中间开始将发梢在相反的方向卷 2 周，贴上纸，再向上卷 1 周。

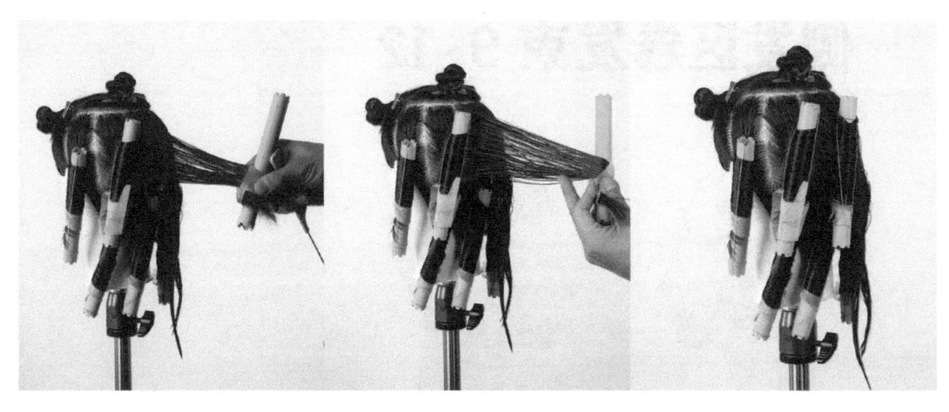

20. 后脑区发束 6 也和发束 5 一样卷。

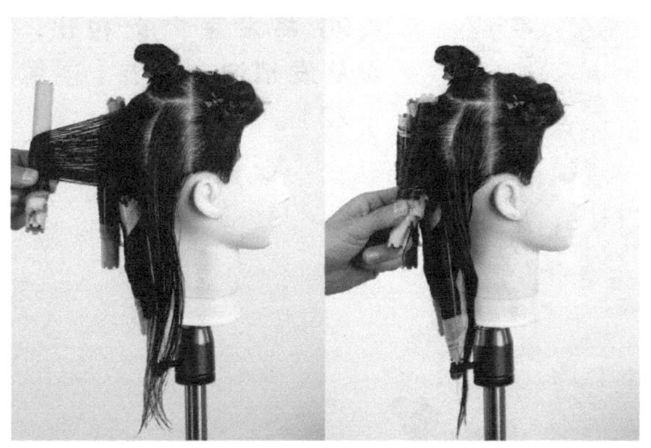

21. 后脑区的发束 7 和发束 5 一样来卷，但是需要将长卷发棒从右手拿换成左手拿。

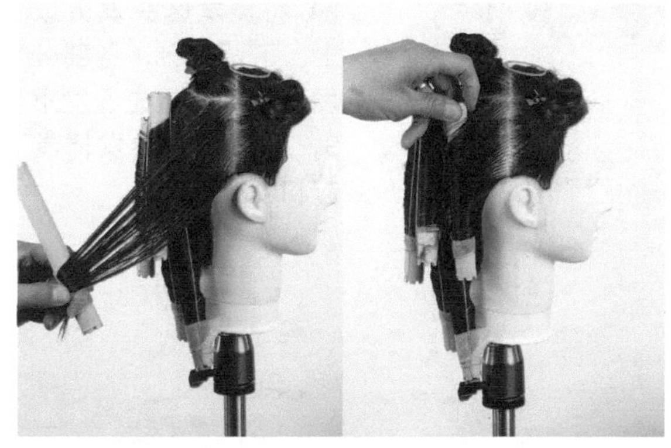

22. 后脑区的发束 8 和发束 4 一样，降低角度并拉出，从中间开始向发梢相反方向卷 2 周，然后再向上卷 1 周。

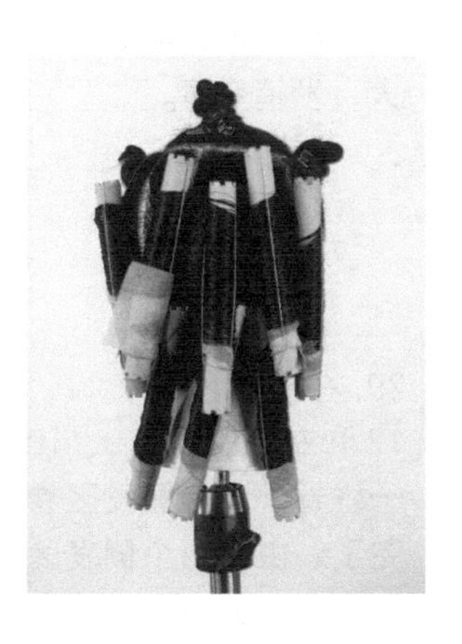

23. 后脑区正中间的发区卷完了。发束 4 和发束 8 卷起和收拢的位置相同，发束 5~7 卷起和收拢的位置相同。发束 4 和 8 可以调节头盖骨部分的头发重量，发束 5~7 则是从发根就开始显出头发的重量和深度。

侧发区卷发束 9~12

烫发步骤详解：

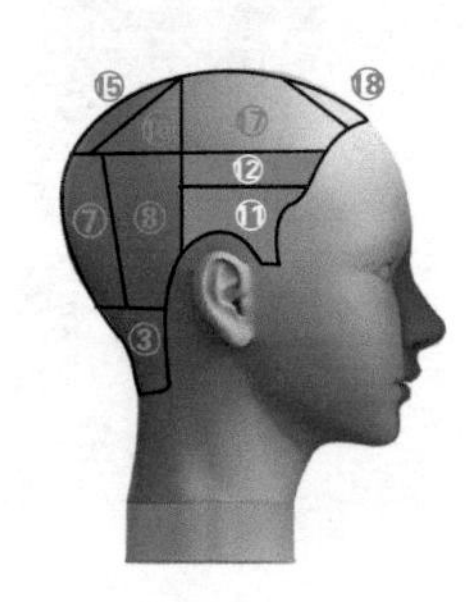

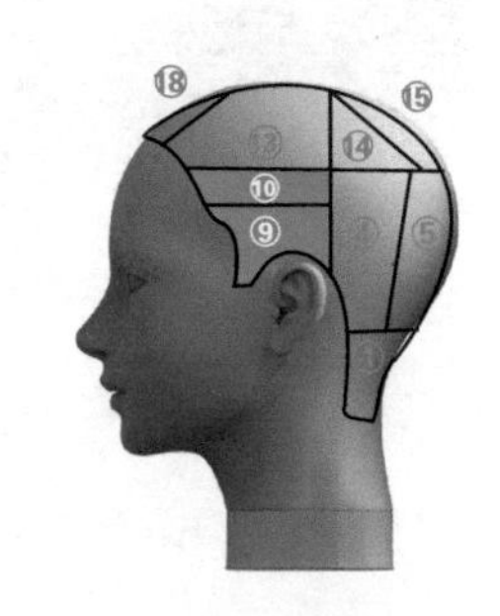

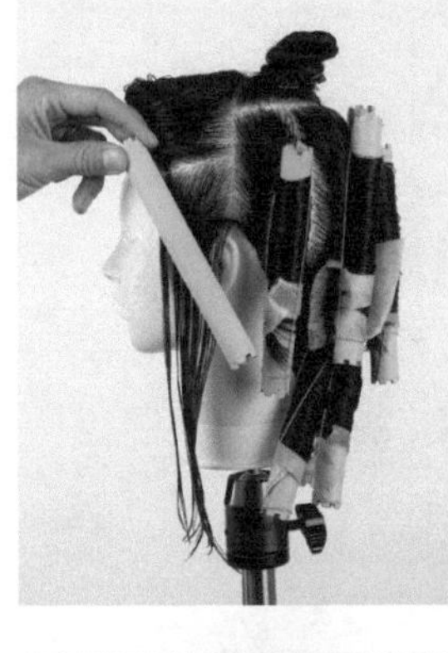

24. 将侧发区头发分成上、下两部分，各部分发量相同。首先卷发束9，确认一下卷发棒卷起和收拢的位置。

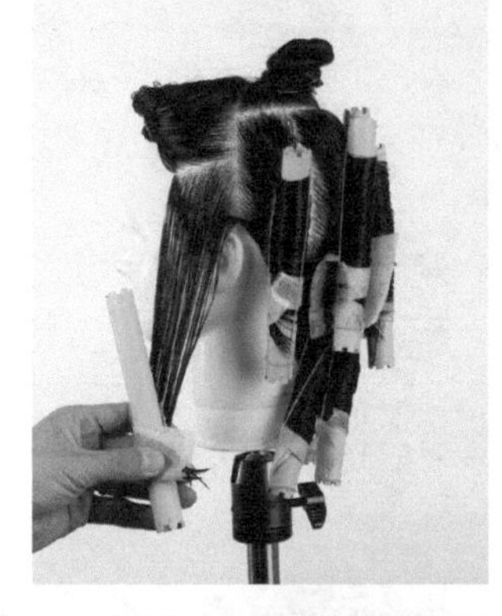

25. 将发束向前拉出，从发梢逆向外卷（图解22）。

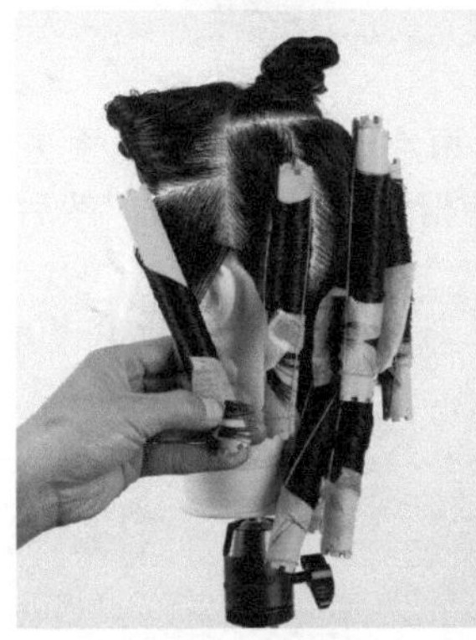

26. 卷 3 周，然后绑上橡皮筋固定。

27. 侧发区的发束 10 属于带有层次的发束，头发的长短差变大，发梢变薄。

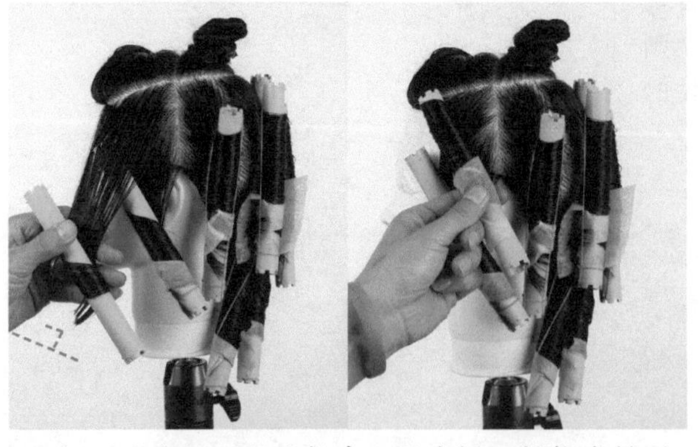

28. 相对头发切口垂直拉出，从中间开始将发梢逆向卷 2 周，然后再向上逆向卷 1 周。

29. 右侧发区发束 11、12 和左侧的发束 9、10 一样卷。两个侧发区卷完了。由于两个侧发区的发束 10、12 分别和旁边后脑区的 4、8 相连，都是头盖骨部分发束（头盖骨较为凸出），因此不要卷到发根，这样头盖骨的头发就不会太过凸出。

顶区的表面卷发束 13~18

烫发步骤详解：

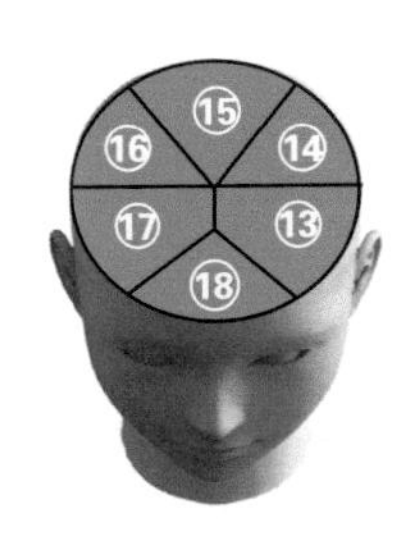

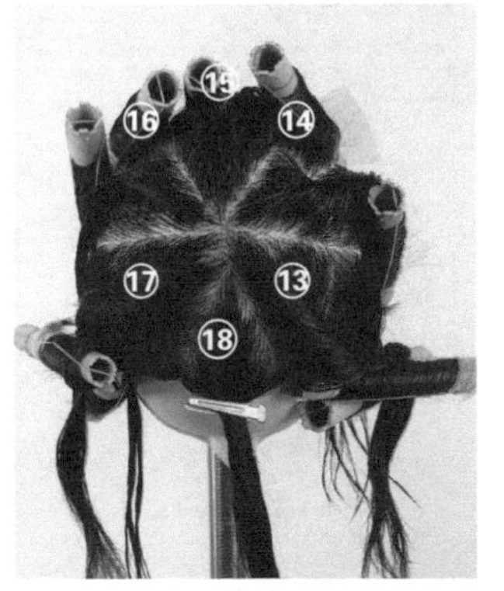

30. 划分出刘海的三角区，再以此为基础将头顶区表面的头发呈放射状分成 5 部分，每部分的发量都相等。

31. 卷发束 13 。相对头皮垂直拉出发束。

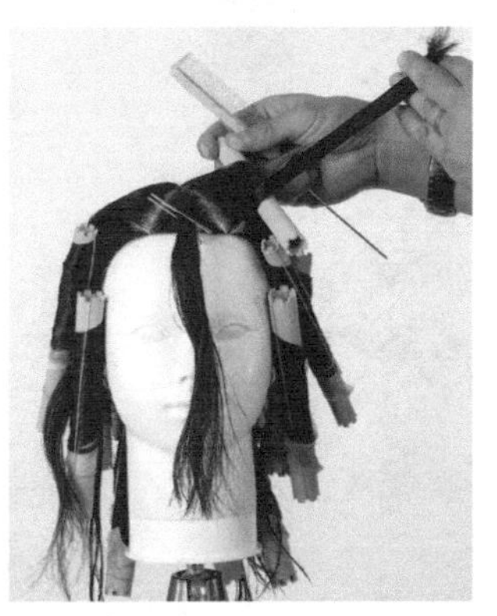

32. 将长卷发棒的上端沿着头皮，在相反方向做发根卷（图解 23）。

33. 卷 3 周并收拢，然后取发束 14 和发束 15，也分别同样地卷成 3 周的发根卷。

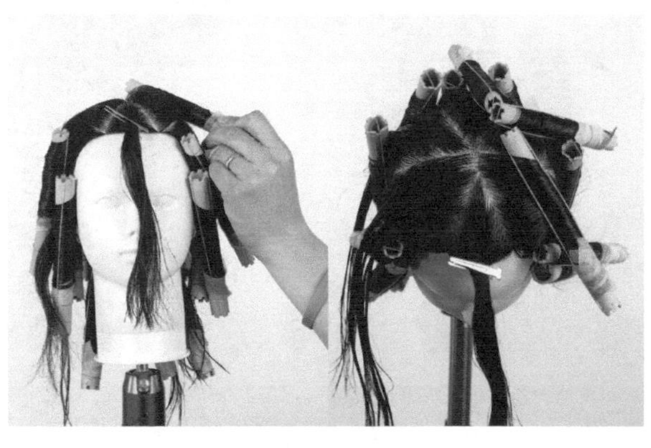

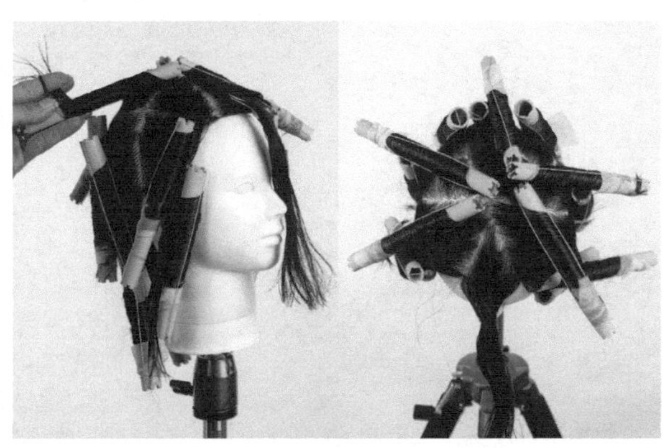

34. 卷发束 16 和发束 17 时，换成左手拿卷发棒，在相反方向做 3 周的发根卷。

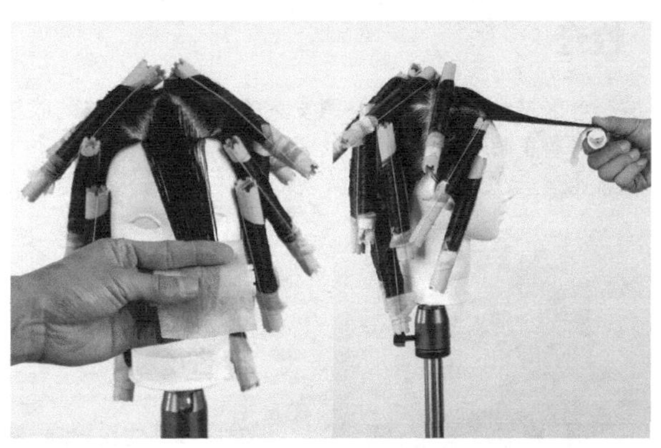

35. 刘海部分的发束 18 与地面平行地拉出，用 23 毫米的卷发棒从发梢开始做 3 周的发梢卷，整个头部卷完了。

卷完卷发棒的状态

烫发步骤详解：

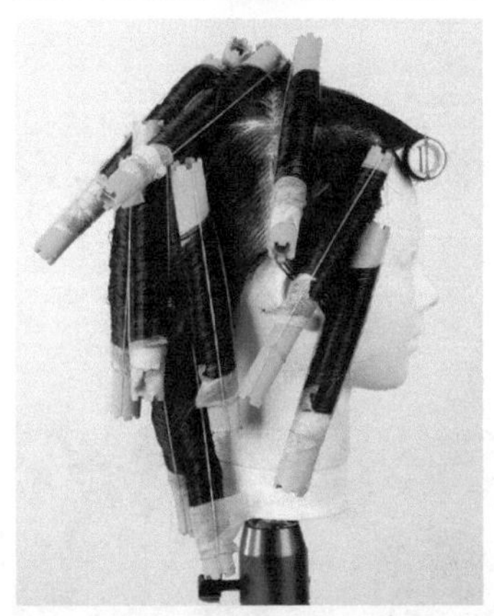

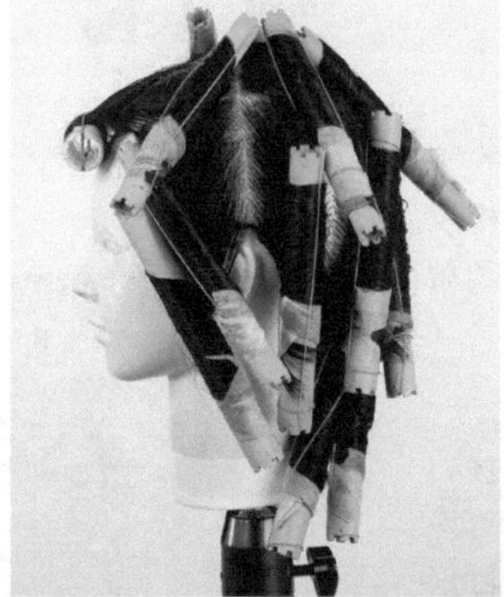

检查①

按照各区域卷法的要点，注意发束的角度和卷发棒的收拢方法是否正确。

检查②

顶发区表面的头发，长卷发棒的上端是沿着头皮被卷起的吗？

水洗

烫发步骤详解：

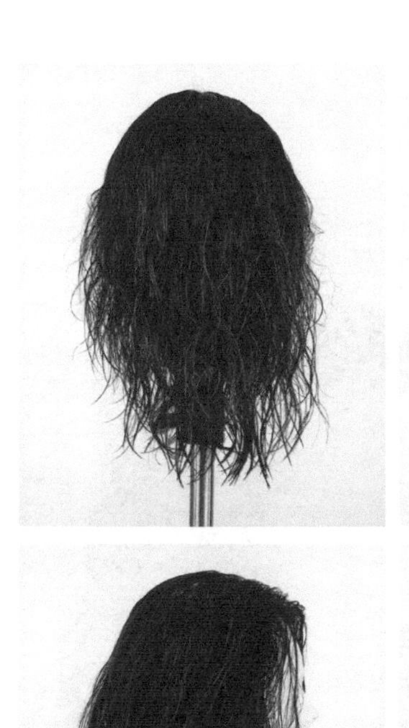

A 区 下方的 W 形波浪卷

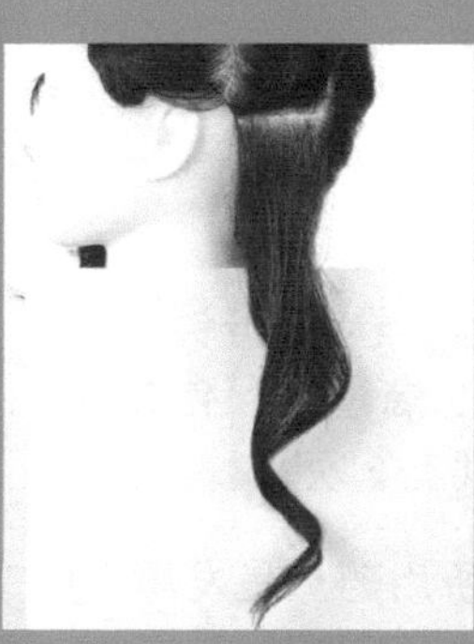

长卷发棒 18 毫米 × 发梢卷（纵向卷）3 周

B 区 中间的 W 形波浪卷

长卷发棒 18 毫米 × 中间卷 2 周 +1 周向上卷（纵向卷）

C 区 上方的 W 形波浪卷

长卷发棒 18 毫米 × 发根卷（纵向卷）

检查③

将刘海以外的整个头部用 18 毫米的长卷发棒在相反的方向卷 3 周。A 区（下方）是发梢卷，B 区（正中间）是中间卷 2 周 +1 周向上卷，C 区（上方）是发根卷。

高层次 W 形波浪卷的完成效果

烫发步骤详解：

拓展视频

扫一扫，观看烫发拓展案例完整视频

定型过程

上 1 滴半胱胺，卷 10 分钟→中间水洗→上 2 滴溴酸，每 5 分钟上 1 次，共上 2 次。

注意：定型所用药量是发质为中度受损的头发而配置的。

第四部分 染发

美发时，除了基本发型的洗、剪、吹之外，染发也是很重要的一部分，靓丽的头发颜色，充分彰显出人们的个性，因此染发在沙龙里也使用很广泛。本章节中，主要介绍使用频率较高的补色、漂白，以及编织法染发，掌握了这些，对头发造型非常有益。

第 9 章 染发的基础知识

9.1 头部结构分析

染发是发型设计中必不可少的要素。我们首先从涂抹染发剂开始，介绍一些关于染发的重要基础知识。

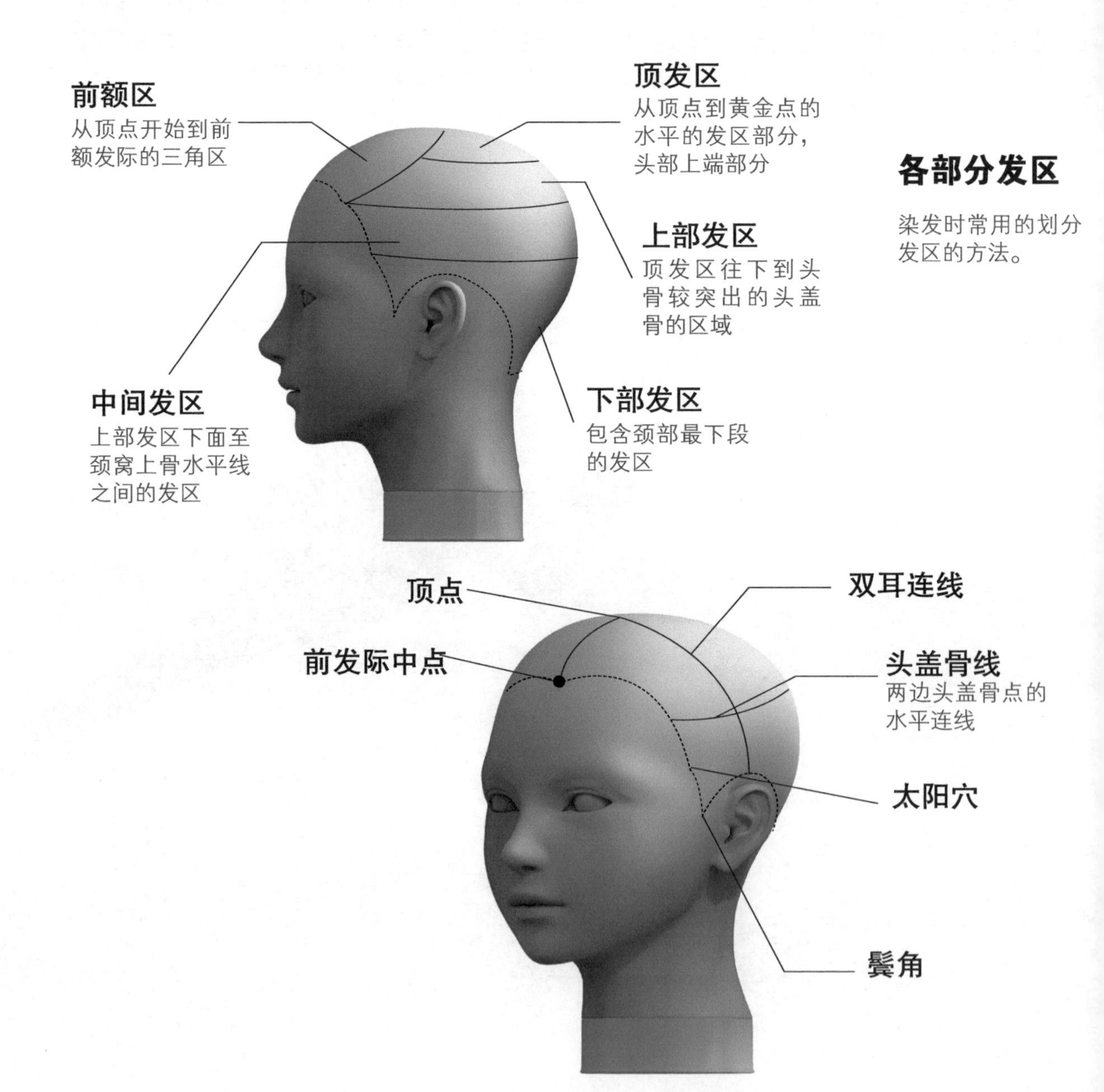

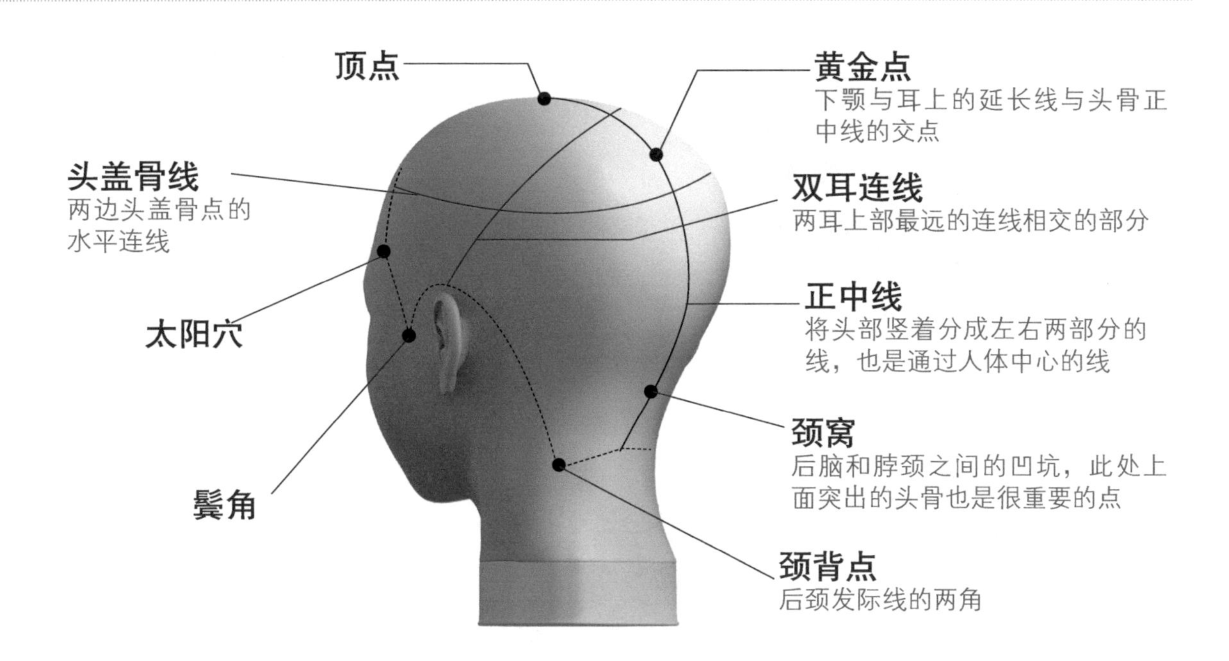

划分发片

涂抹染发剂的时候，首先将头发划分为若干发区，然后染发时再将各发区头发分成一个个薄发片，拉伸出来进行染发。

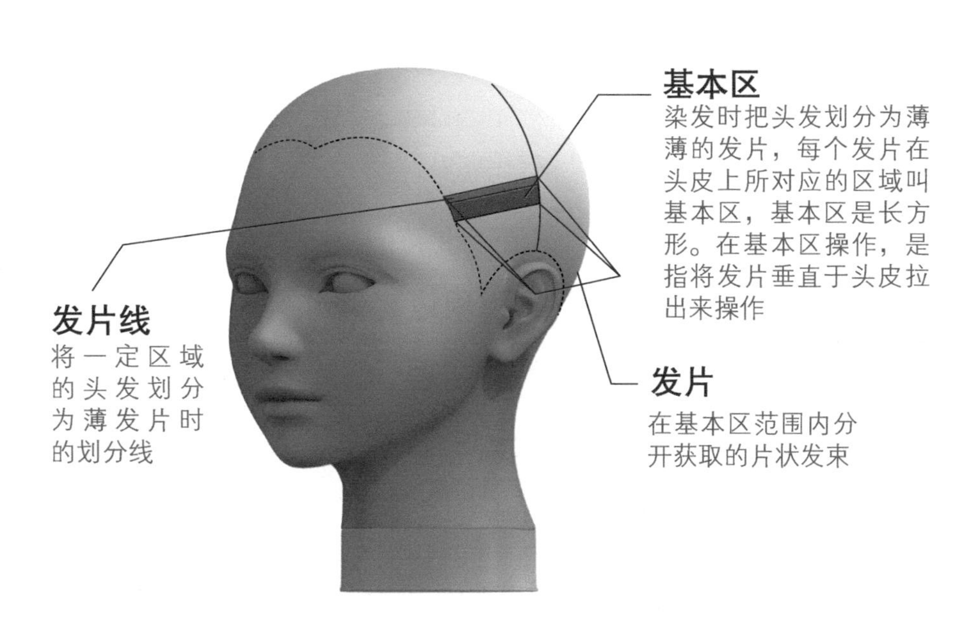

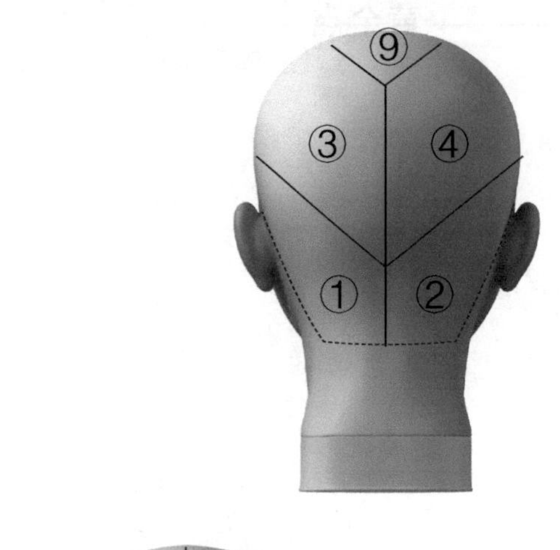

9 个区域的划分

染发时常用到的 9 个区域划分：

①位于后脑区下部左侧。

②位于后脑区下部右侧，和①左右对称。

③位于后脑区上部左侧。

④位于后脑区上部右侧，和③左右对称。

⑤左侧发区下半部。

⑥右侧发区下半部，和⑤左右对称。

⑦左侧发区上半部。

⑧右侧发区上半部，和⑦对称。

⑨顶发区的菱形区域。

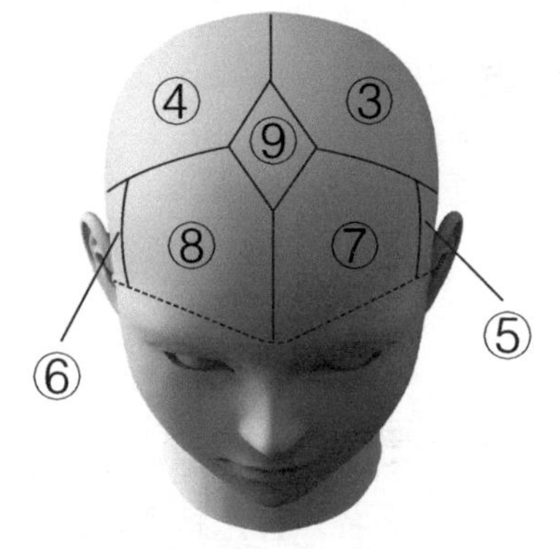

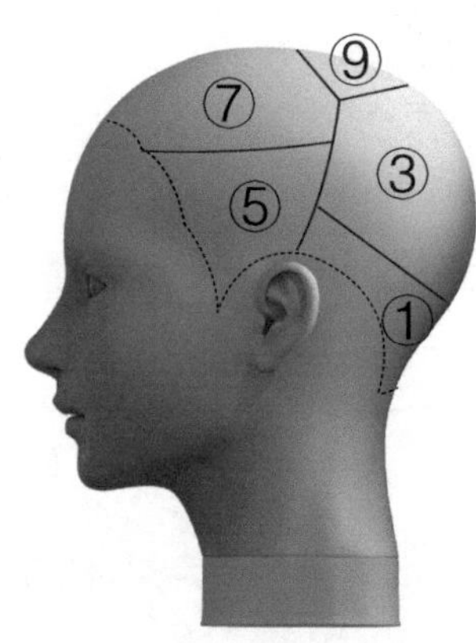

容易上色与容易涂抹

头部的各个发区对染发剂的反应速度有快有慢，还有的区域不容易涂抹，在实际操作时，一定要十分注意。

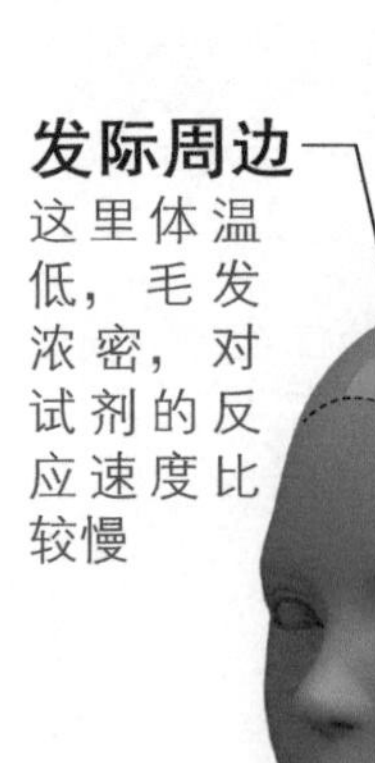

发际周边
这里体温低，毛发浓密，对试剂的反应速度比较慢

顶点周边
这里体温高，药剂比较容易集中，反应速度比较快

太阳穴
由于头发发丝较细，对试剂的反应速度很快

耳后
由于有耳朵阻挡，比较难以涂抹。从耳朵稍微靠前的地方开始操作比较好

颈部
体温低，试剂反应速度比较慢

红色区域： 容易上色的区域
蓝色区域： 不容易上色的区域
黄色区域： 不容易涂抹的区域

9.2 染发的基础知识

染发用具

刷子

染发过程中，美发师手中最重要的工具就是刷子。刷子有各种各样的形状，用途也各不相同，只有有针对性地分类使用，才能有效提高染发的速度。

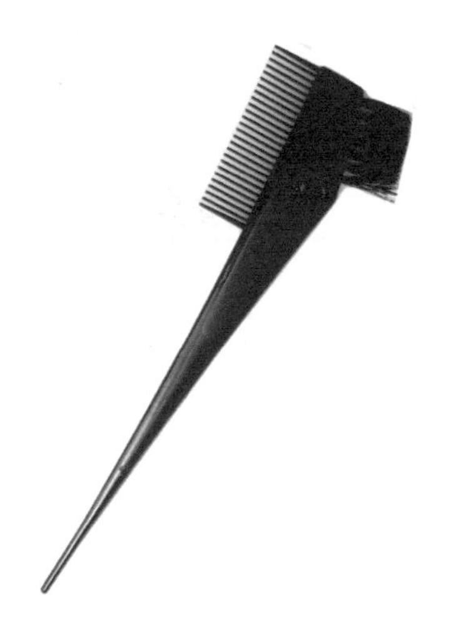

[大型横刷]

最传统的、使用频率最高的刷子。需要涂抹地方面积较大、涂抹量也较大时，必须使用大型横刷。补色时，梳子部分可用来为头发较浓密处涂抹染发剂。尾部在分出发片时使用。

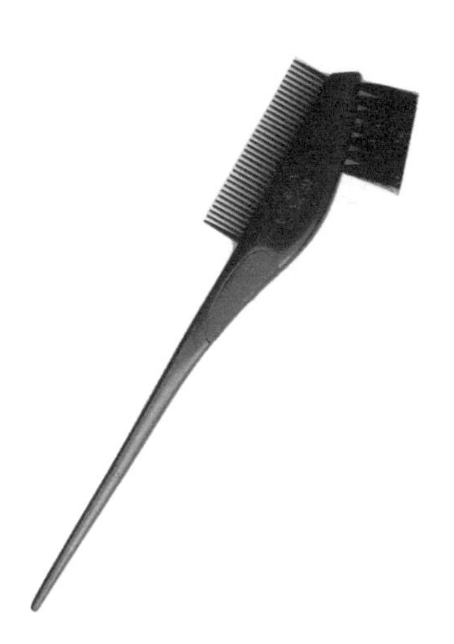

[小型横刷]

适合精细作业，涂抹面积比较小的地方。新长出的头发还比较短（5厘米以下）时，进行补色时使用。

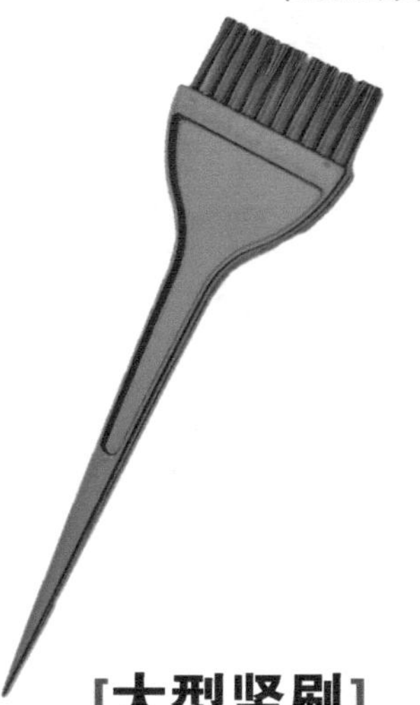

[大型竖刷]

在一个发片中进行多层次涂抹时使用。毛的部分很薄，也很硬，可进行细微操作。

[小型竖刷]

主要在涉及颜色操作、涂抹部分发油时使用。毛特别少，无法涂抹比较厚的发片。

其他用具

除了刷子之外，还有一些很实用的工具，下面来介绍它们的使用方法。

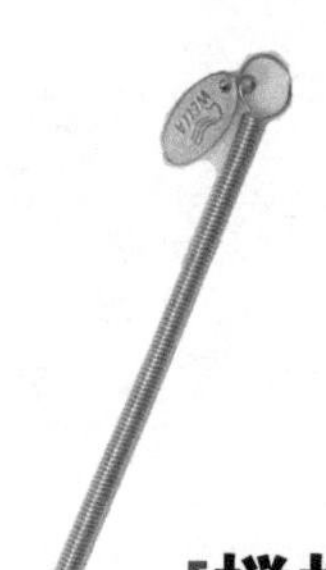

[搅拌匙]

混合染发剂时使用。想快速混合时，可以2~3支一起使用，很有效果。

[梳子]

染发时会用到这种粗齿、密齿各有一半的梳子。对头发进行分层、编制时都可以使用。（※1）

[护肤霜]

为顾客准备的，一般涂于顾客发际、耳朵周围和颈后。涂抹以后，即使客户皮肤沾到了染发剂，也比较容易清洗。

[发卡]

收拢头发、固定发片时使用。有时会因为粘上发片上的染发剂而难以打开，使用后，要将其彻底清洗干净。

[耳罩]

染发时顾客佩戴，可防止药剂流入耳朵。规格为均码。耳朵较大放不进去的顾客，可用纱布代替。

[挤膏器]

装在染发剂的剂量筒中，染发剂变少时，可以用它来将筒中的最后一点染发剂挤出，避免造成染发剂的浪费。

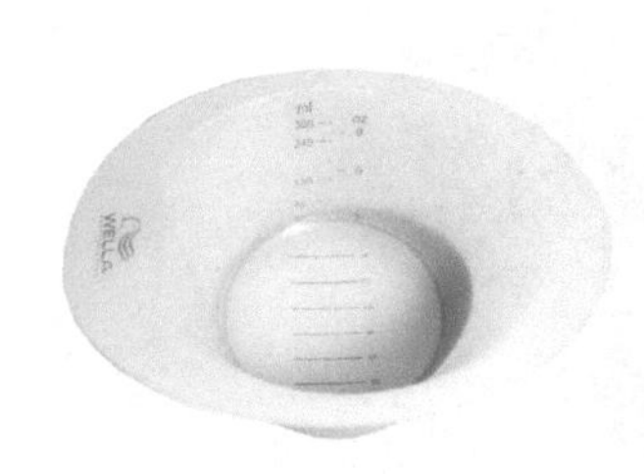

[调杯]

混合染发剂时使用，用刷子蘸取比较方便。可以端在手里，有各式各样的外观。洗完后要认真用布擦干。

[秤]

混合染发剂时，为了达到正确的配比量，要用秤测一下剂量。为了能够测量出正确的数值，请将它置于水平面上。要注意保持电池有电。

[胶皮手套]

染发时使用。规格上，有刚好和手部大小一致的，也有稍稍宽大一些的，可根据个人喜好选择。使用后清洗干净。

说明 编制：利用发片间的空隙，将发片分成更细的、连续的发束，涂抹上不同染发剂的技术。

9.3 染发剂的种类

染发是发型设计中必不可少的要素。我们首先从涂抹染发剂开始，介绍一些关于染发的重要基础知识。

大致可分为两种

酸性染发剂

染料会被头发由外往内逐渐吸附、浸透的一种染发剂，使头发变成和染料一样的颜色。虽然颜色鲜艳，但是和酸化染色剂相比，褪色快，归类为化妆品。

↓

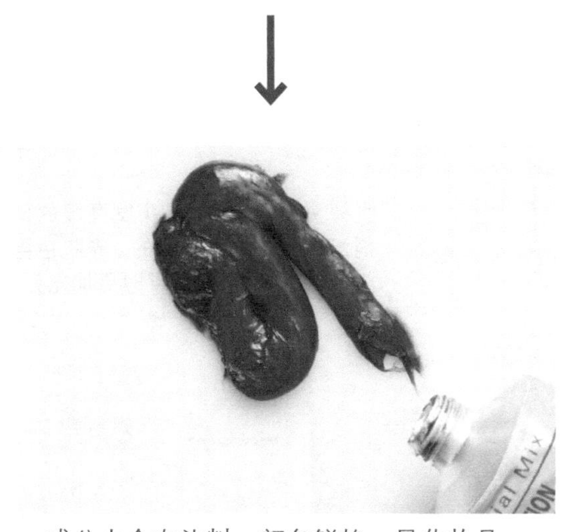

成分中含有染料，颜色鲜艳，是化妆品。

分为试剂 1 和试剂 2，两者在头发内部发生化学作用，进而改变头发颜色，不属于医药品范畴。这种染发剂着色多，色彩保持好。此书中称其为“染发剂”。

↓

像牙膏一样，是有黏性的糊状物。

染发剂的分类

染发剂有很多的种类，分类的方式也是多种多样的。现在根据使用的目的将其进行分类。根据它们各种各样的特性，找到更适合的、正确的使用方法。

一次性染发剂

是染料产品，吸附在头发上。有喷雾状、染油状、粉末状等各种各样的产品形态。用洗发香波洗后很容易脱落。

半永久染发剂

利用头发离子的特征来进行染发的染发剂。有碱性的、酸性的，使用最广泛的是染发油。

永久染发剂

颜色保持最好、保持时间最长的一种染发剂。除了酸化染料之外，还有植物性和金属性的染料。

脱色剂、脱染剂

这种染发剂不是用来染的，而是在想要换一种颜色和增加头发层次的时候，为了让发色看起来明亮，需要先除掉之前的染料而使用的试剂。

酸性染发剂（染发油）

调色剂

进行调色（在洗发台操作，只混入要上色的色素）时使用的试剂。多是微碱性的，调色剂种类众多。

纯正的颜色比较好，成凝胶状。

酸化染发剂

散沫花

千屈菜科的一种植物，染色所用的染料就是从它提取出来的。也能够还原发色，主要在染比较暗的颜色时使用。

脱染剂

除掉上次染发的染料，让染了暗色的染发变得明亮时使用。

脱色剂

脱掉头发色素，提高头发亮度的试剂，有膏状和粉末状的。先脱色再染色，染出的头发比平时更加光亮。

9.4 正确的操作方法

拿刷子的正确方法

如果拿刷子的方法不正确，就不能正确地涂抹染发剂。为了能完全掌握拿刷子的方法，首先要学会最基本的持刷技术。

使用刷子中的梳子部分

无论是涂抹试剂，还是归拢头发，拇指和食指都一定要牢牢地握住刷柄。

握刷子的内侧状态

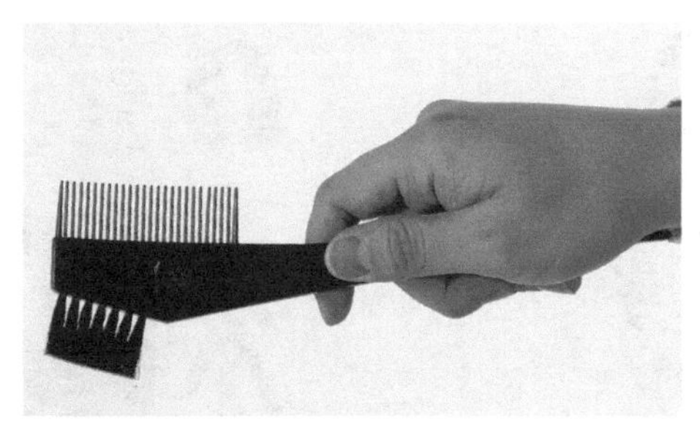

握刷子的外侧状态

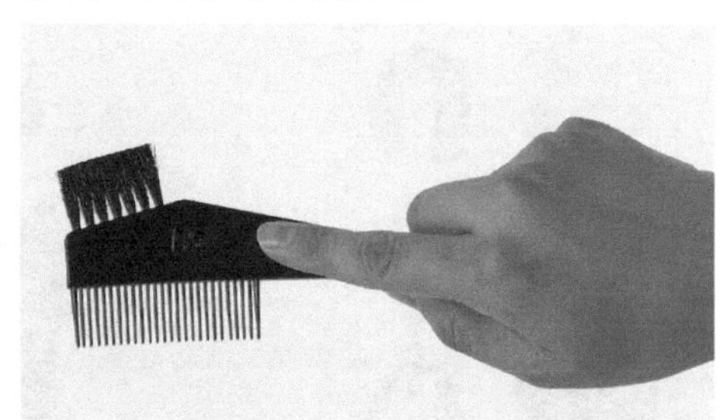

错误

如果只握住刷柄的话,刷子会摇摇晃晃,甚至会导致手柄反转,无法正确地进行涂抹。

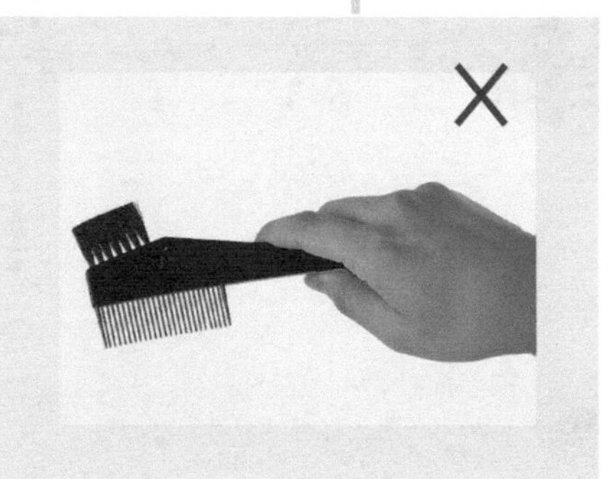

使用刷柄尖尖的尾端时

无论是划分发片，还是归拢头发，都要在靠近梳子的部位，像握铅笔一样握住刷柄。

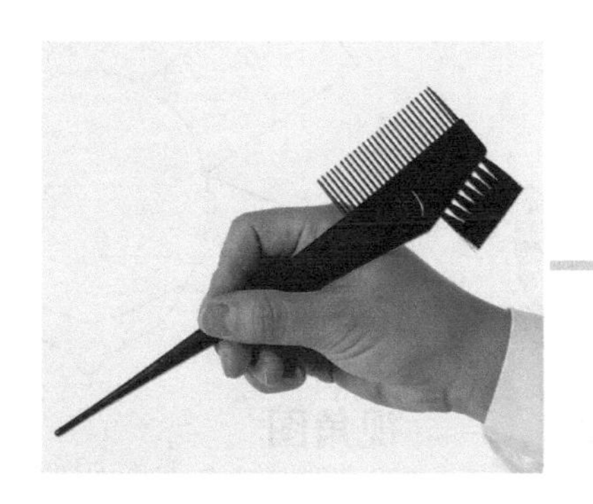

错误

直直地握住刷柄的话，控制刷子的效果不好,也不能正确地进行涂抹。

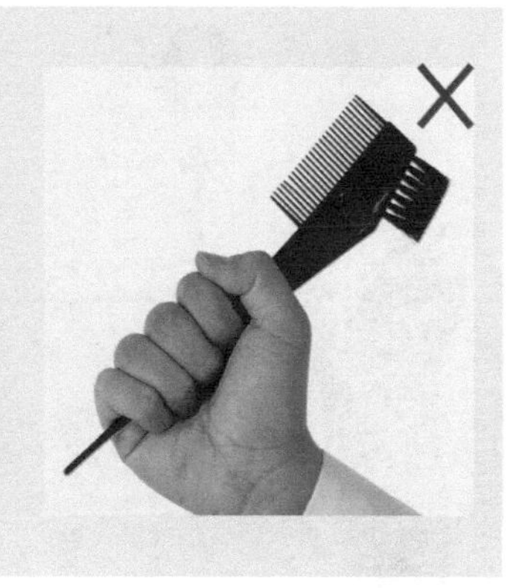

正确的站立姿势和站立位置

涂抹试剂的时候，首先要站在所要涂抹发片的正对面。这是正确把握头发状态和涂抹量的基本站位。

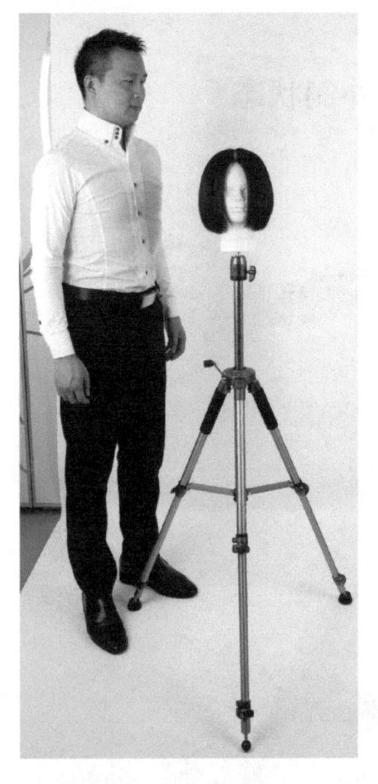

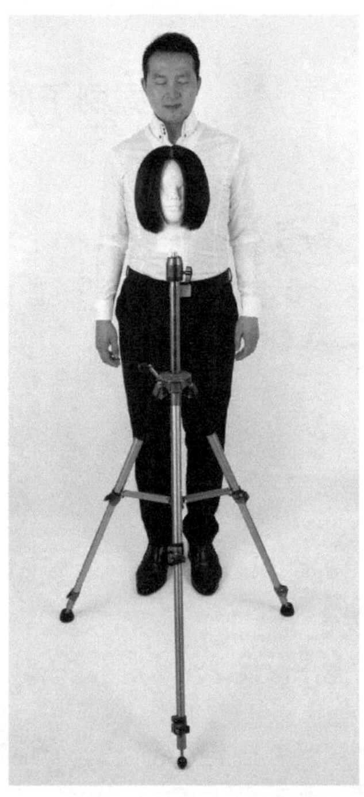

后脑区染发时，可站在后斜方；侧发区染发时，要站在这一区域的斜前方。斜前方站立时，注意不要进入到客人前的镜面里。

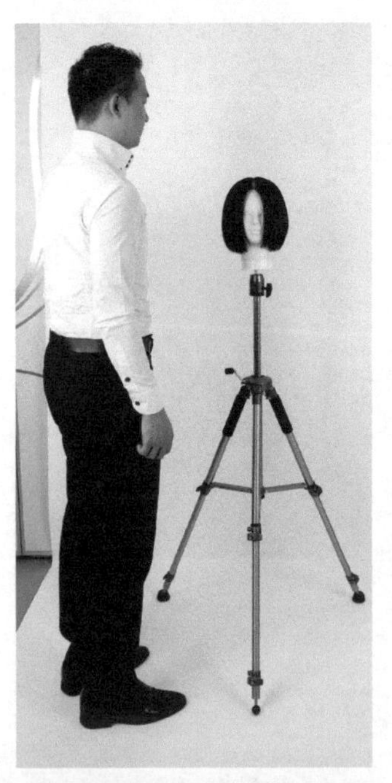

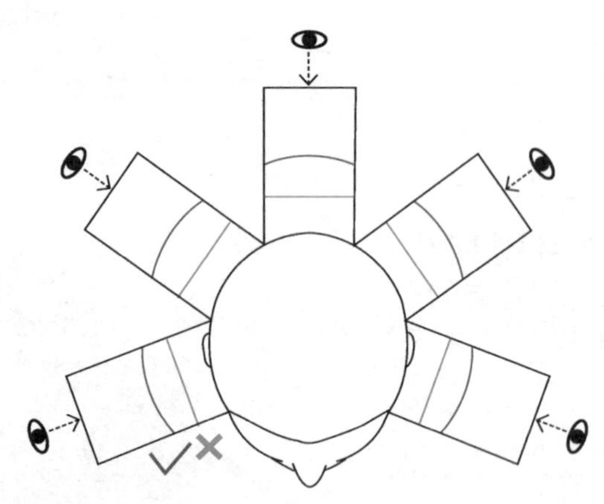

视角图

染发时从头部上方向下看的视角。如图所示，站立时保持发片的中央和自己的视线一致。涂抹染发剂的轨迹，和上图中的红圈相符，和头皮平行，而不能按照蓝色的直线轨迹来涂抹。

正确的染发姿势

涂抹染发剂时，身体的姿势要正确，这样才能保证正确涂抹，并染出漂亮的头发。染发时身体要保证稳定，涂抹时最细小的地方也不能错过。

基本的准备姿势

双脚张开，与肩同宽，肘部上抬，进行涂抹。

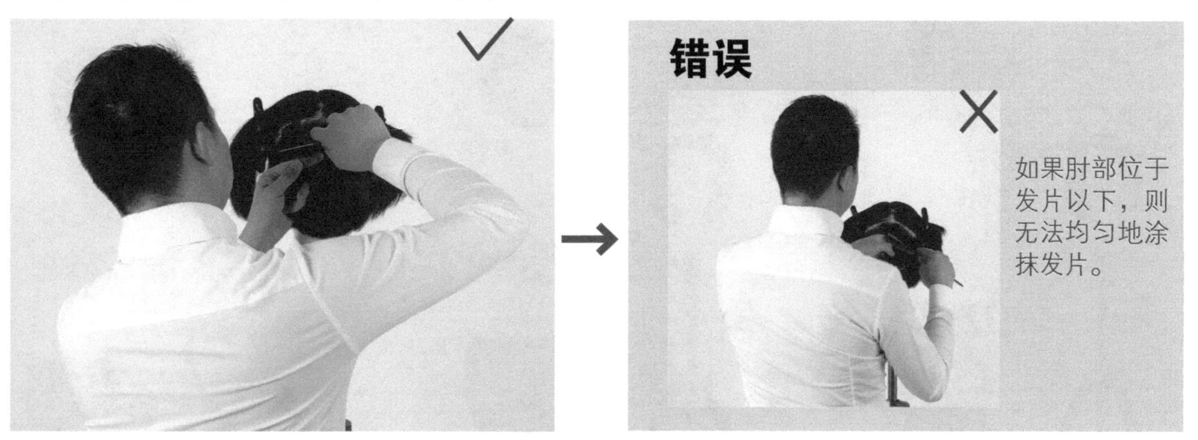

划分发片时的姿势

视线对准发片的中心位置，肘部上抬，在与发片保持平行的基本状态下，可稍稍倾斜。

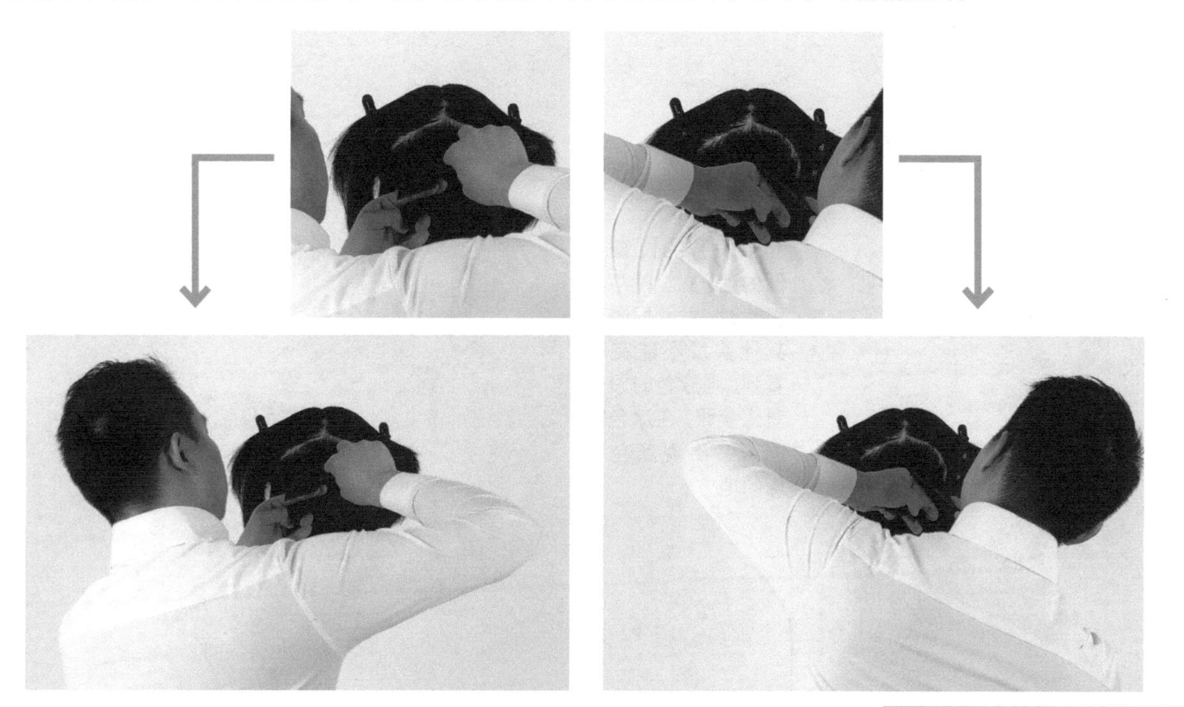

正确的视线

拉伸出发片的时候，眼睛看发片的角度要保持统一，而不能左右倾斜视线，以此来正确地把握涂抹的量。

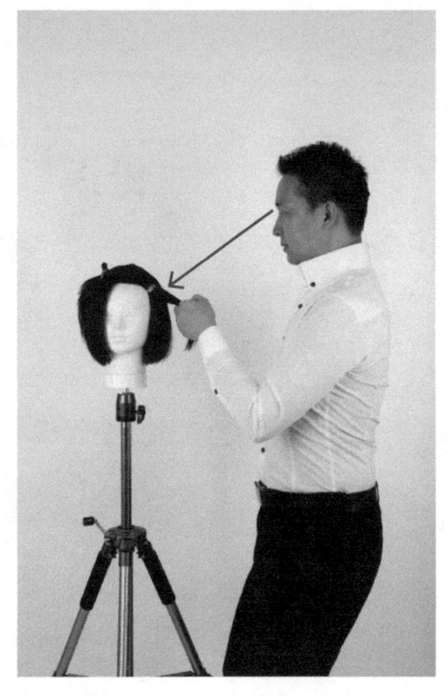

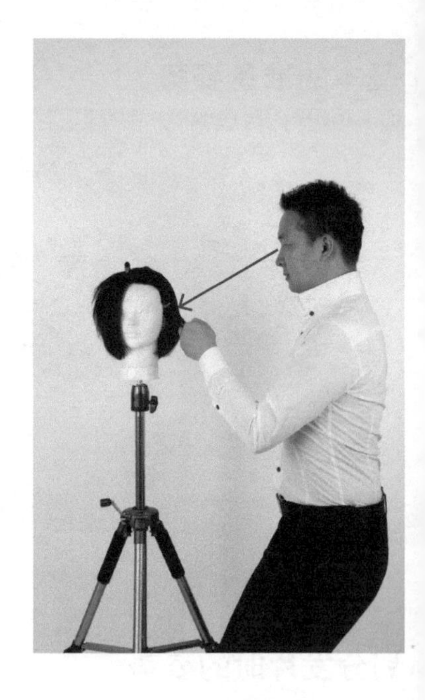

配合发片的高度弯曲双膝，取发片的角度要统一。

错误

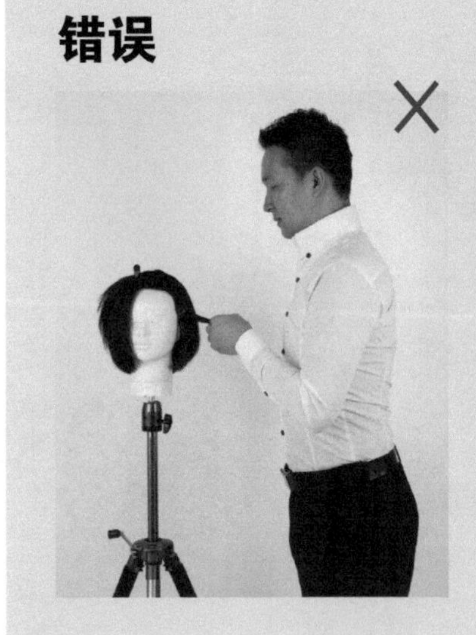

如果发片的位置过低的话，从上往下看发片时，发片周围的其他头发不能完全看到，则涂色时没有对比参照，在涂色范围内会出现颜色不均的地方。

也不能从侧面看发片。

9.5 制作试剂

正确用量

如果不能按照正确的配比来混合试剂的话，无论涂发的姿态有多正确，都是没有意义的。为了能做出目标颜色要先制作试剂。

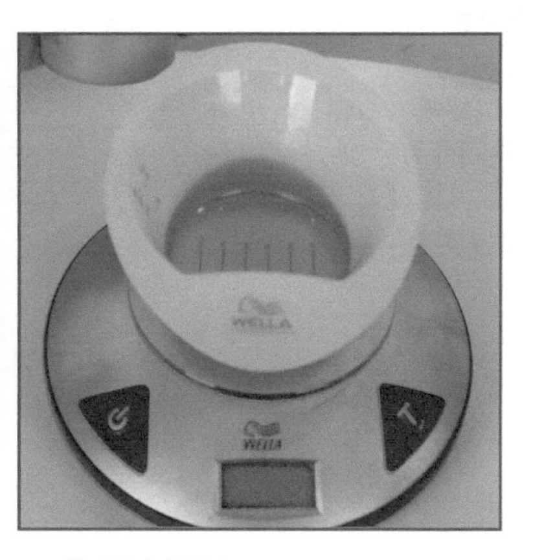

1. 将秤水平放置。

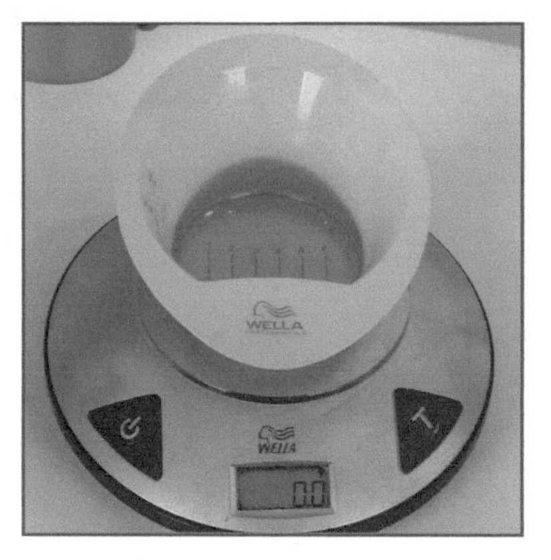

2. 按下开关，确认是否显示为“0”。

3. 倒入试剂1，需要的量为30克。

4. 再将秤的基础重量归零，准备称量下一种试剂。

5. 将试剂2也倒入杯中，使秤的显示刚好为30克。两种相等剂量的试剂混在一起。

说明 这里用碱性染发剂为例来说明，假设试剂的配比率为1∶1，两种试剂的重量都是30克。

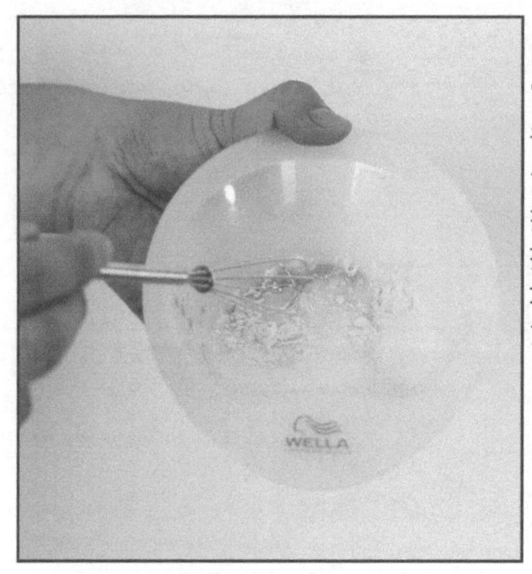

正确混合

试剂1和试剂2混合时，不能用搅拌匙胡乱地搅拌，一定要快速地、均匀地充分混合。

错误

如果只用搅拌匙画大圈，只能充分混合边缘部分，而中间会有未混合的残留试剂，一定要均匀混合。

6. 一只手稳稳地握住杯子，另一只手用搅拌匙小幅度地旋转，使试剂1和试剂2快速混合。

7. 如果试剂附着在杯壁上，要用搅拌匙将其抠下来继续搅拌，不要造成浪费。

8. 试剂混合成黏稠的糊状。

9.6 试剂的使用

蘸取试剂

调节刷子蘸取试剂的量的方法，是一项不可能立刻掌握的技术。为了能在蘸取试剂的一瞬间就获取合适的量，要多练习蘸取试剂。

取少量

用毛刷的尖来蘸取杯子一端的试剂。

适用于狭小范围内的补色，以及涂抹斑点修整发色，属于精细操作。

取中量

取靠近杯子中间的试剂，毛刷尖比取少量时多取一些。

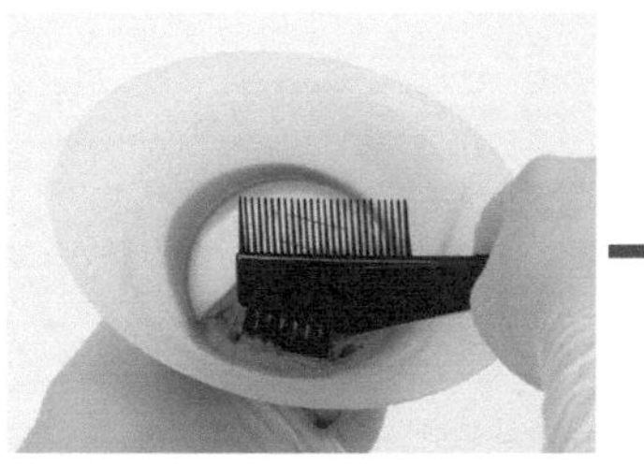

在杯口边缘处，调节用量

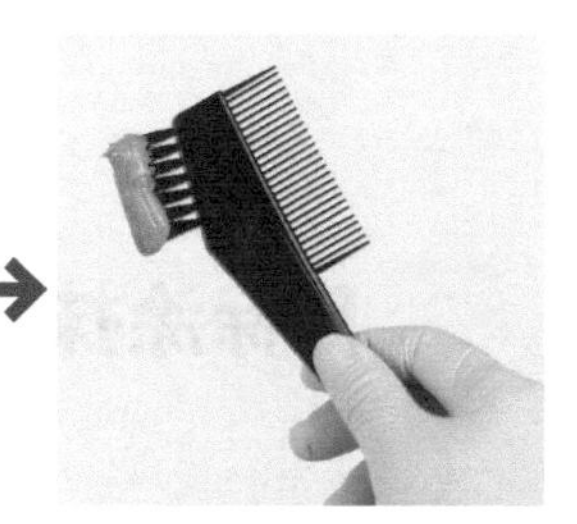

通常适用于补色时，进行大概的操作。

取多量

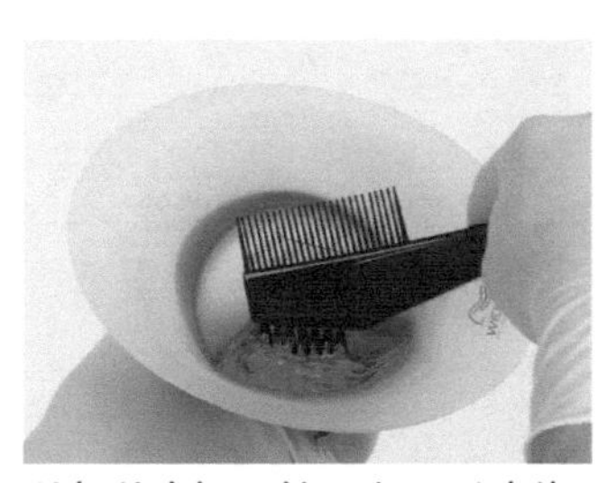

从杯的中间开始一直取到边缘。

适用于大范围涂抹。

根据毛刷的角度不同来涂抹

在发片上涂抹药剂不同的量，是通过转动刷子相对于发片的角度而达到的。
这里介绍在一个发片内，刷子转变的4个角度，分别涂出不同的量。

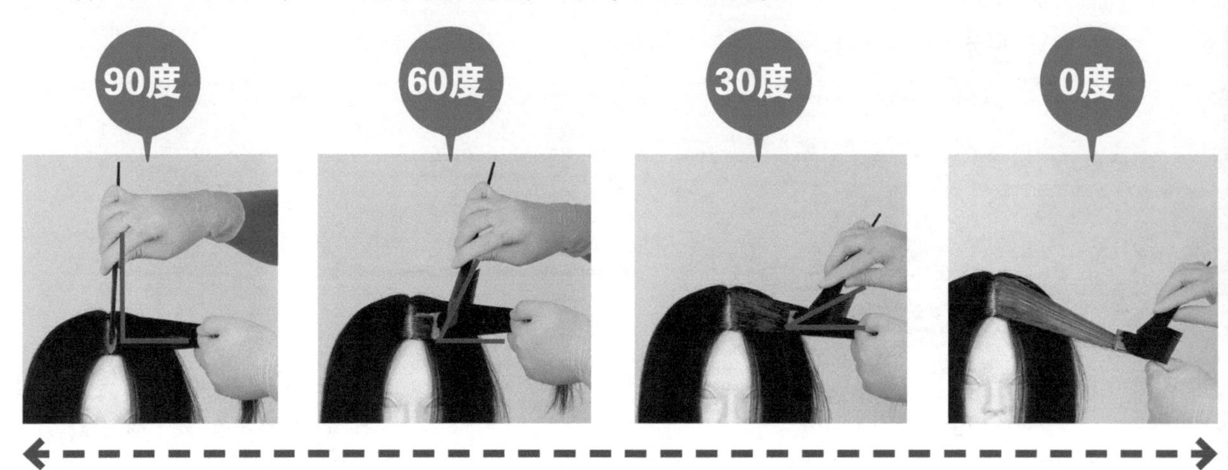

目标涂抹量

下页内容中，要涂抹一个发片。涂抹量也遵循“发根少、发稍多”的原则。根据上面所讲解的技术，来适当地调整涂抹量。

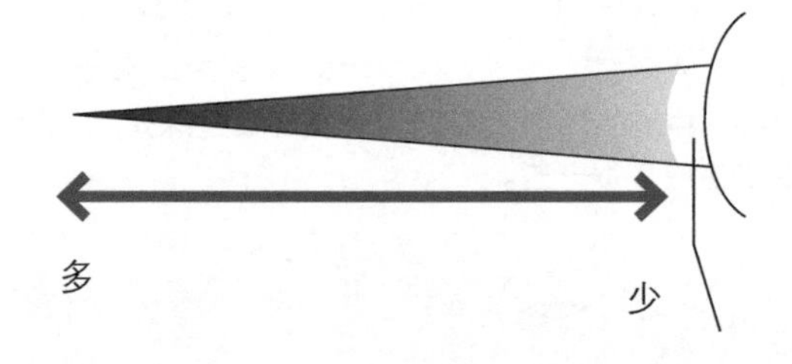

基本上，靠近发根处的数毫米为空白处，是不能涂抹的，这样是为了保护头皮不受药剂的刺激。

涂抹试剂

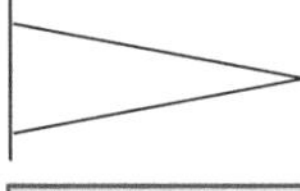

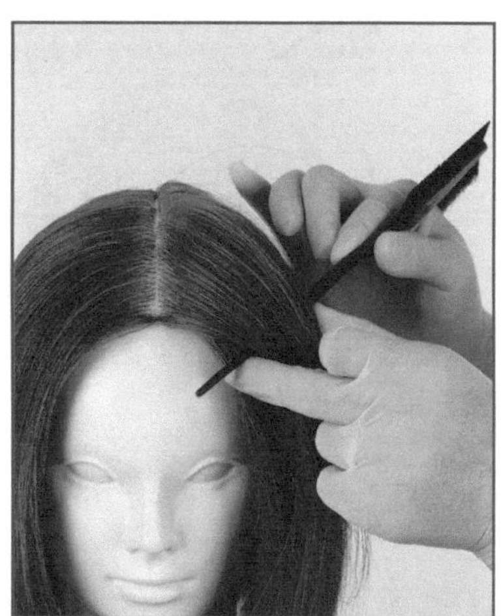

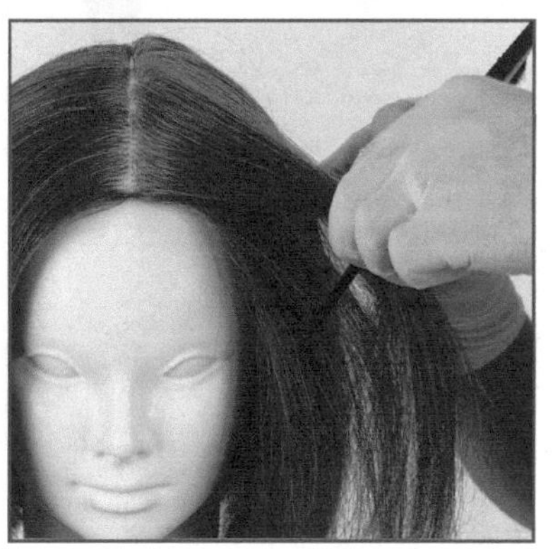

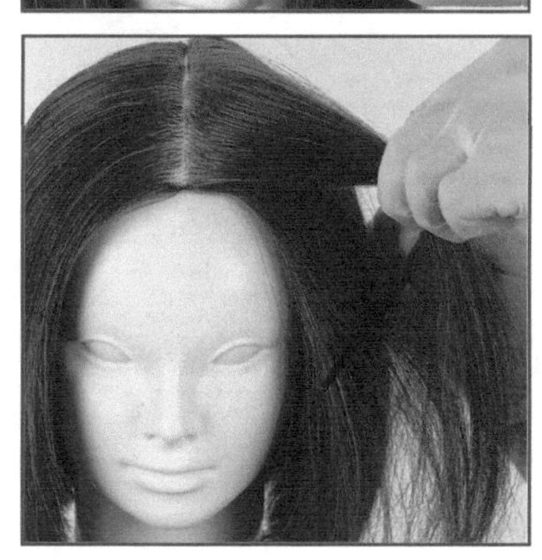

1. 使用带有毛刷的梳子整理头发，划分发片，使发片的厚度一致。

中

90° ~ 60°

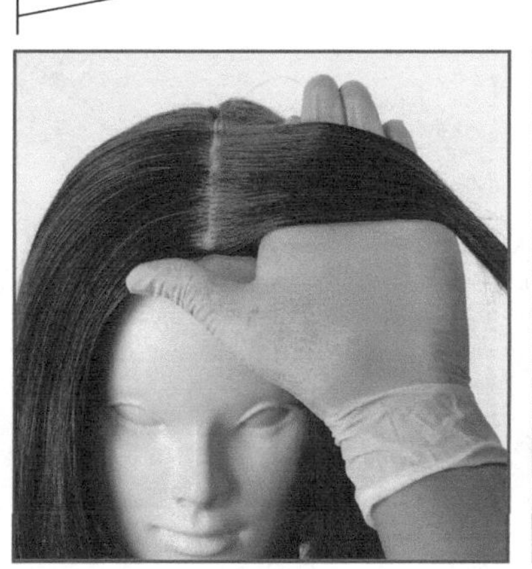

2. 为了让头发较平均地展开，可将发片在手上展平。

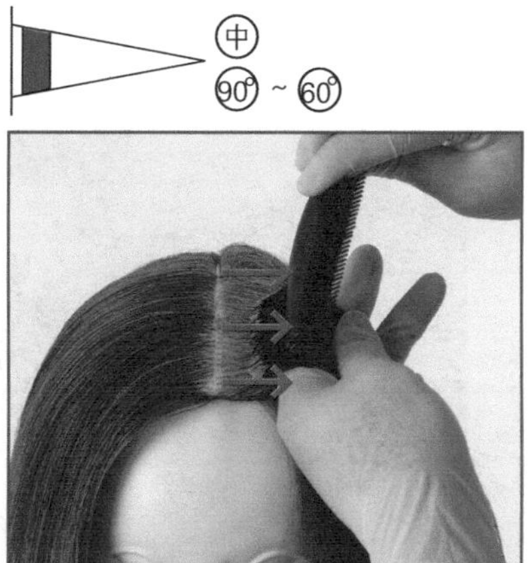

3. 取中等量的药剂，在距发根约5毫米范围内，毛刷和发片保持90°垂直开始涂抹，先涂发片中间，再涂发片两边，将发片的这一区域涂好（距发根处约5毫米内的区域）。夹角由90° 渐渐变为60° 。

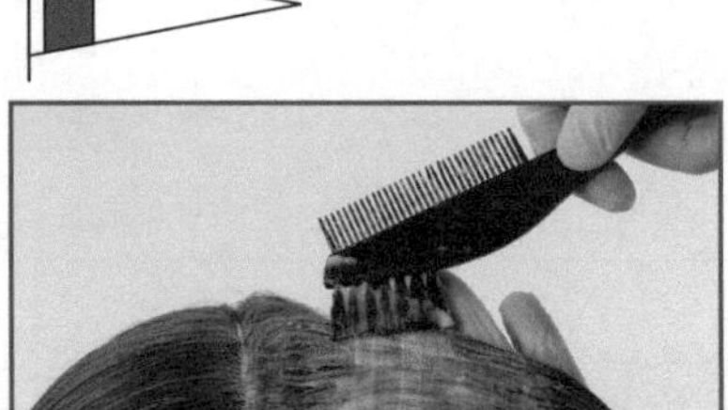

4. 检查一下药剂是否渗透进发片里。

5. 步骤11中涂抹的区域，用毛刷在上面左右平行滑动，使发片上药剂互相融合。

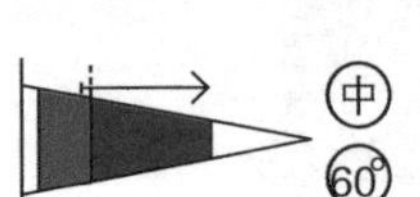

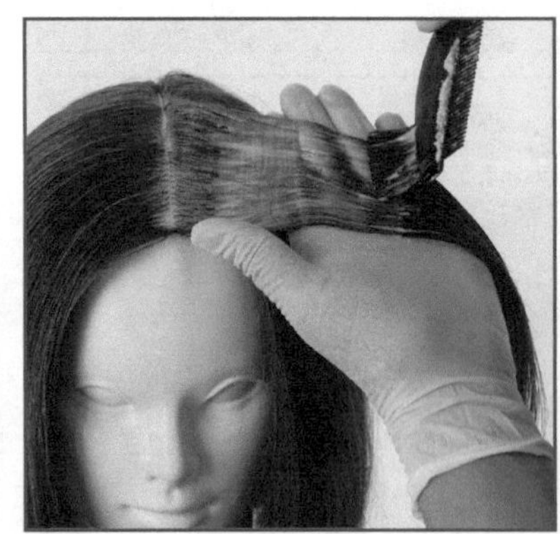

6. 取中等量的试剂，毛刷和发片保持60° 夹角，涂抹至发中。注意，涂抹时，要向发根处延伸5毫米，重复涂抹（即向发根方向多涂5毫米）（图解71）。

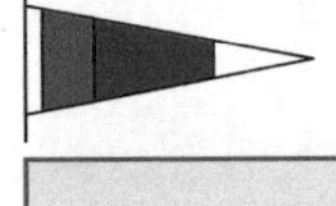

7. 和步骤13一样，用刷子在发片上左右平行滑动，然后就像图中这样用左手握住涂抹好的部分，让药剂充分融合。

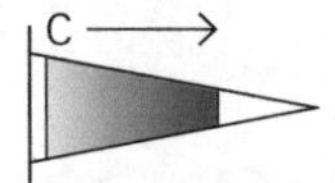

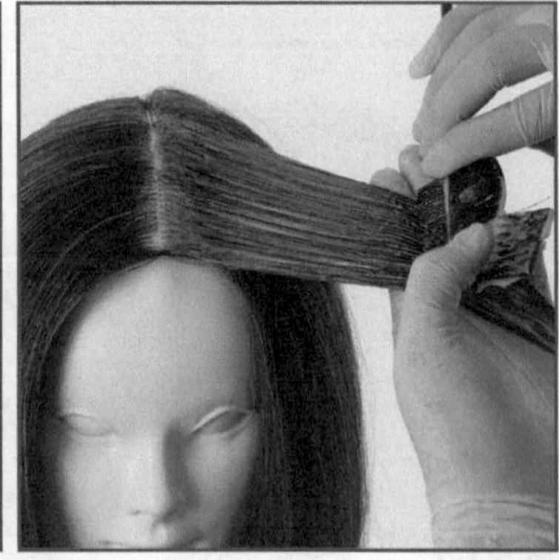

8. 对步骤15中涂抹过的区域进行精梳，让涂抹过的染发剂互相调和。

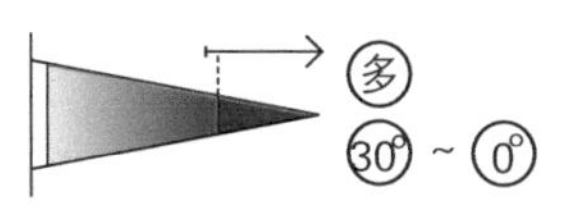

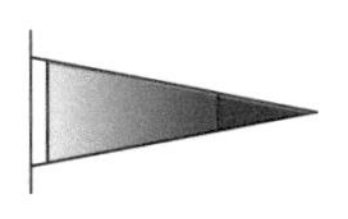

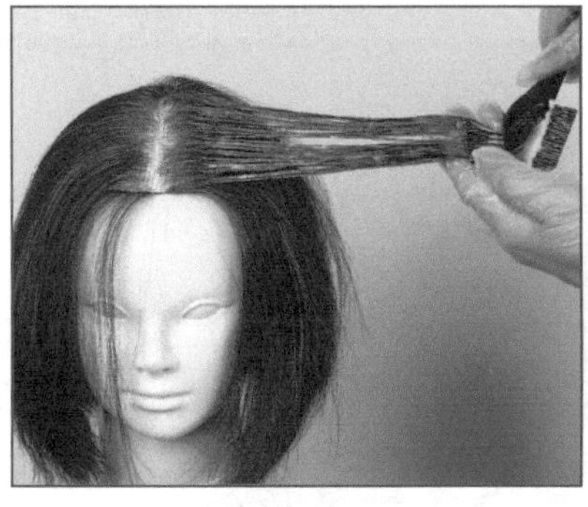

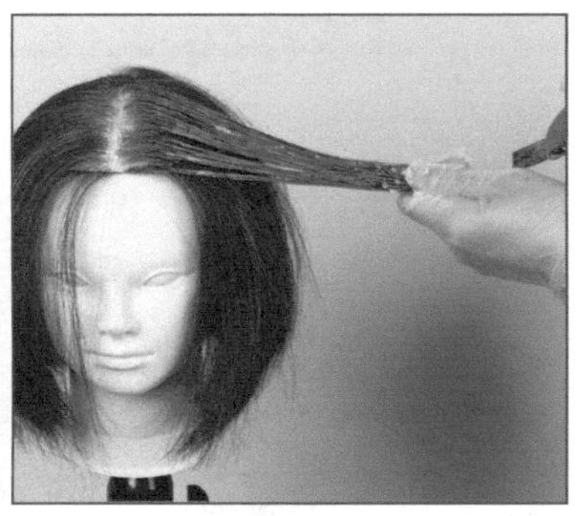

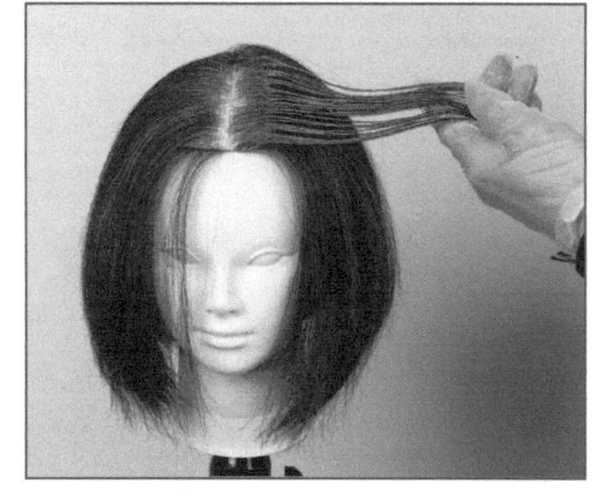

9. 用毛刷蘸取较多的染发剂，毛刷与发片成30° 角开始向发梢方向涂抹，注意同样向上重复涂抹5毫米，向发梢涂抹时，30° 角慢慢变小，最后至发梢时，刷子和发片的角度变为0° 。先涂发片中间，再涂两边。

10. 和步骤15一样，左手握住涂抹过药剂的地方，使药剂充分浸透发片。

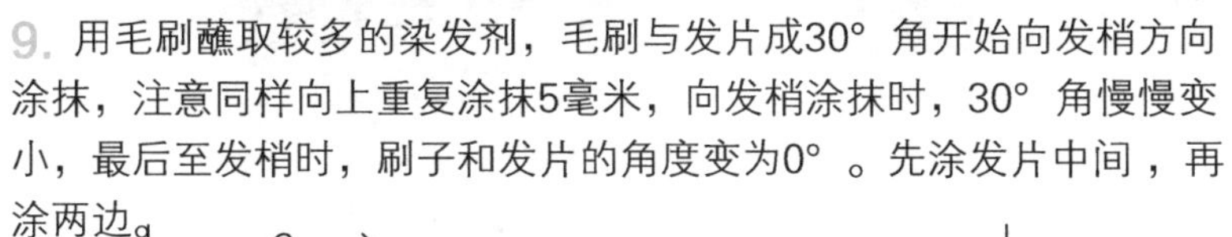

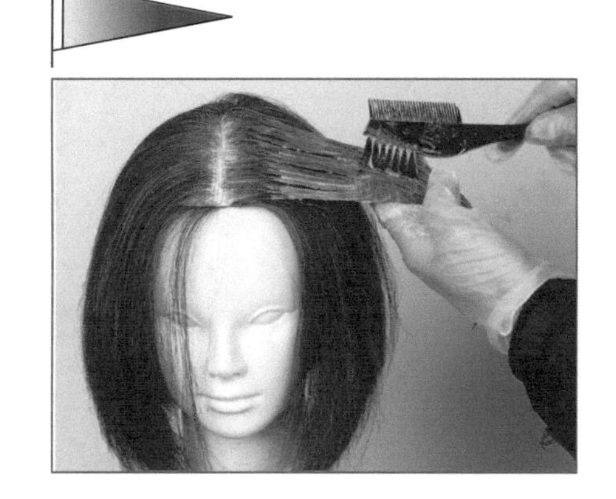

11. 和步骤16一样，此次从发片的中间开始精梳，使染发剂充分融合。

12. 最后，用刷子在整个发片上进行平行滑动，整理一下发片的造型。

图解71 “重叠”是涂抹最基本的手法

同一个发片中，涂抹相邻的新区域时，要重复涂抹前面区域约5毫米的区域，以消除试剂的边界。

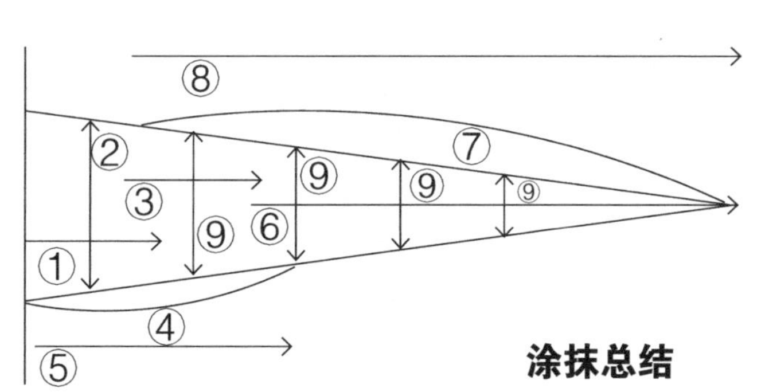

涂抹总结

① 从发根到发中，是从90° 到60° 实施中量涂抹。
② 在①的基础上将毛刷侧滑进行药剂融合。
③ 保持60° 在发中部分进行中量涂抹。
④ 将①~③用手握紧。
⑤ 在④后进行精梳。
⑥ 从发中到发梢，要以30° 到0° 进行多量涂抹。
⑦ 将③~⑥用手握紧融合。
⑧ 在⑦的基础上进行精梳。
⑨ 用毛刷在整个发片上横着滑动一遍，使之融合。

涂抹完成

本次我们学习了“一个发片的涂抹方法”，是最基本的涂抹技术。实际上，根据头发的状态、头部的不同部位、涂抹的目的等不同，处理的方法也是变化的。在本次学习的基础上，开始进行下面的学习。

关于皮肤测试

酸化染发剂的主要成分为酸化染料，是有可能引起皮肤过敏反应的。还有，同一个客人的体质，也存在随时间段变化的情况，也许以前染发从来没有发生过皮肤过敏或皮肤异常的客人，在某次染发中出现了过敏情况。因此，在每次染发前，都要对顾客进行皮肤测试。

测试结果正常时
可以染发，将测试液体洗净。

皮肤出现异常时
立刻清洗掉测试液体，不能染发。

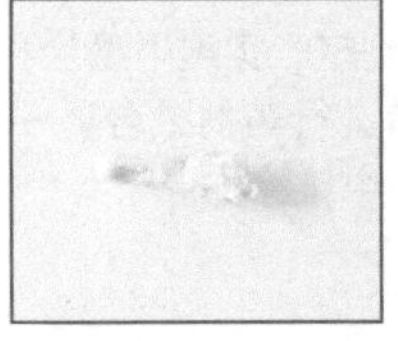
按照试剂的比例，各取少量进行混合。

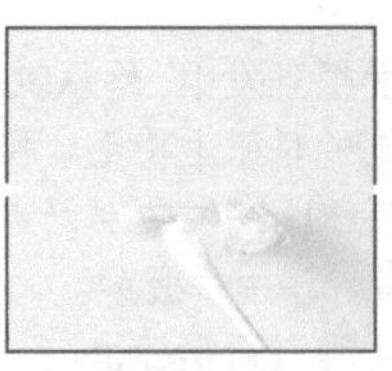
充分混合后用作皮肤测试的液体。

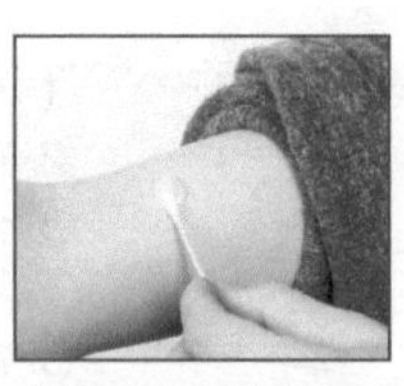
用棉签在手腕内侧皮肤较薄处，且不是很显眼的地方进行涂抹。

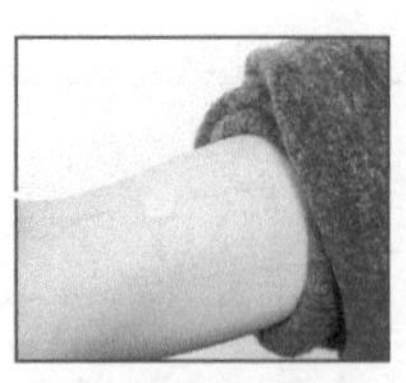
大概涂抹硬币大小的面积，自然风干，不要触摸，静候48小时。

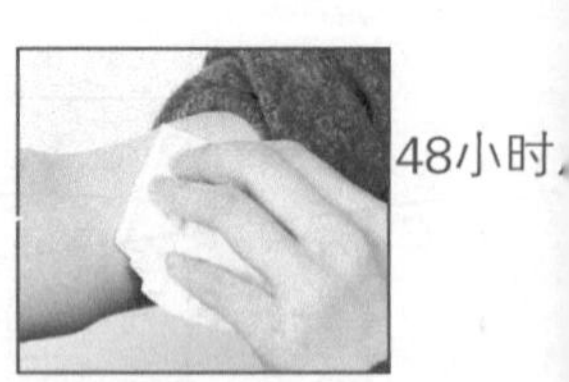

如果30分钟过去后仍旧未干的话，可以用面巾纸将其轻轻擦拭掉。

第十章 补色

10.1 亮色补色

学习对发片涂抹试剂后，在此基础上，开始给整个头部进行涂抹。
此次我们要学习的是美发沙龙里使用频率最高的技术，即对染过较亮色彩的头发进行补色。

染色的种类

亮色染色
由于补色的程度、涂抹的量、漏涂等原因，发片之间很容易形成色差。要认真把握每个部位的发片的特征，有意识地来染。

染黑
染完后不易出现斑点，由于染黑会使染发剂渗透到角质层，因此使用量是关键点。

漂白
和亮色染色有相同的特征，并且头发对药剂的反应速度很快，染发时手快很重要。同时如果药剂的延伸性不好，容易造成斑点。

酸性染色
染发时要注意，不要将药剂涂抹在头皮和脸周围的皮肤上。

本次的“亮色润色”

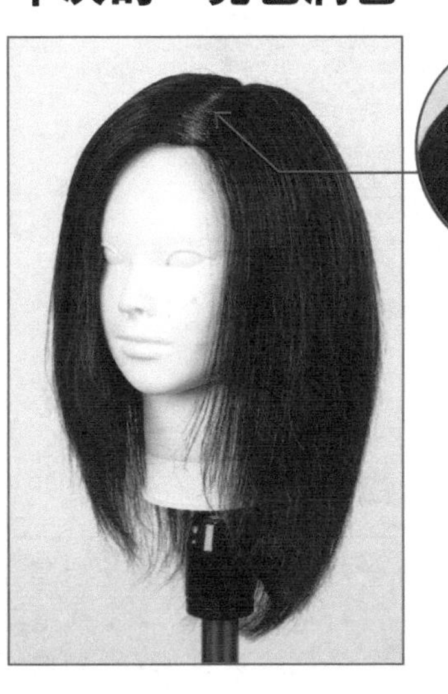

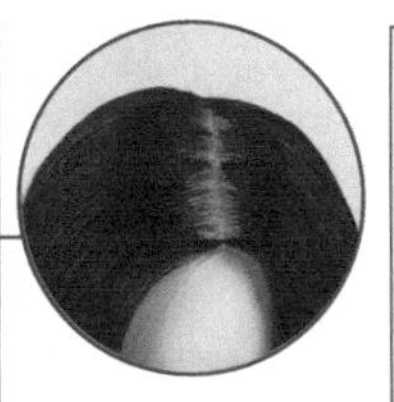

补色前的状态

铜色系列的染发后，大约过了2个月的状态。已经染过的部分为二级亮度，同时，长出了2厘米的新发。

目标发型

划分发片的方法

此次染发，发区的划分是根据前面讲过的“9 个分区”为基本区域进行的。每个分发区都做成如下图中各式各样的发片，发片厚度约为 1 厘米。

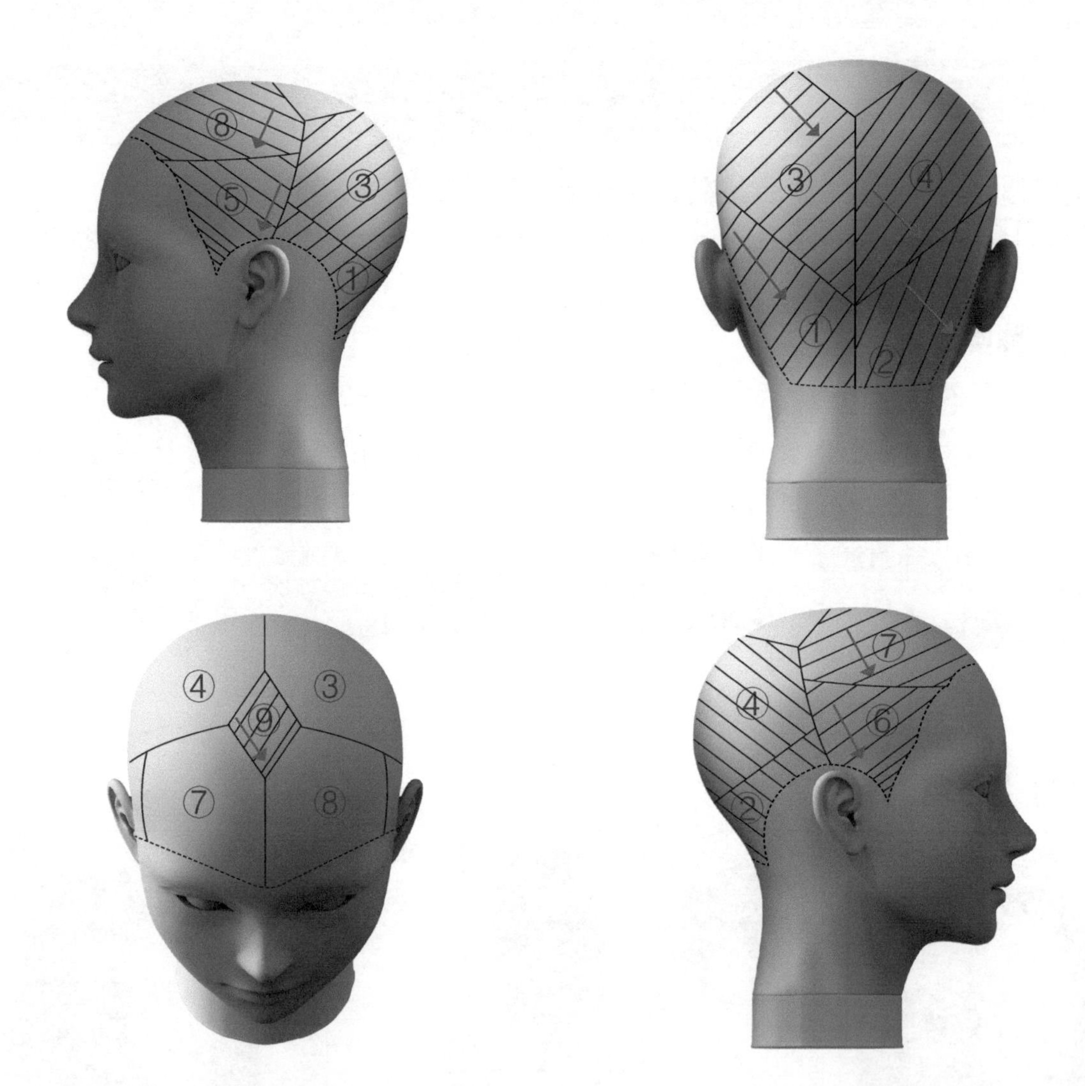

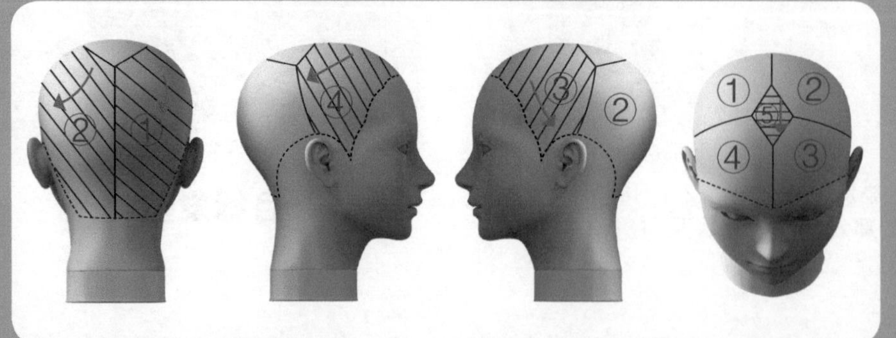

检查确认

全部发区涂抹结束之后要进行检查，确认染发剂是不是都涂抹过（或者有没有涂抹过分的地方）。这时，将分区更粗略地划分为 5 个分区。所取的发片也要和涂抹过的有交叉。

发区 1、2 的涂抹

亮色补色步骤详解：

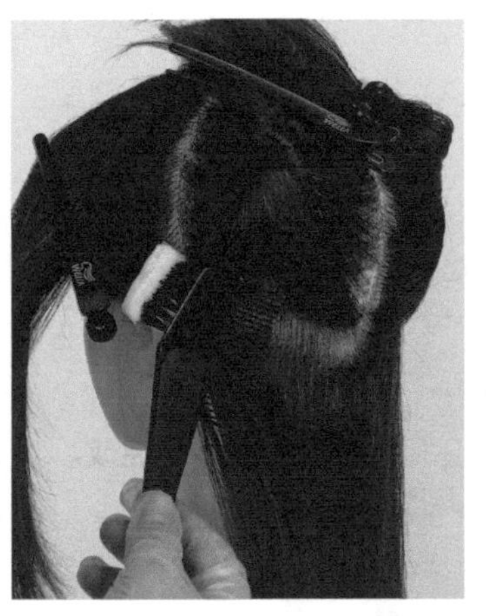

01. 在这个过程中，需要用刷子在每个发片上均匀地涂抹药剂。后面如无特别说明，涂抹的剂量均可理解为“中量”。先涂抹发区①。

02. 发片的厚度均为 1 厘米左右。取发区①左上角的第一个发片，由于和别的发区相交，此发片基本为一个三角形（图解 2）。

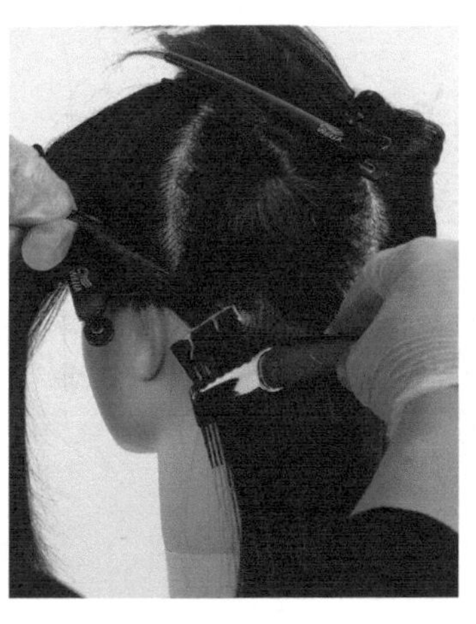

03. 先用药剂涂抹发片的下面。用刷子成 60° 从发根处开始均一地涂抹染发剂，涂至 D.L 处。（新长出的头发和以前已经染过的头发有一个分界线，下面简称其为 D.L）。

04. 然后将刷子调转方向，从根部到 D.L 处用刷子滑动，使用药剂充分融合。

05. 从根部开始到 D.L 进行精梳，让药剂进一步融合。步骤 4~5，从发根到 D.L 处染成亮色，使其渐渐变得明亮，已经染过的部分更趋于自然。

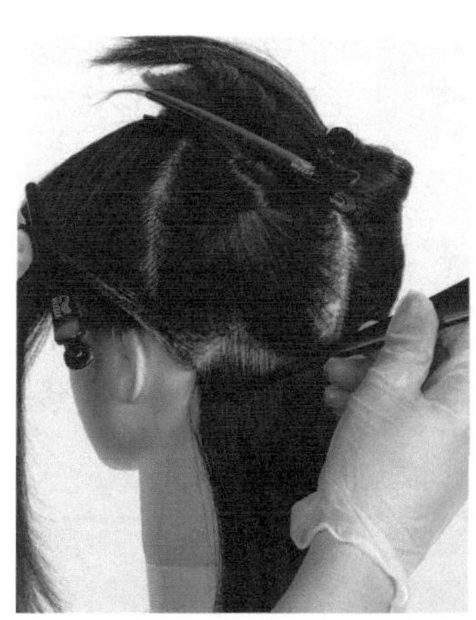

06. 然后取出一个长方形的发片，左手握住刚刚涂抹过的发片，然后右手用刷子的尾部取厚度为 1 厘米的发片。

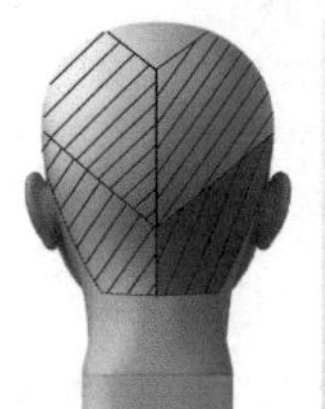

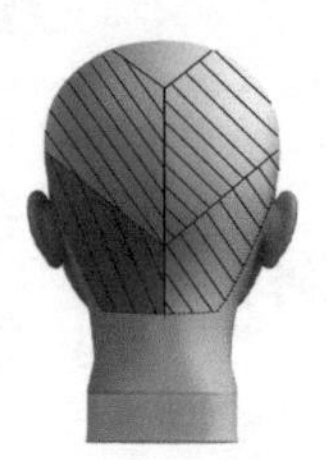

07. 两个发片一起用左手握住，然后同步骤 3~5 一样对第二个发片进行涂抹，过程为涂抹→刷子融合试剂→精梳。然后在同一个区域，将涂抹后的发片全部用左手握住，这样发片的上面也能涂抹药剂，并涂抹到两边。

08. 按照步骤 3~5 的顺序，将发区①的全部发片都涂抹完成。

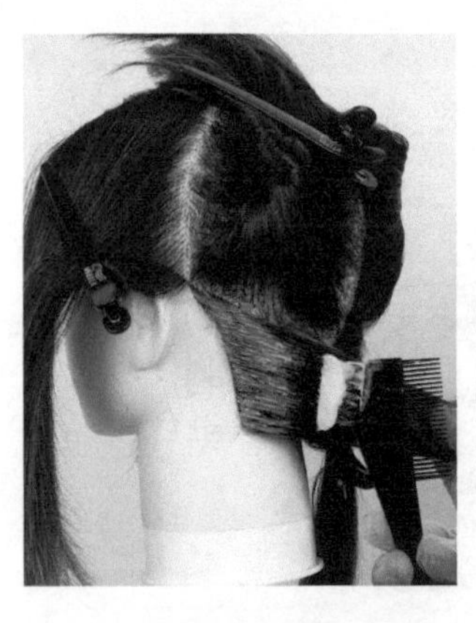

09. 将发区①的全部头发向后拉伸。发片集中到一起后，就可以看出涂抹得是否稀疏。如果涂抹得不够，重新使用毛刷涂抹。对于难以上色的部分要加大染发剂量。

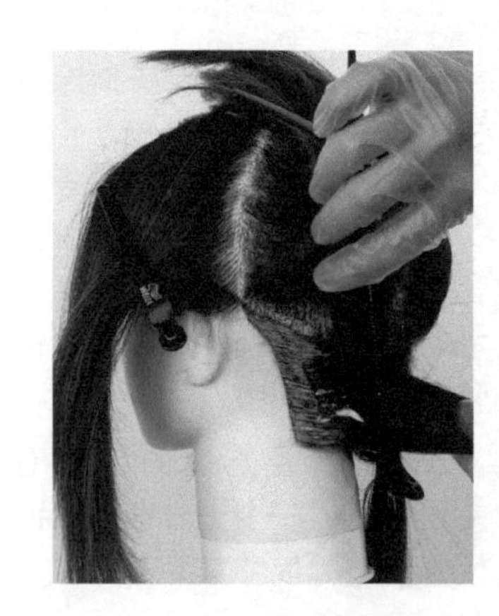

10. 继续从发根到 D.L 处涂抹染发剂。将毛刷 0° 放平，蘸取大量药剂。

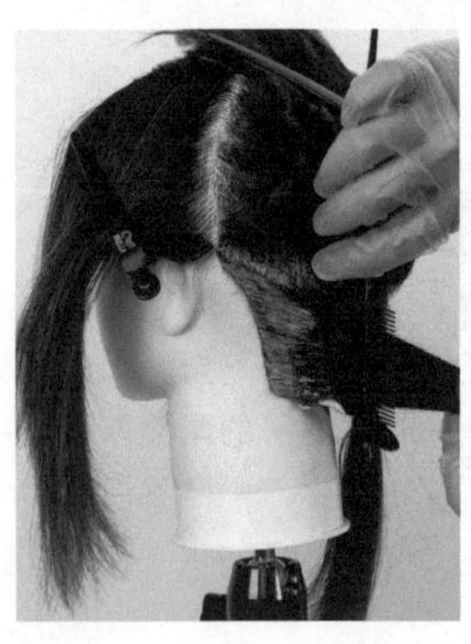

11. 一边涂抹，一边让毛刷从上至下移动。

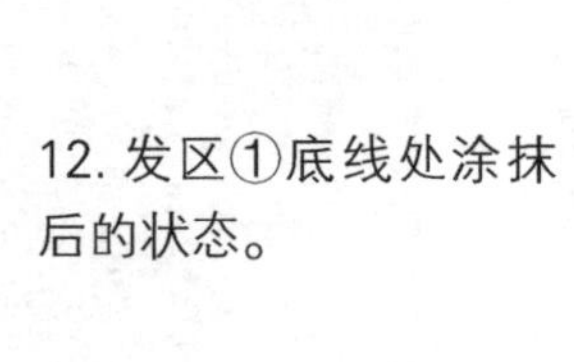

12. 发区①底线处涂抹后的状态。

13. 涂抹发区②。取发区②左上角第一个发片，该发片呈三角形。

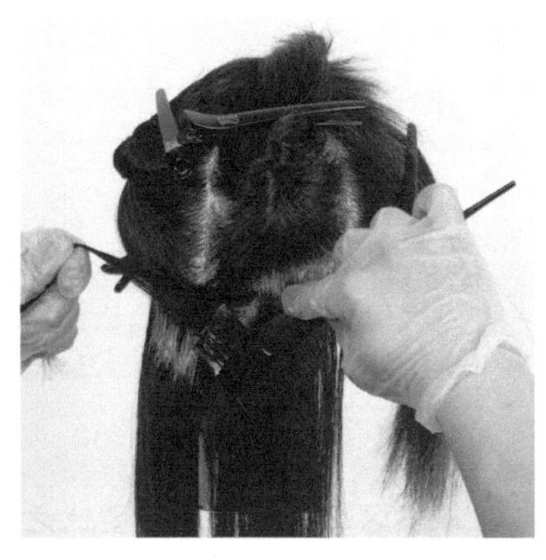

14. 发区②所有发片的涂抹和发区①一样。

15. 全部发片涂抹之后，和发区①一样将头发全部归拢到后面拉伸出来。

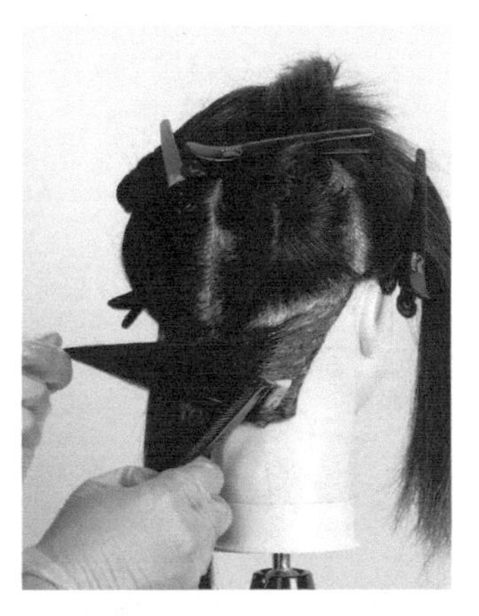

16. 和发区①一样在底线处用药剂进行涂抹。从发根涂至 D.L 处。

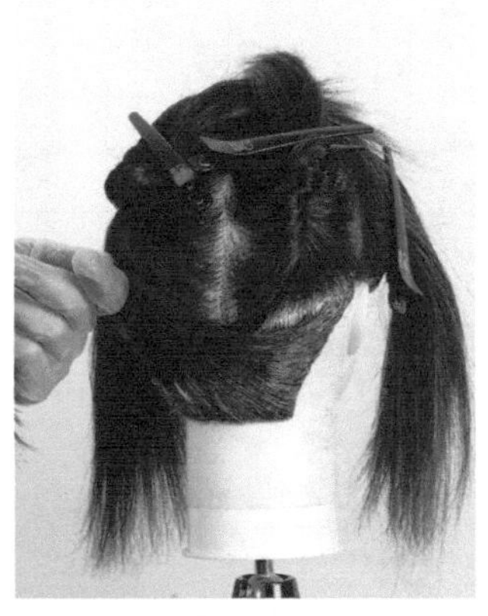

17. 将发区①和发区②一起握住向上拉伸，可以观察到颈部是否已经涂抹了足够的染发剂。

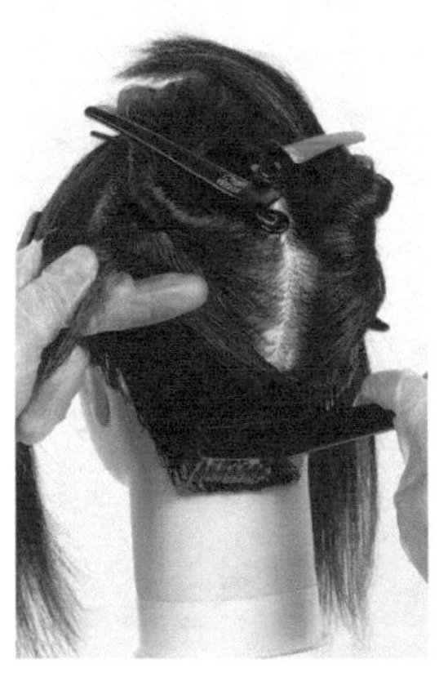

18. 和步骤 9~16 相同，从颈部的发根到 D.L 处涂抹试剂，梳子从左至右移动。

发区 3、4 的涂抹

亮色补色步骤详解：

19. 到发区③为止，都要进行相同的涂抹操作。最开始的发片是三角形发片。

20. 从发区③开始，发片要比之前的宽一些。从发片的一端开始按顺序涂抹，注意不要有涂抹遗漏的地方。

21. 和步骤 20 的操作一样，从下往上继续涂抹。

22. 继续涂抹发区④。发区④和发区③一样，从较大的发片开始按顺序进行涂抹。

23. 如果分两次不能全部涂抹的话，就要分 3 次进行。

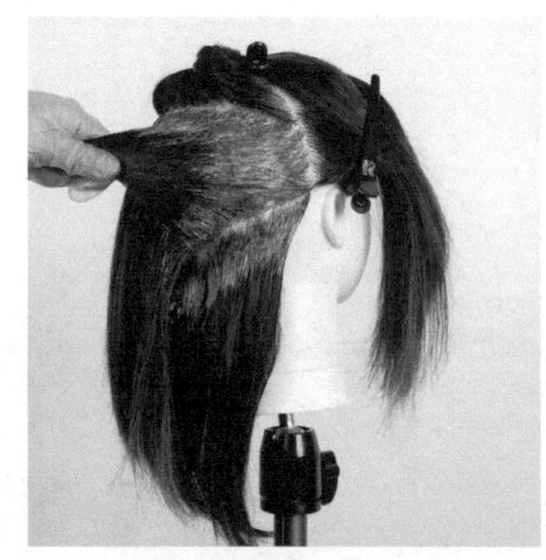

24. 按照步骤 22~23 继续操作，将发区④涂抹完毕。

发区 5、6 的涂抹

亮色补色步骤详解：

25. 发区⑤中发片的倾斜方向和发区①～④相反。和发区③、发区⑧相邻的地方构成三角形的发片，取此发片并在下面进行涂抹。

26. 鬓角附近的发片由于药剂比较难反应，形状也比较复杂，容易漏涂。所以要取 5 毫米厚度的发片进行涂抹。

27. 按照同样的方法取发片并涂抹。

28. 即使剩下的头发变少了，也要注意保持取 5 毫米厚度的头发。

29. 涂抹最后的发片。

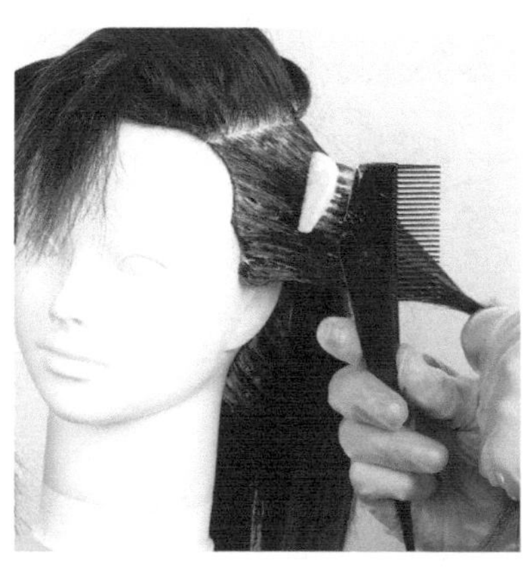

30. 全部的发片都涂抹完成之后，和发区①、②一样，将头发全部后拢、拉伸，在有漏涂的位置增加涂抹量。

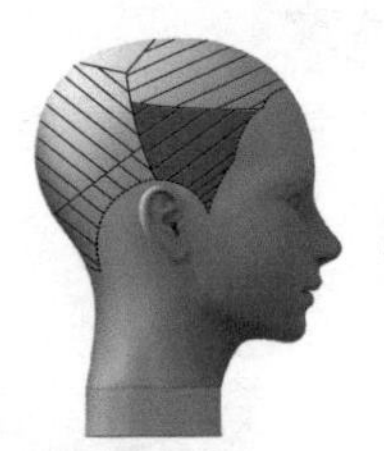

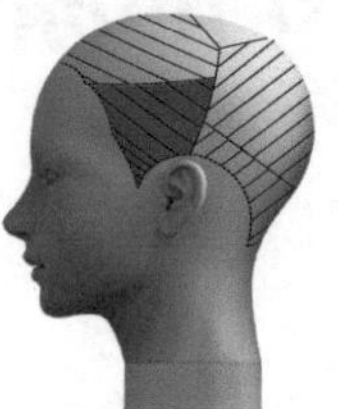

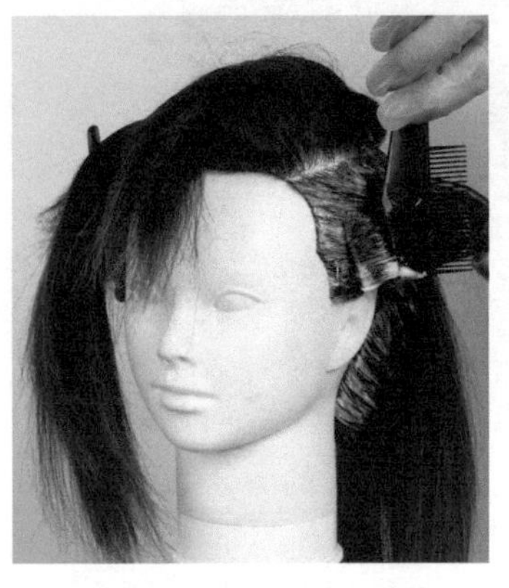

31. 涂抹完毕后，从发根到 D.L 处进行融合，刷子从上到下移动。刷子的角度从开始的与鬓角呈 60° 渐渐变小，一直到变成 0° 为止。

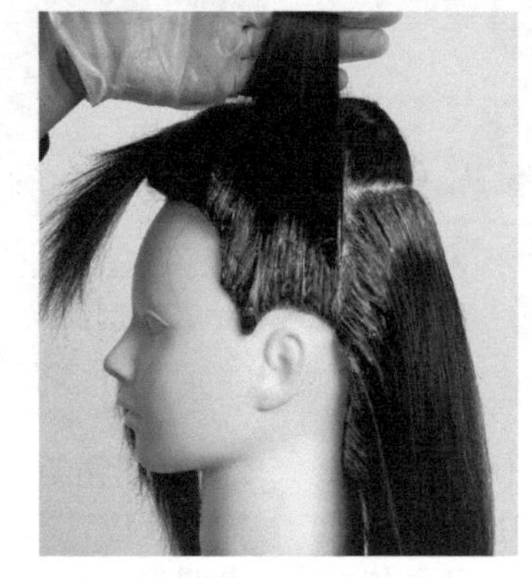

32. 然后将发区⑤全部头发向正上方拉伸，这样可以看到从鬓角一直到耳朵后是否有漏涂的地方。

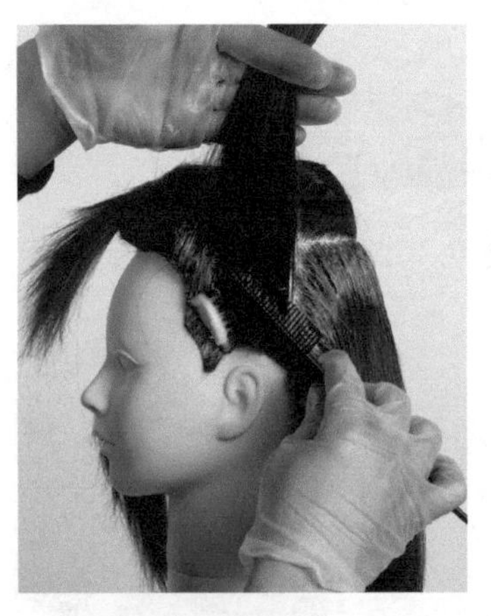

33. 然后涂抹发际处，要涂抹足够的剂量。

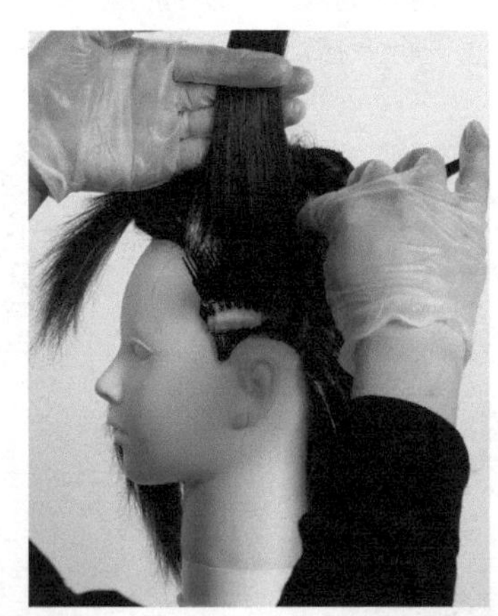

34. 发区⑥和发区⑤为左右对称的发区，涂抹方法和发区⑤一样。

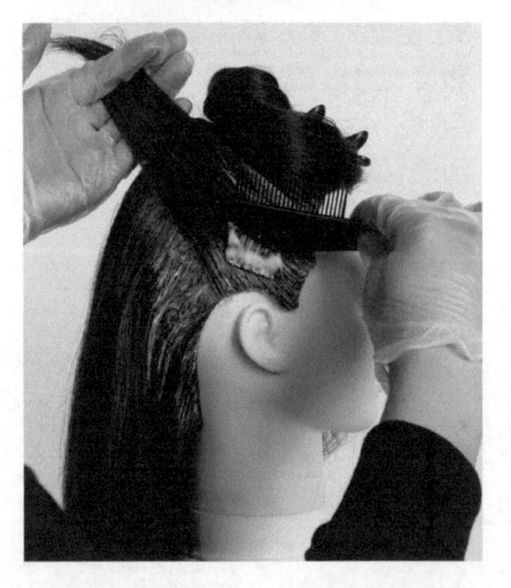

35. 发区⑥底线处，鬓角和耳朵上方也要像发区⑤一样进行涂抹。

36. 发区⑤、⑥涂抹之后的状态。

发区 7~8 的涂抹

亮色补色步骤详解：

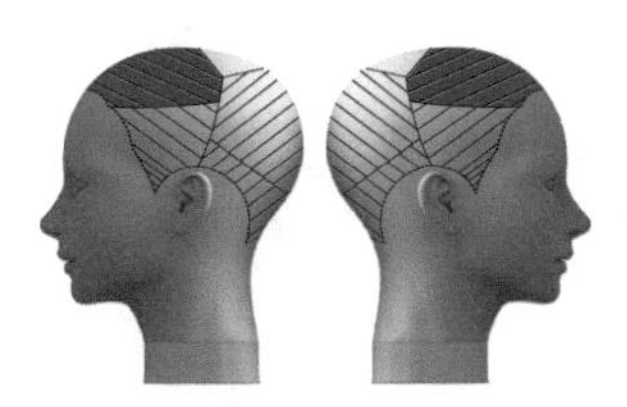

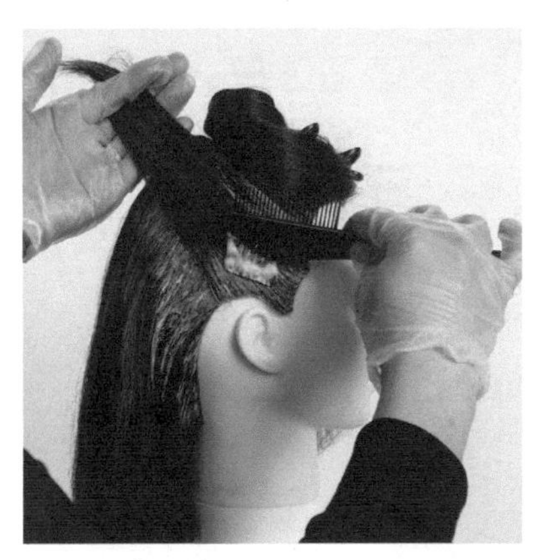

37. 发区⑦是从和发区⑧、⑨相连的三角区开始进行涂抹。

38. 整个发片涂抹完成之后，将发片向上拉伸，就能看出发际处是否有漏涂的地方。

39. 由于发区⑦是药剂容易反应的地方，因此要使用中等量的剂量，从发根到 D.L 处进行涂抹。毛刷一边移动，其角度也由 60°变为 0°，渐渐地涂抹量也会增多。

40. 发区⑦的发片涂抹完成的状态。

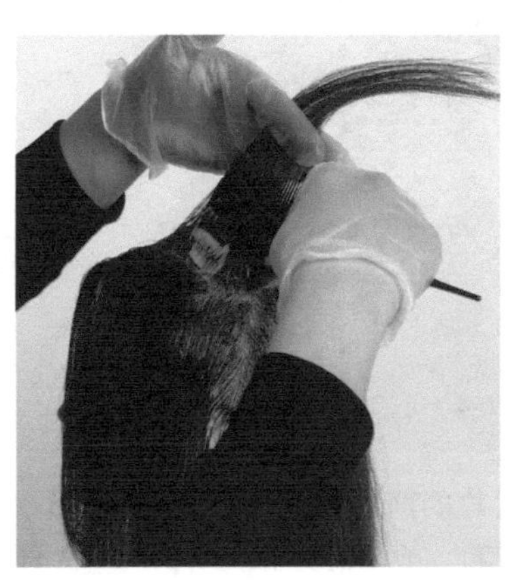

41. 然后取和发区⑦左右对称的发区⑧，进行同样的操作。

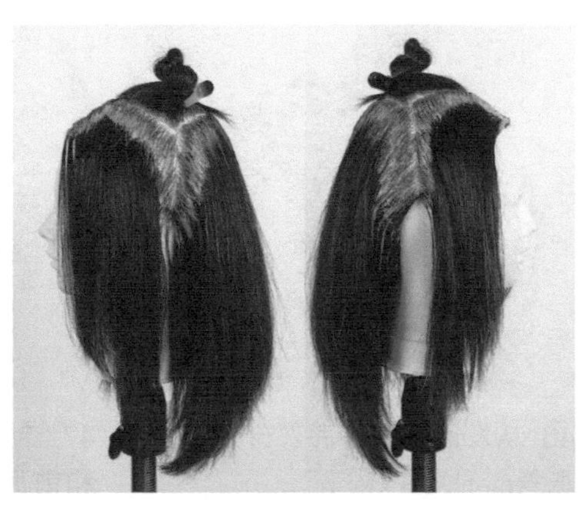

42. 发区⑦、⑧涂抹完成的状态。

发区 9 的涂抹

亮色补色步骤详解：

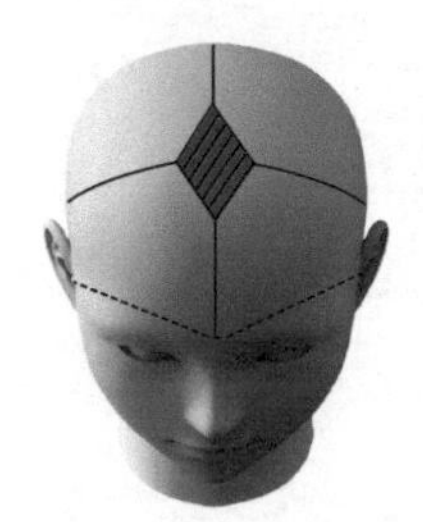

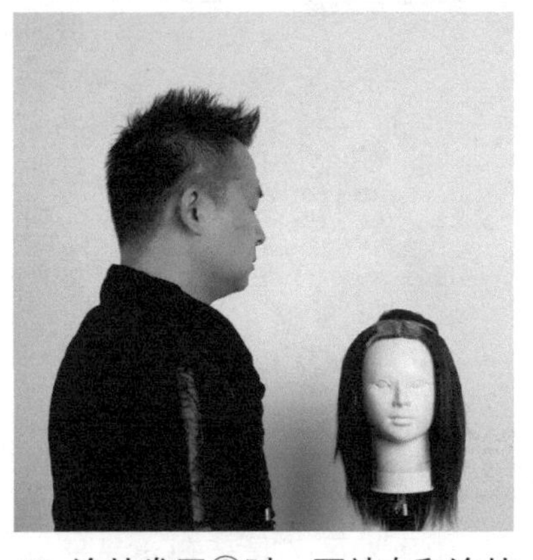

43. 涂抹发区⑨时，要站在和涂抹发区⑧时相同的位置进行操作。

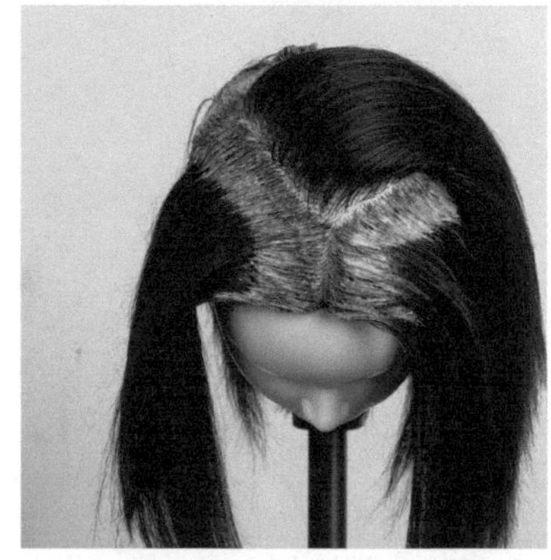

44. 首先将发区⑨的头发全部向左前方归拢。

45. 顶发区是药剂比较容易反应的地方，所以要用少量药剂涂抹。

46. 从发区⑨的右后部分开始取斜向的发片。

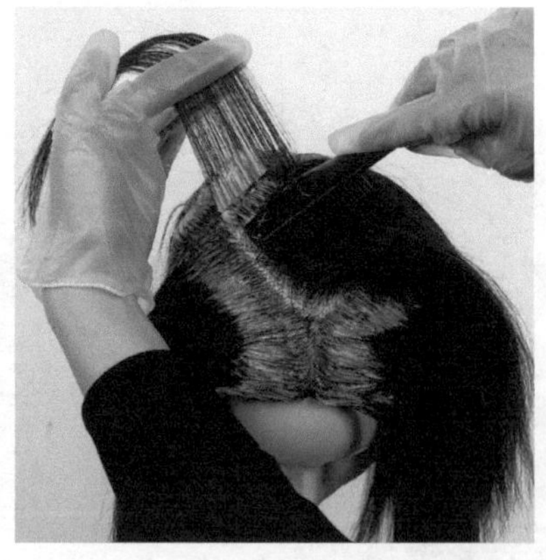

47. 涂抹发片的前面。涂抹方法和前面一样。向左前方推进取发片进行涂抹。

48. 涂抹之后，也要经常检查是否有涂抹过量的地方。

全部区域涂抹完成

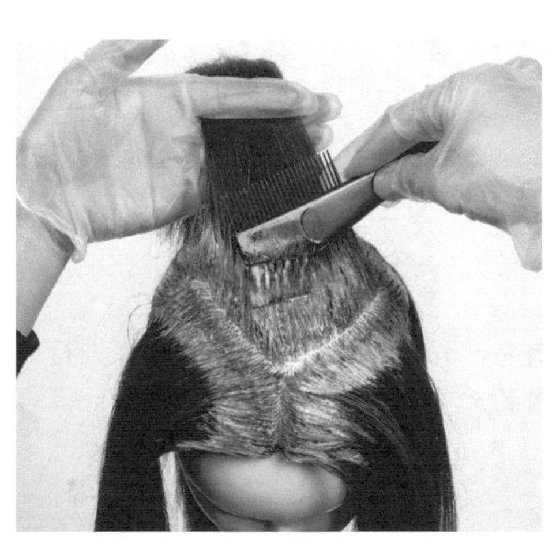

49. 涂抹完最后的底线处，全部的发片就都涂抹完了，然后将全部发片向后拉伸放置，整个头部涂抹完成。

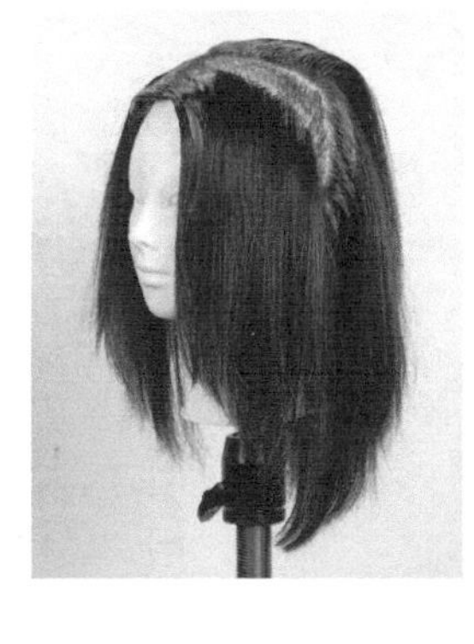

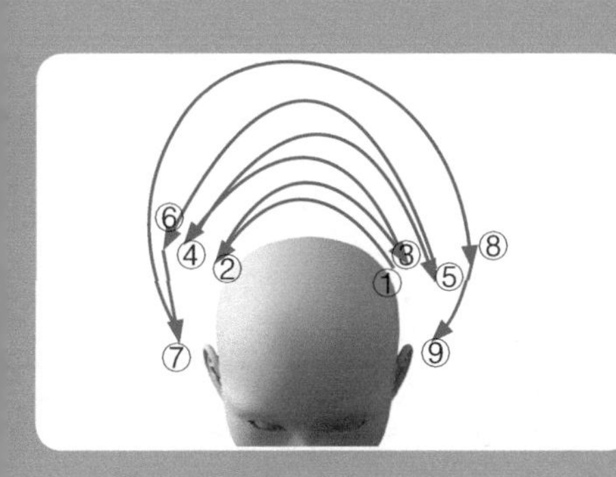

减少移动会更有效率

区分发区的顺序是为了防止无效的移动。为了提高染发效率，做到没有遗漏，必须要按照一定的移动顺序来染发。图中的红色轨迹正是涂抹不同发区时身体的移动轨迹。

对后脑区的头发进行检查

亮色补色步骤详解：

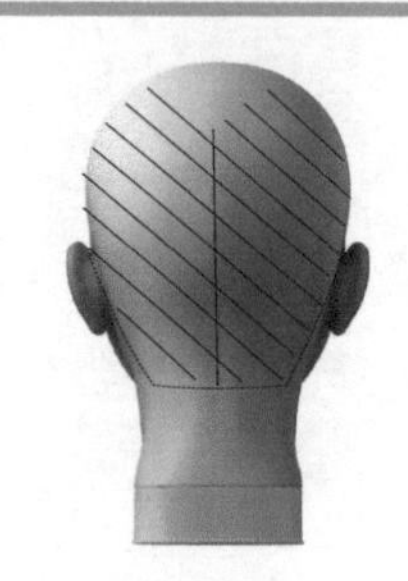

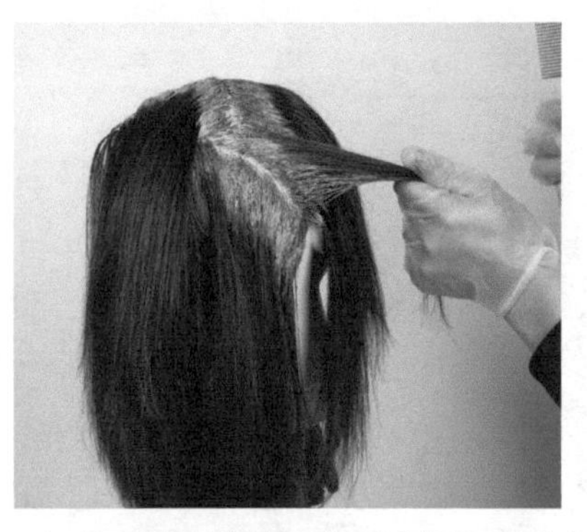

50. 检查的时候，一边抓取 2 厘米厚的发片，一边确认涂抹的状态。

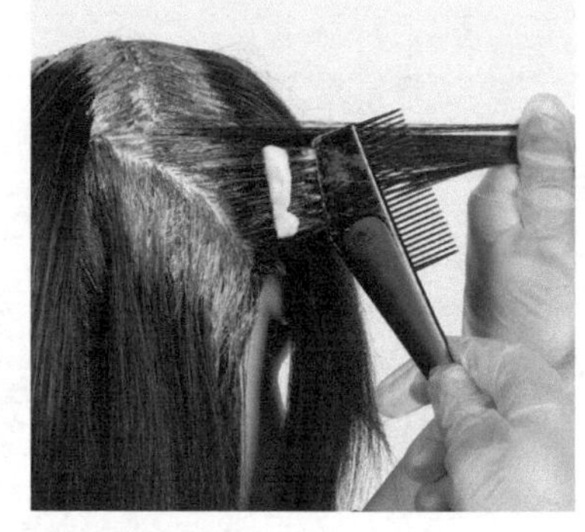

51. 如果发现没有涂抹好或者有没涂抹到的地方，需取少量药剂进行涂抹。

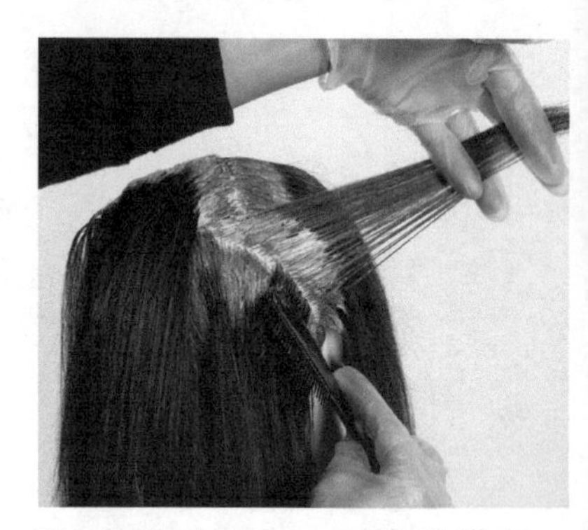

52. 毛刷呈 60°，对发片进行涂抹→融合→精梳操作。

53. 涂抹后没有形成斑点的状况。

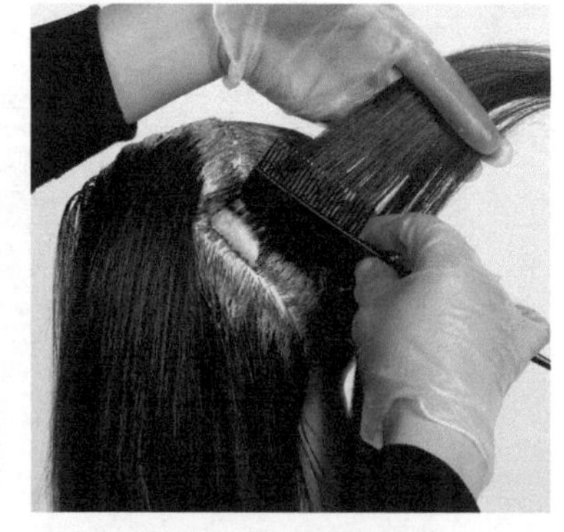

54. 在不蘸取试剂的情况下，用刷子进行融合→精梳操作。

检查的意义

右图为涂抹过的发片向上拉伸的状态。如果检查时倾斜方向像 A 的话，那么在和 B（涂抹时发片的划分）相交的位置就会涂抹过多，形成斑点。所以，找到这样形成的斑点，再进行药剂的补充就很有必要了。还有，发根处向上有空气流通，也会有助于药剂的反应。

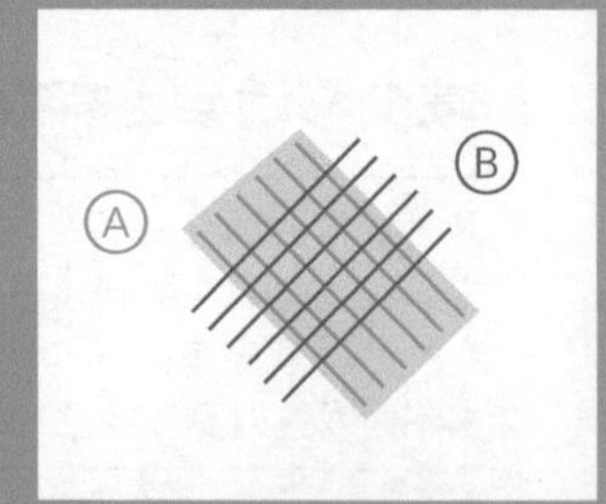

检查左、右侧发区

亮色补色步骤详解：

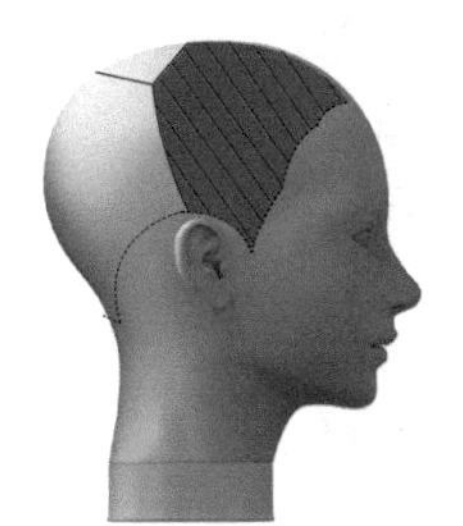
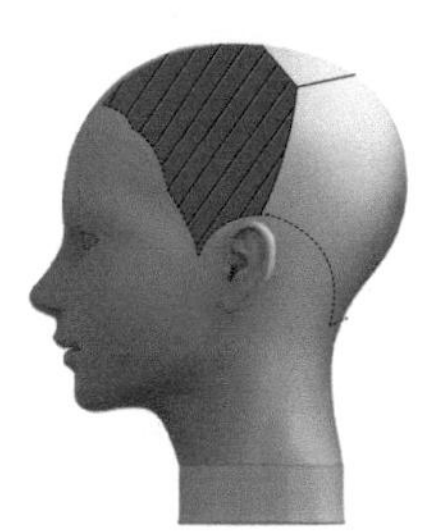

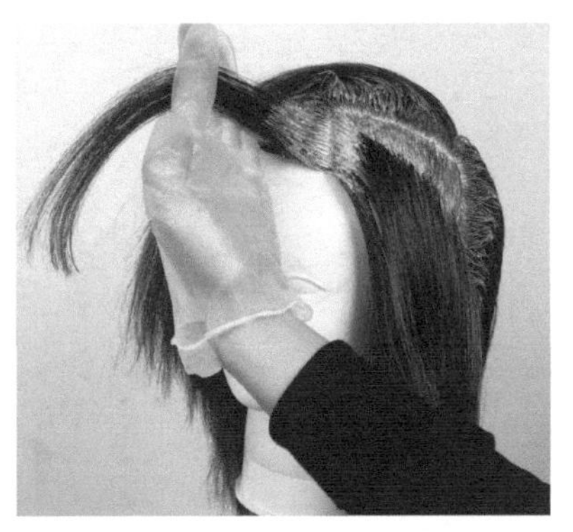

55. 先检查左侧发区，从前面的三角发片开始检查。

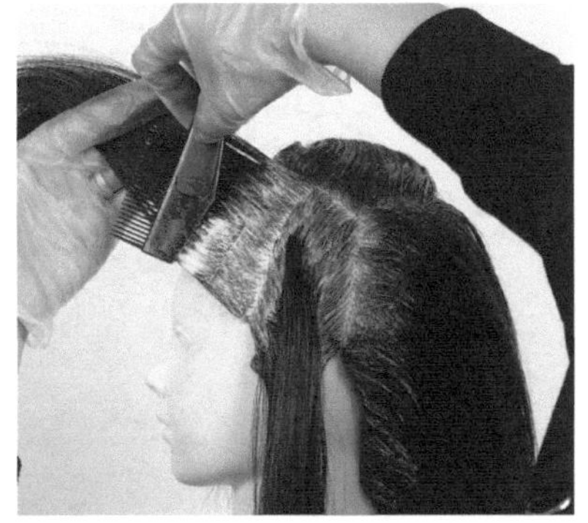

56. 检查涂抹后，将发片向后放时，注意头发不要碰到脸。

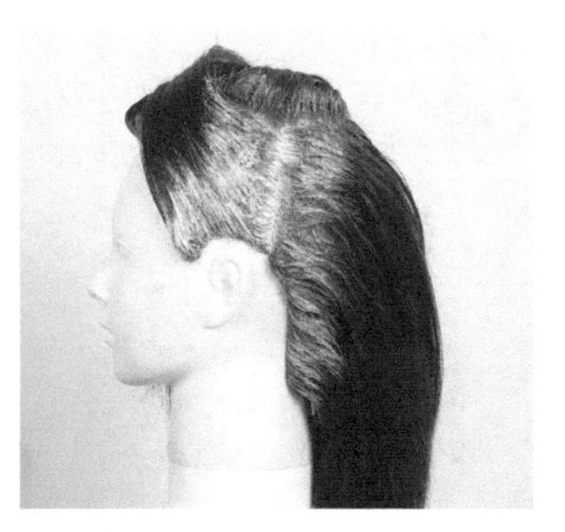

57. 左侧发区检查之后的状态。

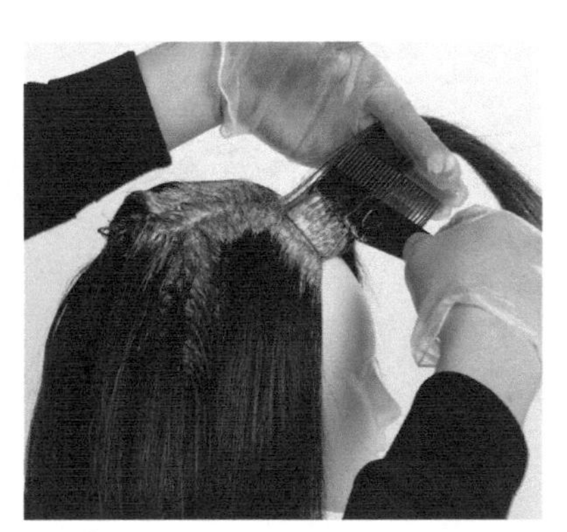

58. 右侧发区和左侧发区的检查一样。

59. 右侧发区检查完的状态。

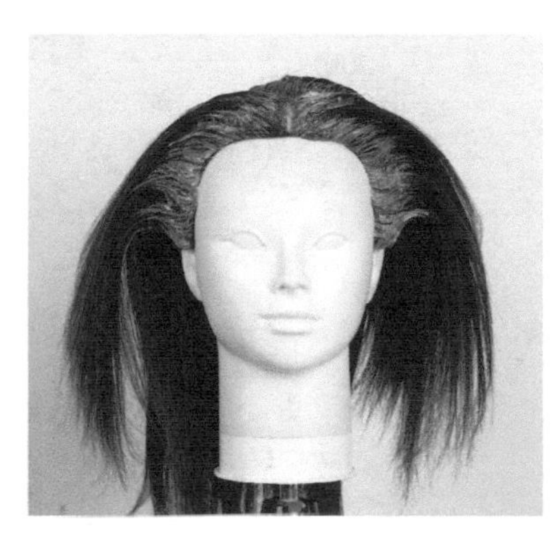

60. 然后将左右侧发区的头发从顶点处左右分开。

顶发区的检查

亮色补色步骤详解：

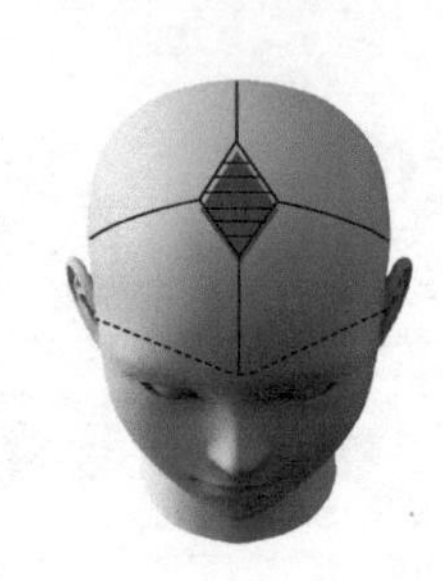

61. 将顶发区分成横向的发片进行检查涂抹。

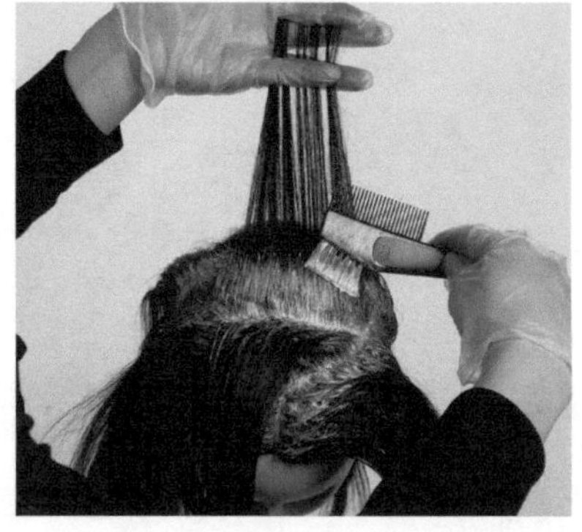

62. 顶发区是染发剂比较容易起反应的地方，因此涂抹时不能取太多的剂量。

63. 顶发区检查完的状态。顶发区检查完成之后要将发片都归拢到后面。

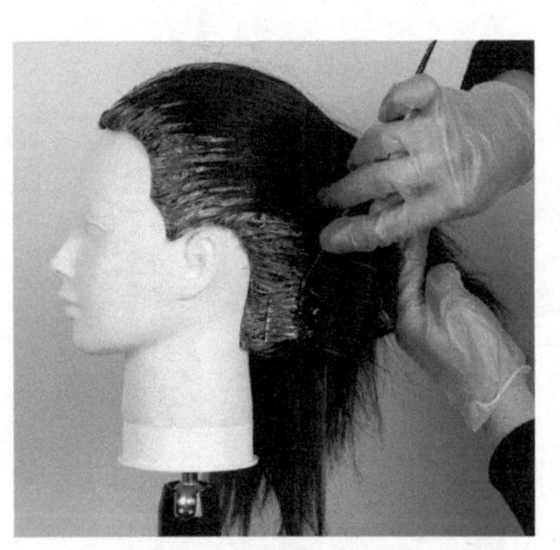

64. 将所有的头发集中握在手里，对整个头部周围的发际进行检查，特别是耳朵后面的药剂反应比较慢，这样的地方需要再进行涂抹。

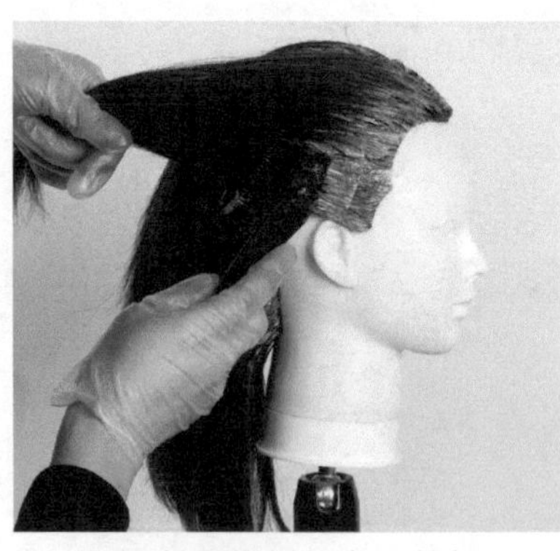

65. 鬓角也是药剂反应比较慢的地方，要自己检查。

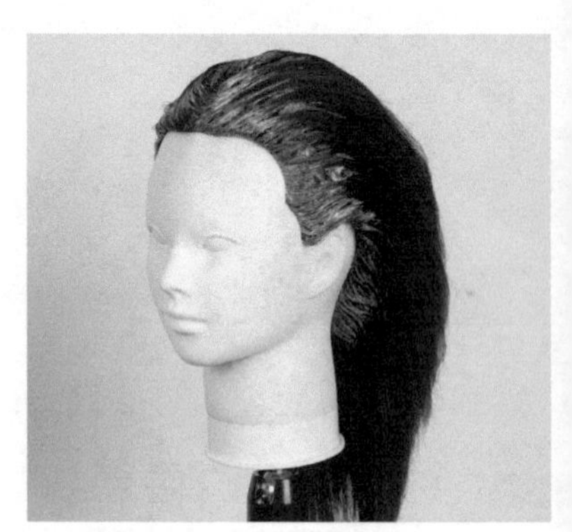

66. 全部发片的检查完成。

完成

亮色补色步骤详解：

10.2 暗色补色

暗色补色的技术是美发沙龙里所使用的最高的技术。这项技术，从性质来说，和亮色染色技术的染发设计和染法方法都不同。下面就来学习一下。

暗色染色的各种技术

暗色的染色虽然都是统一的暗色染色，但是根据使用的药剂不同，染色过程也是有变化的。

染发发油的使用

染发发油可以使头发的质感更好，经常在暗色染发中使用。不过如果不小心染到皮肤上，则不容易洗掉。

碱性染发剂的使用

暗色剂的使用

暗色剂颜色不够暗时，可以用灰色色素进行补充。合成暗色的药剂很多。基本用于调低色调，让颜色不至于过分明亮。相反，漏涂的地方以及染色不充分的地方，也会很显眼，要多进行涂抹。

亮色试剂的使用

顾客的白发率并非整齐划一。白发率低的时候，可相对应地使用亮色试剂，并且根据部位的不同，涂抹量也要有变化，确保完成时无色彩斑点。

暗色试剂的染发操作中使用频度很高的“补色”

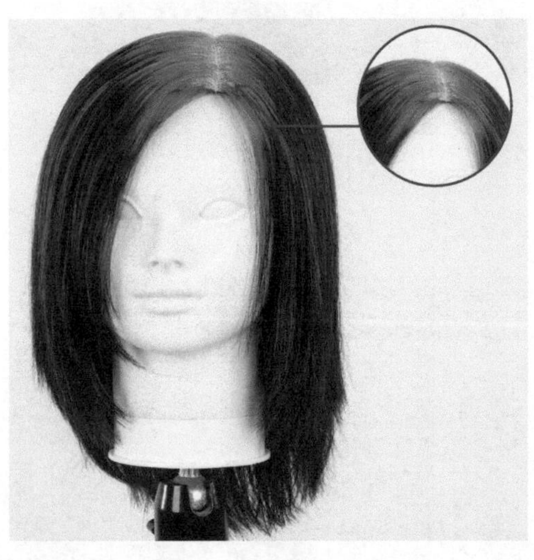

补色前的状态

从白发率 100% 的状态（全部是白发），到自然灰的状态，一共分 9 个等级来实施一次成型。2 个月后，新长出的部分大概有 2 厘米。

目标发型

和亮色补色的不同

暗色补色使用的药剂和素材与亮色补色都不同。大概有以下四点。

从前面和上面开始染色

不同的客人白发率不同，暗色头比较密集的地方也不一样。但是大家的共同特征是发顶和脸部周围的暗色头发比较显著。因此一定要先从可以掩盖原来发色的地方开始染发，这是染发时不变的法则。

药剂涂抹要均匀、充足

暗色染发会封闭角质层，导致药剂浸透比较难。因此，药剂涂抹要均匀、充足。还有，使用暗色染发剂时，发根处颜色不能太浅或太亮。

使用染发隔离霜和发纸

如果暗色染发剂沾到皮肤的话，皮肤也会被染上色。为了保护皮肤，染发前要在发际中间涂抹保护皮肤的染发隔离霜，这是必不可少的。还有，发际处不好涂抹，容易涂抹不均匀。此时贴上发纸，避免旧发与新长出的头发形成间隙，这样还能促进药剂的反应。

对所有的地方都要进行检查

检查有没有没涂上药剂的地方。用暗色染发的时候，不管是没有涂到的地方，还是仔细涂抹过的地方都要检查，并且对漏掉或不均匀的地方进行涂抹。通过检查阶段的涂抹和精梳，仔细压紧新长出的头发，以防发束间存在空隙。

“补色（暗色）”的染发顺序和划分发片的方法

暗色染发中，将头发从头顶用正十字划分为 4 个发区。染发时以顺时针先染前区，再染后区。同时，对于一个发片的左右滑行涂抹，从上面开始涂抹，从下面开始检查。

第一步：新长出的头发要“充分”涂抹

将整个头部发区分为 A、B、C、D 四个区域，染发的顺序按 C–D–A–B 的顺序推进。发片厚度约为 1 厘米，按前高后低的走向来划分。药剂的涂抹顺序为：根部、新长出的头发、以前已经染过的头发的痕迹（以下简称 D.L），从下向上涂抹。发片的两端和染过发的痕迹附近（D.L 附近）要多抹一些，其他部分要平均地多量涂抹。

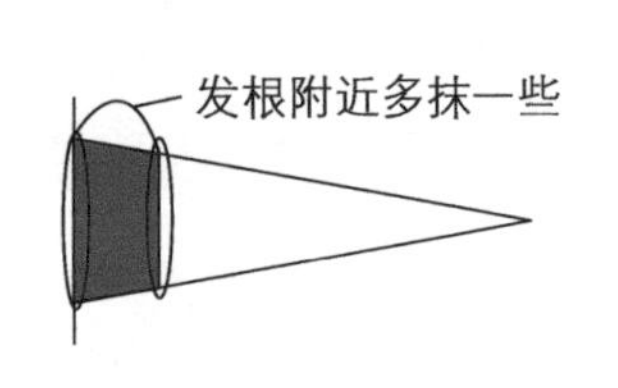

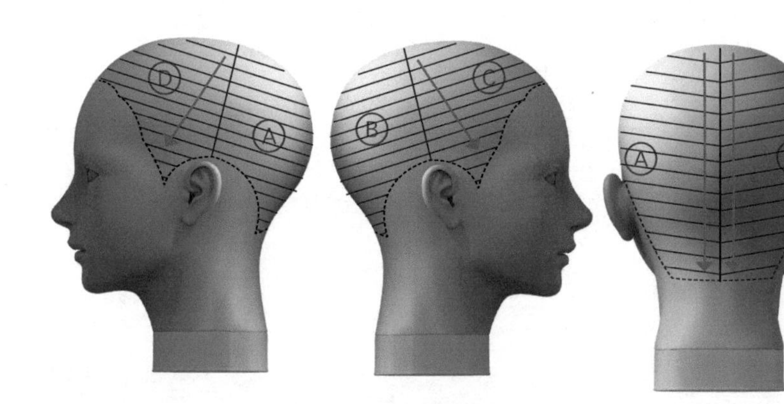

第二步：向下检查（重新涂）

在第一步涂完后，这次按照 A–B–C–D 的顺序检查。这次重新划分发片，发片和地板平行，厚度约为 1.5 厘米。顺序为从发根至 D.L 涂抹药剂。从发根向下涂抹，可以同时操作两个发片如此反复，使药剂均匀而密集地涂抹在薄发片上。

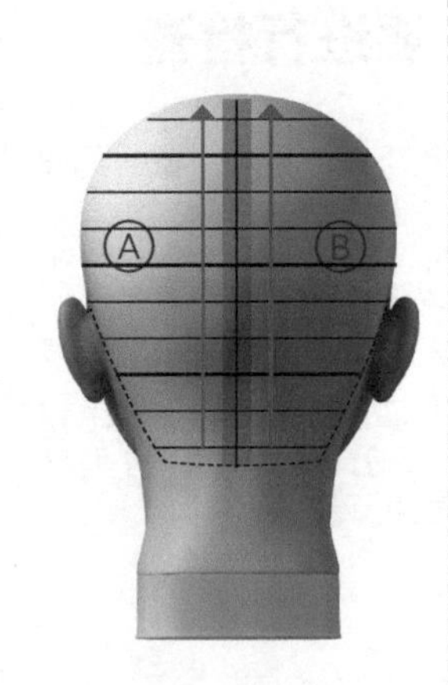

第三步：发际的检查（用发纸）

发际处，特别是的有明显漏涂的地方，或者涂得不好的地方，都要重新涂抹药剂。然后从上面开始粘贴发纸，将新长出部分密闭起来。然后用薄膜将全部头部包裹起来，进行保湿，促进药剂的反应。

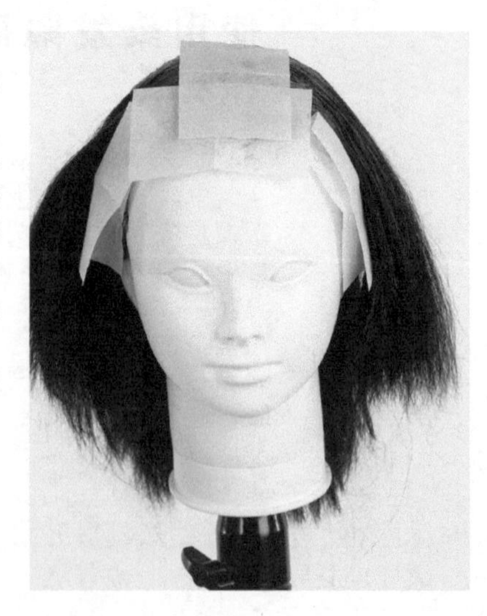

使用染发隔离霜

暗色补色步骤详解：

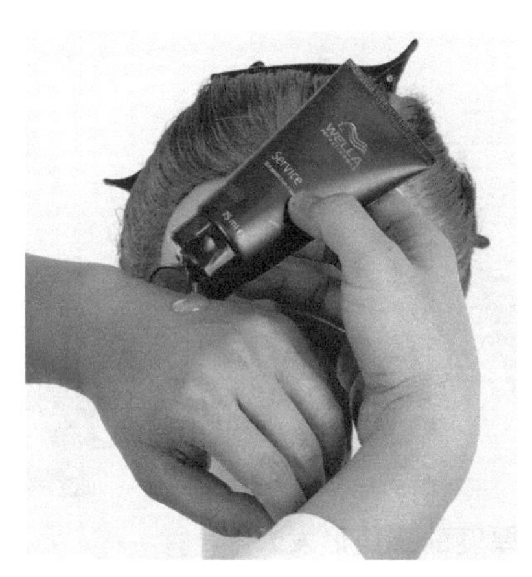

01. 取少量染发隔离霜在手背。整个发际的使用量如图所示。

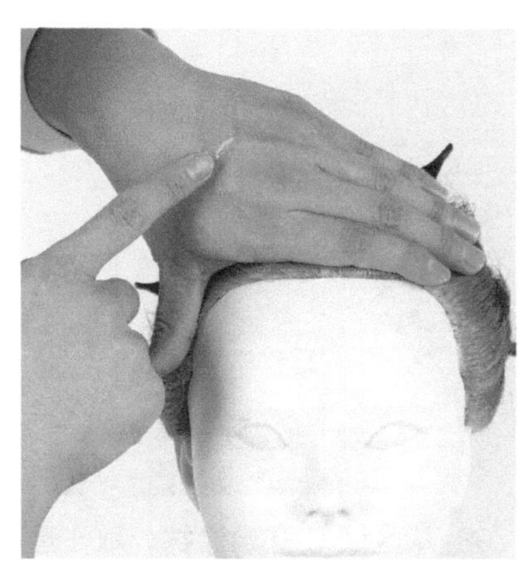

02. 先用手指取指甲盖大小的量。

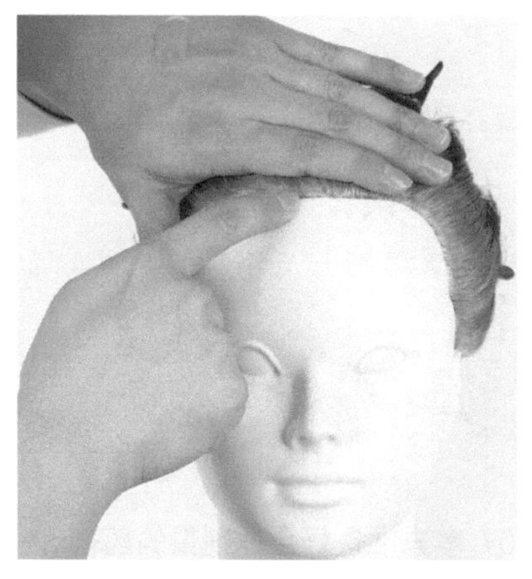

03. 将头发拢起，在发际处一点点地涂抹，直至涂满整个发际的皮肤。

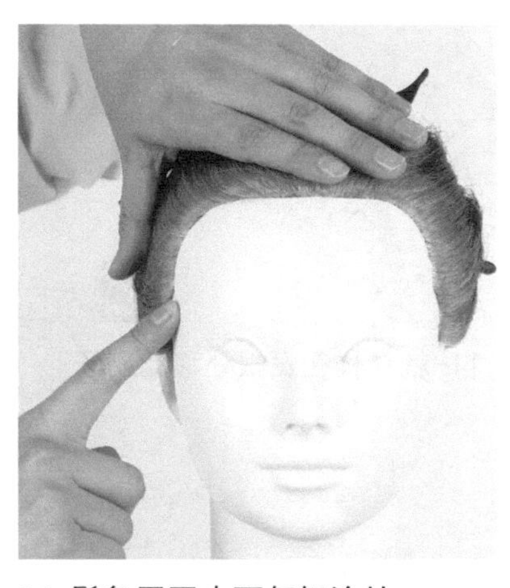

04. 鬓角周围也要仔细涂抹。

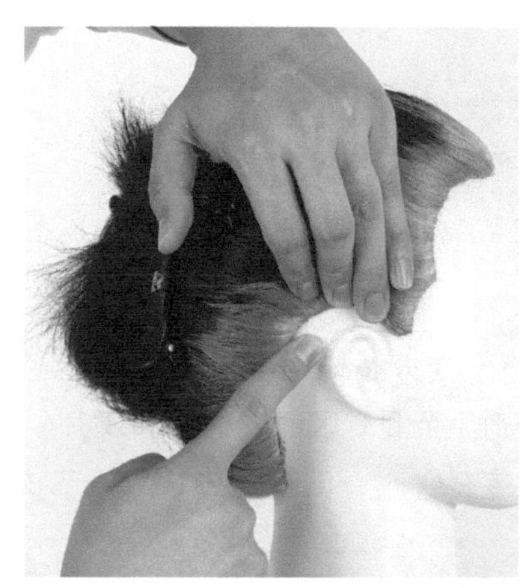

05. 涂抹耳朵背后的皮肤。

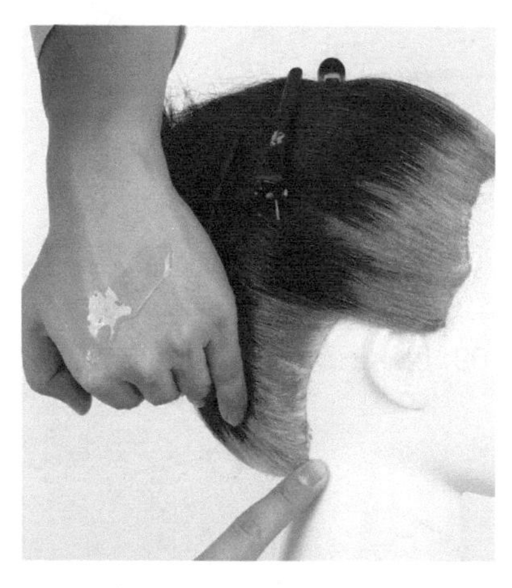

06. 颈部后面的三角区附近也要涂抹，直至将绕发际一周的肌肤全部涂抹完毕。

C、D 区的涂抹

暗色补色步骤详解：

07. 事先准备好合适剂量的药剂。

08. 从区域 C 开始涂抹。取 1 厘米厚度的三角形发片 1，并垂直于头皮拉出。

09. 用刷子蘸取多量的染法剂。

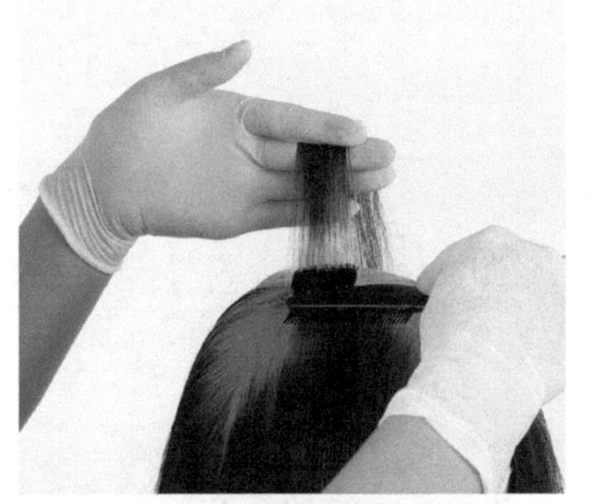

10. 从发片的根部开始涂抹药剂。至 D.L 区时，刷子和发片呈 60° 。

11. 就这样在发根处移动刷子。

12. 药剂保留在发根上的状态。

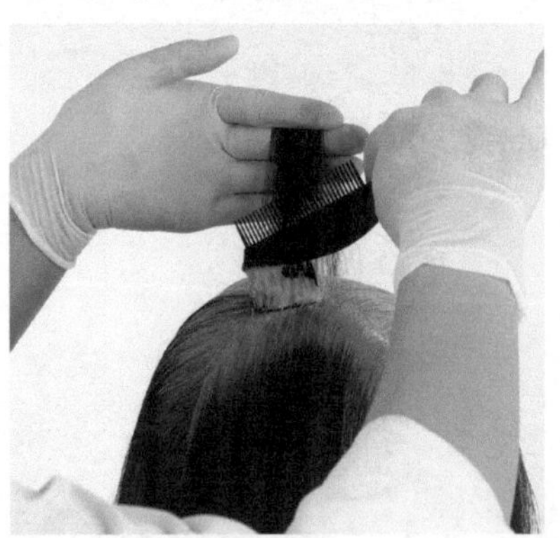

13. 使用毛刷背面（和染发使用的梳面相反），将发根至 D.L 的药剂进行融合。这次使毛刷压在 D.L 上，让药剂可以更多地涂抹在上面。

14. 发根至 D.L 进行精梳，药剂融合的同时整理发片。

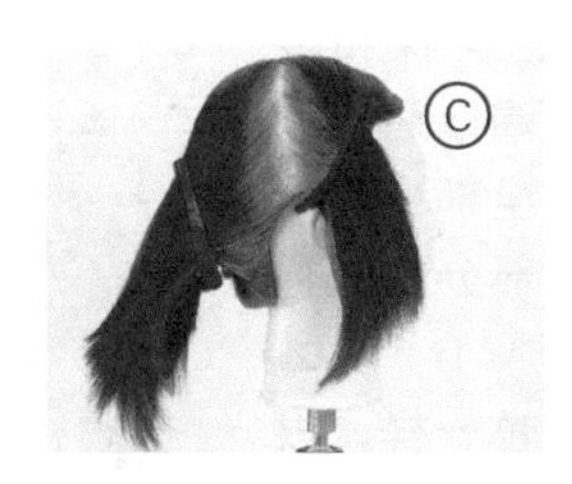

15. 新长出的全部头发用药剂均一地涂抹，并且头皮处的头发和发根附近的头发上要涂更多的量。

16. 将涂抹后的发片放到另一边，然后松开。

17. 发片②和后面的发片3~16，均进行同样的涂抹。

18. 经过多次涂抹之后，发片范围会变得越来越大（图解5）。一次全部进行涂抹的话比较难，可以分多次涂完。首先涂抹好发片上的一个地方。

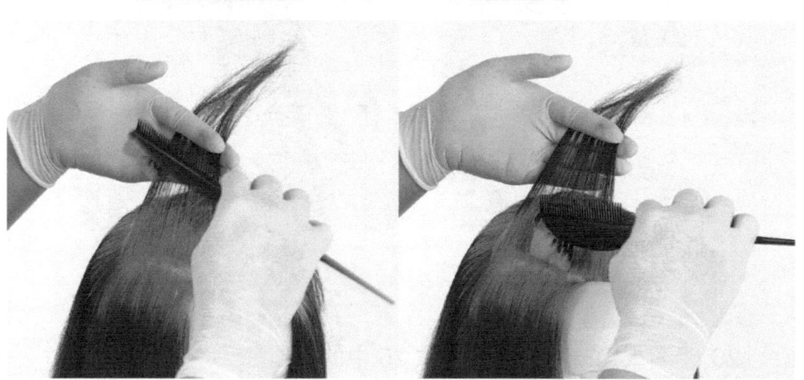

19. 步骤18中涂抹过的地方，同样用毛刷背面，将发根和发根附近的药剂进行融合。

20. 再涂抹旁边的部分，然后用毛刷背面进行融合。如果此时觉得涂抹量仍然不够，可以再进行一次涂抹。

21. 在保证涂抹和融合没有遗漏以后，将整个发片全部（包括新长出的部分）进行精梳（图解 6）。之后的发片也一样，根据发片的大小进行步骤 17~20 的操作。

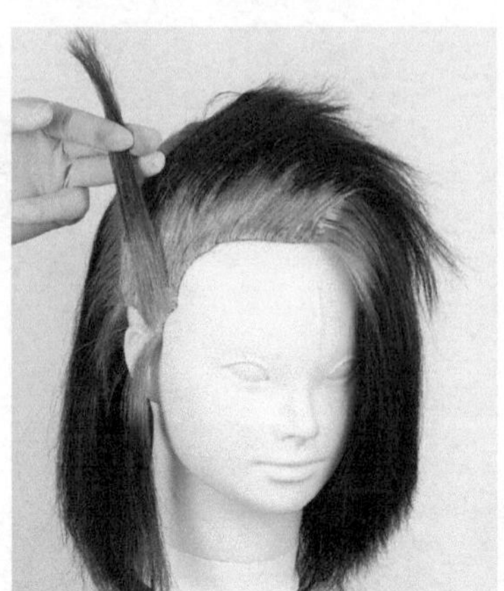

22. 区域 C 染到最后一个发片时，即要涂抹鬓角处时，通常要将发片分成两片，厚度均为 5 毫米。

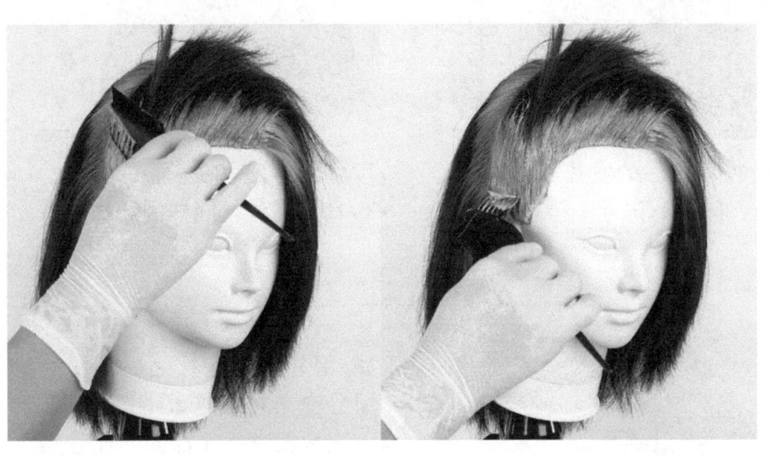

23. 涂抹最后的发片。谨慎地向上提起发束，大量地涂抹药剂。

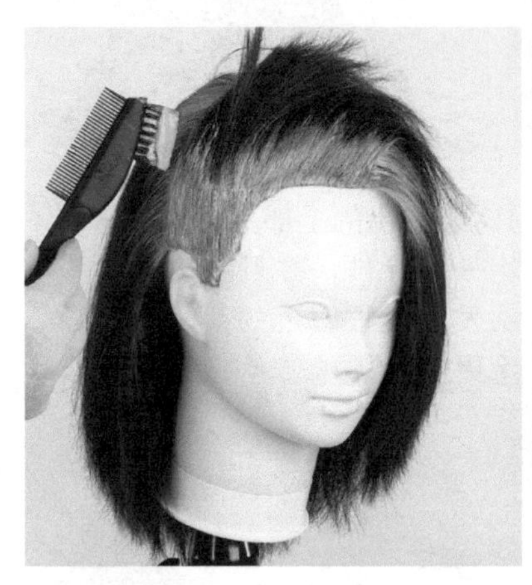

24. 区域 C 的全部发片涂抹完成。为了再度涂抹发际，需先用刷子取少量的药剂。

25. 然后开始从下往上，从发根至 D.L，用刷子的前端的一侧，以 0° 角涂抹药剂。

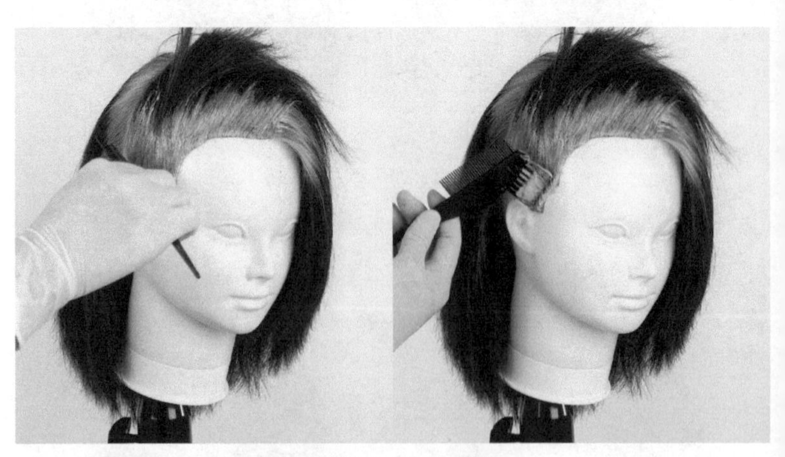

26. 沿着鬓角一侧，重复步骤 25 中的动作。

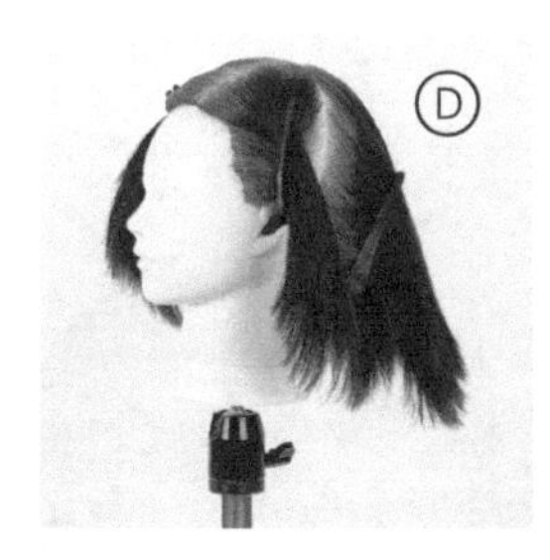

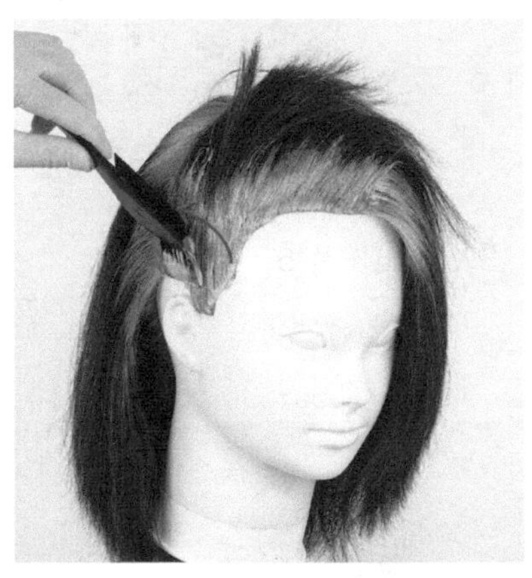

27. 额前的发际涂抹完毕以后，到鬓角时，从鬓角侧面向耳朵上方移动毛刷。

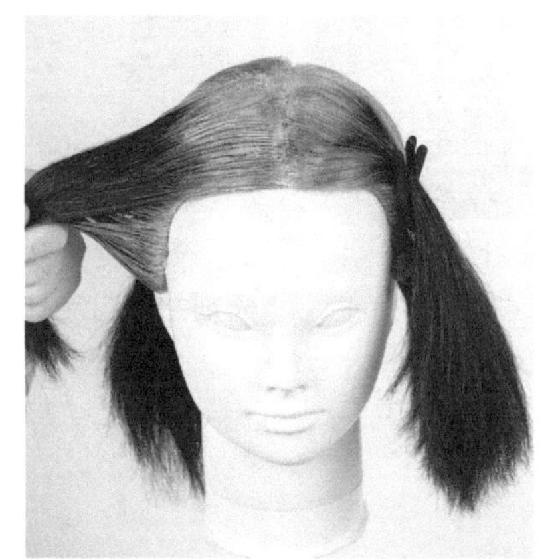

28. 发际涂抹完后，将 D 区的发片从 C 区拉回来，向 D 区一侧放下。

29.D 区和 C 区的染法方法一样。

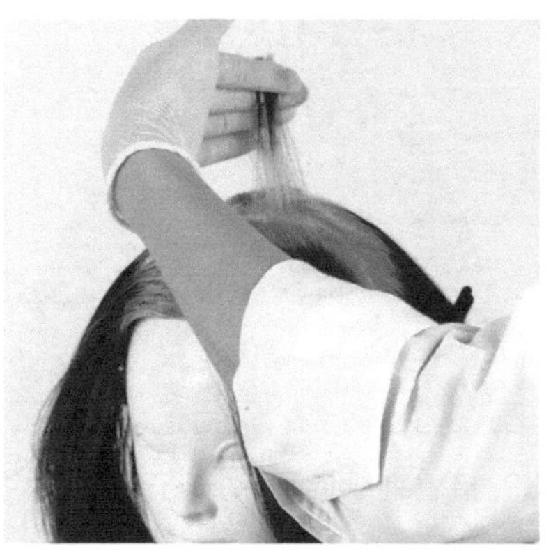

30. 从 D 区最上面取三角形的发片 1，厚度约为 1 厘米。

31. 用刷子蘸取多量的染发剂，开始涂抹。

32. 在发根处移动刷子，刷均匀。

33. 发片 2 也进行同样的涂抹。

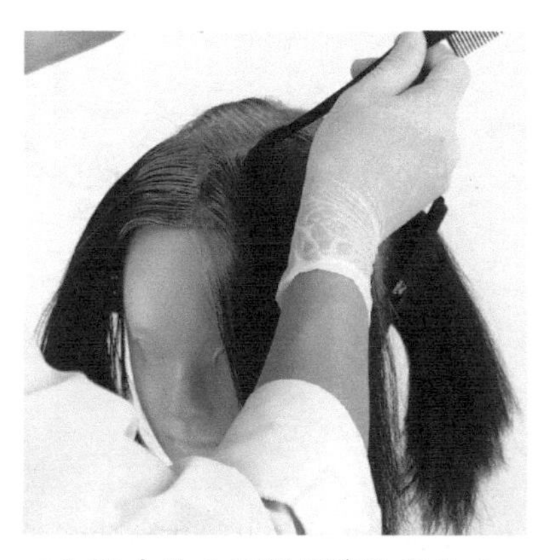

34. 取大约 1 厘米厚度的发片 3。

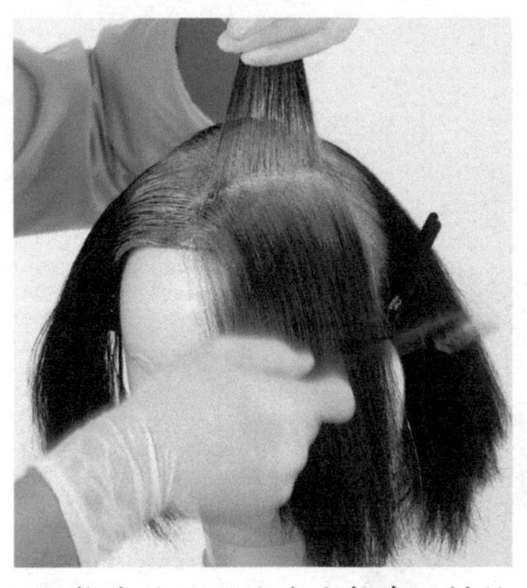

35. 将发片 3 垂直向上拉出，并从根部开始涂抹。

36. 涂抹发片 4 时，蘸取适量的药剂并均匀涂抹。

37. 取出发片 5，继续涂抹。

38. 多次涂抹之后，发片范围就会变大。一次全部涂抹比较难，可以多次移动刷子来涂。

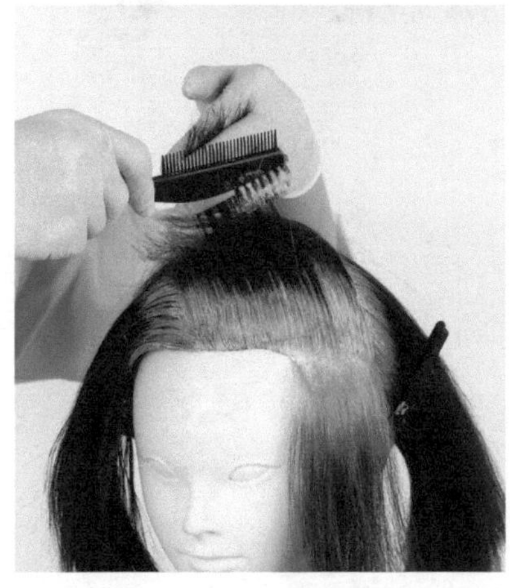

39. 接着继续向下涂抹药剂。

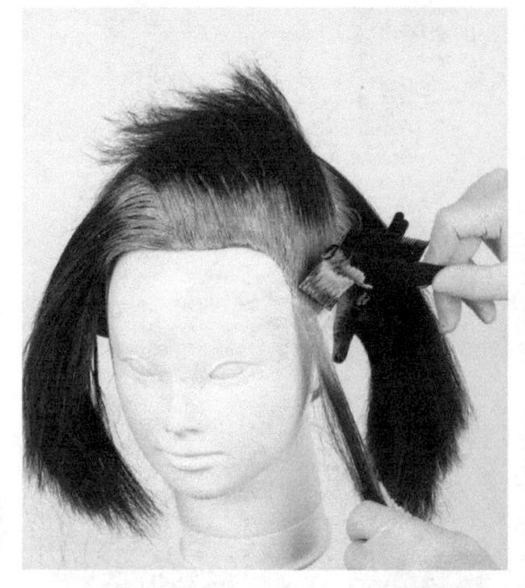

40. 涂抹时注意融合，不要有遗漏。在涂抹最后的发片前，先对前面涂抹过的全部发片进行精梳。

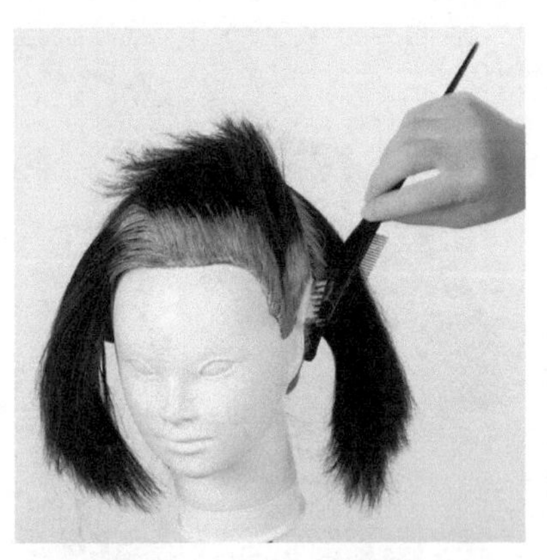

41. 涂抹最后的发片。谨慎地向上提起发束，尽可能多地涂抹药剂。

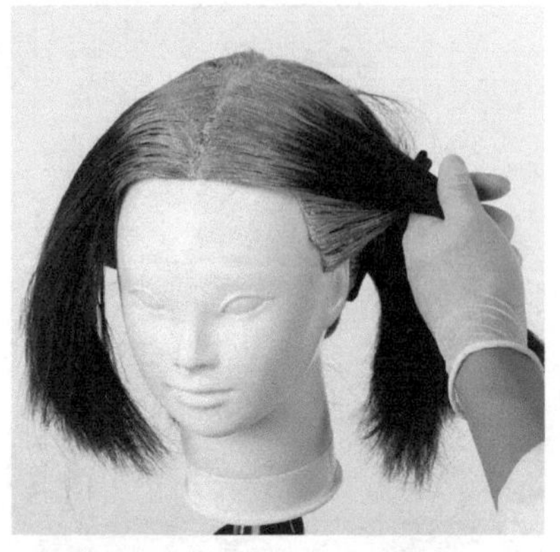

42.D 区就涂抹完成了。

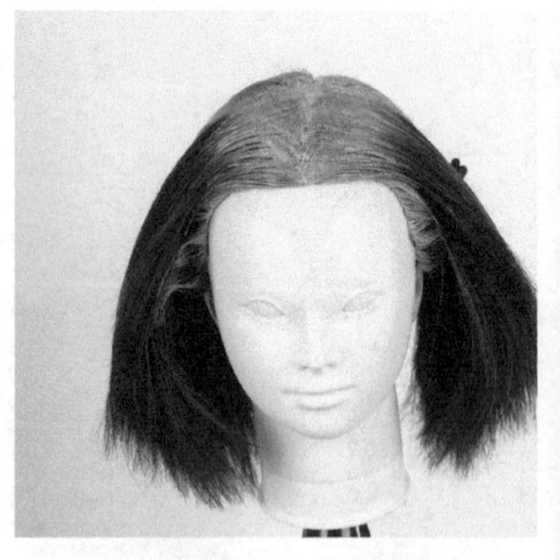

43.C 区、D 区涂抹完成的状态。

A、B 区的涂抹

暗色补色步骤详解：

44. 开始涂抹 B 区。取发片 1，也基本是一个三角区。

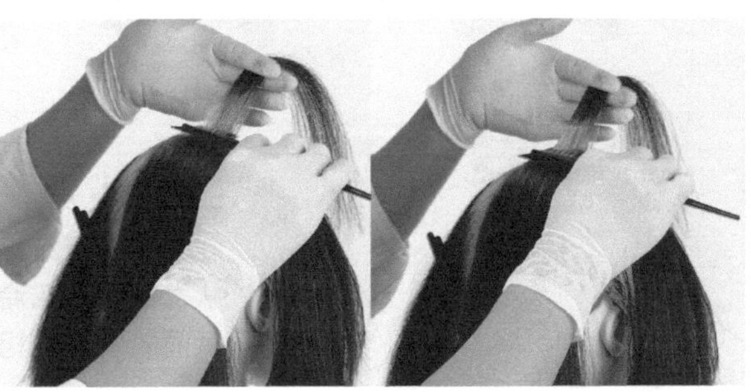

45. 涂抹的方法与 C 区、D 区相同，程序为：涂抹→融合→精梳。发根附近至 D.L 都要涂抹得充分而均匀。

46. 一直向下涂抹，遇到面积较大的发片时，处理方法和 C 区、D 区的涂抹方式相同。

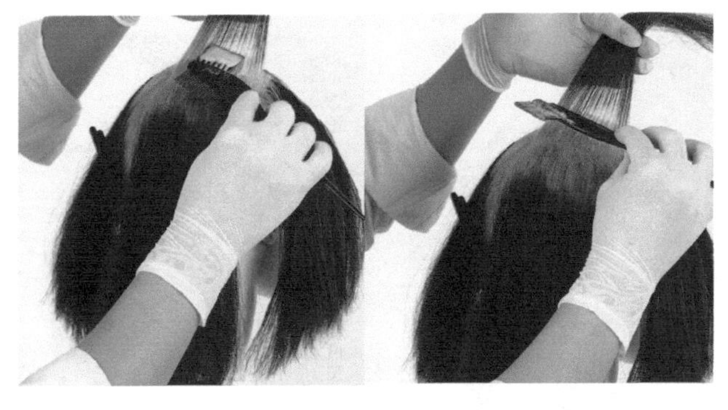

47. 在剩余最后两个发片时，要对前面涂抹过的发片进行涂抹、融合的反复操作后，进行精梳。

48. 区域 B 的最后两个发片位于后颈部，比较难以涂抹，与 C 区、D 区的最后两片发片一样，将其分开，仔细地涂抹。

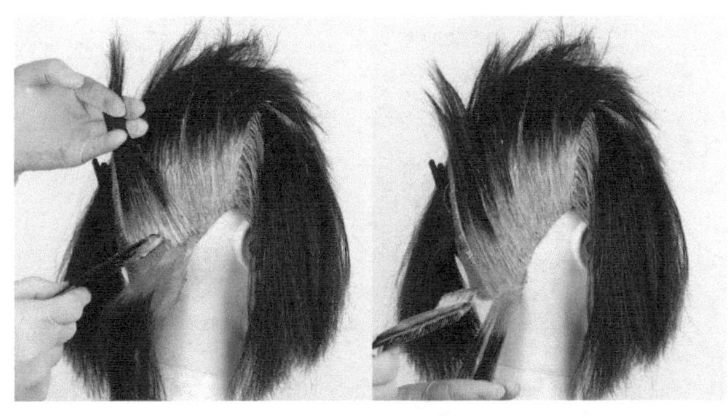

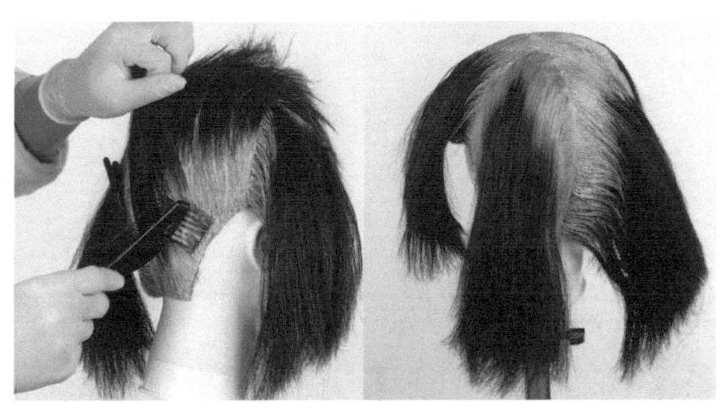

49.B 区的全部发片涂完后，将发片斜着上握，再大量涂抹药剂。

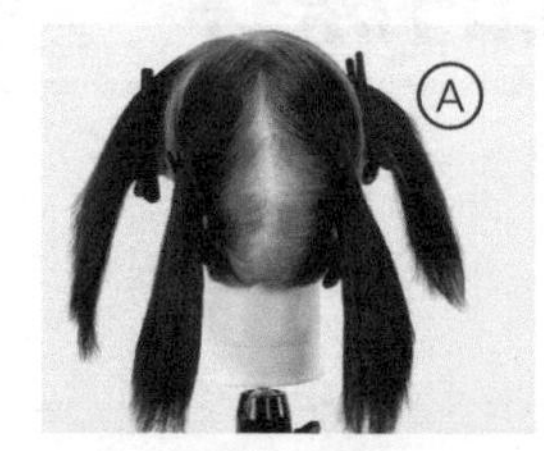

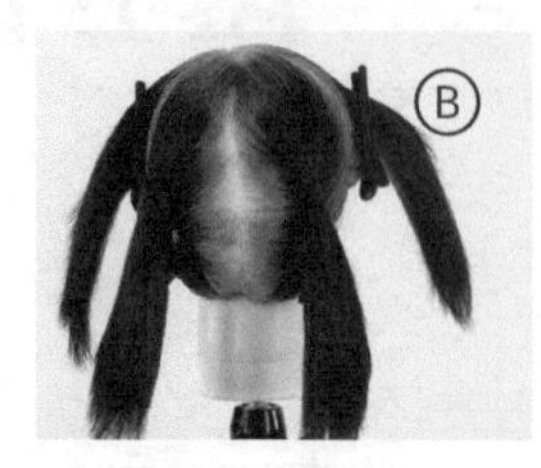

50.B 区完成后，开始给 A 区涂抹药剂，注意要均匀涂抹。取三角形的发片①，从发根处开始涂抹。涂法和 B 区一样，后面的发片也相同。

51. 然后用刷子的尖端取发片②，进行药剂涂抹。

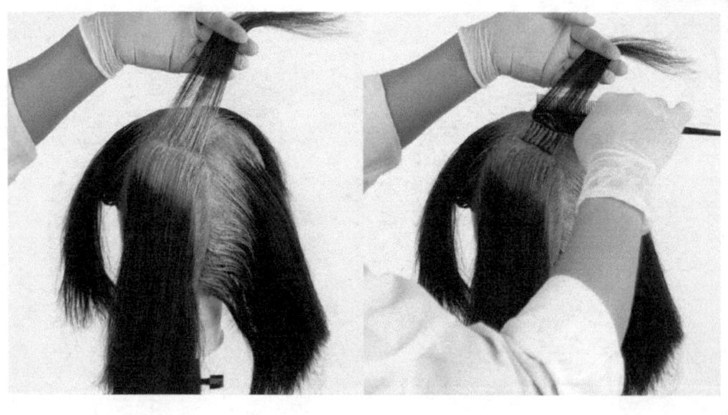

52. 然后再取发片③，进行药剂涂抹。

53. 再用梳子尖端取出发片④，进行药剂涂抹。

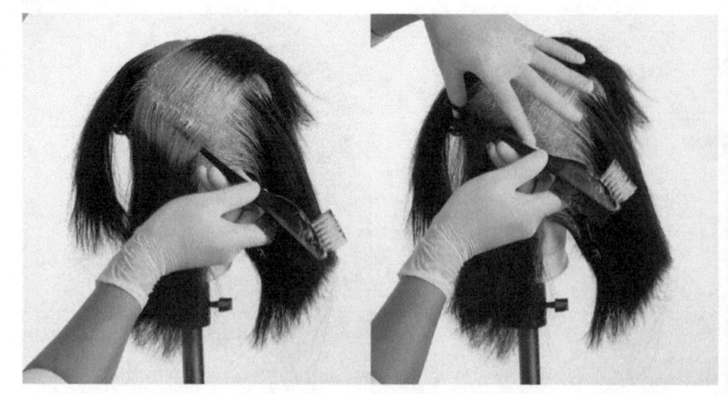

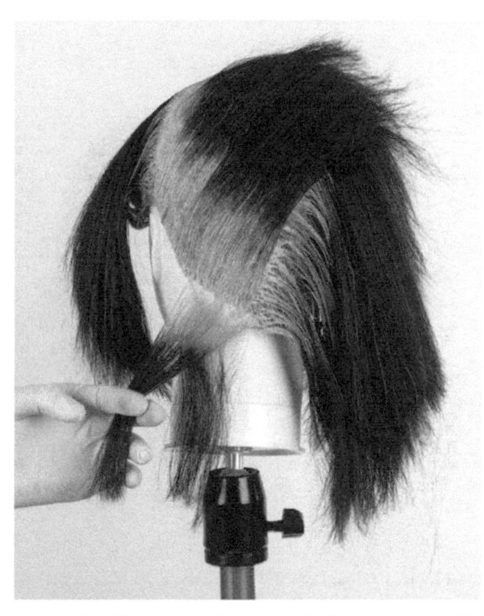

54. 后颈三角区比较难涂，可将发片分为接近于三角形的两片来仔细地涂。

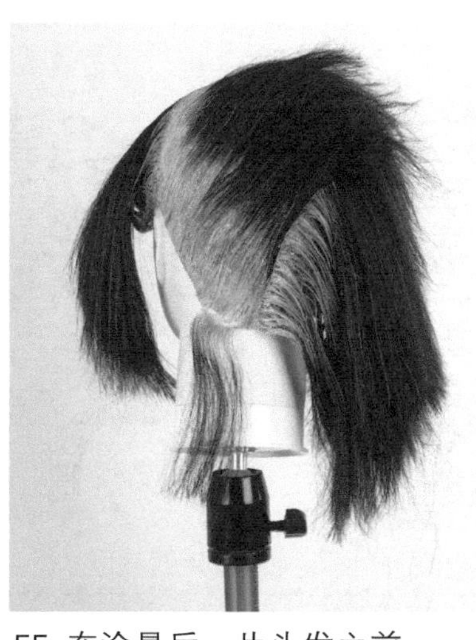

55. 在涂最后一片头发之前，先将前面涂过的头发进行涂抹、融合和精梳。

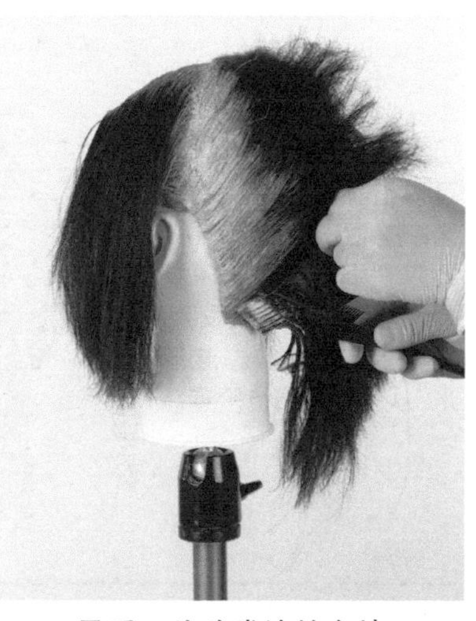

56. 最后一片头发涂抹完毕。

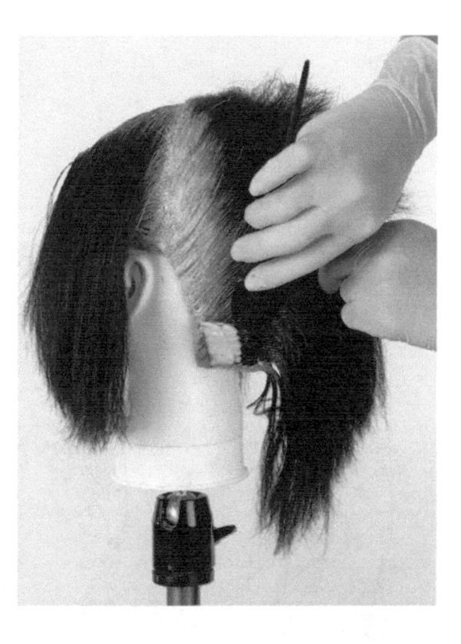

57. 将头发向上拉起，用毛刷蘸少量染发剂在发际和发端处再度涂抹。从发根向 D.L 方向移动刷子。

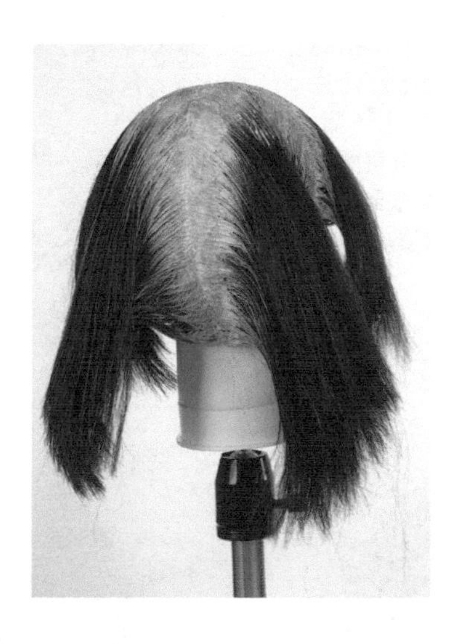

58. 后面的两个发区染发完毕。

向下检查

暗色补色步骤详解：

向下精梳检查

可以借鉴涂抹时候的分区，按照B–D–C–A的顺序进行。此时要保持和地面平行来分取发片，发片的厚度约为1.5厘米，从上往下精梳检查。

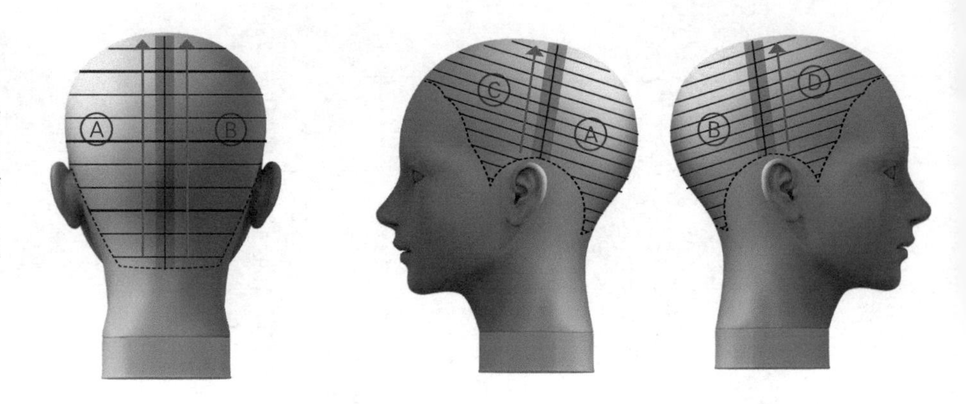

向下检查的方法

向下检查指的是在发片的上面用刷子左右滑行检查。从发根到D.L用少量的药剂涂抹。可两片重叠涂抹，这样不仅能防止遗漏，还能促进药剂反应。还有每两个发片涂抹一次后，从发根到D.L进行精梳，使发片更紧凑。

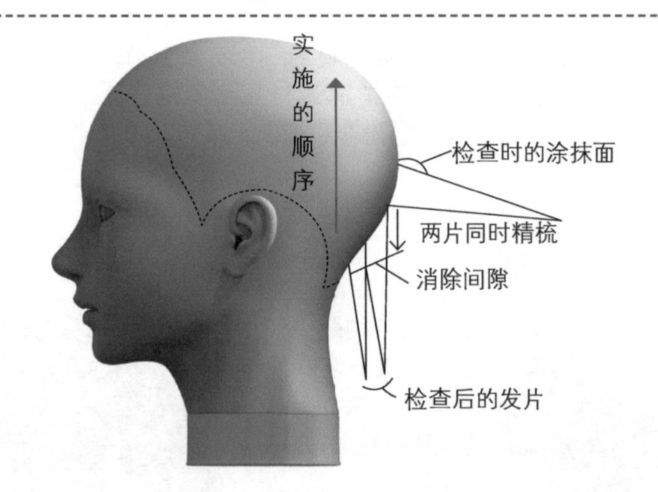

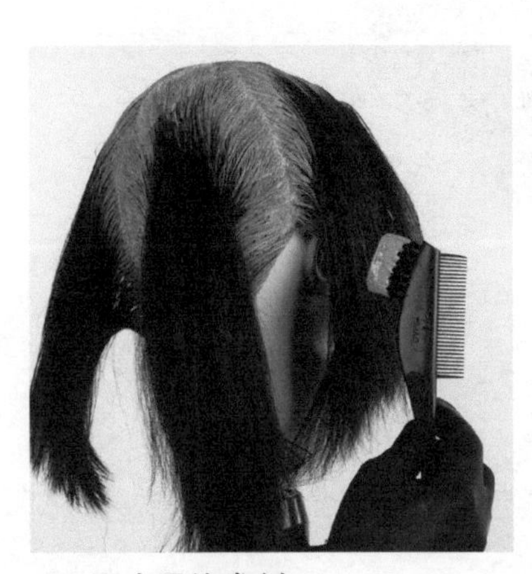

59. 取少量染发剂。

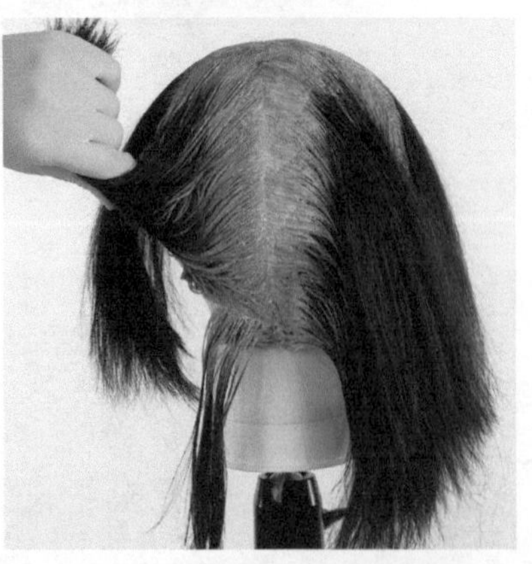

60. 从A区的发片1开始涂抹检查，剩下的发束用手握住。

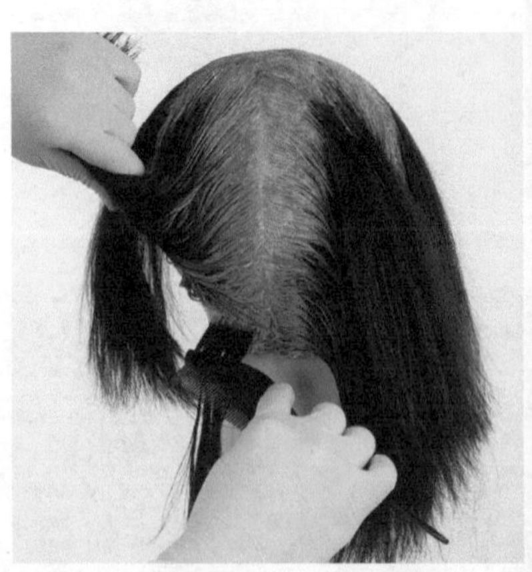

61. 从发根到D.L进行60°涂抹。

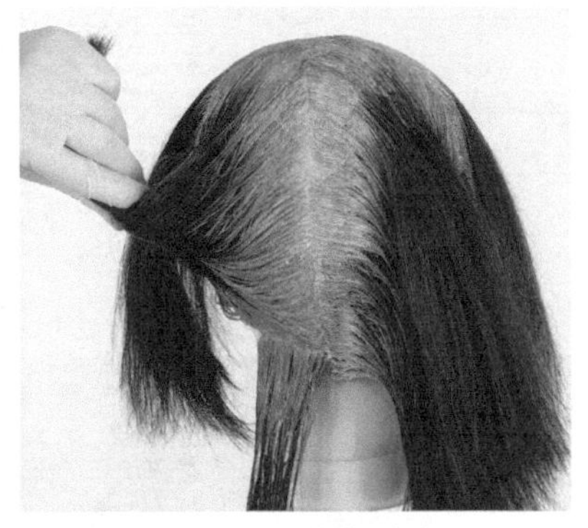

62. 发片 1 的向下检查结束了。原来没有涂抹上药剂的地方也被仔细地涂抹过了。

63. 用刷子尖尖的尾部取发片 2。

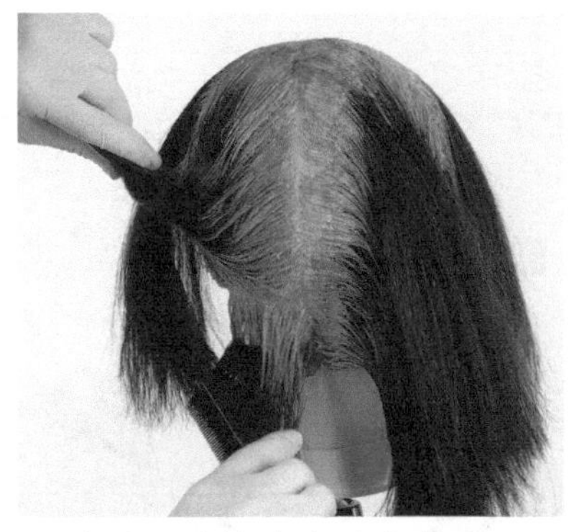

64. 发片 2 的检查方法和发片 1 一样，从发根至 D.L 进行精梳。动作反复完成之后再向上移动取发。

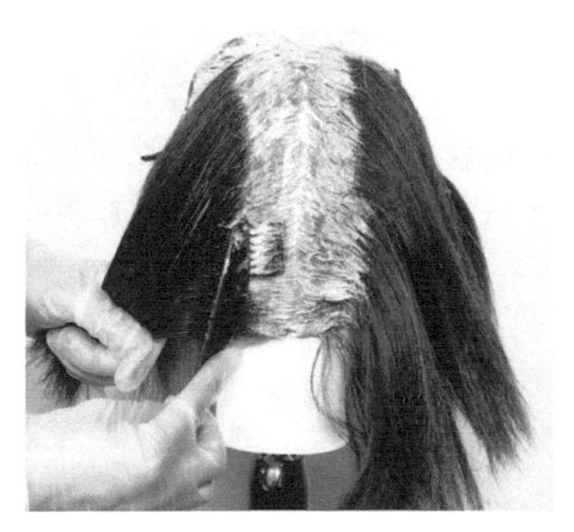

65.A 区涂抹完毕后，用毛刷取少量染发剂，从 B 区的 D.L 部分向左刷到 A 区的 D.L 部分。从下面开始。

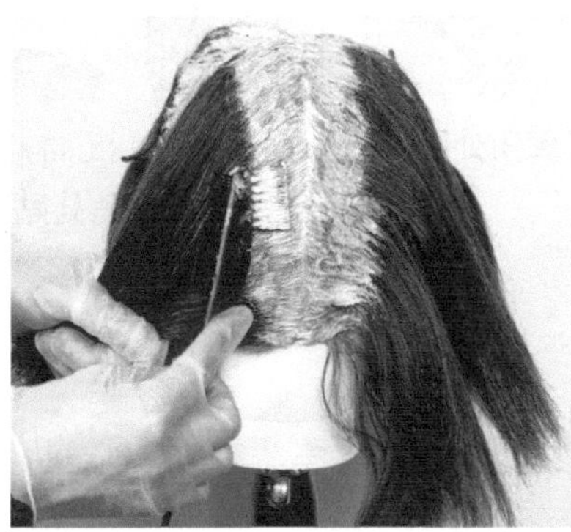

66. 刷子继续慢慢向上移动。

67.B 区向下检查的方法和 A 区一样。

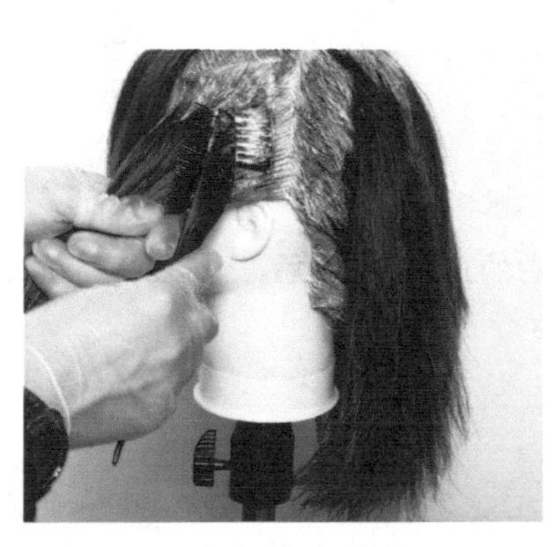

68.B 区的向下检查结束后，和步骤 64 一样，用毛刷取少量染发剂，从 D 区的 D.L 部分向左刷到到 B 区的 D.L 部分。从下面开始，慢慢向上移动涂完。

69.D 区、C 区向下检查的方法和 A 区一样。

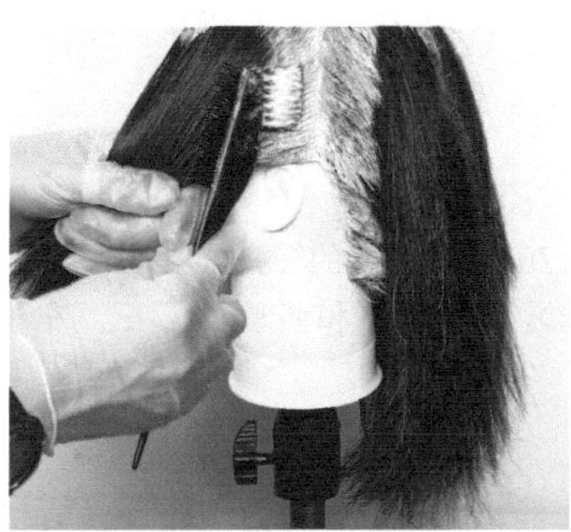

70. 最后，发区 C 和 A 之间也和步骤 64 一样，用毛刷取少量染发剂，从 A 区的 D.L 部分向左刷到 C 区的 D.L 部分。从下面开始，慢慢向上移动涂完。向下检查完成。

发际的检查

暗色补色步骤详解：

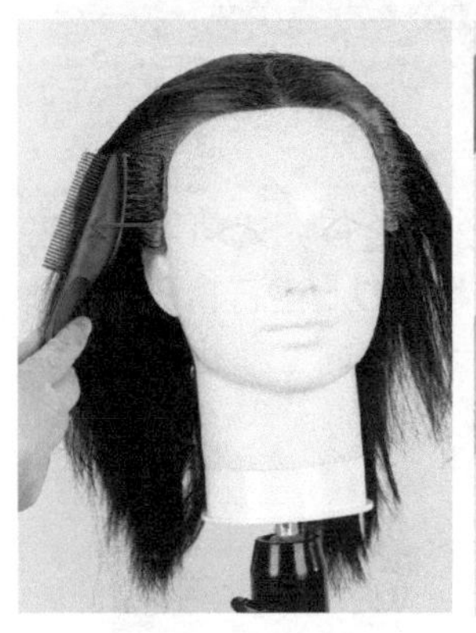

71. 最后整理发际。用毛刷蘸取少量药剂，从发根至 D.L 移动毛刷，从下向上进行。

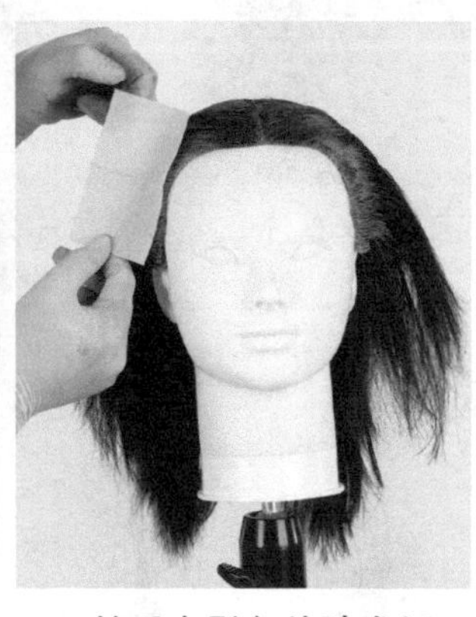

72. 然后在鬓角处贴发纸。

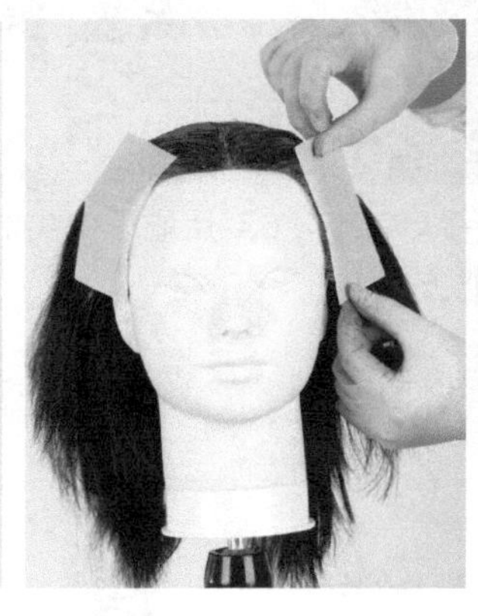

73. 右侧也同样整理鬓角，在鬓角处贴上发纸。

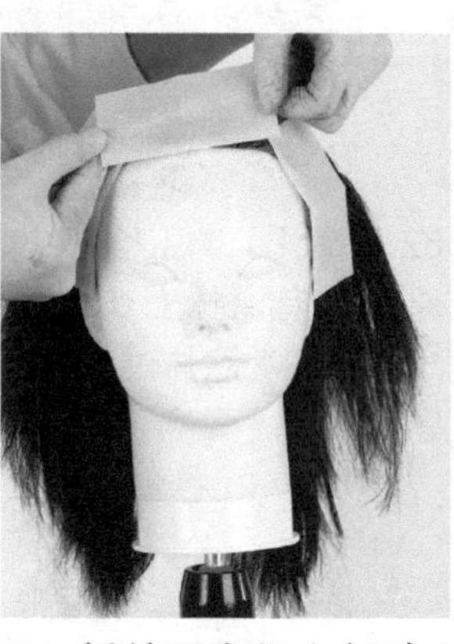

74. 侧前面发根全部贴上了发纸，被遮挡了起来。

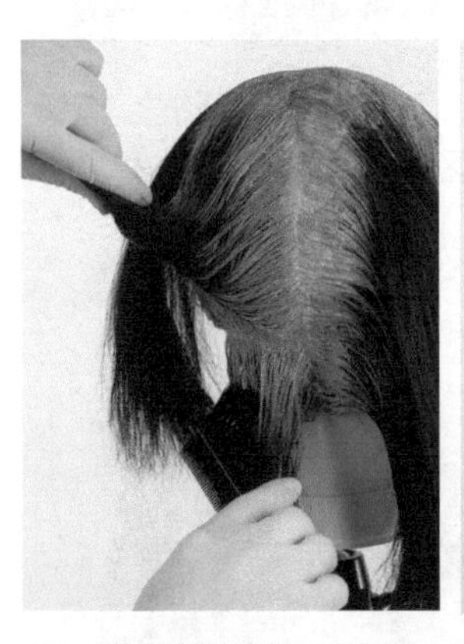

75. 后颈发际的三角区到耳后，和步骤 70 同样处理。

76. 从右耳侧面开始贴发纸。左边也同样。

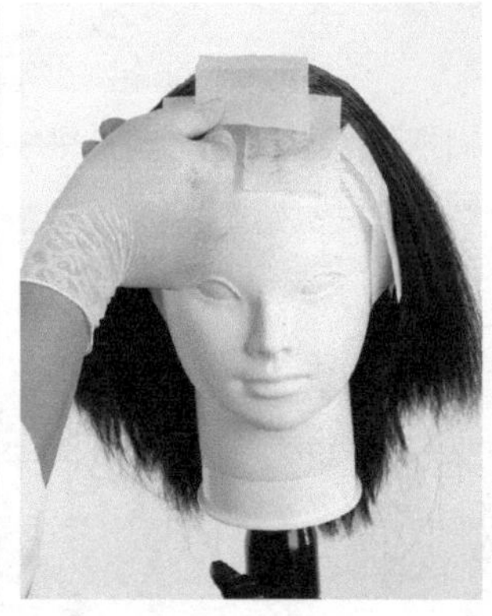

77. 接着在头发左右的正中线处也贴上发纸。

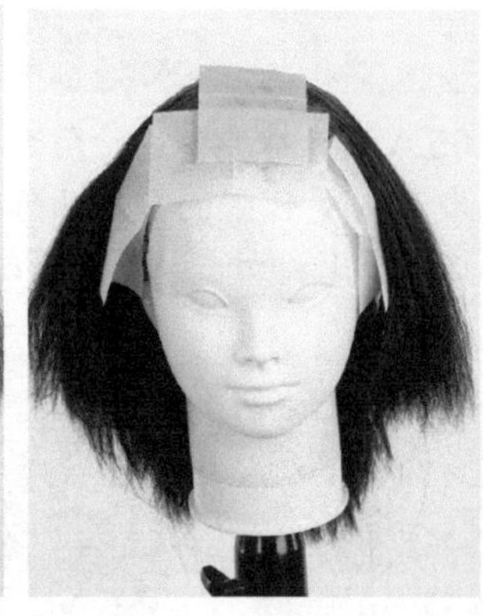

78. 最后，全部工序完成。

完成

暗色补色步骤详解：

复习一下

药剂是否涂抹均匀

暗色的补色，在使用药剂量上为多量，要求必须所有的地方都均匀涂抹。并且，通过检查的发束，一定不要在发根上涂抹。

专属于暗色染发的流程

划分分区和发片的顺序与前面是不同的，先涂抹发膏，最后再贴发纸等，这些都是暗色染发专属的工序。

第 11 章 漂白

11.1 漂白的基础知识

漂白剂的特征

是医药外用品，别名叫做脱色剂。可以分解头发的色素，提高头发亮度。有膏体状的，也有粉末状的。它和“脱染剂”不同，“脱染剂”可以将残留在头发内部的染发剂的染料除去，使头发变得明亮的，而它只对头发色素起作用。

主要使用渠道

- 发色设计明亮，可凸显整个头部。
- 使头发取得更好的发色。
- 通常用于比较明亮的颜色。

实施时的注意事项

漂白剂是一种用作“脱色”的特殊碱性药剂，使用时药剂容易受体温影响，因此操作速度要快。

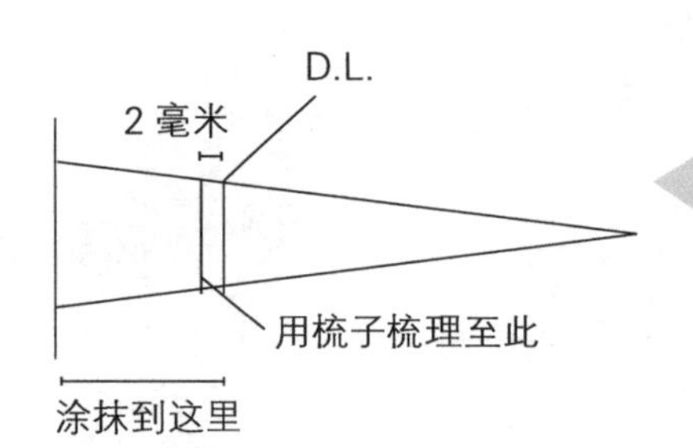

- 由于药剂容易受到体温的影响，操作的速度很关键。
- 在目标范围难以涂抹的情况下，可采取与亮色染发不同的操作手段（如左图）。后面会有分步操作。

此次的补色要点

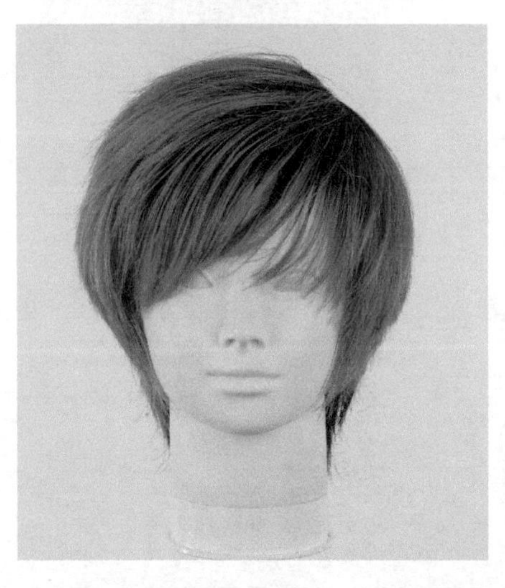

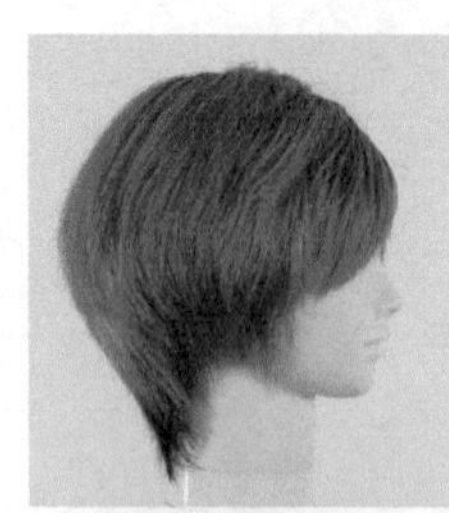

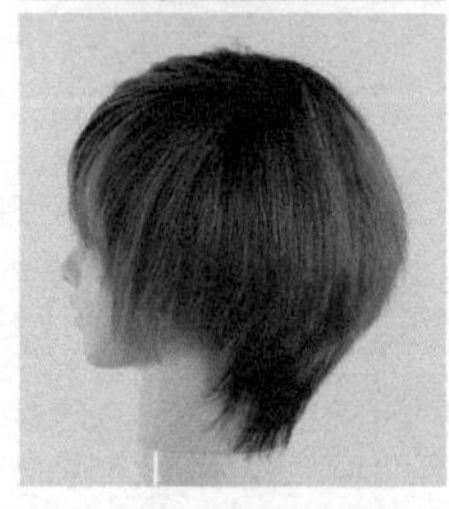

实施漂白的一次成型操作，与亮色染色（碱性染发）基本没有变化。此次学习必须要关注染过的头发的边界线（D.L）的染色方法。上图中漂白过的短发波波头，经过 3 个月后，从发根已经长出新的头发。以它为基础来进行操作。

目标发型

对经过漂白的头部补色，将头发分为 5 个发区的方法和划分发片的方法

第一步：涂抹新长出的头发

如图，将头发划分为 5 个发区，这样的划分既能使染发的时间变短，又能防止顶部涂抹不到。随后将各发区头发划分成 1.5 厘米厚的、前高后低的发片。

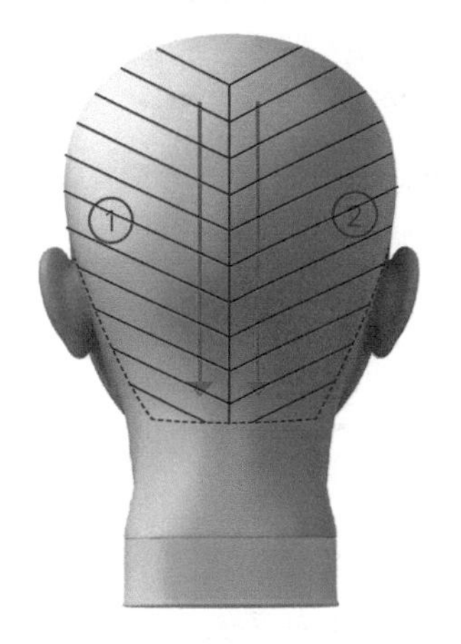

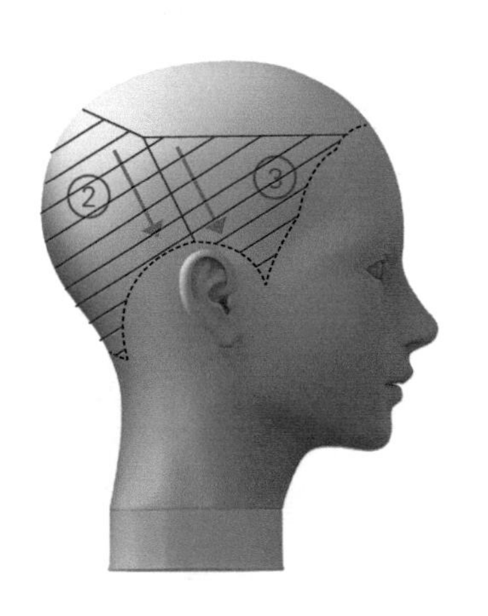

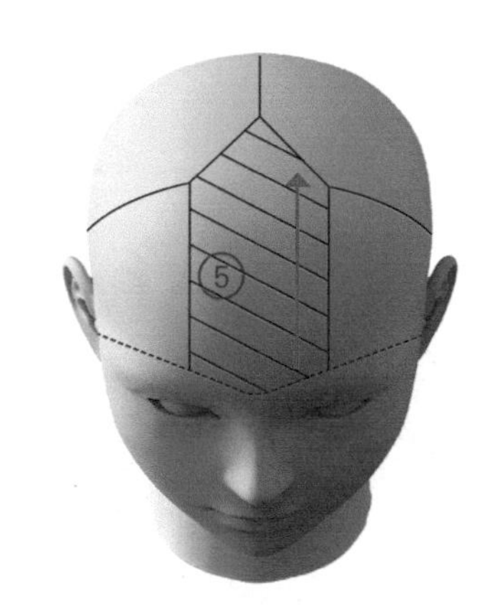

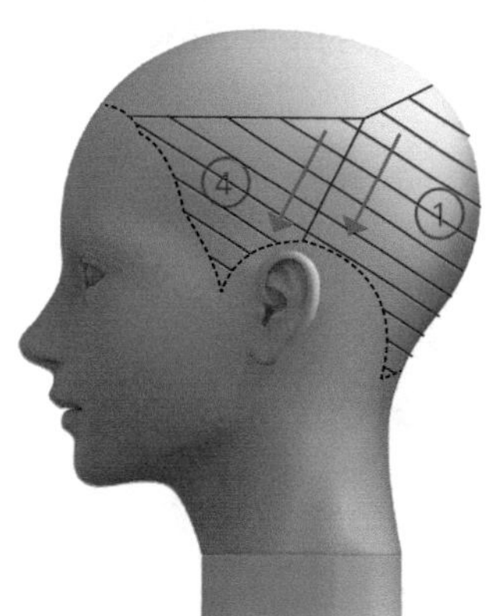

第二步检查

和第一步划分的发区相同，然后将发区①和发区④合并，发区②和发区③合并，形成 3 个发区。开始进行前低后高的检查。

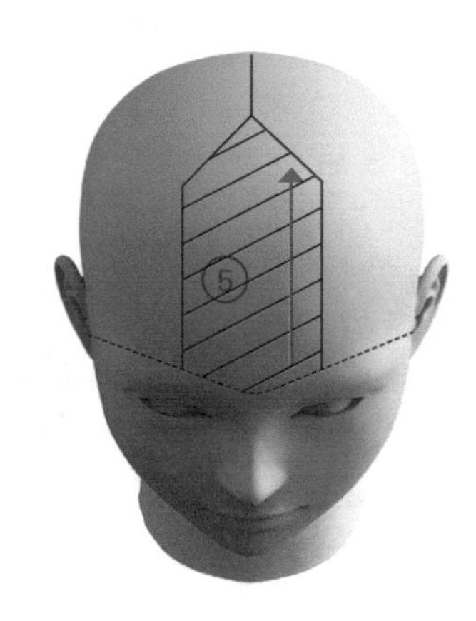

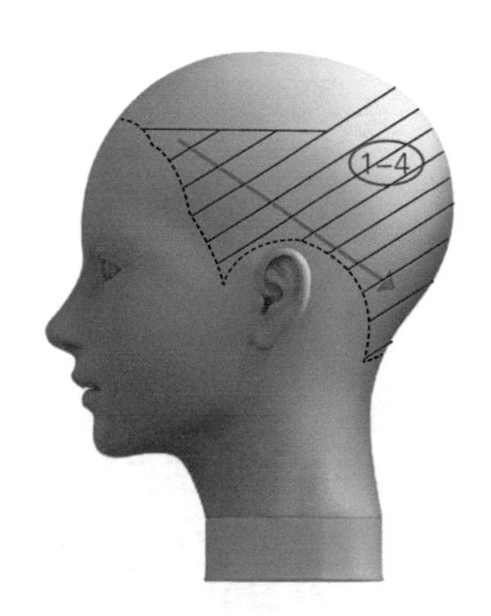

11.2 漂白染发

发区 1 的涂抹

漂白染发步骤详解：

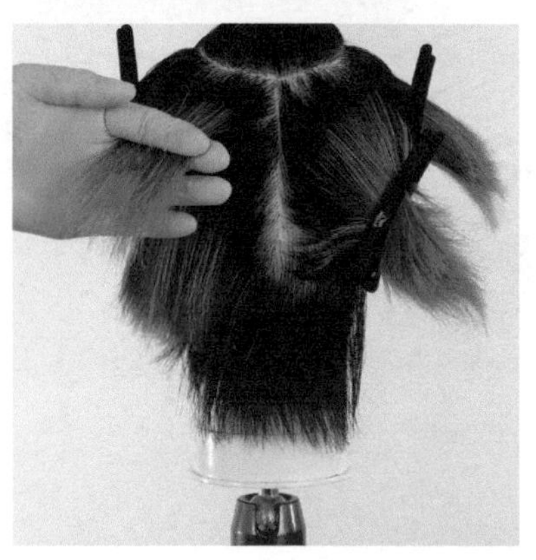

01. 从发区上部开始染发，取厚度大约为1.5厘米的发片，拉伸出来。

02. 用刷子取药剂，剂量为中等。

03. 从距离发根 5 毫米的地方，用刷子保持 0° 压住发片，一直刷到 D.L 为止。

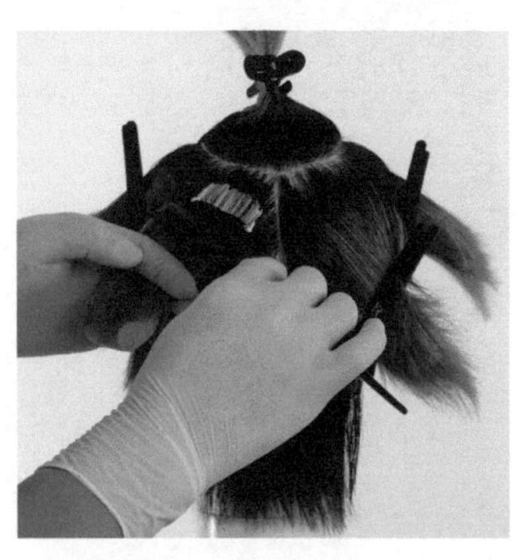

04. 稍大的发片可以分两次进行涂抹。

05. 然后刷子再回到发根处，在发根处成 90° 插入，向D.L方向涂抹。稍大的发片可以分两次进行。

06. 然后返回到发片背面。再用刷子取中等量的药剂，从 D.L 开始，和发片成 0° 一直刷到距离根部5毫米处。

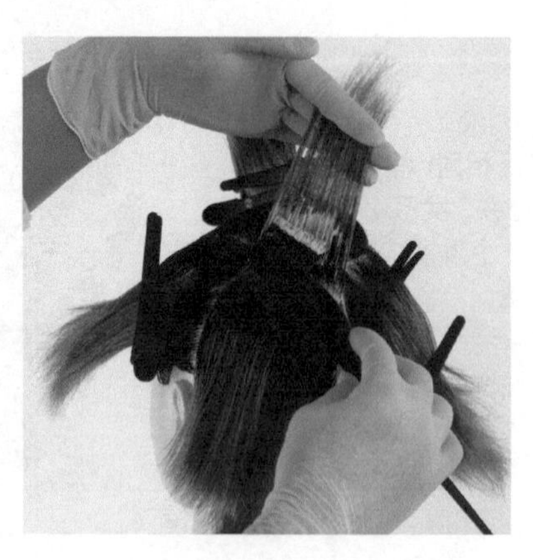

07. 同样，如果发片较大，可分两次进行。

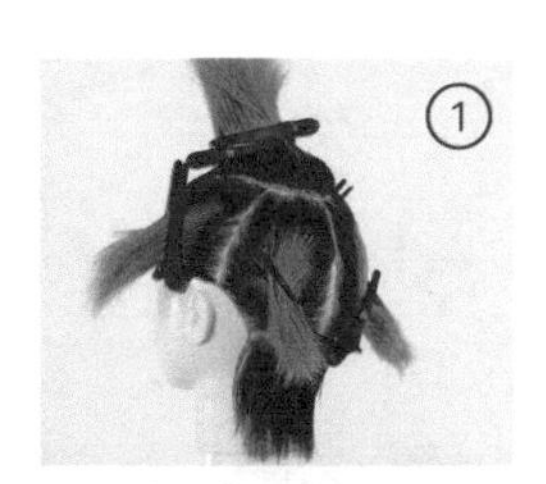

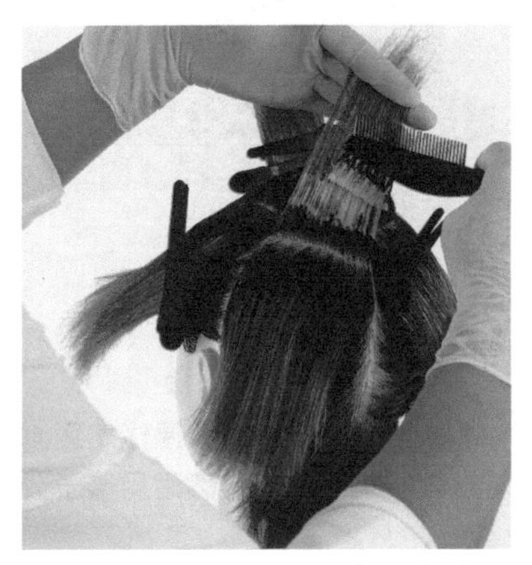

08. 然后从发根至 D.L 处滑动刷子，并用刷子进行融合。

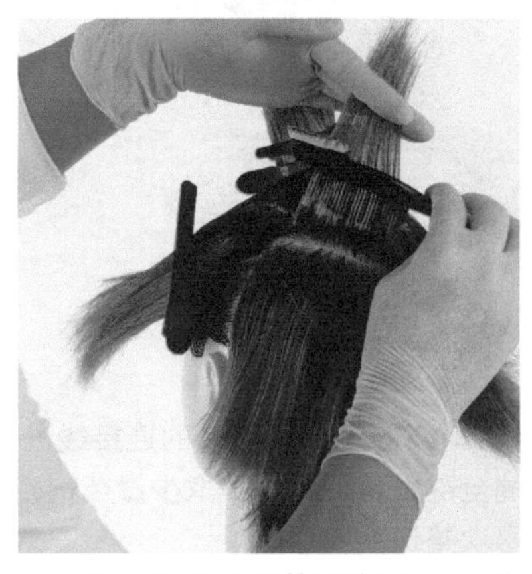

09. 然后用刷子的梳子部分，从发根梳至 D.L 前方 2 毫米处，进行梳理。

10.1 连接线位置涂抹结束后的状态。

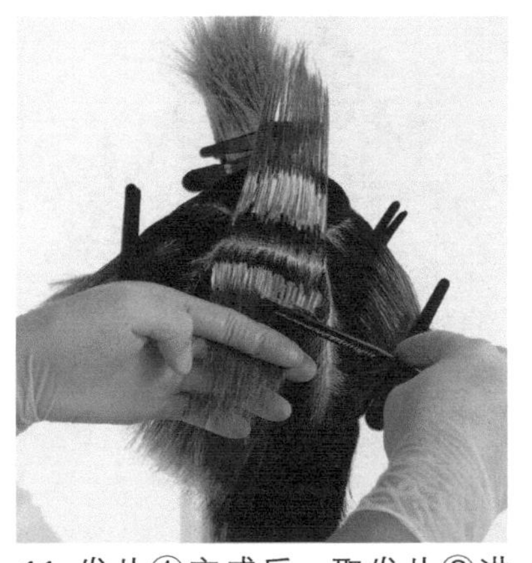

11. 发片①完成后，取发片②进行药剂涂抹。方法和发片①的涂抹一样。

12. 返回发片②的背面，进行药剂的涂抹。

13. 发片②涂抹完成后的效果。

14. 最后一片发片涂抹完的状态。

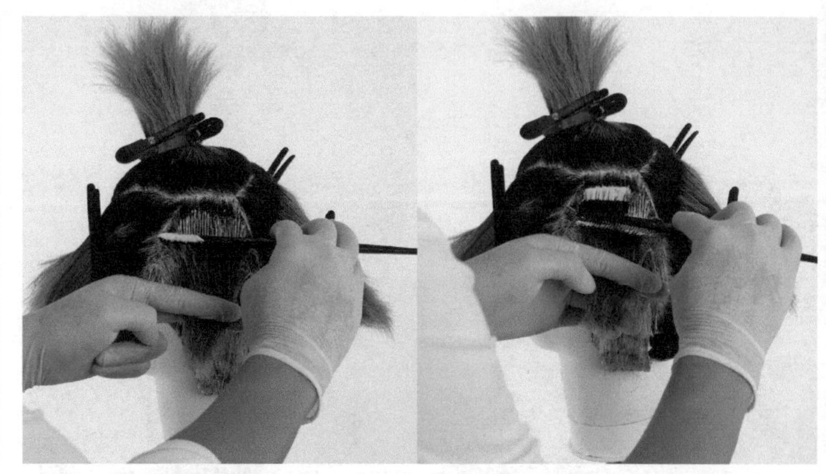

15. 对发区①和发区⑤的连接线进行涂抹覆盖。首先，用手握住发区①的全部发片，用刷子取少量药剂，重新从发根刷到 D.L，然后用梳子分两次整理头发走向。

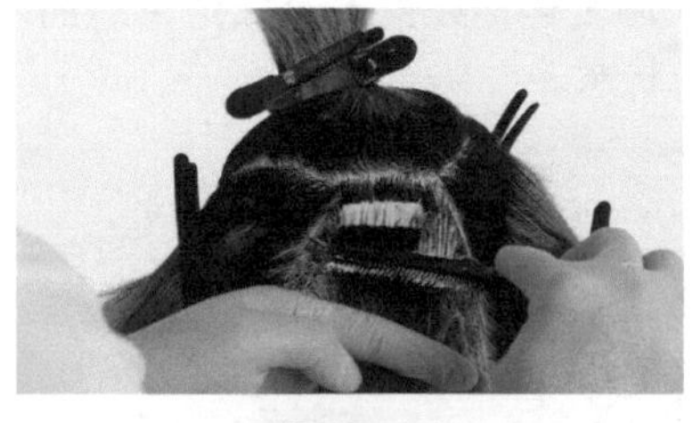

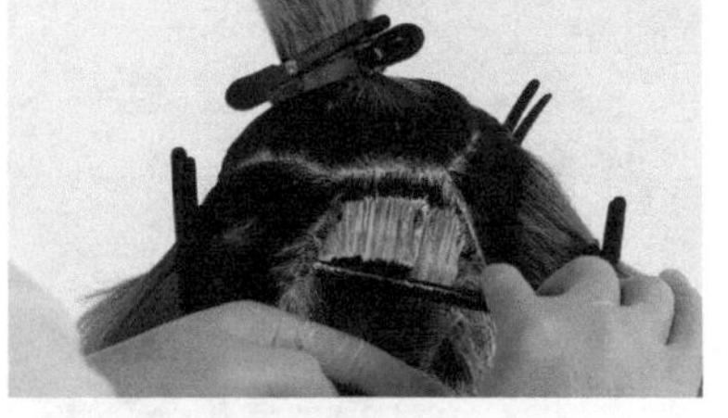

16. 根部至 D.L，刷子保持 0°继续涂抹药剂。

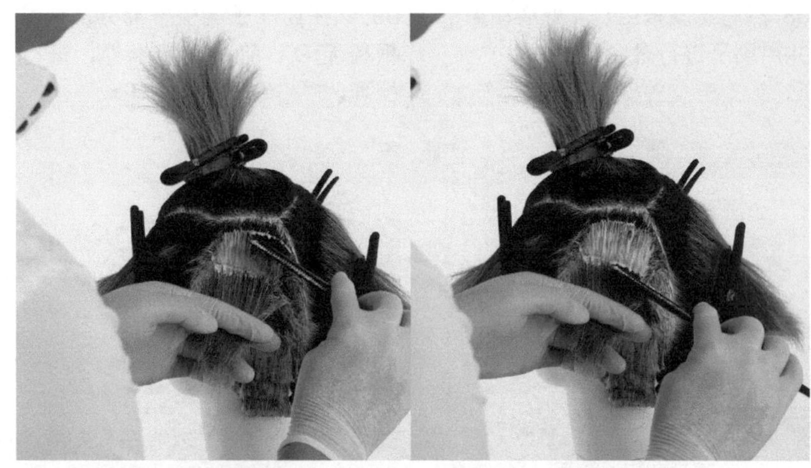

17. 这时涂抹的范围比较大，需分多次进行。

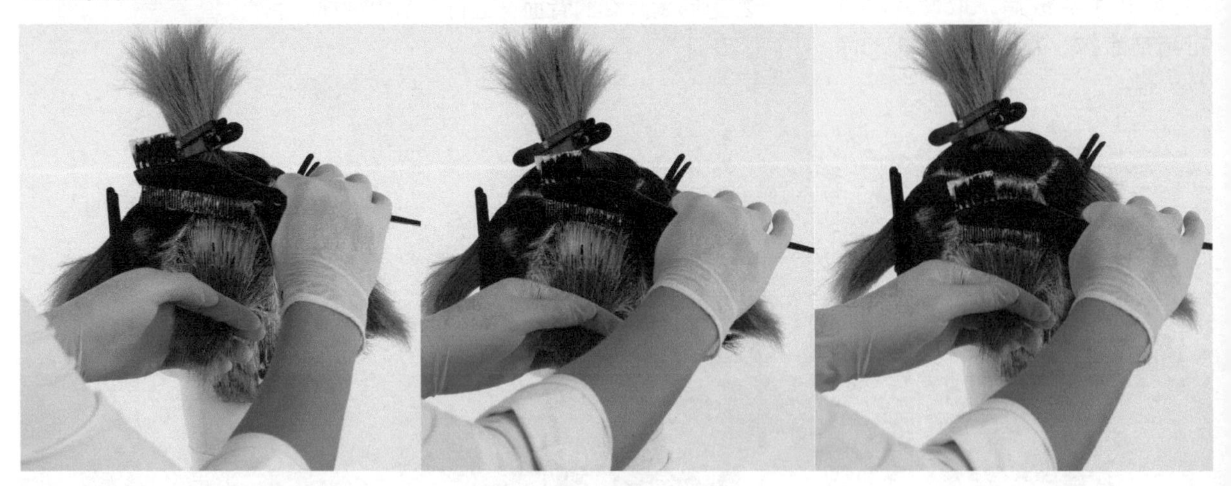

18. 发根→D.L 前 2 毫米前的位置，用梳子进行梳理。

19. 和步骤 15 相同，用梳子分 2 次整理头发走向。

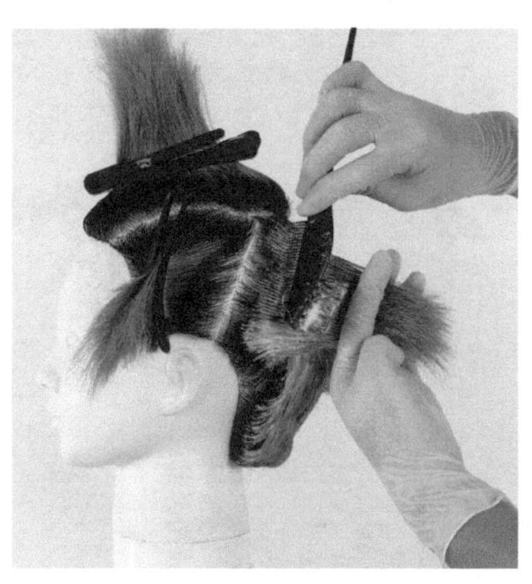

20. 与发区④的连接处，也同样地进行梳理和涂抹。

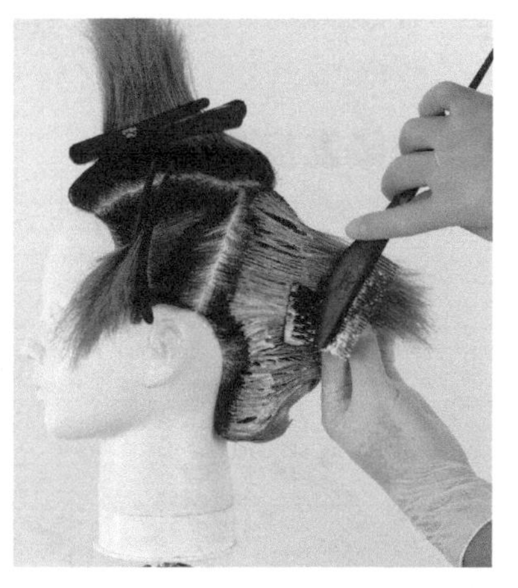

21. 和步骤 15 相同，用刷子取少量药剂，重新从发根刷到 D.L。

22. 同样，涂抹后用梳子进行梳理。

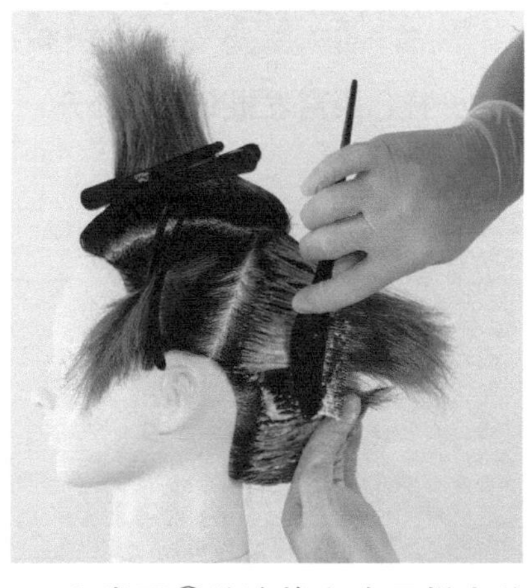

23. 和发区②的连接点也同样来处理。

24. 用刷子取少量药剂，重新从发根刷到 D.L，然后用梳子进行梳理。

25. 对颈后发际的角落（三角区）进行涂抹时，要将发束仔细地压住，注意不要有漏涂的地方。

26. 发区①的染发结束了。

发区 2 至发区 4 的涂抹

漂白染发步骤详解：

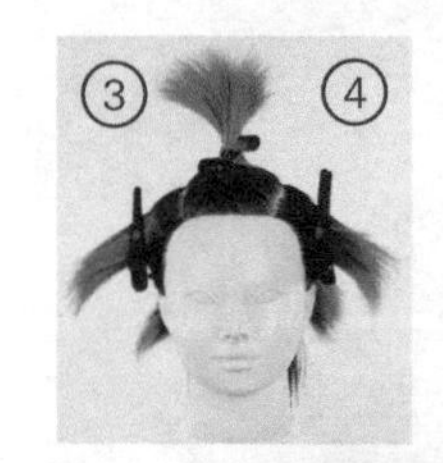

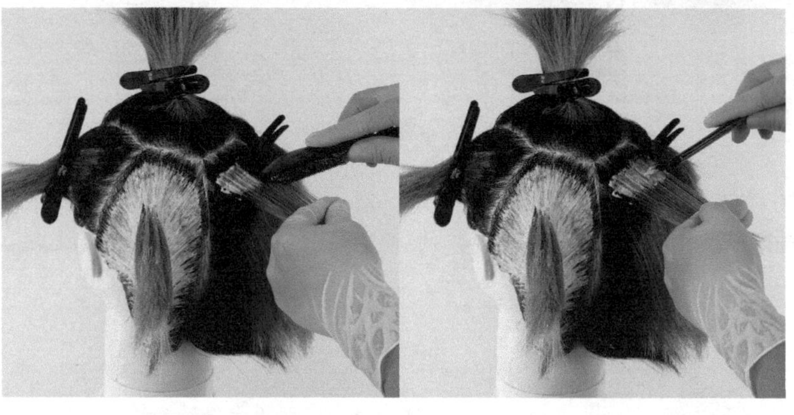

27. 开始涂抹发区②。和发区①的涂抹一样，距离发根 5 毫米处开始涂抹。涂抹程序参看步骤 1~9。

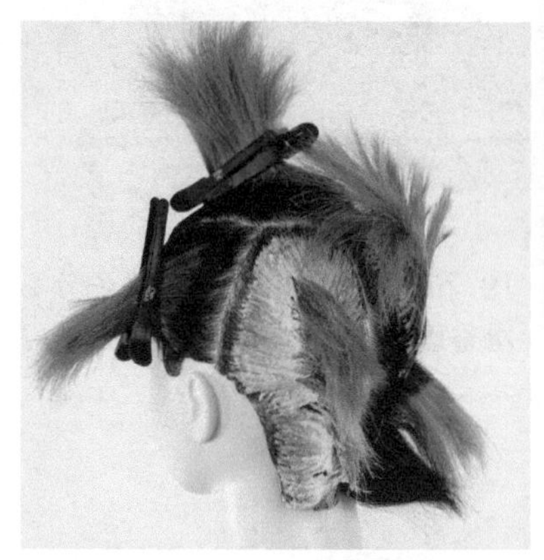

28. 按照顺序从上到下依次取出发片，为发片涂抹药剂。

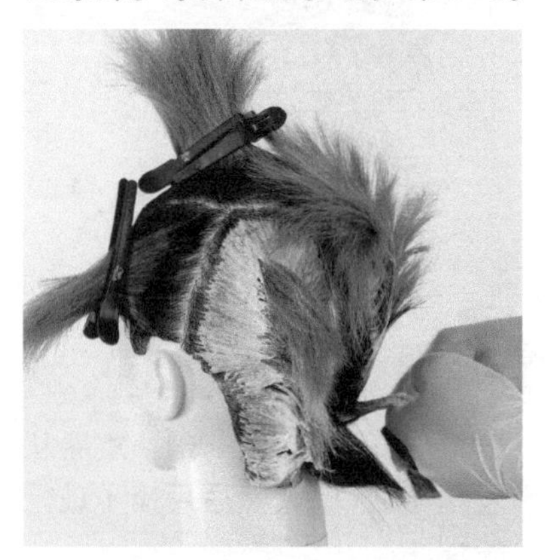

29. 接着继续为发片背面涂抹药剂。

30. 发区②涂抹结束的状态。

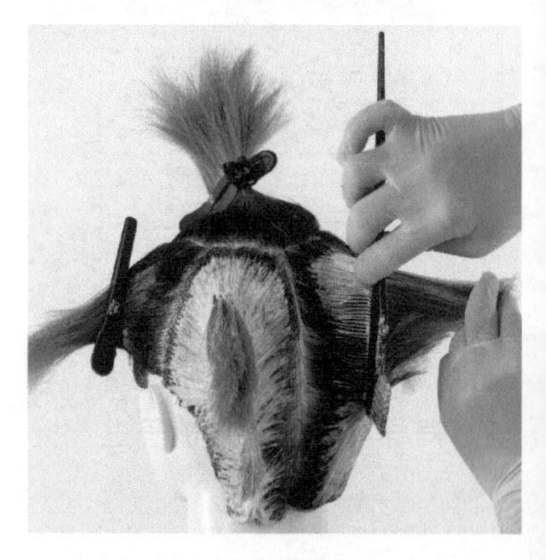

31. 用手握住发区②的全部发片，用刷子取得少量药剂，重新从发根刷到 D.L，然后分两次用刷子整理头发走向。

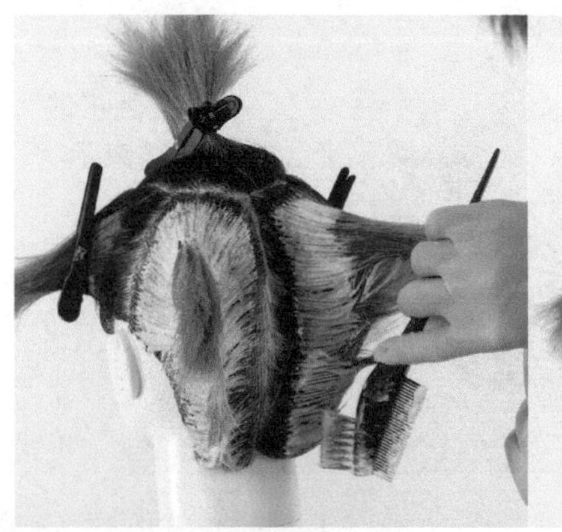

32. 同样的涂抹后进行梳理，发区②的药剂涂抹完成。

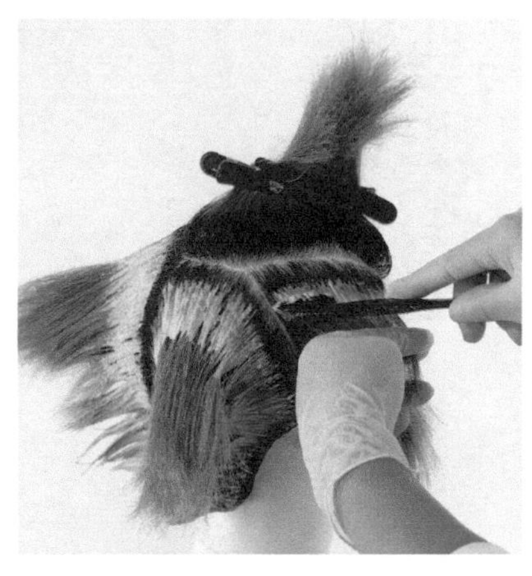

33. 开始涂抹发区③。取发片 1，先涂正面，涂法和发片 1 的涂法一样。参见步骤 1~9。

34. 返回发片 1 的背面，进行药剂的再次涂抹。

35. 取出下一发片，进行药剂的涂抹。

36. 继续向下取出发片，均匀地涂抹药剂。

37. 用手握住发区③的全部发片，用刷子取少量药剂，重新从发根刷到D.L，然后用梳子分两次整理头发走向，向使药剂涂抹更均匀、全面。

38. 耳朵后面的区域也同样第二次涂抹药剂。

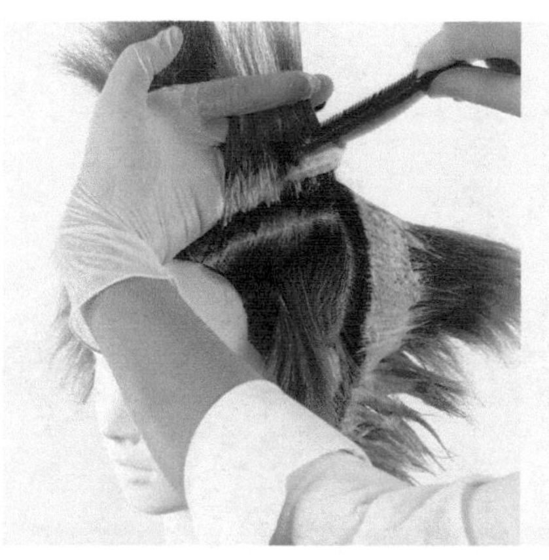

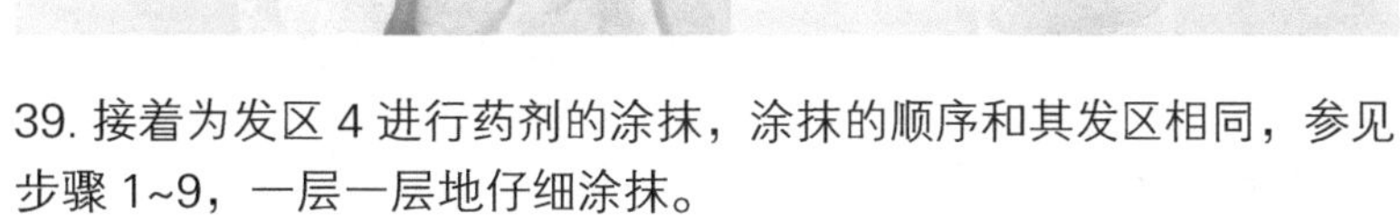

39. 接着为发区 4 进行药剂的涂抹，涂抹的顺序和其发区相同，参见步骤 1~9，一层一层地仔细涂抹。

40. 在涂抹的过程中要注意，涂抹的范围比较大时要分多次进行。

41. 涂抹药剂完成后，对发区④的发际处进行第二次涂抹，保证药剂的涂抹没有遗漏。

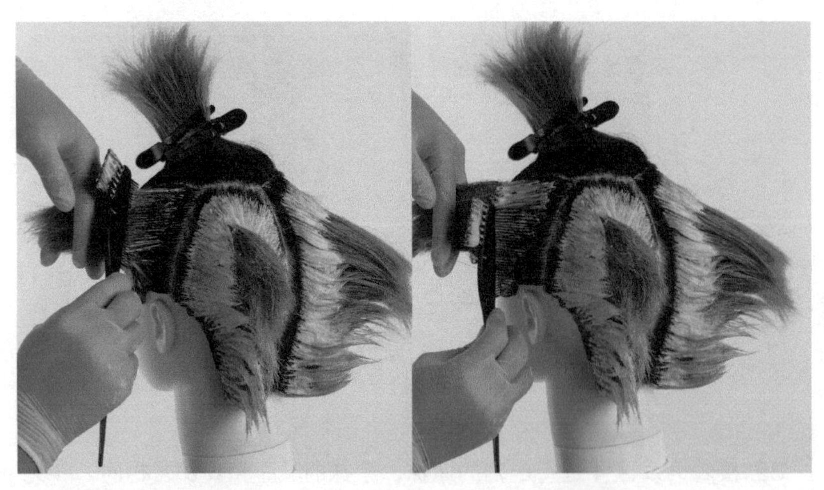

42. 发际处涂抹完成后，对发区④和发区①的连接线处也进行第二次涂抹。

发区 5 的涂抹

漂白染发步骤详解：

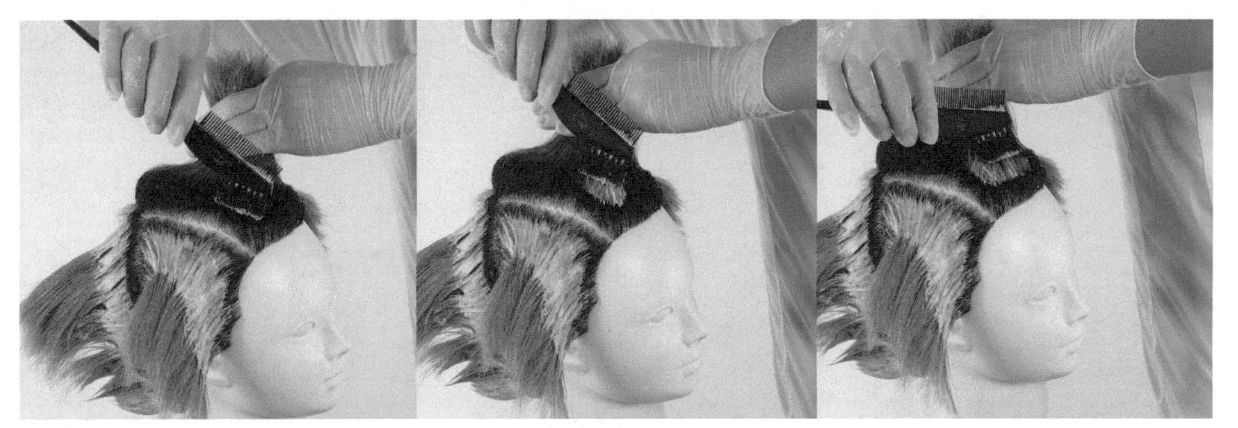

43. 涂抹发区⑤时，要站在顾客的左边。将整个发区的头发整体向前方延伸，从右前方额角的发片 1 开始，涂抹的方法与前面发区的发片一样，参见步骤 1~9。

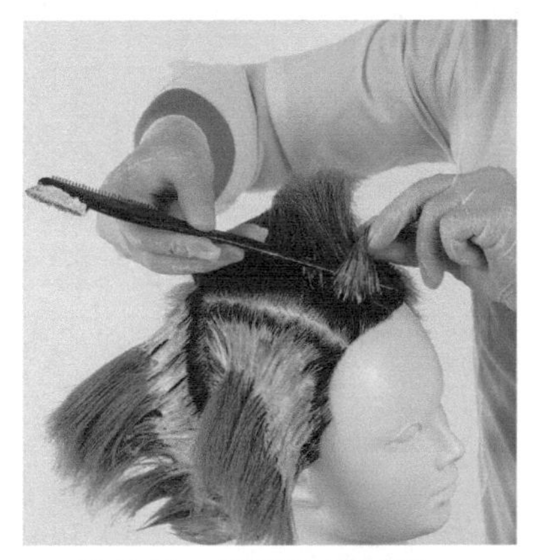

44. 涂抹后，将刷子的尾部插入发片。

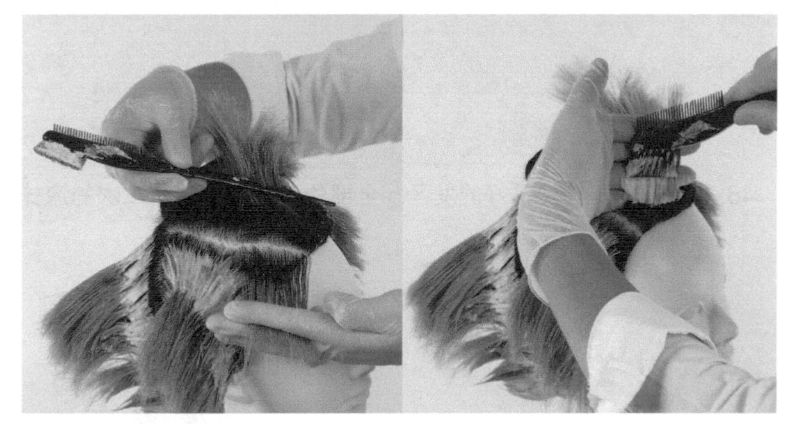

45. 将发片 1 分取出来，然后剩下的头发向后扭转，并开始涂发片 1 的另一面。

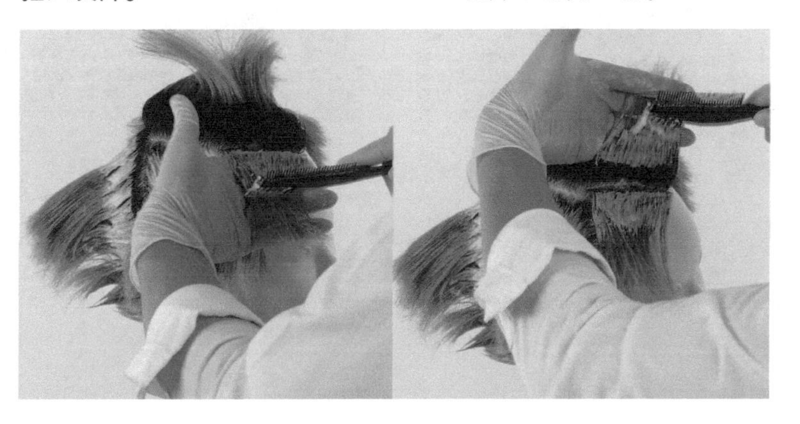

46. 继续向上取发片进行涂抹，涂抹方法和前面的发片一样。

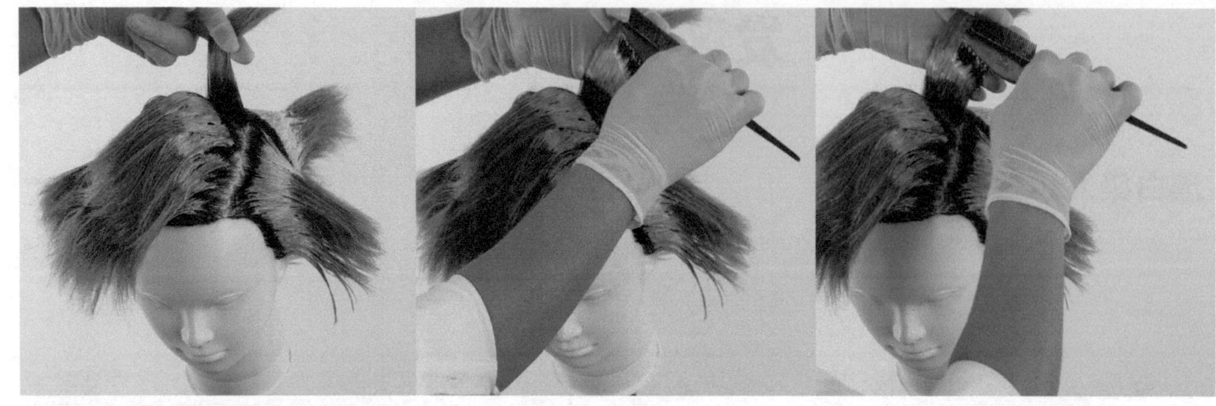

47. 发区⑤所有发片染发完成的状态。

48. 接着用手抓住涂抹好的发区⑤全部的头发，进行第二次的涂抹。

49. 在涂抹时要注意留出发根部位，第二次的涂抹完成。5 个发区都涂抹完成的状态。

发根的涂抹

漂白染发步骤详解：

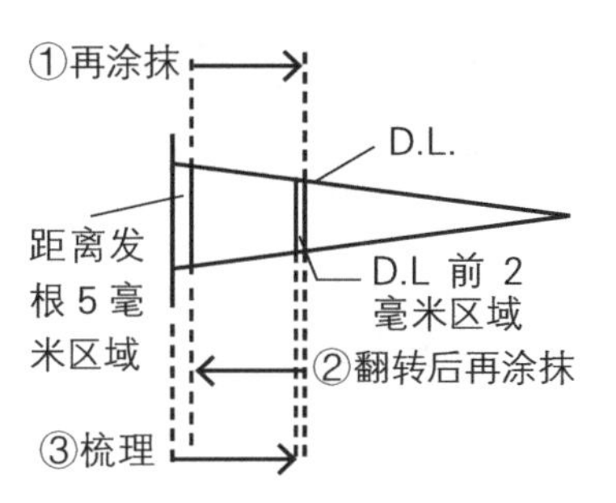

涂抹不足的部分进行再涂抹后，从根部进行梳理时，只梳理到 D.L 前 2 毫米处。

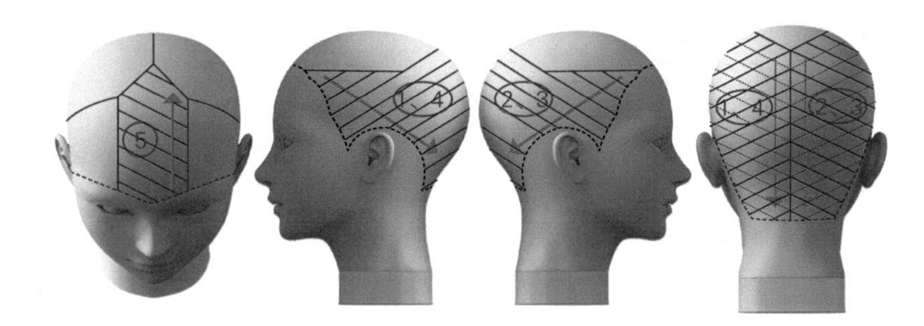

进行交叉检查。将涂抹时的发片划分为交叉的发片。发区之间也将进行合并，面积比涂抹时大一些。

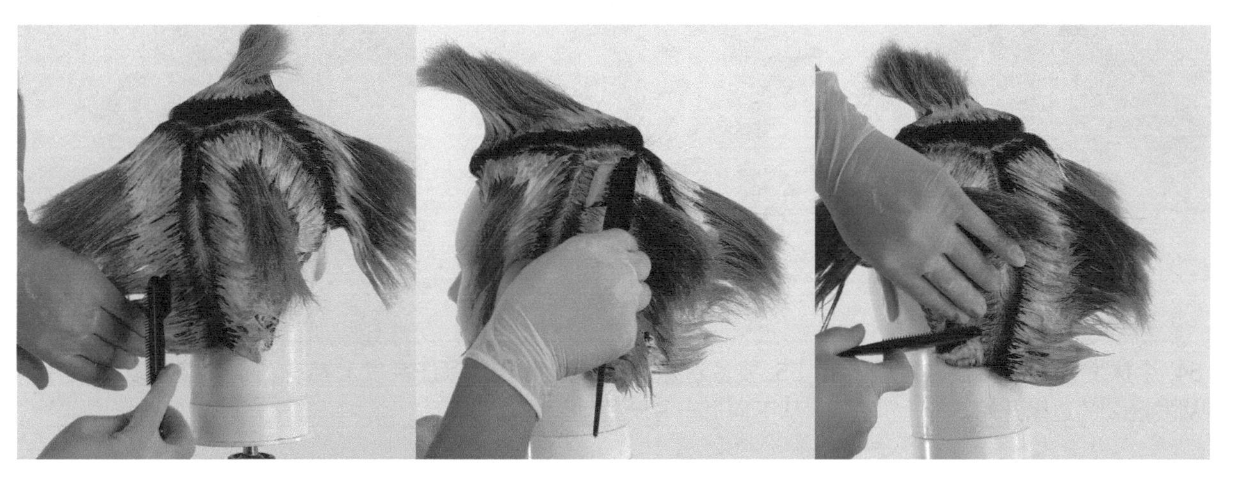

50. 用刷子取中等分量的药剂，开始给发根涂抹药剂。先从发区④的边缘进行涂抹。

51. 边缘发根处涂抹完成后，接着分片涂抹药剂，在涂抹过程中要细心一些。

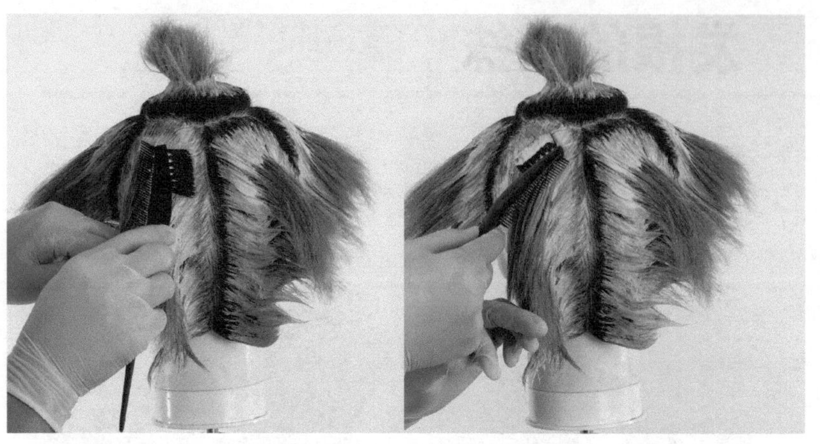

52. 都涂抹完成后，再用毛刷来回涂抹，使药剂融合。

53. 发区④发根药剂涂抹完成。

54. 涂抹发区②的发根，同样从发区②的边缘开始。

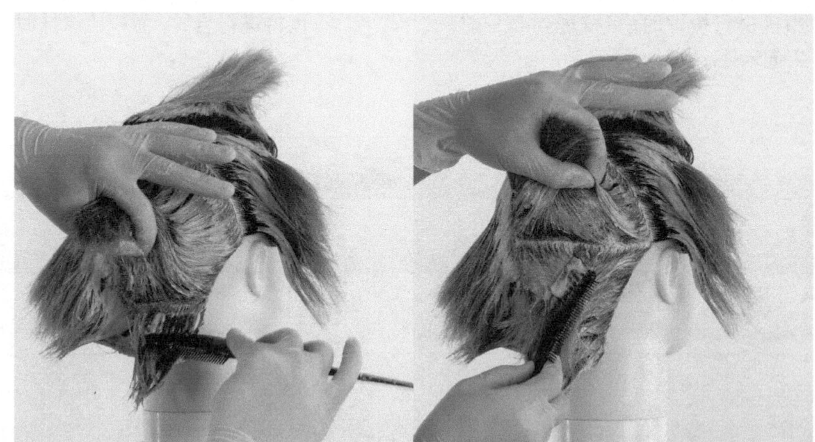

55. 要多次涂抹边缘三角区，保证头发上都有药剂。接着取出发片，从下向上一片一片地涂抹。

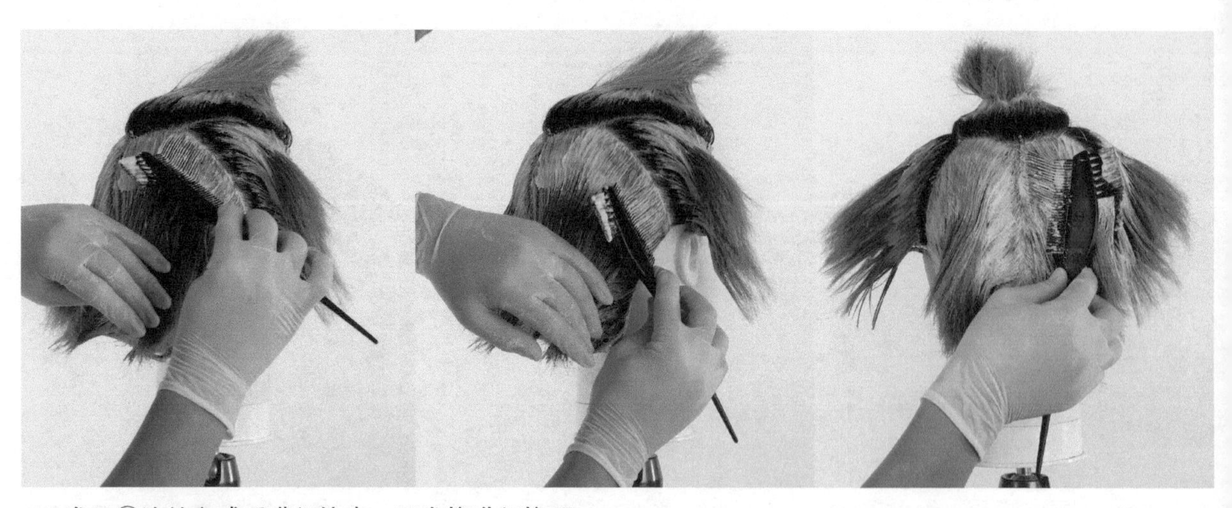

56 发区②涂抹完成后进行检查，用发梳进行梳理。

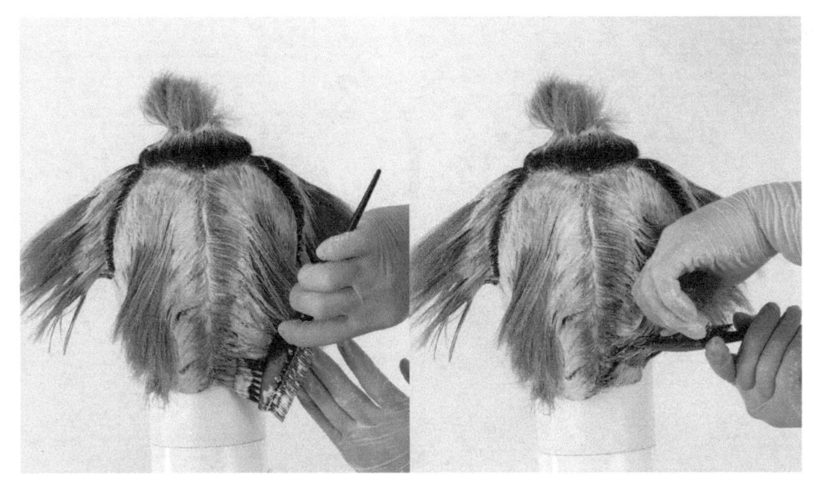

57. 发梳梳理后会有多余的药剂，将其涂抹在发区②药剂少的地方，以免浪费。

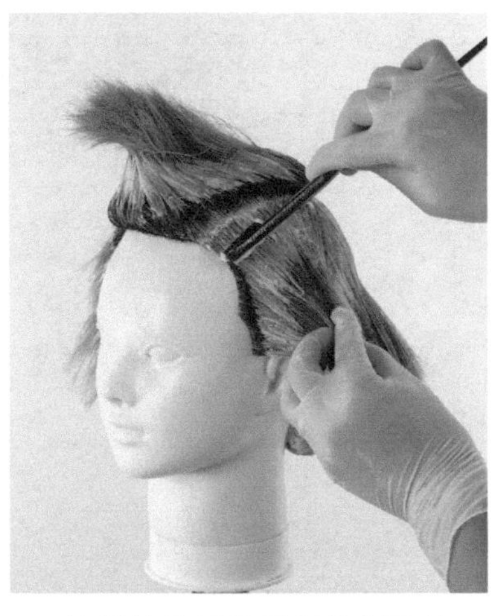

58. 接着给发区①进行药剂涂抹，涂抹时也从边缘开始。

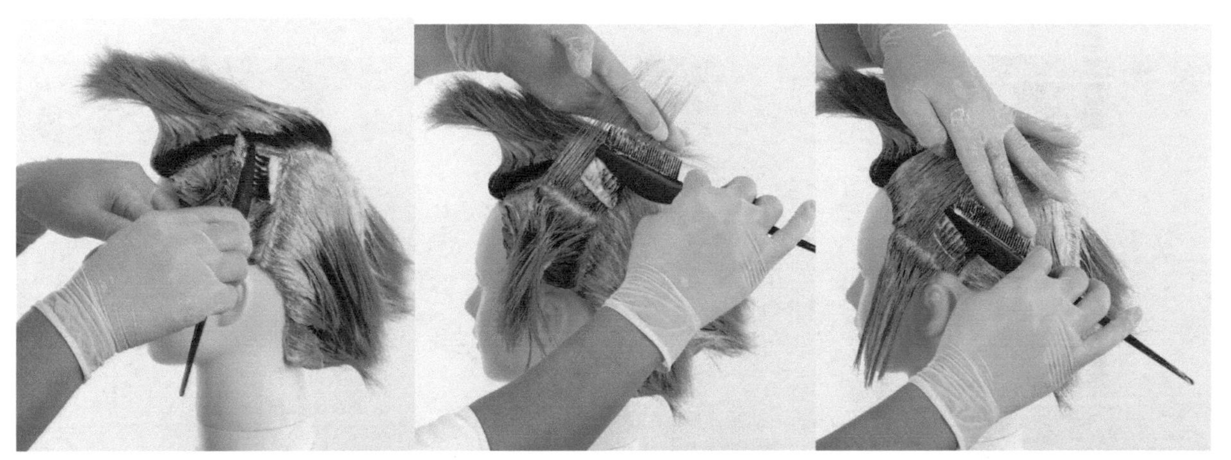

59. 发区①前面的边缘涂抹完成后，涂抹后面的边缘。接着对发区①进行分层，取出发片进行药剂的涂抹。

60. 发区③和发区①的药剂涂抹步骤是一样的。开始对发区③的根部进行涂抹。发区③药剂涂抹完成。

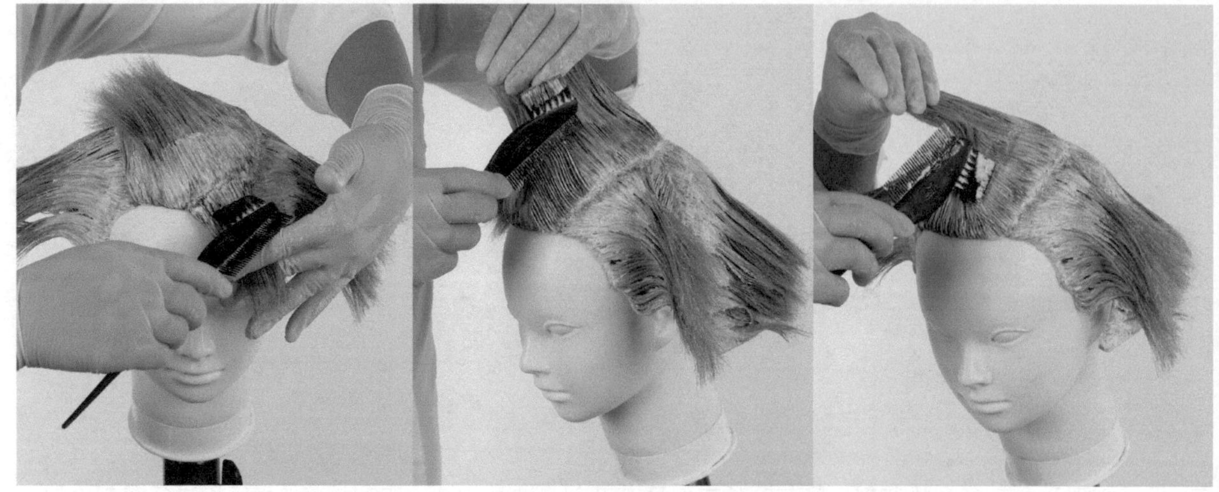

61. 最后对发区⑤的发根进行药剂的涂抹，涂抹后用发梳按照头发的走向进行梳理。

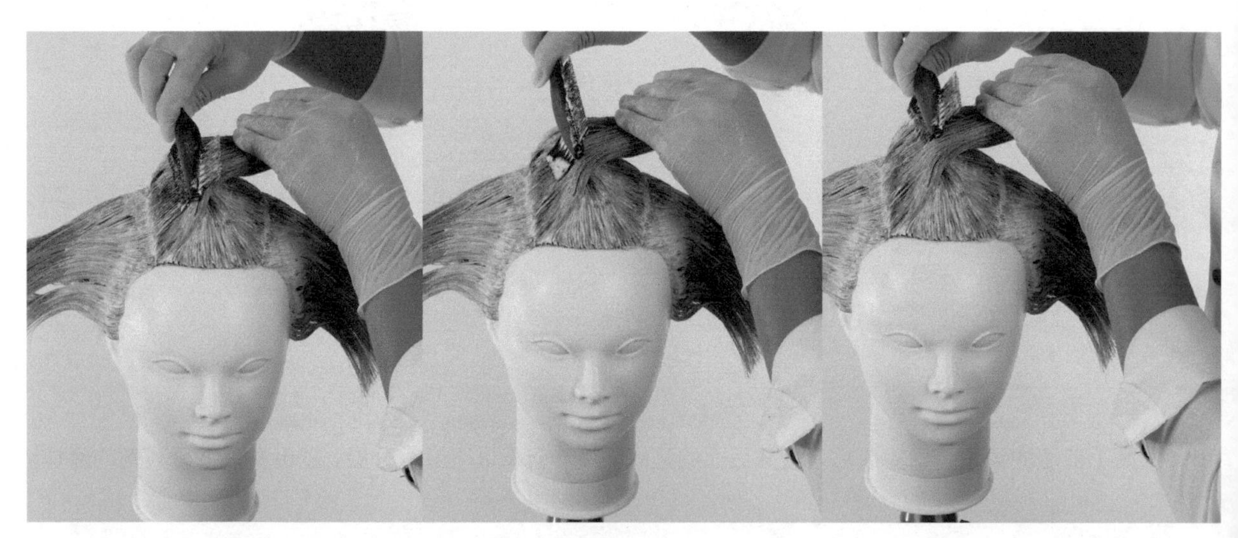

62 根据发片的幅度，分多次移动刷子，进行均衡的涂抹。

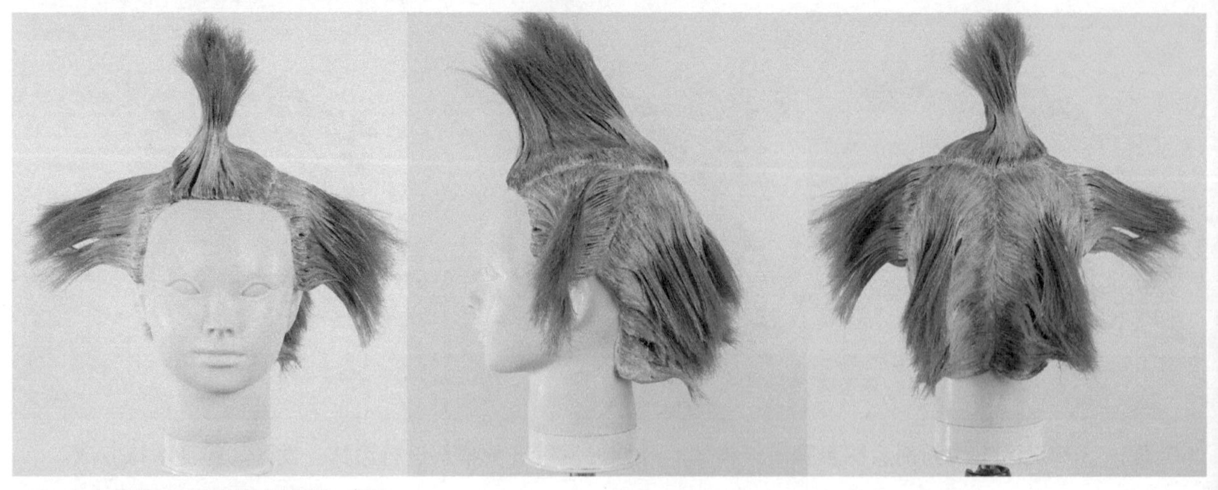

63.5 个发区的药剂涂抹就完成了。

发梢的涂抹

漂白染发步骤详解：

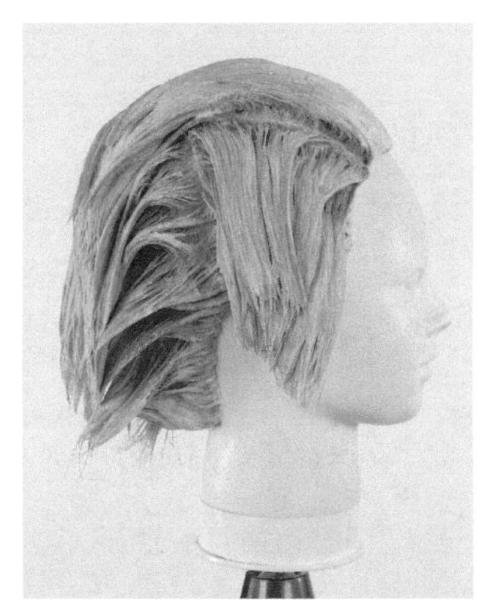

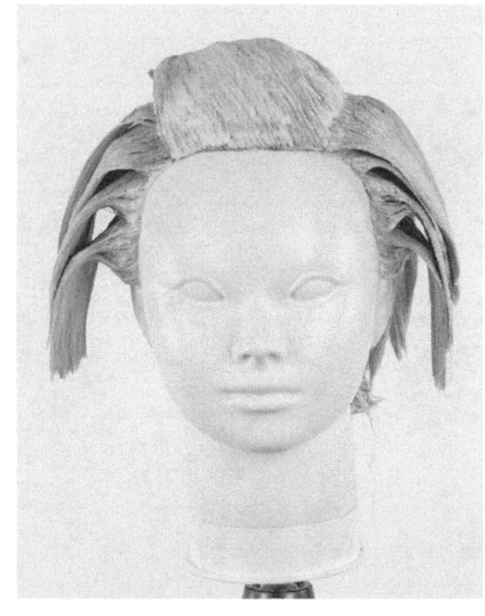

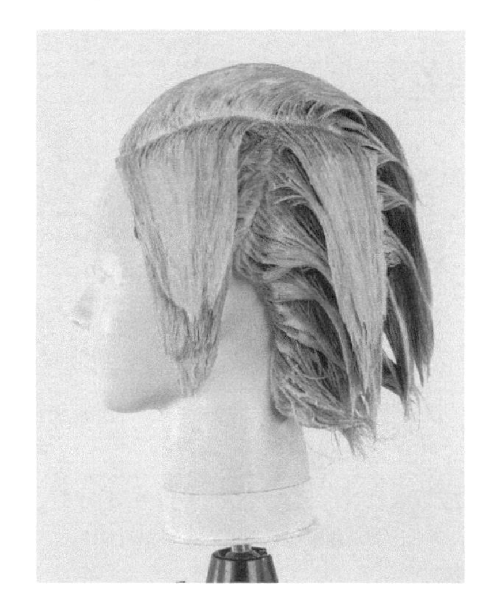

64. 发梢的药剂涂抹和之前进行的发区①～⑤根部的涂抹步骤一样。先涂抹发区④，之后是发区②、发区①，最后涂抹发区⑤。在涂抹的过程中要仔细。

扫一扫，观看染发案例完整视频

完成

漂白染发步骤详解：

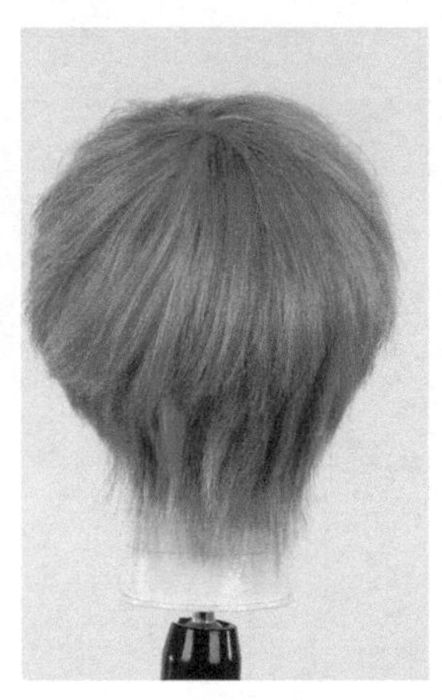

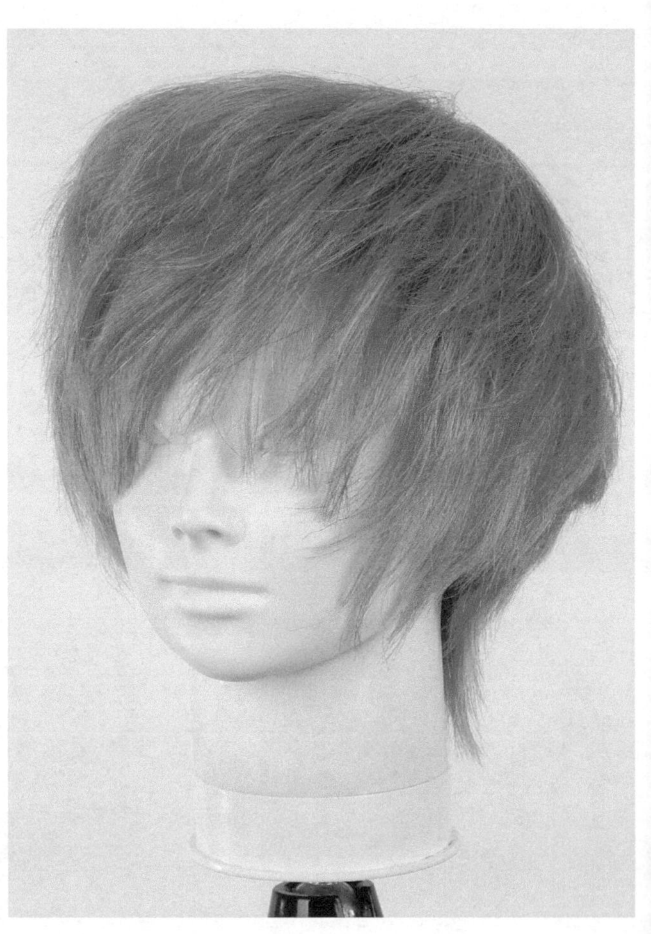

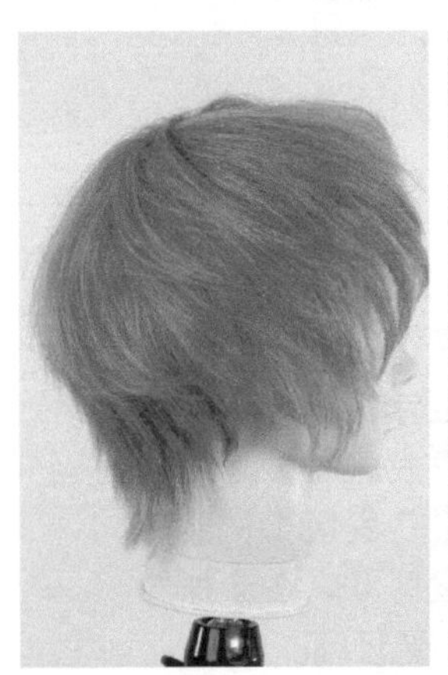

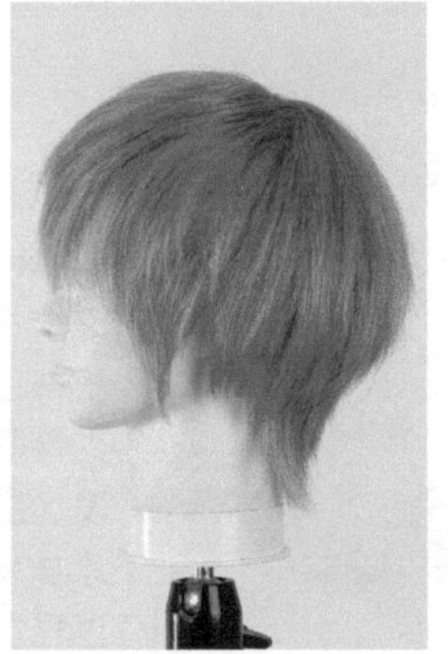

复习一下

充分发挥染发的效率

对于漂白来说，时间的长短决定染发的成败，因此时间尽量要短。为了能更有效率地进行作业，划分发区的方法和站立的位置都有必要熟记于心。

漂白剂的特征

漂白剂与碱性染发剂相比比较湿润，容易发生膨胀。因此要对涂抹范围有所预计，涂完药剂后，需要梳理到D.L前2毫米处。

第 12 章 编织法染发

12.1 编织法的基础知识

本系列染发中的基本技术之一是“铝箔作业”，“编织法”则是“铝箔作业”的基本技术之一。本章先学习“编织法”的技术。

编织法是铝箔作业的一种

铝箔作业是指对整个头部中特定的部分进行药剂涂抹的一种技法。涂抹之后的发束包裹上铝箔，使其不和其他部分接触。这是染发前所做的一个小测试。

铝箔作业的主要种类

编织法
切面法
背对背法
澄清法
后梳理

最有代表性的、使用频率最高的就是编织法

编织法，顾名思义就是编织，在染发技术里，使用梳子和梳子的尾部，像编织一样取特定的有间隔的几个发束，进行药剂涂抹。所取发束的大小随着间隔的变化而变化，从而衍生出丰富的设计变化。

编织法的使用范围

强调头发走向时

与基本染发相结合，在需要营造头发走向时使用编织法，可增强发色，使头发富有动感。

营造头发的立体感时

在头发不同的地方运用高色调（比基础染色更高亮度的颜色）和低色调（比基础染色更低亮度的颜色）进行染发，可以产生立体感和纵深感。

对新长出的暗色头发进行设计时

如果客户新长出的暗色头发很稀疏，且此前染的是高色调的颜色，那么新长出的暗色头发就暴露得很明显。此时要对暗色头发重新进行染色设计，可以用到编织法。

打造让人眼前一亮的染发

在基础染色的基础上，可稍微划分出一些稍大的发片，将其染得与旁边头发的颜色不同，成为让人印象深刻的亮点。

整个头部颜色看起来太亮或太暗时

对整个头部进行有一定间隔的编织法，能够明显地看出编织法染出的头发与整体头发亮度不同，从而改变整个头部颜色看起来太亮或者太暗的状况。

用编织法划分发片

编织法染发步骤详解：

划分发片和小片的正确方法

使用编织法划分发片和小片时，无论使用剪发梳或尖尾梳，对于发束来说，基本上都呈 45° ，并且一边看着发根一边操作。

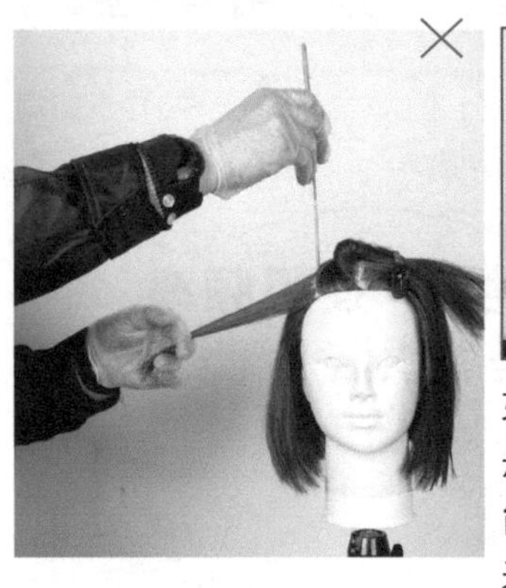

如果不能看见发根，而是跟着感觉走的话，可能和正确的操作方法越来越远，结果也就大相径庭了。

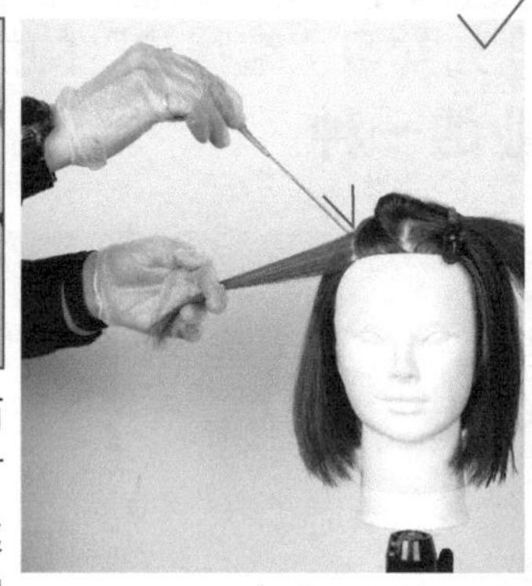

一边看发根一边操作，可以根据发片的厚度，用齿梳来划分发片。

使用尖尾梳划分发片

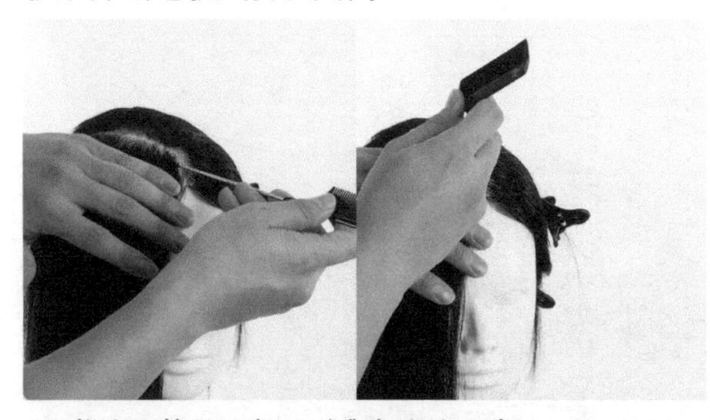

1. 将尖尾梳的尾部，对准发片的一端。

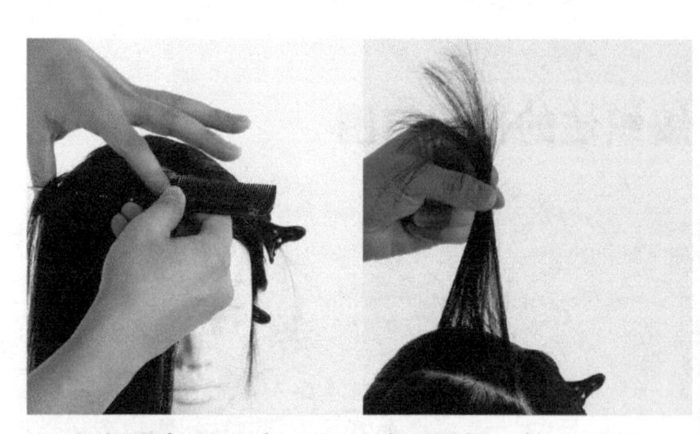

2. 根据选好的厚度，从一端开始插入梳子尾部，划分发片，将其拉伸出来。

使用剪发梳子划分发片

1. 从发片的一端，和头皮位置呈 45° 插入梳子。

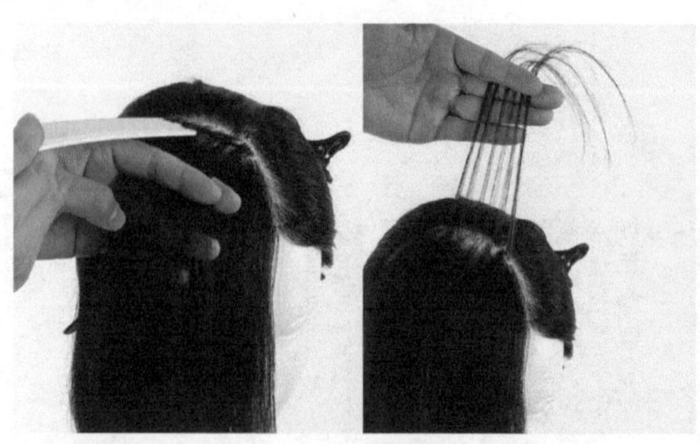

2. 横向分取小片，划分出想要的小片的厚度，并拉伸出来。

划分小片

编织法染发步骤详解：

操作者的视线

以操作者的视角（即俯视角度）来观察划分小片的过程。

将梳子的梳齿对准发片的一端，根据想要的厚度来获取小片。

第一个小片取好后，留出想要的空隙后，再开始进行第二个小片的选取操作。

听课人的视线

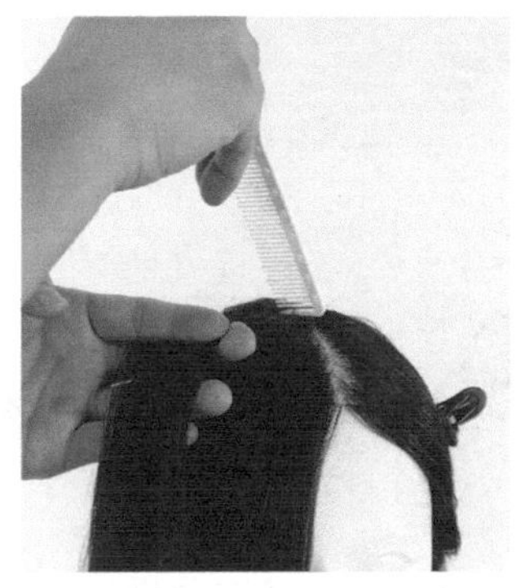

以听课人的视角，观察划分小片过程的侧视图。

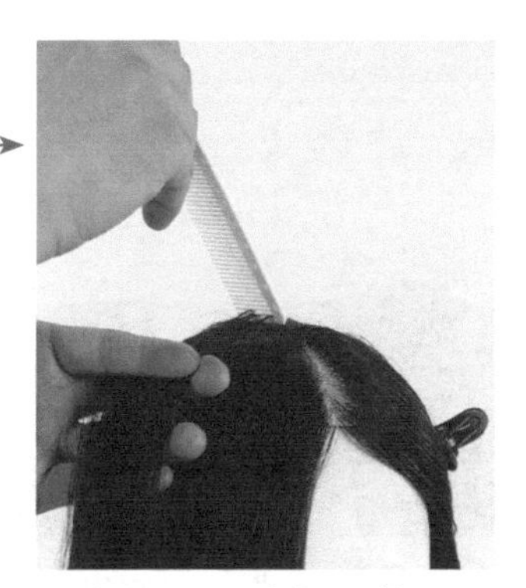

从发片的一端插入梳子，划分出一个小片。

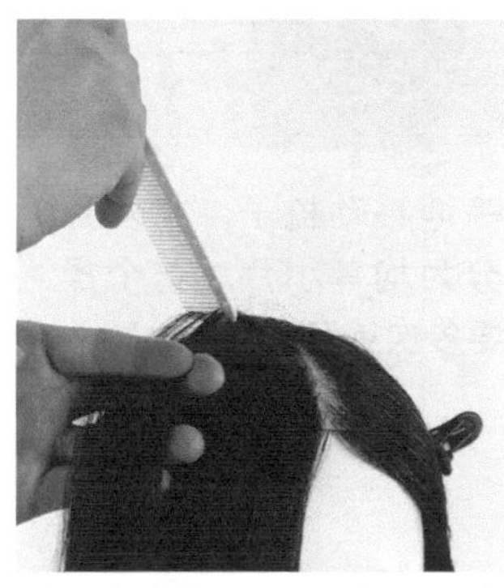

然后空出间隔，再在下一个部分插入梳子，划分出第二个小片。

按照自己设想的节奏来辅助编织

要想做成大小均等的小片，首先自身要保持统一的节奏来编织。可以一边在头脑中制造有节奏的声音，一边手中配合着节奏进行编织。

目标

均等地移动梳子，将发片划分为均等小片。这个操作要多次练习。

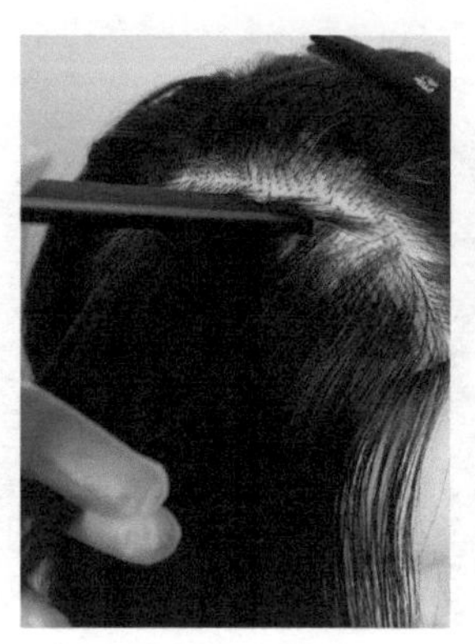

划分出第二个小片的状态。

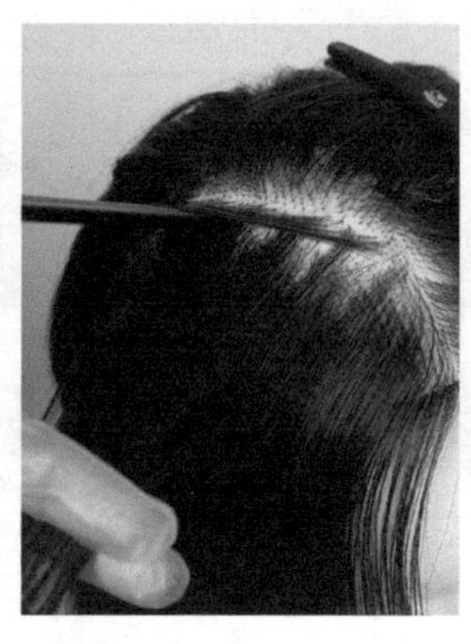

划分出第三个小片的状态。

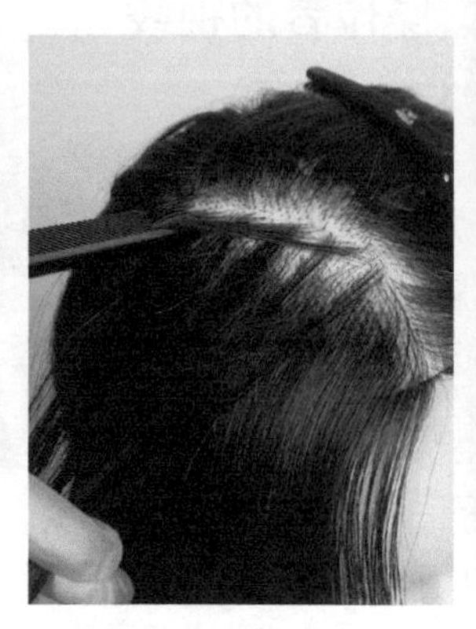

划分出第四个小片，用同样的方法操作，整个发片都被划分为小片。

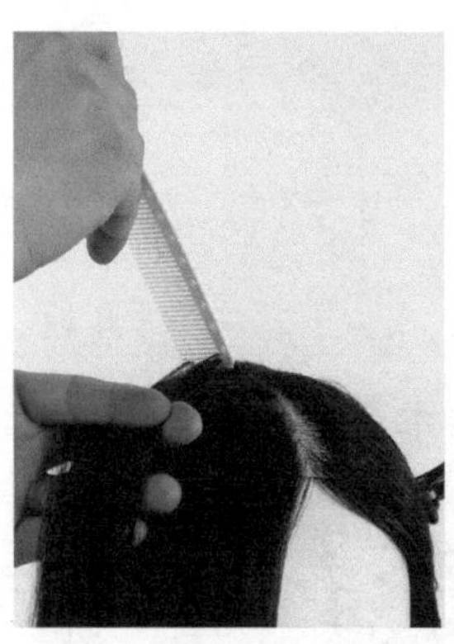

第二个小片划分完成。

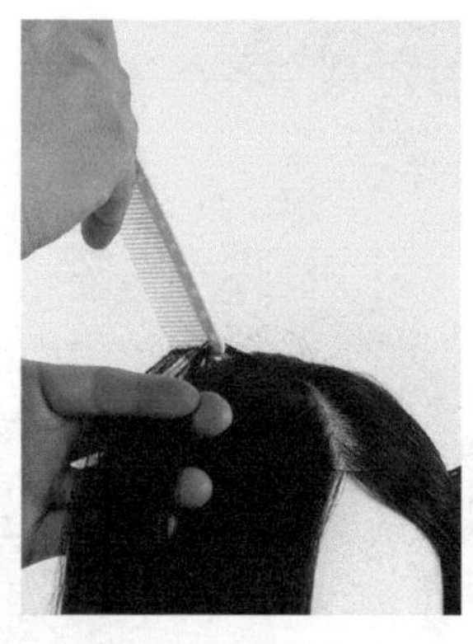

空出间隔，第三个小片也进行相同的划分。

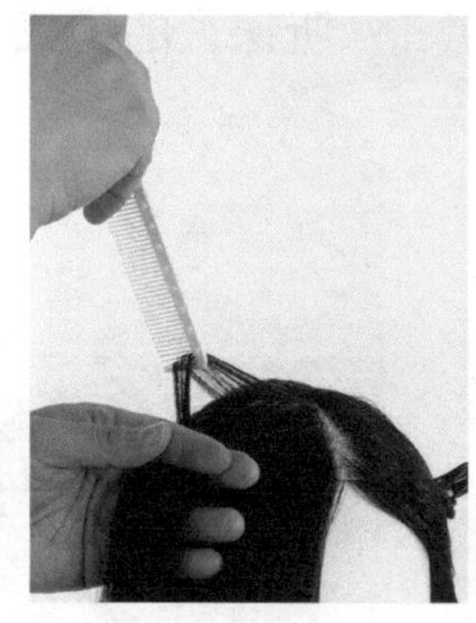

一直按这种操作来划分小片。

取发的深浅不同，造成的效果也不同

小片到底需要划分多深，是以和基础染发相结合的效果来决定的。划分的时候，为了能取得自己想要的小片深度，要多进行练习。

划分较浅的小片

较浅的小片，其最低标准是深度 2 毫米。

划分较深的小片

根据设计要求，也需要划分较深的小片。

用尖尾梳来划分小片

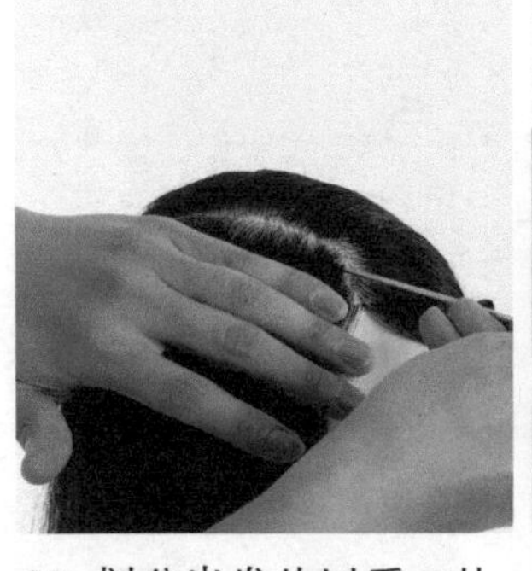

01. 划分出发片以后，从发片的一端插入尾部，根据想要的大小和深浅来取得小片。

02. 空出想要的间隔，像用针缝补一样，再一次划分小片。

03. 步骤1、2反复进行操作后，划分小片结束，然后用手握住小片尾部，将其提起。

04. 划分为均等的小片。

根据梳齿距离不同，形成不同的效果

梳齿距离是小片与小片之间距离的单位。本书中以"梳齿距离0—0"的方式来记录（第一个数字是小片的大小，第二个是指小片之间的间隔）。下面来介绍一下各种规格的小片。

梳齿距离2—4

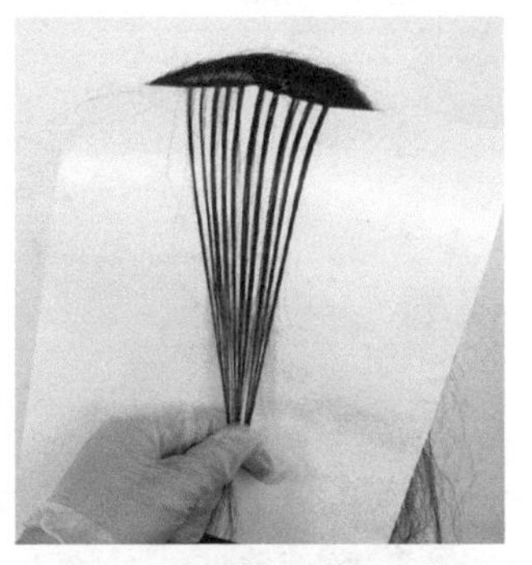

完成后的线虽然不是很显眼，但是与基本染发的颜色融合起来比较的话，可以稍稍提亮整个头部的颜色。

梳齿距离3—7

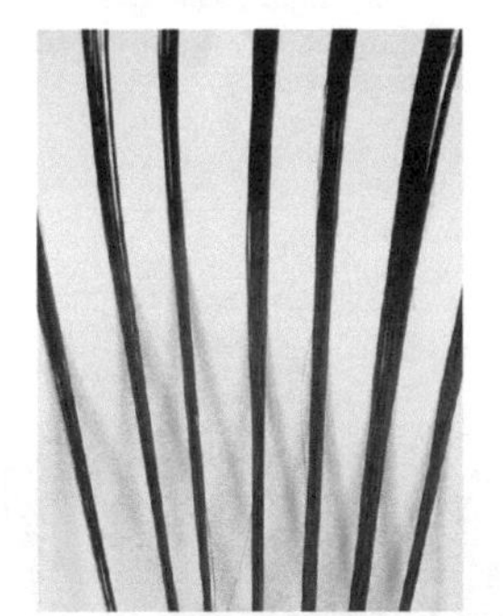

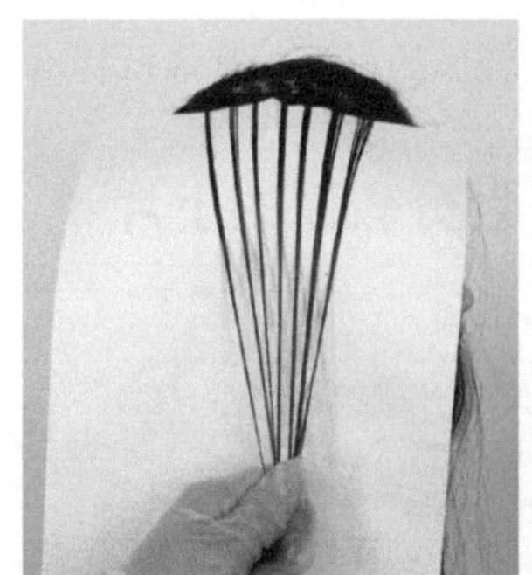

对编织出来的头发进行染发后，和基本染色进行融合，可以突出头发的存在感。

梳齿距离5—5

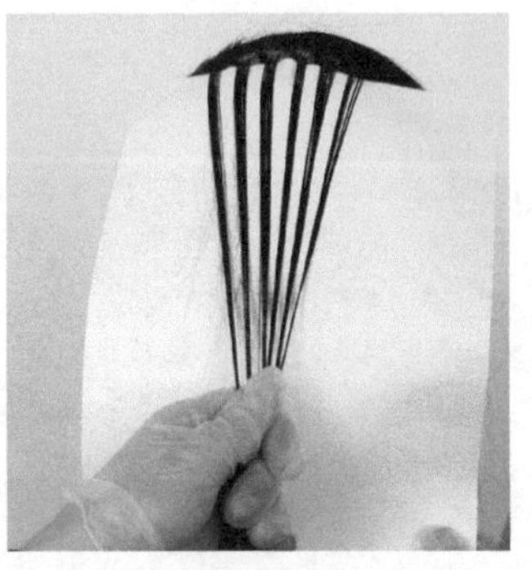

这种梳齿距离的头发可以突出其立体感和纵深感，使用频率很高。

梳齿距离5—10

编织出来染色后，给人非常强烈的"线"的感觉。相对于整个头部的基本色，小发片的颜色会很明显地突出出来。

涂抹试剂

编织法染发步骤详解：铝箔片的放置

01. 划分小片结束后，将小片汇总，然后用左手握住。

02. 注意不要将小片弄散，适度拉紧上提。

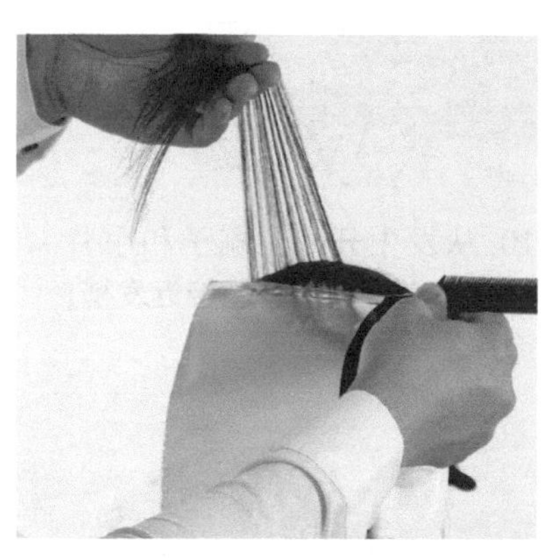

03. 用左手紧紧握住小片，右手拿大小合适的铝箔片，放在小片下面。

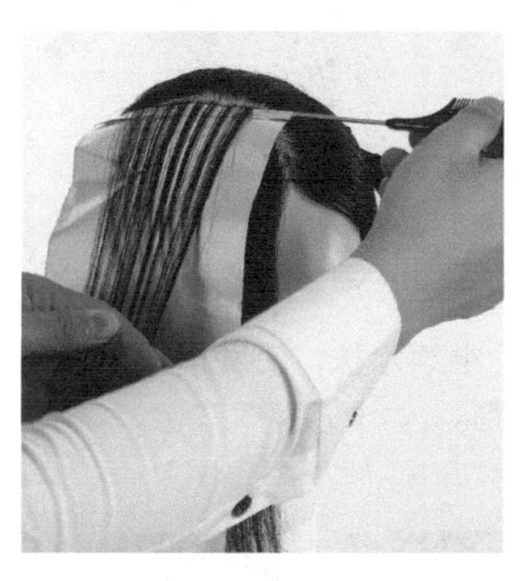

04. 将上拉的小片按照头发原来的位置放下来。

05. 放置的同时注意不要让铝箔片离开右手落到地上，左手握住小片向下，将铝箔片压住。

06. 像步骤5那样压住铝箔片的时候，注意不要用手直接触摸到铝箔片，否则铝箔片会形成多余的折叠痕迹。

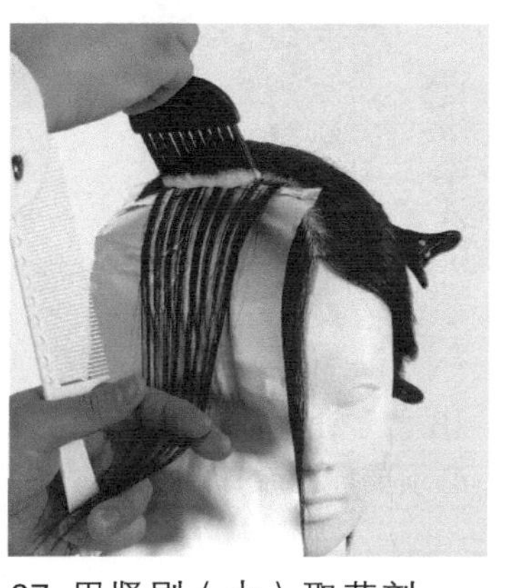

07. 用竖刷（大）取药剂，刷子和小片呈90°，涂抹药剂。

08. 发片比较大的情况下，可以分多次进行涂抹。图中是涂抹发根中间时候的样子。

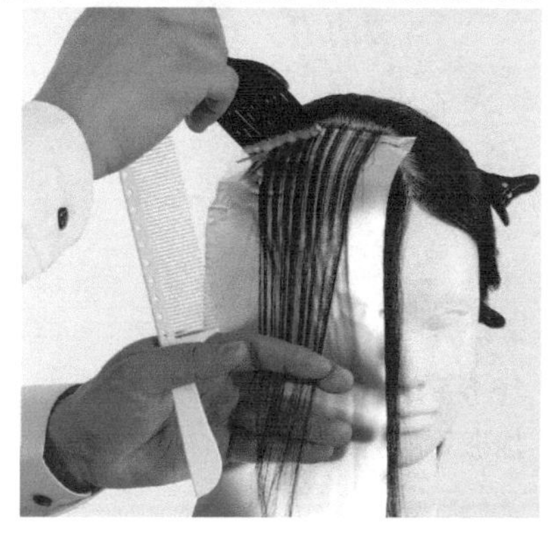

09. 对发根处残留的部分进行涂抹。

10. 从发中开始，刷子和小片呈 60° 进行涂抹。越接近发梢，涂抹量越大。

11. 继续涂抹发中。

12. 发中部分涂抹结束后，左手将铝箔片上托，使小片与刷子成 0° 开始涂抹。

13. 用刷子滑动涂抹。

14. 一直涂抹到发梢（图解 1）。

15. 继续涂抹，使发梢都涂抹上药剂。

16. 将露出铝箔片的发梢部分归拢在铝箔片以内。

17. 一直到发梢都整理好后，继续开始涂抹。如果刷子剩余的染发剂不足时，要用刷子再蘸取药剂。

18. 为了让发梢也浸透药剂，必须要仔细涂抹。

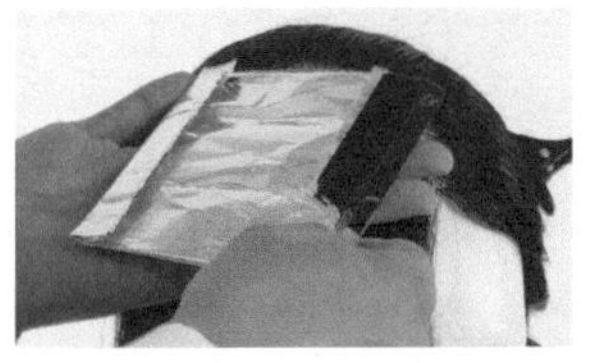
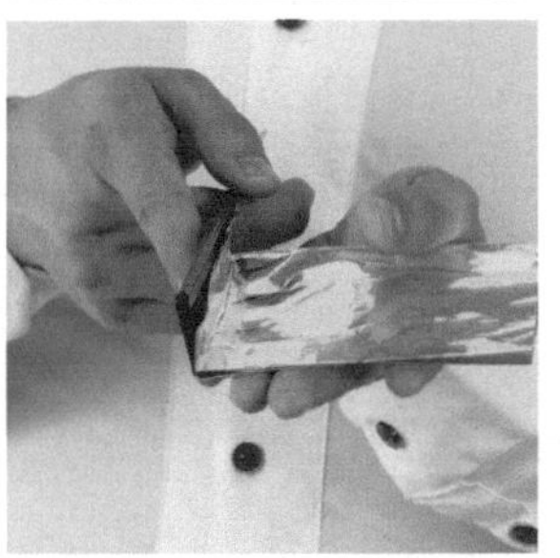
19. 全部折叠完成之后，右端也一样，在其2厘米处用梳子形成折痕。

20. 然后做成折线，左手从背面支撑铝箔片，将铝箔片的一端折起来。

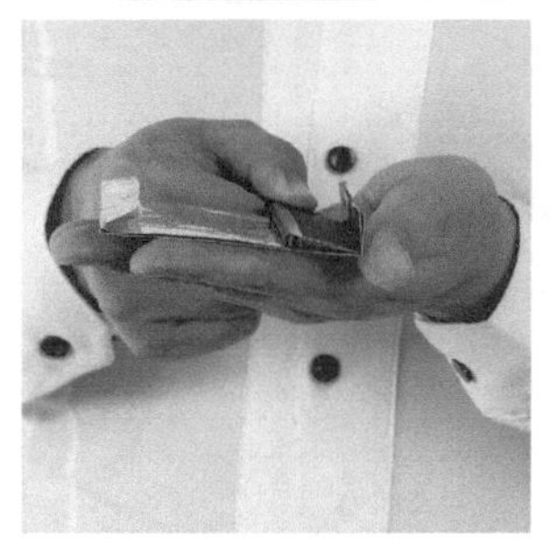
21. 用手掌和梳子在铝箔片上仔细地做成折痕。

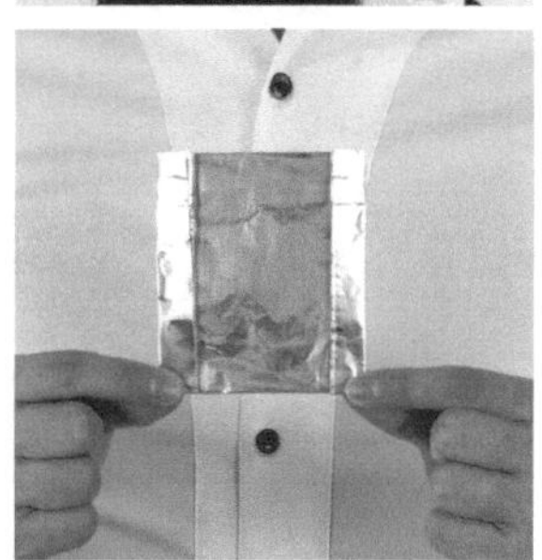
22. 一张铝箔纸折叠完成。

折叠铝箔片

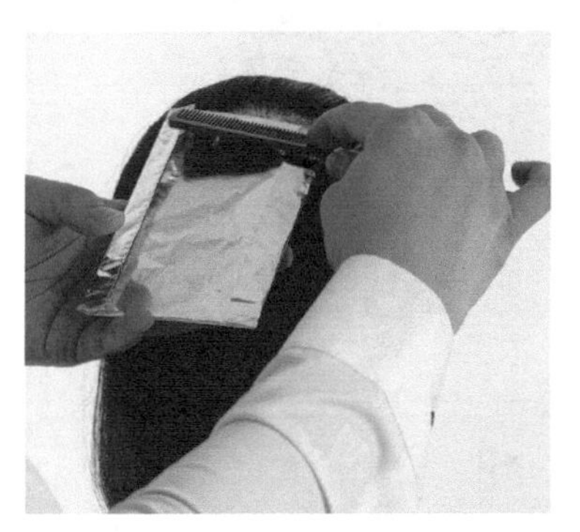
23. 用梳子对着铝箔片根部约2毫米的地方，将铝箔片上提。注意不要形成折痕（图解2）。

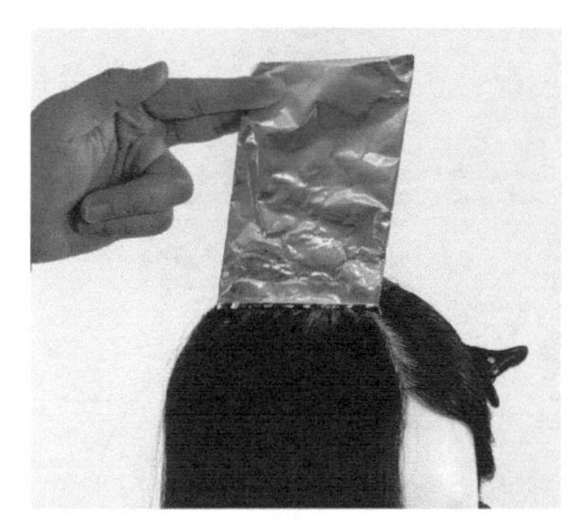
24. 然后向上将铝箔片翻转到背面。

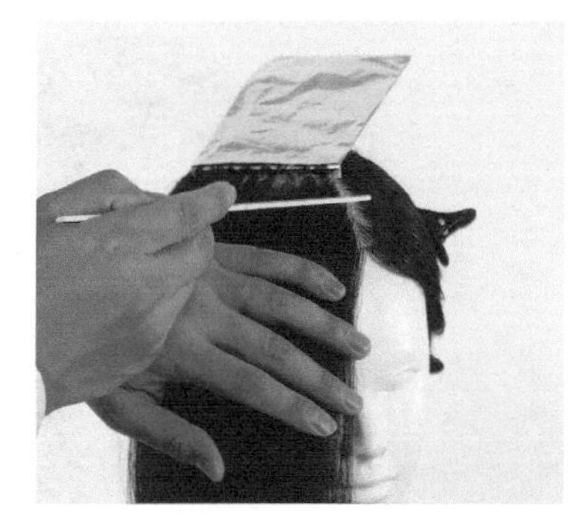
25. 然后继续握住下面的发片，用梳子划分小片。

26. 划分1毫米左右厚度的发片。

27. 将划分好的发片上端拧紧。

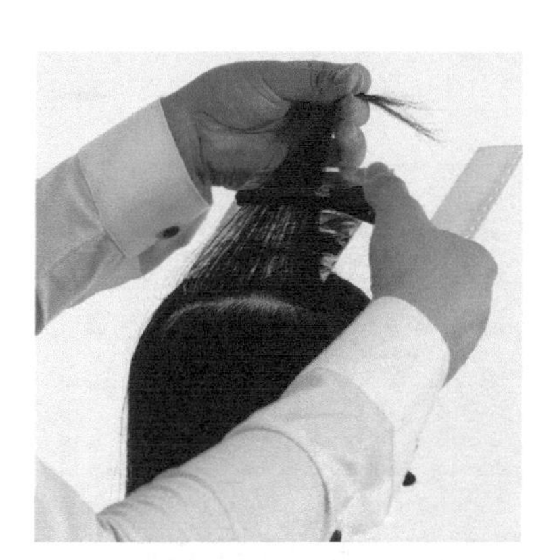
28. 用夹子夹住划分好的发片，按照设定好的目标开始实施编织法。

发片涂抹完成

编织法染发步骤详解：

12.2 同一种小片实施的编织法染发

掌握了编织法的方法以后，就要在整个头部实施编织法了。
这次整个头部的编织，要以前面介绍的编织法为标准，在齐发发型中实施编织法。

染发目标和染发方法

编织法染发步骤详解：

染发的基础发型是头发长度相同的发型

这次以发长相等的发型为基础来染发，用刚刚学过的编织法来实施。

基础发型

将头发在肩部位置归拢为同一长度的齐发发型。

目标发型

从发根到发梢，将自然灰分为 12 个等级来使用药剂。图片为梳齿距离 3—7、深度约 3 毫米（发片的厚度是 1 厘米），均匀地实施编织法后的状态。

划分发片、固定头发的方法、铝箔作业的方法，都要熟记于心。
根据染发部位的不同,在进行编织法时，一旦变更发片的大小，梳齿距离的大小也要相应变化。

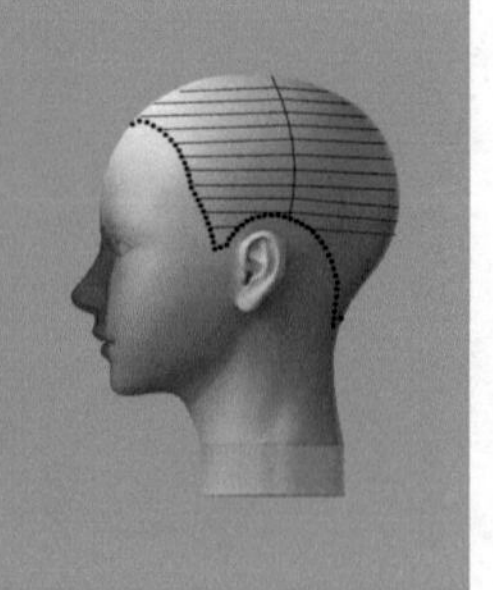

基本的染发要和编织法染发技术融合使用。经过多次反复练习，牢牢掌握染发的实际应用。

染发的基础是“发长相等”的齐发发型

通过下面操作图来说明此次固定头发的流程。
和前面章节中发区的划分相比，这次发区的划分完全不同。

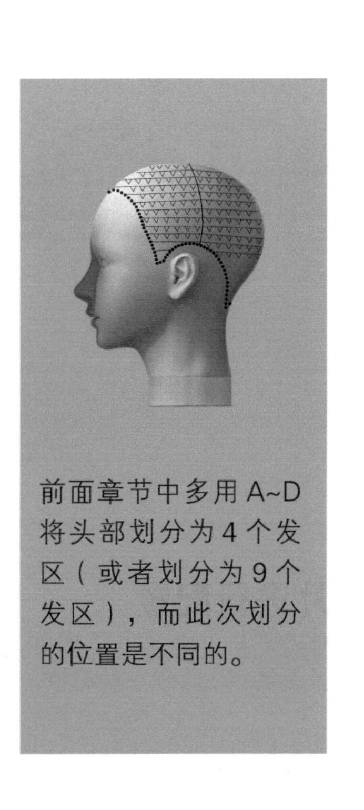

前面章节中多用 A~D 将头部划分为 4 个发区（或者划分为 9 个发区），而此次划分的位置是不同的。

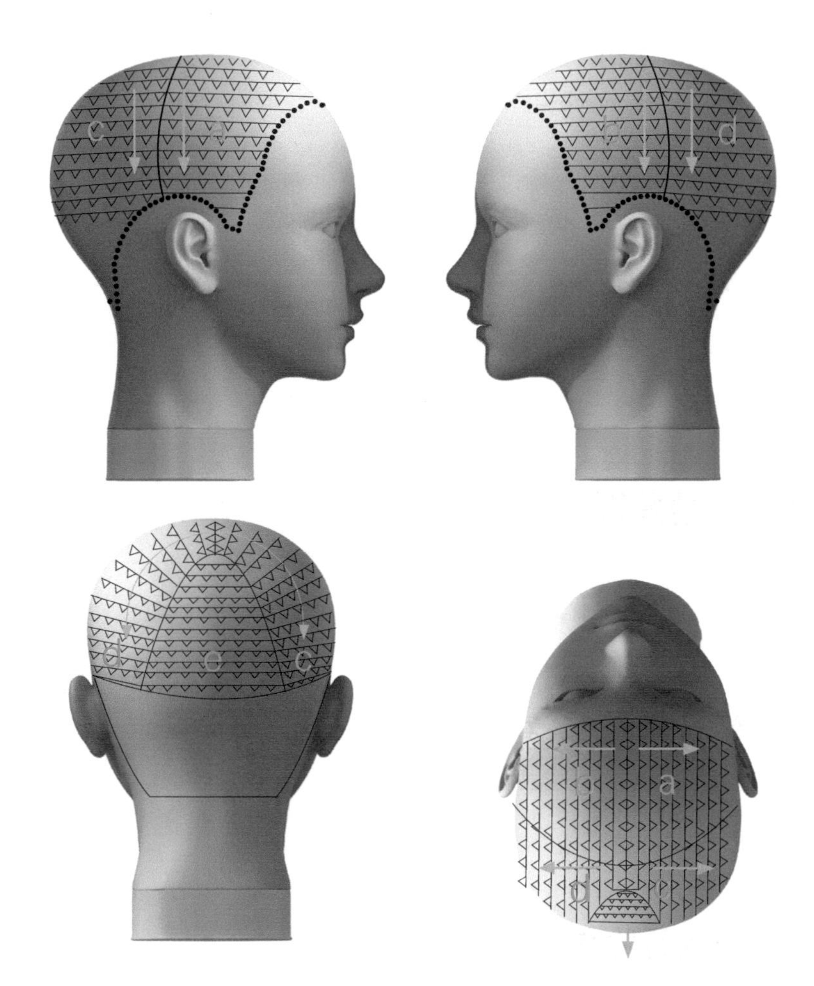

发区的划分：从顶点通过双耳连线和头部正中线，将头发分为 4 个基本区域 a~d；然后连接黄金分割点和后脑区发际左右的三角区（即后脑区发际左右两点），成为一个区域，取这个区域的位于耳朵上的部分，成为一个染发区域 e，合计共 5 个染发区域 a~e。由于后脑区位于耳朵以下的区域，位于发表的内侧，完全看不到，所以没有必要实施染发。a~e5 个区域全部划分成横向的发片，从前面开始实施染发，同一区域则从上到下开始染发。

需要注意的地方

操作前，要有意识地学习和掌握编织法的技术。

1. 时间

工作没有效率，操作时间也会相应变长。因此，一定要根据实际需要来决定花费的时间，要有时间意识。

如果对 60 个发片进行染发，共耗时 20 分钟，那么一个发片的操作时间为 20 秒。可以参考此种方法来划分操作时间。

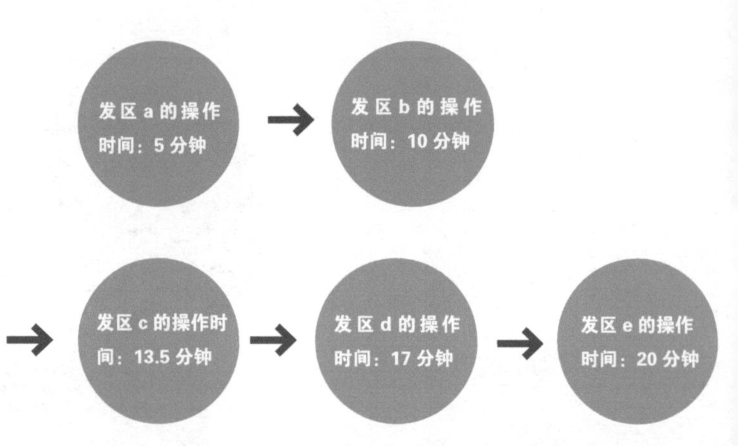

2. 其他关键点

除了把握时间之外，其他几个方面也需要特别注意：不能因为贪图速度快而将头发染得很杂乱，也不能因为特别认真仔细而导致整体速度过慢，要从整体上来提高操作技术。

铝箔片折叠要整齐

铝箔片的大小要与发片的大小正合适，做到折叠整齐。这样做不仅美观，而且也不会对染色造成很大的影响。

正确进行涂抹

如果划分的小片数量过多，那么对于一个发片来说，就可能导致涂抹不均。再进行重新涂抹时，会对最终的效果造成很大的影响。因此要做到正确涂抹，并能在规定时间内完成操作。

有意识地对发片和小片进行配置

无论是重叠的发片，还是相邻的发片，进行小片划分时一定要合理安排小片位置，反复练习，形成一种习惯。

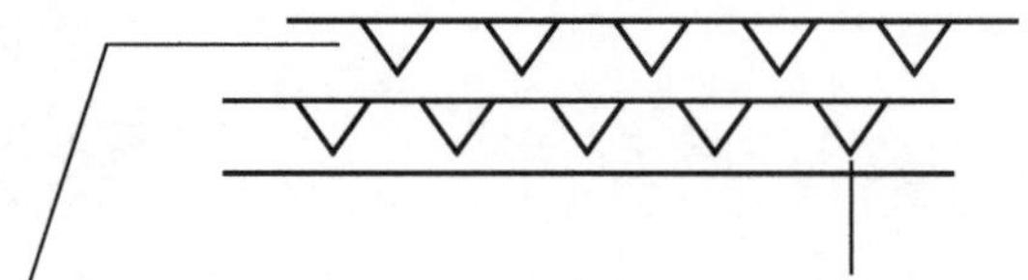

相邻发片之间，小片的划分位置要错开，这样可以避免小片看起来颜色太重、太显眼。

小片划分结束后，多余的头发要与下一个发片融合在一起，小片与小片之间分配时也要防止过分重叠。此外，还要练习正确地划分发片的大小。

对头部用编织法进行染发

编织法染发步骤详解：

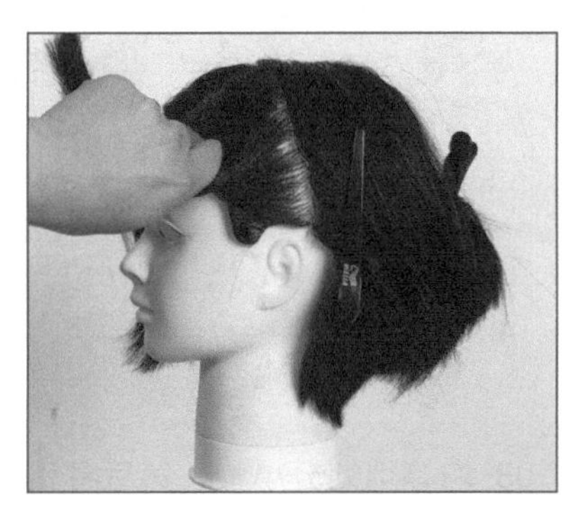

01. 从头部正中线将头发左右分开，左边从顶点和耳朵的连线将头发前后分开，前面为发区 b，用夹子将其固定。

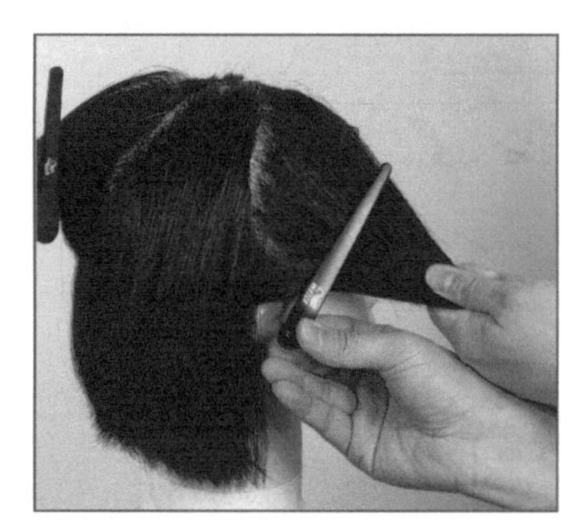

02. 头部右侧和步骤 1 的划分方法一样，取发区 a，和发区 b 对称，用夹子将其固定。

03. 连接顶点和后脑区发际的左端点，取此区域的耳朵水平线以上的部分，为发区 d，用夹子将其固定。

04. 连接顶点和后脑区发际的左端点，取此区域的耳朵水平线以上的部分，为发区 d，用夹子将其固定。

05. 发区 c 和 d 之间剩余的头发，耳朵水平线以上部分为发区 e，用夹子将其固定。

固定头发的程序结束了，接下来即可计算时间进行涂抹。

对发区 a 进行涂抹

编织法染发步骤详解：

06. 从发区 a 开始，与正中线平行，划分出厚度为 1 厘米左右的发片，将其拉伸出来。

07. 然后用梳子划分小片，梳齿距离为 3—7，深度约 3 毫米。

08. 均等地划分小片，然后将铝箔片铺在小片下面。

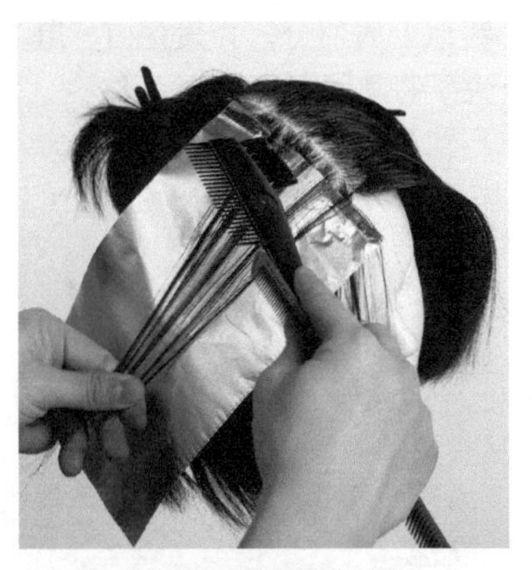

09. 从根部开始涂抹药剂。

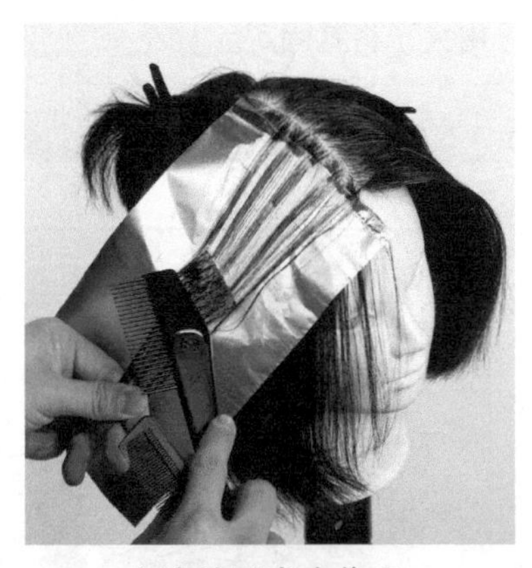

10. 一直涂抹到发中位置。

11. 然后用刷子插入发梢下面，将发梢向上翻折，压在铝箔片上。

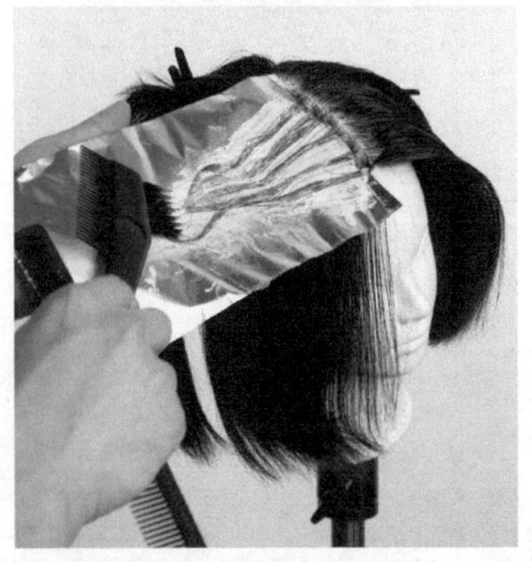

12. 如果此时药剂涂抹不足，要用刷子取药剂补足，并仔细涂抹发梢。

13. 要结合发片的大小来折叠铝箔片的侧面（图解 4）。

14. 折叠侧面时也要结合发际，并将铝箔片折叠得整齐美观。

15. 把发片剩下的头发，重新向发区 b 位置固定，这样第一个发片（发片 1）就涂抹完成了。

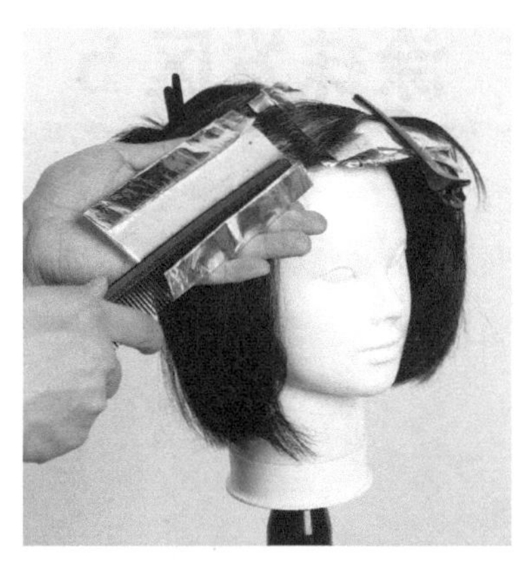

16. 发片 2 的操作方法和发片 1 一样，但是小片划分的位置要和发片 1 中小片的位置不同（因为要累积作业）。铝箔片的折叠位置也要严格遵守，需符合发片的范围。

17. 随着铝箔片的片数增加，发片就变小了。

18. 如果铝箔片较宽，首先向一侧（小铝箔片一般向左侧）折叠。

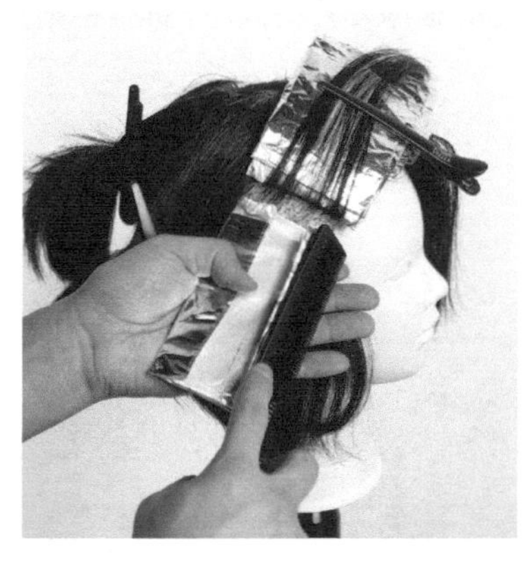

19. 然后折叠另一侧。

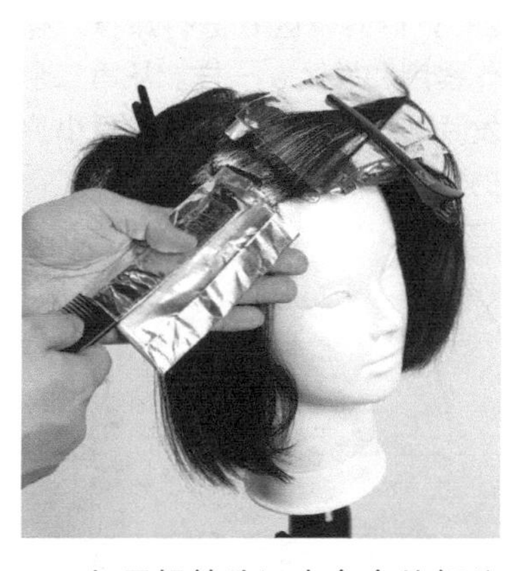

20. 如果铝箔片还有多余的部分（有的折叠后还长），可以再翻折回去。

21. 涂抹发区 a 最后的发片。

22. 铝箔片操作结束后，将已经固定的所有发片都释放下来，然后重新固定发梢部分。

用时 20 分钟

涂抹发区 b

编织法染发步骤详解：

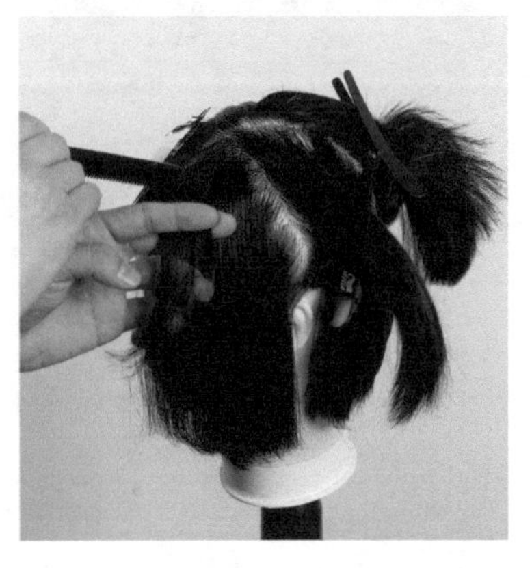

23. 开始对发区 b 进行涂抹，操作程序和发区 a 一样。从第二个发片开始，划分小片时注意小片的位置不要重叠。

24. 根据发片的大小，折叠铝箔片。

25. 涂抹发区 b 最后一个发片。

26. 全部的发片都涂抹完毕后，和发区 a 一样将发片向下用夹子固定。

27. 前面的两个发区 a、b 都涂抹完毕。

用时 10 分钟

涂抹发区 c 和发区 d

编织法染发步骤详解：

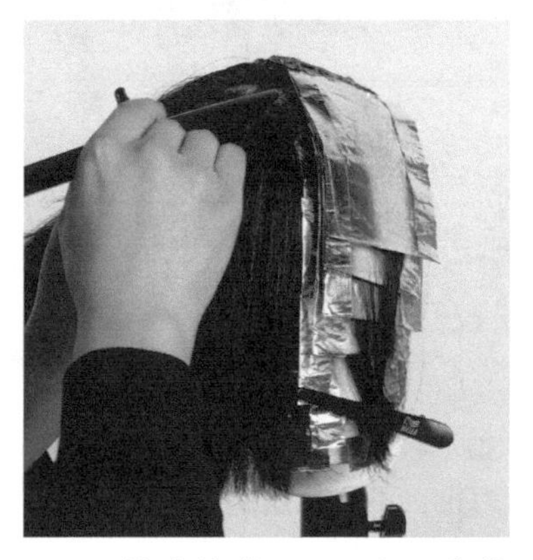

28. 开始涂抹发区 c。和正中线平行划分发片 1，发片厚度为 1 厘米左右，然后将发片 1 拉伸出来。

29. 和发区 a、b 的操作方法一样，按梳齿距离为 3—7 的规格划分小片。

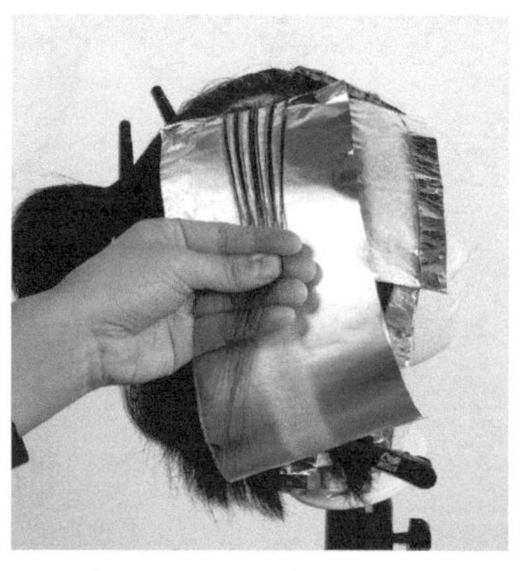

30. 由于发片 1 比较小，所以小片的数量也较少。

31. 然后和发区 a、b 一样，涂抹药剂。

32. 在保持小片位置不重叠的前提下，对下一个发片进行涂抹操作。

33. 对发片 3 进行操作时，由于头部骨骼的关系，刷子和铝箔片很难保持角度来涂抹药剂。

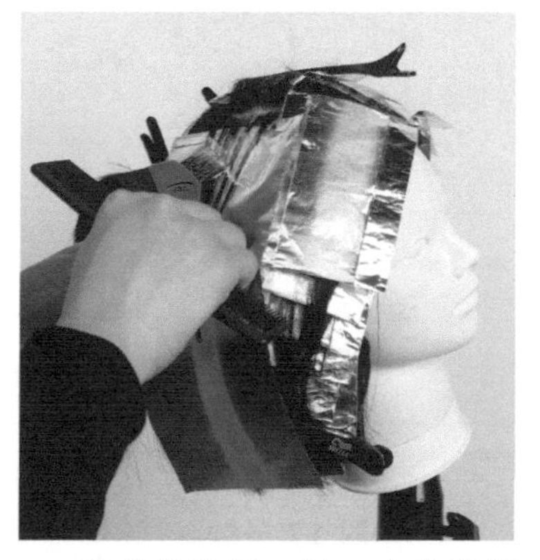

34. 因此从这里开始，在发根部分用刷子压住铝箔片进行涂抹。

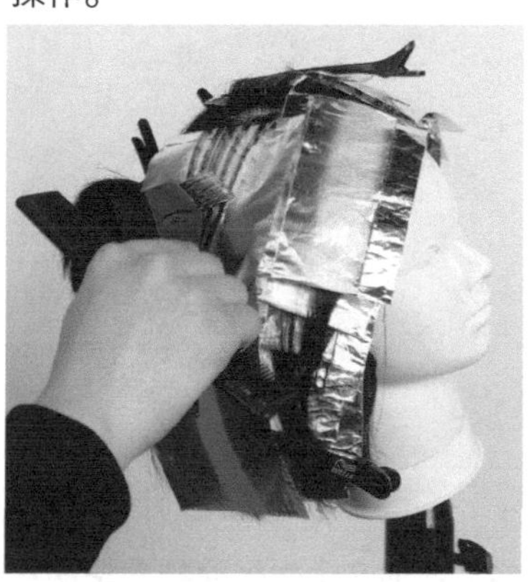

35. 然后握住小片的手放开。

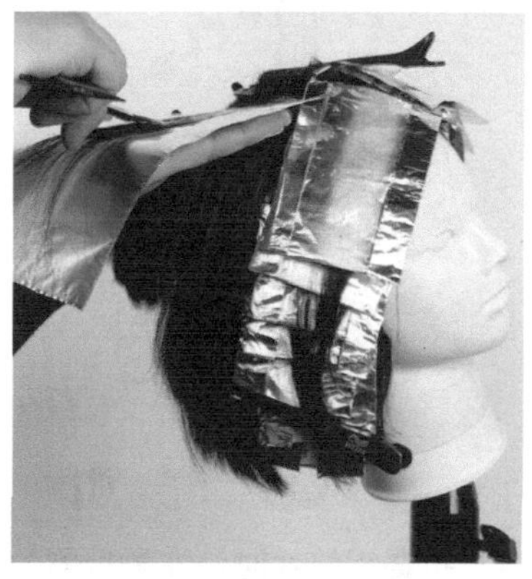

36. 用刚刚松开小片的手从下向上托住铝箔片，另一只手开始进行涂抹。

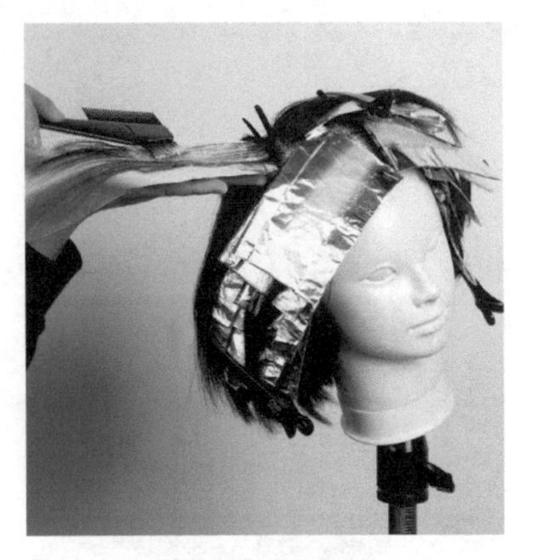

37. 一直涂抹到发中。

38. 然后再涂抹到发梢。

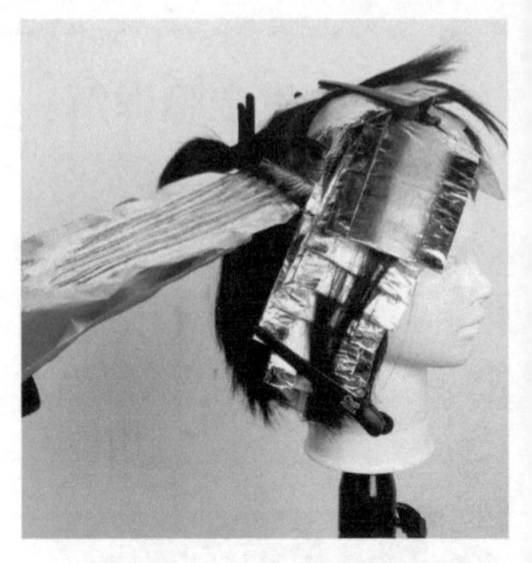

39. 像这样，一直涂抹到发梢为止，不要有遗漏。

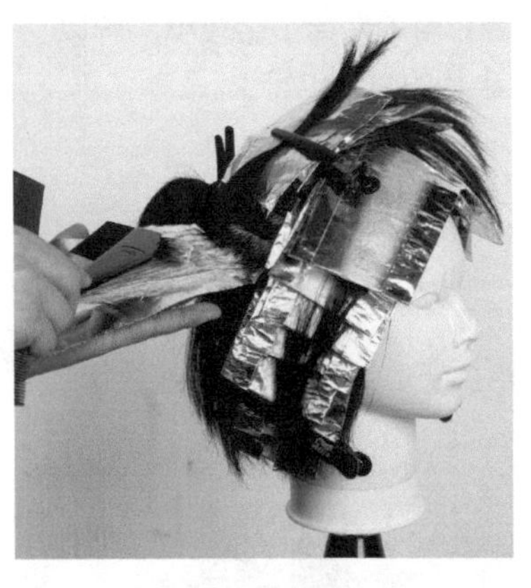

40. 涂抹发区 c 最后的发片。后侧的 2 个发区 c、d 的最后的发片，由于很难看出与骨骼的关系，要仔细地用手向上托住铝箔片，然后进行涂抹。

用时 13.5 分钟

41. 开始涂抹发区 d。和发区 c 的操作顺序一样。

42. 折叠铝箔片时，注意折叠的大小。

43. 后面 2 个发区涂抹完毕的状态。

用时 17 分钟

发区 e 的涂抹

编织法染发步骤详解：

44. 发区 e 位于发型的表面，由于c、d 区的头发会向后重叠，为了避免染发颜色过于强烈，需首先划分出 e 区的第一个发片（发片 1）。

45. 然后将发片 1 向前方固定，整个染发操作完毕后，发片 1 在表面上会作为一个遮挡物来使用。

46. 然后从发片 2 开始，和以前的涂抹步骤一样，开始进行涂抹。

47. 涂抹最后一个发片。

48. 全部的发片涂抹完成。

用时 20 分钟

检查完成的效果

编织法染发步骤详解：

带着铝箔片进行检查

首先对一片一片的铝箔片进行检查，看是否与发片的大小匹配，是否美观。另外，还要检查铝箔片是不是附着在发片的发根处。

铝箔片歪曲的状态

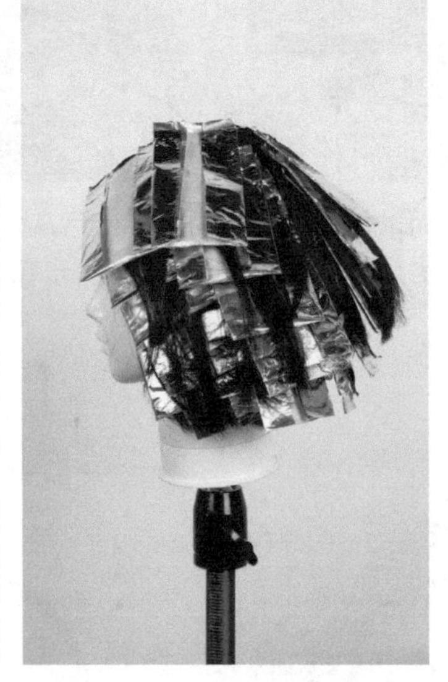

铝箔片相对于头发来说是歪着的，这样折叠的话，已经涂抹过的发束的药剂就会从铝箔片流出，相邻发片的根部也会沾到药剂。

铝箔片比较整齐的状态

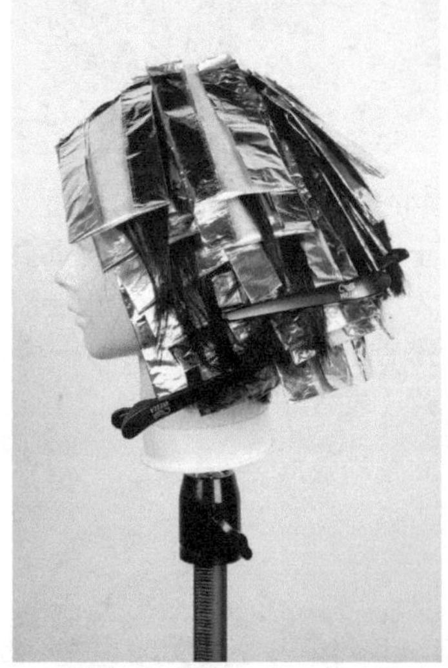

铝箔片没有歪曲，可以折叠整齐，不会对染发结果造成影响。

染发完成的状态的检查

整个头部用编织法完成后，用洗发香波清洗，然后就会明白，若想获得整齐的风格，整齐地使用铝箔片是多么重要。还有，在检查细节的同时，对小片染的颜色和位置也要进行仔细观察。

理想效果

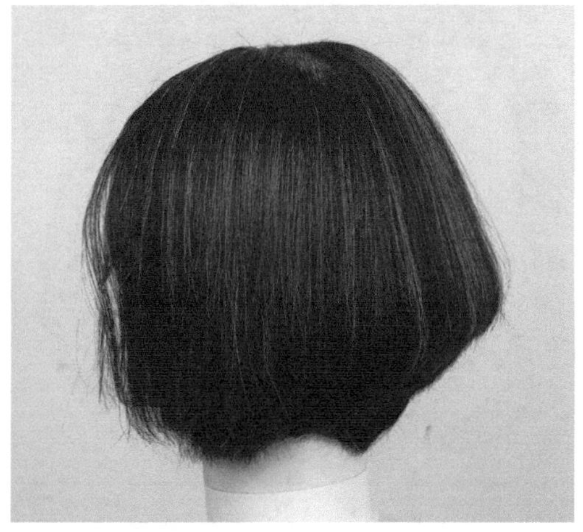

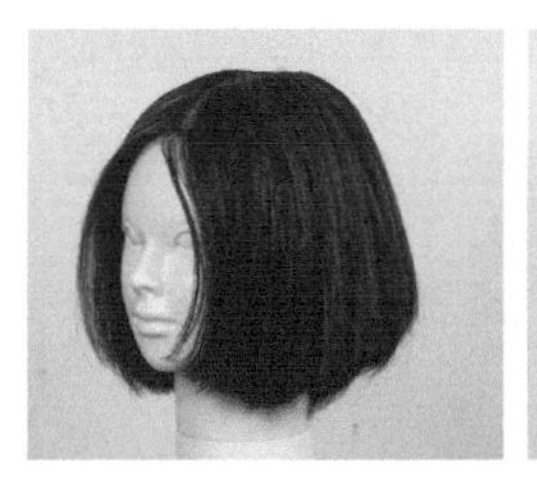

侧面的表面。小片的高色调一直到发梢为止都很好地表现出来了。

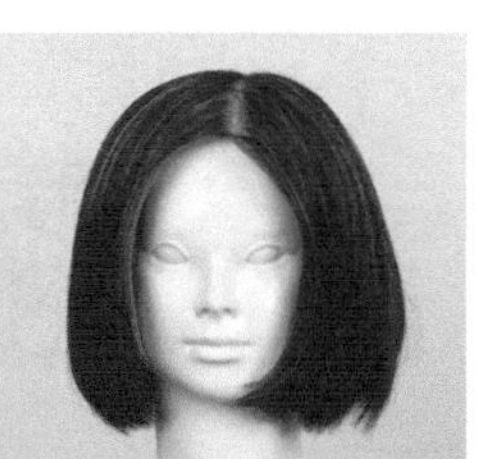

发根自然的暗色状态是理想效果。

不理想的效果

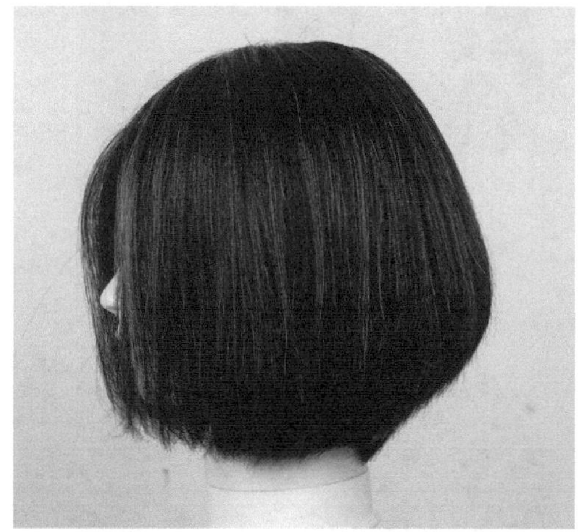

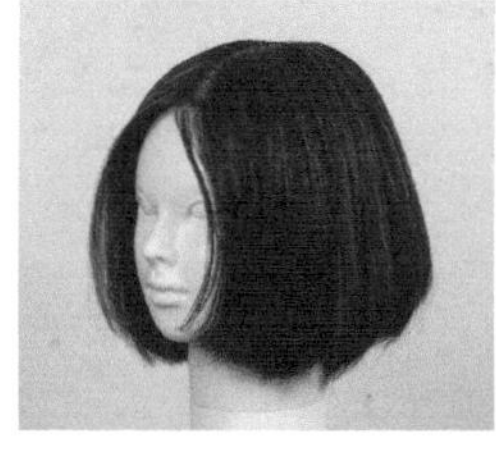

发梢涂抹量不足，小片会形成斑点，发梢发暗，效果不好。

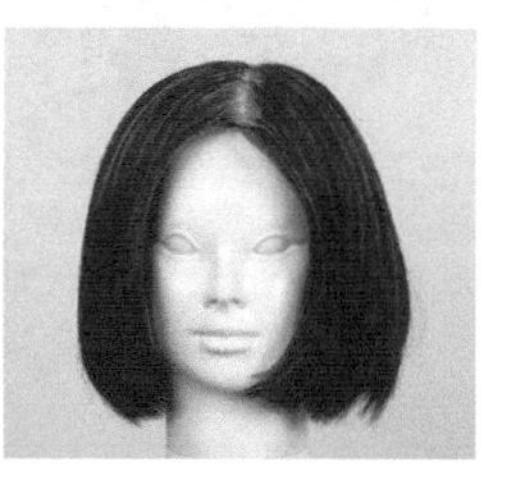

从其他的铝箔片流出的药剂正好沾到头皮的话，就会像图片中那样形成斑点“瑕疵”。

这样的发梢是不行的

发梢药剂过量，形成斑点，或者发梢自身涂抹量较少，这些情况都会产生不好的染发效果。

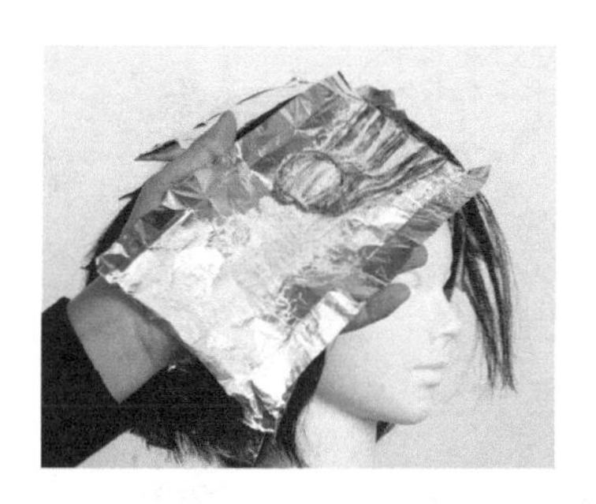

完成

编织法染发步骤详解：

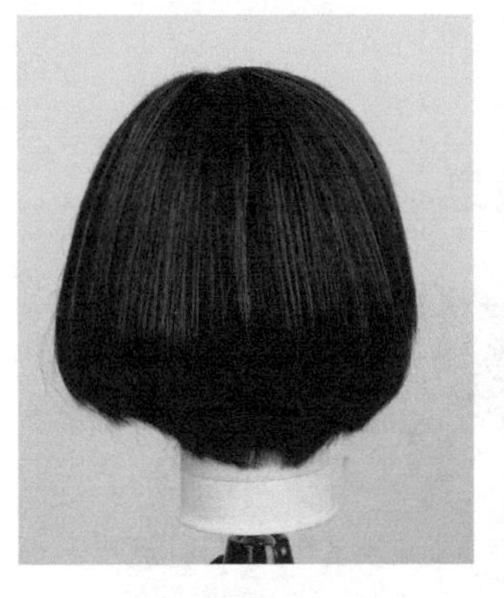
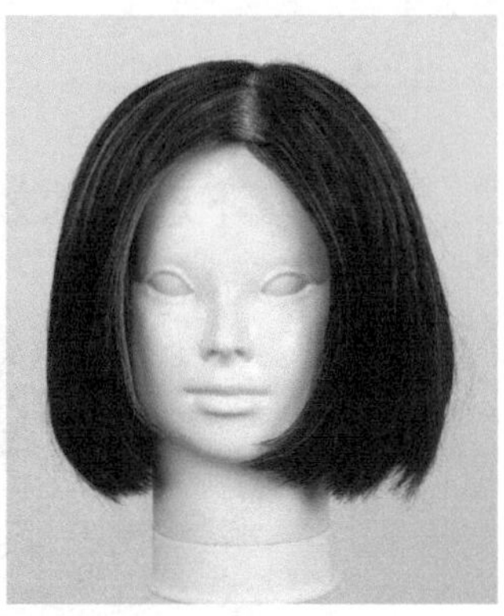

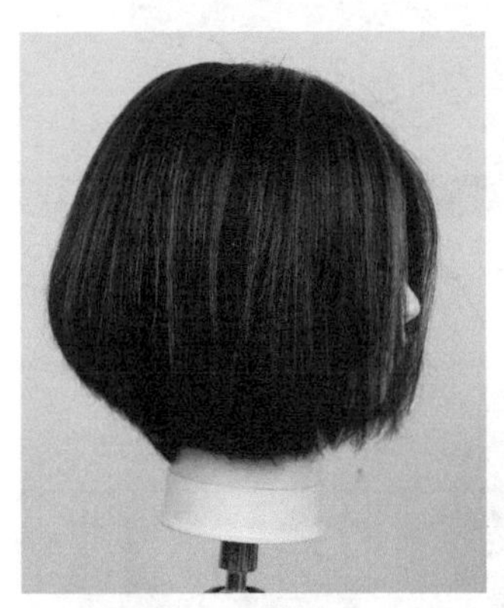
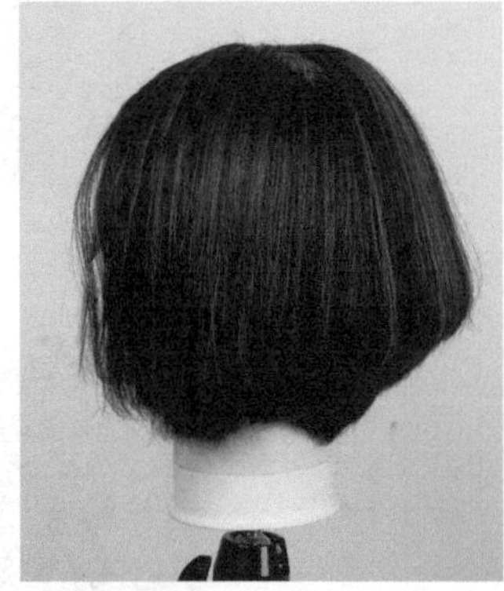

理解小片的重叠

上下相邻的两个发片，取小片时要上下错开（累积作业）划分，这样根据头发的走向，能看到颜色的变化。

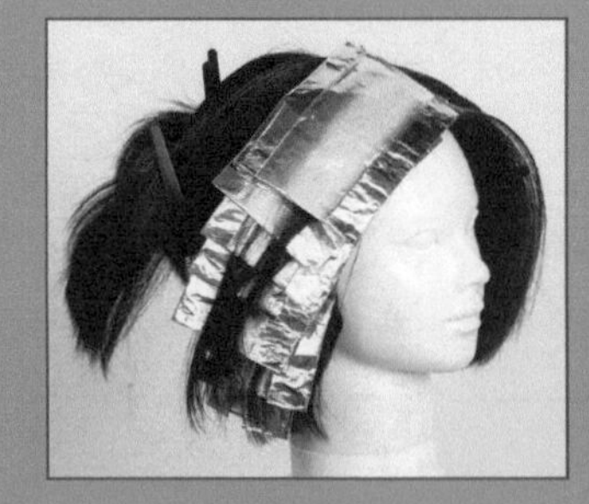

铝箔片是否被整齐地贴在头发上

学会将铝箔片认真快速地贴好，这使其看起来更加美观。会在很大程度上影响最后的染发效果。

12.3 不同小片组合实施的编织法染发

编织法作为最后的修饰，在美发沙龙里被广泛使用，尤其是在层次发型的染发操作中。本章就来学习编织法在整个层次发型染发中的运用。

整个头部编织过程概述

编织法染发步骤详解：

在层次发型中实施编织法

此次染发的基本发型是沙龙中常用的层次风格的发型。利用这种基础发型制作出两种不同发片的、实施于整个头部的编织法。

发型从脸部周围开始有了层次，长度为至肩部以下的中等长度。整个头部进行了12个等级的自然融合系列基本染色。

进行编织法染发

- 同一长度下不能看到内部的头发，只显示出外层头发的效果。但是层次发型就不同了，设计时要考虑到内侧的染发颜色设计。
- 对层次发型进行编织法，头发会有动感，有必要根据头发的走向来划分小片。
- 根据发量考虑小片的划分。

两种风格的编织法

将不同种类的小片分开进行涂抹

采用梳齿距离3—7、5—5两种规格的小片，并且使用三角形的小片，在整个头部加入很多编织法设计。为了能最好地发挥操作效果，有3种组合的方法可以进行。

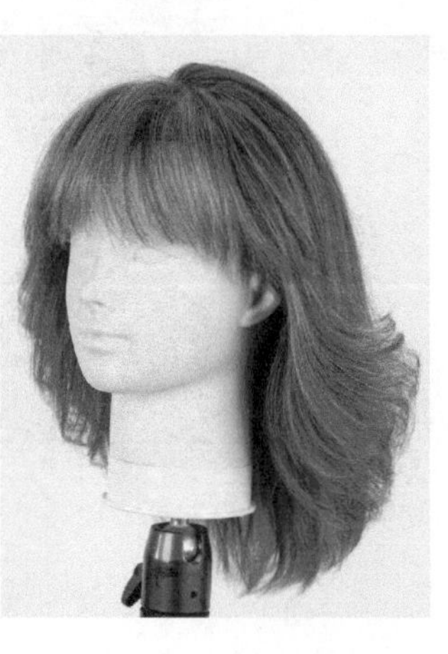

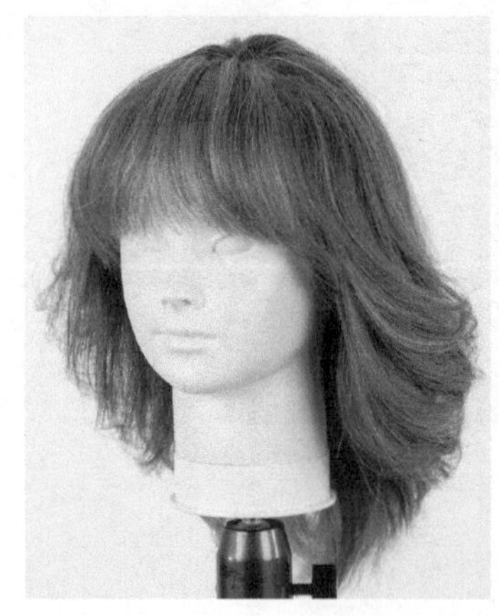

全部涂抹为梳齿距离3—7的小片

整个头部都用梳齿距离为3—7的小片。梳齿距离虽然用于整个头部，但是像发际之类的对整个发型有很大影响的地方，划分发片也是有变化的，药剂的色调也有变化。

发区和发片的划分方法

这一章学习的两种风格的染发，发区划分和前面基本相同。不过随着使用的梳齿距离的变化，梳齿距离相同的发区会组合形成一个发区。如果编织法有了变化，发区的划分也会随之发生变化。

风格 1

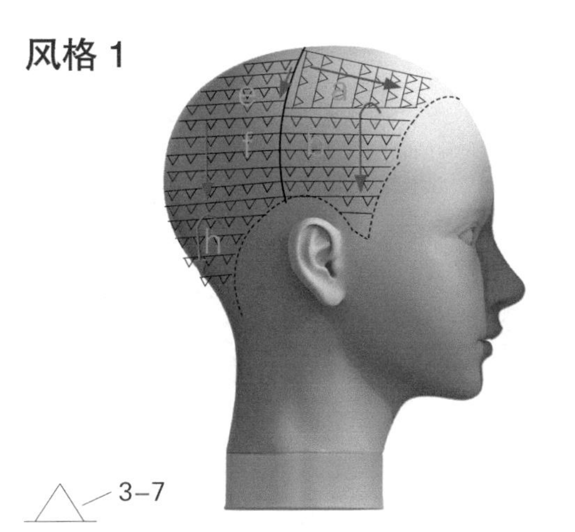

通过顶点的双耳连线将头发分成前后两部分。前面的部分，经过头盖骨最高点的水平线将前面的右侧分为 a、b 两个发区，对称的左侧则同样分为 c、d 两个发区。后脑区超过头盖骨最高点（水平位置）的部分为 e 区，后脑区中间部分（水平位置）从中线分成左右两部分，分别是 f、g 区，后脑区下面的部分从右边开始分成 h、i 区。分区全部采用梳齿距离为 3-7 的小片，如图所示编织。注意 b、d、h、i 区，都沿着发际配置一个发片。

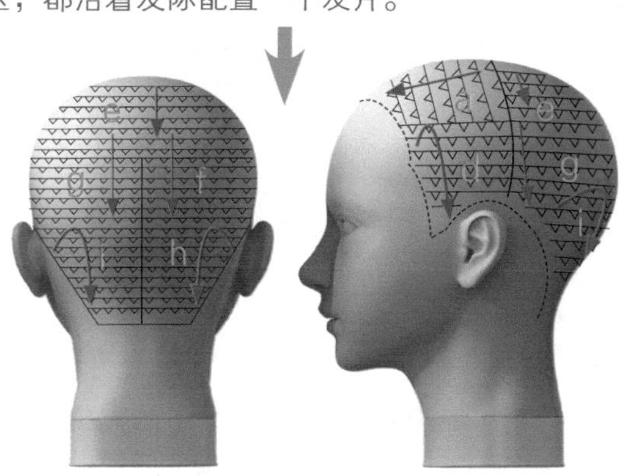

风格 2

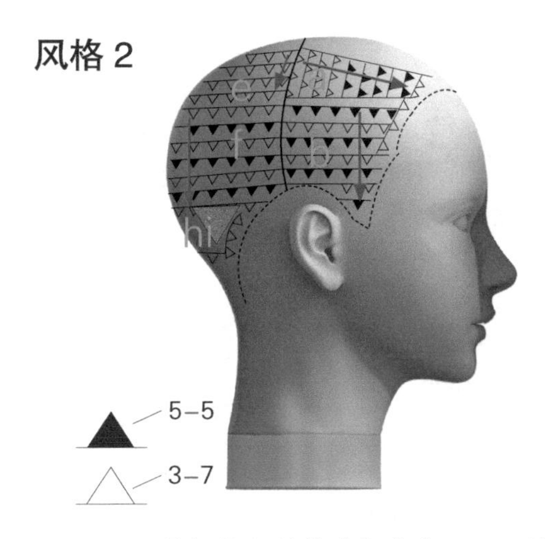

a、c 区最初使用的梳齿距离为 3-7，然后换 5-5 的梳齿距离来编织。脸部周围是编织的重点，发际处的小片再次以 3-7 的梳齿距离进行编织。b、d 区以分别 3-7、5-5 的梳齿距离进行交叉编织，强调头发的走向。e 区全部以 3—7 的梳齿距离进行编织。b、d 区设计了头发走向，分别 3-7、5-5 的梳齿距离进行交叉编织。hi（h 区和 i 区汇总成一个）区，配置三个大的三角形小片，这样一来，即使发片是在内侧，也能看到发梢的颜色。

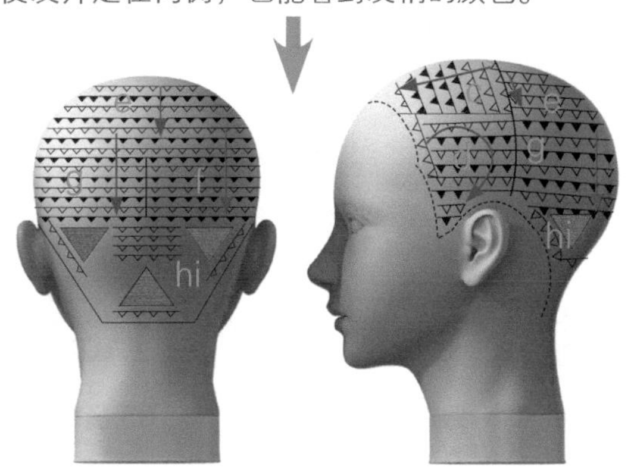

以上关于发区和发片的划分只是一个示例，对于同样风格的层次发型，没必要必须在同一区域进行同样的操作。

涂抹 a 区域

编织法染发步骤详解：

01. 从和 e 相接的部分开始操作。沿着相接部分划分发片，划分梳齿距离 3—7、深 3 毫米的小片。

02. 将铝箔片放置在小片下面，涂抹药剂。

03. 对铝箔片进行折叠，然后一同夹起 7 毫米的发片，向上进行覆盖。就这样一直到发际处，按照步骤 1~3 反复进行操作。

04.a 区划分最后一个小片。

05. 涂抹最后一个小片。

06. 将步骤 5 中余下的头发累积起来，a 区的涂抹就完成了。

b~d 部分进行涂抹

编织法染发步骤详解：

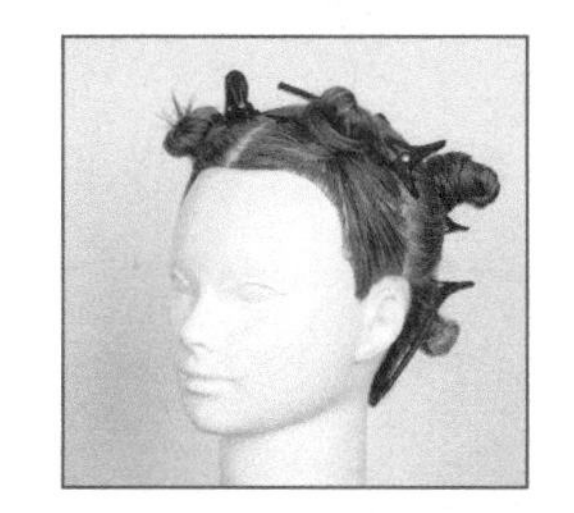

07. 先从 b 区发际处划分出 1 厘米左右的发片，然后将 b 区其他头发用夹子夹住。

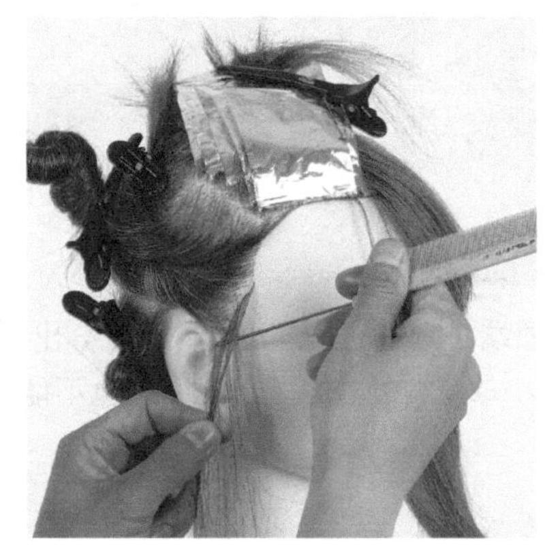

08. 将步骤 7 中划分出来的发片用梳齿距离为 3—7 的规格划分小片。

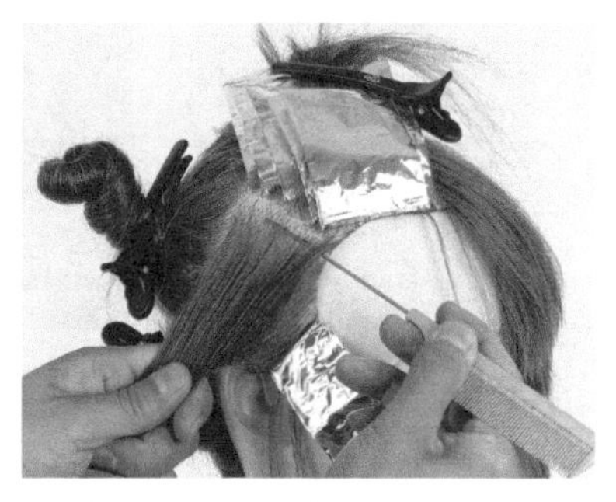

09. 发际的小片都在铝箔片上涂抹好以后，留下 b 区和 a 区有交点的小片不涂（用来覆盖涂抹后的 b 区，（图解 72），对 b 区进行编织法。涂抹法方法和步骤 1~3 一样，一直涂完整个发区。

10. b 区涂抹完成的状态。

11.c、 d 的涂抹过程和步骤 1~10 一样。

12. 前面 4 个发区的药剂涂抹完成。

图解 72 为什么要对第一个进行覆盖？

b 区与 a 区相连接的部分，由于与 a 区发片一端的小片并列，从正面的角度看旁边，就如同实施过了编织法一样，因此要空出一个发片的位置来继续进行编织。

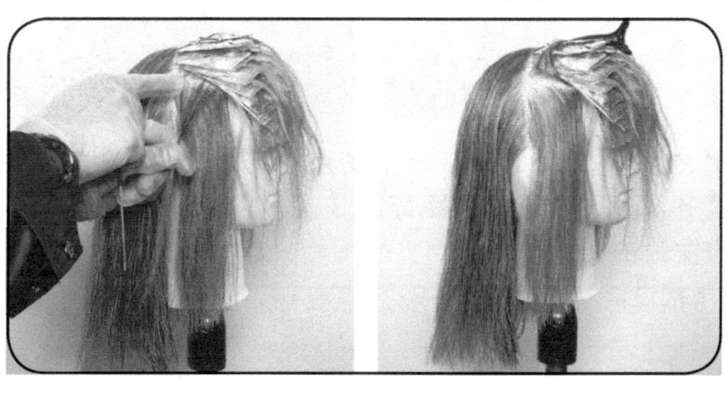

涂抹 e~g 区

编织法染发步骤详解：

13. 划出后脑区的 e 区。

14. 在最顶端 1 线的位置划分出较小的发片。

15. 即使所分出的小片数比较少，也不能改变 3—7 的梳齿距离，继续进行涂抹。

16. 就这样继续向下推进涂抹，发片的大小也渐渐扩大。

17.e 区的涂抹完成。

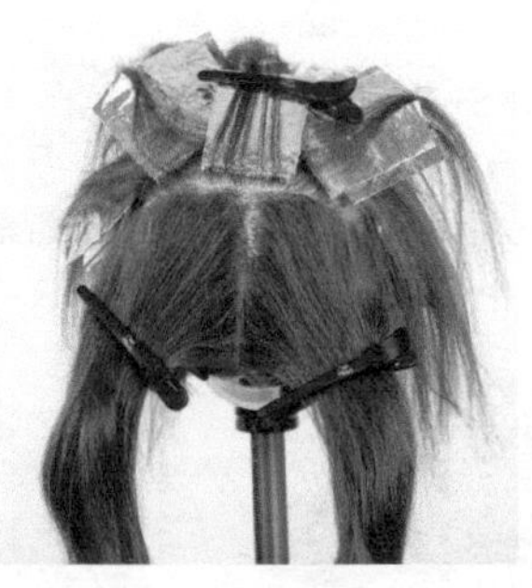

18. 从正中线将 e 区下面的头发分开左右两边，从右边的发区 f 开始涂抹。

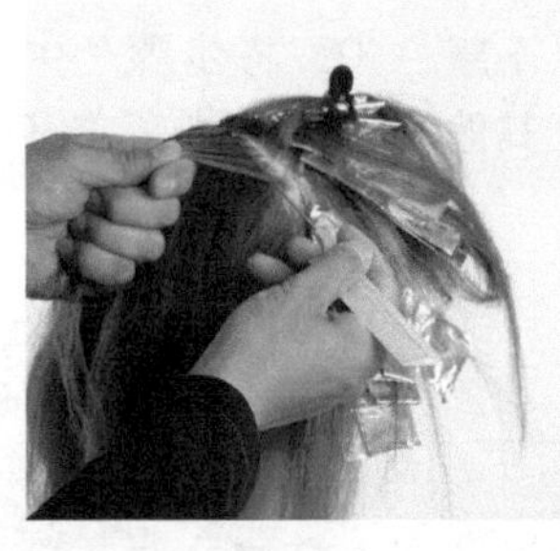

19.e 区的下面从正中线分成左右两部分，先涂抹右边的 f 区。

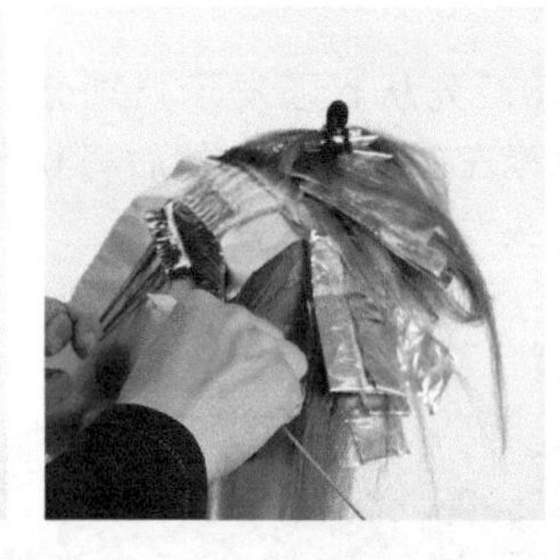

20. 此处也用 3–7 的梳齿距离进行药剂的涂抹。

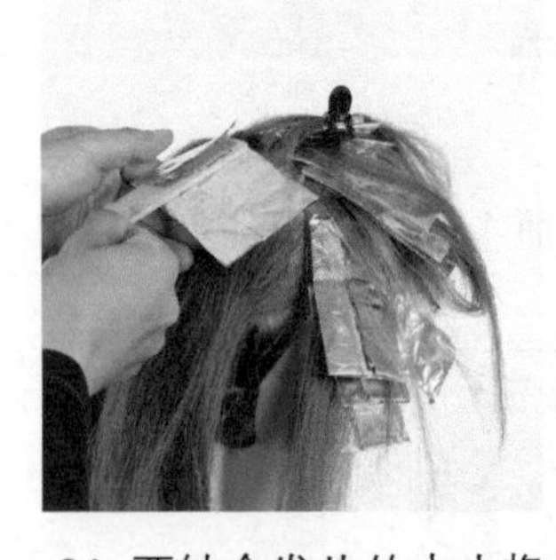

21. 要结合发片的大小将铝箔片折叠整齐，进行覆盖。下面的发片的操作也一样，向下推进。

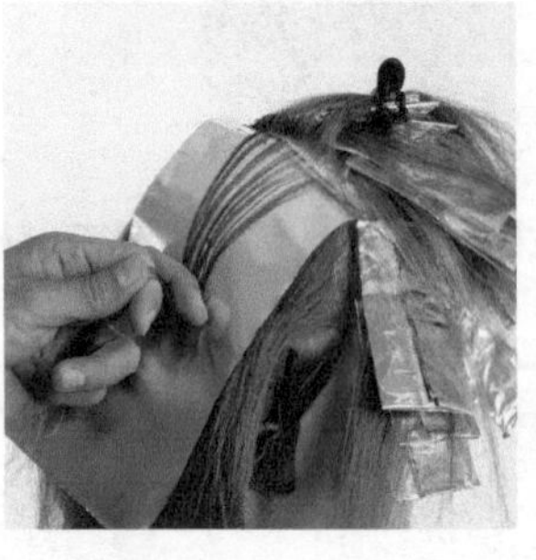

22. 取下一个发片，分出梳齿距离为 3—7 的小片。

23. 先涂抹发根处。

24. 发中至发梢也均匀涂抹。f、g 两个区的涂抹过程是一样的。

涂抹 h~i 区

编织法染发步骤详解：

25. 涂抹 f 区下面的 h 区时，将遮盖着 h 区的涂抹过的头发上提，用夹子夹起来。

26. 在右耳后面的发际处留出一个发片，然后将 h 区其他头发用夹子夹起来。

27. 对步骤 26 中留出来的发片，用 3—7 的梳齿距离划分小片，进行编织。

28. 对 h 区剩余头发进行编织，从和 f 区相接的部分开始划分横向的发片，用 3—7 的齿梳划分小片，从上到下推进编织。

29.h 区的涂抹结束以后，i 区也进行同样的操作。

检查全部的发片是否都进行了均匀的涂抹

风格 1 的发型，全部用梳齿距离为 3—7 的小片编织而成，整个头的小片都要划分得当、涂抹均匀。

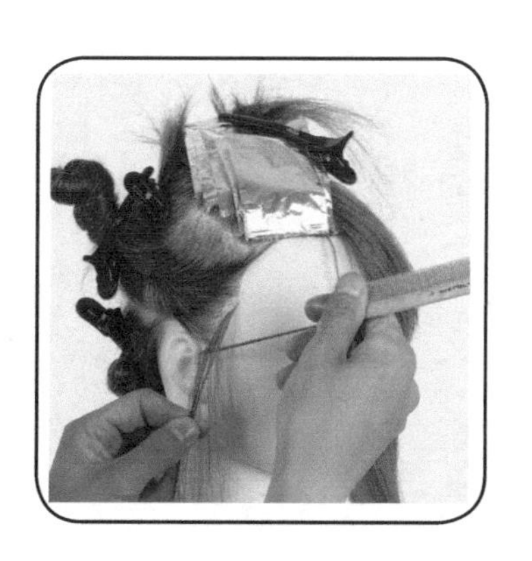

完成

编织法染发步骤详解：

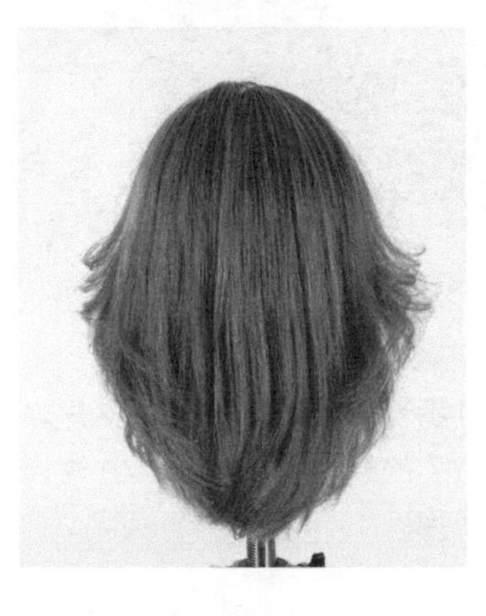

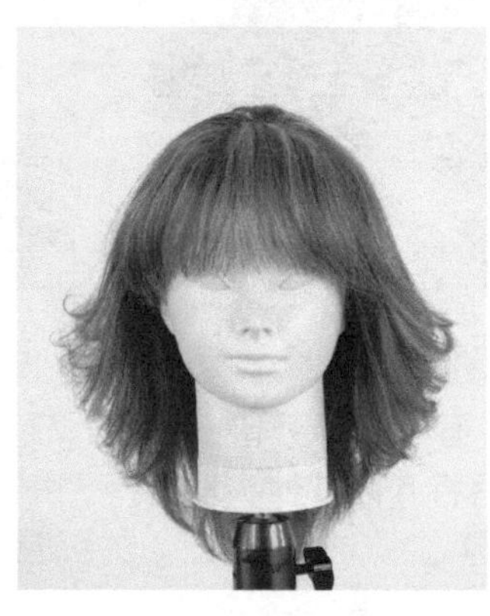

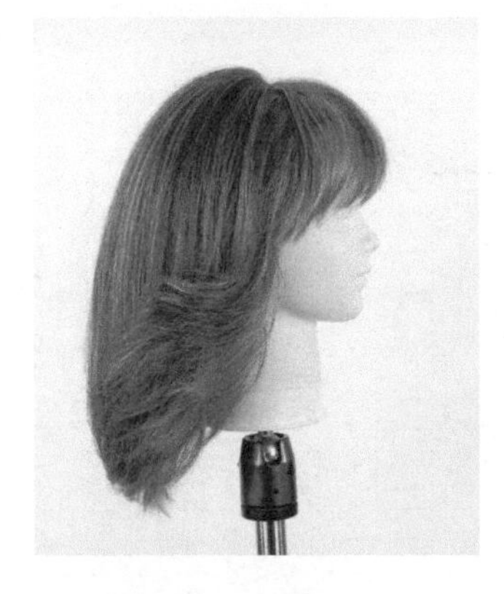

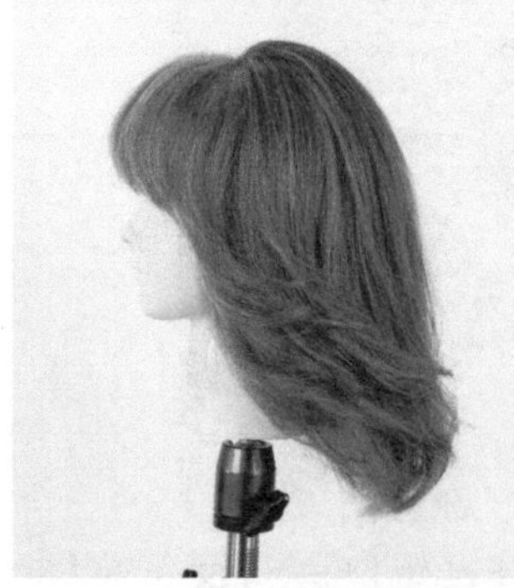

拓展视频

扫一扫，观看染发拓展案例完整视频